教育部高职高专规划教材

# 工业设备安装技术

宋克俭　主编

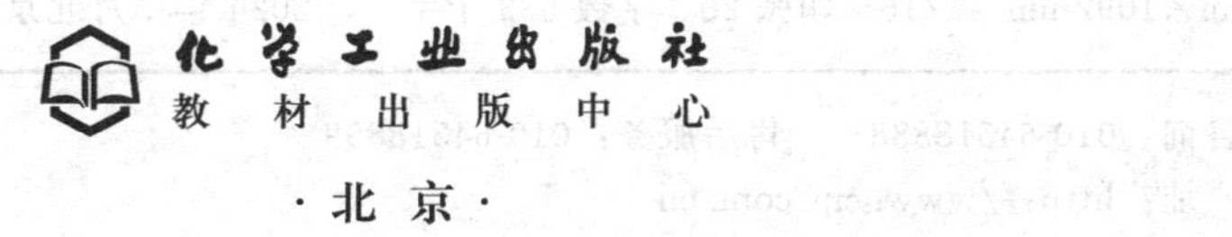

化学工业出版社
教材出版中心
·北京·

本书以高等职业教育的培养目标为基础，比较系统地介绍了工业设备（主要是各类机泵、化工静置设备等）的现场施工技术。主要包括工业设备的构造、特点、施工过程和技术要求，突出现场施工的特色。既有基本理论、基本工艺和基本技术，又以相对独立的章节，分别介绍了多种典型设备的安装实例，便于不同类型学生选用。

本书可作为高等职业技术学院工业设备安装或建筑安装专业学生的教材，同时也可以作为相关的工程技术人员及工人的参考工具书。

**图书在版编目（CIP）数据**

工业设备安装技术/宋克俭主编. —北京：化学工业出版社，2005.11(2024.7重印)
教育部高职高专规划教材
ISBN 978-7-5025-6457-5

Ⅰ.工… Ⅱ.宋… Ⅲ.设备安装-高等学校：技术学院-教材 Ⅳ.TB492

中国版本图书馆CIP数据核字（2005）第129585号

责任编辑：高　钰　　文字编辑：闫　敏
责任校对：顾淑云　　装帧设计：潘　峰

出版发行：化学工业出版社　教材出版中心（北京市东城区青年湖南街13号　邮政编码100011）
印　　装：涿州市般润文化传播有限公司
787mm×1092mm　1/16　印张20　字数533千字　2024年7月北京第1版第13次印刷

购书咨询：010-64518888　　售后服务：010-64518899
网　　址：http://www.cip.com.cn
凡购买本书，如有缺损质量问题，本社销售中心负责调换。

**定　　价：49.00元**

# 出 版 说 明

高职高专教材建设工作是整个高职高专教学工作中的重要组成部分。改革开放以来，在各级教育行政部门、有关学校和出版社的共同努力下，各地先后出版了一些高职高专教育教材。但从整体上看，具有高职高专教育特色的教材极其匮乏，不少院校尚在借用本科或中专教材，教材建设落后于高职高专教育的发展需要。为此，1999 年教育部组织制定了《高职高专教育专门课课程基本要求》（以下简称《基本要求》）和《高职高专教育专业人才培养目标及规格》（以下简称《培养规格》），通过推荐、招标及遴选，组织了一批学术水平高、教学经验丰富、实践能力强的教师，成立了“教育部高职高专规划教材”编写队伍，并在有关出版社的积极配合下，推出一批“教育部高职高专规划教材”。

“教育部高职高专规划教材”计划出版 500 种，用 5 年左右时间完成。这 500 种教材中，专门课（专业基础课、专业理论与专业能力课）教材将占很高的比例。专门课教材建设在很大程度上影响着高职高专教学质量。专门课教材是按照《培养规格》的要求，在对有关专业的人才培养模式和教学内容体系改革进行充分调查研究和论证的基础上，充分汲取高职、高专和成人高等学校在探索培养技术应用型专门人才方面取得的成功经验和教学成果编写而成的。这套教材充分体现了高等职业教育的应用特色和能力本位，调整了新世纪人才必须具备的文化基础和技术基础，突出了人才的创新素质和创新能力的培养。在有关课程开发委员会组织下，专门课教材建设得到了举办高职高专教育的广大院校的积极支持。我们计划先用 2～3 年的时间，在继承原有高职高专和成人高等学校教材建设成果的基础上，充分汲取近几年来各类学校在探索培养技术应用型专门人才方面取得的成功经验，解决新形势下高职高专教育教材的有无问题；然后再用 2～3 年的时间，在《新世纪高职高专教育人才培养模式和教学内容体系改革与建设项目计划》立项研究的基础上，通过研究、改革和建设，推出一大批教育部高职高专规划教材，从而形成优化配套的高职高专教育教材体系。

本套教材适用于各级各类举办高职高专教育的院校使用。希望各用书学校积极选用这批经过系统论证、严格审查、正式出版的规划教材，并组织本校教师以对事业的责任感对教材教学开展研究工作，不断推动规划教材建设工作的发展与提高。

教育部高等教育司

# 出版说明

[illegible]

# 前　言

随着科学技术的发展，工业设备安装技术日益成熟，其应用也遍及很多行业，在国民经济中起着越来越重要的作用，成了一种既特殊又很普及的工艺与技术。伴随着新材料、新技术、新工艺、新设备和信息技术等的广泛运用，工业设备安装技术由小型设备向大型设备、由一般设备向高精尖设备、由简单设备向综合装置安装发展，业已成为极具发展空间和潜力的、有着广泛运用前景的专业技术。

本书以高等职业教育的培养为目标，比较系统地介绍了工业设备安装的基本理论、基本工艺和基本技术以及相关的安装设备和仪器仪表的使用等内容。全书内容的编写以理论上够用、实践上简单实用为原则，适用于高等职业技术学院工业设备安装或建筑安装专业的学生、相关的工程技术人员，也可作为工人自学的参考书。

本书的第一章～第八章、第十一章、第十三章、第十四章和第十七章由宋克俭编写，第九章、第十五章由宋玉霞编写，第十章、第十六章由汪金明编写，第十二章由宋克俭和汪金明编写，全书由宋克俭任主编。

本书在编写过程中得到了安徽理工大学职业技术学院的关心和支持，在此表示感谢，同时，对本书编写中所参阅的书籍和资料的作者表示感谢。

由于编写时间仓促，加之编者水平所限，书中难免有不足和差错，恳请广大读者批评指正。

编者

2005 年 6 月

# 目　录

**第一章　绪论** …… 1
**第二章　设备基础** …… 3
　第一节　基础作用 …… 3
　第二节　基础构造 …… 4
　第三节　基础附件 …… 6
　第四节　垫铁 …… 9
　第五节　基础验收 …… 12
　第六节　基础的处理 …… 14
**第三章　设备验收** …… 18
　第一节　设备开箱 …… 18
　第二节　设备试压 …… 19
　第三节　无损检测 …… 22
**第四章　放线就位** …… 33
　第一节　安装基准线放设 …… 33
　第二节　设备中心线放设 …… 35
　第三节　设备起重与就位 …… 36
**第五章　找正找平** …… 39
　第一节　找正找平的意义与程序 …… 39
　第二节　找正找平的基准和工具 …… 40
　第三节　找中心 …… 41
　第四节　找水平 …… 44
　第五节　找标高 …… 50
　第六节　找同轴度 …… 51
　第七节　其他安装精度的检测 …… 65
　第八节　激光找中心 …… 67
**第六章　固定和二次灌浆** …… 72
　第一节　设备的固定 …… 72
　第二节　基础二次灌浆 …… 74
**第七章　拆洗装配** …… 79
　第一节　设备的拆卸 …… 79
　第二节　设备的清洗 …… 81
　第三节　除锈与脱脂 …… 83
　第四节　装配调整 …… 84
　第五节　设备的润滑 …… 105
　第六节　转子找平衡 …… 110
**第八章　设备试车** …… 121
　第一节　设备试运转 …… 121
　第二节　设备交工验收 …… 124

第九章 泵和风机的安装……127
第一节 泵和风机的应用和分类……127
第二节 离心泵的安装……130
第三节 风机的安装……136
第十章 活塞式压缩机的安装……144
第一节 概述……144
第二节 活塞式压缩机的安装……146
第三节 压缩机的试运转……162
第十一章 离心式压缩机的安装……169
第一节 概述……169
第二节 离心式压缩机的总体构造……169
第三节 离心式压缩机的安装……174
第四节 离心式压缩机的性能调节与喘振……199
第十二章 回转圆筒设备的安装……203
第一节 概述……203
第二节 回转圆筒设备的安装和试运转……205
第十三章 起重机械的安装……208
第一节 桥式起重机的安装……208
第二节 电梯的安装……211
第十四章 塔设备与换热设备的安装……236
第一节 塔设备的安装……236
第二节 换热设备的安装……241
第十五章 储罐的安装……245
第一节 球罐的安装……245
第二节 立罐的安装……254
第三节 气柜的安装……262
第十六章 工业锅炉的安装……268
第一节 概述……268
第二节 锅炉安装前的准备工作……274
第三节 锅炉钢架和平台安装……277
第四节 锅筒和集箱的安装……281
第五节 受热面管束的安装……285
第六节 其他设备及附件安装……292
第七节 锅炉水压试验……296
第八节 炉墙砌筑……298
第九节 烘炉、煮炉和试运行……302
第十七章 施工技术管理……306
第一节 施工准备……306
第二节 施工技术工作……307
第三节 安全技术……308
主要参考文献……310

# 第一章　绪　论

## 一、工业设备安装工程概述

随着科学技术不断更新和社会化生产水平的不断提高，工业生产装置日益趋于大型化、自动化和高速化；投资规模大、资金密集；对工程建设的要求越来越高。而工业设备安装工程是工程建设中关键的、极为重要的一环，关系整个建设项目的速度、质量、效益和成败。为此，加强工业生产装置安装施工的理论研究，提高施工技术、组织管理水平和经济效益至关重要。工业设备安装技术就是解决整个综合性技术问题的一门重要学科。

工业设备安装工程是根据国家规范和相关技术文件的要求，把运至施工现场的各类工业设备，利用一定的装备，采取相应的技术措施，使之达到验收规范的要求，发挥正常功能的一系列技术工序的组合。

这个组合中，主要包括下列工序：设备开箱检查与无损探伤，设备基础验收与处理，设备现场制作与安装，设备二次运输、起重与就位，设备形位公差检测与调整，设备固定与二次灌浆，设备拆卸、清洗与装配调整，设备试车，设备及管道防腐与保温，生产装置联动试车，交工与验收等。

无论被安装的设备复杂程度如何，其安装基本技术要求是一致的，可以简单概括为：定位准确、横平竖直、固定牢靠、严密无泄、性能达标。

由于现代工业生产装置自身的特点，特别是大型化工生产装置，还具有相应的一些重要特点，对于从事安装技术工作极为重要，主要表现在以下几点：

① 设备安装工程是在土建工程基本结束后，或者是在土建工程进行之中就要进行的，施工场地错综复杂，尤其是设备的起吊与搬运受到地面和空间各方面的制约。

② 设备安装需要的起重与搬运、安装与调试的施工机具和测试仪器很多，所需的技术工种（包括钳、铆、焊、起重、筑炉、管、探伤、测量工）很多，因而比其他任何工程所遇到的工种配合、立体交叉作业都要多，所以施工组织很复杂。

③ 特别是在大型化工生产装置中，设备是重、高、大、精，构造复杂得多，对安装工艺和机具有特殊的要求。

④ 现代化工生产的工艺流程长、生产过程复杂、对热能综合利用和环保的要求很高，设备类型繁多、材料品种规格复杂，设备单机容量大、转速高，并伴有高温高压（或者是真空）操作要求，且生产介质一般是易燃易爆、易腐有毒的，因此，对安装人员的要求比较高，既要有比较广博的专业知识，还要有很丰富的施工经验。

总之，工业设备安装工程的技术复杂，涉及面广，施工难度大，对合理组织施工，精心操作和安全等各个方面都有很高的要求。

## 二、工业设备安装方式

工业设备安装的方式，主要依据设备自身的结构特点、施工场地的安装条件、施工人员的技术水平、施工机具的先进程度，再考虑施工习惯，就可以适当地选择，其中最常见的安装方式有以下几种：

① 整体安装法和分体安装法。前者主要是指在被安装的设备起重就位之前，就已经装配成一个整体，实施安装时，是一次吊装就位、进行找正找平的，通常用于整体到货的塔设备的安装。后者又称为解体安装、散装或者是逐件组装，主要适用于制造厂提供的解体式的

机械设备的安装，或者是必须进行现场制作与安装的储存容器。相比较而言，整体安装法简便、速度快、效率高，大大减少空间作业量，减少安全事故。因此，当现场起重机具的起吊能力和场地条件容许，一般尽可能采用整体安装法，即使是解体安装的设备，也应尽量提高设备的预装配程度。

② 有垫铁安装法和无垫铁安装法。前者是一种传统的安装方式，是在设备的底面和基础表面之间，放置若干组垫铁组，通过改变垫铁组的厚度来调整设备的标高和水平度，基础二次灌浆后，它就被浇筑在灌浆层内，这种方法简便易行、调整方便、精确可靠，运用极为广泛。后者是依靠在基础上设置调整精度更高的顶丝（或千斤顶，或临时垫铁）来提高设备的找正精度，并在灌浆以后撤去它们，它的主要优点是大大提高找正找平的精度，又大量节省垫铁用的钢材，还可以省去铲垫铁窝的工序。

**三、工业设备安装技术的发展概况**

随着国家经济建设的迅速发展和国外大量引进设备的成功安装和投产，特别是一大批重点工程的成功范例，已经积累了比较丰富的经验和技术资料，安装技术队伍也日益成熟。已经完成的30万吨以上规模的大型石油化工成套装置、600MW核电站、三峡工程等特大型工程的建设和投入使用，已经证明我国安装工程的质量和技术水平达到了相当高的水准。因此，工业设备安装技术已经发展成为一门新型的专门学科，开展了许多重要的施工方法的试验和创新，国家也陆续制订和颁布了很多关于施工与验收规范的国家标准。

由于工业设备安装技术这门学科在我国的建立和发展比较晚，施工技术的研究和开发不够，缺少系统的理论研究、试验分析和完备的施工技术资料，加上行业之间的人为的割裂，尚未形成我国特有的科学体系。今后，应该进一步开展安装施工技术的理论研究、试验和交流，建立起符合我国国情的理论体系，设立专门的研究机构和教育机构，大力培养安装技术人才，使这门学科更好地为我国的基本建设事业服务。

**四、本课程的性质、任务和基本内容**

本课程是工业设备安装技术专业的骨干专业课程之一。其任务是，通过本课程的学习，使学生初步掌握工业设备安装的基本理论、基本方法以及典型通用和专用工业设备的安装技术，同时着重培养学生的分析和解决工程实际问题的能力。

本课程的基本内容包括：

① 工业设备安装的基础知识：介绍设备基础及其验收处理；设备开箱和无损检测；基础放线和设备的就位；设备找正找平；设备的固定和二次灌浆；设备拆卸、清洗和装配；转子找平衡；设备的试压、润滑和试运转等。

② 典型传动和静置设备的安装技术：介绍典型传动设备（如泵和鼓风机、往复式压缩机、离心式压缩机和汽轮机、回转设备、起重机械和电梯等）、静置设备（如塔器、换热器、各类储罐等）以及热力设备（主要是工业锅炉）的安装技术。

③ 设备安装工程的技术管理基础知识：介绍安装工程的准备工作、安装工程的施工组织和管理以及施工安全技术。

## 复习思考题

1. 什么是工业设备安装工程？包括哪些基本程序？
2. 设备在基础上的安装方式有几种？各有什么特点？
3. 设备安装工程的基本技术要求有哪些？
4. 学习本课程的基本要求有哪些？

# 第二章　设 备 基 础

化工设备由于自身高、重、大等特点，对支承基础的要求相对比较高，一般采用牢固的混凝土或者是钢筋混凝土基础，以保持设备运转的平稳性，承受设备的各种载荷，并将载荷均匀地传递给地基土壤层。验收设备基础是为设备的安装提供合格可靠的基础，确保设备安装顺利进行。

## 第一节　基 础 作 用

要满足基础的功用，在建造时，必须要考虑设备基础的建造要求、材料、强度标号和地基基础，设计和选择相应的基础。

### 一、基础的功用

设备基础主要有以下三方面的功用：

① 根据化工生产工艺的要求，将设备牢固地固定在规定的位置上；

② 承受设备的全部重量和工作时产生的振动力，并将这些负荷均匀地传递到土壤中去；

③ 吸收和隔离设备运转时产生的振动，防止发生共振。

为了满足设备安装的需要，基础必须具有足够的刚度、强度和稳定性，不会发生下沉、倾斜和倾覆，并能吸收和隔离振动，还可以抵御介质的腐蚀，同时要适应设备安装、运行和维护方面的要求且成本低廉。

### 二、基础的材料

建造设备基础的混凝土，主要材料是水泥、砂、石子和水，为满足一些特殊要求，还需要添加速凝剂、防水剂、防腐剂等。下面简要介绍各个组分的作用和特点。

水泥，标号主要有 300 号、400 号、500 号、600 号、800 号等多种，基础用的标号主要是前两种。水泥在混凝土中起着决定性的作用，它的性质直接决定着混凝土的特性。水泥遇水会发生水合作用、发生水合反应，在这个过程中膨胀并将其他成分粘在一起形成一个坚固的整体。

砂，是混凝土中的细骨料，粒度应在 0.15～5mm 之间，其单位体积质量为 1400～1600kg/$m^3$，一般可选用河砂或海砂。同时应严格控制其含泥量不超过 5%。

石子，是混凝土的粗骨料，其粒度一般在 5～50mm 之间，单位体积质量为碎石 1700～1900kg/$m^3$（砾石 1600～1800kg/$m^3$），其杂质的含量也应控制不超过 5%。对用于浇灌二次灌浆层的石子应选用粒度更小一点的。

水，应选用清洁的天然水或者是自来水，不应含有能影响水泥正常凝结与硬化的有害物质（如油脂、糖类、酸类等）。

混凝土的强度划分为 50 号、75 号、100 号、150 号、200 号、250 号、300 号、400 号、500 号和 600 号 10 个标号，这个标号的意义是代表混凝土自凝结开始、在蒸汽养护的条件下所能达到的抗压强度值（单位是 Pa）。在无特殊要求时，一般可选用 100 号或 150 号即可。而对于二次灌浆用的混凝土等，可适当提高标号一档。

当用于承受较大负荷时，则应使用钢筋混凝土。在混凝土中配置钢筋的目的是防止基础在凝固收缩、温度应力和冲击振动作用下发生裂缝或崩裂，或者是为承受弯曲应力，以增加基础的强度。

## 三、地基

基础应建在具有良好物理性能和足够耐压能力的地基上，以满足设备基础对地基土壤层的要求。各种自然地基土壤耐压能力见表 2-1。

表 2-1　土壤耐压能力

| 序号 | 土壤层的类别 | 耐压能力(1000kg/m²) |
|---|---|---|
| 1 | 流砂、冲击砂、软黏土、湿黏土 | 5.40～21.50 |
| 2 | 干砂、细砂、沙滩间互层 | 21.50～32.20 |
| 3 | 干黏土、石干黏土、硬干细砂 | 21.50～53.60 |
| 4 | 密致细砂、砾石 | 32.20～64.30 |
| 5 | 粗砂石、石块、泥土间互层 | 53.60～85.30 |
| 6 | 砾石与砂、凝固体、硬页岩 | 64.30～107.30 |
| 7 | 硬页岩之未风化、坚硬基石岩 | 107.30～268.30 |
| 8 | 原层硬基石 | 321.90～ |

重要的基础最适合建造在石质地基上。如果受到条件限制只能建造在淤泥之类的土壤层上，就必须进行地基处理，可采用砂垫层或打桩加固，也可以使用强夯、振冲法进行处理。

# 第二节　基础构造

## 一、设备基础的结构形式

设备基础的结构形式一般有以下几种。

(1) 块式基础　这种基础的结构有实体阶梯式和实体大块式两种，具体如图 2-1 所示。为保证使用，要留出必要的槽、孔洞和平台。这类基础的刚性大、稳定性好，被广泛用做化工静置设备（如大型塔设备）和部分活塞式压缩机机组的基础。

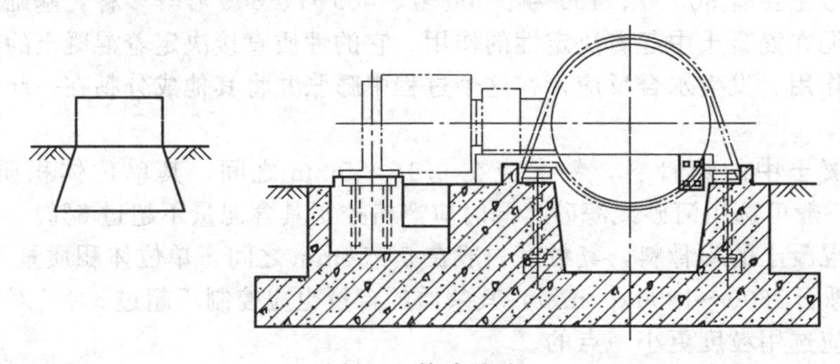

图 2-1　块式基础

(2) 墙式基础　这种基础是由底板、纵墙和顶板组成，也有仅为底板和墙组成的，具体如图 2-2 所示。它的刚性仅次于块式基础，通常用做中小型塔设备或鼓风机之类的机器的基础。

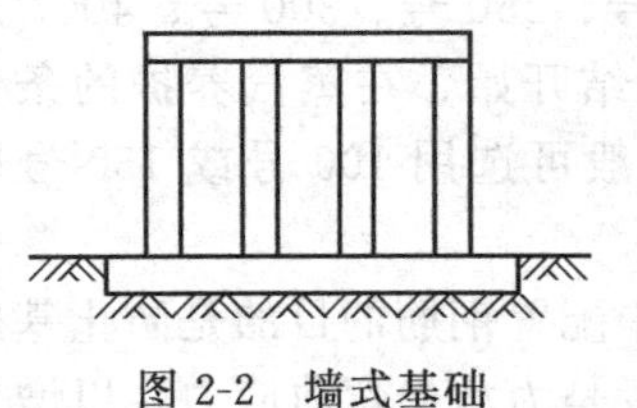

图 2-2　墙式基础

(3) 构架式基础　这种基础是由底板、柱子和顶板系统（包括顶板、纵梁和横梁）组成，简单的也仅有底板和柱子两部分。具体如图 2-3 所示。这类基础的刚性次于墙式，一般用于外形尺寸大、重量较轻的静置设备或机器的基础。

(4) 地下室式基础　这种基础的下部是地下室，便于设备或机器的配管，具体如图 2-4 所示。使用于大型活塞式压缩机机组的基础。

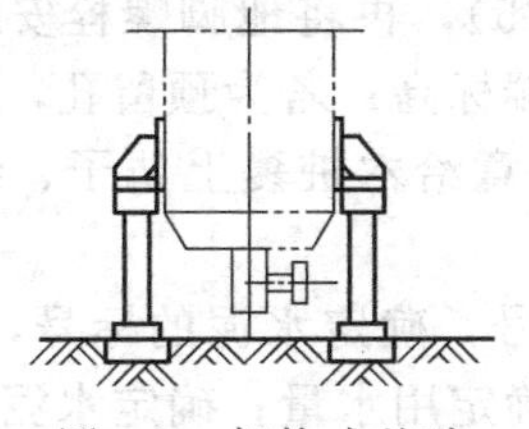

图 2-3　架构式基础

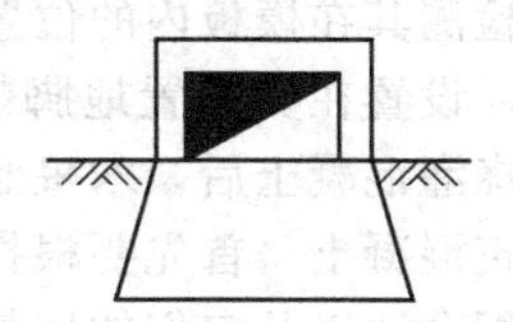

图 2-4　地下室式基础

## 二、基础施工

设备基础的施工主要是由土建部门来完成的。为保证使用，需简要了解施工的过程，主要包括以下几个关键步骤。

(1) 挖基槽（又称挖土方）　这是在待建基础的地面上画出基槽线、钉上标桩，再挖出与基础形状、大小和埋深一致的槽坑，以便于下钢筋、安放地脚螺栓和浇灌混凝土。

(2) 打垫层　这是根据地基土壤层的物理性质，在基槽底面做找平层的工作。对于不同情况，可以采取以下几种方式。

① 对于大块硬岩、碎石或砂岩等土壤，主要是找平工作；

② 对于较软的土壤层，则需要浇灌一层厚约 300～750mm 的混凝土垫层予以加固，以防止松软土壤由于吸收或放出水分造成地基膨胀或收缩而产生裂缝或破坏。

③ 对于特别松软的或淤泥土壤，则需要采取打桩等加固措施。

对于后两种情况，还需要在土壤和基础之间设置抗震垫层，以提高基础隔离振动的能力。

(3) 钉模板、下钢筋、安放地脚螺栓

① 所谓钉模板，就是在基槽四周设置钢模（或者是木板），用于钢筋混凝土成形、防止混凝土在凝固硬化时发生挤裂和变形。模板要钉得结实，形状要规整。

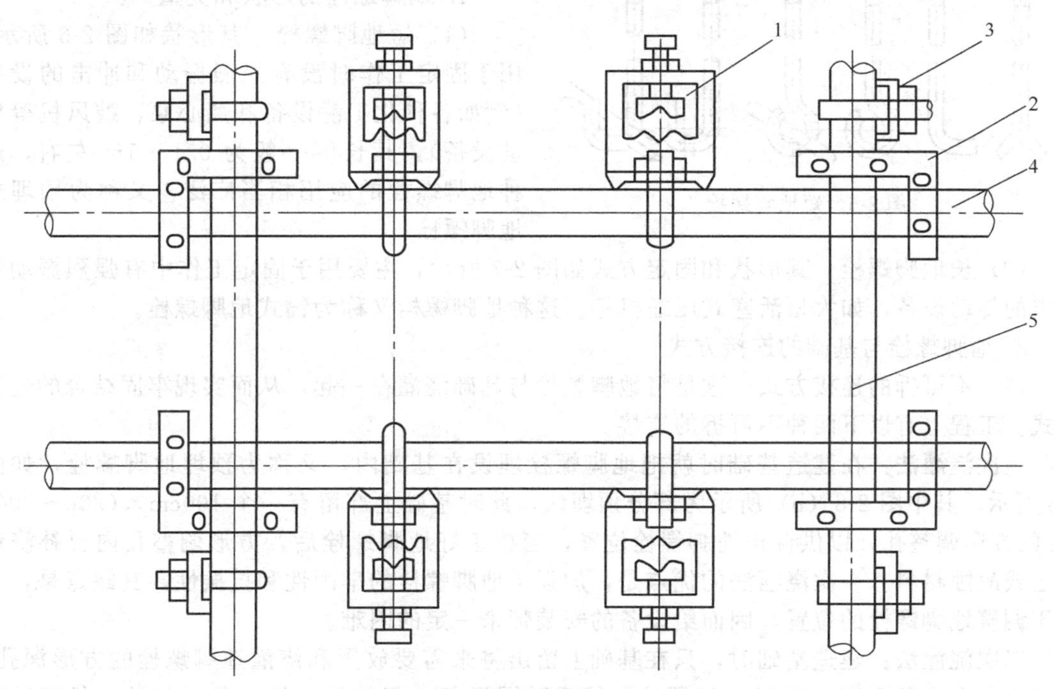


图 2-5　可伸缩式固定架

1—夹持地脚螺栓附件；2—连接钢管附件；3—将固定架装到模板上的附件；4，5—钢管

② 下钢筋就是按照图纸的要求，在模板内绑扎一定数量的钢筋，形成网架，发挥抗弯和增强抗压能力。必须要保证钢筋的尺寸和密度。

③ 安放地脚螺栓，先要在模板内设置固定架（见图 2-5），再将地脚螺栓安装到固定架上，并仔细检测其在模板内的位置、中心距、垂直度和顶端标高；若为预留孔，则应用一定尺寸的木桩，设置在要放置地脚螺栓的位置上，同时要注意给木桩裹上毡子、细毡纸或草绳，以防止浇灌混凝土后，木桩难以从中拔出。

(4) 浇筑混凝土　首先要根据图纸规定的基础强度标号，确定水泥的标号，水泥和砂、石子之间的配合比以及它们的用量。包括：确定水灰比；确定用水量；确定水泥用量；确定砂石用量。

(5) 混凝土养护　养护就是让混凝土在一定的时间内进行凝固和硬化，以便使水泥产生充分的水化作用，将砂、石子牢固地黏结在一起，从而形成混凝土的强度、刚度和稳定性。

混凝土的养护要有适当的温度和湿度，所以在养护期间需要定期地给基础上洒水并用草袋或麻袋覆盖。基础养护 7～10 天后（若添加明矾、石膏等，可缩短养护期），混凝土达到其标号强度的 75%左右时，就可以拆去模板，进行基础的验收和移交工作。

## 第三节　基础附件

地脚螺栓、基准点和中心标板都是设备基础的组成部分，是在建造基础时埋设到基础上的预埋件（除可拆地脚螺栓和二次灌浆地脚螺栓外）。

### 一、地脚螺栓

地脚螺栓用于在基础上固定设备，以防止设备工作和运转时，在负荷和振动作用下发生位移或倾覆。

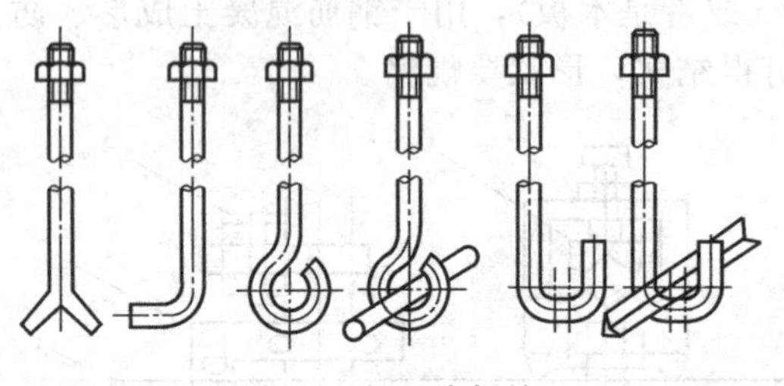

图 2-6　短地脚螺栓

1. 地脚螺栓的形状和类型

(1) 短地脚螺栓　其形状如图 2-6 所示，用于固定工作时没有强烈振动和冲击的设备（例如各种化工静设备和离心泵，鼓风机等传动设备），其长度一般为 0.1～1m 左右，这种地脚螺栓的应用相当广泛，又称为预埋式地脚螺栓。

(2) 长地脚螺栓　其形状和固定方式如图 2-7 所示，主要用于固定工作中有强烈振动和冲击的传动设备，如大型活塞式压缩机等。这种地脚螺栓又称为锚式地脚螺栓。

2. 地脚螺栓与基础的连接方式

(1) 不可拆的连接方式　这是将地脚螺栓与基础浇灌在一起，从而实现牢固结合的连接方式。工程上有以下两种不可拆的连接。

一次浇灌法：在建造基础时就把地脚螺栓埋设在基础内，又称为预埋地脚螺栓，如图 2-8 所示。其中图 2-8 (b) 所示为部分预埋法，此时基础上部留有一个 100cm×(200～300) cm 的方形调整孔，以供校正地脚螺栓位置，当校正好地脚螺栓后，方形调整孔内要补浇混凝土或耐蚀材料。一次浇灌法的优点是，加强了地脚螺栓的牢固性和抗振性，其缺点是，不便于调整地脚螺栓的位置，因而给设备的安装带来一定的困难。

二次浇灌法：建造基础时，只在基础上留出将来需要放置和浇灌地脚螺栓的方形深孔，安装中先在设备底座上穿好地脚螺栓；然后随同设备一起就位，待设备在基础上找正结束后，才用混凝土把地脚螺栓浇死在预留孔内 [参见图 2-8 (c)]，二次浇灌法的优点是便于设

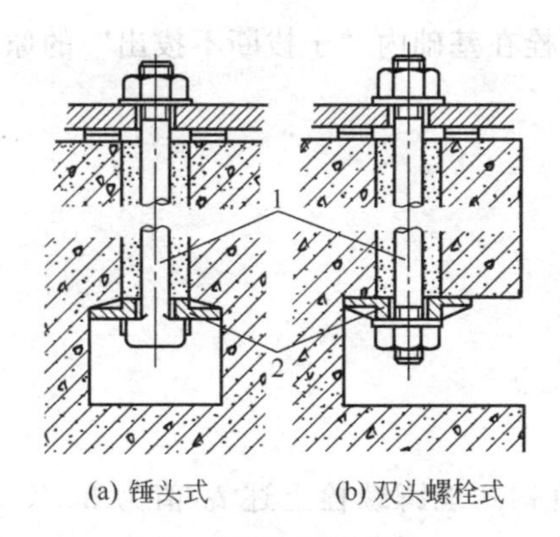


(a) 锤头式　　(b) 双头螺栓式

图 2-7　长地脚螺栓

1—螺栓；2—锚板

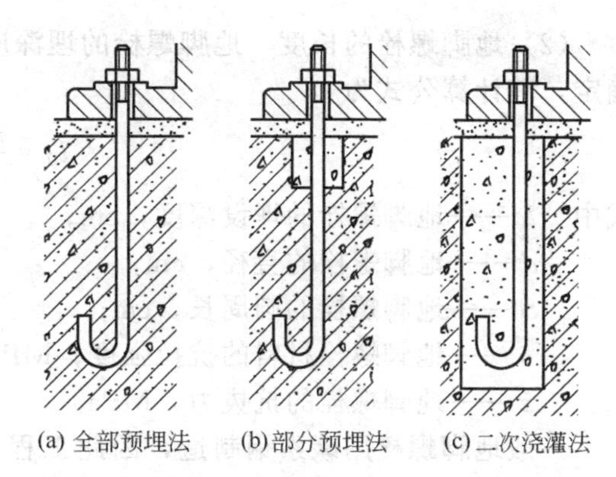

(a) 全部预埋法　(b) 部分预埋法　(c) 二次浇灌法

图 2-8　地脚螺栓埋设示意

备的安装找正，缺点是地脚螺栓没有一次浇灌法牢固可靠。

(2) 可拆的连接方式　在这种情况下，地脚螺栓不与基础混凝土浇灌在一起，而是通过锚板、螺栓头和螺帽等将设备固定到基础上（见图 2-7）。其优点是地脚螺栓的安装和更换很方便，也有足够的紧固性与可靠性，一般用于重要设备的固定。

地脚螺栓除以上两种连接方式外，近年又发展了环氧树脂粘接工艺。这种方法是先在基础上按设备底座上螺栓孔的位置画好中心线并用钻头钻出孔，然后以环氧树脂砂浆将地脚螺栓粘接在基础已钻好的孔内，其优点是地脚螺栓在基础上的埋设方便准确，有利于设备的安装。

环氧砂浆的配制和使用要求是，先将环氧树脂 6101 加热到 60～80℃，加入增塑剂二丁酯，搅拌均匀，冷却至 30～35℃，加入硬化剂乙二胺和已预热到同温度的砂，待搅拌均匀后，控制在 45min 内进行粘接操作。

正式粘接前，还要将钻好的孔眼清理干净（用压缩空气吹），并以乙炔焰烘干孔壁上部，以烧红的圆钢烘干孔壁下部，如孔壁沾有油迹，要用丙酮擦拭，同时地脚螺栓若有铁锈应除锈，这样才能保证粘接的紧固性。

用环氧树脂粘接的地脚螺栓，牢固耐水，耐化学溶剂侵蚀，而且硬化快，无养护期。

环氧树脂砂浆的配合比可参看表 2-2 选用。

**表 2-2　环氧树脂砂浆配合比参考**

| 材料名称 | 规　格 | 配合比(按质量计) | 备　注 |
|---|---|---|---|
| 环氧树脂 | 6101(E-44) | 100 | 不放稀释剂时夏季用上限，冬季用下限 |
| 苯二甲酸二丁酯 | 化学纯 | 17～22 | |
| 乙二胺 | 化学纯 | 8～10 | |
| 砂(中砂) | 0.25～0.5mm 含水量≤0.2% | 200～250 | |

3. 地脚螺栓尺寸的选用

(1) 地脚螺栓的直径　根据设备底座上地脚螺栓孔的直径从表 2-3 中查取，一般为 25～75mm。

**表 2-3　地脚螺栓直径**　　mm

| 设备底座孔径 | 12～13 | 13～17 | 17～22 | 22～27 | 27～33 | 33～40 | 40～43 | 43～566 |
|---|---|---|---|---|---|---|---|---|
| 地脚螺栓直径 | 10 | 12 | 16 | 20 | 24 | 30 | 36 | 42 |

（2）地脚螺栓的长度　地脚螺栓的埋深应按照螺栓在基础内"宁拔断不拔出"的原则来确定，其计算公式为

$$l_0=\frac{\pi d^2}{4S}\times\frac{\sigma}{\tau}$$

式中　$l_0$——地脚螺栓的埋设深度，cm；

$d$——地脚螺栓的直径，cm；

$S$——地脚螺栓的圆周长，cm；

$\sigma$——地脚螺栓材料的抗拉强度；MPa；

$\tau$——地脚螺栓的抗拔力，MPa。

一般地脚螺栓用碳素钢制造，因此工程上规定直钩式地脚螺栓上述 $l_0$ 值为 $20d$，爪式地脚螺栓 $l_0$ 值为 $15d$，承受强烈冲击的 $l_0$ 值还应加大。

地脚螺栓基础以上部分长度应按垫铁高度、设备厚度以及螺帽垫圈厚度经计算确定。

地脚螺栓通常是由制造厂提供并随设备一起装箱运到安装现场的，要注意保管，不要丢失和随便代用。

（3）地脚螺栓锚板的尺寸　锚板一般为正方形，中心部分厚 $1.6d$，边长 $(6\sim7)d$，边缘部分厚 $0.7d$，锚板埋深也应按地脚螺栓拔断不拔出的原则确定，但公式中 $S$ 应为锚板的周长，同时为安全起见，$l_0$ 值不得小于 0.4m。

（4）地脚螺栓的位置要求　为了保持地脚螺栓埋设的牢固性，其中心线距基础边缘应在 $4d$ 以上，预留的地脚螺栓孔壁距基础边缘应大于 50mm。

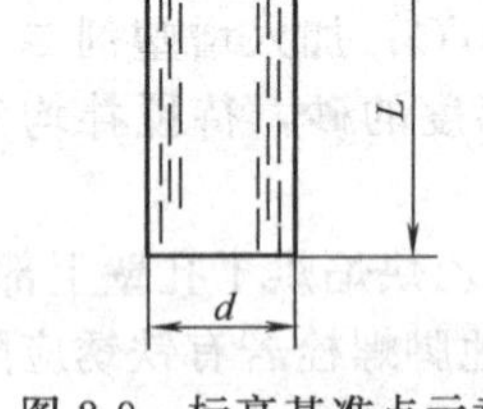

图 2-9　标高基准点示意

## 二、基准点

为了设备安装中测量设备的标高需要，通常在设备基础的边沿部位埋设一个铆钉形金属制件（见图 2-9），并测量其顶面标高，以及将其标高数字用红油漆写在铆钉顶面上，这就是基础的设备标高基准点，简称基准点。测量时基准点标高应以厂内埋设的永久性标高零点为依据。

## 三、中心标板

为了显示基础表面的中心线的位置或基础上设备安装中心线的位置，一般在重要设备基础的纵横向两端部位埋设下钢轨形（或工字钢、槽钢、角钢）金属件，并通过测量投点，将中心处冲眼，这就是基础的设备中心标板，如图 2-10 所示。因此中心标板是设备找正时挂设中心线钢丝的依据。

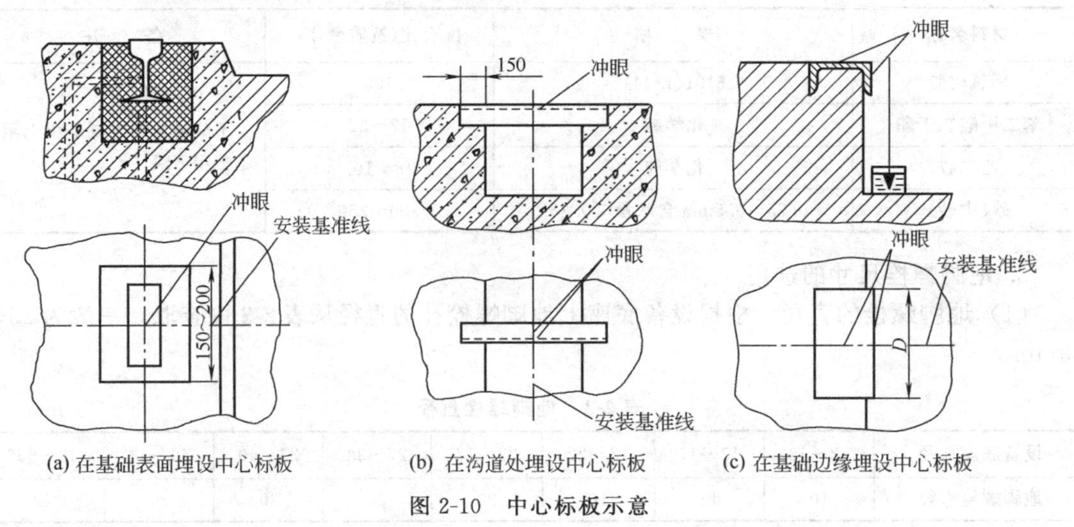

(a) 在基础表面埋设中心标板　(b) 在沟道处埋设中心标板　(c) 在基础边缘埋设中心标板

图 2-10　中心标板示意

## 第四节　垫　　铁

垫铁是有垫铁安装法中必不可少的配件。具体地说，是先在基础表面上按照设备垫铁布置图和垫铁规定放好各组垫铁，然后将设备就位到垫铁上、进行设备的找正找平和固定，最后再用细石水泥砂浆充实设备底座下的空隙，并做好二次灌浆层的养护和设备的复查工作。

垫铁的作用是：承受设备重量、工作载荷和拧紧地脚螺栓产生的预紧力，并均匀地传给基础；借调整各垫铁组的厚度使设备的水平度和标高达到技术规范的要求以及为基础的二次灌浆提供足够的操作空间。但主要的目的是利用垫铁调整设备的水平度。

由于设备的平稳性一定程度上取决于垫铁组的平稳性，因此对垫铁的设置和固定操作应高度重视。

### 一、垫铁的种类和规格

垫铁又称垫板，按其材质可分为钢板垫铁和铸铁垫铁两种。钢板垫铁由钢板切割而成，有的尚需铇平，厚度不限，薄的钢板垫铁厚度只有 0.3mm 左右；铸铁垫铁成本低，它的厚度一般不少于 20mm。

垫铁形状可以分为平垫铁、斜垫铁、开口垫铁、L 形垫铁（钩头斜垫铁）和可调垫铁等多种，其形状如图 2-11 所示。

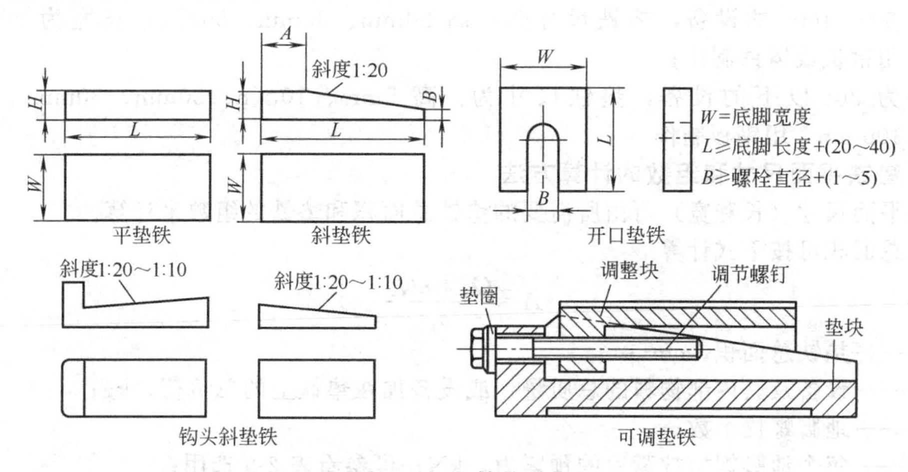


图 2-11　垫铁的形状

上述垫铁中，以平垫铁和斜垫铁最常用，其规格见表 2-4，同时也可以根据设备的负荷和地脚螺栓的预紧力选用更大的规格，或自行计算确定。

**表 2-4　平垫铁和斜垫铁规格**

| 序号 | 平垫铁 | | | | 斜垫铁 | | | | | |
|---|---|---|---|---|---|---|---|---|---|---|
| | 代号 | L | W | H | 代号 | L | W | C | A | H |
| 1 | 平 1 | 90 | 60 | 3,6,9,12,15,25,40 | 斜 1 | 100 | 50 | 3 | 4 | 13 |
| 2 | 平 2 | 110 | 70 | 3,6,9,12,15,25,40 | 斜 2 | 120 | 60 | 4 | 6 | 15 |
| 3 | 平 3 | 125 | 85 | 3,6,9,12,15,25,40 | 斜 3 | 140 | 70 | 4 | 8 | 18 |

平垫铁或斜垫铁的表面一般不需要加工，当有特殊要求时（如高转速离心式压缩机组），需达到一定的表面精度，而且配合面要进行刮研（称为研垫铁），刮研过的两垫铁应均匀接触，接触面积应达到 25%以上，并且垫铁组的上下两平面应平行。

说明：① 为了精确调整水平度和标高，平垫铁还可采用厚度为 0.3mm、0.5mm 和

2mm 的薄钢板垫铁，但最上面的一块垫铁的厚度应大于 1mm。

② 垫铁一般都放在地脚螺栓的两侧，如垫铁只放在地脚螺栓一侧，则应按地脚螺栓直径选择大一号的尺寸。

③ 平 1、平 2 及斜 1 适用于 5t 以下的设备，且地脚螺栓直径为 20～25mm 或更小；平 3 及斜 2、斜 3 适用于 5t 以上的设备，且地脚螺栓直径为 35～50mm 之间。

斜垫铁的斜度宜为 1∶10～1∶20，当与平垫铁配合使用时，要代号相同，即斜 1 配平 1，斜 2 配平 2 等。另外每一垫铁组中只允许使用一对斜垫铁，且不要放在垫铁组的下面。即在每一组垫铁中可包括一定位于底面的平垫铁和两块斜度相同的斜垫铁（对于某些安装精度要求不高的容器设备的安装，也可使用单块斜垫铁，此时负荷应主要由二次灌浆层承受）。

斜垫铁主要使用在设备水平度要求较高和有较大振动负荷的情况下。

开口垫铁（或带孔垫铁）和 L 形垫铁用于设备有支腿（或地脚）的情况下，可调垫铁一般用于安装精度要求特别高的设备安装（如金属切削机床）中。使用时在螺纹和滑动面上应涂以耐水性较好的钙基润滑脂，垫板应以混凝土灌牢，地脚螺栓拧紧以后不得再对垫铁进行调整。

重型设备垫铁尺寸推荐如下：

质量 100t 以上的设备，垫铁尺寸为：高 40mm、60mm、80mm，长宽为 250mm×120mm，用钢板制作；

质量 30～100t 的设备，垫铁尺寸为：高 20mm、30mm、50mm；长宽为 200mm×100mm，用钢板或铸铁制作；

质量为 30t 以下的设备，垫铁尺寸为：高 5mm、10mm、20mm、30mm，长宽为 150mm×100mm，用钢板制作。

## 二、垫铁平面尺寸和组数的计算方法

垫铁平面尺寸（长和宽）可由所需要的垫铁总面积和垫铁的组数来计算。

垫铁总面积可按下式计算

$$A=\frac{Q_1+nQ_2}{\sigma_j}$$

式中 $A$——垫铁总面积，$cm^2$；

$Q_1$——设备及其内部物料的总质量，或设备加在垫铁上的总负荷，kg；

$n$——地脚螺栓个数；

$Q_2$——每个地脚螺栓拧紧后的预紧力，kN；可参看表 2-5 选用；

$\sigma_j$——基础混凝土的抗压强度，Pa。

表 2-5 地脚螺栓预紧力 kN

| 地脚螺栓直径/mm | 预紧力 | 地脚螺栓直径/mm | 预紧力 |
|---|---|---|---|
| 12 | 9 | 36 | 85 |
| 16 | 15 | 42 | 115 |
| 20 | 25 | 48 | 160 |
| 24 | 35 | 56 | 250 |
| 30 | 55 | 62 | 300 |

垫铁组数的确定方法有两种：

一是根据垫钉的布置原则，选用垫铁的布置方法，这样就可以确定垫铁的组数，然后按照垫铁总面积的要求计算每块垫铁的面积，根据这个面积便能选定垫铁的规格（长宽尺寸）；

二是选定垫铁的规格，再计算垫铁的组数，计算公式如下

$$Z=\frac{A}{KF}$$

式中　$Z$——垫铁的组数；

$A$——垫铁的总面积，$cm^2$；

$K$——垫铁与基础表面的贴合系数；可取 0.65～0.85；

$F$——每块垫铁的面积，$cm^2$；可由垫铁的规格计算。

## 三、垫铁的布置方法

设备垫铁在基础表面上有下述各种布置方法，如图 2-12 所示。

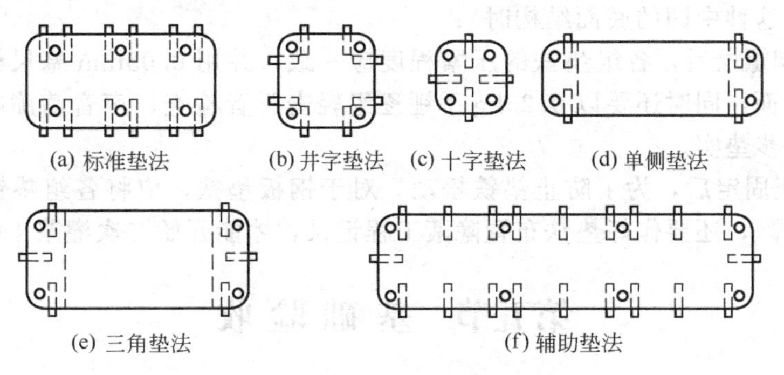


图 2-12　垫铁的布置方法

① 标准垫法：垫铁布置在每个地脚螺栓的两侧，这是放垫铁的基本方法，一般设备安装工程都用这种垫铁布置方式。

② 井字垫法：设备具有方形底座，而且底座面积又较大时用此法。

③ 十字垫法：这种垫法一般用于小型设备，其设备底座较小，地脚螺栓间距较近。

④ 单侧垫法：设备底座是长方形，尺寸较小，而且底面又内凹时用此法。

⑤ 三角垫法：设备有较大的、中凹的长方形底座时用此法。

⑥ 辅助垫法：这是在采用上述垫法中，如果相邻两组垫铁的间距超过 70～100mm 或 300～700mm（对大型设备）时，可在基本垫铁组之间增加一组垫铁组，称为辅助垫法。

⑦ 混合垫法：这是在同一设备底座下，采用上述两种以上垫法的方法。

总之，如果没有设备垫铁布置图提供时，就应在负荷集中的部位，地脚螺栓的两侧以及底座转角及立筋等处布置垫铁组，这也就是安装中垫铁的布置原则。

## 四、放置垫铁时应注意的事项

① 垫铁不得有飞边毛刺、翘曲和铁锈、油污存在。

② 要保证垫铁和基础表面接触良好，其法有二：一是将基础表面用扁铲或其类似工具铲研平整（研垫铁基础），二是在放垫铁的位置铲个坑，用高强度水泥砂浆固定一块垫铁，该垫铁固定时应用铁水平尺找水平（即用座浆法固定垫铁）。

③ 每一组垫铁块数不能过多，一般不超过 3～4 块，并少用薄垫铁以提高垫铁组的平稳性，厚的放在下面，薄的放在上面，最薄的应放在中间；平、斜垫铁混合使用时，则平垫铁在下，斜垫铁在上。

④ 垫铁组的高度一般在 30～100mm 之间（常用的高度是 30～60mm），过高时则会影响设备的稳定性，过低时又不便于二次灌浆。

⑤ 为了便于调整，垫铁应露出设备底座外缘约 25～30mm，如图 2-13（a）所示。

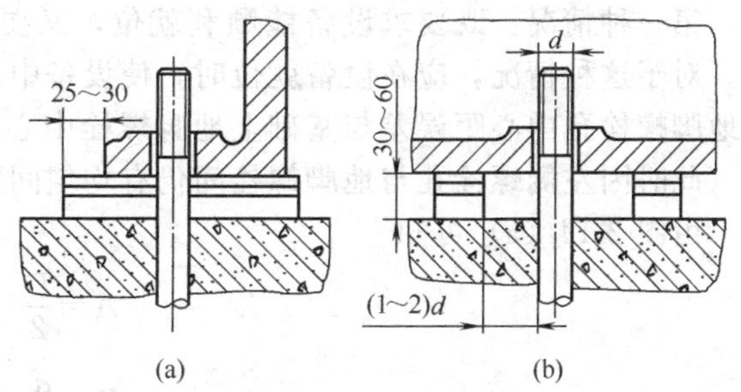


图 2-13　垫铁的放置位置

⑥ 为了不妨碍二次灌浆，垫铁与地

脚螺栓边缘的距离应有50～150mm或等于地脚螺栓直径的1～2倍，如图2-13（b）所示；同时也不能大于这个间距，否则拧紧地脚螺栓时，底座截面将受过大的弯曲应力作用，影响底座的强度。

⑦ 放置在基础上的各组垫铁，尺寸要相同，高度应一致，并要用铁水平尺检查各组垫铁的顶面是否在同一水平上，且应达到规定的标高要求，误差应为0.5～1mm之内。

⑧ 垫铁组伸入设备底座面的长度应超过地脚螺栓孔，而且是垫在底座底面四周凸缘或筋的下面（当有这种中凹的底面结构时）；

⑨ 拧紧地脚螺栓后，各组垫铁的压紧程度应一致，并用0.05mm塞尺检查，塞尺应塞不进垫铁的接触面，同时还要以0.25kg手锤逐组轻击听音检查，声音清脆响亮者为好，反之，则需要进一步垫实。

⑩ 设备找正固定后，为了防止垫铁松动，对于钢板垫铁，应将各组垫铁实施三面点焊（带孔垫铁可不焊），还要作好垫铁布置隐蔽工程记录，才能开始二次灌浆工作。

## 第五节　基础验收

安装设备前，必须严格细致地做好设备基础的验收和交接工作，以防止在设备就位后因突然发现基础有问题而被迫停工和返修。

验收基础的主要工作是，根据设备安装图和有关的技术规范，对已完工的基础进行全面的复测和检查，以办理基础的交接手续，并填签基础交接证书。交接证书上应附有基础的竣工图，注明基础中心线和尺寸、设计位置和实际位置以及所有预埋件的位置、分布和标高，对重要的传动设备基础，还要办理基础抗震隐蔽工程的交接单。

基础的验收项目及内容有以下各项。

① 基础表面的情况：表面是否平整，有无裂缝、蜂窝、露筋和缺角等缺陷；基础上平面的水平度误差不得大于5mm/m。

② 基础的位置和标高：基础中心线的位置是否符合要求，标高是否准确，一般规定基础纵横中心线位置的允差为±20mm，基础标高的允差为－30mm。

③ 形状和尺寸：基础的形状是否正确，基础平面尺寸、凸台尺寸和沟坑深度等是否符合要求，规定基础平面尺寸允差为±30mm，凸台尺寸允差为－20mm，沟深允差为±20mm，坑深允差为±10mm。

④ 地脚螺栓的位置及情况：地脚螺栓的中心距、标高及垂直度是否符合安装要求，螺纹情况是否完好，长度是否够，螺帽、垫圈是否配套齐全。规定地脚螺栓中心距的允差为±(4～5)mm，栓端标高允差为±(10～20)mm，垂直度允差为10mm/m。地脚螺栓中心距的允差也可按下述方法计算。

分以下两种情况讨论。

第一种情况：既要求设备能顺利就位，又要求就位后尚能对设备中心线位置作精确调整。对于这种情况，应在设备就位时，使设备中心线与基础中心线对中，且需假定设备底座上地脚螺栓孔中心距误差与基础上地脚螺栓中心距误差为同侧异向分布，如图2-14（a）所示（此时因左侧螺栓孔与地脚螺栓间仍有均匀间隙，故可对设备的中心线作精确调整）。

由图2-14（a）可知

$$A=\frac{D}{2}-r$$

$$B=\frac{d}{2}+x$$

式中　$A$，$B$——就位尺寸，mm；

$D$，$d$——地脚螺栓孔和地脚螺栓的实测直径，mm；

$r$，$x$——地脚螺栓孔中心距的实测误差，mm。

显然，只有满足$A \geqslant B$，设备才能顺利就位，即

$$\frac{D}{2}-r \geqslant \frac{d}{2}+x$$

得

$$x \leqslant \frac{D-d}{2}-r$$

第二种情况：只要求设备能在基础上就位，没有对设备中心线位置作精确找正的要求。

对于这种情况，在就位时，可使设备底座左侧地脚螺栓孔的孔壁与地脚螺栓相接触，如图 2-14（b）所示。

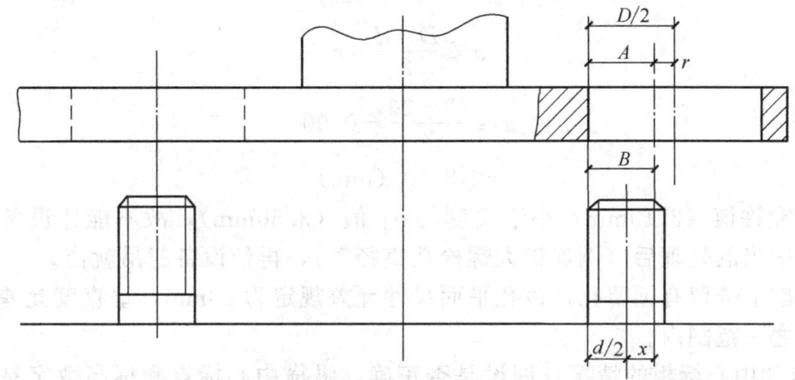


(a) 设备就位有精确对中要求

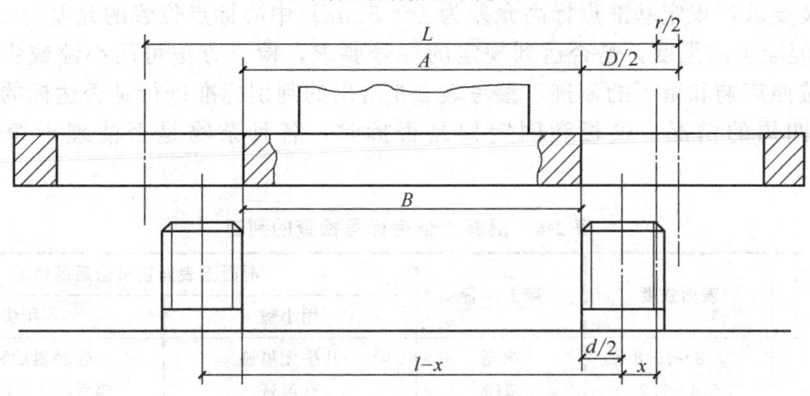


(b) 设备就位无精确对中要求

图 2-14　地脚螺栓中心距的允差

由图可知

$$A=L+r-D$$
$$B=l-x-d$$

式中　$A$，$B$——就位尺寸，mm；

$L$，$l$——地脚螺栓孔与地脚螺栓的中心距，mm；

$D$，$d$——地脚螺栓孔与地脚螺栓的实测直径，mm；

$R$，$x$——地脚螺栓中心距与地脚螺栓中心距的实测误差，mm。

显然，必须满足$B \geqslant A$，设备才能就位，即

$$l-x-d \geqslant L+r-D$$

得 $$x \leqslant D-d-r$$

还可根据实测的中心距与直径，以作图方法来检查设备能否顺利地在基础上就位。

**例 2-1** 设实测到的 $r=0.90$mm，$x_1=3.50$mm，$D=42$mm，$d=36$mm，试核算设备能否在基础上顺利就位。

**解**：设备就位无精确对中要求时

$$x \leqslant D-d-r$$

$$x \leqslant 42-36-0.90$$

$$x \leqslant 5.10 \text{ (mm)}$$

由于实测的 $x_1=3.50$mm，小于 5.10mm，所以，设备能顺利就位。

设备就位有精确对中要求时

$$x \leqslant \frac{D-d}{2}-r$$

$$x \leqslant \frac{42-36}{2}-0.90$$

得 $$x \leqslant 2.10 \text{ (mm)}$$

由于 $x$ 的允许值（2.10mm）小于实测的 $x_1$ 值（3.50mm），故不能让设备在基础上就位，必须通过适当的处理后（例如扩大螺栓孔直径等），再使设备起吊就位。

另外，基础上若留有预留孔，该孔平面尺寸允差规定为 20mm，垂直度允差应在预留方孔边长的十分之一范围内。

⑤ 基准点和中心标板的情况：埋设是否正确，纵横中心标点和标高数字是否清晰、完整、符合安装要求，规定基准点标高允差为±0.5mm；中心标点位置的允差为±1mm。

⑥ 基础混凝土的强度：是否达到规定的标号要求，检查方法可用小锤或尖錾敲击基础的表面，再按照声响和留下的痕迹，参考表 2-6 给出的判别标准进行是否达标的判断。

⑦ 基础四周的情况：模板和固定架是否拆除，各种杂物是否清理干净，是否有积水等。

**表 2-6 混凝土强度标号检查的判断**

| 混凝土标号 | 表面强度 | 敲击声音 | 混凝土表面被敲击后的情况 | |
|---|---|---|---|---|
| | | | 用小锤 | 用尖錾 |
| 110～140 | 8.8～10.8 | 响亮 | 几乎无痕迹 | 轻轻錾后稍有痕迹 |
| 70～90 | 5.6～7.2 | 喑哑 | 有痕迹 | 錾后有 1～1.5mm 的坑 |
| 约 50 | 约 4.0 | 破碎 | 有边缘崩陷的凹坑 | 裂开并有崩陷的现象 |

## 第六节 基础的处理

设备基础的处理包括：某些基础缺陷的补修，重型设备基础的预压试验与沉陷观测以及基础表面的铲麻工作。

### 一、设备基础的补修

① 基础标高不符时：基础标高超过要求用錾子铲低；若达不到要求可在原基础上铲麻面之后，再补灌一层混凝土。

② 基础中心有偏差时：偏差过大借改变地脚螺栓的位置进行补救。

③ 地脚螺栓有偏差时：

a. 中心偏差。錾去地脚螺栓四周的混凝土，其深度保持（8～15)$d$ 左右，然后按以下不同情况予以不同的处理：地脚螺栓直径在 24～30mm 以下，中心偏差在 10mm 内，用氧乙炔焰将螺栓杆部烤红（樱红色，850℃左右），再用大锤敲弯或用千斤顶顶弯；也可用螺钉钩矫正；如果地脚螺栓直径大于 30mm，矫正后还应焊板加固，如图 2-15 所示。当地脚螺

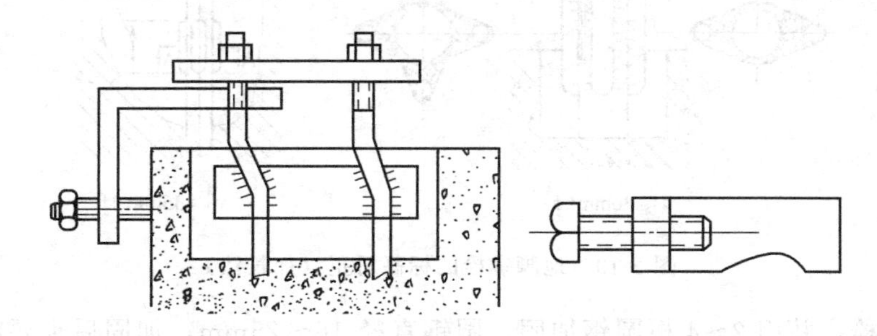

图 2-15　地脚螺栓的局部矫正

栓直径在 30mm 以下，而中心超差 10mm 以上时，需将螺栓切断，按图 2-16 所示方法进行矫正。

b. 中心距偏差。先将地脚螺栓四周的混凝土錾去并保持（8～15)$d$ 的深坑，然后用氧乙炔焰烤红螺栓杆部，以大锤敲弯和用钢板加固［见图 2-17（a)］称为垫弯法，另外也可将螺栓割断，焊上一段槽钢，再在槽钢上按中心距要求焊上两只新制的螺栓，称为过渡框架法，如图 2-17（b）所示。

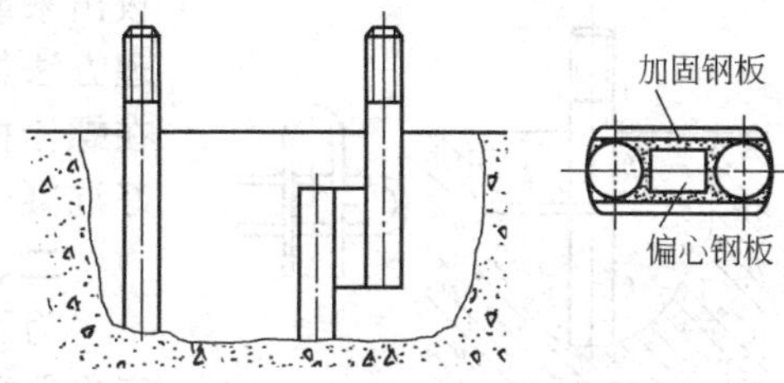


图 2-16　地脚螺栓的整体矫正

地脚螺栓中心或中心距的偏差处理后，应给其四周錾出的深坑补灌上混凝土。另外用钢板加固的目的是为了防止拧紧地脚螺栓时被重新拉直。

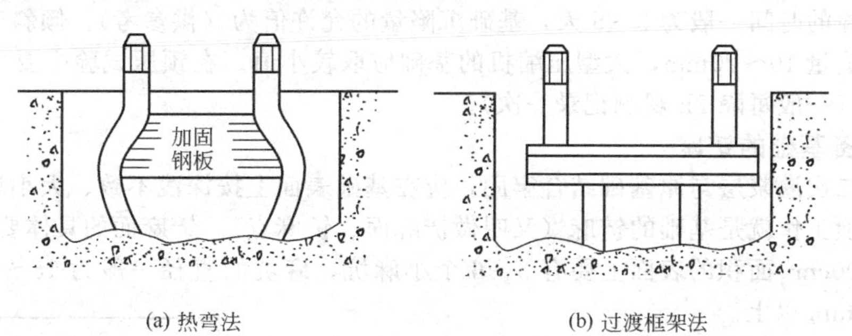


图 2-17　中心距偏差矫正

c. 标高偏差。超过规定的标高时，将高出部分割去，再重新铰制螺纹（铰螺纹时要防止润滑油滴到混凝土上）；达不到标高要求时，如偏差在 15mm 以内，可用氧乙炔焰烤红螺栓杆部，再套上垫板拧紧螺帽，如图 2-18 所示。其中螺栓杆部变细部分还焊上 2～3 根圆钢（或钢板）加固。此种操作必须注意，当拧紧螺帽拉到规定的长度后立即松开螺帽，否则螺栓冷却时会被拉裂。当偏差超过 15mm 时，地脚螺栓不能用加热法拉长，应按图 2-19 所示方法进行矫正，即在距坑底 100mm 处将螺栓切断（斜切），另

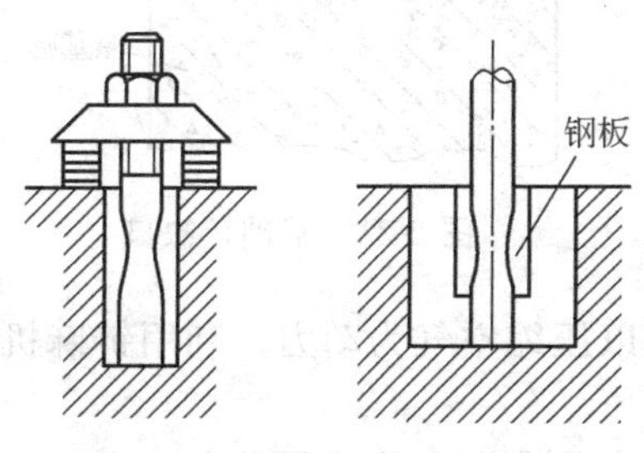


图 2-18　标高较低时的处理

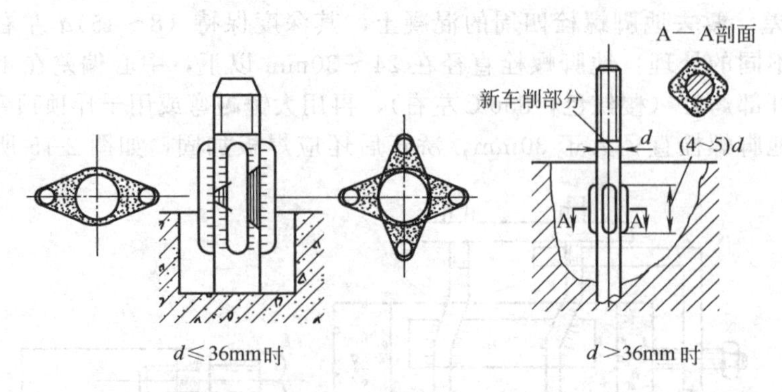

图 2-19 地脚螺栓的标高矫正（加长法）

焊一新制的螺栓，并用 2～4 根圆钢加固，圆钢直径 16～25mm，加固后也要将深坑补灌上混凝土。对于长地脚螺栓，可将其从基础坑内取出来以热锻法进行延伸以补救。

d. 地脚螺栓活拔（松动）时。所谓活拔，就是拧紧螺帽时，可能将地脚螺栓从基础中拔出来或带动它一起旋转达不到拧紧的要求。活拔的处理方法如图 1-20 所示，即在地脚螺栓的四周錾出凹坑，在螺栓杆上，接两条交叉的 U 形钢筋，然后将凹坑补灌好混凝土。

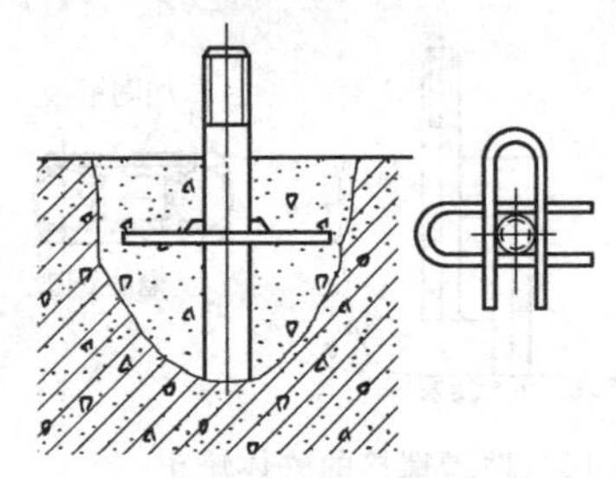
图 2-20 地脚螺栓的防活拔处理

## 二、设备基础的预压试验与沉陷观测

为了发现基础在支承设备和设备投入运转后，是否产生严重的不均匀沉陷以及减轻基础工作中的沉陷量，安装重型设备前应当由有关人员做基础的预压试验和沉陷观测。预压用的混凝土重块或其他质量要为设备质量的 1.5 倍，要同时使用几台水准仪定时观测基础各部位的沉陷量，直到受压基础不再下沉为止。预压试验的时间一般为 3～5 天，基础沉陷量的允许值为（供参考）：倾斜千分之一到千分之二，沉陷量 10～20mm，大型压缩机的基础应取较小值。在预压试验中要填写基础预压与沉陷记录（一般每隔 2h 观测记录一次）。

## 三、设备基础的铲麻

为了使二次灌浆层与原基础结合牢固，应在基础表面上按深浅不致、大小均匀的要求铲出麻坑，这项工作就是基础的铲麻（又叫做铲麻面、铲麻点）。铲麻面的具体要求是：

① 每 $100cm^2$ 面积的表面上要有 5～6 个小麻坑，麻坑的直径一般为 15～30mm，坑深至少要在 10mm 以上。

② 大型基础的表面要按坑径 30～50mm、坑距 150mm 左右铲麻面。

③ 要在基础的转角处铲除缺口，以便二次灌浆层与原基础结合更加牢固，如图 2-21 所示。

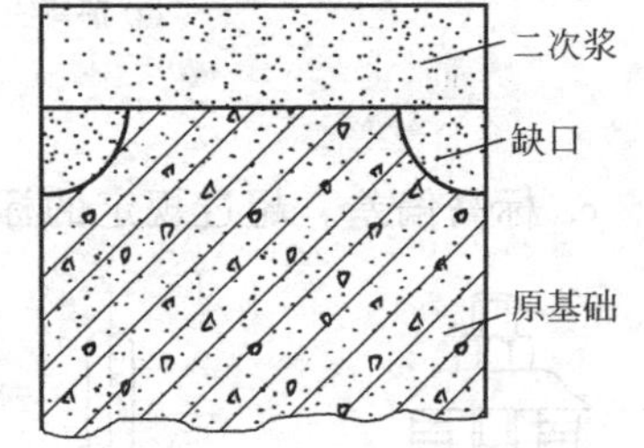

图 2-21 基础铲缺口

④ 对基础表面上放垫铁的各个部位，不是铲出麻坑，相反应该铲平（此项操作又称铲垫铁窝），使与垫铁的接触面积达 50%以上（可用红丹粉检查），以手掀垫铁时不应晃动。铲麻的方法有手工和风铲两种。手工就是用扁錾或钢钎，用手锤或大锤敲击的办法铲出麻坑，风铲法是以压缩空气为动力，利用铲麻机铲麻面。

基础铲麻面时，应加强劳动保护，注意安全，操作者应戴面罩和防护眼镜。

## 复习思考题

1. 设备基础有哪些功用？建造时应满足些什么要求？

2. 设备基础结构形式有哪几种？用什么材料建造设备基础？基础材料的标号代表什么意义？

3. 设计计算设备基础时，应满足哪些强度、耐压与抗振性方面的要求？又如何确定基础的埋深与标高？

4. 地脚螺栓的形状与连接方式有哪几种？怎样确定它的埋深与直径？

5. 标高基准点与中心标板的用途是什么？

6. 设备基础的检查验收标准包括哪些方面？

7. 设备基础与地脚螺栓常出现哪些偏差，对它们应怎样进行处理？

8. 有一台100t重的合成塔，安装在4个实体式方形阶梯基础上（基础建在干黏土上），试计算该基础的各尺寸与受力钢筋数量。

9. 每分钟2950转的电动鼓风机重2t。底座尺寸为1000mm×800mm，基础建在松软的土壤上，试计算该基础（设地下水为－1.2m）并校核。

10. 某设备就位前，实测到的设备底座上地脚螺栓孔中心距的误差为1.5mm，螺栓孔直径为30mm，基础上地脚螺栓的中心距误差为2.5mm，地脚螺栓直径为24mm，计算后确定该设备能否在基础上就位。

11. 垫铁的作用是什么？常用的垫铁有哪几种？

12. 垫铁的布置法则是什么？

13. 垫铁的布置方式有哪几种？

# 第三章 设备验收

设备开箱和无损检测（即无损探伤）是安装前进行设备检查验收的两个重要步骤，其中无损探伤还用于安装过程中对施工质量的控制和评定。

## 第一节 设备开箱

工业设备安装施工中，设备制造厂或供货单位是遵照订货要求和保证安装施工的连续性，将各种设备陆续发运至施工现场的。安装部门必须以发货单和装箱单为依据，结合设备安装说明书，对运到安装现场的设备，打开包装箱，进行主要是清点性和外观的检查。

对设备做清点性检查时，要查点数量，核对规格，弄清配套性，检查设备的合格证和出厂检验单，对无检验单和合格证的设备可不予验收，并及时与供货单位联系交涉。

检查设备的外观时，主要是发现设备有没有损伤缺陷以及运输中包装箱是否被打开过，如要做进一步的品质检验，必须编制检验方案，并予以实施。

设备开箱检查认可后，应认真整理有关的各种资料，办理验收手续，参加验收的各方代表均应签署验收记录。

设备开箱的方法是，先拆去箱盖，待查明情况后再拆开四周的箱板，箱底一般暂不拆除。拆箱时要选择适当的工具，不应蛮干、用力过猛和碰撞设备，保证开箱的安全。需要仔细检查时，应清除设备上的防锈油脂，注意不用硬度高于设备的刮具刮油脂（通常用薄铜片、铅片或竹片做刮具）。对设备上特别精密的轴颈等机件，要用煤油或汽油洗去防锈油，并以干净细布仔细擦干，应当注意，对已装配好的设备一般是不进行拆检的，仅做外观和底座安装尺寸的检查，另外对有铅封的部件，更不能随意拆开，要由有关专业人员负责拆检和验收。

设备开箱后，如不能立即进行安装，则应对设备妥善保管，以防止散失和损坏。为此要结合设备的类型和性质，进行分类存放和防护，其中不怕雨雪侵蚀和温度影响的设备可放入露天堆置场；不怕雨雪不怕温度影响的设备，应设置支架顶棚；对于既怕雨雪又怕温度影响的设备则应放在库房内；对一些重要的电动机，要存放在有保温设备的库房内。使电动机温度高于周围环境的温度，以免电动机内部受潮。

设备在安装现场的保管工作，主要就是防止设备因受潮而锈蚀。为此还应采取以下措施。

① 垫高：通常将设备垫离地面约400～500mm左右的高度，支垫的木料以枕木为宜。

② 涂油：对保管的设备，不论是加工面或未经加工的粗糙面，都应涂以防腐蚀的油脂或油漆，对电气部分涂以绝缘油漆或绝缘清漆，有些精细加工面可涂上工业凡士林油后包上油粘纸加以妥善防护。

③ 通风、干燥、排水：库房应选在较高的地方，并在设备存放处的四周挖掘排水沟。加强通风，保持室内干燥。为了吸潮，也可在库房底面铺以一定数量的砂和木炭。

④ 编号挂牌：对易散失的小机件，应编上设备号码，制牌挂在机件上，以便于查找，防止失落。

最后，在设备开箱检查中，应注意设备制造厂是否提供有专用工具和材料，并妥为保管，以备应用。

## 第二节 设备试压

### 一、设备的水压试验法

水压试验是各种压力容器强度试验与严密性试验的主要方法，在安装现场应用极其广泛。

1. 水压试验装置与方法

水压试验的原理是给设备灌满水并加压到规定的压力，并利用这个水压作为设备的负荷来进行强度与严密性的试验工作。其装置如图 3-1 所示。

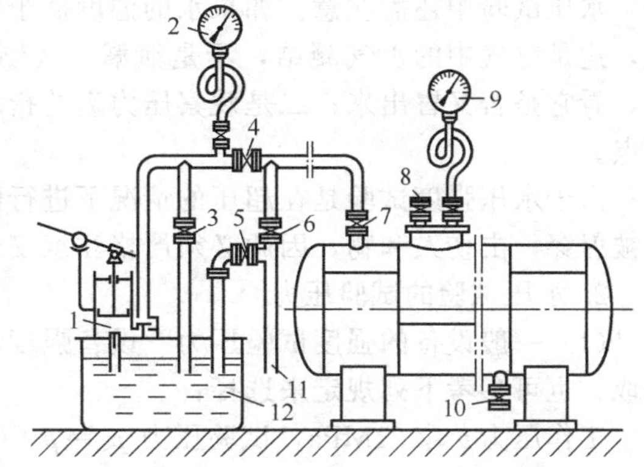


图 3-1 水压试验装置示意

1—水压泵；2，9—压力表；3—降压阀门；4—加压阀门；5，6—灌水阀门；7—进水阀门；8—出气阀门；10—排水阀门；11—自来水管；12—水槽

水压试验装置中，一般应包括：灌水装置，可直接通过自来水管灌水，也可由单独的离心泵向设备灌水；加压装置，可由手压泵、高位储水箱或由电动加压泵（一般为双联或三联柱塞式电动试压泵）加压；均压装置，为了均匀地给水加压，可在水力管道上设置一个缓冲缸（图 3-1 中未设），从缓冲缸到设备水压是均匀上升的；测压装置，在水压试验装置中，为了及时发现各部分的工作情况，需要在加压泵出口、缓冲缸以及设备等各处设置压力表；放水装置，试压结束应由放水阀等装置将设备内的水放出，为了试压现场的清洁，可挖设排水沟；堵塞装置，为了使设备在灌满水后能不断升压，设备上所有出口处均应安装盲板，并且要在盲板与设备出口法兰面之间设置橡胶垫；排气装置，为了排尽设备内空气，保证灌满水加压的正常进行，应在设备最高处装设放空阀，待阀门溢水后关闭此阀；最后就是准备和连接水管系统。

水压试验的步骤如下（参见图 3-1）。

灌水：试验开始，打开灌水系统（开灌水阀门 5、6、进水阀门 7 和出气阀门 8）由自来水管向设备和储水箱灌水，直到水从出气阀门 8 溢出为止，这就是灌水操作。

升压：然后进行加压，关闭出气阀门 8 和灌水阀门 5 及阀门 6，打开加压阀门 4，并开动水压泵 1（或电动试压泵），水压泵出口压力由压力表 2 读出，设备内水压由压力表 9 读取，加压过程中要仔细观察压力上升情况；如果压力表 9 压力平稳上升，说明一切正常，当压力表 9 压力跳动，表示设备内还存有空气，应打开出气阀门 8 继续放气，如果压力表 9 指针不动，甚至倒转，说明阀门及管路连接处有泄漏，应停止加压，待处理好后再继续加压，在加压过程中还要密切注视设备的情况，如果设备某处有出汗或者不太多的漏水现象，为了彻底地暴露出缺陷，可继续缓慢加压；当加压过程中很正常，压力没有突然的变化时，就缓慢而连续地加压到规定的强度试验压力（有时，为安全起见，分几次加到试验压力，每达到某一个压力时，停下来几分钟或十几分钟进行观察，没有问题再进行升压操作）。

强度试验：在实验压力下进行保压观测工作，保压方法是关闭阀门 4，维持原压 5～10min，或更多一点时间；应认真仔细地检查设备各处是否漏水，压力表指示压力是否下降，若既无漏水又无压力下降现象，就表示设备强度没有问题。

严密性试验：其方法是微微放开加压阀门 4 和降压阀门 3 使压力缓慢下降到设备的工作压力，并在该压力下停留一段时间进行设备严密性的检查。可采用一面观察压力表，一面用

0.5～1kg 圆头手锤敲击设备的接缝部位，发现有水珠或严重的渗漏，凡是渗漏的地方一律加以标记，待放净水后进行修理。

卸压：当上述强度与严密性试验无问题或有问题但加了标记后，就进行放水前的卸压（或称放压），方法是打开降压阀门 3，加压阀门 4 和进水阀门 7（也可同时打开灌水阀门 6），直到设备内的压力降到大气压力时，先打开出气阀门 8 后，开排水阀门 10（防止出现负压，损伤设备），将设备内水全部放净（冬季要立即放水，防止冻裂设备）。

管道设备的水压试验，要先用盲板或阀门将管道全长分成若干段，然后才依次对各段管道进行试压，检查强度和严密性。

水压试验中还需注意：如果水的温度低于周围环境露点的温度，设备外壁上可能出现水珠，这是空气中的水气凝结，不是泄漏。区别水气的凝结和泄漏的方法是：一是把水珠擦掉，看它是否又冒出来；二是观察压力表的指示压力是否下降；三是测量设备壁温是否高于露点。

由于水压强度试验是在超压的情况下进行的，如果设备上某接管经受不住试验压力，就会被射穿，击伤人和物，因此必须严格注意安全。

2. 水压试验的试验压力

（1）一般设备的强度试验压力　设备强度试验压力可从设备说明书、图纸或有关规定中查取，也可参考下列规定来选择：

工作压力 $p \leqslant 0.1\text{MPa}$，试验压力 $p_s = p + 0.1$；

$p < 0.6\text{MPa}$，试验压力 $p_s = 1.5p$；且 $p_s \geqslant 0.2\text{MPa}$；

$p = 0.6 \sim 1.2\text{MPa}$，试验压力 $p_s = p + 0.3$；

$p > 1.2\text{MPa}$，试验压力 $p_s = 1.25p$。

（2）高压化工容器设备的水压强度试验压力（对旧高压设备或失去原始记录的高压设备而言）

$$p_s = 1.3\left(p \times \frac{\sigma_p}{\sigma} \times \frac{s}{s-c}\right)$$

式中　$p_s$——容器水压强度试验压力，MPa；

$p$——容器设计压力，MPa；

$\sigma_p$——在试验温度下，容器材料的许用应力，MPa；

$\sigma$——在设计温度下，容器材料的许用应力，MPa；

$s$——容器实际壁厚，mm；

$c$——壁厚附加量（即腐蚀裕量），mm。

（3）真空设备水压试验压力　应该注意：设备水压强度试验压力，如果在图纸或有关技术文件中有规定时，则应按设备图纸或有关技术文件的规定执行。

（4）严密性试验压力　关于水压严密性试验，一般都采用设备的工作压力作为试验压力，并确定在强度试验后进行，以便将强度试验与严密性试验合并在一道工序内依次完成。

对于严密性要求特别高的设备（例如工作介质为有害气体），也有规定以 1.05 倍工作压力作为试验压力，并同时以该压力进行设备内的冲洗。

## 二、设备的气压试验法

气压试验是利用向设备导入压缩空气、氮气、氨气或高压蒸汽等介质，并加压形成对设备的负荷，来依次进行强度试验和严密性试验的。试验时先将设备封好，然后通过阀门和管道给设备导入高压气体，当设备内压力升到规定压力的 50% 以后，压力应逐级增加至规定的压力（每级压力升高 10% 左右），然后降至工作压力，保持足够长的时间，以便进行检查，检查方法是以肥皂水或酚酞试液涂在接缝处（或其他可疑处），观察是否有肥皂泡出现，小型容器也可浸入水中，看是否有气泡上升（注意：气压试验中，不得以小锤敲击设备的方法来检查是否有泄漏）。气压实验用于检查严密性时一般又称为气密实验。气密实验中，一般要检查每小时（至少观察 1h）内的泄漏量或泄漏率是否符合规定。由于设备的容积可视为不变的，所以气体的泄漏量或泄漏率可以用压力表量度，同时计入由于温度变化而引起的气压变化值，当气温无变化时

$$\Delta p = p_1 - p_2$$

$$\delta = \frac{p_1 - p_2}{p} \times 100\%$$

式中　$\Delta p$——泄漏压力降；

$\delta$——泄漏率；

$p_1$——记录起点的气体的绝对压力；

$p_2$——记录终点的气体的绝对压力。

当气温变化时，则必须将压力换算成温度不变时的压力，根据容器的容积不变，气体压力与温度成正比的定律

$$\Delta p = p_1 \frac{T_1}{T_2} p_2$$

$$\delta = \left(p_1 - \frac{T_1 p_2}{T_2 p_1}\right) \times 100\%$$

式中　$T_1$——记录起点的气体绝对温度；

$T_2$——记录终点的气体绝对温度。

为了严密性试验的结果准确，应注意：

① 打入气体后等一段时间，待温度稍稳定后再做记录，以便测出的温度真实地反映设备内试验气体温度（因打入设备容器内的高压气体与设备内原有的空气温度相差甚大，如用压缩机打入的气体是热的，用高压储气瓶通入的气体是冷的等）。

② 温度计宜在设备的不同部位多放几只，观察各部分温度是否稳定，计算时应取其平均值。当泄漏超出规定要求时，可在接缝处涂肥皂水以查出泄漏处，并加以修复。

气压试验比水压试验灵敏、迅速，但危险性较大。这是因为气体是可以压缩的，如果设备强度中严密性有问题会造成急剧泄漏，设备内被压缩的气体就会由于压力突降而剧烈膨胀，产生爆炸危险。所以气压试验必须在具有可靠安全措施的情况下进行。也就是只在以下三种情况下，才用气压强度试验代替水压强度试验：

① 设备的结构和设计不便于充满水或其他液体时；

② 设备的支承和结构，不能承受充满水或其他液体后的负荷时；

③ 设备内部放水后不容易干燥，而生产使用中又不允许剩有水分时。

气压试验的试验压力与水压试验相同。

**三、试验温度**

试压一般是在常温下进行的，即使是在高温下运行的设备，试压也在常温下进行。按照该设备材料的高温强度性能要求换算为常温下的试验压力即可。

但试压中必须注意金属低温脆性的问题。当温度降低到某一临界值时，金属材料的延伸性会显著降低，这个温度通常称为金属脆性转变温度。脆性转变温度的高低，依材料成分、制造方法、热处理以及应力情况而定。一般的钢材，在温度低于转变温度时，在很小变形甚至无变形时也可能发生脆性断裂，而且这种脆性断裂的传播速度极快，微小的脆性断裂很容易扩大而造成设备的整体破坏事故，并且事前无征兆，故危害性较大。因此，凡工作在转变温度以上的设备，一律必须在此温度以上进行试压，特别是焊接后未进行热处理的设备，更

应该严格遵守这一点。一般应在温度比设备材料的脆性转变温度高 5℃以上的情况下进行试压（为安全起见，气压试验最好高于15℃）。

当用高压储气瓶供应试验气体时，气体从高压膨胀至低压时，要吸收热量，造成温度降低，此时应注意不使其温度降到 15℃以下（因碳钢的临界温度，高的可达0℃）。

**四、脱脂件试压介质的要求**

经过脱脂的设备、管路及其附件进行试压时，其试验介质应符合下列要求：

① 试验介质应清洁无油；

② 试验介质为压缩空气时，应经过滤器。为了检查过滤后空气是否有油，可将气体吹在白色过滤纸上、或白布上，吹 10min 后观察，以无油渍为合格；

③ 试验介质为水时，不得采用循环水，如需要接触铝制件时，水中不得含有游离碱。

另外，设备的严密性，应在脱脂、装配后进行试压测定。

## 第三节 无损检测

**一、磁力探伤**

磁力探伤是应用最早的一种无损探伤方法。由于操作中通常用磁粉来显示设备缺陷处磁性的存在。故又称为磁粉探伤。

（一）*磁力探伤的原理*

将设备夹持在两块电磁铁之间（或套上线圈），通电使之磁化，这时设备内部便有磁力线通过，如图 3-2 所示。

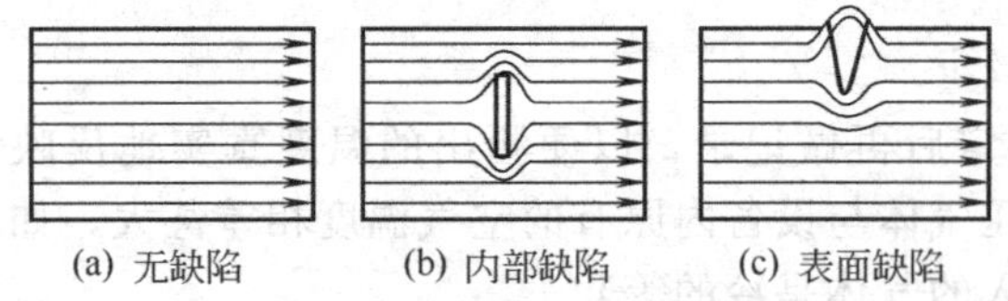


图 3-2 磁力探伤原理

如果设备材质组织均匀，内部没有任何缺陷，则各处磁力线疏密一致，互相平行，均匀分布［见图 3-2（a）］。当设备内部或表面存在缺陷时，由于缺陷的磁导率比其他处小，磁力线便在通过缺陷部位时产生弯曲现象［见图 3-2（b）及（c）］，因而有部分磁力线暴露在设备表面附近的空间内，形成漏磁磁场，或称局部磁场。这时如果在设备表面撒上一些铁磁性粉末（即磁粉）或混合液（磁粉与变压器油的混合物），则由于泄露的局部磁场磁力的吸引，磁粉会在缺陷部位集聚，根据磁粉堆积的形状（条状或块状）和面积，便可判断设备表面或接近表面处的缺陷的方位、性质和大小。而设备深部存在的缺陷，磁力线虽然也有弯曲，但不能在设备表面附近形成局部漏磁，故磁粉不能集聚，也就无法探测设备内部缺陷［见图 3-2（b）］。

（二）*磁力探伤的方法*

磁力探伤的步骤和方法如下。

(1) 设备表面的净化工作　探伤前要将设备表面上的污垢和油脂仔细清除干净，防止假显示造成判断错误。但漆层、电镀层和氧化层不必去掉。

(2) 设备的磁化（充磁）　这是磁力探伤中的重要环节，应该将设备磁化到足以在表面缺陷处形成能使磁粉集聚的局部磁场，其步骤是：

① 选择磁化设备：可以选择专门做磁力探伤的机床，也可选用电磁铁，螺管线圈，或直接将导线绕在设备上（例如当以电焊机为磁化电源时，就可把电缆绕在设备上）。

② 选择磁化电流：当确定由电磁感应产生磁力线时（另一种是使用永久磁铁），既可选用直流电流也可选用交流电流。选用直流电流可以显示较深处（也只是 6～8mm）的缺陷，但要有直流发电机或整流器做直流电流。选用交流电，电源容易获得，但由于交流电有集肤（磁粉在表面的局部堆积）现象，只能探测设备表面处的裂纹等缺陷。

磁化电流的强度（单位为A）可按 $25D\sim30D$（剩磁法检验）或 $6D\sim10D$（连续法检验）的大小选择（$D$ 为设备尺寸，单位为m）。

③ 选择磁化方向：应根据设备上可能存在的方向，分别选用纵向磁化、横向磁化或联合磁化的方法。如图 3-3 所示。

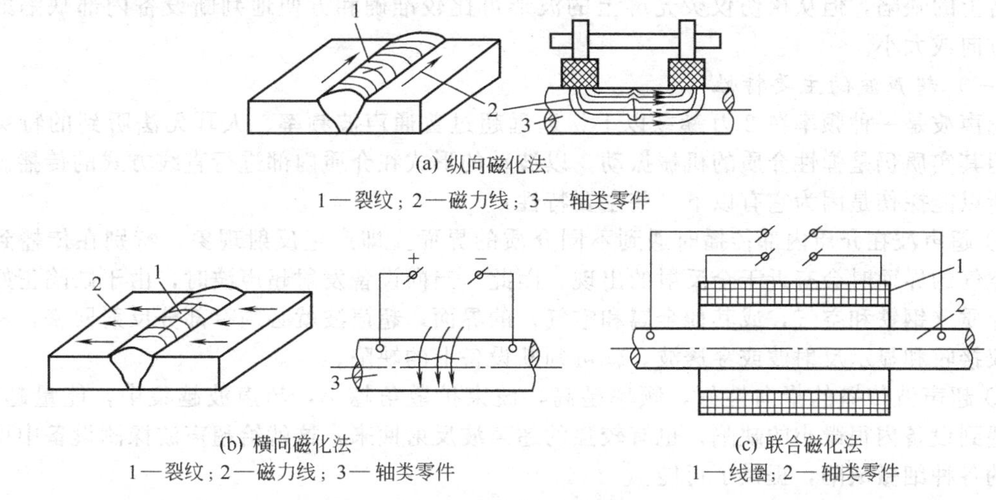


(a) 纵向磁化法

1—裂纹；2—磁力线；3— 轴类零件

(b) 横向磁化法

1—裂纹；2—磁力线；3— 轴类零件

(c) 联合磁化法

1—线圈；2— 轴类零件

图 3-3 磁化方向示意

纵向磁化时，磁力线与设备纵向平行，可用以显示横向裂纹；横向磁化后磁力线与设备横向平行，可用于发现纵向缺陷；联合磁化通过调节纵横磁化电流的比例，可检验设备上任意方向的缺陷。

（三）探测设备上的缺陷

有两种探测方法，一种是利用剩磁探测，即在磁化后关掉电源，利用设备上的剩磁来吸引磁粉。此法适用于剩磁感应大的结构钢设备的探伤；另一种方法是在电源磁场下，撒上磁粉（或涂刷磁粉液）进行探测，适用于软钢、铁镍合金等金属的探伤。

为了提高探测的灵敏度和准确度，探伤时可轻轻敲击设备表面，利用振动使磁粉移向局部磁场，同时发现有磁粉集聚，要随即作出标记，以使显示更加鲜明。

磁粉一般选用粗细为 2～5$\mu$m 的磁性氧化铁粉末。配制磁粉液的方法是：在每升变压器油（或低黏度的柴油及煤油）中加入 20～30g 的磁粉。

（四）给设备退磁

磁力探伤后，设备上都或多或少地存在剩磁。对于用交流电磁化的设备，简单的方法是将设备慢慢地从通有交流电的线圈中退出来，或者逐渐减少通往设备的电流强度，以达到退磁的目的。由直流电磁化的设备，当用交流电退磁方法达不到要求时，必须使用直流电退磁，方法是开始时电流强度等于或稍大于磁化电流，然后逐渐降低电流强度并同时改变电流的方向（变动正负极的位置），直到电流降到零为止。总之退磁的基本方法是以逐渐减弱的反向磁场退去原磁场。另外，对于大设备的退磁，可以用小型大功率的交流电磁铁沿设备表面移动来退去剩磁。

退磁后的设备：还要用罗盘放在离设备 15mm 处，并缓慢移动，如指针部发生任何偏转，即表示退磁以达到目的（也可用回形针串起来放在设备附近缓缓移动，如回形针一丝不动便证明已退尽剩磁）。

（五）磁力探伤法的优缺点

优点是探测设备表面的缺陷灵敏、快速、直观，而且设备简单，操作方便；缺点是不能探测非铁磁性材料（例如奥氏体钢等）设备的缺陷，不能显示设备深处的缺陷，并且对近于表面的缺陷也难以确定它的深度。由于气孔和夹渣所引起的泄漏磁通不多以及偏析也能引起磁通的一定泄漏，因而磁力探伤对于检查缺陷的灵敏度和准确度是不高的。

## 二、超声波探伤

超声波探伤是一种很方便和应用十分广泛的设备探伤技术。在操作中虽不能直观地探测到设备上的缺陷，但从探伤仪荧光屏上的波形可比较准确和方便地判断设备内部缺陷的位置、方向或大小。

### （一）超声波的主要特性

超声波是一种频率在 2 万赫兹以上，远远超过普通声波频率、人耳无法听到的特殊声波。但其实质仍是弹性介质的机械振动，以波动的形式在介质内部进行直线方式的传播。超声波所以能探伤是因为它有以下一些主要特性：

① 超声波在介质内部传播时遇到不同介质的界面立即产生反射现象，特别在传播到钢铁和空气的界面时会有近于全反射的出现。因此，当向设备发射超声波时，由于缺陷正好是不同介质（钢铁和空气，或其他金属和空气）的界面，超声波就必须有部分反射回来，利用探伤仪接收和显示反射波或穿透波，就可判断设备上的缺陷。

② 超声波传播的指向性好，频率越高，波束扩散角越小，超声波越集中，能量越大，因而遇到设备内很微小的缺陷，也有较强的超声波反射回来，这就给超声波探测设备中可能存在的各种细微缺陷，提供了可能。

③ 超声波的穿透能力大，在一般金属材料中传播时，振幅的衰减很小，因此超声波在设备内能传播到很深的部位（可达 10m），故利用超声波可以探测到设备内部深处的缺陷。

④ 超声波可以由连续振动来激励（连续波），也可以通过脉冲振动来产生（脉冲波），也就是说，超声波能使用不同的振源，但探伤操作一般都采用由高频电振荡来激发脉冲波。

⑤ 超声波根据振动方式与传播方式，分为纵波、横波和表面波三种。工程上常用的是纵波探伤。

### （二）超声波的发生和接收

工程上常用的是压电式超声波发生和接收器，其工作原理是基于某些晶体的压电效应，例如石英、钛酸钡、钛酸铅等晶体，既能在外界机械振荡的作用下产生电振荡，又可以在交变电场的作用下产生往复性伸缩（即机械振荡），利用这种效应就可把传来的电振荡讯号变成机械振荡，并以超声波形式向设备内部发射和传播，同时又能吸收超声波并改变成电振荡讯号传到探伤仪的电子装置。再由电子装置在探伤仪的荧光屏上显示波形。

上述超声波发射和接收过程就是发现设备内缺陷的过程，称为超声波探伤。其特点是超声波的发射与接收简易方便，只需较小的功率就可投入工作，而且能在较宽的频带内满足探伤的要求。

根据使用要求，探头制成平探头和斜探头两种形式，其构造如图 3-4 所示。

### （三）超声波探伤的原理

超声波探伤的基本原理有以下两种。

① 反射法：如图 3-5 所示，自发射探头 3 发生的超声波在设备内传播，遇到缺陷后一部分反射回去，由接收探头 2 接收并变成电振荡传至电放大器 4 放大，再传到荧光屏栅极，使荧光屏上匀速直线移动的光点改变方向形成代表反射波的波形 b，该反射波形的存在就显示了设备内部有缺陷。另外一部分超声波继续传播至设备底面再反射回去由同一接收探头 2 接收并变成电讯号，通过放大器 4，在荧光屏上最右边产生代表底面反射波的波形 c。荧光屏上最左边的波形 a 则代表由设备顶面反射回来的超声波的波形。

上述荧光屏光点的匀速直线移动是由电子扫描发生器 7 产生的。并由同步发生器 8 发生的三路同步触发讯号控制高频振荡发生器，扫描发生器及刻度电压发生器 9 三者同步工作。

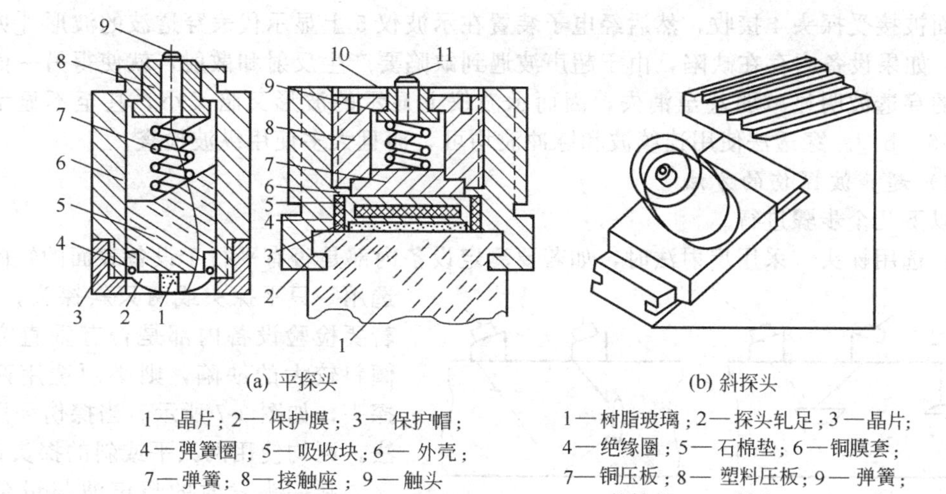

(a) 平探头

1—晶片；2—保护膜；3—保护帽；
4—弹簧圈；5—吸收块；6—外壳；
7—弹簧；8—接触座；9—触头

(b) 斜探头

1—树脂玻璃；2—探头轧足；3—晶片；
4—绝缘圈；5—石棉垫；6—铜膜套；
7—铜压板；8—塑料压板；9—弹簧；
10—接触座；11—触头

图 3-4 超声波平探头和斜探头

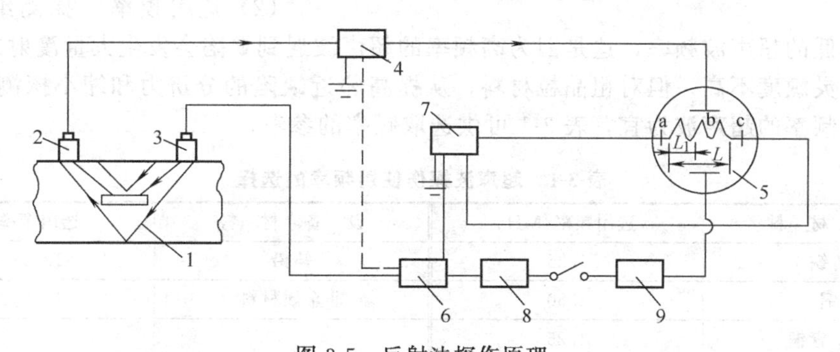


图 3-5 反射法探伤原理

1—设备；2—接收探头；3—发射探头；4—电放大器；5—荧光屏；6—高频振荡发生器；
7—电子扫描发生器；8—同步发生器；9—刻度电压发生器

刻度电压发生器的作用是产生等间隔的脉冲电压，使荧光屏上显示出等间距的电子刻度，以代表超声波在设备介质内传播的时间（μs）。用缺陷反射波得到的时间乘以超声波在介质内传播的速度（在钢铁内传播的速度为5850m/s），便可得到设备内缺陷的位置。

由于反射法均用脉冲波，因而此法全称脉冲反射超声波探伤法。

② 穿透法：如图 3-6 所示，超声波由发射探头 2 发生，经设备的一面传入设备内部，而

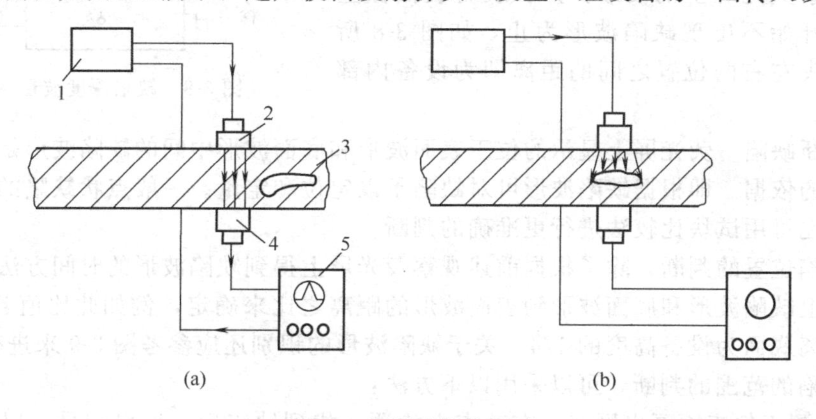

(a)　　(b)

图 3-6 穿透法探伤原理

1—高频振荡电流发生器；2—发射探头；3—被检查设备；4—接受探头；5—示波仪

在另一面被接受探头 4 接收，然后经电子装置在示波仪 5 上显示代表穿透波的波形［见图 3-6（a)]，如果设备内存在缺陷，由于超声波遇到缺陷要产生反射和散射，就使得另一面探头接收到的穿透波明显减弱甚至消失，因而示波仪上显示的波形又暗又小，甚至不显示波形［见图 3-6（b)]。穿透法使用连续波和脉冲波均可，而且大多使用纵波检查。

（四）超声波探伤的方法

分以下几个步骤进行。

(1) 选用探头　采用反射法时，如若要测定设备内部是否有平行于设备表面的缺陷，可选用一只平探头或两只斜探头，但是，若要检验设备内部是否有垂直方向或倾斜较大的缺陷，则必须选用两只斜探头，如图 3-7 所示。当探伤采用穿透法，则均使用两只平或斜的探头。

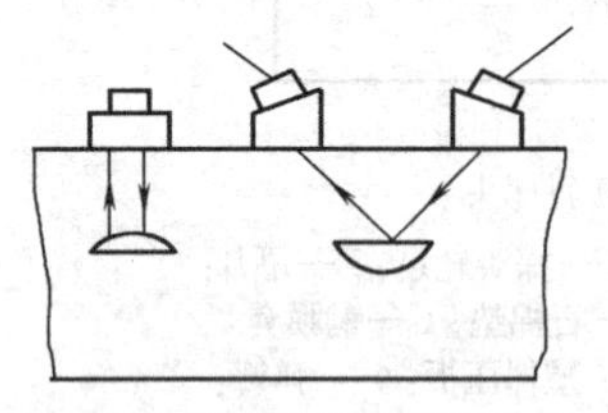

(a) 平行缺陷的探头使用

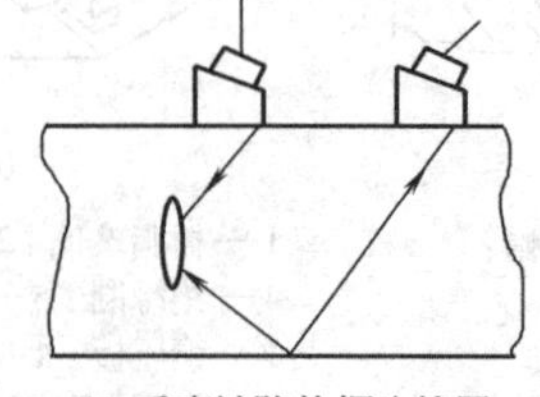

(b) 垂直缺陷的探头使用

图 3-7　探头的选用

斜探头发射的超声波与设备表面的倾斜角有 30°、45°及 60°等多种。

(2) 选用频率　探测细晶粒材料时，宜选用低的超声波频率，这是因为高频率的超声波遇到缺陷会发生大量漫射或吸收，造成损耗大，灵敏度不高。但对粗晶粒材料，从提高邻近缺陷的分辨力和缩小探测死区考虑，以选用较高频率的超声波为宜，表 3-1 可供选取频率的参考。

表 3-1　超声波探伤使用频率的选择

| 设备材料 | 选用频率/MHz | 设备材料 | 选用频率/MHz |
|---|---|---|---|
| 灰铸铁 | 1.25 | 铸铅 | 1.25；2.50 |
| 锻钢 | 2.50 | 非金属材料 | 1.25；2.50 |
| 黄铜、青铜 | 1.25 | | |

(3) 探测缺陷　有两种探测方法。

① 探头位置固定法：探测时探头对设备的各部位一个一个地进行探测，适用于较小缺陷的探测工作。

② 探头位置移动法：当设备内部缺陷较大（很长）时，探测操作中要一边缓慢移动（Z 字形）探头，一边观察荧光屏上的波形，并在设备表面做上记号，直到开始不出现缺陷波形为止，如图 3-8 所示，图中探头左右两位置之间的距离即为设备内部缺陷的大小。

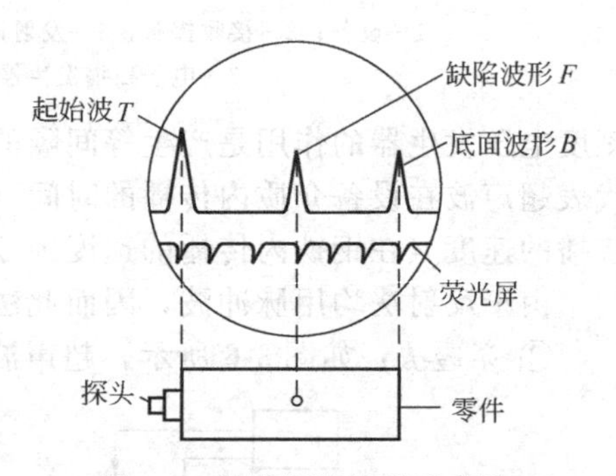


图 3-8　缺陷深度波形示意图

(4) 判断缺陷　荧光屏上显示的位于表面波形和底面波形中间的缺陷波形是判断设备内部缺陷存在的依据。即根据缺陷波形可对缺陷予以定位和定量。一般点状缺陷的大小根据半波高确定，也可用试块比较法进行更准确的判断。

对于缺陷位置的判断，除了根据前述观察荧光屏上得到缺陷波形的时间方法以外，一般均用荧光屏上缺陷波形和底面波形到表面波形的距离之比来确定，例如此比值若为 3/4，即表示缺陷距离底面为设备高度的 1/4。关于缺陷波形的识别还应参考图 3-9 来进行。

对于缺陷的范围的判断，可以采用以下方法：

① 在被测工件表面画出网格，在节点上检测，找到缺陷后，做出记号，以确定缺陷的范围。

② 利用半波高度法确定缺陷的边界，在检测过程中，如果出现始波和缺陷波的高度相同时，可以确定就是缺陷的边界，做出记号，将所有的点连接以后，就可以画出缺陷的范围。

③ 对焊缝等工件类型中缺陷范围的判断，可以利用探头走Z字形路线，结合缺陷定位方法，可以顺利确定缺陷的范围。

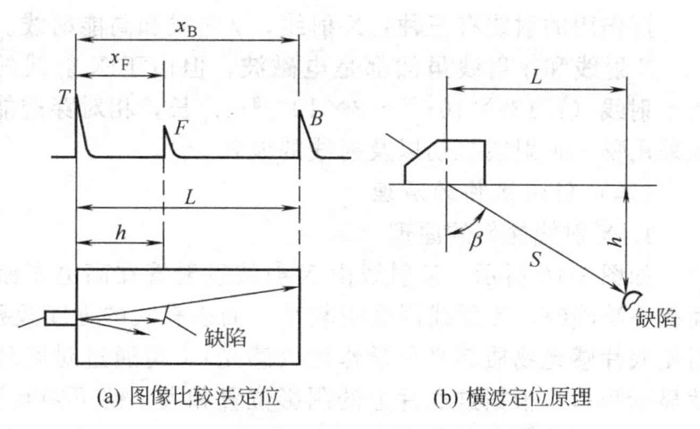


图 3-9 缺陷位置示意

(5) 评定质量　超声波探伤一般将缺陷分为线形和点状两类，并且规定线形缺陷以单个缺陷的长度确定质量级别（表 3-2），其中Ⅰ级缺陷可存在于高压容器上，Ⅱ级只能存在于低压容器上。关于点状缺陷，则规定以 100mm 长焊缝中这种缺陷的总长度的允许值作为质量的控制标准，见表 3-3。

**表 3-2　单个缺陷长度最大值**　mm

| 被探伤工件厚度 | 合格级别 | 探头沿焊缝移动的距离 |
|---|---|---|
| 8～25 | Ⅰ、Ⅱ | 8～10、10～15 |
| 25～40 | Ⅰ、Ⅱ | 10～15、16～25 |
| 40～120 | Ⅰ、Ⅱ | 16～25、25～35 |

**表 3-3　点状缺陷最大值**

| 被探伤工件厚度 | 在 100mm 焊缝内探头移动总长 | 缺　陷　距　离 |
|---|---|---|
| 8～40 | 25～40 | 同深度两个缺陷间距小于最大缺陷长度时，则两个缺陷之和作为单个缺陷计算 |
| ＞40～120 | 40～65 | |

（五）超声波探伤法的优缺点

优点是所使用的探伤仪轻巧、搬动方便，探测灵敏度高，探测深度大，速度快，能立即得到探伤结果；缺点是不能确定设备内部缺陷的性质，要求表面具有较高加工精度，而且需在探头和设备表面之间使用水、机油、变压器油或水玻璃等作为它们的耦合剂，以保证探伤工作的正确进行。另外，当缺陷位于设备表面或近于表面时，由于荧光屏上的表面波形与缺陷波形重叠，导致无法判断或判断错误。所以超声波探伤主要适宜于探测设备内部的缺陷，不适合于作为设备表面缺陷的无损探伤。

## 三、射线探伤

射线是一种肉眼看不见的，并以直线传播的电磁波。利用它来探伤是安装检测常用的一项探伤技术。

（一）射线的主要特性

射线能够用于设备探伤，是基于有以下一些主要特性：

① 射线具有强大的穿透能力，这是由于它的波长比普通可见光要短很多，且光束能量大。射线除不能穿透铅以外，可以穿透钢、铸铁和其他各种材料。

② 射线和可见光一样，既能发生反射、干涉、绕射和折射现象，又能使照相底片感光。

③ 射线透过不同的物质时，具有不同的衰减率，并被物质吸收产生热量，并且在穿透空气时能使气体发生电离。

探伤用的射线有三种：X射线，γ射线和高能射线。前两种射线使用较为广泛。

X射线和γ射线虽然都是电磁波，但由于X射线的波长（$1.019\times10^{-7}\sim6\times10^{-13}$m）比γ射线（$1.139\times10^{-10}\sim3\times10^{-13}$m）长，相对穿透能力较小，因此应根据设备厚度来选取采用哪一种射线探伤以及射线的波长。

（二）射线探伤的原理

1. X射线探伤的原理

如图3-10所示，X射线由X射线发射管在高电压激励下产生和发射，当设备内部或表面存在缺陷时，X射线因受阻较小，而以较大的强度投射到置于设备后面的照相底片上，从而使底片感光物质起光化学作用（感光），再通过对底片的显影、定影和冲洗处理，底片上就显示阴影，根据这底片上的阴影位置和大小便可判断设备上缺陷的存在及其性质和方位。

2. γ射线探伤的原理

如图3-11所示。将钍或镭等放射性物质放在留有发射窗口的铅制容器内，当γ射线穿透设备后，其中通过缺陷处的γ射线就以更大的光强度使底片强烈感光，经过显影、定影和冲洗处理，底片上就出现一些局部较黑的形象即阴影。

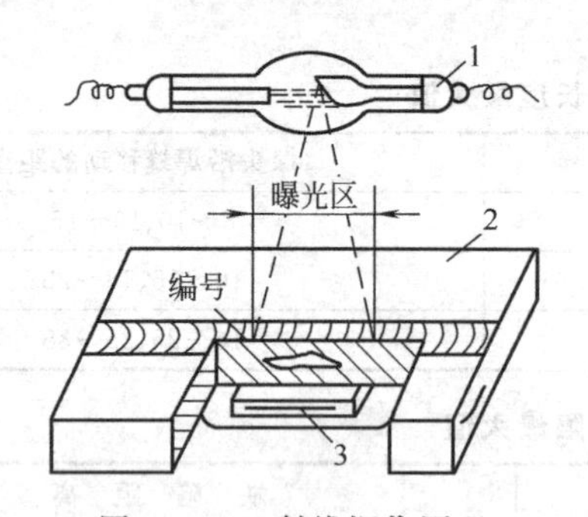


图3-10　X射线探伤原理

1—X射线发射管；2—被检设备；3—暗匣

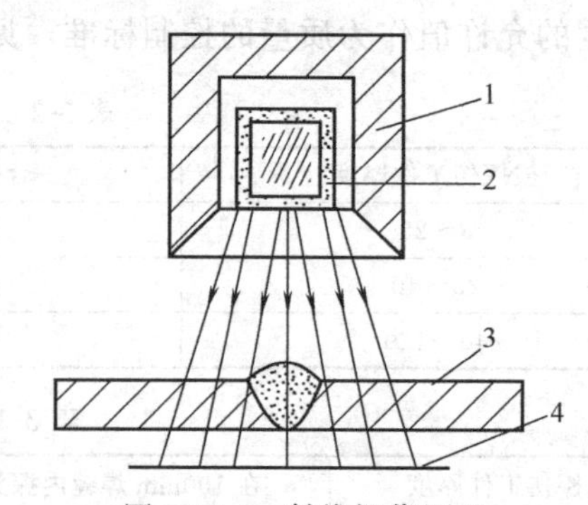


图3-11　γ射线探伤原理

1—铅容器；2—安瓿；3—被检设备；4—底片

利用γ射线可探测厚达300mm的钢板设备。

射线探伤也可不用底片来显示设备内部的缺陷，而改用荧光屏物质，当荧光屏上出现局部较强荧光时，即表示设备有缺陷；另外，可用电视观察，即在荧光屏后面再放上电视摄像机和接收机，这时可在电视荧光屏上观察到设备内部缺陷的状态。

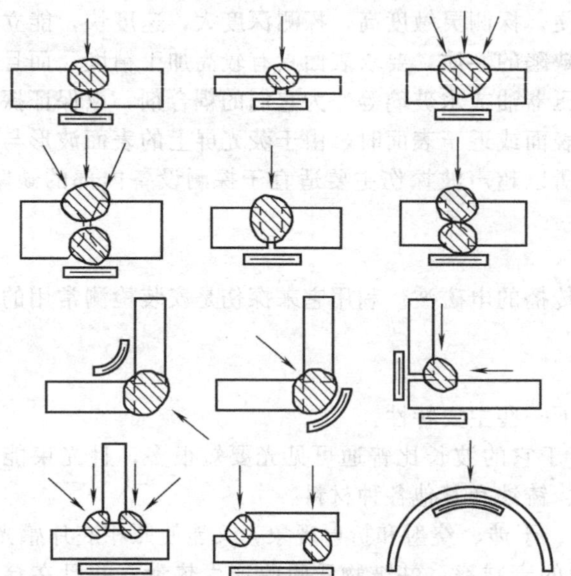

图3-12　X射线探伤照射方向示意

（三）射线探伤的方法

首先要了解设备探伤的技术要求，据此确定透照部位，并将其一一编号，然后研究遮断射线的方法。正式透照时应按下述各点要求进行（见图3-12）：

① 不开坡口的对接焊缝仅在垂直方向透照；

② V形和X形坡口对接焊缝应从三个方向透照；

③ T形焊缝从垂直和倾斜45°两个方向透照；

④ 角焊缝只在垂直方向透照；

⑤ 管道上的对接焊缝，管径较大时用透层照射法；管径小于 100mm 时使用一次透照法，且应选用较大的焦距，以免重影造成辨认困难；

⑥ 环形焊缝可将射线源置于设备中心位置，以一次照射法完成全部透照。

（四）设备焊缝质量的评定标准

设备上的焊缝，根据其缺陷的性质、位置和大小，分为以下三个质量等级。

甲级：质量优良，整条焊缝截面上没有裂纹和未焊透，只有个别相距甚远的夹渣与气孔。

乙级：质量合格，有未焊透现象，但其深度不超过母材厚度的 15%，有气孔，但在 $3cm^2$ 焊段上，每平方厘米内气孔不超过 5 个。

丙级：质量不合格，焊缝内有裂纹，未焊透，并有链状的夹渣和气孔。此种焊缝必须返工，不应验收使用。

（五）射线探伤法的优缺点

优点是灵敏度高，能保持永久性缺陷记录。透照厚度可达 100mm（X 射线）以上至 300mm（$\gamma$ 射线），不仅能探测设备表面上的缺陷，也可探测设备内部深处的缺陷，其缺点是射线对人体有伤害（尤其是 $\gamma$ 射线），而且 X 射线机比较笨重，操作时间较长。

## 四、渗透探伤

（一）着色探伤

着色探伤不要专门的设备，只需配制适当的着色剂和显现粉即可探伤（市上有出售成瓶的）。

着色探伤的原理是基于毛细管作用。将擦干净的设备表面浸没在着色剂中或涂刷上一层着色剂，着色剂便渗透到设备各表面的裂缝内，10～20min 后取出设备，擦干表面上的着色剂，涂以显影粉。侵入裂缝的着色剂即在毛细管作用下渗透到显现粉中，使显现粉湿润并改变颜色，从而反映出设备缺陷。

着色剂的配方不一，既可用 60%煤油、35%变压器油和 5%松节油，加入 10～15g 苏丹染料来配制 1000g 着色液（红色）；也可用水杨酸甲酯 30mL、煤油 60mL、松节油 10mL 和 4 号苏丹染料 1g 来配制 100mL 着色液（红色）。

显现粉每 100mL 可用油溶性锌白 5g，苯 20mL，5%胶棉液 20mL 和工业丙酮 60mL 来配制。

为了提高探测的灵敏度，先要用丙酮或其他清洗液将设备表面上油脂污垢等擦去。以保证着色液能渗透到裂缝中去。

着色探伤一般可发现宽 0.01mm 以上，深 0.03～0.04mm 以上的设备表面缺陷。

着色探伤的优点是操作简便，不受设备材料性质的限制，缺点是要求设备表面有较高的加工精度，不能检测设备内部的缺陷。

（二）荧光探伤

这种探伤类似于着色探伤法，其原理是：将已清除油脂和污垢的设备，放在荧光液中 10～20min 左右（或涂刷荧光液到设备表面上），让荧光液渗透到设备表面的缺陷内，然后取出并用布擦干表面，放在干锯木屑中干燥 5～10min，再在设备表面上涂上显现粉，做好了这些准备，便用水银石英灯照射，如有缺陷，10min 后就可看到设备表面上有明亮的荧光出现（荧光是水银石英灯发生的紫外线照射吸附到显现粉上的荧光物质发生的，参见图 3-13）。如要记录可拍照片。

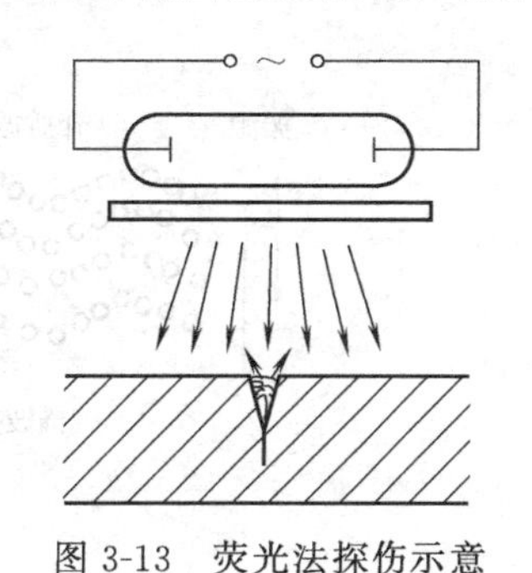

图 3-13 荧光法探伤示意

荧光液按设备材料选择。如 ZA-1 荧光液用于镁合金，ZB-1 荧光液用于铝合金、钢的检验等。

显现粉通常使用氧化镁和碳酸镁粉，并要用 1000 孔$/cm^2$ 以上的筛子筛过。

荧光探伤法的优点是灵敏度更高些，可探测设备表面上 10mm 宽和 10mm 深的细微缺陷。缺点是紫外线照射能产生臭氧，对人的眼睛有伤害作用。

（三）煤油试验

煤油试验是安装现场常用的一种探测设备缺陷的方法。它是利用煤油的表面张力小，有很强的渗透能力，从而能渗透进设备上的裂缝处的原理进行探伤的。做煤油试验时，先将设备表面清理干净，在另一面涂上白垩粉水溶液，待干燥后，在设备表面涂刷煤油或将煤油倒入设备内浸泡半小时或更多的时间（最长达 4h 左右），如果白垩粉层上没有油渍的痕迹，即表示该设备没有缺陷。当发现有问题时，应将煤油清除干净，才能进行修补，否则焊补时会产生气孔。

（四）氨渗透试验

氨渗透试验方法是在设备（容器）焊缝上贴一条比焊缝宽 20mm，用 5%硝酸亚汞或酚酞水溶液浸过的纸条，然后在设备内通入含氨体积约 1%的压缩空气，当压力达到规定的氨渗透压力 5min 后，如纸条上仍未出现黑色或红色斑点，则说明设备焊缝内无缺陷存在。

**五、设备探伤技术的新发展**

无损探伤是一门新的科学技术。随着现代科技的发展，无损探伤的重要性越来越突出，迫切要求这种方法精益求精。因此，目前工程上除广泛应用磁力探伤、超声波探伤和射线探伤等现代化探伤技术外，又发展和开始应用声发射探伤技术、激光全息照相探伤技术、微波与内窥镜检测技术和液晶检测技术等，下面分别对运用较多的声发射探伤技术和激光全息照相探伤技术作简要的介绍。

（一）声发射探伤技术

声发射探伤技术的基本原理和方法是：给被检设备作用外力，使其缺陷处产生应力和应力波，然后借助声发射探头接收这个缺陷处产生的应力波，并转换为电讯号，再经电子装置的放大和显示，根据所显示的电讯号分析应力波的频率、能量等参数后，便可判断应力波的波源和性质，因而能探测到设备内部缺陷的位置和状态。

声发射探伤技术不但可以测定设备内部缺陷的状态，而且能记录缺陷形成的过程，预测未来的缺陷发展趋势。

声发射是物体受到外部作用而使其发生状态改变时释放出来的一种瞬间弹性波，其波形可分为连续型和突发型两类，如图 3-14 所示。

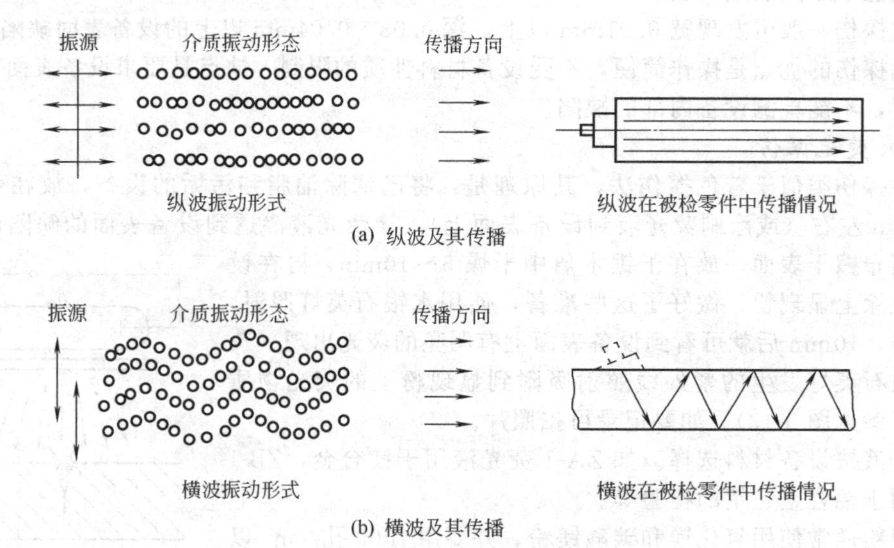


图 3-14　声发射信号的典型波形

在实际工程中，压力系统的泄漏、材料的屈服过程、液压机械和旋转机械的噪声都是连续型声发射信号，它的特点是：波幅没有很大的起伏，发射频率高而能量小。

金属、复合材料等裂纹的产生和扩展，显示出材料受到冲击作用等都会产生突发型声发射信号，这类信号的特点是脉冲波形，其峰值很大但衰减很快。

根据声发射信号的特征，可以采用如图 3-15 所示的典型检测系统，对被检测工件进行检测，并利用各个处理装置中获得的数据，用数字图像进行显示或打印输出。

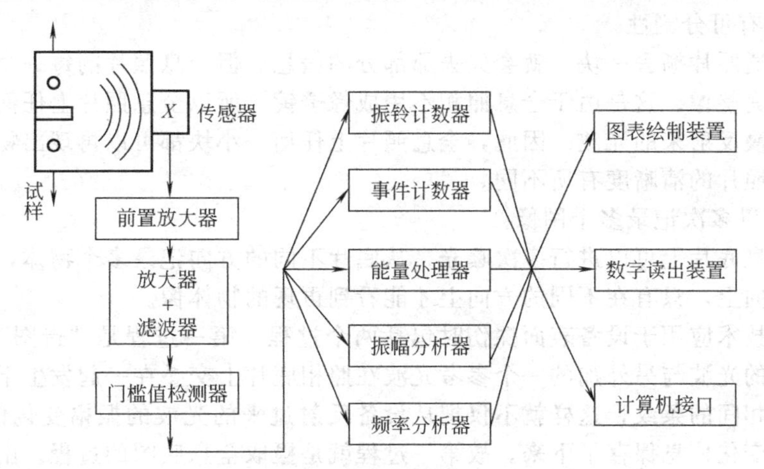


图 3-15　声发射检测系统示意框图

声发射技术目前还存在一些缺点，如无法探测静态缺陷，同时也只能确定缺陷位置，而对缺陷大小的判断尚有一定的困难。声发射技术要与其他无损探伤结合使用。

将声发射技术应用到压力容器的水压试验中，可认为容器在最高压力下，也不会产生发展着的裂缝，从而进一步提高了压力容器的安全可靠性。

（二）激光全息照相探伤技术

全息照相技术是近年来发展的一种新技术，也是激光的一种重要应用。

激光全息照相在成像原理上与普通照相是截然不同的，它主要有以下一些特点。

1. 成像原理上的差别

普通照相必须在底片和物体之间放置一个成像针孔（或透镜），使物体上的每一点只有一条光线能够到达底片，如图 3-16（a）所示，然后利用底片上的感光材料，把物体表面光波的强度记录下来，从而得到物体的形状。全息照相则不用成像系统，而是借助一束与物体光波相干涉的参考光，在底片处同物体光波相叠加，形成干涉条纹，如图 3-16（b）所示。

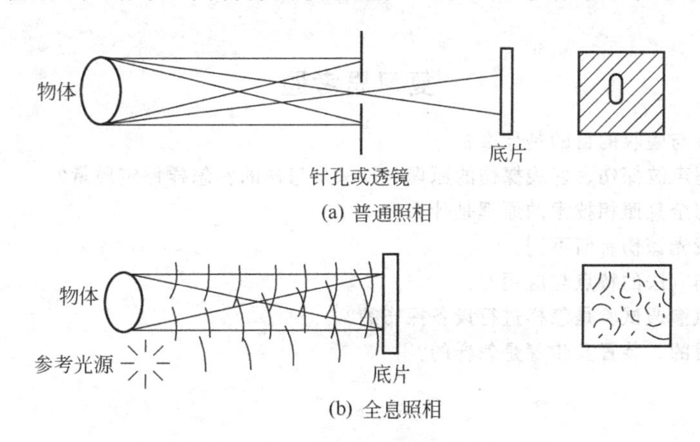


图 3-16　全息照相与普通照相的差别

2. 全息照相与被拍摄物体无外形相似

从全息照相外表上看，只是记录一些干涉条纹，根本看不出在照片上记录了一些什么物体，只有在再现过程中才能看到被拍摄物体的像。

3. 再现的像是立体像

全息照片在再现过程中，观察者如同观察真实景物一样，当观察者改变位置时，就可以看到物体后面被挡住的部位。若看远近不同的物体，必须重新调焦。

4. 照片具有可分割性

如果把普通照片撕去一块，就会失去那部分的信息。但全息照片的每一个碎片都能再现出原来物体的完整像。这是由于全息照相不用成像透镜，所以全息照片上任何一点都接收到物体整个表面漫反射来的光波。因此，全息照片上任何一小块都可以再现出物体的整个表面光波，也只是照片的清晰度有所不同。

5. 照片可以多次记录多个图像

在一张全息底片上可以进行多次曝光，从底片不同的方向记录多个物体，再现时，每个不同的衍射方向上，只有在不同的方向上才能看到再现的物体像。

全息照相技术应用于设备表面探伤时包括两个过程，第一过程是“造图”。造图是使被照设备反射来的光波与另外加的一个参考光波在照相底片上交叠在一起发生干涉，从而在底片上形成明暗相间的条纹，这样就不仅把从设备反射过来的光波的振幅变化信息保存下来，而且也把位相变化信息保存了下来。故第一过程就是摄取全息底图的过程。由于全息底图上只是明暗条纹而不是设备的像，因而还有第二过程。即所谓“建像”过程。建像是用建像光波来照射全息底，使图上的条纹在另一张照相底片上发生衍射现象，形成一个虚像和一个实像，这就是全息照相图。它能清晰地反映设备表面上的全部特点。故能从这张相上分析设备的表面是否有缺陷存在。上述建像光一般均用激光。其基本原理可参见图 3-17。

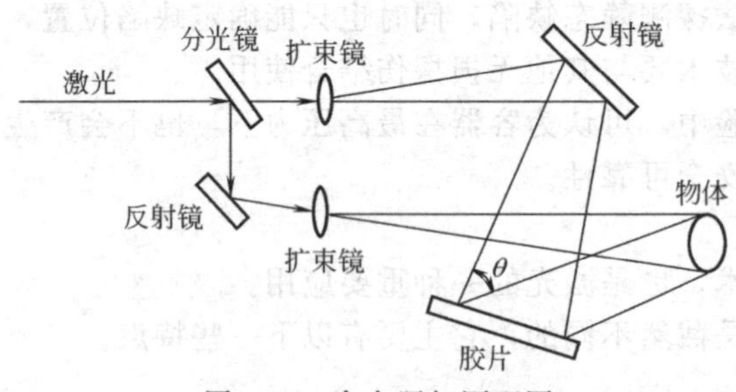

图 3-17　全息照相原理图

如若探测设备内部是否有缺陷，则要给设备一定的外力（机械力、热应力、振动力均可）使缺陷处在力的作用下产生变形并反映到表面上来，然后通过全息照相来间接地显示设备内部的缺陷。

全息照相技术是无损探伤一个极其重要的发展方向，它的潜力大，具有远大的发展前景。

## 复习思考题

1. 设备开箱检查与验收的目的是什么？
2. 磁力探伤、超声波探伤、射线探伤的原理与步骤是怎样的？怎样评定质量？
3. 声发射技术与全息照相技术的原理是什么？
4. 着色探伤与荧光探伤有何不同？
5. 比较各种探伤方法的特点与应用？
6. 煤油试验与氨渗透试验是怎样进行设备探伤的？
7. 水压试验的目的、装置及步骤是怎样的？

# 第四章　放线就位

根据工厂或车间的设备布置图，正确地标志出设备安装的基准线，并按这些基准线将设备放置到规定的位置上去，这项工作统称为设备的放线就位。放线就位的工作内容包括：安装基准线的确定及标志、设备中心线的画定、设备的起重、设备中心线的对正以及设备的就位。

## 第一节　安装基准线放设

### 一、安装基准线

确定一台设备的空间位置，一般需要平面位置基准线（纵向和横向）和标高基准线。

施工技术规范规定："设备就位前应按施工图并依据有关建筑的轴线、边缘或标高线放出安装基准线。"所以安装前应该取得厂区或车间的设备布置图，并考虑到不同设备不同的放线要求。

对于单体运转的设备，由于运转时与其他设备没有联系，因而对这些设备的位置要求不高，一般只要求设备中心符合基础中心，或是离开厂房墙、柱一定距离。此时只需用墨线在基础上或地坪上画出标志即可，甚至可以不画出基准线，在设备就位时直接用尺测量。

有些设备，虽属单体运转，但有排列要求。例如几台容器排列在一起时，要求排列整齐，此时应使用墨线在基础或地坪上弹出共同的安装基准线。

化工生产设备，互相间是衔接的，也就是设备间有物料的输送；另外，某些化工设备更是直接连接的。此时，它们互相之间的纵横位置和高度要求就更高了。用墨线的方法可能还不能满足要求，这就要埋设钢制的中心标板和标高基准点，再依据中心标板拉钢丝作为安装基准线。

总之，安装基准线由化工生产工艺对设备布置的要求来确定，并作为化工设备安装中进行就位和找正的依据。

### 二、放线的基本原则

标志安装基准线时，一般情况下，都应该根据有关的建筑物轴线、边线来确定平面位置基准线，这是基本的放线原则，但如果建筑物的允许偏差比设备安装的允许偏差大得多，按上述原则放线就往往出现顾此失彼的现象，为此在放设安装基准线时，必须先校对与安装设备有关的基础外形、预留孔洞、预埋构件和墙、柱、楼板等互相间的位置与距离，是否符合安装的要求，再核对设备本身的有关尺寸，然后统筹解决。

施工技术规范规定："平面位置安装基准线对基础实际轴线（如无基础时则与厂房墙或柱的实际轴线或边缘线）的距离偏差不得超过±20mm"。可见上述统筹解决中，允许的调整范围是相当大的。

规范还规定："整体或刚性连接的设备不得跨越地坪伸缩线，沉降缝"。这主要是针对直接放在厂房混凝土地坪上的轻型设备而言的，在放线时也应注意这一点。

对于平面位置基准线，一般先应画定两个基准中心点。基准中心点可依据建筑物来确定，也可按全厂性的永久中心点（一般设置在厂房的控制网或主轴线上）来放设，如图 4-1 所示。此时如果设计规定设备轴线平行或垂直厂房某主轴线，且距离为若干，则可使用经纬

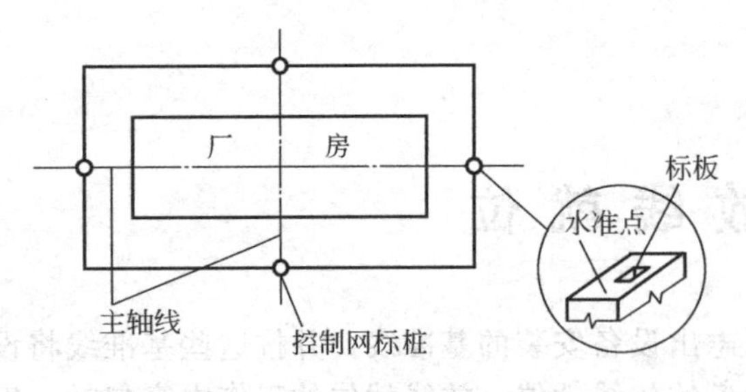

图 4-1　厂房主轴线与中心点

仪或几何方法，以便简单而精确地定出相应的基础中心点。

有的厂房找不到这类主轴线，但设备基础上有中心样冲点，此时则以设备基础上的中心样冲点作为安装用的基准中心点。

有的设备位置以柱子中心或边缘作为基准。当厂房的许多柱子的中心或边缘误差很大时，一般规定以离设备最近的梁柱为基准，画出基准中心点。

必须注意：画定两基准中心点时，应取量大的间距，以减少误差。

平面位置安装基准线最少不少于纵横两条。

设备有标高要求时，必须放设标高基准线，但此线不必画出一条整长的线，更不需拉线，一般只要在设备附近设置若干基准点，作为检测设备标高用即可。由于厂房原有的永久水准点往往离设备很远，测量不便，一般都新设一些标高基准点，但新设的测点彼此间总有偏差，所以新设不宜太多。

厂房原有的永久性标高基准点规定为零标高（或称零拉线），其高度一般与厂房底面高度一致，其他新设的标高基准点以零位线为基准，量取垂直距离，并作为该基准点的标高，应注意，设备的标高也以厂房零位线为准，同时，整个厂区根据需要可设一个或数个永久性标高基准点或零位线。

**三、安装基准线的形式和放设方法**

设备平面位置的安装基准线有以下几种形式。

（1）弹墨线　这是使用木工用的弹线盒，在基准表面上弹出墨线以标志安装基准线，弹墨线误差较大，一般在 2mm 以上，而且距离长时不好弹，线也容易消失，模糊不清，一般用在要求不高的地方。

（2）用点代替线　安装中有时并不需要整条的线，此时可画几个点代替，画点时可以先拉一条线，在线上需要的地方画出几点，然后把线收掉。也可用经纬仪投点。画点要求不高时，可以用墨线画，要求高时用中心板，在中心板上冲出永久性的中心点。另外，用墨线画点并不是画成点的样子，而是画成符号“▽”，以该符号顶边为准。

（3）用光线代替线　也就是使用自动准直仪，水准仪、经纬仪、激光准直仪等光学仪器发出的光束代替画墨线和拉设钢丝线等方法。

（4）拉线（挂线）　这是设备安装中设置平面位置基准线最常用的方法，所用工具和检线方法介绍如下。

① 拉线的工具：拉线用的线一般采用钢丝，钢丝的直径为 0.3～0.8mm，以拉线的距离而定。拉线时吊线坠的线一般用弦线、尼龙绳或棉线；线坠的功用是定中心，用铜或钢材车制而成，它的形式有多种，规格不定，其直径大约为 25～50mm，线坠的坠尖要准确，以便对准中心点，如果只是利用吊线本身对准，此时不一定需要线坠，可用其他重物（例如螺帽、铁块等），线坠如图 4-2 所示。线架是为了固定所拉的线用的，它设在所拉线的两端，形式不拘，可以是固定式的，也可以是移动式的，只要达到稳固即可。绞架上应装设有拉紧和调心两个装置，拉紧装置可以用螺钉或棘轮式，也可以用重锤式；调心装置简单的可用一小线架［见图 4-3（a）］，通过转动螺杆调整其左右位置，另一简单的可用一块薄铁片垫在线下，调整时轻轻敲打薄铁片即可［见图 4-3（b）］。

② 拉线的方法：在基准中心点以外地点稳固地安设绞架，挂上钢丝并使用拉紧力将其拉直（拉紧力应为钢丝线拉断力的 30%～80%），然后在各所拉的线上对准基准中心点处挂

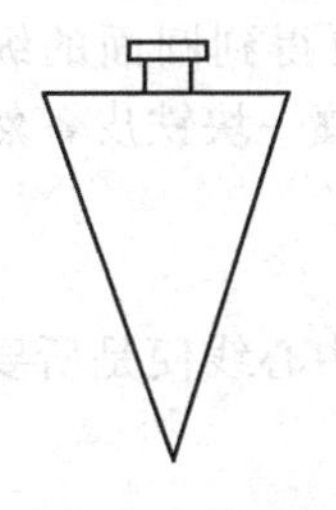

图 4-2　线坠

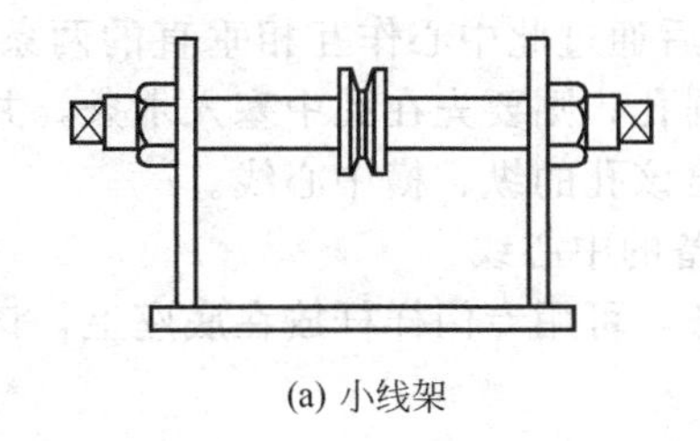


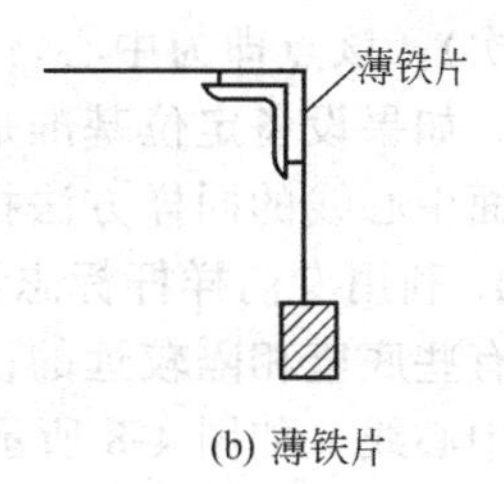


图 4-3　调心装置

上线坠，并通过调心装置使钢丝上的线坠精确对准基准中心点。这样的钢丝线就是可供安装就位的基准线。拉线时应注意：拉线长度不宜太长，一般不超过 40m，拉线不应碰触其他物体，以免产生歪斜；纵横拉线交叉时，长的应在下方，短的应放在上方，且要相隔一定距离，防止拉线坠后两根拉线相碰，同理，拉线也应与设备最高点间相隔一定距离。另外，拉线坠系线的时候，其线接头应结在钢丝的同一侧（如图 4-4 所示），而且在钢丝调好位置后，线坠也不宜去掉，以便经常校对中心线钢丝是否走动。同时将线坠置于油盒内，以防止摆动。

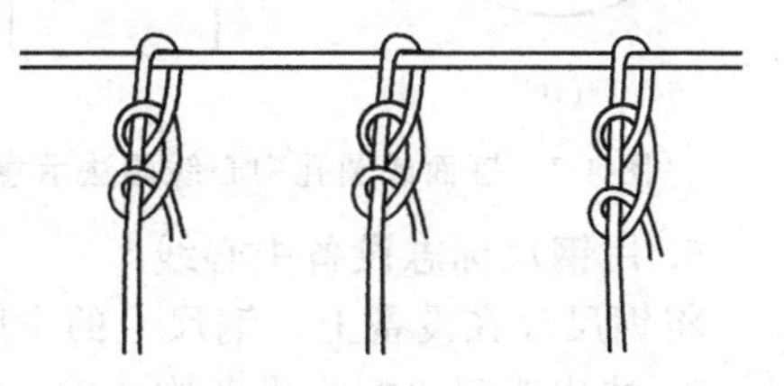

图 4-4　拉线法装置防摆示意

标高基准线的形式一般有两种：其一是在设备基础上或附近墙柱上适当部位处，分别用墨或红漆画上标记（各处标记不一定要在同一标高上），然后用水准仪测出各标记的具体标高数值，并注明该标记（例如标记▽）。其二就是采用钢制预埋的标高基准点。

## 第二节　设备中心线放设

化工设备的位置是由它的中心线所处一定位置来决定的。因此，安装前必须在设备上找出有关的中心线或找出有关的中心线上的两点。在设备上找中心的方法有以下几种。

1. 找矩形面中心线

方法如图 4-5 所示，先在该平面上任意画出两直线 1 1 和 2 2，然后用直线平分法求得两直线的中点 $O_1$ 和 $O_2$，连接 $O_1$、$O_2$ 两点的直线就是矩形面的纵向或横向中心线。

2. 利用地脚螺栓孔找中心线

如图 4-6 所示。在设备安装中，对于安装要求不甚精确的设备，可根据设备上的地脚螺栓孔找出设备的中心线。

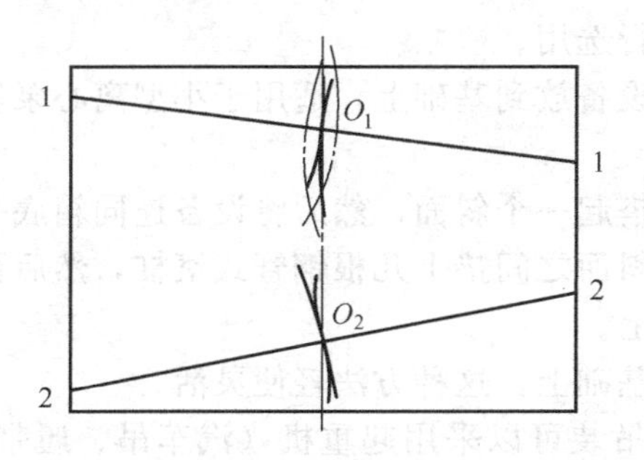


图 4-5　矩形面中心线画法示意

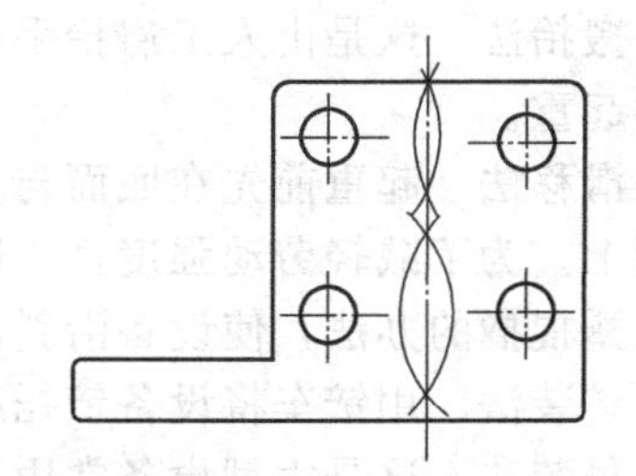

图 4-6　有地脚螺栓孔底面中心线画法示意

3. 圆面或圆孔找中心线（见图 4-7）

在圆面上任取三点为圆心，取适当半径画弧，并使三弧交于一点（试画法，一次不行再画一次)，该点即为中心，然后通过此中心作互相垂直的两条直线，就可得到圆面的纵横中心线，如果设备定位基准是圆孔，则要先在孔中塞入木条，并在木条上镶一块铁皮，然后用找圆面中心线的同样方法找出该孔的纵、横中心线。

4. 利用专门样杆标志设备的中心线

有些底座相隔较远的设备，可用专门样杆放在底座上，该样杆上的中心线便是所要找的设备中心线，如图 4-8 所示。

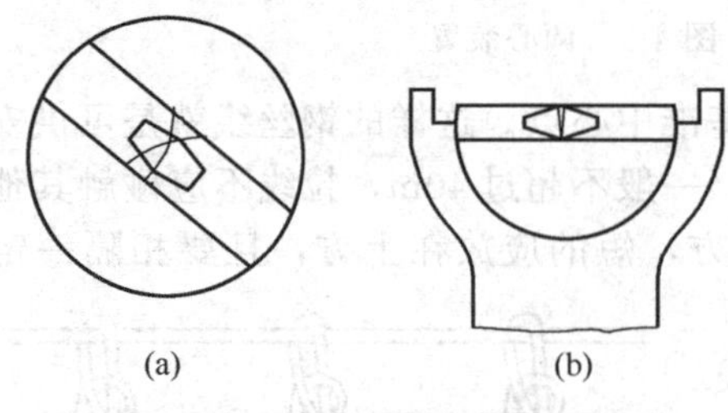


图 4-7　圆面或圆孔中心线画法示意

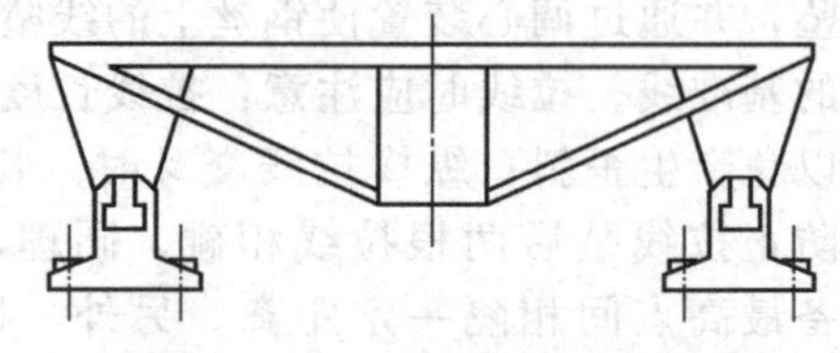

图 4-8　利用样杆标志中心线示意

5. 用钢尺标志设备中心线

将钢尺放在设备上，钢尺上的中间一条刻度即表示设备的中心，如图 4-9 所示。

6. 挂边线间接标志设备中心线

在圆形设备上挂上一条边线（见图 4-10），用来间接地表示设备的中心线。就位时如果测得的 $L$ 值符合要求，设备中心也就是正确的。

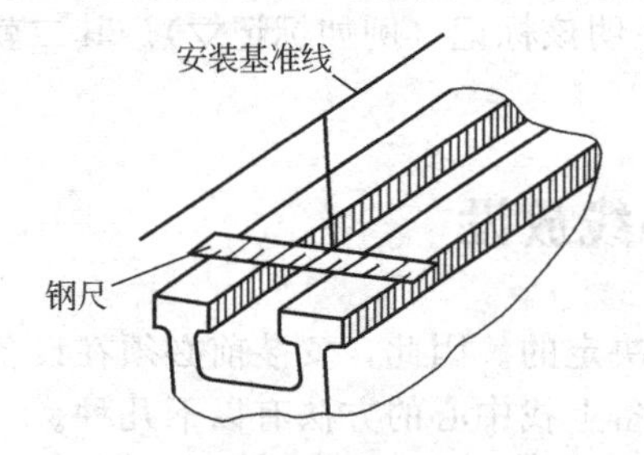


图 4-9　利用钢尺标志中心线示意

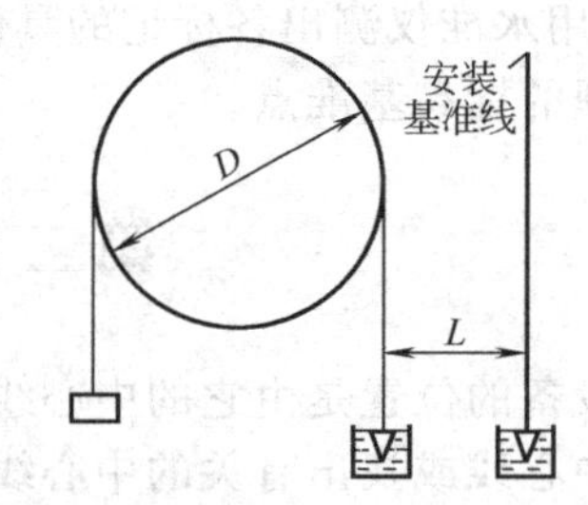


图 4-10　挂边线法标志中心线示意

## 第三节　设备起重与就位

### 一、设备起重方法

将设备从基础附近地面上放到基础上去，这项操作称为起重。常用的起重方法有以下几种，根据设备质量和形状以及现场施工机具情况进行选用。

(1) 搬抬法　这是由人工肩抬手搬的方法，将设备放到基础上，适用于小型离心泵等轻型设备的起重。

(2) 滑移法　起重前先在底面与基础间用枕木搭起一个斜面，然后将设备连同箱底一起移到斜面上。为了减轻劳动强度，一般是在箱底与斜面之间垫上几根钢管式滚杠，然后再用人推或以撬棍撬的办法，使设备沿斜面滑移到基础上。

(3) 铲装法　用铲车将设备铲托起来，再放到基础上，这种方法轻便灵活。

(4) 吊装法　这是大型设备常用的起重方法。吊装可以采用起重机（汽车吊、履带吊、桥式吊车等)，也可以用人字架、三角架、桅杆（单桅杆或双桅杆）等机具。挂上倒链或滑轮，用人工或卷扬机起吊。对于重要设备的吊装，应先做吊装方案，要组织试吊。试吊时让设备头部或整体抬起一个较小的高度，检查全部绳索和机具的受力和工作情况，一切确认完好后方可正式吊装就位。

设备吊装也可用直升飞机和气球来进行。有关设备吊装方案的拟定与机具计算参看有关专业课的介绍。

设备起重前还有设备的二次运输与设备管口方位的调整工作。大型设备二次运输安装现场已广泛采用钢排与钢轨、由拖拉机或卷扬机托移。对于设备的管口方位（特别是大、重型设备），在安装前一定要根据设备布置图加以调整，否则设备起重到基础上时将因无法调整其方位而造成返工。此外，起重前应将设备底面的油污、泥土等杂物以及基础预留地脚螺栓孔内的水及脏物清除干净，以保证二次灌浆的质量。

**二、设备就位方法**

设备就位是根据安装基准线把设备安装在预定的位置上。因此，设备就位时一方面要有安装基准线，另一方面要找出设备本身的中心线，只有在以上两条件都满足时，方能进行设备的就位工作。

设备就位的一般方法如下。

(1) 吊线法　在安装基准线钢丝上用线坠吊二细直垂线，然后观测坠尖是否指对设备的中心线（或中心冲点），如图 4-11 所示，否则要移位调整。

(2) 弹线法　这是观测设备上的中心冲点是否能与基础上已弹出的墨线相吻合。

(3) 对冲眼法　就位前在设备的中心线上用样冲打上两个冲眼。当设备落座到基础上后在作为安装基准线的钢丝上悬挂两个线坠，这两个线坠要有适当的距离，然后用一只眼（闭上一只眼）看两个垂线能否与设备上的冲眼对正，如图 4-12 所示。

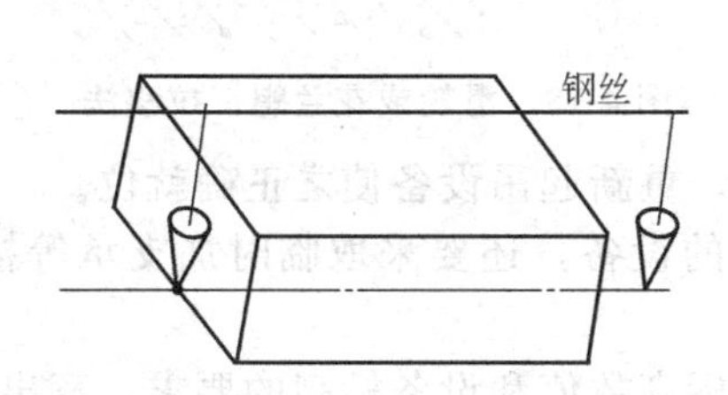


图 4-11　吊线法对中中心方法示意

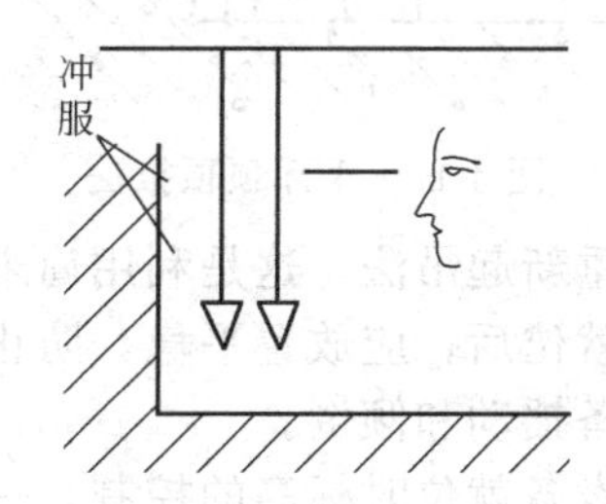


图 4-12　对样冲眼对中方法示意

(4) 测量法　如图 4-13 所示，设备就位时，用内径千分尺或特制量杆分别测量设备两端孔壁上下左右四测点到安装基准线之间的距离，如果 $a_1a_2a_3a_4$ 和 $b_1b_2b_3b_4$ 两两对应相等，表示设备中心线已基本对准，可以就位。总之，测量法就是用量具测量各定位尺寸，使设备正确就位。

(5) 水准仪法　设备的各部件分别安装在基础上，而且要求处在等高度的位置上，这时可在就位前按标高要求架设一台水准仪，并准备几只标尺，设备就位时将标尺直接放在设备上，观察其是否在水准视线上，如图 4-14 所示。

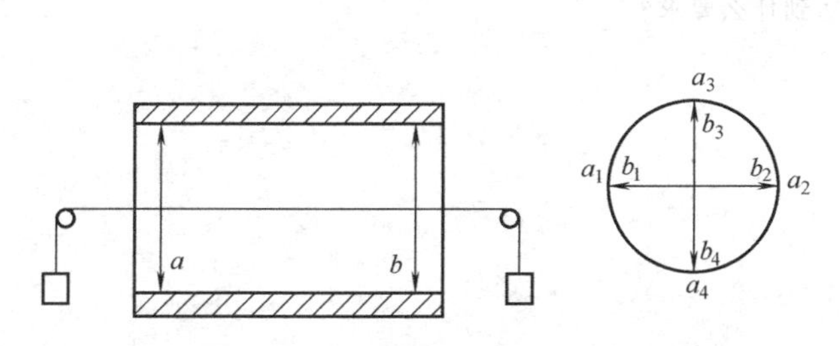


图 4-13　测量法对中中心方法示意

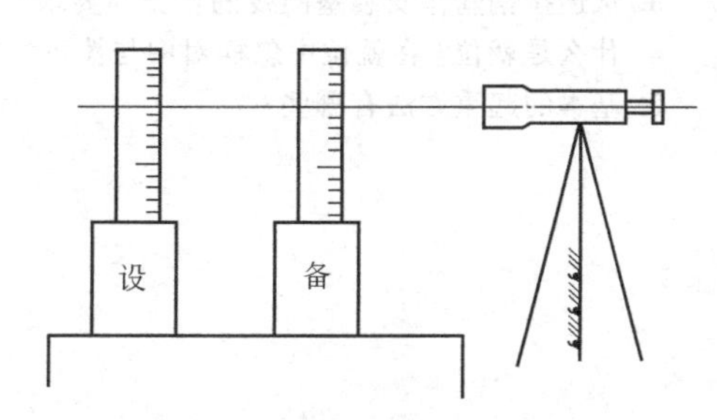


图 4-14　水准仪法对中方法示意

以上介绍的几种常用就位方法，应结合安装现场的实际情况正确和灵活地选用。

## 三、设备就位的拨正方法

设备就位时，如发现位置偏差过大，应在拨正后才能就位，进行找正找平。

(1) 撬棍撬法　对中小型设备可使用撬棍撬的方法抬起和使其移位，如图4-15所示。

(2) 打入斜铁法　对中小型设备也可采用如图4-16所示的打入斜铁的方法。

(3) 千斤顶顶推法　中型设备可用千斤顶顶推的方法移动设备，如图4-17所示。

(4) 滑轮或花兰螺钉拉移法　如图4-18所示，用于移动中型以上设备。

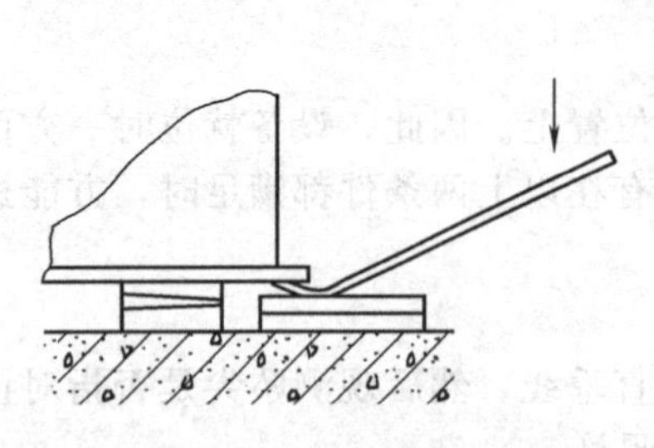

图4-15　撬棍撬法

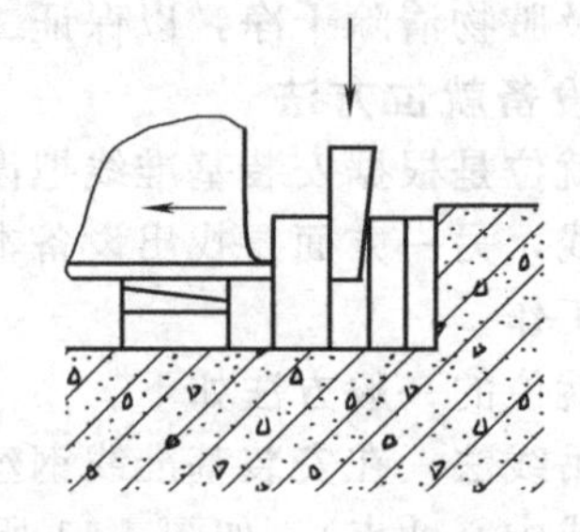

图4-16　打入斜铁法

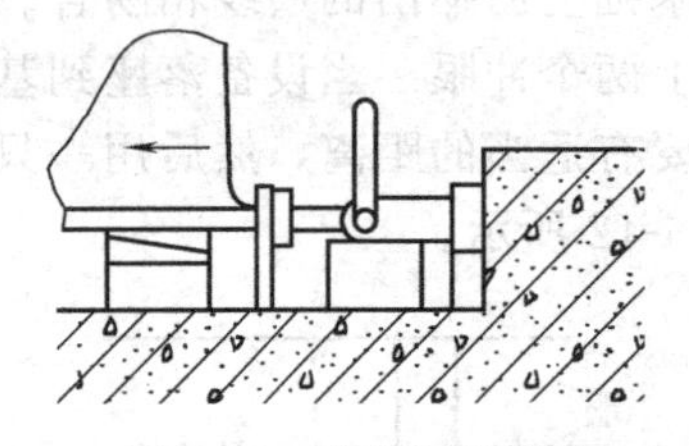

图4-17　千斤顶顶推法

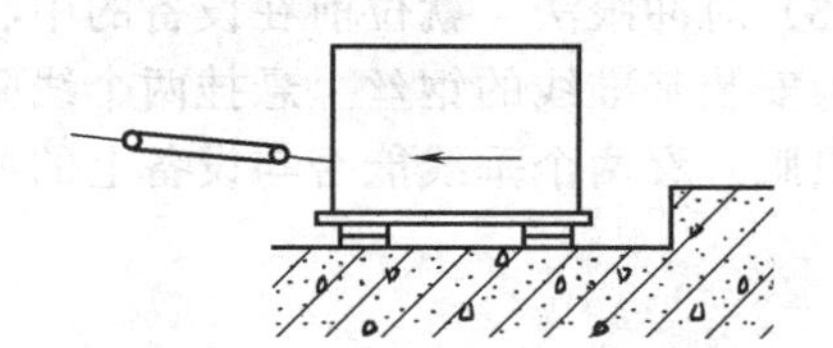

图4-18　滑轮或花兰螺钉拉移法

(5) 重新起吊法　这是利用尚未拆除的吊装机具，重新起吊设备使之正确就位。

设备就位后，应放置平稳，防止变形，对重心高的设备，还要采取临时加支承等措施，以防止设备摇动和倾倒。

关于设备就位时标高的控制，一般是根据基础的标高数值和设备标高的要求，算出垫铁组的高度，然后按这个高度放好垫铁，就可进行设备的就位。

设备就位时，为防止偏差过大，妨碍找正找平的工作，可参照下述要求限制就位。

与其他设备无机械上的联系：平面位置±10mm，标高－10～＋20mm；

与其他设备有机械上的联系：平面位置±2mm，标高±1mm。

## 复习思考题

1. 什么是安装基准线？它的形式有哪几种？
2. 你能设计一种既能上下移动，又能左右移动的线架吗？
3. 试述拉钢丝作安装基准线的步骤与要求？
4. 什么是就位？在就位中怎样对中与拨正？达到什么要求？
5. 基本的起重方法有哪些？

# 第五章　找 正 找 平

找正找平是设备安装工程中不可缺少的一道主要工序。因为找正找平的结果的好坏，直接影响到整个设备安装工程的质量，所以找正找平也是设备安装工程中一道最关键的工序。

找正找平的任务，是使设备的安装通过调整达到国家规范规定的质量标准。

一般情况下，设备总要求找正它的中心位置与标高，并调整到水平状态（即使设备的主要工作平面与水平面平行），有些设备则要求成铅直状态（如化工各种塔设备等），这种铅直状态可以看成是水平状态的另一种表现形式，把设备调整到规定位置上，并处于水平或铅直状态的工作统称为找正找平。

## 第一节　找正找平的意义与程序

设备找正找平，有以下重要意义：

① 将设备的几何中心、质量中心和基础中心调整到同一区域，以保持设备的稳定及其重心的平衡，从而避免设备变形和减少运转中的振动；

② 调整形位公差，保证配合要求，减少设备的磨损，延长设备的使用寿命；

③ 保证设备的正常润滑和正常运转；

④ 保证产品的质量和加工精度；

⑤ 保证在运转过程中降低设备的动力消耗，符合竣工验收要求。

设备的找正找平可概括为“三找”，即找中心，找标高和找水平。

设备找正找平工作的程序一般是：“先初平，后精平”。

初平是在设备就位后，二次灌浆前所进行的找正找平，通常情况下，它与设备的就位工作同时进行。

精平是在设备地脚螺栓灌浆固定后所进行的找正找平。它既是在初平的基础上进一步对设备的中心、标高与水平度作复查和精确调整，又是机座找正固定后对部件安装的找正找平。

一些安装精度要求不高的设备，特别是许多静止设备，通常只作初平。同时，设备地脚螺栓如果是预埋的，则初平与精平合并在一起进行。

应当注意，设备的初平与精平的技术标准是一致的，不能因为是初平就降低要求，也不能因为是精平，又特别提高标准。分为初平与精平的主要原因是考虑到地脚螺栓在灌浆固定时，设备的位置与水平度可能发生变动。

初平与精平工序都可按以下两种不同的步骤进行。

第一种步骤：设备在基础上就位之后，先找正它的中心，即先将设备上两端的中点对准基础上的中心线，然后在基准线方向的任一端调整斜垫铁，将此端的标高找好，最后找水平度（也借斜垫铁调整）。水平找好后还得复查中心和标高，同时又复查水平。三者都基本找好后，在设备底座下塞进垫铁组，并拆除斜垫铁，斜垫铁去掉后再一次复查，不合格再作调整。这种初平工作的步骤比较好，不会产生大的返工。

第二种步骤：先将设备一端的标高找好后，再找水平，将水平和标高复查好，塞好垫铁组后，再对准中心线找中心。这种初平工作步骤的优点是，对中心线时移动设备方便，而且对水平和标高的影响也不会太大，故可提高初平工作的效率，缺点是，中心线如果偏差太大，可能造成标高与水平的找正工作白白浪费，即有返回重找标高的问题。所以这种步骤主要适用于中心线位置要求不太严格或就位已很精细的情况。

## 第二节　找正找平的基准和工具

### 一、设备基准和测点的选择原则

为了进行设备位置的检测工作，找正找平时首先应在就位后的设备上选好检测用的基准和测点。

基准的选择应该遵循基准重合的原则，以减少检测工作的误差。所谓基准重合就是要使所选择的检测基准与设计基准、加工基准重合为一，这样既可以保证有光滑准确的检测表面，又能避免因上述三类基准不重合产生的相互偏差对该设备找正找平的影响。

设备符合以上要求的表面大致有如下几类：

① 设备的主要工作面；

② 支持滑动部件的导向面；

③ 转动部件的配合面或轴线；

④ 设备上应为水平或铅直的主要轮廓或中心线；

⑤ 设备上加工精度较高的表面等。

测点的选择，要遵循“少而精”的原则，就是所选取的每一测点应有足够的代表性（能代表其所在的面或线），应能保证安装的最小误差。通常情况下，对于刚性较大的设备，测点数量可以减少，而对易变形的设备，测点则应适当增加，另外，一般情况下两测点间距不宜大于6m，并选在可能产生较大误差的地方，以保证调整的精度。

测点选定后，可用标记标明其具体位置，以便找正时就在这些位置上进行。

### 二、设备找正找平基准的偏差方向

任何设备的安装，都是规定有一定的允许偏差的，其偏差方向是，设备技术文件中规定了基准偏差方向的，应按规定执行；设备技术文件中没有规定的，就要按下述原则来确定基准所许可的偏差方向：

① 能补偿受力或温度变化后所引起的偏差；

② 能补偿使用过程中磨损引起的偏差；

③ 不增加功率消耗；

④ 使运转趋于平稳；

⑤ 使机件在负荷作用下受力较小；

⑥ 使有关的机件更好地连接配合；

⑦ 有利于减少设备工作误差。

### 三、设备找正找平的检测工具

为了保证找正找平的精度和调正工作的效率，应根据各种设备的施工技术验收规范的规定，选用适当的检测工具和检查方法。

设备安装中找正找平的常用量具是：百分表、游标卡尺、内径千分尺、外径千分尺、水平仪、准直仪以及其他光学工具等。常用的测量工具是：钢丝线、直尺、角尺、塞尺、平尺、平板、弦线（或尼龙绳、棉线）和线坠等。

各种检测工具所能达到的安装精度如下：

① 拉钢丝作安装基准线，用内径千分尺和电声法测量距离，并考虑钢丝的下垂度，测量同轴度、平行度和直线度时安装误差不超过0.02mm；

② 拉钢丝作基准，用钢尺直接测量，精度可达0.5mm；

③ 使用水准仪和普通标尺测标高，精度可达 2.5mm；

④ 吊线坠，用钢尺测量铅直度，精度可达 1mm；

⑤ 吊线坠，用内径千分尺和放大镜测量铅直度，精度可达 0.05mm；

⑥ 用玻管水平仪测量水平度或等高度，精度可达 1mm；使用测微千分尺测量液面时精度可达 0.02mm。

# 第三节　找　中　心

## 一、孔中心线的找正

1. 纵向中心线（轴线）

设备孔的纵向中心线在基础上的位置，一般都用拉钢丝作安装基准线，以内径千分尺测量半径，并借助耳机提高测量精度。步骤如下：

（1）拉钢丝作安装基准线　在基础两端地坪上，选好适当位置放好两个线架，挂上钢丝并吊悬重锤，为使钢丝拉直而不拉断，重锤的重力应为钢丝破断力的 70%，一般是从表 5-1 中根据钢丝直径选取重锤的质量，表中钢丝直径都较小，是为了提高检测精度和便于将钢丝拉直。

表 5-1　悬挂重锤的质量

| 钢丝直径/mm | 悬挂重锤的质量/kg | 钢丝直径/mm | 悬挂重锤的质量/kg |
|---|---|---|---|
| 0.35 | 9.45 | 0.45 | 15.62 |
| 0.40 | 12.34 | 0.50 | 19.29 |

钢丝悬吊重锤拉直以后，便要进行钢丝位置的调整，使所拉钢丝成为一条准确的安装基准线。

由于钢丝自重的作用，将发生挠曲现象，为了精确地检测与调整，必须求得各测点处钢丝的挠度数值。

为此，从钢丝线上取下一段钢丝，并考虑其受力平衡（见图 5-1）。

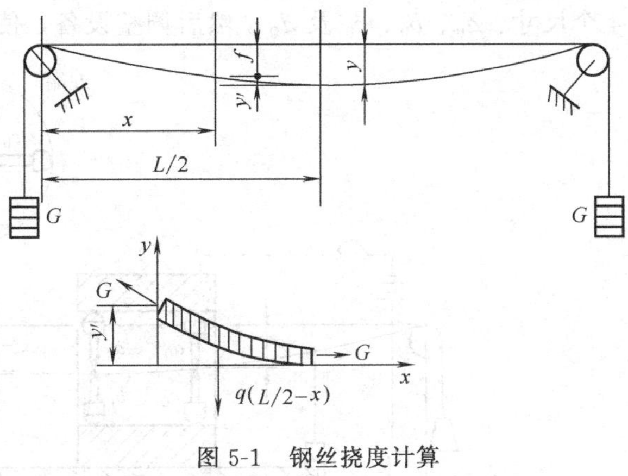

图 5-1　钢丝挠度计算

当 $\sum M_0=0$ 时，

有　$Gy'-\dfrac{q\left(\dfrac{L}{2}-x\right)^2}{2}=0$

则　$y'=\dfrac{q\left(\dfrac{L}{2}-x\right)^2}{2G}$

在 $x=0$ 处，$y'=y$，$y=\dfrac{qL^2}{8G}$（根据均质材料均布载荷中心点最大挠度计算公式）

在 $x=\dfrac{L}{2}$处，$y=0$

在任意一点有：

$$f=y-y'=\frac{qL^2}{8G}-\frac{q\left(\dfrac{L}{2}-x\right)^2}{2G}=\frac{q(L-x)x}{2G}=38.3(L-x)x$$

式中　$f$——任意一测点处钢丝的挠度，$\mu$m；

$y$——钢丝最大挠度，$\mu$m；

$x$——测点距最近的钢丝线架的距离，m；

$q$——钢丝单位长度的自重，kg/m。

钢丝上任意一点处的挠度也可以由表 5-2 查取。

**表 5-2　钢丝挠度值表**　　1/100mm

| $x$ | 两线架之间的距离/m | | | | | | | | | | | | |
|---|---|---|---|---|---|---|---|---|---|---|---|---|---|
| | 4 | 5 | 6 | 7 | 8 | 9 | 10 | 11 | 12 | 13 | 14 | 15 | 16 |
| 0.5 | 4 | 7 | 10 | 12 | 14 | 15 | 16 | 17 | 19 | 20 | 22 | 24 | 26 |
| 1.0 | 7 | 13 | 19 | 23 | 26 | 28 | 30 | 33 | 36 | 38 | 42 | 46 | 49 |
| 1.5 | 9 | 19 | 26 | 31 | 36 | 40 | 43 | 46 | 50 | 54 | 58 | 63 | 67 |
| 2.0 | 10 | 23 | 33 | 40 | 46 | 51 | 55 | 59 | 64 | 69 | 75 | 80 | 85 |
| 2.5 | — | 24 | 38 | 47 | 54 | 61 | 66 | 71 | 77 | 81 | 88 | 95 | 100 |
| 3.0 | — | — | 40 | 53 | 62 | 70 | 76 | 83 | 89 | 96 | 103 | 109 | 115 |
| 3.5 | — | — | — | 55 | 68 | 77 | 85 | 94 | 101 | 108 | 116 | 124 | 129 |
| 4.0 | — | — | — | — | 70 | 83 | 93 | 102 | 111 | 118 | 128 | 134 | 140 |
| 4.5 | — | — | — | — | — | 86 | 98 | 109 | 120 | 129 | 136 | 144 | 150 |
| 5.0 | — | — | — | — | — | — | 100 | 114 | 126 | 136 | 145 | 153 | 158 |
| 5.5 | — | — | — | — | — | — | — | 116 | 130 | 142 | 152 | 159 | 167 |
| 6.0 | — | — | — | — | — | — | — | — | 132 | 145 | 157 | 165 | 174 |
| 6.5 | — | — | — | — | — | — | — | — | — | 146 | 160 | 170 | 181 |
| 7.0 | — | — | — | — | — | — | — | — | — | — | 161 | 174 | 185 |
| 7.5 | — | — | — | — | — | — | — | — | — | — | — | 176 | 189 |
| 8.0 | — | — | — | — | — | — | — | — | — | — | — | — | 190 |

(2) 进行实测和误差分析计算　用内径千分尺，并借助耳机实测设备左端孔内的上下左右 4 个尺寸：$a_0$、$b_0$、$c_0$ 及 $d_0$；然后调整设备，使 $a_0=b_0$，$c_0=d_0$。如图 5-2 所示。

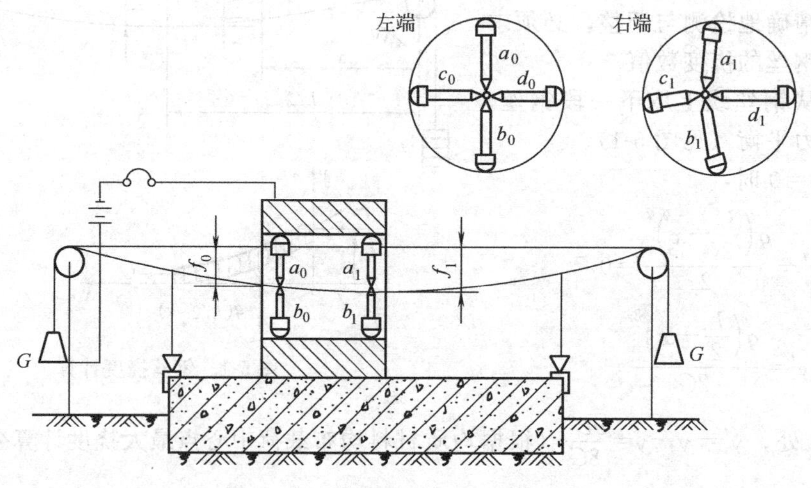


图 5-2　孔纵向中心线实测图

再用内径千分尺实测设备孔右端的上下和左右 4 个尺寸：$a_1$、$b_1$、$c_1$ 及 $d_1$ 并计算孔右端和孔中心线的误差。

分析和计算孔右端中心和孔中心线的误差时应按垂直方向和水平方向两方面进行。

① 垂直方向　根据钢丝挠度公式计算设备孔内左右二测点处的挠度 $f_0$ 及 $f_1$，也可按表 5-2 查取。

从图 5-2 上可得：

$$a_1=R_1+(f_1-f_0)；b_1=R_1-(f_1-f_0)$$

故 $$a_1-b_1=2(f_1-f_0)$$

即设备右端孔中心位置正确时，如果上下二尺寸之差等于该测点挠度差的 2 倍，根据这一关系，可较方便地判断孔中心有无误差。

另从图 5-3 中的尺寸关系可知：

$$\Delta_1=f_1-f_0，R_1=\frac{a_1+b_1}{2}$$

$$a_1-R_1=\Delta_1+e_{B1}$$

或 $$R_1-b_1=\Delta_1+e_{B1}$$

整理得： $$e_{B1}=(a_1-\Delta_1)-R_1$$

或 $$e_{B1}=R_1-(b_1+\Delta_1)$$

$e_{B1}=0$，表示设备右端孔中心相对于左端孔（基准孔）的位置正确，无偏差；

$e_{B1}>0$，表示设备右端孔中心相对于左端孔（基准孔）的位置偏高；

$e_{B1}<0$，表示设备右端孔中心相对于左端孔（基准孔）的位置偏低。

设备孔中心线的倾斜度误差为（参见图 5-4）：

$$\tan\alpha_B=\frac{e_{B1}}{L}$$

式中 $L$——设备上孔的轴向长度；

$\alpha_B$——设备上孔中心线的倾斜度误差。

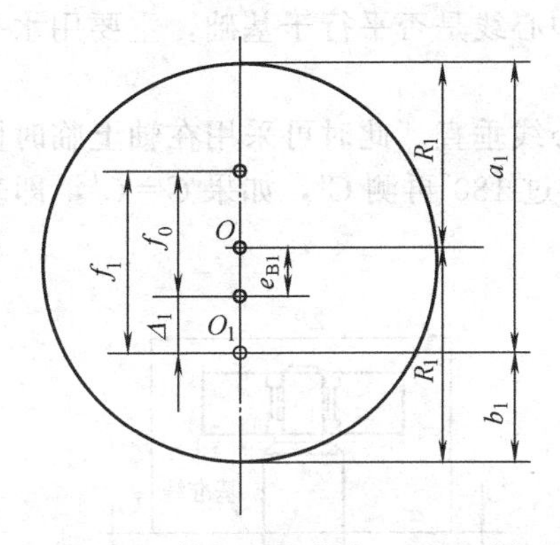


图 5-3 拉钢丝法找中心原理示意

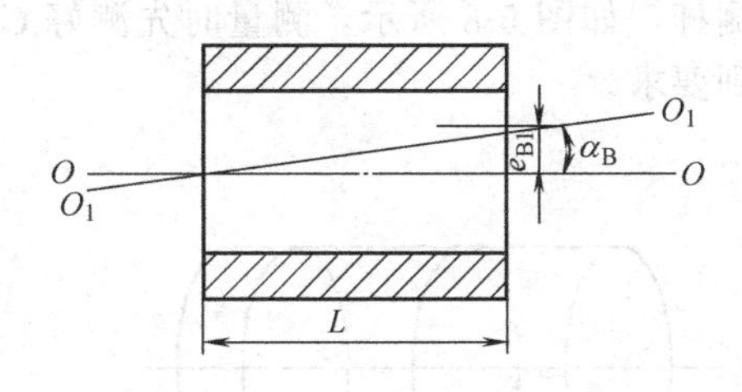


图 5-4 轴线倾斜误差

$\tan\alpha_B=0$，孔中心线相对于基准轴线无偏差；

$\tan\alpha_B>0$，孔中心线相对于基准轴线逆时针转动；

$\tan\alpha_B<0$，孔中心线相对于基准轴线顺时针转动。

② 水平方向 在水平方向，钢丝挠度对检测无影响，用内径千分尺测量 $c_1$ 及 $d_1$ 后，即可根据下列两式计算设备右端的孔中心误差和孔中心线的倾斜误差：

$$e_{T1}=\frac{c_1-d_1}{2}$$

$e_{T1}=0$，表示设备右端孔中心相对于左端孔（基准孔）的位置正确，无偏差；

$e_{T1}>0$，表示设备右端孔中心相对于左端孔（基准孔）的位置偏前；

$e_{T1}<0$，表示设备右端孔中心相对于左端孔（基准孔）的位置偏后。

$$\tan\alpha_T=\frac{c_{T1}}{L}$$

孔在水平面内的倾斜度误差方向，与垂直方向的判断是一样的。

③ 按误差的大小和方向调整设备的位置　设备右端在垂直平面的位置，通过增减设备底座下的垫铁高度进行调整；设备右端在水平面内的位置，采取移动的方法调整。

2. 横向中心线

设备横向中心线位置的找正，可用吊线法进行。如图 5-5 所示，在设备主要加工平面上放一个大平尺，在平尺两端拴线坠，通过移动设备的方法使坠尖指对基础上的横向中心线。

也可以采用拉钢丝法，在钢丝上悬挂线坠，如图 5-6 所示。

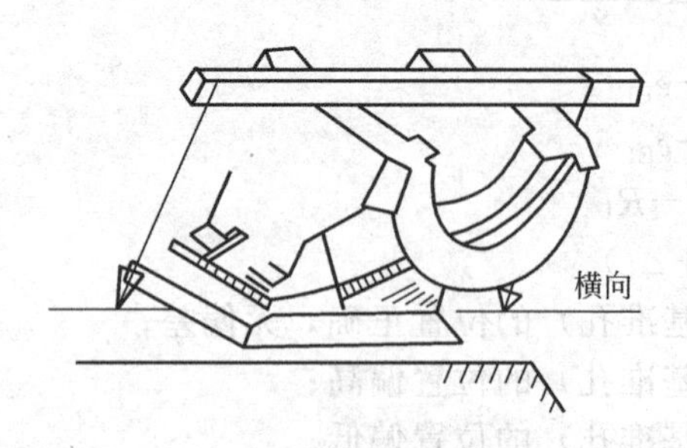


图 5-5　吊线法找设备中心线

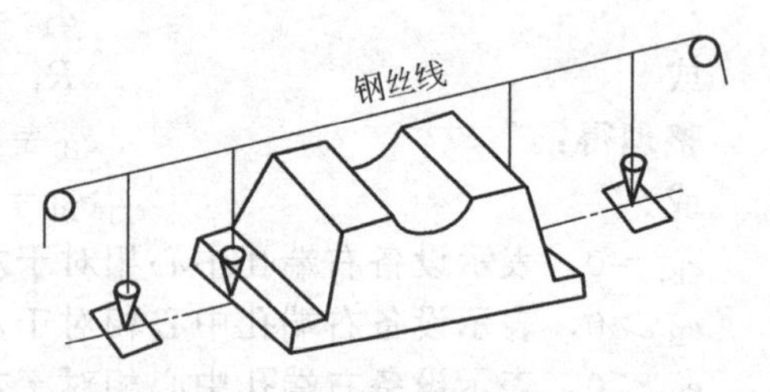


图 5-6　拉钢丝法找横向中心方法示意

## 二、轴中心线的找正

轴中心线的找正有两种情况。

第一种情况：要求设备主轴中心线与基础上纵向中心线平行和对正，找正方法一般用挂边线。如图 5-7 所示，用内径千分尺或特制量杆测量 $a_1$ 和 $a_2$ 以及 $b_1$ 和 $b_2$ 是否相等，即可判断轴中心线有没有对正基础上纵向中心线。关于轴中心线是否平行于基础，主要用水平仪测量两端轴颈的水平误差来确定。

第二种情况：要求设备主轴中心线与基础纵向中心线垂直。此时可采用在轴上临时固定一测杆，如图 5-8 所示，测量时先测好 $C$，然后将轴转过 180°再测 $C'$，如果 $C=C'$，即表示达到要求。

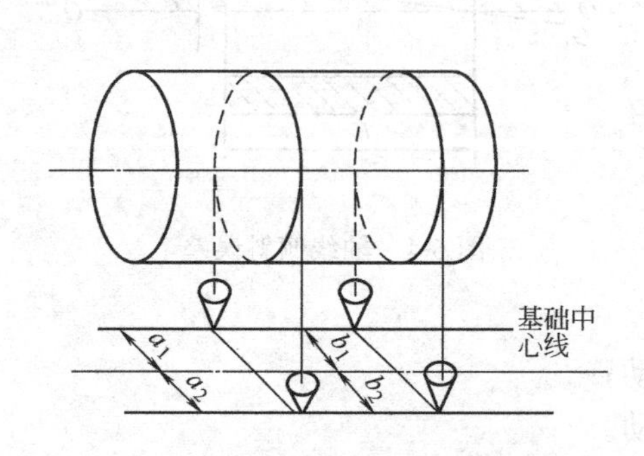


图 5-7　挂边线法轴中心找正示意

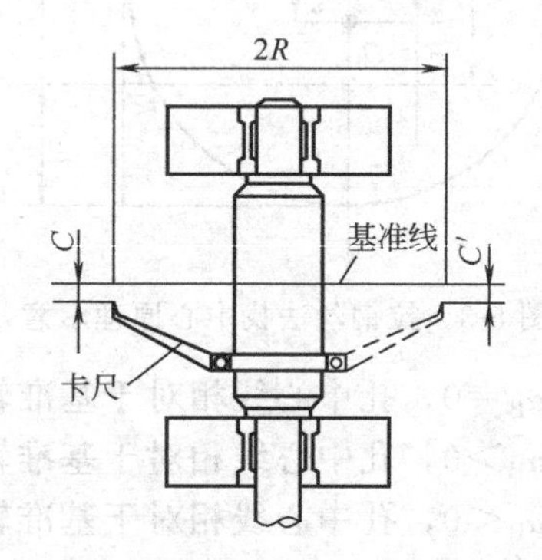


图 5-8　拉钢丝法找正轴中心示意

# 第四节　找　水　平

## 一、找平的典型测量仪器

找正设备水平度的基本量具是各种水平仪。安装中经常使用的水平仪有框式水平仪（方水平）、长方形水平仪（水平尺）、玻管水平仪和光学合像水平仪四种，如图 5-9、图 5-11 所示。

框式水平仪应用最多，读数精度高，刻度值为 0.02mm/m。

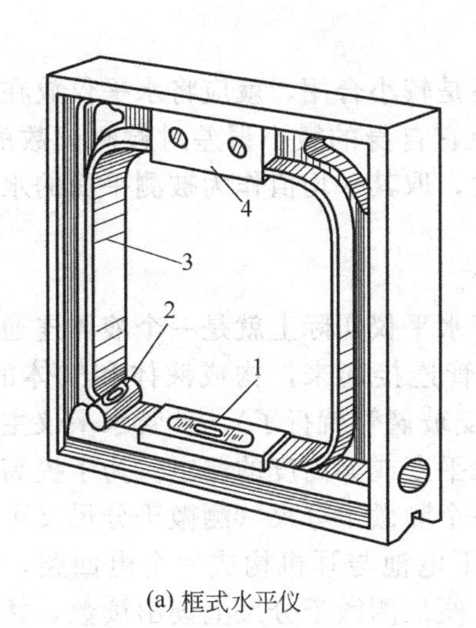

(a) 框式水平仪

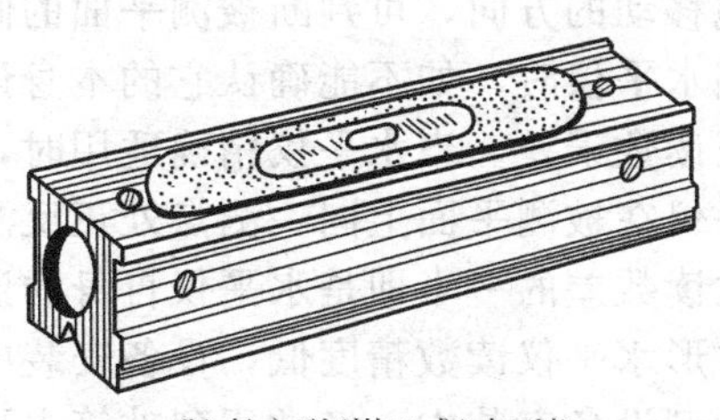
(b) 长方形(钳工式)水平仪

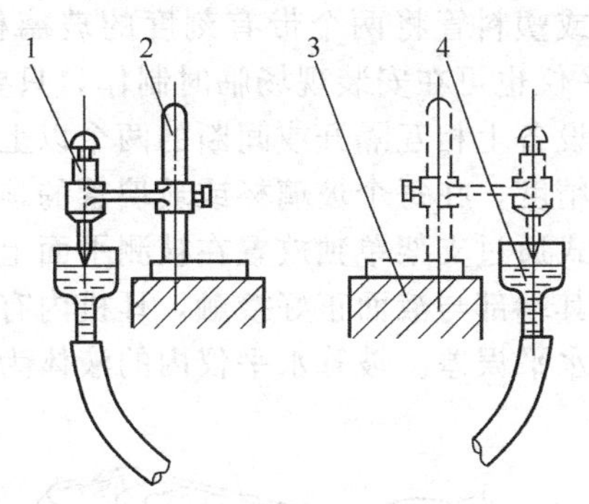

(c) 玻管水平仪

图 5-9 典型水平仪

(a)：1—主水准管；2—横水准管；3—金属框架；4—手捏块

(c)：1—测微螺钉；2—支架；3—被测量物；4—液体连通器

框式水平仪的结构由框架、主水准管和横水准管等组成。水准管是一个玻璃制成的微曲形圆管，里面装满了一定容积的酒精或乙醚，加热后即将另一端封闭起来，当管子冷却后，里面便出现一个气泡。由于气泡的重量特别轻，它总是处于水准管内液体的最高处，而且当水准管处于水平放置时，它又总是居于管内中央的位置上，如图 5-10 所示。水准管的管壁上标有刻度，其中点就是水准管的零点。水准管上的刻度对称分布在零点的两侧。当水准管的刻度值是 0.02mm/m 时，气泡每移动一格，被测平面就倾斜 $\varphi=4''$，也就是在 1m 长的被测平面上，两端高差为 0.02mm。因此可从气泡移动的格数确定被测平面的倾斜角度以及两端的高度差数值。

另外，可以看出被测平面左低右高时，气泡即向右移动，反之气泡向左移动。所以检测

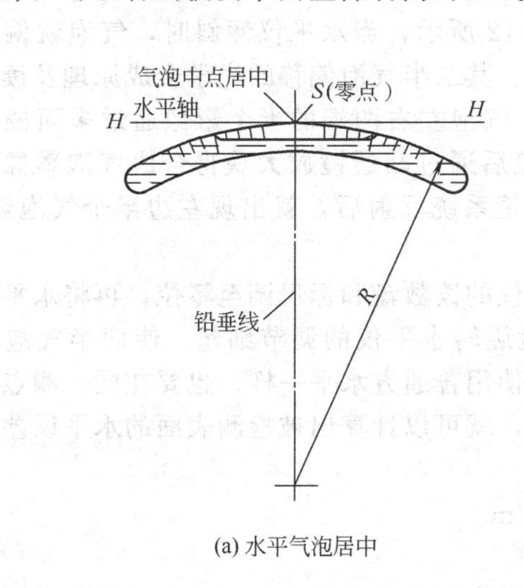

(a) 水平气泡居中　　(b) 水平气泡偏左一个刻度值(格)

图 5-10 水准管读数示意

中从气泡移动的方向，可判断被测平面的倾斜方向。

使用水平仪时，如不能确认它的本身误差是大还是较小合用，就应将水平仪放在标准平面上校正读数误差。当水平仪精确适用时，为了避免它自身的微小误差对检测读数的影响，要将水平仪在被测平面上同一测点处正反测量各一次，取其平均值作为被测平面的水平度误差。两次读数差的一半即是水平仪自身的误差数值。

长方形水平仪读数精度低，设备安装中应用较少。

在大型设备安装中，经常用到玻管水平仪。玻管水平仪实际上就是一个液体连通器，采用橡皮管或塑料管将两个带有刻度的玻璃杯或玻璃管连接起来，构成液体和气体的通道。(玻管水平仪也可在安装现场临时制作，只要准备两支玻璃管就行了)。玻管水平仪主要用于检测大型设备上相互隔开或间断的两个以上平面的水平度或等高度的测定。为了提高该水平仪的读数精度，在每个玻璃杯或玻璃管的顶部装了一个测微千分尺（测微千分尺又可制成测微螺钉形式通过支架单独放置在被测平面上），并用干电池与耳机构成一个电回路，拧动千分杆，使其端部与液面正好接触，耳机内有声响时，便从测微千分尺上读出读数，并据此判断被测的水平误差。玻管水平仪内的液体为清水，只灌满 1/3～1/2 高度。

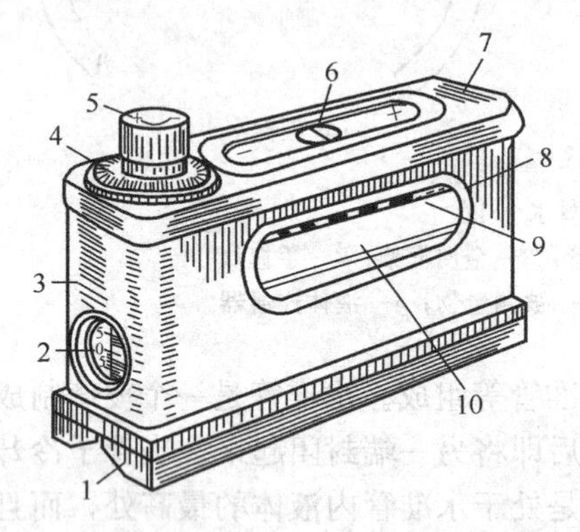

图 5-11　光学合像水平仪的外形和构造原理图

1—V 形底座；2—倾斜度标尺；3—外壳；4—倾斜度刻度盘；5—旋钮；6—合像放大镜；7—盖板；8—窗口；9—水平管；10—反光板

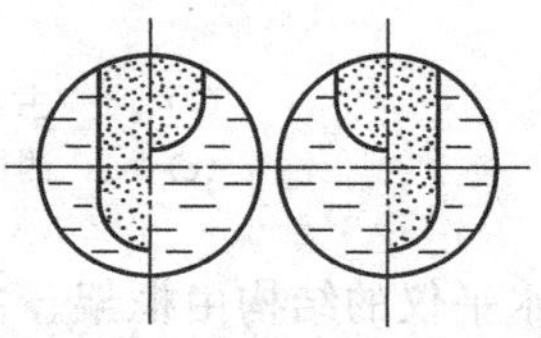

左高　右低　左低　右高

图 5-12　合像水平仪的合成图像示意

光学合像水平仪测量精度更高。其构造原理如图 5-11 所示。它是通过棱镜把偏移的气泡合成图像，并通过放大镜示出。当水平仪置于水平位置时，水准盒中的气泡处于中央位置，此时从放大镜看到二半气泡重合，如图 5-12 所示，当水平仪倾斜时，气泡就偏高中央位置，从放大镜中可看到二半气泡偏移的图像。其二半气泡偏移的光学合成原理及读数示意如图 5-13 所示，当水准管水平时，气泡居中，气泡左右两端的半个影像通过多面棱镜上的 A 面反射到 B 面上，再由 B 面反射到 C 面，最后通过凸透镜放大获得合成气泡影像。如果水准管左端较高，水准气泡左移，这时通过棱镜系统反射后，就出现左边半个气泡影像长，右边半个气泡影像短的现象。

使用光学合像水平仪测量时，首先将水平仪的读数盘和标尺调至零位，再将水平仪置于被测平面上，如果气泡像影不能合为一体，就旋转水平仪的调节细丝，使两半气泡合为一体，此后便从读数盘上读出水平误差数值，同使用普通方水平一样，也要在同一测点正反测量一次，得到两个读数，结合气泡偏离的方向，就可以计算出被检测表面的水平误差和水平仪自身的误差。

光学合像水平仪的读数精度可达 0.01mm/m。

## 二、找平基准面的选择

找水平时首先应该在设备上选定一个或几个表面作为找平中放置水平仪的基准面，而且

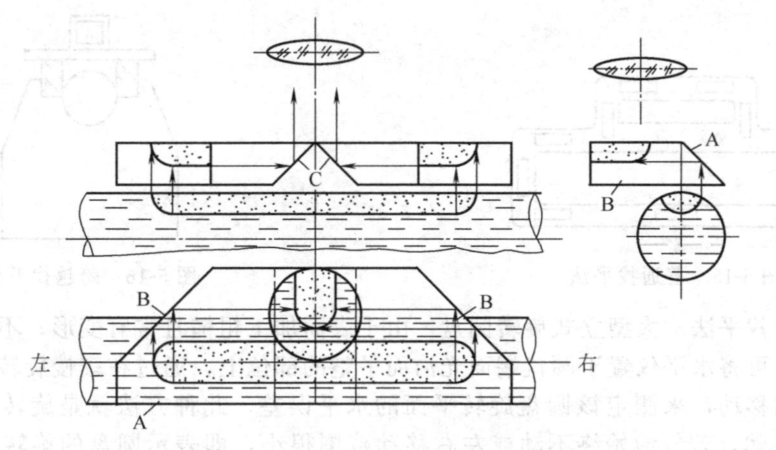


图 5-13　合像水平仪合像原理和读数示意

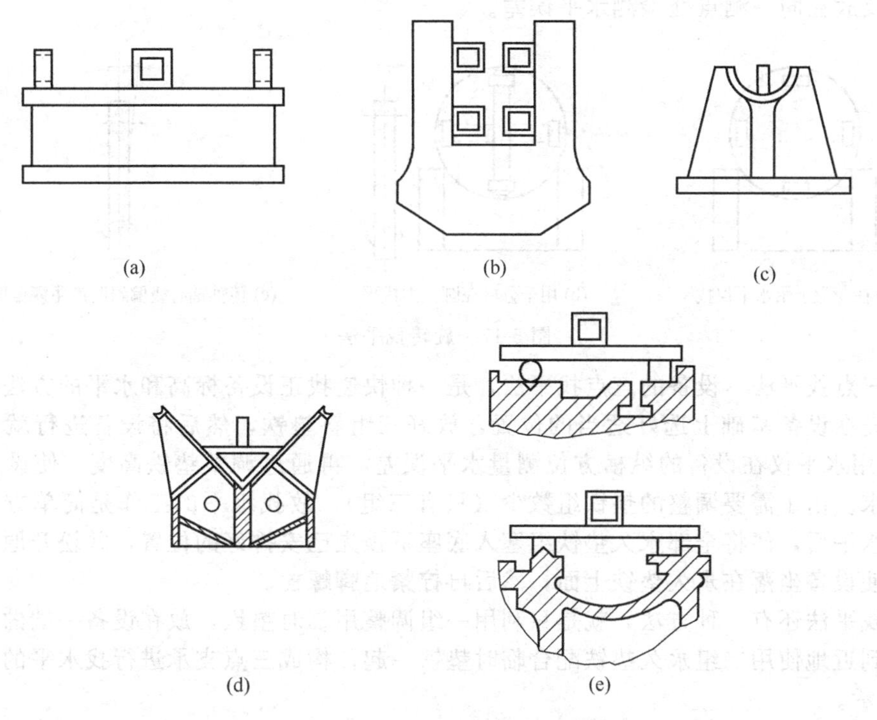


图 5-14　典型找平基准面的种类

该基准面一旦符合水平要求时，整个设备应该是达到了找平的规定。可用做找平基准面的设备上加工表面有：主要水平面、铅直面、圆柱面（孔轴表面）、斜面、V 形面和山形面等，其中采用斜面、V 形面和山形面作找平基准面时，必须准备特制垫块和样板，以便水平仪能平放在设备上进行检测工作。如图 5-14 所示。

纵向和横向水平一般均在同一基准面测量。

**三、找水平的几种方法**

（1）普通找平法　这是将水平仪依次放置在设备精加工平面上几个有代表性的测点处检测设备纵横方位水平度的方法，如图 5-15 所示。

（2）跨越找平法　这是在间断的平面上，或相距较远的两个导轨上，放上特制垫块，再隔上平尺，用水平仪检测设备水平度的方法，如图 5-16 所示。

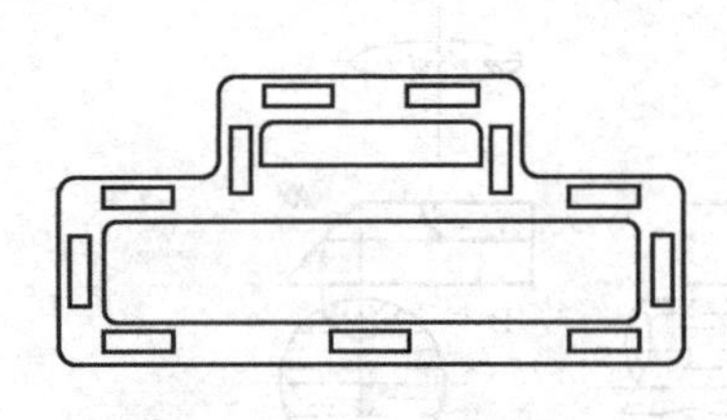

图 5-15　普通找平法

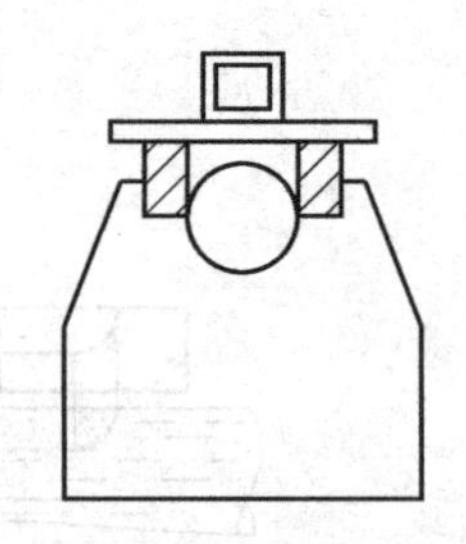

图 5-16　跨越找平法

(3) 旋转找平法　大型立式旋转圆盘，由于表面加工粗糙且常有变形，不适合于作找平基准面。这时可将水平仪置于圆盘端面光洁而平整的部位上，通过在缓慢旋转圆盘中观测水准管内气泡的移动，来测定该圆盘旋转平面的水平误差，此种方法就是旋转找平法，如图5-17所示。显然，若气泡始终不动或左右移动范围很小，即表示圆盘的旋转平面确是水平的，进行旋转找平时，也可以将旋转圆盘依次转到0°、90°、180°以及270°四个位置停下，再用水平仪放在同一测点处检测水平误差。

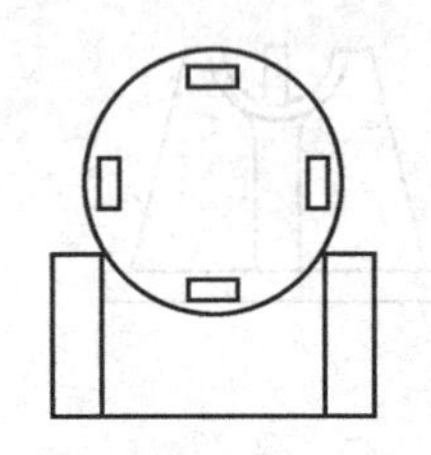

(a) 在花盘上用水平仪找平

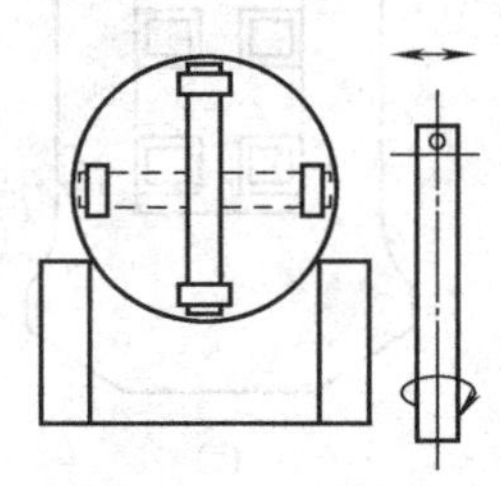

(b) 用千分杆在圆孔内找平

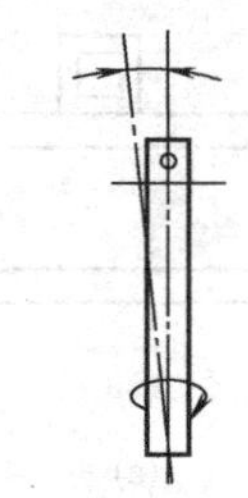

(c) 转轴轴心线偏斜时产生瓢偏度

图 5-17　旋转找平法

(4) 三点找平法　设备的三点找平法，是一种快速找正设备标高和水平的方法，采用这种方法时先在设备基础上选好适当的位置，放好三组斜垫铁，然后将设备进行就位（见图5-18)，并用水平仪在设备的纵横方位测量水平误差，再通过调整垫铁高度，使设备的水平度达到要求。由于需要调整的垫铁组数少（只有三组），故找水平的工作是简单方便的。当设备处于水平后，便将全部永久垫铁组塞入底座下预先已安排好的位置，并松开原先的三组斜垫铁，使设备坐落在永久垫铁上面，然后再拧紧地脚螺栓。

三点找平法还有一种方法，就是只利用一组调整用临时垫铁，放在设备一端的中点，再依次由远到近地使用二组永久垫铁配合临时垫铁一起，构成三点支承进行找水平的工作，如图5-19所示。

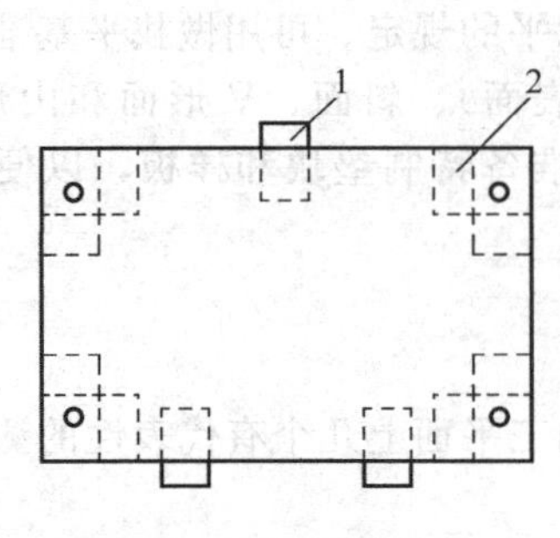


图 5-18　三点找平法（一）

1—调整垫铁；2—永久垫铁

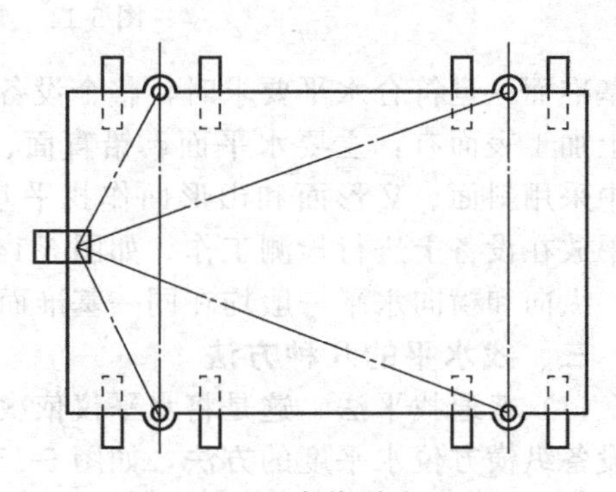

图 5-19　三点找平法（二）

采用三点找平法时，必须注意以下三点：

① 选取三点的位置时，要特别注意设备的稳定，为此，应使设备的重心在所选三点范围之内。

② 要根据设备本身质量和基础的抗压强度，慎重选择那个支点（千斤顶或斜垫铁）下面的底板面积。如三个支点不够稳妥时，也可以适当增加辅助支点，但这些辅助支点不得起主要的调节作用。

③ 使用临时垫铁进行三点找平时，设备固定拧紧前的标高应略高于设备规定的标高值1mm左右，以便放入永久垫铁。在放永久垫铁时，其松紧程度以手锤能轻轻敲入为准，并要求全部垫铁的松紧程度都一样。

**四、找水平时的注意事项**

① 在较小的测量平面上可直接用方水平仪检测；大的测量应先放上平尺，然后用方水平检查，平尺与测量平面间应擦干净，并用塞尺检查间隙。

② 长度大的设备要一段一段地连续检查，每段的误差数值，应在坐标纸上作出图像记录，其总误差的积累不能超过该设备所要求的水平精度。一般要求设备两端的水平误差，应方向相反，使中间段略有凸起的趋势。

③ 在两个高度不同的加工面上用平尺测定水平时，可在低平面上加以千分垫（块规）或制作精确的垫铁。

④ 测定面如有接头处，一定要在该处检查其水平度。

⑤ 在有斜度的设备上测量水平度时，要用角度器或制作精确的样板。

⑥ 在相距很远的两个平面上测定设备的水平度时，应使用玻管水平仪。

⑦ 初平后要进行设备中心、标高、水平的复查，此项工作进行时：

a. 如发现水平不对，应在拧紧地脚螺栓后复查水平度；

b. 若在拧紧地脚螺栓后发现有的垫铁组低了，影响了标高，则应注意不应把所有的地脚螺栓都松开来调整；否则将导致重新找水平；

c. 找水平后，在拧紧地脚螺栓的时候，应检查标高和中心是否正确，若发现水平不符要求，应通过调整垫铁厚度来调整设备的水平度，不得依靠拧紧或放松某个或某几个地脚螺栓来调整，以免引起地脚螺栓的受力不匀，特别是铸造的设备，如过度地拧紧某个地脚螺栓

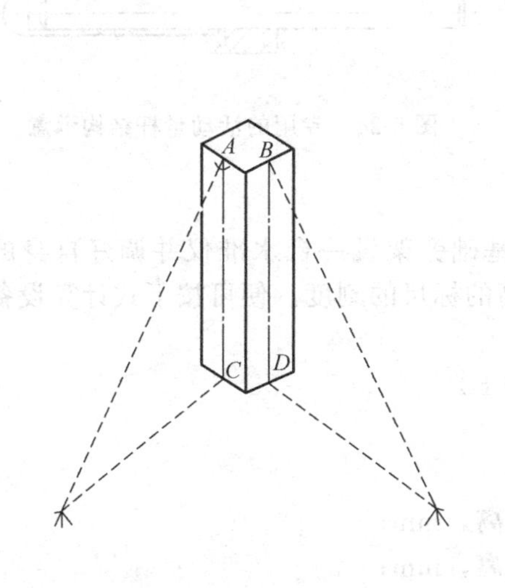

图 5-20　经纬仪测铅直度误差

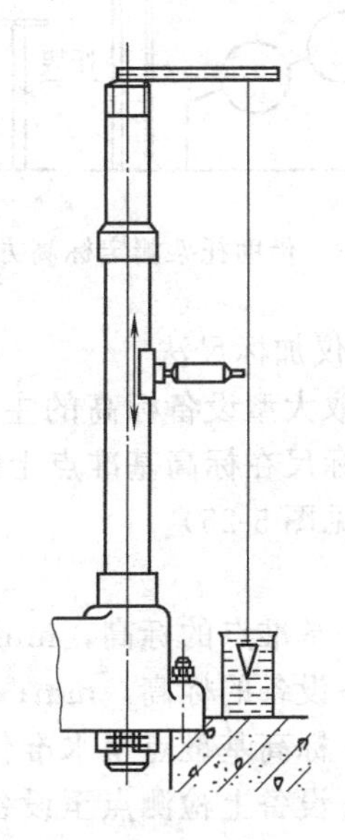
图 5-21　吊线坠法测铅直度误差

时，常会损坏设备的底座。

⑧ 初平工作中，对某些中型和大型的设备，可利用水准仪进行找水平的工作。

**五、铅直度的找正方法**

(1) 经纬仪法　如图 5-20 所示，由于设备就位时，一般在相隔 90°的垂直平面内均有倾斜的可能，所以检测设备的铅直度应使用两台经纬仪，放在互成直角的位置上。

铅直度的误差，等于设备上部标记在下部标记所在的水平面上的投影与下部标记之间的弧线距离除以上下标记之间的高度差，即等于 $\Delta/H$。

(2) 吊线坠法　这也是检测设备铅直度的常用方法，如图 5-21 所示。此法检测中关键的是防止线坠的摆动。可用直尺或内径千分尺测量吊线与设备表面上下两定点之间的距离，将所得数值差除以上下测点间的距离，即为该设备的铅直度误差。

# 第五节　找　标　高

设备的标高是指设备上标高测量面相对于厂区标高零点的高度。标高测量面一般与找平基准面一致。即设备上某一平面，既用水平仪测量设备的水平度，又在该面上测取设备的标高数值，测量标高的方法有以下几种。

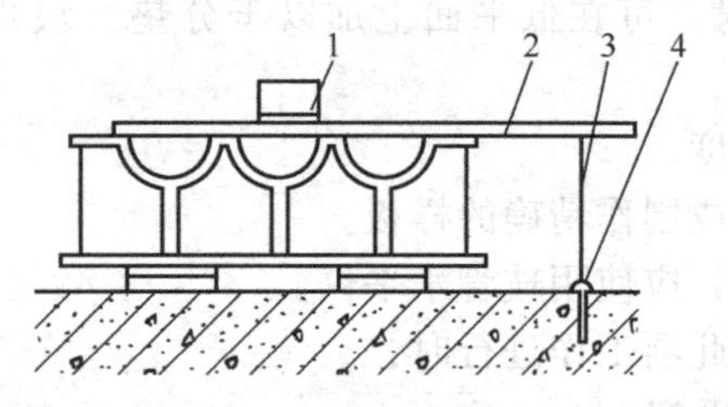

图 5-22　钢尺法直接测定标高方法示意
1—水平仪；2—平尺；3—量具；4—标高基准点

1. 平尺和钢尺（或专用定长量杆）法

对一些中小型的设备的标高，主要用平尺放在标高测量面上，再将水平仪放在平尺上，校正好设备水平度后，便用钢尺（或专用定长量杆）测取标高数值。如图 5-22 所示。

2. 平尺、钢尺加托架法

测量如图 5-23 所示设备时，应在设备旁立一托架，然后放上平尺，待用水平仪校好水平后，即可以用钢尺或专业量杆测取设备的标高，专用的活动量杆结构示意如图 5-24 所示。

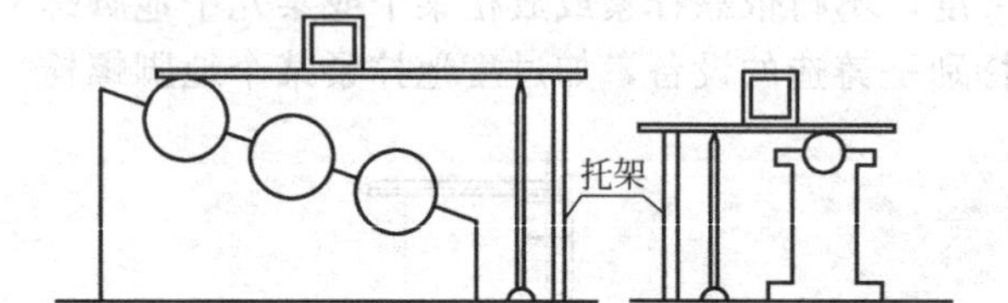

图 5-23　借助托架测定标高方法示意

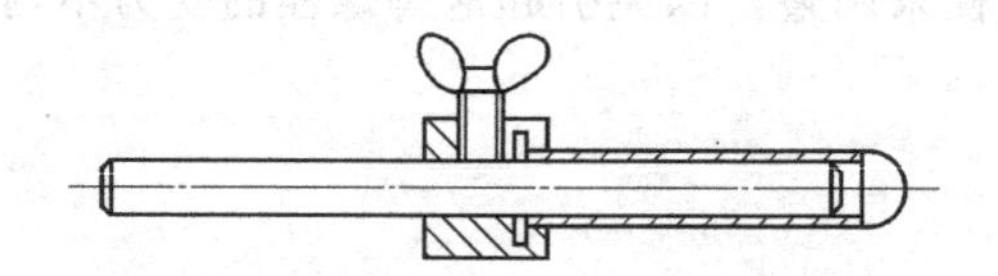
图 5-24　专用的活动量杆结构示意

3. 水准仪加标尺法

这是测取大型设备标高的主要方法，检测时在基础旁架设一台水准仪并调好自身的水平，然后将标尺在标高基准点上测得水准仪镜心等高的标尺的刻度。便可按下式计算设备的标高数值（见图 5-25）

$$H=L+C+(h-B)$$

式中　$C$——基准点的标高，mm；

$H$——设备的标高，mm；

$L$——标高基准点至水准仪水平视线之间的距离，mm；

$h$——设备上检测点至设备检测凸台之间的距离，mm；

$B$——设备上凸台至水准仪水平视线之间的距离，mm。

由图 5-25 可知，标高测量面（M 面）与被测的标高基准面不重合，这就使标高数值的误差增加了左尺寸的误差一项，即降低了标高的测量精度。如设计允许，应将该设备的标高设在凸台 M 面上。

使用水准仪应注意，仪器要放在稳定的地方，要考虑在设备上能否放标尺（或钢板尺），是否妨碍测量视线，另外，水准仪也可以放在基准点与设备之间的位置上，但检测时镜筒必须旋转 180°观察标尺的刻度。

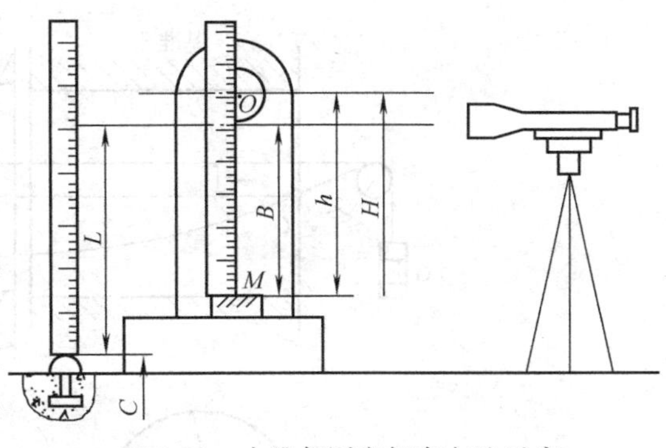

图 5-25　水准仪测定标高方法示意

4. 拉线法

对于一些较粗糙的设备，而且是成排布置时，可先将两设备调好标高，然后拉钢丝检测中间设备的标高，此时应注意钢丝挠度的影响。

# 第六节　找同轴度

## 一、同轴度误差概念

以某孔（或轴）为基准，找正另一孔或另一轴的轴线是否同轴线，这就是设备的同轴度找正工作。同轴度误差是指已就位的两孔或两轴轴线之间的径向位移和轴向位移的综合误差，一般前者称为同心度误差（以 $e$ 表示），后者称为平行度误差或倾斜误差（以 $\alpha$ 表示），如图 5-26 所示。

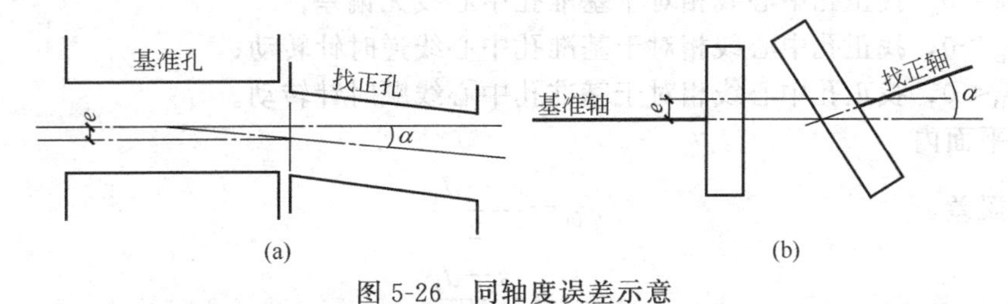

图 5-26　同轴度误差示意

上述同心度误差与倾斜度误差都包括有竖直平面内和水平面内两种。竖直平面内的同心度误差用 $e_B$ 表示，倾斜误差用 $\alpha_B$ 表示，水平面内的同心度误差用 $e_T$ 表示，倾斜误差用 $\alpha_T$ 表示。

## 二、两孔同轴度的检测与调整

设备安装中，一般均以机身上的孔或滑道作为基准，来找正与机身连接的汽缸或其他零件上的孔，使二者达到同轴度的技术要求。其方法步骤如下：

1. 拉钢丝

拉钢丝，使钢丝右端通过基准孔左端中心，并保持理论钢丝线与基准孔轴线相平行，如图 5-27 所示。

2. 查挠度值、计算挠度差 Δ

测点 1 处：　　$\Delta_1 = f_1 - f_0$

测点 2 处：　　$\Delta_2 = f_2 - f_0$

3. 测取 1、2 测点处的上下尺寸

测点 1 处：$a_1$、$b_1$、$c_1$、$d_1$；

测点 2 处：$a_2$、$b_2$、$c_2$、$d_2$。

4. 计算找正孔的同轴度误差

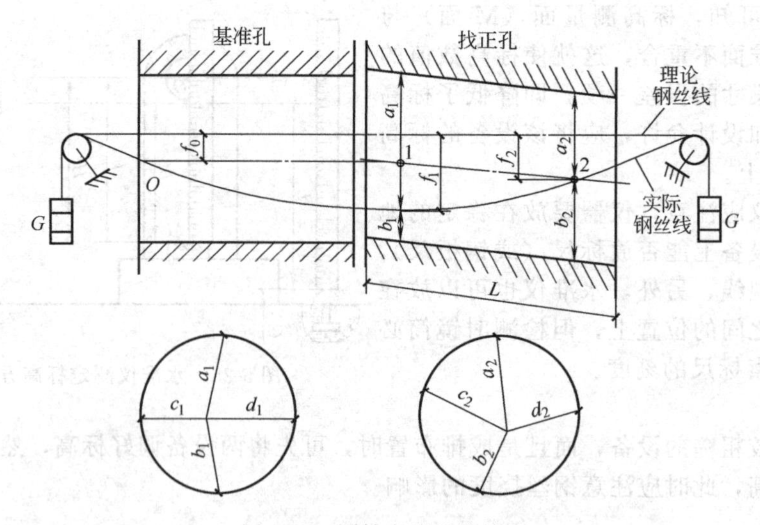


图 5-27　同轴度误差的检测

(1) 竖直平面内

同心度误差：

$$e_{B1}=(a_1-\Delta_1)-R_1$$

$$e_{B2}=(a_2-\Delta_2)-R_2$$

$e_B$ 为"+"，找正孔中心偏高；$e_B$ 为"−"，找正孔中心偏低。

倾斜度误差：

$$\tan\alpha_B=\frac{e_{B2}-e_{B1}}{L}$$

当 $\tan\alpha_B=0$，找正孔中心线相对于基准孔中心线无偏差；
当 $\tan\alpha_B>0$，找正孔中心线相对于基准孔中心线逆时针转动；
当 $\tan\alpha_B<0$，找正孔中心线相对于基准孔中心线顺时针转动。

(2) 水平面内

同心度误差：

$$e_{T1}=\frac{c_1-d_1}{2}$$

$$e_{T2}=\frac{c_2-d_2}{2}$$

倾斜度误差：

$$\tan\alpha_T=\frac{e_{T2}-e_{T1}}{L}$$

误差方向的判断同前。

5. 计算找正孔端面加工量

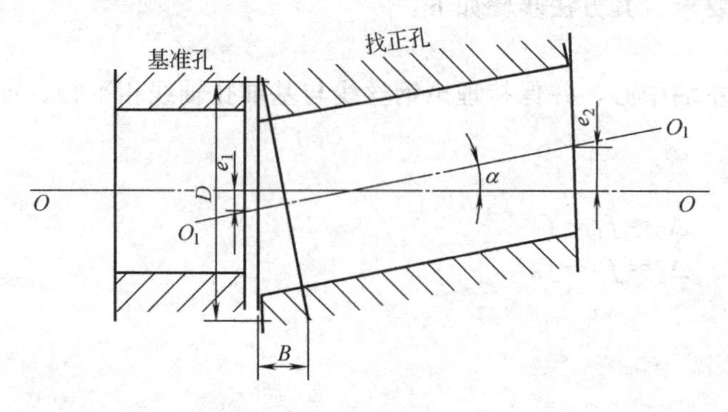


图 5-28　找正孔端面加工量示意图

为了使找正孔调整到与基准孔同轴，仅仅是调整底座下垫片是不解决问题的，还必须对找正孔端面进行适当加工，加工量的大小可以按照下式进行计算。参看图 5-28 所示。

$$B=\frac{DA}{L}，其中 A=e_2-e_1$$

式中　$B$——端面加工量；

$D$——端面外径；

$L$——找正孔长度；

$A$——找正孔两端同心度误差矢量和的绝对值；

$e_1$，$e_2$——找正孔左右两端同心度误差。

应分别计算出竖直和水平两个平面内的端面加工量，然后再综合成总的端面加工量，即

$$B=\sqrt{B_B^2+B_T^2}$$

$$\tan\theta=\frac{B_T}{B_B}$$

式中　$B_B$，$B_T$——分别为垂直平面和水平面的端面加工量。

由此就可以确定端面加工量和方位。

6. 找正孔的调整

(1) 竖直平面内　找正孔左、右两端调整量分别为

$$c_{1B}=-e_{B1}，c_{2B}=-e_{B2}$$

按调整量的大小与方向，分别在找正件底面增减垫铁，然后使找正孔端面与基准孔端面贴合，即达到调整同轴度的要求。

(2) 水平面内　找正孔左、右两端的调整量分别为

$$c_{1T}=-e_{T1}，c_{2T}=e_{T2}$$

按调整量的大小与方向分别将找正孔左右端向前或向后移动一个距离，并使找正孔端面与基准孔端面相贴合。

7. 同轴度的技术标准

根据设计图纸和有关的施工及验收技术规范来确定同轴度的允差范围，在调整时，必须使找正的同轴度的误差在规定的允差范围内。

**例 5-1**　以机身滑道为基准，按钢丝找正汽缸的轴线位置，若有关尺寸与实测结果如图5-29所示，试计算汽缸的同轴度的误差，汽缸端面的加工量和汽缸位置的调整量。

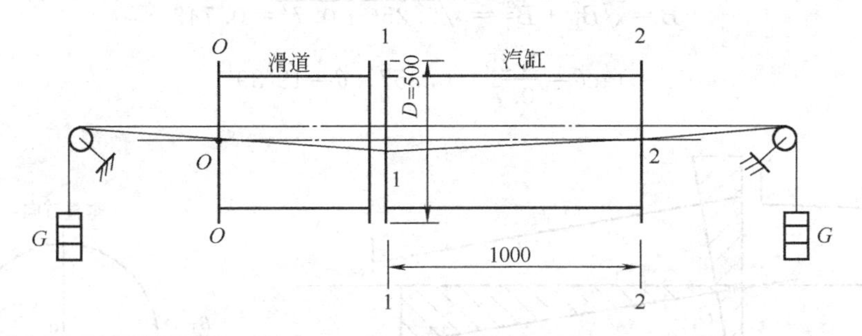


图 5-29　拉钢丝法检测两孔同轴度误差装置示意图

附实测结果（单位：mm）。1—1 截面处：$f_1=0.34$，$a_1=199.6$，$b_1=200.4$，$c_1=198.8$，$d_1=201.2$。

2—2 截面处：$f_2=0.14$，$a_2=199.9$，$b_2=200.1$，$c_2=197.4$，$d_2=202.6$；$O$—$O$ 截面处：$f_0=0.24$。

**解：**(1) 竖直平面（见图 5-30）

同心度误差：

$$e_{B1}=(a_1-\Delta_1)-R_1=[199.6-(0.34-0.24)]-\frac{199.6+200.1}{2}=-0.5$$

$$e_{B2}=(a_2-\Delta_2)-R_2=[199.9-(0.14-0.24)]-\frac{199.9+200.1}{2}=0$$

倾斜度误差：
$$\tan\alpha_B=\frac{e_{B2}-e_{B1}}{L}=\frac{-0.5}{1000}$$

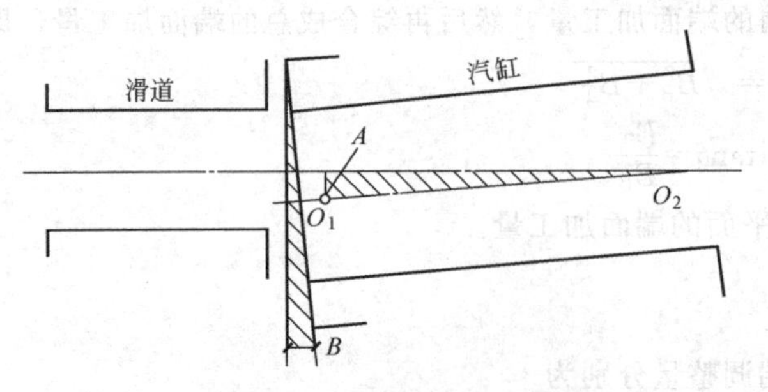


图 5-30　两孔同轴度误差竖直平面示意图

$$\alpha_B=2'$$

端面加工量：
$$B=\frac{DA}{L}=\frac{500\times0.5}{1000}=0.25$$

支承处调整量：
$$C_{1B}=0.5\text{（增加垫片）}$$
$$C_{2B}=0$$

（2）水平面（见图 5-31）

同心度误差：
$$e_{T1}=\frac{c_1-d_1}{2}=\frac{198.8-201.2}{2}=-1.2\text{（中心偏前）}$$
$$e_{T2}=\frac{c_2-d_2}{2}=\frac{197.4-202.6}{2}=-2.6\text{（中心偏前）}$$

倾斜度误差：
$$\tan\alpha_T=\frac{e_{T2}-e_{T1}}{L}=\frac{-2.6-(-1.2)}{1000}=-0.0014$$
$$\alpha_T=4'48''$$

端面加工量：
$$B_T=\frac{DA}{L}=\frac{500\times(-1.4)}{1000}=-0.70$$

支承处调整量：
$$c_{1T}=1.2$$
$$c_{2T}=2.6$$

（3）总端面加工量（见图 5-32）
$$B=\sqrt{B_B^2+B_T^2}=\sqrt{0.25^2+0.7^2}=0.743$$
$$\tan\theta=\frac{0.25}{0.7}=0.357;\ \theta=19°39'$$

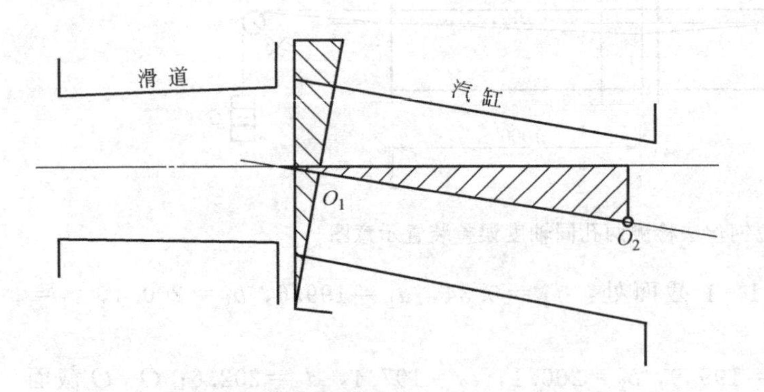


图 5-31　两孔同轴度误差水平面示意图

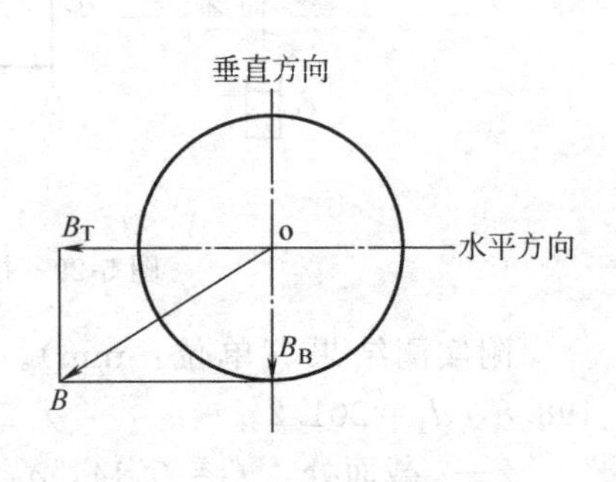


图 5-32　总端面加工量示意图

## 三、两轴同轴度的检测与调整

设备安装中两轴的同轴度，是依靠找正两轴端的联轴器来达到要求的。

一般以工作机轴端联轴器为基准（因工作机较笨重，先予找正找平），找正原动机轴端的联轴器，从而使原动机的位置得以确定。

找正两轴同轴度的方法步骤如下。

（一）两轴同轴度误差的检测方法

1. 直尺检测法

同轴度要求不高的两轴，或作为精确找正的准备，可用钢直尺（也可用角尺）直接靠贴二轴轴端的联轴器外缘来检测同心度，如图 5-33（a）所示，为了测得误差数值，还要用塞尺塞间隙，应当注意，检测中必须用直尺以联轴器的上下前后四个位置靠贴和塞间隙，轴线的平行度误差可用平面规和楔形规来检测，如图 5-33（b）所示。

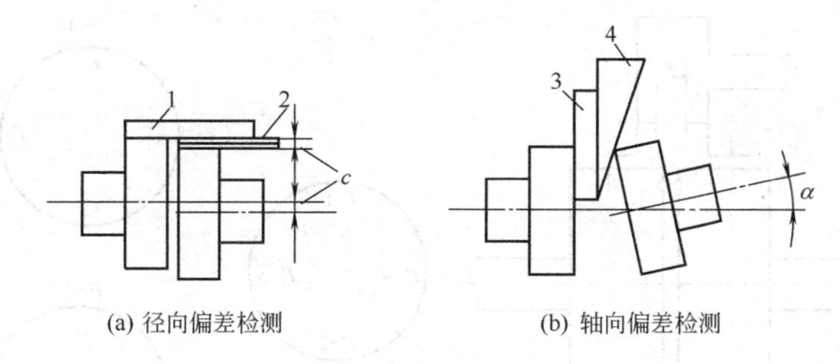


图 5-33　直尺检测法

1—直尺；2—塞尺；3—楔形规；4—平面规

测得径向位移和轴向位移后，便可通过增减轴承座下垫片厚度和移动轴承座的方法达到同轴度的要求。

2. 塞尺检测法

（1）测量　先在两轴端联轴器上各装上一个具有足够刚度的中心卡（又叫找正架），如图 5-34 所示，然后用塞尺分别检测二中心测点之间的径向间隙和轴向间隙。

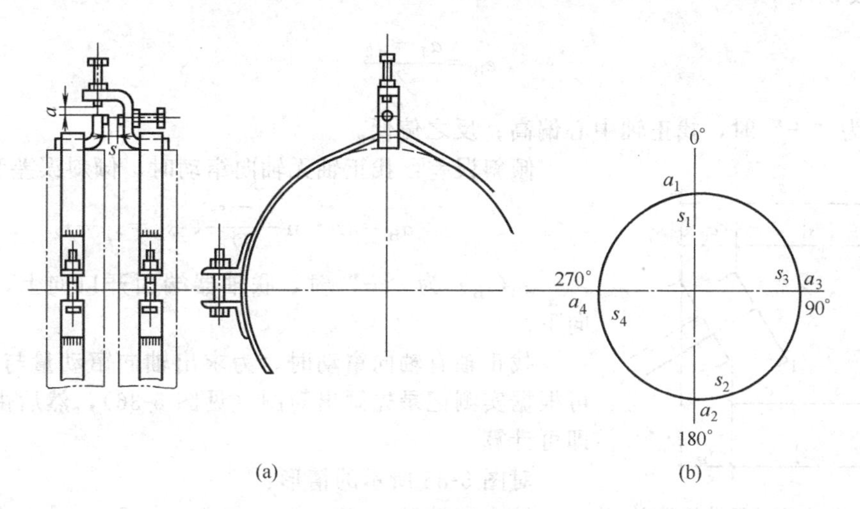


图 5-34　塞尺检测法

为了避免轴端联轴器外圆面自身的同心度误差对同轴度检测产生影响，要在操作中将两轴一起旋转到 0°、90°、180°及 270°四个位置上检测间隙值。同时，对测得的各个间隙应当按规定进行记录：即径向间隙 $a_1$～$a_4$ 分别记在圆的外沿，轴向间隙 $s_1$～$s_4$ 记在圆的内侧。

检测中还要先对实测结果加以核对，然后记录。核对方法是验算 $a_1+a_2=a_3+a_4$ 及 $s_1+s_2=s_3+s_4$ 两个恒等式是否成立。如有问题就表示检测的操作中存在误差，必须查清解决，再进行正式的检测与记录。

当找正轴有轴向窜动时，就要考虑使用二点法（或四点法）进行轴向间隙的检测（前述的操作方法可称为一点法)，这是在找正轴端联轴器的端面外圆附近，于上下或上下前后四处标上 1、2 或 1、2、3、4 记号。然后将找正轴单独转动使其联轴器端面上点 1 与基准轴联轴器端面上选定的 $P$ 点相对（见图 5-35)，并一起旋转两轴，在 0°、90°、180°及 270°四个位置上检测轴向间隙（径向间隙仍可按一点法测定)，并作记录［见图 5-35（b)］。这个操作完成后，保持基准轴不动，旋转找正轴使其联轴器端面上点 2 与基准轴联轴器端面上的定点 $P$ 相对，再一起旋转两轴到四个位置，并将检测结果记录如图 5-35（b）所示。

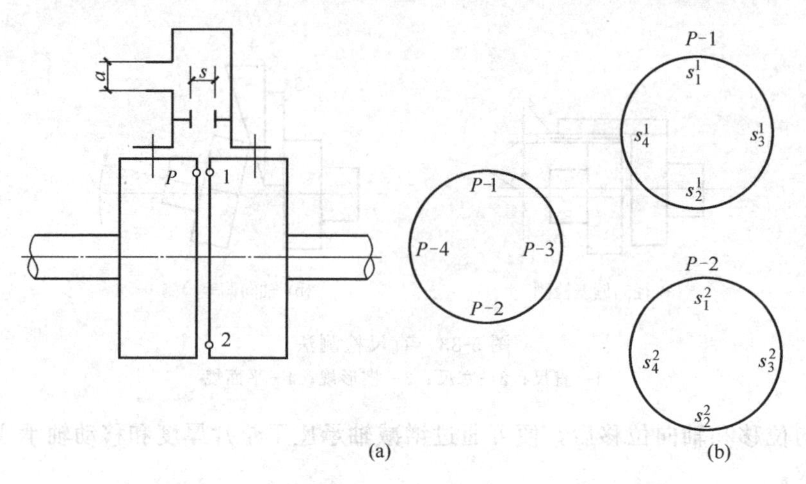


图 5-35　有轴向窜动时两轴同轴度误差检测示意

（2）同心度误差计算

同心度误差

$$e_B=\frac{a_1-a_2}{2}$$

$e_B$ 值为“+”时，找正轴中心偏高；反之偏低。

倾斜误差：找正轴无轴向窜动时，倾斜误差为

$$\alpha_B=\arctan\frac{s_1-s_2}{D}, \ s_B=s_1-s_2$$

$\alpha_B(s_B)$ 为“+”时，联轴器端面开口向上，反之开口向下。

找正轴有轴向窜动时，为求出轴向窜动量与倾斜误差，可根据实测记录先画出简图（见图 5-36)，然后由几何关系即可计算。

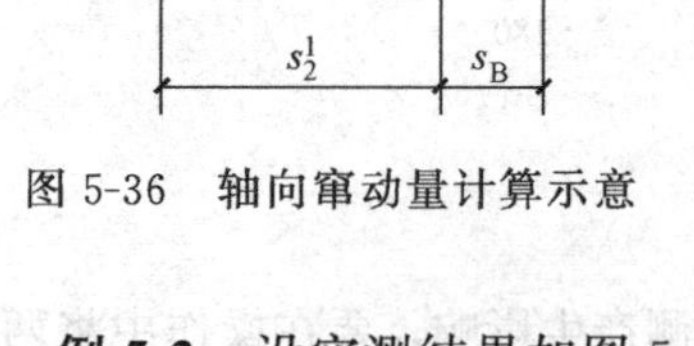

对图 5-36 所示的情形：

轴向窜动量 $c_B$ 为　　$c_B=s_1^2-s_1^1$ 或 $c=s_2^1-s_2^2$

倾斜误差 $s_B$ 为　　$s_B=s_1^2-s_2^1$ 或 $s=s_1^1-s_2^2$

图 5-36　轴向窜动量计算示意

**例 5-2**　设实测结果如图 5-37（b）所示，试计算找正轴的轴向窜动量和轴向位移量。

**解**：(1）竖直平面内

① 按实测结果绘简图（见图 5-37)。

② 计算轴向窜动量。

$$c_B=s_1^2-s_1^1 \text{ 或 } c_B=s_2^1-s_2^2=0.36-0.20=0.16\ (\text{mm})$$

③ 计算轴向位移量。

$$s_B = s_1^2 - s_2^1 \text{ 或 } s_B = s_1^1 - s_2^2 = 0.20 - 0.14 = 0.06 \text{ (mm)(开口向上)}$$

(2) 水平面内

① 按实测结果绘简图（见图 5-38)。

② 计算轴向窜动量。

$$c_T = s_4^1 - s_4^2 = s_3^2 - s_3^1 = 0.40 - 0.18 = 0.22 \text{ (mm)}$$

③ 计算轴向位移量。

$$s_T = s_4^1 - s_3^2 = s_4^2 - s_3^1 = 0.18 - 0.10 = 0.08 \text{ (mm)(开口向后)}$$

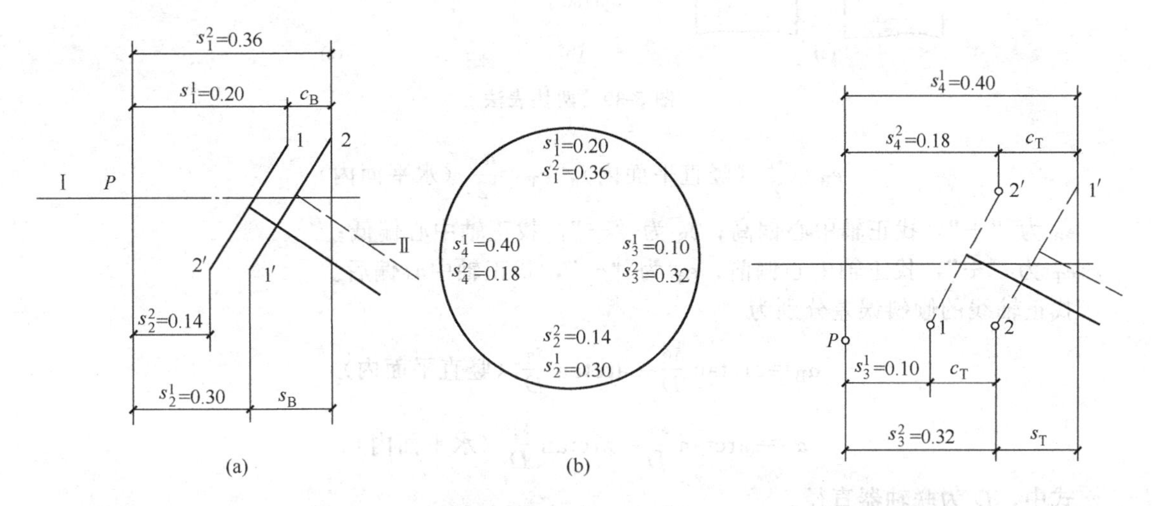


图 5-37 竖直平面轴向位移示意图　　　　图 5-38 水平面轴向位移示意图

另外，如要进一步考虑提高检测精度，就要计及联轴器端面弧偏度的影响。为此，在每一位置上测量时，都应测得上下前后四处的联轴器端面之间的间隙，并取其平均值为该位置上的轴向间隙值。

$$s_1 = \frac{s_1^1 + s_2^1 + s_3^1 + s_4^1}{4}; \quad s_2 = \frac{s_1^2 + s_2^2 + s_3^2 + s_4^2}{4};$$

$$s_3 = \frac{s_1^3 + s_2^3 + s_3^3 + s_4^3}{4}; \quad s_4 = \frac{s_1^4 + s_2^4 + s_3^4 + s_4^4}{4}。$$

3. 百分表检测法

也要先在二轴端联轴器上装好中心卡，然后安上两块百分表或一块百分表来测得两轴在0°、90°、180°以及270°四个位置上的径向间隙和轴向间隙或仅测出上述四位置上径向间隙值。以下分别加以介绍。

(1) 两块表法　这是以两块百分表代替塞尺来测得径向间隙和轴向间隙的方法。测量中为方便起见，应将0°位置百分表的读数调到零，并保持百分表的测量杆有一定的压缩量，然后将二轴一起旋转到180°位置上，分别测定径向间隙 $a_2$ 和轴向间隙 $s_2$。必须指出，百分表在各位置的读数是表示间隙的增加或减少值，因此，记录百分表读数时，要连同百分表指针的转向一并记录，即当转动两轴时，指针顺时针方向移动时记“+”号，表示间隙减小；反之记“−”，表示间隙增加。如图 5-39 (b) 所示。

竖直平面内的同轴度误差检测后，便进行水平面内的同轴度误差的检测。间隙时将起始位置（即90°位置）上的百分表读数调到零，然后将两轴一起旋转到270°位置上检测 $a_4$ 与 $s_4$ 值，如图 5-39 所示。

显然，找正轴的同心度误差分别为

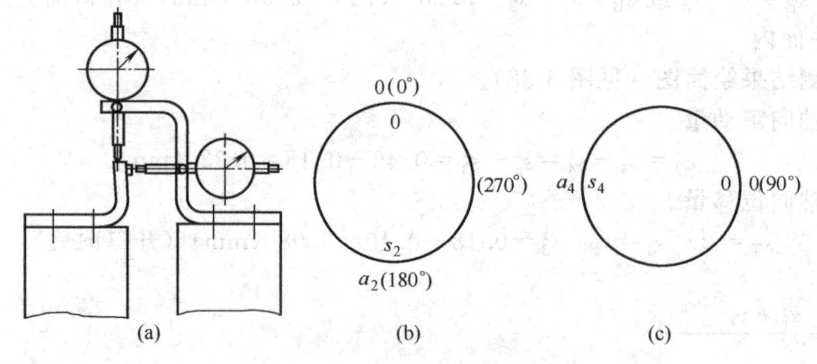


图 5-39 两块表法

$$e_B=\frac{a_2}{2}\text{（竖直平面内）},\ e_T=\frac{a_4}{2}\text{（水平面内）}$$

$e_B$ 为“+”，找正轴中心偏高；$e_B$ 为“−”，找正轴中心偏低；

$e_T$ 为“+”，找正轴中心偏前；$e_T$ 为“−”，找正轴中心偏后。

找正轴线的倾斜误差分别为

$$\alpha_B=\arctan\frac{s_B}{D}=\arctan\frac{s_2}{D}\text{（竖直平面内）}$$

$$\alpha_T=\arctan\frac{s_T}{D}=\arctan\frac{s_4}{D}\text{（水平面内）}$$

式中，$D$ 为联轴器直径。

$\alpha_B$ 或 $\alpha_T$ 为“+”时，找正轴线向上或向前倾斜（即联轴器开口朝下或朝后）；反之，找正轴线向下或向后倾斜（即联轴器开口朝上或朝前）。用两块表检测，虽可一次装上两块百分表，同时测得同心度误差与倾斜度误差，但当两联轴器相距较远时，所测得的同心度误差便有不可忽视的误差出现，这是因为此时将基准轴联轴器检测平面内的同心度误差作为找正轴联轴器间隙平面内的同心度误差，在轴线倾斜误差存在的情况下，是有较大差错的，以致不能忽视。

(2) 一块表法　当找正轴在轴向距离基准轴较远时，可仅用一块百分表测量径向间隙，但必须按两个步骤进行；先将中心卡和百分表装在找正轴上来检测，完成后再将中心卡和百

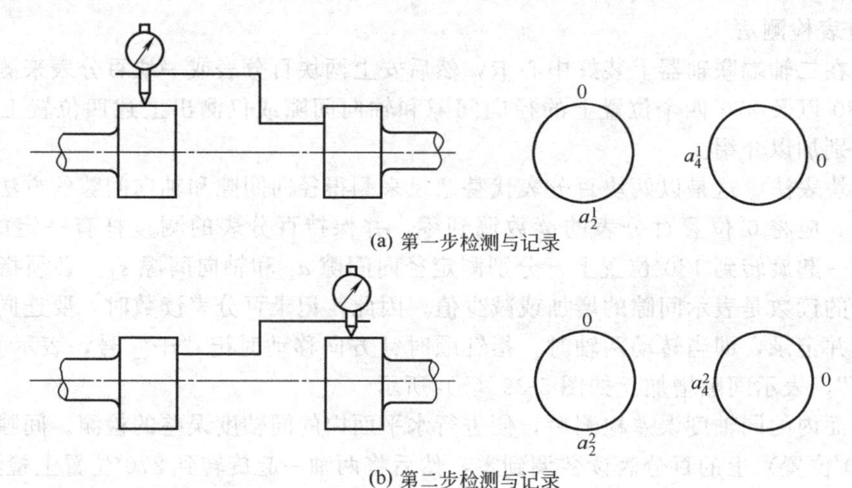


图 5-40 一块表法

分表装在基准轴上来检测，每次检测中，同样必须将起始位置上百分表读数调到零，如图5-40所示。

下面介绍找正轴径向位移和轴向位移的图解分析方法（见图5-41）。

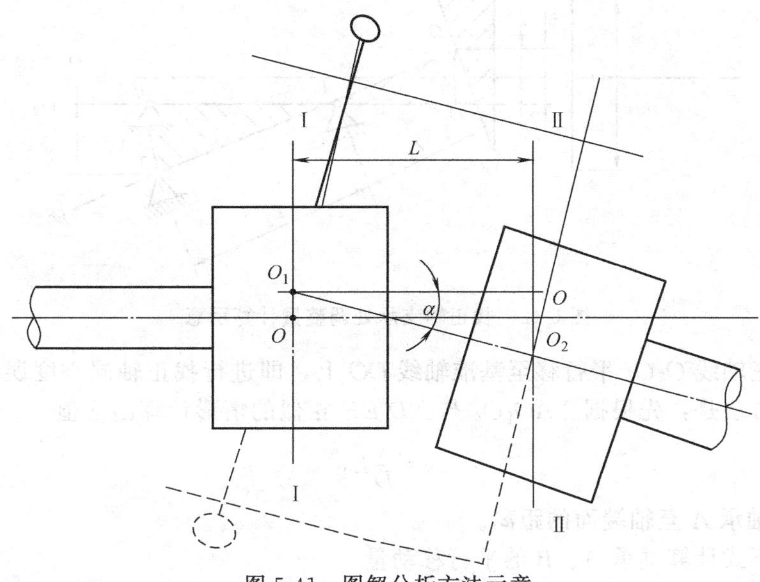


图5-41　图解分析方法示意

先画出基准轴及其联轴器和Ⅰ—Ⅰ、Ⅱ—Ⅱ二平面的简图，然后按 $a_2^1$（确定水平方向位置时用 $a_4^1$）的大小和正负号确定并画出Ⅰ—Ⅰ平面上找正轴中心，再按 $a_2^2$（水平方向用 $a_4^2$）确定Ⅱ—Ⅱ平面上找正轴中心，连接 $O_1$、$O_2$ 两点便得到找正轴线的实际位置，并随即画出其联轴器及轴的简图。

应注意图中 $\overline{OO_1}=\frac{a_2^1}{2}$，$\overline{OO_2}=\frac{a_2^2}{2}$，因设 $a_2^1$ 为正，所以按前述正负号意义规定，找正轴中心在Ⅰ—Ⅰ平面内 $O$ 点的上方；而因 $a_2^2$ 亦设为正，故基准轴中心偏高，即找正轴中心要画在Ⅱ—Ⅱ平面内 $O$ 点的下方。

如图按照比例绘图，便可直接从图上量出同向位移的实际位置，若需计算确定，其找正轴线倾斜度 $\alpha$ 的公式如下

$$\tan\alpha=\frac{\overline{OO_1}+\overline{OO_2}}{L}=\frac{a_2^1+a_2^2}{L_1}$$

式中　$L_1$——Ⅰ—Ⅰ、Ⅱ—Ⅱ两平面间的距离。

（二）同轴度的调整和计算

第一步：根据实测记录正确画出两轴及联轴器的实际位置，如图5-42所示。

第二步：对于塞尺法和两表法，可采用下列方法计算：先将找正轴线 $O_1O_1$ 绕轴承 $A$ 处旋转至水平位置 $O_2O_2$，且与基准轴线 $OO$ 保持平行，再进行轴向倾斜误差的调整。

轴承 $B$ 处的调整量，根据 $\triangle ABB'$ 与 $\triangle D'EF$ 相似的情形，可得到以下计算公式

$$x=\frac{s}{D}L_2$$

式中　$x$——轴承 $B$ 的调整量；

$s$——找正轴的轴向位移；

$D$——联轴器上找正架指针所在圆的直径；

$L_2$——找正轴上轴承 $A$ 和 $B$ 的间距。

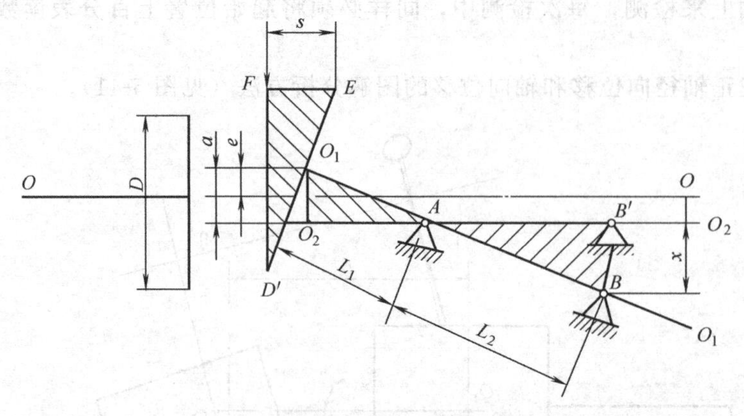


图 5-42 找正轴支承处调整量计算示意

然后将找正轴线 $O_2O_2$ 平行移至基准轴线 $OO$ 上，即进行找正轴同心度误差的调整，其调整量的计算方法是：先根据$\triangle AO_1O_2$ 与$\triangle D'EF$ 相似的情形计算出 $y$ 值

$$y=\frac{s}{D}L_1$$

式中 $L_1$——轴承 $A$ 至轴端面的距离。

然后再按下式计算轴承 $A$、$B$ 的平行移动量

$$OO_2=y-e$$

式中 $e$——找正轴的径向位移（即同心度误差）；

故：轴承 $B$ 的总调整量为 $x+(y-e)$；

轴承 $A$ 的总调整量为 $(y-e)$。

如果是用一块表法检测的，调整量的计算可按下述方法进行（图 5-43）。

根据$\triangle O_1\ Am$，$\triangle O_1\ Bn$ 和$\triangle O_1\ O_2c$ 相似，可得：

$$Am=\frac{\overline{O_2C}}{L}L_1=\frac{\overline{Oc+OO_2}}{L}L_1=\frac{a_2^1+a_2^2}{2}\times\frac{L_1}{L}\left(或\frac{a_4^1+a_4^2}{2}\times\frac{L_1}{L}\right)$$

$$Bn=\frac{a_2^1+a_2^2}{2}\times\frac{L_2}{L}\left(或\frac{a_4^1+a_4^2}{2}\times\frac{L_2}{L}\right)$$

因此，轴承 $A$ 的调整量为 $\frac{a_2^1+a_2^2}{2}\times\frac{L_1}{L}-\frac{a_2^1}{2}\left(或\frac{a_4^1+a_4^2}{2}\times\frac{L_1}{L}-\frac{a_4^1}{2}\right)$

轴承 $B$ 的调整量为 $\frac{a_2^1+a_2^2}{2}\times\frac{L_2}{L}-\frac{a_2^1}{2}\left(或\frac{a_4^1+a_4^2}{2}\times\frac{L_2}{L}-\frac{a_4^1}{2}\right)$

第三步：按求得的调整量进行找正轴的调整工作。

竖直平面内：通过增减轴承座下的垫片，抬高或降低找正轴的位置，从而消除同轴度误差。垫片增减厚度等于垂直调整上的计算值。

水平面内：通过平行移动轴承座进行调整，移动量等于水平调整量的计算值。

第四步：复测找正轴的同心度误差和倾斜误差（又称轴端平行度误差），并经过再调整使它们限制在规范规定的范围内。

（三）最小位移找正法

当设备就位后，找正轴位置的实际误差较大，且对该设备转子轴线的水平度要求不太高时，在基准轴位置允许作微小调整下，可使用转子的最小位移找正法。

例如图 5-44 所示的情形，经过塞尺法、两块表法或一块表法检测得到的找正轴同心度误差和平行度误差都比较大，这时就可在二轴线上按照轴线水平度误差的允许值选择两点，

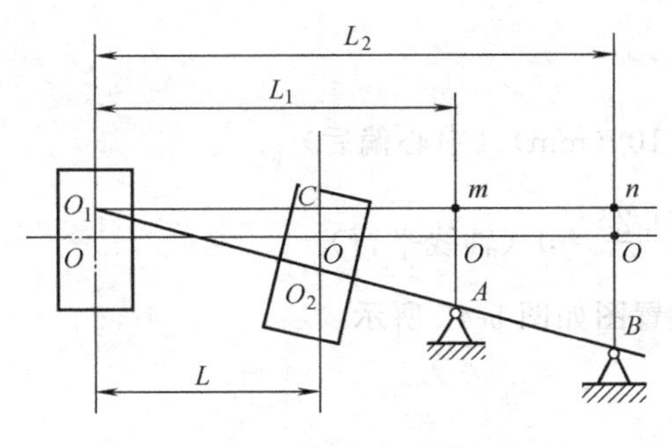


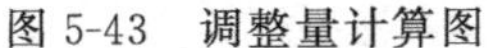
图 5-43　调整量计算图

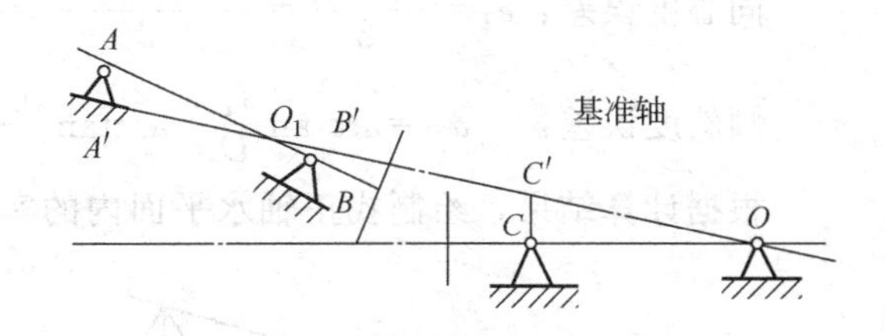


图 5-44　最小位移法找正示意图

图 5-44 中所示是在基准轴线上取 $O$ 点——右轴承，在找正轴上取 $O_1$ 点（图示是任取的），连接这两点的直线 $OO_1$ 作为二轴找正时的基准线。显然，找正轴的 $A$、$B$ 二轴承的调整量大大减少，当然也带来基准轴左轴承 $C$ 的调整问题，不过总的来说还可能是比较合适的。应予指出，为了调整工作的方便与可能，要注意怎样选好基准轴线 $O$ 及 $O_1$ 两点的合适位置，总的原则是既要使调整量最小，又要使调整工作能切实可行。

**例 5-3**　设用塞尺法测得的结果如图 5-45 所示，试根据图示尺寸和记录圆的实测记录，计算找正轴的同轴度误差和轴承 $A$ 和 $B$ 处位置的调整量。

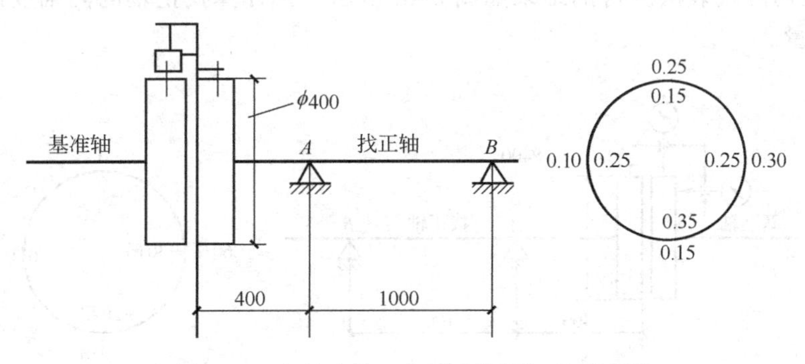


图 5-45　塞尺法找正装置及检测记录示意图

**解**：(1) 竖直平面内（见图 5-46）

① 同轴度误差。

同心度误差：$e_B=\dfrac{a_1-a_2}{2}=\dfrac{0.25-0.15}{2}=0.05$（mm）（找正轴中心偏高）

倾斜度误差：$\alpha_B=\arctan\dfrac{s_B}{D}=\arctan\dfrac{s_1-s_2}{D}=\arctan\dfrac{0.15-0.35}{400}=2'$（找正轴中心线对于基准轴线作逆时针转动，联轴器开口向下）

根据计算结果，绘制找正轴实际位置图。

② 轴承位置调整量。

$$y=\frac{s_B}{D}L_1=\frac{0.15-0.35}{400}\times 400=-0.20\ (\text{mm})$$

$$x=\frac{s_B}{D}L_2=\frac{-0.2}{400}\times 1000=-0.50\ (\text{mm})$$

轴承 $A$ 处：$c_A=y-e_B=-0.20-0.05=-0.25$（减少垫片）

轴承 $B$ 处：$c_B=x+y-e_B=-0.50-0.25=-0.75$（mm）（减少垫片）

（2）水平面内（见图 5-47）

① 同轴度误差。

同心度误差：$e_T=\frac{a_4-a_3}{2}=\frac{0.10-0.30}{2}=-0.10$（mm）（中心偏后）

倾斜度误差： $\alpha_T=\arctan\frac{s_T}{D}=\arctan\frac{0.25-0.25}{400}=0$（轴线平行）

根据计算结果，绘制找正轴水平面内的实际位置图如图 5-47 所示。

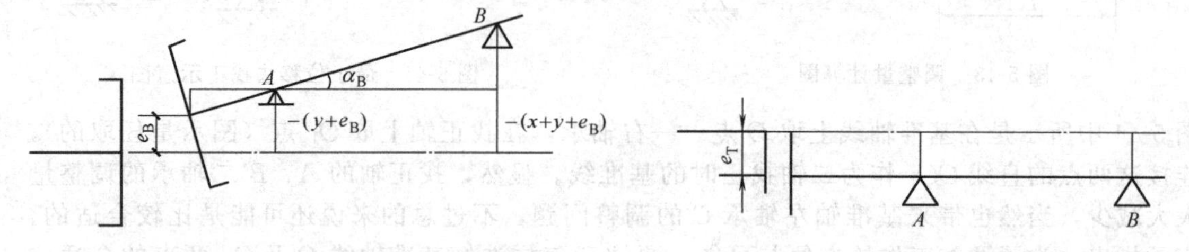


图 5-46　竖直平面找正轴轴线位置示意图　　图 5-47　水平面找正轴轴线位置示意

② 轴承位置调整量。

轴承 $A$ 和 $B$：$c_T=-e_T=0.10$（mm）（前移）

**例 5-4**　设用两块表法测得的结果如图 5-48 所示。试计算找正轴的同轴度误差和轴承 $A$ 和 $B$ 处的调整量。

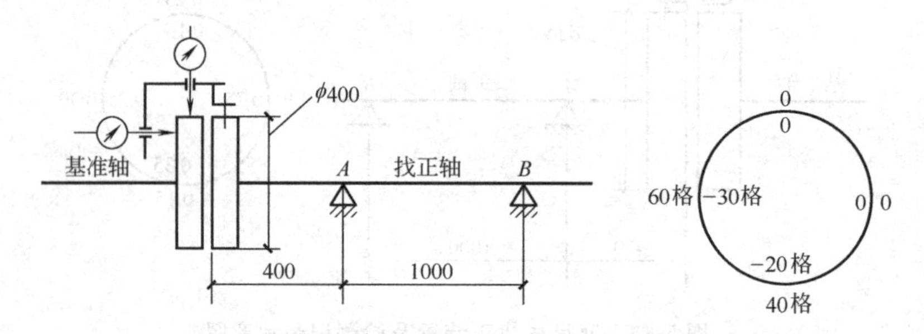


图 5-48　两块表法找正装置及检测记录示意图

**解**：（1）竖直平面内（见图 5-49）

① 同轴度误差。

同心度误差：$e_B=\frac{a_2}{2}=\frac{40\times0.01}{2}=0.20$（mm）（找正轴中心偏高）

倾斜度误差：$\alpha_B=\arctan\frac{s_2}{D}=\arctan\frac{-20\times0.01}{400}=-2'$（轴线顺时针转动，即开口向上）

根据以上计算结果，绘制找正轴实际位置图。

② 轴承位置调整量。

$$y=\frac{s_B}{D}L_1=\frac{0.20}{400}\times400=0.20\text{（mm）}$$

$$x=\frac{s_B}{D}L_2=\frac{0.20}{400}\times1000=0.50\text{（mm）}$$

轴承 $A$ 处：$c_B=y-e_B=0.20-0.20=0$（无需调整）

轴承 $B$ 处：$c_B=x+y-e_B=0.50$（mm）（减少垫片）

(2) 水平面内（见图 5-50）

① 同轴度误差。

同心度误差：$e_T=\dfrac{60\times 0.01}{2}=0.30$（mm）（中心偏后）

倾斜度误差：$\alpha_T=\arctan\dfrac{s_T}{D}=\arctan\dfrac{-30\times 0.01}{400}=-2'30''$（找正轴线逆时针转动，即开口向后）

根据计算结果，绘制找正轴的实际位置图。

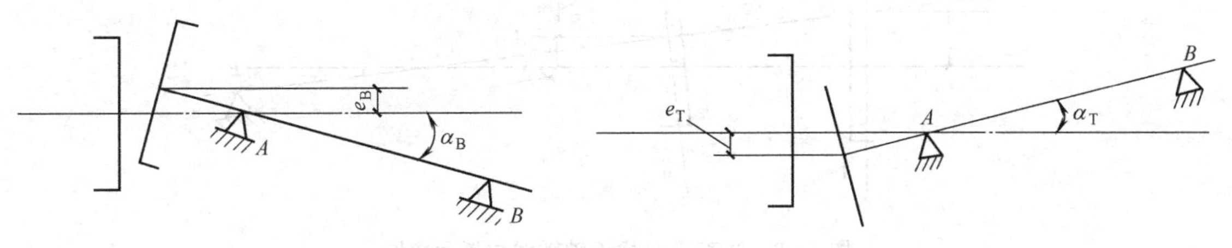


图 5-49　竖直平面找正轴轴线位置示意图　　图 5-50　水平面找正轴轴线位置示意图

② 轴承位置调整量。

$$y=\frac{s_T}{D}l=\frac{30\times 0.01}{400}\times 400=0.30\ (\text{mm})$$

$$x=\frac{s_T}{D}L=\frac{0.30}{400}\times 1000=0.75\ (\text{mm})$$

轴承 $A$ 处：$c_T=y-e_T=0.30-0.30=0$（无须调整）

轴承 $B$ 处：$c_T=x+y-e_T=0.75$（mm）（后移）

**例 5-5**　用一块表法检测与调整。实测的结果如图 5-51 所示，试计算找正轴的同轴度误差和轴承处的调整量。

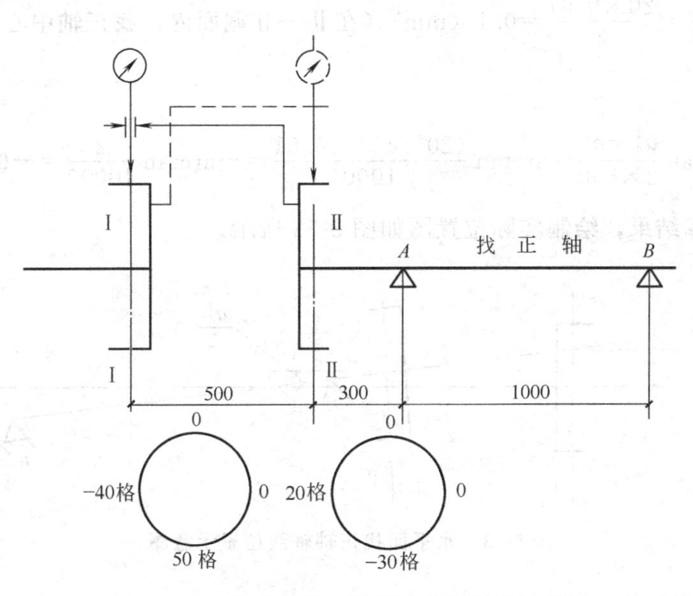


图 5-51　一块表法找正装置及检测记录示意图

**解：**(1) 竖直平面内

① 同轴度误差。

同心度误差：$e_B=\frac{a_2^2}{2}=\frac{-30\times0.01}{2}=-0.15$（mm）（找正轴中心偏高）

倾斜度误差：$\alpha_B=\arctan\frac{a_2^1+a_2^2}{2\times500}=\arctan\frac{(50-30)\times0.01}{2\times500}=20''$（找正轴中心线顺时针转动）

根据计算结果，绘制找正轴实际位置图如图 5-52 所示。

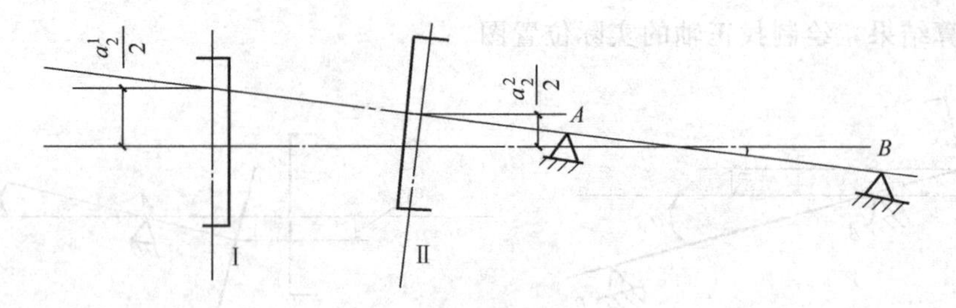


图 5-52　竖直平面找正轴轴线位置示意图

② 轴承位置调整量。

轴承 A 处：$c_A=\frac{a_2^1-a_2^2}{2\times500}\times(500+300)-\frac{a_2^1}{2}=-0.09$（mm）（减少垫片）

轴承 B 处：$c_B=\frac{a_2^1-a_2^2}{2\times500}\times(500+300+1000)-\frac{a_2^1}{2}=0.11$（mm）（增加垫片）

(2) 水平面内

① 同轴度误差。

同心度误差：

$$e_T=\frac{a_4^2}{2}=\frac{20\times0.01}{2}=0.1\ \text{(mm)}\text{（在Ⅱ—Ⅱ截面内，找正轴中心偏后）}$$

倾斜度误差：

$$\alpha_T=\arctan\frac{a_4^1+a_4^2}{2\times500}=\arctan\frac{(20-40)\times0.01}{1000}=-\arctan\frac{2}{10000}=-0.01146^\circ$$

根据以上计算结果，绘制实际位置图如图 5-53 所示。

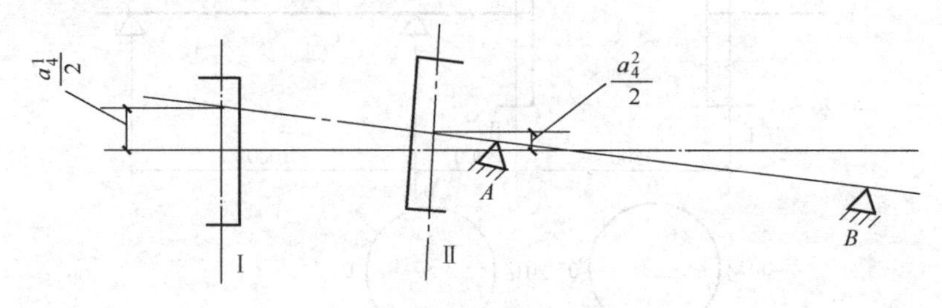


图 5-53　水平面找正轴轴线位置示意图

② 轴承位置调整量

轴承 A 处：$c_A=\frac{a_4^1-a_4^2}{2\times500}\times(500+300)-\frac{a_4^1}{2}=-0.04$（mm）（后移）

轴承 $B$ 处：$c_B=\frac{a_4^1-a_4^2}{2\times500}\times(500+300+1000)-\frac{a_4^1}{2}=0.16$（mm）（前移）

## 第七节　其他安装精度的检测

### 一、垂直度的检测

（1）角尺法　当需检测的两面距离接近时，可用角尺直接靠量［见图 5-54（a）］。当需检测出垂直度误差的具体数值时，或要求测出运动方向的垂直性时，应在其中的运动件表面装上百分表，然后移动运动件，看百分表上指针的偏转数值，如图 5-54（b）所示。

（2）水平仪法　如图 5-55 所示，先在设备的水平面上放好水平仪并测出水平误差，然后再将水平仪放到垂直面上检测。将两次实测数值相加或相减即得垂直度误差。

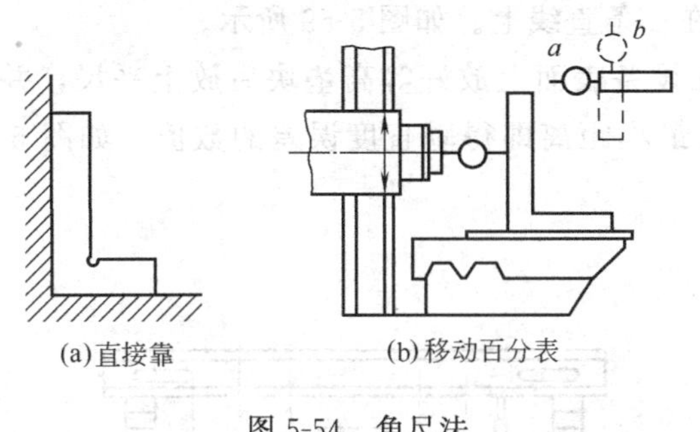


图 5-54　角尺法

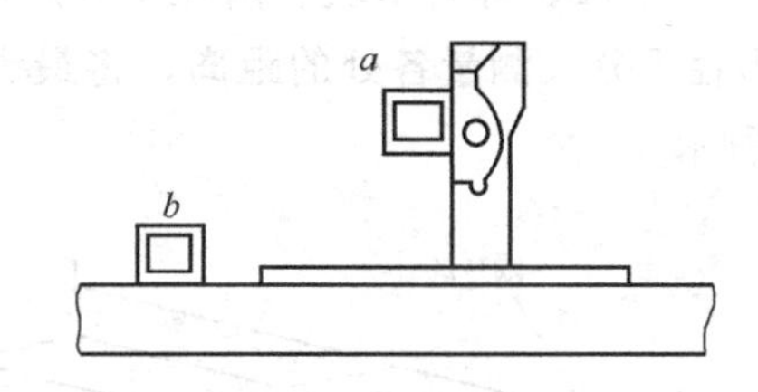


图 5-55　水平仪法

（3）对角线法　如图 5-56 所示，设 $AD$、$CB$ 对于 $AC$、$DB$ 的垂直度，其检测方法是，用钢尺或卷尺测取二对角线 $AB$ 与 $CD$ 是否相等。

（4）旋转法　如图 5-57 所示，可在设备主轴上装上一只百分表，然后在相隔 180°的两位置测取读数即得台面对主轴的垂直度偏差情况。

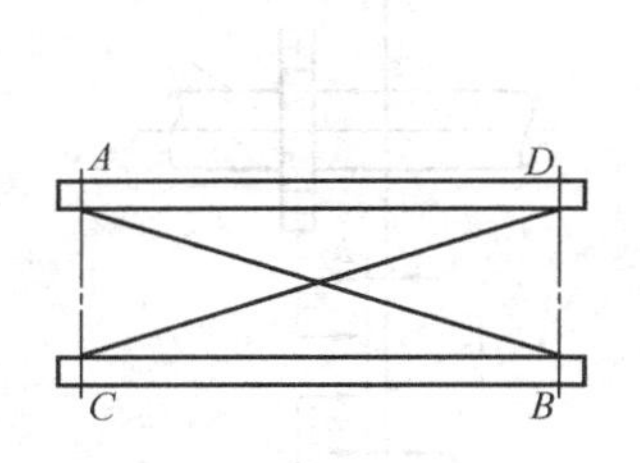


图 5-56　对角线法

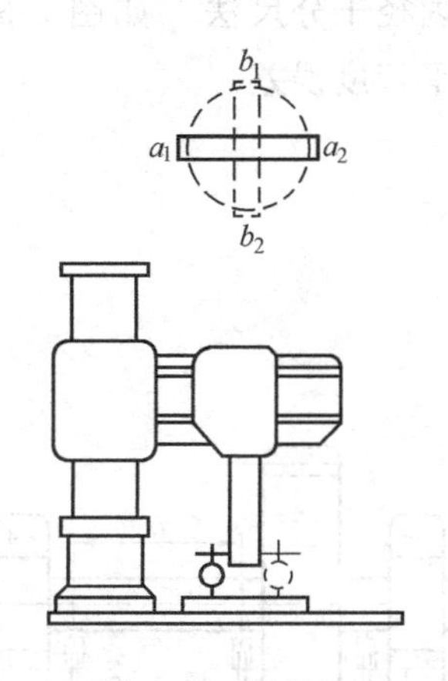


图 5-57　旋转法

另外，也可用拉垂直钢丝法进行检测。

### 二、直线度的检测

① 以与表面贴切的直线作为理想直线：可用刀口尺靠贴法、平尺加塞尺法以及平尺放在平台上用塞尺塞等方法进行检测。

② 以两端点的连线作为理想直线：当设备表面只有单向弯曲时，此法检测结果 $b$ 符合

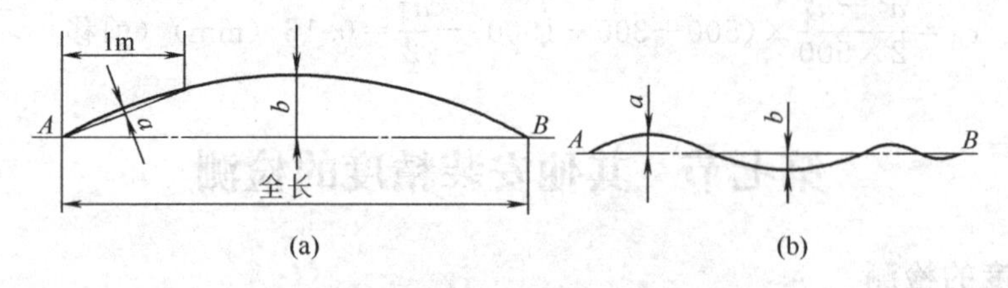


图 5-58 以端点连线做理想直线

实际误差［图 5-58（a）］，而存在双向弯曲时，所测结果 $a$ 和 $b$ ［图 5-58（b）］都不是实际误差，实际误差应是 $a+b$，但注意在一个弯曲范围的长度内都可能是合格的，所以检测中应注意技术要求的具体规定。

③ 以安装基准线作为理想直线：检测时要先拉好一条钢丝线，以它为基准线，检测设备导轨等机件的表面上各点（1、2、3 等）是否在一条直线上。如图 5-59 所示。

④ 平尺、等高垫块、内径千分尺法：这是在设备表面上放好等高垫块后放上平尺，并用内径千分尺测量各处的距离，将最大距离减去最小距离即得垂直度误差的数值。如图 5-60 所示。

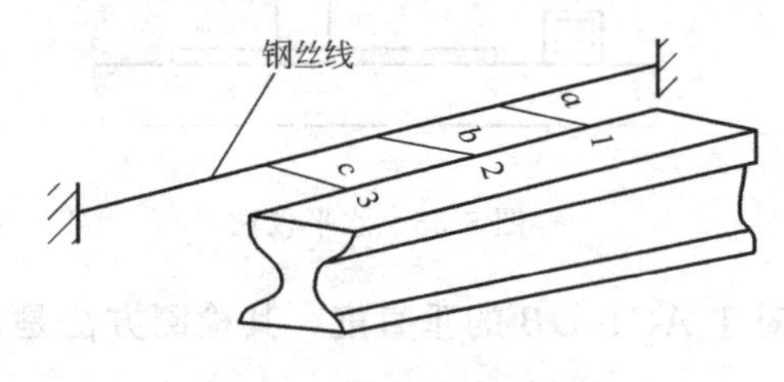


图 5-59 拉线法测直线度

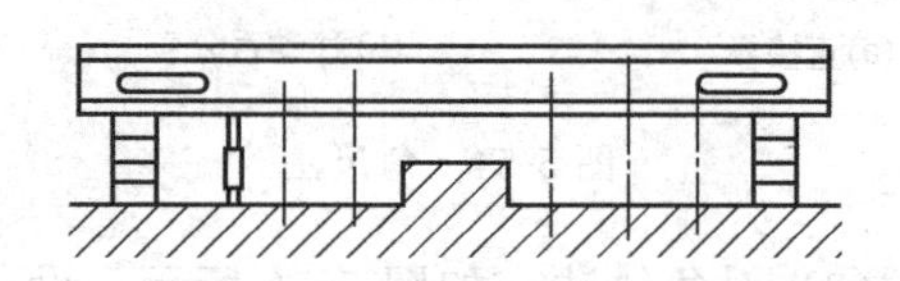

图 5-60 平尺、等高垫块、内径千分尺法示意

## 三、平行度的检测

（1）内径千分尺法　如图 5-61 所示，千分尺在 1、2 两位置的读数差，被测量间隔 $L$ 除，即为平行度误差。

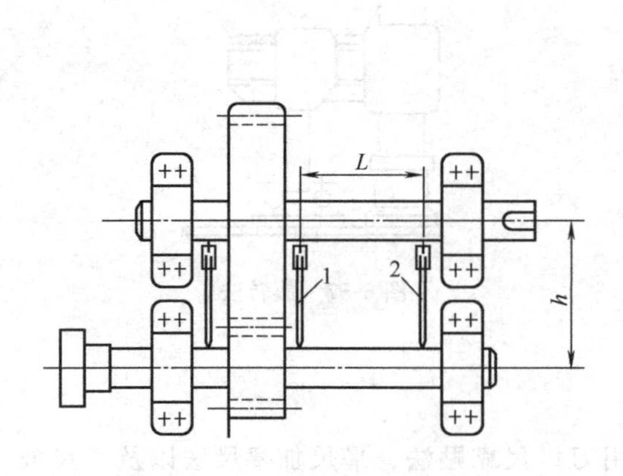


图 5-61 测平行度法一示意图

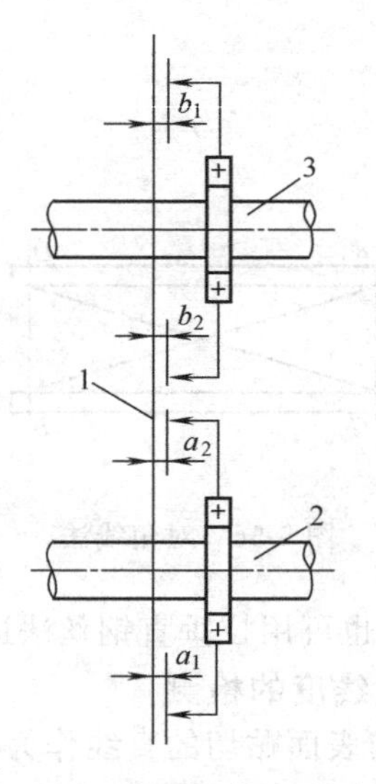


图 5-62 测平行度法二示意图

1—钢丝；2，3—轴

(2) 拉垂直钢丝法　如图 5-62 所示，先使钢丝 1 与轴 2 垂直，即使 $a_1=a_2$；然后检测钢丝与轴 3 的指针在相隔 180°两位置处的间隙，即 $b_1$ 是否等于 $b_2$。

(3) 百分表法　如图 5-63 所示，这是利用移动百分表的方法来检测轴的中心线是否与基准面平行。

(4) 直尺法　这是用平尺或钢尺靠贴窜动件端面的办法来检测平行度，如图 5-64 所示。

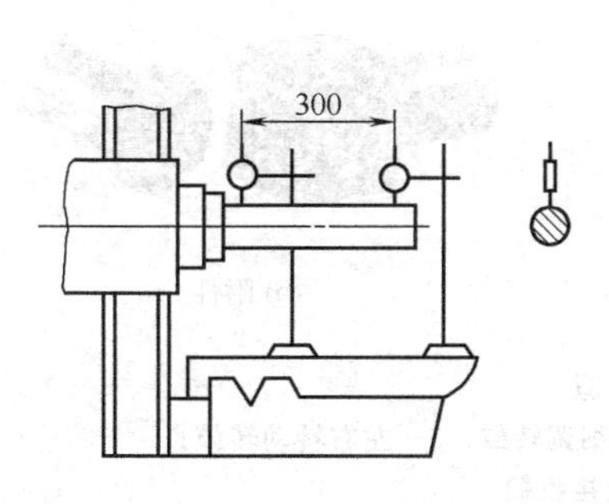


图 5-63　测平行度法三示意图

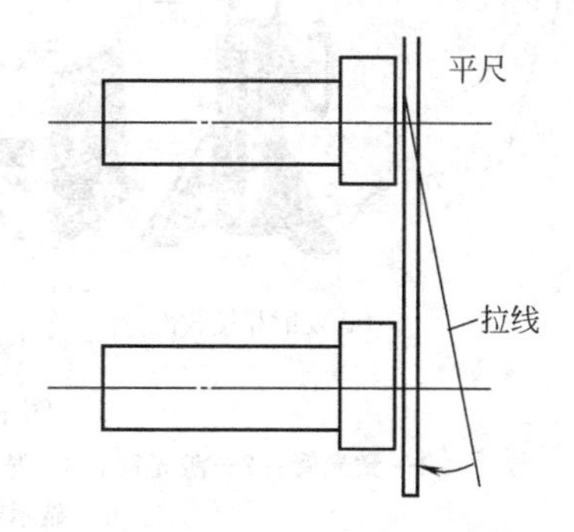


图 5-64　测平行度法四示意图

(5) 拉线法　在基准轴传动件上系好一根线，用手拉直靠贴该传动件的端面，然后将所拉直的线往找正轴传动件端面靠贴，如图 5-64 所示。

## 第八节　激光找中心

激光找中心方法是一种先进的找正方法。其原理是根据激光不仅与普通光一样，沿直线传播，而且方向性好，亮度高，光强分布稳定，利用激光发射器，可在空间形成一条可见的红色光束，作为设备安装的基准线。

激光准直仪包括发射和接收两个部分。发射部分又称激光发射器，一般均采用氦氖气体作为激光的发射物质，如图 5-65 所示，激光管 6 内充氦氖气体，两端有电极 5 进行激励放电，并由光谐振器产生激光振荡，通过玻璃窗 2 在轴线方向由两端射出红色激光束 1。

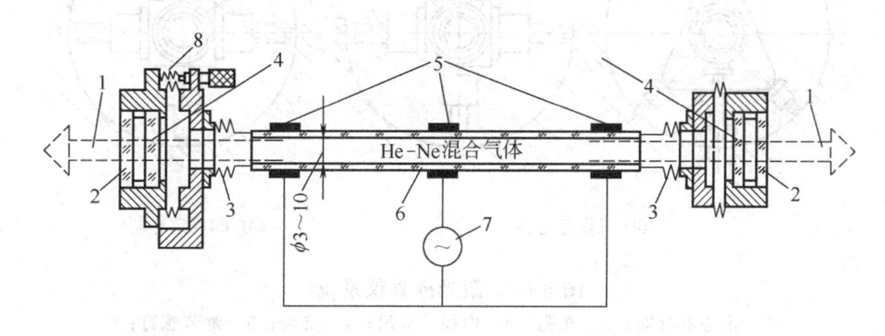


图 5-65　激光发射器的结构示意

1—红色激光束；2—玻璃窗；3—波纹管；4—光谐振器的反射平面镜；5—电极；6—激光管；7—高频电源；8—调节器

接收部分又称光电接收靶，如图 5-66 所示。其作用是把光讯号转换成电讯号。由发射而来的激光束经过滤光片 2 射至反射锥体 5 上，反射锥体将激光束分成 4 股，射向上下和左

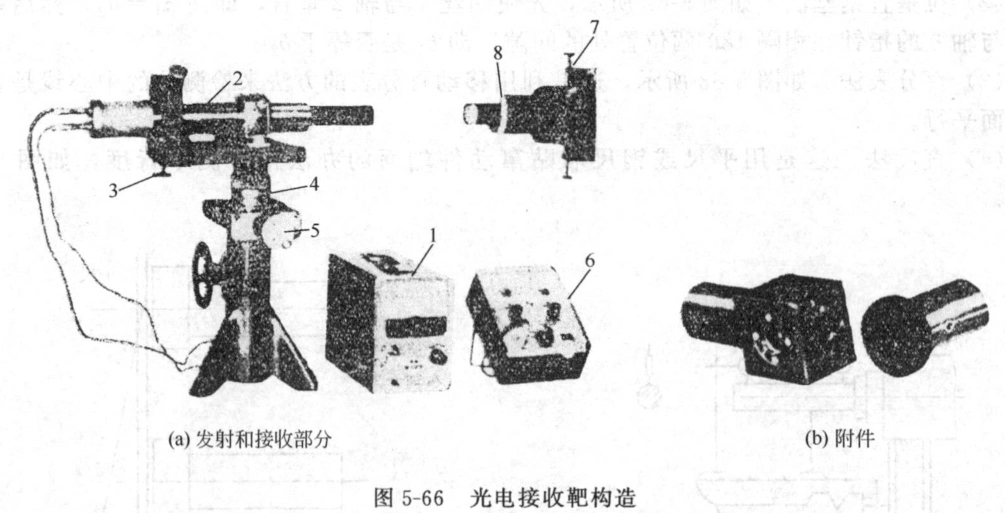


图 5-66 光电接收靶构造

1—激光管；2—激光筒；3—角度调节螺钉；4—上下细调转鼓；5—左右转动转鼓；6—显示器；7—靶座；8—光电接收靶

右 4 块光束电池 4 上，将光讯号转换为电讯号，4 块光电池又分为两组：上下为一组，左右为一组。每对光电池产生的电势差被送到显示器内相应的一组放大器中进行放大，并由显示器电表显示出来，如果两个表头读数均为零，则说明激光束打在反射锥体的中心点上，4 块光电池上收到的光强相等，每组中两块光电池送出的电流值大小相等，方向相反。若激光束中心有所偏离，则 4 块光电池受到的光强不等，每组光电池产生强弱不等的电讯号，由于讯号的强弱与中心偏离值成正比时，放两块显示器，电表均分别指示某一读数差，其读数就表示了找正孔上下和左右偏离基准孔中心线的误差值。

激光准直仪系统如图 5-67 所示，其定心器与接收靶相配并装在设备的孔内，用来检测找正孔轴线的相对位置。

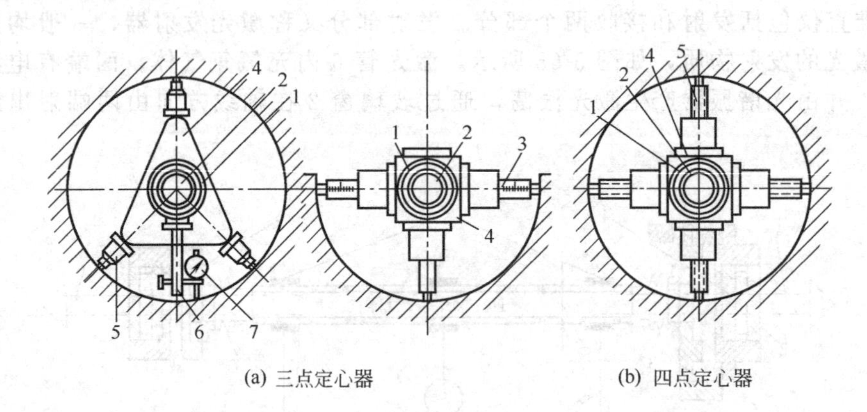


图 5-67 激光准直仪系统

1—定心器套筒；2—光靶；3—内径千分尺；4—支架；5—调节螺钉；6—光轴找中装置；7—百分表

利用激光准直仪检测多孔同轴度的方法如下：

将激光准直仪固定在基准孔件基础的一端，并靠近基础的纵向中心线。如图 5-68 所示。接上激光电源射出一条可见的激光束后，先进行激光束自身位置的调整，使其两基准孔轴线一致，（用分别将定心器置于基准孔两端调整激光束发射器位置的方法，达到这个要求）。然

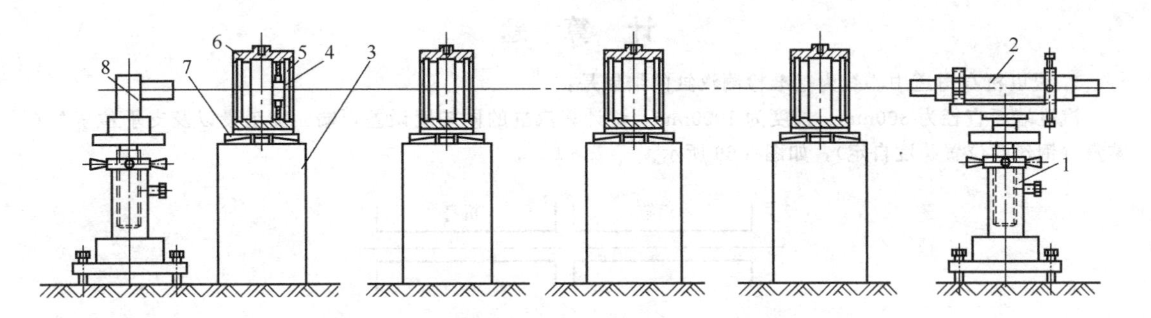


图 5-68　激光法找中空设备同轴度误差示意简图

1—可调测量架；2—激光准直仪；3—轴承座基础；4—光电接收靶；5—定心器；
6—轴承座；7—斜垫铁；8—监视光电接收靶

后把定心器再分别置于找正孔两端的位置上，观测显示器电表上的读数情况，如读数为零或在允许的数值范围内，便可以认为该孔达到了同轴度的要求。为了防止激光束可能发生的漂移对检测的影响，应在找正孔件外端的基准或地坪上安装一个光电监视靶，以监视激光束的漂移。

当利用激光准直仪找正设备中心线在基础上的精确位置时，应在设备的另一端基础上装好经过校正水平的平板与三棱镜。调整激光束自身的位置的时候，要在基础纵向中心线相距较远的两点上方悬吊线坠，并使坠尖指准纵向中心线，然后再调整激光发射器的位置，使激光束正好穿过这两个线坠的吊线，而且还要使由三棱镜反射回来的光束与入射光束重合，这样激光束就不仅对应于基础上的纵向中心线而且处于水平状态。最后，再测量和调整激光束的安装标高。经过上述的调整后，激光发射器射出的激光束就可作为安装基准线了。找正设备中心线的操作方法是，将定心器（包括光电接收靶）先后分别置于设备孔的两端部位，然后观察显示器上电表的读数，此时即可测得孔两端的中心误差。

当找正中心的精度要求不高时，也可不用装有光电接收靶的定心器，而且只开有中心小孔的定心器，检测中观察激光束通过该小孔就行。

激光找正的距离长，精度高，如 20m 距离的精度为 0.05mm，20～40m 距离的精度为 0.1mm。

激光找正时，必须避免环境温度的变化，强光照射，基础振动等的影响，否则将使激光束变形、漂移及不稳定，降低测量精度。

## 复习思考题

1. 什么是找正找平？有哪些重要意义？
2. 找正找平常用的测量和检查方法有哪些？比较它们所能达到的精度。
3. 怎样选择找正找平基准？可按哪两种步骤进行找正找平？
4. 初平与精平的异同点是什么？在哪些情况下只需作初平或精平？
5. 怎样找正孔与轴的中心线位置？
6. 什么是设备照片的三点调正法？操作时应注意哪些问题？
7. 怎样找正设备的标高？使用水准仪找标高时如何操作与计算？
8. 同轴度误差包括哪两种？可能出现的同轴度误差有哪些情况？
9. 两孔与两轴的同轴度找正如何进行？误差怎样检测与记录？怎样计算？怎样调整？
10. 怎样检测两条导轨的直线度、对中性与平行度？
11. 激光找中的仪器设备包括哪些？如何使用激光找中技术进行设备中心线与同轴度的找正？

## 计　算　题

1. 设以机身滑道中心线为基准检测汽缸的结果是：

汽缸端面直径为800mm、长度为1000mm，试计算汽缸的同轴度误差，端面加工量以及支承位置的调整量（钢丝的位置跨度自定），如图5-69所示。

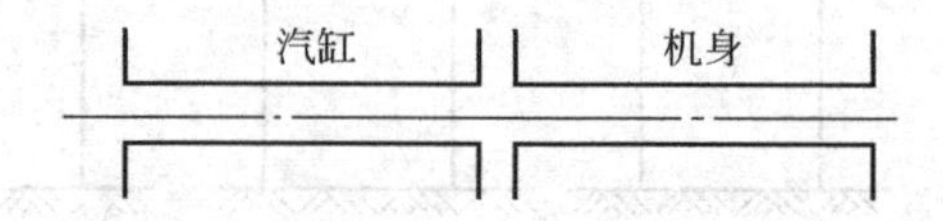


图5-69　两孔同轴度找正示意图

2. 设联轴器位置的检测结果如图5-70所示，试计算找正轴的轴向窜动量与轴线倾斜误差（联轴器直径为400mm）。

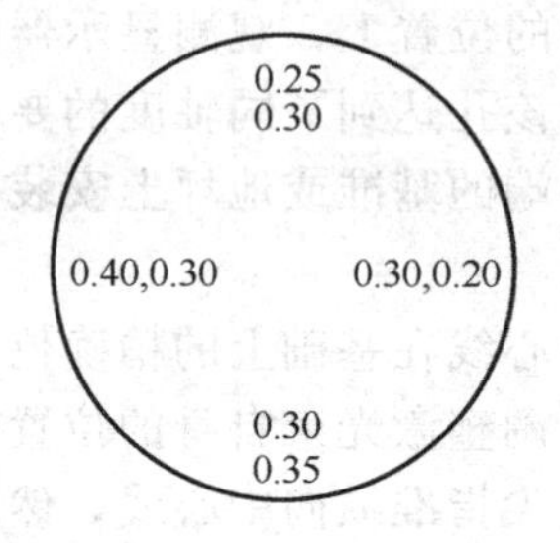


图5-70　检测结果记录示意图

3. 已知用塞尺法测得的联轴器位置尺寸如图5-71所示，试计算找正轴的同轴度误差和轴承位置的调整量。

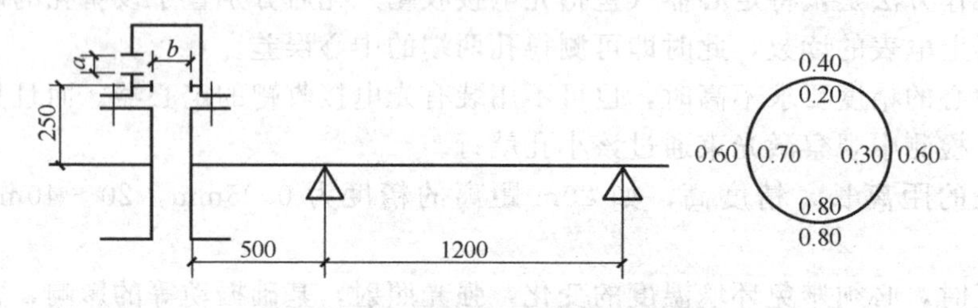


图5-71　塞尺法找正装置及检测记录示意图

4. 已知用两块表法测得的联轴器位置数据如图5-72所示，试计算找正轴的同轴度误差和轴承位置的调整量。

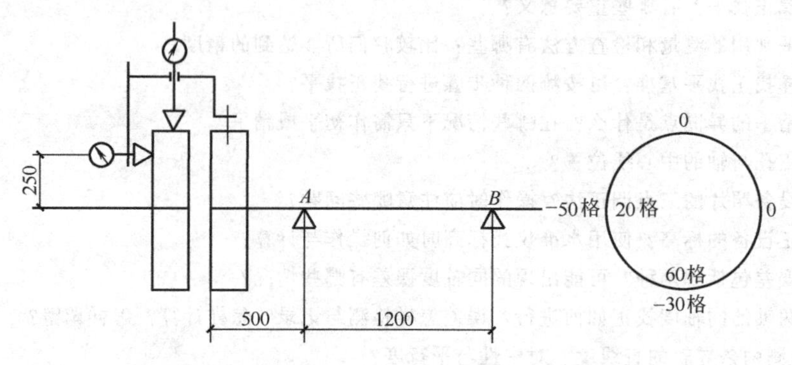


图5-72　两块表法找正装置及检测记录示意图

5. 已知用一块表法两次测得的联轴器位置数据如图 5-73 所示，试计算找正轴的同轴度误差和轴承位置的调整量。

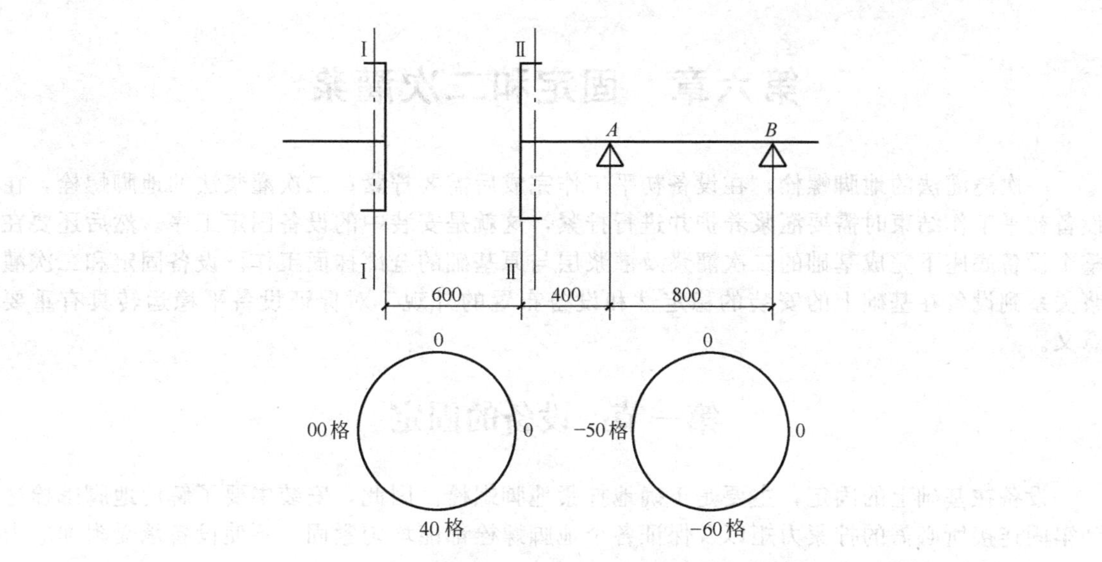


图 5-73　一块表法找正装置及检测记录示意图

# 第六章　固定和二次灌浆

一次浇灌法的地脚螺栓，在设备初平工作完成后需要拧紧；二次灌浆法的地脚螺栓，在设备初平工作结束时需要灌浆养护并进行拧紧，这就是安装中的设备固定工序。然后还要在整个设备底座下完成基础的二次灌浆及灌浆层与原基础的全部抹面工作。设备固定和二次灌浆关系到设备在基础上的安装的稳定性和设备布置的外观，对保证设备平稳运转具有重要意义。

## 第一节　设备的固定

设备在基础上的固定，主要是正确地拧紧地脚螺栓。因此，安装中要了解使地脚螺栓达到牢固连接所必需的拧紧力矩以及保证各个地脚螺栓都能均匀紧固，不使设备承受附加应力的拧紧顺序、步骤和有关注意事项。

### 一、地脚螺栓的拧紧力矩

拧紧地脚螺栓，必须保证足够的紧度和不将地脚螺栓拧断或活拔。为此，在确定地脚螺栓的拧紧力矩时，要严格地控制螺栓的变形不超出弹性范围。Q235 钢地脚螺栓不产生塑性变形、不拉断的最大拧紧力矩参看表 6-1。

**表 6-1　地脚螺栓的最大拧紧力矩**　　N·m

| 螺栓直径 | M10 | M12 | M16 | M20 | M24 | M27 | M30 | M36 | M42 | M48 |
|---|---|---|---|---|---|---|---|---|---|---|
| 拧紧力矩 | 11.0 | 19.0 | 48.0 | 95.0 | 160.0 | 240.0 | 320.0 | 580.0 | 870.0 | 1300.0 |

按照载荷计算拧紧力矩的方法如下：首先根据以下公式计算所需保证的拧紧力

$$Q_B = K_1 K_2 P \text{（承受垂直载荷）}$$

$$Q_T = K_1 \frac{Q - mgf}{nf} \text{（承受水平载荷）}$$

式中　$Q_B$——承受垂直载荷和动载荷的地脚螺栓的拧紧力，N；

$Q_T$——承受水平载荷的地脚螺栓的拧紧力，N；

$K_1$——拧紧稳定系数，可取 1.3～2.5；

$K_2$——载荷系数，可取 0.2～0.65；

$P$——作用在地脚螺栓上的垂直载荷，N；

$Q$——作用在基础和设备接合面上的水平载荷，N；

$m$——设备的质量，kg；

$g$——重力加速度，$m/s^2$；

$f$——摩擦系数，无垫铁安装时取 0.3，其他方法安装时取 0.2；

$n$——螺栓数量。

然后按下式确定拧紧力矩的需要值

$$M = Q_B(Q_T)\xi$$

式中　$\xi$——系数，与螺纹几何尺寸及摩擦特征有关，可参考表 6-2 选取。

表 6-2 系数 $\xi$ 的值

| 螺栓直径 | M10 | M12 | M16 | M20 | M26 | M30 | M36 | M42 |
|---|---|---|---|---|---|---|---|---|
| $\xi$ | $2\times10^{-3}$ | $2.4\times10^{-3}$ | $3.2\times10^{-3}$ | $4.4\times10^{-3}$ | $5.8\times10^{-3}$ | $7.5\times10^{-3}$ | $9\times10^{-3}$ | $1.1\times10^{-2}$ |
| 螺栓直径 | M48 | M56 | M64 | M72 | M80 | M90 | M100 | M110 |
| $\xi$ | $1.2\times10^{-2}$ | $1.4\times10^{-2}$ | $1.7\times10^{-2}$ | $1.9\times10^{-2}$ | $2.1\times10^{-2}$ | $2.3\times10^{-2}$ | $2.5\times10^{-2}$ | $2.8\times10^{-2}$ |

另外，当选用其他材料制造地脚螺栓时，要对应预控制的最大拧紧力矩加以修正，其方法是

$$M=\frac{\sigma_s}{22000}M_0$$

式中 $\sigma_s$——地脚螺栓材料的屈服点；

$M_0$——表 6-1 中数值，拧紧地脚螺栓所需的理论力矩；

$M$——应预控制的最大力矩。

## 二、地脚螺栓的拧紧方法

(1) 拧紧步骤 拧紧地脚螺栓一般分三个步骤：第一步是将所有螺帽拧到底座的承力面上，直到用手拧不动为止；第二步分 2～3 次，按一定顺序将每个地脚螺栓用扳手拧到规定的拧紧力矩数值，例如第一次拧到 1/3，第二次拧到 2/3，第三次达到预定的紧固要求，最后一步就是按原定拧紧力矩再紧一遍。

(2) 拧紧顺序 设备底座上的地脚螺栓都是成组布置的，必须按照适当的顺序，才能使各个地脚螺栓受力一致，紧固均匀，连接可靠；也不会破坏已经初平的设备的位置。拧紧地脚螺栓的顺序原则是从中间向两边，对角交叉，严禁拧紧一边后再拧另一边或顺序依次拧紧的错误方法。具体顺序如图 6-1 所示。

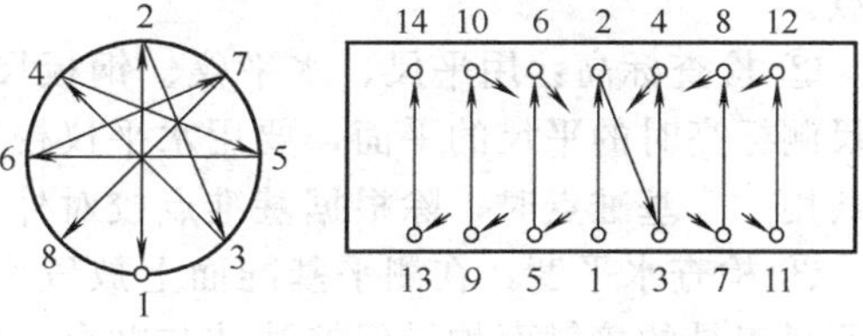


图 6-1 地脚螺栓拧紧顺序

(3) 工具选用 拧紧地脚螺栓一般应选用具有标准长度的固定扳手，少用或不用活络扳手。对于超过 M30 以上的地脚螺栓允许加套管——加长扳手，但不要再用榔头敲击扳手，以保证既达到拧紧目的，又不因施力过大而损坏螺栓或将它活拔。地脚螺栓超过 M30 时，还要尽可能使用专用液扳手或风动扳手。国产 L×50-1 型风动扳手最大力矩为 500N·m，使用范围为 M30～M50 的螺栓，使用的压缩空气压力为 0.4～0.6MPa。

## 三、拧紧地脚螺栓的注意事项

① 拧紧工作应在混凝土强度达到规定强度的 75%以后才可进行；对于无垫铁安装，要先预紧，使螺栓应力达到 10～20MPa，然后，当二次灌浆层的混凝土强度达到规定值的 75%以上时，再最后拧紧。

② T 形头活地脚螺栓在拧紧前一定要先查看端部的标记，使 T 形头确与锚板长方形孔正交。

③ 往地脚螺栓上拧螺帽时，要注意是否应套垫圈。当设备工作中有冲击和振动时必须考虑防松措施，是采用弹簧垫圈还是采用双螺帽或其他防松吊件。

④ 拧紧地脚螺栓前要了解是否需沾些机油到螺纹上，以便日后拆卸方便，是否允许涂刷油漆。

⑤ 拧紧螺帽后，螺栓必须露出螺帽 1.5～5 个螺距。

## 第二节　基础二次灌浆

每台设备找正找平和固定后，必须进行基础的二次灌浆工作。所谓二次灌浆，就是用细石混凝土或砂浆，将设备底座与基础表面间的全部间隙填满，并将垫铁埋在混凝土里。二次灌浆的作用，一是用来固定垫铁，二是承受设备的负荷，提高设备运转的平稳性。

**一、二次灌浆前的准备工作**

由于在基础二次灌浆后，设备便不能再移动和调整，所以，在二次灌浆前应对设备的安装质量进行一次全面的、严格的检查，一般检查内容如下。

1. 垫铁和地脚螺栓的检查

对设备垫铁的检查，主要是检查并记录垫铁的规格、组数和布置情况，看看每组垫铁是否符合要求，排列整齐。然后还要用手锤敲击垫铁，看其是否接触紧密，有没有松动现象。

地脚螺栓应再一次用扳手检查，各地脚螺栓的紧度应一致，没有松动的现象；对于振动大的设备要特别注意地脚螺栓是否有可靠的防松装置。

2. 基础的检查

应检查基础表面是否铲有麻面；被油污的混凝土应铲除干净，并用水将基础表面冲洗干净，预留孔内和凹处的积水应清除掉。

3. 设备安装精度的全面复查

① 检查中心线：检查设备上所有的中点是否适当和准确，基础上安装基准线两端的线坠是否对准了中心标板上的中心点；检查安装基准线上挂的线坠是否对准了设备上的中心点。

② 检查标高：用平尺、水平仪、钢板尺及量杆等联合检查标高，特别是标高面；通过平尺测标高时的平尺的平面，要用水平仪校对，以保证复查和确定标高的准确度。若几个设备共用一个基准点时，除根据基准点校对外，还需检查相互间的标高关系是否合乎要求。

③ 检查水平度：在测平基准面上放置水平仪等检查表面水平度，检查时，被测表面和各测量工具的接触面均需保持清洁与贴合，用塞尺检查接触面，不应有间隙。

④ 检查有关的连接和间隙，有些设备在灌浆前，要检查轴承外套与瓦口的间隙等。

除上述这些基本检查内容之外，有些联动设备，还需用经纬仪来复查中心标板和设备中心线，用水准仪来复查基准点、设备的标高和水平等。

复查合格后，便可与土建部门联系进行二次灌浆。对复杂而重要的设备，安装人员需绘制二次灌浆草图交给土建人员。

**二、二次灌浆**

*（一）二次灌浆的混凝土和砂浆*

二次灌浆常用细石混凝土，细石的粒度为1～3cm，水泥、砂和石子的配合比是1∶2∶3（质量比）左右，水泥的标号是400号～500号；细石混凝土标号要求比原基础标号要高一级。所用砂、石子不得夹有泥土、木屑等物，对含有泥块杂质的碎石应用水冲洗，砂应过筛，拌制混凝土用的水要清洁。用水量按对混凝土稠度的要求加入。

给原基础和二次灌浆层抹面用的水泥砂浆常用10号及25号，这两种水泥砂浆的水泥用量可按下式计算

$$Q=\frac{R_{砂浆}}{KR_{水泥}}\times 1000$$

式中　$Q$——每立方米砂浆的水泥用量；

$R_{砂浆}$——砂浆标号；

$R_{水泥}$——水泥标号；

$K$——系数，一般取 0.7，但也可在 0.6～1.1 之间变动。

砂的用量是：当水泥用量的体积为 $1m^3$ 时，砂的体积应为 $5m^3$；可以用中砂和细砂。用细砂时水泥应增加 20%～25%；用水量按砂浆稠度要求加入。

为了提高抹面层的耐酸性，抹面水泥砂浆中还应加入占整个砂浆量一定比例的水玻璃。

（二）一般设备的二次灌浆

先应装设外模板，外模板的高度要超出设备底座底面 50mm 以上，外模板至设备底面外缘的距离不应小于 60mm；设备底座下不全部灌浆时还应设置内模板，内模板至设备底面外缘的距离应大于 100mm，并且不小于底面边宽，如图 6-2 所示。内模板的高度应等于底座底面至基础或地平面的距离。

为了保持二次灌浆层的强度，灌浆层的厚度不得小于 25mm。

进行灌浆中，应捣固密实，并不影响设备已有的安装精度（灌注混凝土由底座侧面也可向底座上专用的灌注孔灌注）。然后，用水泥砂浆抹面，抹面层上表面应略有坡度，以防油水流入设备底座，还应压实做出圆角圆棱，求得光滑美观。最后进行养护，当二次灌浆层强度达到规定强度的 75%以后才能最后拧紧地脚螺栓，进行下一步的设备拆洗和装配调整。

二次灌浆层的养护时间一般要在 5～7 天左右，每天也要洒水 3～4 次，并保持一定的温度（盖草袋等）。

（三）压浆法

垫铁与设备底面、垫铁与二次灌浆层都应保证接触密实。因此，可采用压浆法施工，如图 6-3 所示。

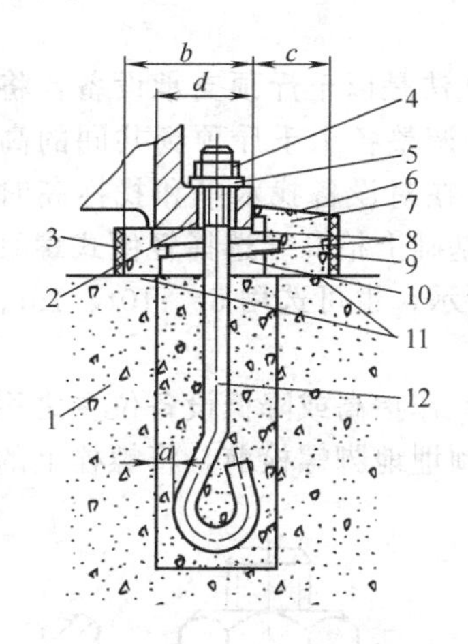


图 6-2　一般二次灌浆

1—基础；2—设备底座；3—内模板；4—螺母；5—垫圈；6—灌浆层斜面；7—灌浆层；8—斜垫铁；9—外模板；10—平垫铁；11—麻面；12—地脚螺栓

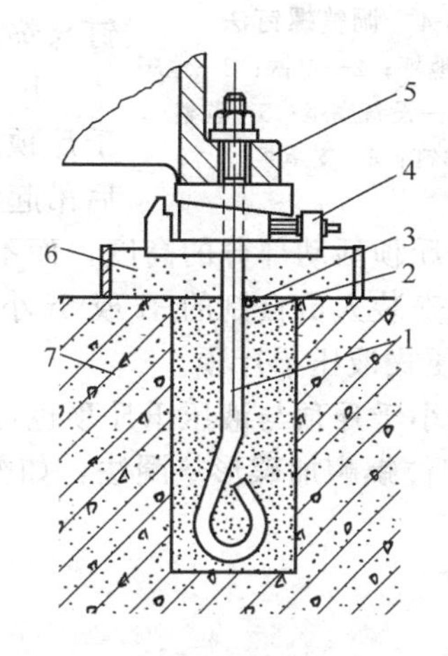


图 6-3　压浆法示意

1—地脚螺栓；2—点焊位置；3—支承垫铁用的小圆钢；4—螺栓调整垫铁；5—设备底座；6—压浆层；7—基础或地坪

压浆法施工的方法步骤是：先用三组以上的临时垫铁初平，然后拧动螺帽和垫铁调整螺钉使永久垫铁上面与设备底面严密接触，下面支承在点焊于螺栓上的小圆钢上。接着进行地脚螺栓的浇灌，待混凝土达到规定强度的 75%后，便开始整个基础上的二次灌浆，当灌浆层达到初凝后期（用手揿压，略有凹印）时，就拧动垫铁上的调整螺钉，使永久垫铁压到二次灌浆层上，同时小圆钢也应被挣脱。等到二次灌浆层达到规定强度的 75%后，拆除临时垫铁，利用永久垫铁进行设备的精平。

也可不用点焊小圆钢的方法，而代之以斜垫铁或小螺钉千斤顶来支承，待灌浆层达到规定强度的75%以后，再退下或拆除它们，使永久垫铁在设备重量作用下压实二次灌浆层。

**（四）无垫铁安装方法中的二次灌浆**

无垫铁安装是一项新技术。过去在设备安装工程中应用很少，近几年来由于引进工程的需要，已有采用并正在推广，无垫铁安装工艺的重要意义有如下几点：

① 由于不使用垫铁，省去了铲研垫铁窝的工作，从而节约了时间，并减轻了安装人员的劳动强度；

② 节省了垫铁钢板和加工垫铁的费用，尤其是对某些大型设备的安装，节约了大量的钢材；

③ 设备与基础的二次灌浆层能达到大面积均匀接触，受力状况良好，提高了抗振性能。

无垫铁安装的施工过程如下。

① 利用调整螺钉、千斤顶或定位螺母加碟形垫圈找好设备的水平度和标高，也可采用斜垫铁或可调垫铁进行此项工作。

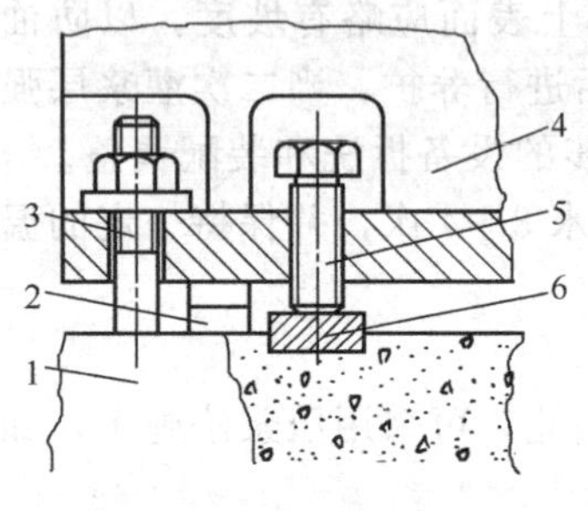


图 6-4　调整螺钉法

1—基础或地坪；2—垫铁；3—地脚螺栓；4—设备底座；5—调整螺钉；6—支承板

a. 调整螺钉法：如图 6-4 所示，将调整螺钉拧出并达到一定长度，由它来支承设备重量；为了防止基础表面被螺钉压坏，要在与调整螺钉相对的基础表面上埋设好 100mm×100mm 的钢垫板（用高强度水泥砂浆浇铸固定），其厚度在 10～20mm 之间（宜大于调整螺钉的直径），钢垫板要找水平（水平偏差不超过 10mm/m）。找好设备的水平度和标高后，立即将各调整螺钉用锁紧螺帽锁紧，并以厚 0.1mm 塞尺检查每个调整螺钉与垫铁的接触情况。

b. 轻便式千斤顶法：此法是以千斤顶支承设备，将轻便式千斤顶放在基础表面上，并调整各个千斤顶到共同的高度，然后吊起设备放到千斤顶上。在对设备找水平和找标高时，只允许改变千斤顶活动部分的高度，而不可将千斤顶底座从基础上抬高。选择轻便式螺纹千斤顶时可采用安装人员自制的 3t 或 5t 小千斤顶，如图 6-5 所示，也可选用 5t、10t、15t、20t 及 50t 的轻便式液压千斤顶。

螺纹小千斤顶与液压千斤顶也可用在有垫铁安装中，作抬高或降低设备位置之用。

c. 定位螺帽加碟形垫圈法：如图 6-6 所示，首先在预埋地脚螺栓前，将螺栓上的螺纹加

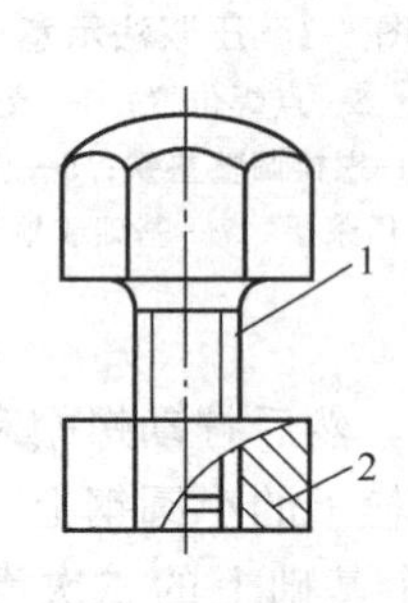


图 6-5　小千斤顶

1—支承螺钉；2—支承螺母

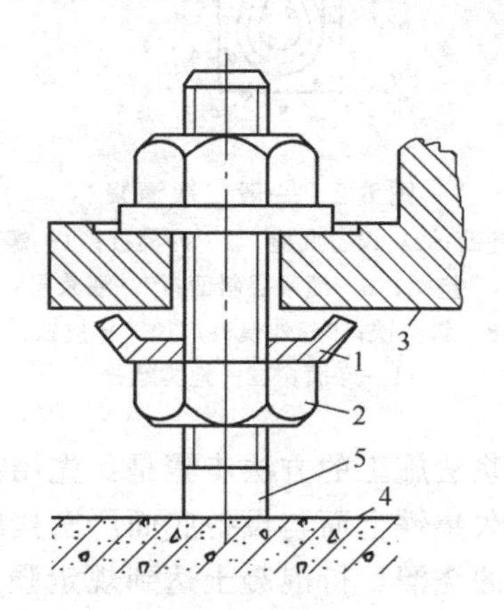


图 6-6　定位螺帽法

1—碟形垫圈；2—定位螺帽；3—设备；4—基础；5—地脚螺栓

长到足够的长度，然后拧上定位螺帽和套上碟形垫圈，并应调整到使各碟形垫圈的支承面在同一水平面上，最后将设备吊放到碟形垫圈支承面上并找正设备的水平和标高（通过拧动定位螺帽进行调整）。

② 拧紧地脚螺栓，进行基础的二次灌浆：采用无垫铁安装法时，二次灌浆所用的砂浆，应选用膨胀水泥或无收缩水泥进行拌制。膨胀水泥可用600～700号水泥加4/1000铝粉配制。砂浆水泥、砂、水、铝粉的配合比为1∶2∶0.4∶0.004（质量比）。由于铝粉所占比例很不易掺和均匀，故掺和时应当严格按照“逐步扩大掺和法”，即全量的铝粉先与2～3倍的水泥充分掺和，以后再加入前次掺和量的3～4倍的水泥掺和，直到铝粉与水泥全部掺和完毕，再与砂和水拌和。对砂浆的要求是水灰比要小，以提高强度和防止收缩。对砂浆的黏湿程度要求是，当用手捏紧砂浆时能捏成块，而没有水分挤出，手放开后，砂浆能慢慢散开，即“捏得拢，散得开”，不符合以上要求的砂浆，不得用于二次灌浆。

二次灌浆的操作步骤为：

a. 将调整螺钉等的螺纹用厚纸包缠，以防止砂浆粘接调整螺钉，妨碍设备的精平；如果使用千斤顶，用斜垫铁式定位螺帽来调整设备高度，则应设置模板将它们与周围空间隔开，以便以后再拆除它们。

b. 在设备四周装置模板，并进行基础面的清理与湿润工作。

c. 拌制膨胀水泥砂浆，随拌随灌，并进行捣固振实，然后养护2～3天。

③ 复查设备的水平度和标高，如偏差过大，应作进一步调整。

作复查工作时，先要将调整螺钉拧出2～3转或将千斤顶降下1mm左右，使设备坐落到二次灌浆层上（使用定位螺帽固有弹性较好的碟形垫圈可不退下），然后使用精密水平仪测量设备水平度，如有超差现象，便可通过拧紧地脚螺栓或重新使用调整螺钉、千斤顶等进行调整。

④ 拆除模板、千斤顶、垫铁，并将拆除后留下的窟洞用同样的砂浆灌死。

⑤ 继续对二次灌浆层养护至规定期限。

此外，无垫铁安装时，二次灌浆层的厚度原则上不应低于100mm，以保证二次灌浆层有足够强度。

### （五）二次灌浆时的注意事项

① 设置内外模板时要特别小心，不要碰动设备。

② 灌浆工作不能间断，一定要一次灌完。

③ 安装精度高的设备，应在找正找平后24h灌浆，否则，应对安装精度重新检查测量。

④ 灌浆工作应在气温5℃以上进行，否则应采取措施，如：用温水搅拌或掺入一定数量的早强剂等。当用温水搅拌时，水温不得超过60℃，以免水泥产生假凝，影响质量；用早强剂时，一般可采用氯化钙，其掺入量不得超过水泥质量的3%。

⑤ 二次灌浆层不得有裂缝、蜂窝和麻面等缺陷。当二次灌浆层与设备底面要求紧密接触时，其接触面间不得有间隙。

⑥ 采用锚定式可拆地脚螺栓固定的设备，二次灌浆时，应将地脚螺栓孔灌满干砂，并用砂头油毡线等物堵塞地脚螺栓孔口，以防混凝土浆水流入孔内。也可先

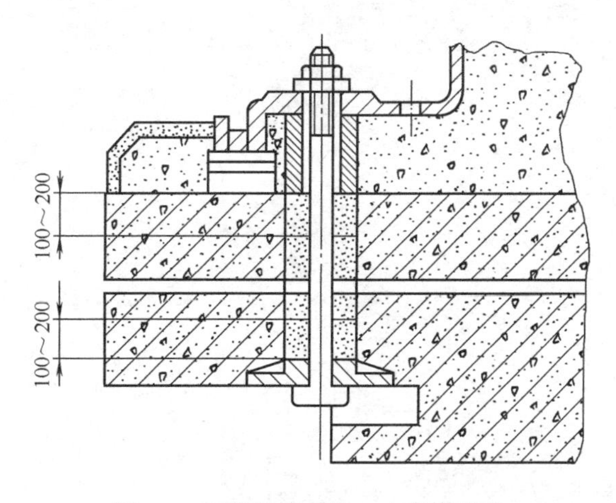


图6-7 可拆地脚螺栓二次灌浆示意

在孔内做好 100～200mm 的砂浆层，上面再套上套管，同样防止二次灌浆的混凝土浆水流入孔内，如图 6-7 所示。

## 复习思考题

1. 怎样选取地脚螺栓的拧紧力？如何在施工中保证这一拧紧力？
2. 拧紧地脚螺栓的步骤和顺序是怎样的？为什么要注意这个问题？
3. 什么是设备的二次灌浆？有哪些要求？
4. 压浆法施工的特点与方法是怎样的？

# 第七章 拆洗装配

拆卸、清洗和装配是设备安装过程中不可缺少的重要工作，机器转子找平衡也是某些传动设备安装中的必经步骤。这些工作的好坏，直接关系到设备的正常运转和使用寿命，应认真做好。

## 第一节 设备的拆卸

**一、拆卸前的准备工作**

拆卸前要熟悉设备的图纸，了解它的构造、零件间的相互关系，并据此研究和确定拆卸的方法和步骤。

为了重新装配的需要，进行拆卸前，一般要在互相接合的两个零部件上，用同样的字头打上印记；或用其他方法做好记号，以防止按原位装配时，发生错乱现象。

另外，还要准备好需用的拆卸工具和材料。

**二、拆卸方法**

设备拆卸有以下几种基本的拆卸方法。

1. 击卸

击卸是一种最简单、最常用的拆卸方法。它是借锤击的力量，使相互配合的零件产生位移而互相脱开，达到拆卸的目的。凡机体机构比较简单，零件坚实或一些不重要的部位，大多采用这种拆卸方法。击卸常用的工具是手锤（质量为0.5～1kg)、大锤和冲子。为了防止损伤零件表面，可用木锤、铜锤，还可以用工地上的紫铜棒代替锤子，也可在零件表面垫上铜垫铁、铝垫铁或木垫块。

击卸时，根据机件的结构，可按以下方法进行。

① 装在轴上的零件　将轴固定起来，用手锤击顶在套配件轮上的冲子头部，将它从轴上拆下来，如图7-1所示。击卸时要注意每打击一次后，就应该将冲子移动到另一个位置，使套配件受力均匀，能方便地从轴上拆下来。

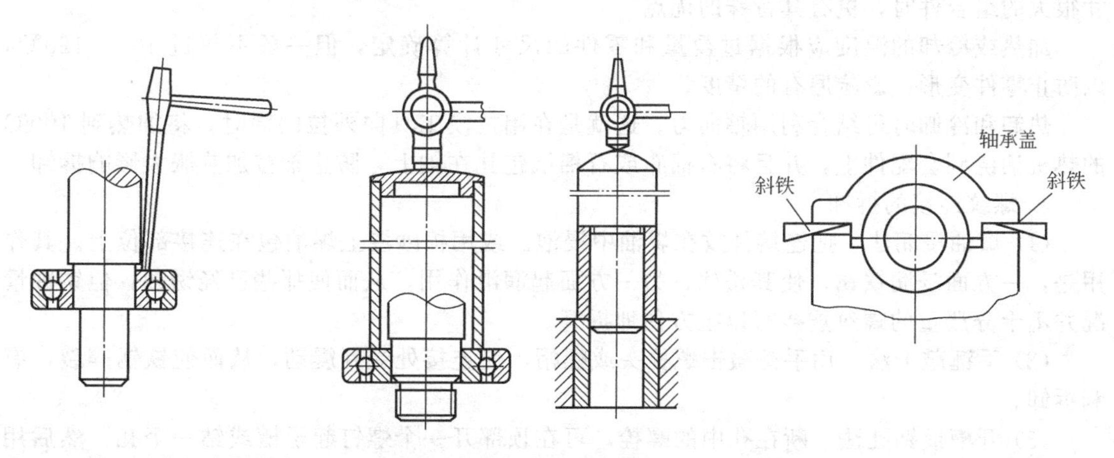


图 7-1　轴上零件的击卸方法　　图 7-2　孔中衬套的击卸方法　　图 7-3　轴承盖的击卸方法

② 装配在孔中的衬套：由于衬套比起主体件总是小很多，惯性也小，所以在击卸时，锤击的力量总是打在衬套上，衬套被锤击的端面应该垫上垫块或垫套，如图 7-2 所示。

③ 轴承盖：如图 7-3 所示，利用打入斜铁的方法，将轴承盖打开。

④ 销钉：对圆柱销，只要用冲子猛力冲击销钉即可；对圆锥销，必须查看哪头是细端，然后从圆锥的细端向粗端冲。当冲不出来时，可选用比销钉直径小 0.5～1mm 的钻头，将销钉钻掉。

2. 压卸和拉卸

压卸和拉卸与击卸相比有很多的优点，它施力均匀，力的大小和方向容易控制，能够拆卸较大的零部件和过盈量较大的零部件，并且这种拆卸方法损坏零部件的机会较小。其缺点是，压卸和拉卸需要相应的机械和工具，一般压卸要有压力机，而拉卸则要有拉模，如图 7-4 所示。

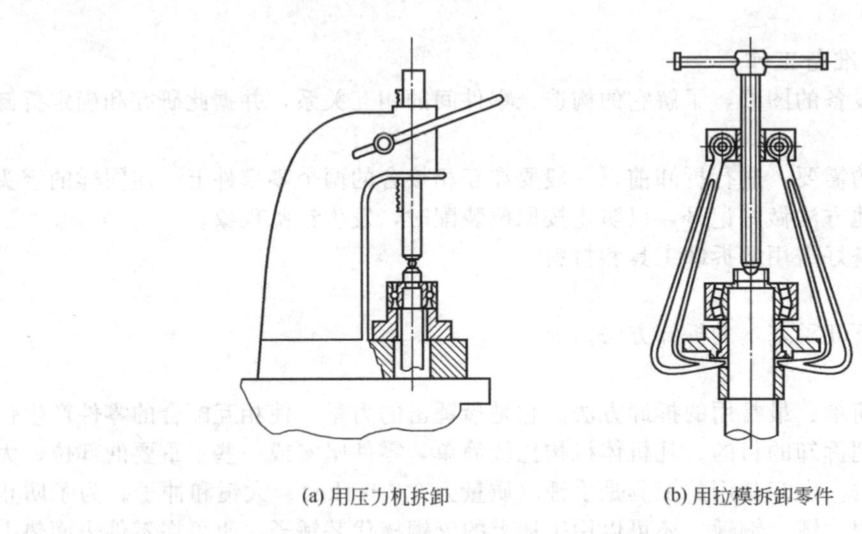

(a) 用压力机拆卸　　(b) 用拉模拆卸零件

图 7-4　压卸和拉卸方法

3. 热卸和冷卸

这是利用加热的方法使孔的直径扩大，用冷却的方法使轴类的直径缩小，从而使装配件间的过盈消失并且产生间隙，以达到拆卸的目的。利用热胀冷缩的办法进行拆卸，可以避免击卸或压卸（拉卸）过程中可能产生的卡住或损伤零件的现象。特别是在装配过盈量大和尺寸很大的组合件时，更有其特殊的优点。

加热或冷却的温度应根据过盈量和零件的尺寸计算确定，但一般不超过 100～120℃，以防止零件变形或影响原有的精度。

热卸和冷卸时可结合利用轴向力。这就是在用拉模工具向外拉的同时，将加热到 100℃ 的热机油浇到套配件上，并且将石棉布或石棉纸包扎在轴上，防止轴被加热胀大影响拆卸。

4. 螺纹连接的拆卸

(1) 煤油浸润法　把连接件放在煤油中浸泡。或用棉纱浸上煤油包在连接部位上。其作用是，一方面浸润铁锈，使其松软，另一方面起润滑作用，从而使那些已经锈蚀，但锈蚀情况并不十分严重的螺纹连接可以很方便地拆开。

(2) 手锤敲击法　用手锤敲击螺栓头或螺帽，使连接处受到震动，从而使铁锈碎裂，有利拆卸。

(3) 开楔或钻孔法　断在孔中的螺栓，可在顶部开一个螺钉起子槽或钻一个孔，然后用起子旋出或打入一个四方锥钎，再用扳手拧出来。

另外，也可用加热带螺纹孔的零件使其直径扩大的方法进行拆卸。

**三、拆卸注意事项**

① 拆卸时一般按与装配相反的顺序进行，先把整体拆成部件或组合件，再把部件或组合件拆成零件。

② 拆卸时，零件的回转方向，大小头，厚薄端均需辨别清楚。

③ 拆下的零件，应根据零件的形状和特点，分别用适当的方式保存好，不要乱堆放。放在地面上的零件，应用油布或塑料布盖好；放在架子上的零件，应排列整齐，挂牌注明零件的名称、规格和件数；能按原结构组合在一起的零件，例如螺栓、垫圈、螺帽等，应尽量装在一起，以免丢失。

④ 可以不拆卸或者拆卸后会降低连接质量的零部件，应尽量不拆卸，如密封连接，铆接，焊接等；有些设备或零部件有不准拆卸的标记时则禁止拆卸。

⑤ 在拆卸过程中，如果不可避免地要损坏一些零件时，应注意保存价值较高、质量较好、制造较复杂或较贵重的零件。

⑥ 拆卸时，要特别注意安全，工具必须牢固，操作必须准确，对高度较大或长度较长设备上的零部件拆卸时，应防止倒塌或倾斜，以免发生事故。

## 第二节　设备的清洗

**一、设备清洗一般知识**

1. 清洗的目的与要求

设备安装过程中的清洗是指清除和洗净零件表面的防锈油漆、干油污垢和黏附的机械杂质，并使零件表面干燥，具有中间防锈能力。

设备的清洗，一般并不是一次全面清洗干净，而是在安装过程中，配合各工序的需要，分别进行清洗。例如，在设备就位和找正找平时，只对所需要的定位测量基准面进行及时清洗；在装配中凡是与有关零件相连的零件，应在清洗后装配；在试运转及调整过程中，凡涉及到零部件要清洗的，没有妨碍的可以不洗；对设备上原已铅封的，有过盈配合的，或技术文件中规定不准拆的零部件，都不要随便拆开来清洗。

清洗以前，必须做好一切准备工作，所有必须应用的工具、材料和放置机件的木箱、木架以及装配需要的压缩空气、水、电、照明及安全防火设备等都必须准备齐全。

在清洗时要求利用最好的方法，达到最佳清洗效果，并注意发现零件是否变形或损坏，避免不便清洗的机件受到任何损伤。

2. 清洗步骤

一般分粗洗、细洗、精洗三个步骤进行。粗洗（初洗）主要是去掉设备上的旧油、污泥、漆片和锈层。旧油和污泥一般使用软金属和特制刮具刮掉；粗加工面上的漆层可用刀刮，精加工面的漆层要用溶剂洗；细洗是粗洗后用清洗液将零件上的渣子洗掉，必要时也可用热油除去一些油脂（油温不得超过油的闪点，以防着火）；精洗是用洁净的清洗油最后清洗，也可用蒸汽或压缩空气吹一下，再用油冲洗。对粗糙的机件不一定要精洗。

3. 清洗注意事项

① 清洗精加工的表面时，应用干净的棉布、泡沫塑料、丝绸和软质刮具，不得使用砂布、金属刮刀等。

② 洗净后的零件不立即装配时，应涂上油脂，并用清洁的纸或布包好，防止落上灰尘。经过清洗的整台设备，凡是容易进入灰尘的地方都应予以封好，精密设备需用清洁的套子将设备全部盖住。

③ 清洗时应防止油料滴在混凝土上，浸过油的棉布或棉纱等，不能放在混凝土基础上，有机溶剂应防止滴在设备的油漆面上。

④ 用易燃溶剂进行清洗时，需采用防火措施，工作地点应通风良好。

## 二、清洗液

(1) 煤油　煤油是一种常用的清洗液，其闪点是40℃（灯用煤油）和65℃（溶剂煤油），用热煤油清洗时，其加热温度不应超过其闪点，加热方法应采取隔水加热法。由于煤油中含有水分，酸值高，清洗后如不及时去净，就会使金属表面又重新锈蚀，所以精密零件不宜用煤油作最后一次清洗。

(2) 轻柴油　黏度比煤油高，也是用做一般的清洗。

(3) 汽油　用做清洗材料的汽油是一种溶剂汽油，对油脂、漆类的去除能力较强，易挥发；对湿度大的工作环境，清洗后的零件表面易结露，因此清洗后的零件应及时吹干或擦干。如果在溶剂汽油中加入2%～5%的置换防锈油或加入适当油溶性缓蚀剂，可使零件具有短期防锈效果。另外，车用汽油不能用做清洗液（因其中添加了有毒的四乙铅，加入四乙铅的汽油一般被染成红色，以便识别）。

(4) 机械油（机油）、汽轮机油（透平油），变压器油等　在加热后使用效果比较好（油温不得超过120℃）。

(5) 化学水　具有良好的清除油脂和水溶性污垢的能力，配制方便，稳定耐用，无毒性，不易燃，成本便宜，使用安全，是一种具有发展前途的清洗液。

化学水具有清洗效果是由其中的表面活性分子对油脂、污垢的乳化、分散和增溶等综合作用而产生的。常用的化学水清洗液有6501、6503、105、664、7102、SP-1、TX-10以及“平平加”等多种。其中TX-10及“平平加”清洗液还可以用于铜、铝等有色金属零件的清洗。

(6) 漆膜清洗剂　主要有松香水（清洗油基清漆、沥青漆、磁漆等），松节油（清洗一般油基漆、天然树脂漆等），丙酮（能溶解油、脂、树脂和橡胶，是一种良好的漆膜清洗剂），酒精（一般设备加工面所涂的防锈透明漆，以酒精的清洗液效果最好），香蕉水（清洗硝基漆）以及专用脱漆剂（H62-663-67）等。

## 三、清洗方法

(1) 一般方法　有擦洗（用棉布、棉纱浸上清洗液进行，擦主要用做粗洗），浸洗（将机件放入盛有清洗液的容器中浸泡上一段时间并进行清洗），喷洗（利用清洗机中的喷嘴向机件喷洒清洗液），电解清洗（放在电解槽中通电清洗）以及超声波清洗（利用超声清洗装置产生的超声乳化作用，将零件上的泥尘和油污去除干净）等方法。设备安装中主要使用浸洗和擦洗两种方法。

(2) 油孔清洗　对于通道不长的油孔，用铁丝穿着沾有汽油的布条在油孔中通几次，再用干净油布通一次，然后注入洁净的洗油冲一遍，最后以压缩空气吹净。对油孔通道较长的油孔，可首先用穿布的铁丝尽量通，然后以压缩空气吹除，待从端口吹出的空气干净后，再以干净的洗油冲洗。清洗时应注意检查油孔的数量、尺寸和位置与图纸是否相符，且只能用棉布、丝绸布而禁止使用棉纱，一旦被堵塞时，应及时查出原因并处理（用钻头钻通或烧红的铁丝烧通）。

(3) 滚动轴承的清洗　清洗滚动轴承时，应先用软质刮具将原有的润滑油（黄干油）刮除，然后对能浸洗的进行浸洗，不能浸洗的可用热油冲洗，还可以再用压缩空气吹除一次，最后以煤油洗净。清洗后的滚动轴承，要用手转动检查是否正常，对合乎清洗要求的滚动轴承应立即涂上润滑油或润滑脂，并应妥善保管，不使灰尘重新进入（也可用油纸包起来）。

## 第三节　除锈与脱脂

### 一、除锈

金属在大气中受到氧、水分及其他有害杂质的侵蚀时，会引起变色或称生锈。在一般情况下，金属的锈蚀速度是很慢的。当空气的温度达到一定值时，特别是在潮湿的环境里温度升高，都会使金属的锈蚀加快。

钢和铸铁刚开始锈蚀时，表面失去原有的金属光泽，逐渐由亮变暗，进一步发展就会变成黄色、褐色，严重时呈黑褐色的锈层；铜及铜合金的锈蚀常呈白色或暗灰色的斑点。

除锈时，对失去光泽的初锈（微锈）和有浮锈（轻锈）的机件，应将锈斑除尽，使金属呈现原有的光泽；对已经产生粉末状锈斑（中锈）的机件，应将其已经腐蚀的金属物除掉，将机件表面打磨光滑，允许有斑状或云雾状痕迹存在；对严重的锈蚀机件（层锈），应根据情况决定是否需要更换，对允许使用的机件，应将锈层除掉，将锈迹打磨干净，保留锈坑或锈斑存在，但需做好记录。

经除锈后的机件，应用煤油或汽油清洗干净，并涂以润滑油或防锈油脂，以防再锈。

除锈方法可分为手工除锈、机械除锈和化学除锈三大类。

手工除锈是用钢丝刷、刮刀、砂布或研磨膏由手工进行除锈操作；对于铜及其合金，可使用擦桐油的方法去除铜锈。

机械除锈的工具有电动钢丝刷和喷砂除锈机两种。电动钢丝刷可由普通手动式电动砂轮改装而成（即用圆盘状钢丝刷代替砂轮）；喷砂除锈机是利用0.3～0.5MPa的压缩空气，将粒度为1～4mm的石英砂，通过喷枪的喷嘴喷射到机件表面上，利用砂的冲击力将锈层除去。

化学除锈是利用酸或者化学膏的化学溶解作用达到去锈的目的。钢铁件一般使用硫酸，有色金属件则主要使用硝酸。酸洗时酸的浓度要控制在20%以内，温度不高于40～80℃（盐酸：40℃以内，硫酸80℃以内）。要搅拌和翻动，酸洗后必须用水立即冲洗，而且要再用含苛性钠4g/L和亚硝酸钠2g/L的水溶液进行中和，防止锈蚀。总之，酸洗除锈时，酸洗，冲洗中和，再冲洗，干燥和涂油等操作应连续进行。钢铁件除锈膏的配制可用以下配方：丙酮500mL，磷酸480mL，对苯二酚20g兑水2～22.5L，使用时在室温下洗涤时间不得少于5min。对于经锈可用铬酸酐150g/L和磷酸80g/L配成除锈膏，但应加热至85～95℃时使用，时间30～60min。此配方对精密件的除锈比较理想。

### 二、脱脂

将设备或机件上的油脂彻底去除的工作叫做脱脂。对制氧设备，在安装中进行脱脂是十分重要，不可缺少的。

脱脂方法是用脱脂剂进行浸洗、喷洗或灌洗。

脱脂剂有：二氧乙烷（无色或淡黄色透明中性液体，易挥发，有剧毒，闪点21℃），三氧乙烯（无色液体，有好的气味，但有剧毒，不燃烧），95%乙醇，98%浓硝酸以及碱溶液等。

脱脂中应注意：全部脱脂工具本身首先脱脂；一般容器和管子使用灌洗（加入量为容器体积的15%左右）方法脱脂；非金属衬垫应使用无腐蚀性脱脂剂浸泡20min以上，石棉衬垫可在300℃左右的温度下灼烧（不得用有烟的火焰）2～3min；脱脂操作要严格预防中毒（要带防毒面具），要有防火措施（不允许吸烟，不允许有火花）；另外，四氯化碳或二氯乙烷遇水和空气时，能腐蚀有色和黑色金属，故机件要预先干燥。

经过脱脂并检查合格的设备、管路及其附件，应封包良好，保持清洁，不能再染上油污，否则应重新进行脱脂。

## 第四节 装配调整

### 一、装配调整的意义

装配调整是设备安装工作中极为重要的操作。其目的是使众多的机械零件进行组合、连接或固定，并保证相连接的零件有正确的配合和保持正确的相对位置，从而使设备运转正常，磨损慢，工作质量高等，并能充分发挥设备的性能。

### 二、装配调整的一般原则和步骤

一般原则：参与组装的零部件，其外表形状和尺寸精度必须符合要求；配合表面必须清洗干净并涂有清洁的润滑油；固定连接处不允许有间隙，活动连接处应有规定的间隙值并能灵活地按规定的方向运动；有振动的连接要有防松装置；弹簧装配时不要接长和切短；衬垫和密封件处不得漏油、漏水、漏气，石棉绳、毡圈应预先浸透油；设备上油孔应畅通；设备和阀体不得有裂缝等。

基本步骤：设备一般是按与拆卸顺序相反，由小到大，从里向外的步骤进行装配的。也就是：熟悉图纸资料的设备构造，并拟定装配顺序和选择装配的方法；收集、领取和检查应预装配的零件；清洗零件并涂以润滑油；装配组合件；装配部件并进行零件之间相对位置和相互关系的调整；进行设备的总装配和调整。

### 三、连接零件的装配

由螺栓、螺母和螺钉构成的各种螺纹连接，是一种装卸方便、连接可靠、简单易行又能达到牢固连接或密封要求的零件连接方式。基本的装配要求是：螺栓头、螺母与连接件均应接触紧密（或螺钉头与连接件应接触紧密）。检查是否接触紧密的方法有听音法和塞尺法两种。当采用手锤轻击听音时，有破裂声音者表示连接不紧密，同时，敲击时应注意不得损伤螺纹。

为了润滑和防止锈蚀，在连接的螺纹部位要使用润滑油脂。另外，螺母必须全部拧入螺栓的螺纹中，且螺栓应伸出螺母以外 1.5～5 个螺距。

对于双头螺栓的装配，由于拆卸时一般只拧下螺母，而且不应该拧松螺栓本身，故装配时要保证双头螺栓以过盈形式处在设备螺纹孔中。实现过盈连接的方法有：使螺栓螺纹的中径大于螺孔的中径，或将螺栓末了几圈的螺纹加工得浅些。拧紧双头螺栓的方法如图 7-5 所示。

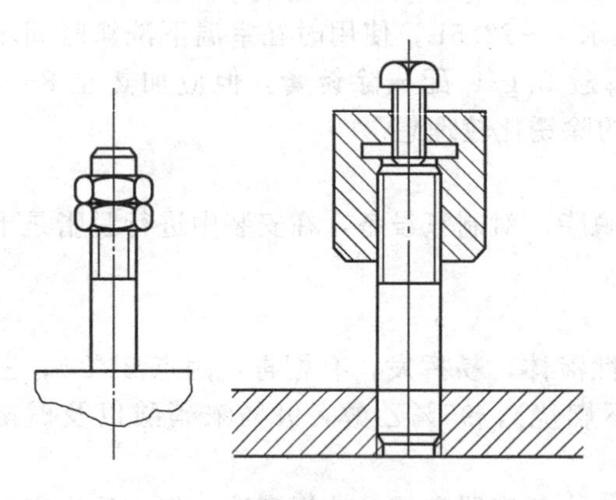

图 7-5　双头螺栓拧紧方法

拧紧一般螺栓或螺钉的方法有以下两种。

(1) 冷紧方法　这是用定长固定扳手或套筒扳手在常温下进行拧紧的方法。为了获得足够的预紧力，可在扳手上套上管以增加力臂长度，也可使用风动扳手或测力扳手来保证所需要的拧紧力矩，还可运用液压拉伸器给初步拧紧的螺栓拉伸一个适当长度，再用扳手旋紧螺母。对成组的螺栓仍应遵守分次拧进，从内向外，对称交叉的原则，切忌先紧一边或按排列顺序逐个拧紧的错误方法。

(2) 热紧方法　这是在初步拧紧螺栓后，通过加热使螺栓伸长。再以扳手按计算好的弧长将螺母旋紧，如图 7-6 所示。当螺母冷却后，由于收缩而产生所要求的拧紧力。热紧时应

预控制伸长量，加热温度以及热弧长按下列公式计算

$$\Delta L=\varepsilon L=\frac{\sigma}{E}L$$

又

$$T=\frac{\Delta L}{\alpha L}+T_0=\frac{\sigma L}{\alpha EL}+T_0=\frac{\sigma}{\alpha E}+T_0$$

$$S=\frac{\pi D\Delta L}{t}=\frac{\pi D\sigma L}{tE}$$

式中 $T$——加热温度，℃；

$\Delta L$——螺栓的伸长量；

$\varepsilon$——系数；

$\sigma$——螺栓材料所需要的预紧应力；

$\alpha$——螺栓材料的弹性模量；

$L$——螺栓可以被拉伸的长度；

$T_0$——安装时的环境温度；

$D$——螺母外接圆的直径；

$T$——螺栓螺纹的螺距；

$S$——需要热紧的弧长。

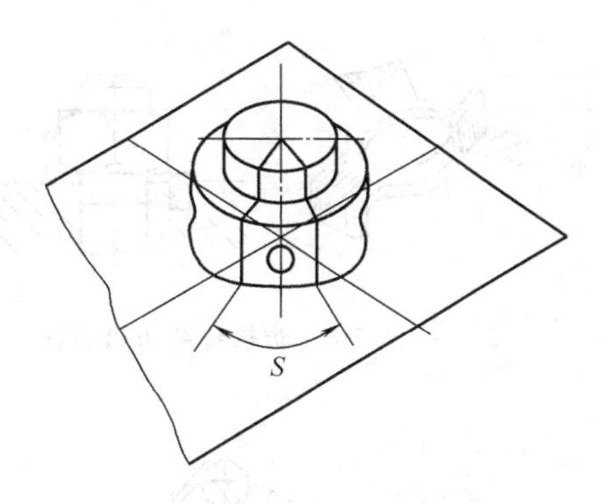


图 7-6　热紧方法

有时，为了安全起见，还将 $S$ 值扩大 5%～20%。

加热螺栓的方法有蒸汽加热法（螺栓上开有中心通气孔）、电感应加热法（使用螺旋硅碳管）以及火焰加热法等，使用后一种方法时也可先用加热火焰对压缩空气加热，然后将压缩空气送进螺栓中。

螺栓使用液压拉伸器冷紧或热紧的必要性是：某些设备上的大型螺栓承受巨大的拉应力，还有一些设备是在常温下安装而在 300～500℃以上高温下工作的，此时由于螺栓热伸长和因部分弹性变形转化而造成应力松弛。上述的过大拉应力松弛现象都会导致螺栓预紧力较大的削弱，甚至完全消失。因此，为了保证在工作条件下螺栓仍有足够的预紧力，不仅要求在试车时连续进行一定的拧紧（有时这种方法是不便进行的），更主要的是要在安装过程中给螺栓以可靠的拧紧，即必须在初紧的基础上进一步予以紧固。

对于有冲击和振动的设备，在螺栓连接时均应紧好防松装置。防松方法如下。

(1) 用双螺母（或锁紧螺母）防松　如图 7-7 所示，其放松原理是：双螺母既保证了螺纹配合面正反方向之间紧密贴合，又使螺栓内产生恒定不变的弹力，从而有效地克服了冲击与振动的作用。

(2) 用防松垫圈防松　如图 7-8 所示。其中弹簧防松圈是依靠增加预紧力防松的，而其他各种防松垫圈则是从结构上防止螺栓松动的。

(3) 用串钢丝锁紧　对于两个以上的成组螺栓或螺钉，可用串钢丝的方法进行防松，如图 7-9 所示。其防松原理是：当一螺栓（或螺钉）有松动趋势时，另一与之相串的螺栓即有进一步拧进的趋势，由于进一步拧进是困难的，所以也就避免了松动的可能。

(4) 用开口销防松　如图 7-10 所示。通过开口销螺栓与螺母机械联系起来，防止螺母在螺栓上反转松动。

最后，装配螺栓（或螺钉）连接时，也应防止用力过度的现象，否则会产生杆部裂缝、拉坏螺纹或出现滑牙情况，在设备工作中就会发生突然断裂，引起严重的设备损伤事故。所以拧紧螺栓或螺钉，特别是小螺栓或小螺钉，不宜采用活络扳手，也不应任意加长扳手，要细心拧进。

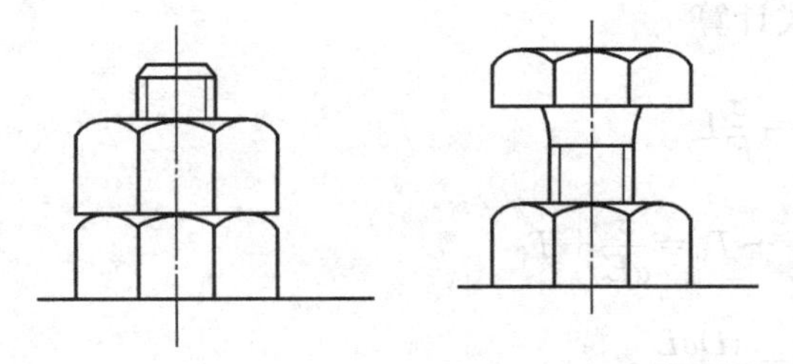

图 7-7　双螺母防松方法

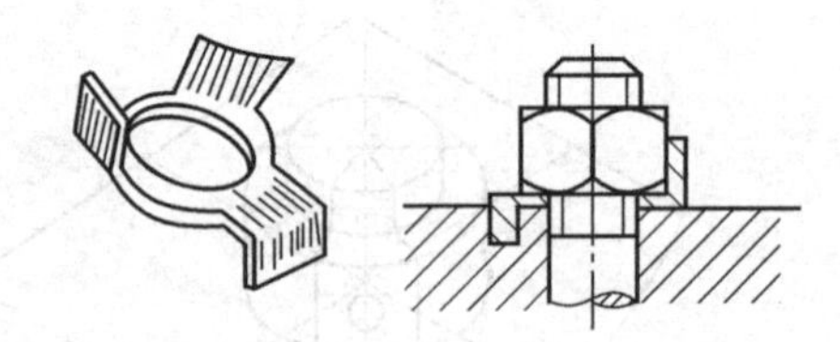

图 7-8　防松垫圈防松方法

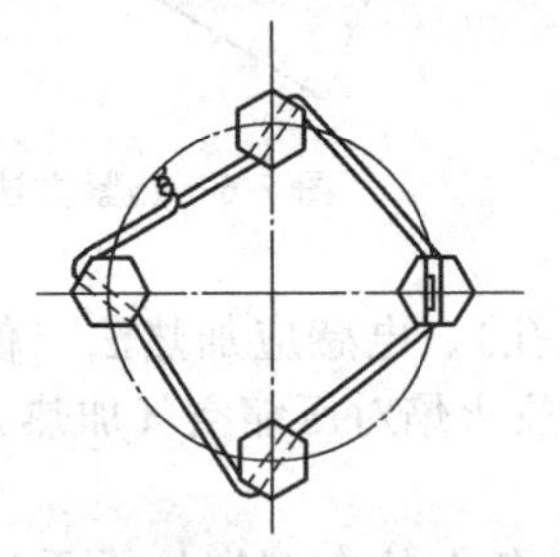

图 7-9　串钢丝防松方法

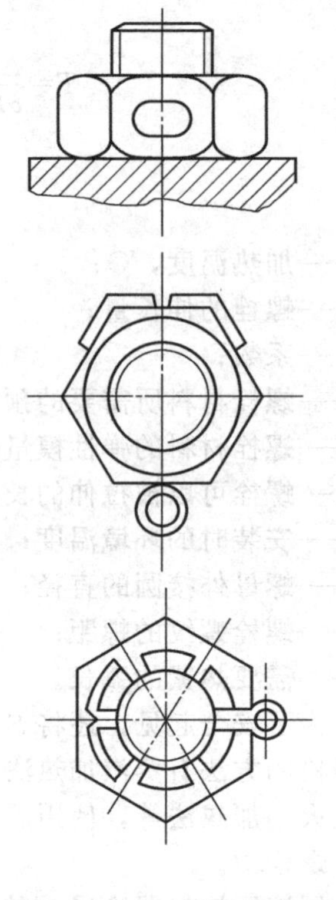

图 7-10　开口销防松方法

## 四、键、销装配

各种键、销的装配步骤与方法如下。

(1) 平键　清除键槽与键的锐边（防止装配时造成过大的过盈），修配键与键槽两侧面的配合精度，并以涂色法检查键与槽底的贴合情况，组装时可用手锤轻轻敲击或用虎钳夹紧，将键装入槽底，如图 7-11 (a) 所示，最后装上套配件。

(2) 楔键　又称斜键。如图 7-11 (b) 所示，应使键的两侧与键槽有间隙，而键与键槽底部要良好贴合。且钩头与轮毂端面间应有约等于键高的间隙，以便拆卸。

(3) 切向键　如图 7-12 (a) 所示。它是由成对的斜键组成平键使用。打入斜键时，可使切向键侧面之间产生预紧力以增加与槽宽的挤压面积，提高连接的强度，装配时要用涂色法检查贴合面积，打入方向要正确，也不要过于打紧。

(4) 半圆键　又称月牙键，如图 7-12 (b) 所示，装配时主要是使键的两侧与槽宽接触

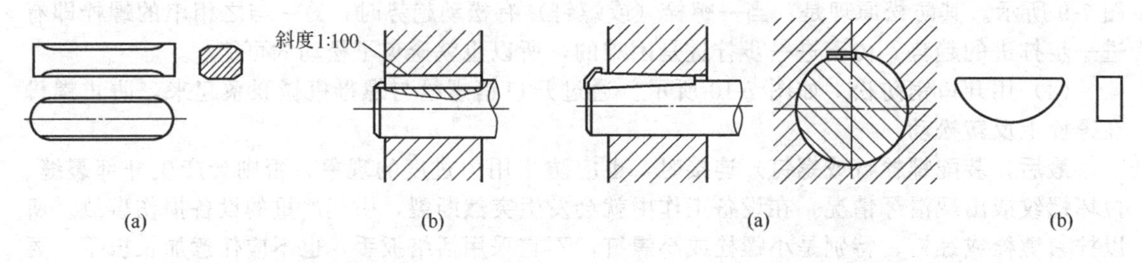


图 7-11　平键和楔键　　　　图 7-12　切向键和半圆键

良好。

(5) 花键　首先清除花键孔上的毛刺与锐边，然后在轴上涂一层机油，将轴轻轻推入花键孔中，并用手转动花键轴，检查花键的配合松紧程度。对滑动配合的花键要求移动轻快，回转时无冲击。花键有如图 7-13 所示的各种形式。

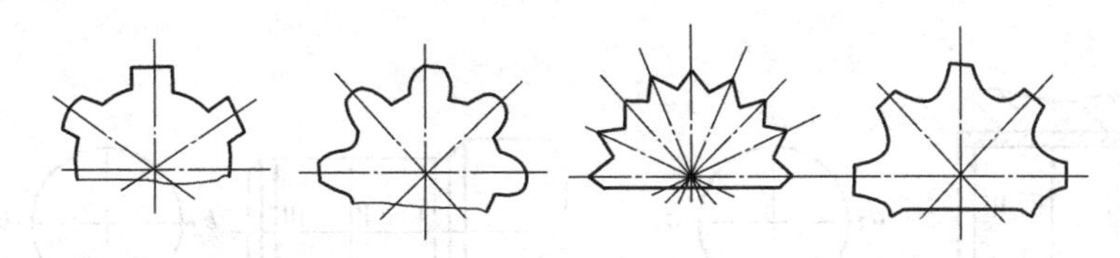

图 7-13　花键的形式

(6) 圆柱销　圆柱销作定位使用时，应将被连接的两零件放在一起钻孔和铰孔，然后将销涂上机油，用手锤敲入孔中或用 C 形架把销压入孔中以保持一定的过盈量，如图 7-14 所示。当圆柱销作为传动件使用时，为了便于装配，也宜于采用销与被连接工件一起钻孔和铰孔的方法。

(7) 圆锥销　既可定位用也可作为传动件，装配时先将孔一起钻铰完成，然后用手将销塞入孔内 80%～85%，再以手锤敲击，使销的大端稍稍露出孔的端面，而小端则与孔的端面平齐或缩进一些，如图 7-15 所示。

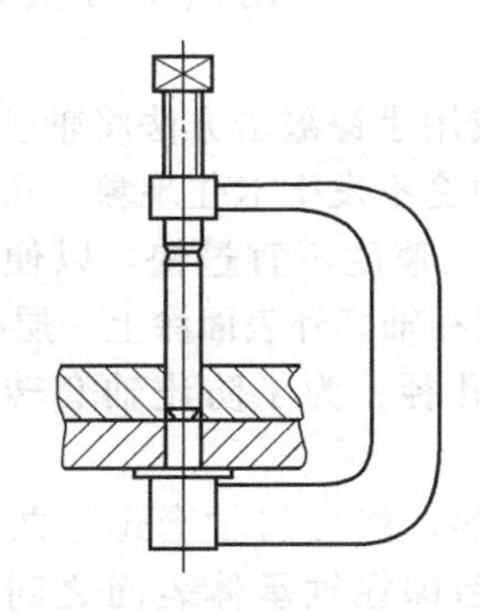

图 7-14　利用 C 形架装配销的方法

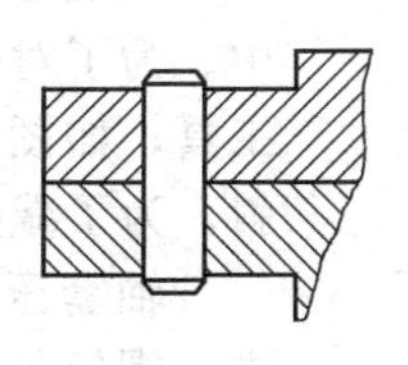

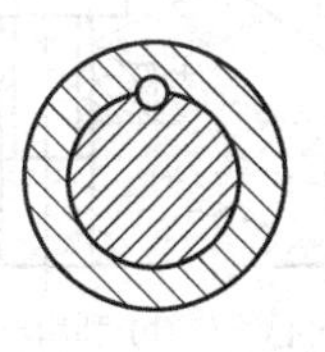

图 7-15　圆锥销的装入方法

(8) 开口销　开口销装上后两腿必须掰开，掰开角度不小于 90°（参见图 7-10）。

**五、滑动轴承的装配**

1. 滑动轴承装配的基本原则

① 必须使同一传动轴上所有轴承的中心在同一条直线上。在检查各轴承的这一同轴度要求时，要将轴瓦或轴套全部放在轴承座上，即应以轴瓦或轴套来校正轴承的位置。

② 必须保证轴承中各配合表面的清洁干净，无毛刺，且接触均匀，贴合良好，不发生相对滑动。

③ 必须保证轴颈与轴瓦（或轴套）的接触精度与配合质量，即应以涂色法检查轴颈与瓦孔的接触面积，以压铅法、塞尺法或千分尺法测量配合的间隙值。

④ 必须保证轴承座或轴承体牢固固定在设备机体上，当设备运转时，轴承座或轴承体不得抖动或产生位移。

⑤ 必须保证润滑油畅通无阻地流入轴瓦与轴颈表面之间形成稳定的油膜，并要保证轴承密封不漏油且具有良好的散热性能。

2. 整体轴套式滑动轴承的装配

装配步骤和方法如下。

① 检查轴套和轴承座孔的表面情况以及直径尺寸。为了准确地测得配合过盈，应当对座孔和轴套的两端和中间三处的直径用内径千分尺精确测量，每处测量时都应考虑到椭圆度的影响，在互成90°的两个方向测得直径数值，并以其平均值作为该处的直径，如图7-16所示。

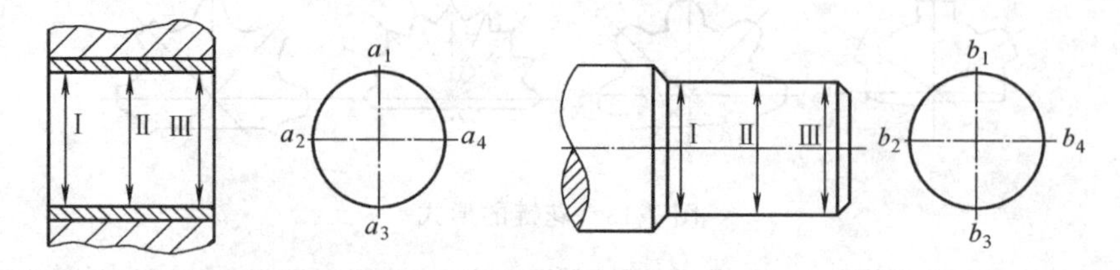


图7-16　配合过盈量的测定

测出各处直径后，便可按轴与轴孔直径差计算配合过盈量。该值应符合要求，不得超过或减少。

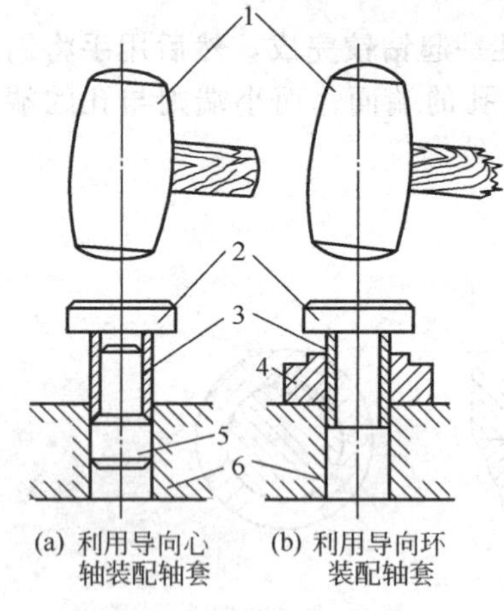


图7-17　轴套的装配方法

1—锤子；2—垫板；3—轴套；4—导向环；5—导向心轴；6—轴承座

② 用刮刀或油石将配合表面上的毛刺或铁锈打磨并清洗干净，如配合过盈量超过规定时，还应用铰刀或刮刀修理孔、轴的表面。

③ 将轴套装入轴承孔中，可用以下方法进行装配操作。

压装法：利用压力机或用手锤敲击方法将轴套压入座孔中。为了对中压入方便，中途不发生卡住现象，可使用导向工具，如图7-17所示。压入速度不宜过快，以便导正不偏斜，为了减少摩擦阻力，应在轴套外表面涂上一层机油。

轴套压入后，应再测孔径；为了防止轴套转动，可拧进一螺钉加以固定。

热装法：给轴承体加热，然后将轴套迅速放入已膨胀的轴承体的座孔中，冷却后即在轴承体表面之间产生配合过盈。加热方法有直接加热（焦炭炉、氧、乙炔火焰、蒸汽或电炉等）、间接加热（将轴承体放入热油、熔铅或热水中，然后继续加热，使轴承温度升高）和以线圈绕在轴承体外并通以电流来加热。热水热油的温度以100℃左右为宜，轴承体的加热温度可按下列公式计算

$$T=\frac{\delta_{\max}+\delta_0}{\alpha d}+T_0$$

式中　$T$——加热温度，℃；

$\delta_{\max}$——实际测得的过盈量，mm；

$\delta_0$——热装时应保证的最小间隙值，mm；

$\alpha$——轴承体的线膨胀系数，1/℃；

$d$——轴承体孔径，mm；

$T_0$——室温，℃。

按照计算出的温度值确定加热温度时，应考虑这样高的温度不致降低轴承体表面的硬度，例如碳钢加热温度不应超过400℃。

热装过程中要注意已加热的轴承体必须迅速及时地对准轴套，尽快装配；如果要借助冲

撞动作，撞击点位置要选好；第一、二下要轻，等进入一段距离后方可用力猛击，当发现已偏斜时，切不可硬性撞击，应迅速拉出重新热装。

冷装法：这是将轴套用液化空气、固体二氧化碳和电冰箱进行冷却，由于收缩的结果，原先的过盈也变成间隙，即利用轴承体与轴套的温度差，使它们之间的过盈转化为间隙，装配后温度差消失时，原来的过盈又得以恢复，从而达到紧密结合的要求。

④ 按轴颈表面修刮轴套的配合孔，使轴套与轴颈的接触点分布和配合间隙达到规定的标准，整体式滑动轴承的配合间隙一般为 $0.001d \sim 0.002d$，$d$ 为轴颈直径。

3. 对开轴瓦式滑动轴承的装配

装配步骤和方法如下。

① 彻底清洗和检查轴瓦。清洗可用煤油或油进行浸洗和擦洗。检查轴瓦的质量可用小铜锤沿巴氏合金层的表面，顺次轻轻地敲击，若发出清脆的叮当声，则表明巴氏合金浇铸质量及与瓦底的粘合质量优良；如发现浊音或沙哑声，则表明巴氏合金层内可能有砂眼、孔洞、裂纹或重皮，也可能是巴氏合金与瓦底的粘合不好。如发现缺陷，则应根据缺陷严重程度，采取补焊处理或更换轴瓦。

② 将上下轴瓦分别装到轴承盖和轴承座的座孔中，其方法介绍如下。

厚壁轴瓦：用低碳钢、铸铁或青铜等制成，厚度大于 4mm，内表面上的巴氏合金层或其他耐磨合金层厚度一般为 0.7～3mm。装配这种轴瓦时，应保持瓦背与轴承座孔贴合良好，故必须对轴瓦的外径用游标卡尺进行一次精确的测量。当发现外径过大时应予修理，过小时一般应更换新瓦；对低速轴瓦，外径如果较小，也可采用紫铜皮加以衬垫（不能用纸垫，因其导热性差）而无需换瓦。同时厚壁轴瓦的翻边与轴承体之间不应有轴向间隙（如图 7-18所示），以防轴向窜动。具体要求是，下瓦背与轴承座之间的接触面积不得小于整个面积的 50%，上瓦背与轴承盖之间的接触面积不得少于 40%；同时瓦背与上下轴承座孔之间的接触点应达到 1～2 点/cm²。接触面积或接触点如果少于上述规定，将会使轴瓦所承受的单位面积压力增加，加速轴瓦的磨损，甚至引起巴氏合金层的破裂或剥落；如果只是轴瓦两侧与轴承上座孔接触，虽能强行压下轴瓦，但因产生“夹帮”现象，影响轴在轴承里的正常运转，另外，当接触只发生在瓦背中部一块时，在运转中轴瓦就会发生颤动，这同样是机械运转中所不能允许的。检查接触面积与接触点的方法是涂色法（即着色检查），调整接触面积和接触点是用锉修或刮研法。刮研时，前后两次刮痕应成 60°～90°的交错角。

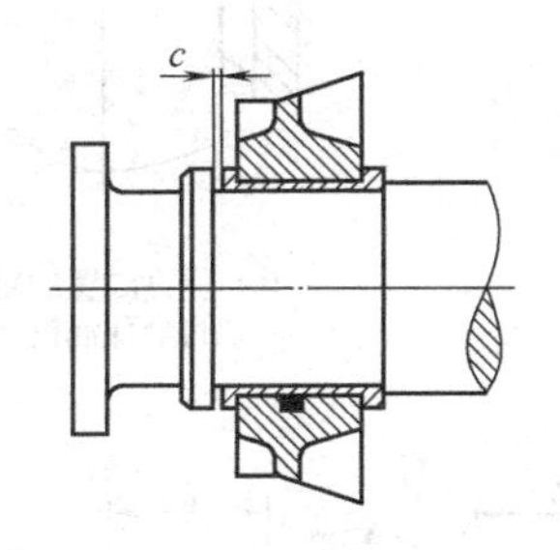


图 7-18　滑动轴承翻边及与轴肩之间的间隙

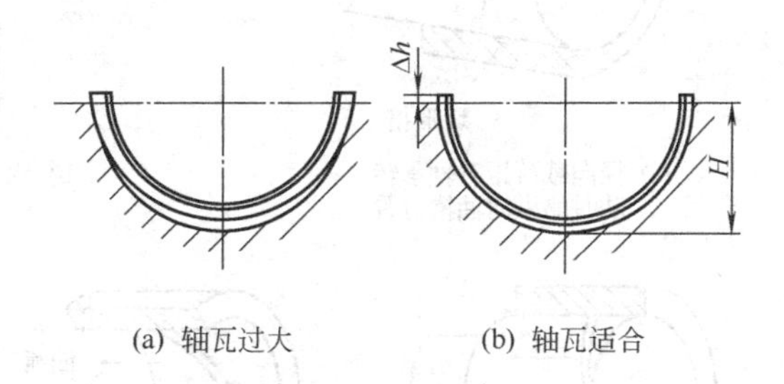


图 7-19　薄壁瓦装配

薄壁轴瓦：薄壁轴瓦由低碳钢制成，厚度为 $t \leqslant 0.05d$（$d$ 为轴瓦内径），其内表面上的巴氏合金或其他耐磨层的厚度为 0.3～1mm。薄壁轴瓦的厚度及其他尺寸均有较高的精度，且瓦体弹性好，故一般装配中不要求刮研（必要时只允许轻微刮研）。薄壁轴瓦装到轴承体上时轴瓦的边缘应高出中分面一个 $\Delta h$ 值（见图 7-19），$\Delta h$ 一般为 0.03～0.27mm。目的是利用拧紧轴承栓使上下轴瓦口相互挤压，从而产生弹性变形，与座孔紧密贴合并具有一定的过盈值，这样就保证了轴瓦在轴承体内固定不动。另外，薄壁瓦在自由状态下曲率半径应略大于座孔，即应如图 7-19（a）所示的情形，这样有利于瓦背与座孔的良好贴合，为此应用塞尺在瓦背下部检查间隙，下部无间隙时［图 7-19（b）］应换瓦。

③ 在机体上安装轴承座，当其初步固定后，就应放入轴瓦进行各轴承中心线同轴度的找正（利用平尺靠贴、拉钢丝或激光找正）。

④ 以轴颈为标准，刮研轴承瓦孔。轴瓦是支承轴的，当轴在轴瓦内旋转时，如果接触不好，轴和轴瓦的接触集中在某几个点上或者某一小块面积上，就会破坏油膜，使该处压力所产生的摩擦力集中，发热量增加，轴承温度就会急剧增高，相反，如果轴与轴瓦的接触良好，各处受力均匀，摩擦面上油膜完整，运转时虽然也产生热量，但发热量小，而且分布在整个轴承上，热量容易散失，因此轴承不会产生高热。故安装过程中，对此类轴承的接触质量制定了技术标准，具体要求如下。

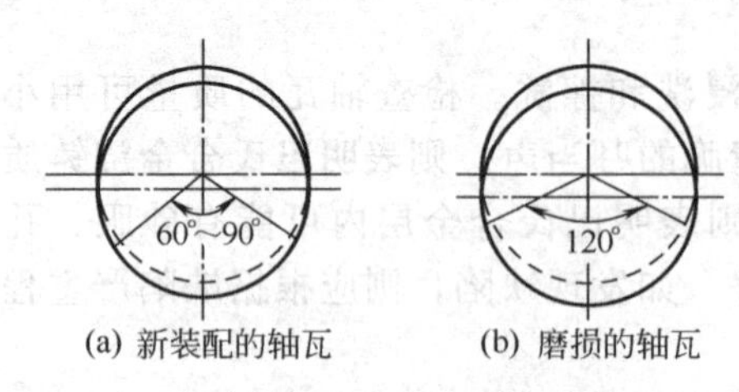

(a) 新装配的轴瓦　(b) 磨损的轴瓦

图 7-20　轴瓦与轴颈的接触角

接触面积：受压轴承与轴颈表面的接触面积以接触点数表示，对重负荷和高转速，要求达到 3～4 点/$cm^2$；低速、间歇运转为 1～1.5 点/$cm^2$。

接触角：受压轴瓦和轴颈的接触弧面所对的中心角称为接触角，如图 7-20 所示。此角过大时，得不到良好的润滑；而过小时，因单位压力大，加速磨损。一般规定接触角 $\alpha$ 为 60°～90°。

瓦孔刮研方法：在轴颈表面涂上薄薄的一层红丹粉，将轴放入到各轴承轴瓦上。然后装上轴承盖，拧紧螺栓，并设法使轴沿正反方向缓缓旋转几圈，再取下检查瓦孔的着色情况。根据接触精度要求，使用轴承刮刀（如三角刮刀）对着色斑点细心刮削，反复数次，直至符

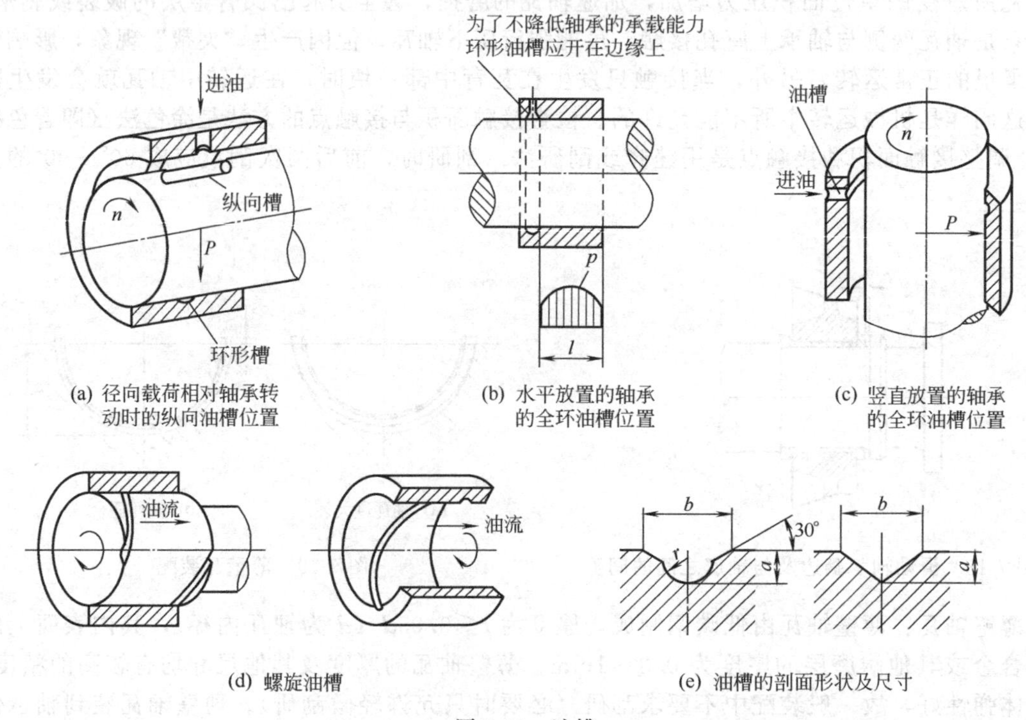

(a) 径向载荷相对轴承转动时的纵向油槽位置　(b) 水平放置的轴承的全环油槽位置　(c) 竖直放置的轴承的全环油槽位置

(d) 螺旋油槽　(e) 油槽的剖面形状及尺寸

图 7-21　油槽

合要求为止。最后，还要按照油槽尺寸及分布要求，开出油槽来，如图 7-21 所示。

⑤ 检测与调整轴承的配合间隙：滑动轴承的配合间隙（见图 7-22）也是一项十分重要的技术质量指标，与保持轴的正常运转和轴承的使用寿命有着密切的关系。轴承的配合间隙包括径向间隙与轴向间隙。其中径向间隙又分顶间隙和侧间隙［见图 7-22（c）］。顶间隙的作用是使润滑油能流到轴颈与轴瓦之间形成油膜，建立起轴承的液体摩擦或半液体摩擦，同时又控制轴的运动精度。侧间隙的作用是积聚和冷却润滑油，以便形成油膜。轴向间隙的作用是使轴在设备中沿纵向有热膨胀的余地，防止轴卡死在轴承上。

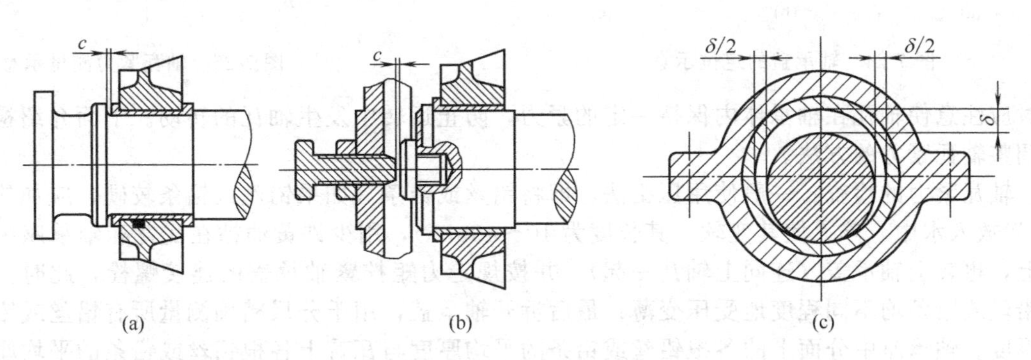

图 7-22　滑动轴承配合间隙示意

轴承间隙的标准：顶间隙的大小与轴颈的直径、转速、单位压力以及润滑油的黏度有关，一般情况下，可取顶间隙 $\delta=(0.001\sim0.002)d$（$d$ 为轴颈直径），也可从设备图纸上或有关技术文件中查得。侧间隙对一般轴瓦，其值为顶间隙的一半；但对椭圆轴瓦，侧间隙等于顶间隙，因此顶间隙可较小，以提高轴的运转精度。轴向间隙的数值约为 0.1～0.8mm。

轴承间隙的检测方法：比较简单的方法是塞尺法，即用塞尺塞间隙，可直接测得顶间隙、侧间隙和轴向间隙，但由于塞尺有一定的宽度，所测得的间隙值不太准确。因此，在装配中一般均以压铅法来测量轴承的顶间隙，即先用黄油将数根软铅丝或软铅条（其直径或厚度等于顶间隙数值的 1.5～2 倍，长度仍为 10～40mm）粘在轴颈上表面和轴瓦瓦口平面上，然后装好轴承盖，拧紧轴承螺栓，如图 7-23 所示。然后拆开轴承盖，用千分尺精确测量各受压变薄铅丝或铅条的直径与厚度。显然，轴承径向顶间隙即可按下式计算

$$\Delta=\frac{a_1+a_2}{2}-\frac{b_1+b_2+c_1+c_2}{4}$$

式中　$\Delta$——顶间隙；

$a_1$、$a_2$——轴承与轴之间各铅丝被压扁后的厚度；

$b_1$、$b_2$、$c_1$、$c_2$——轴瓦瓦口接合面上各铅丝被压扁后的厚度。

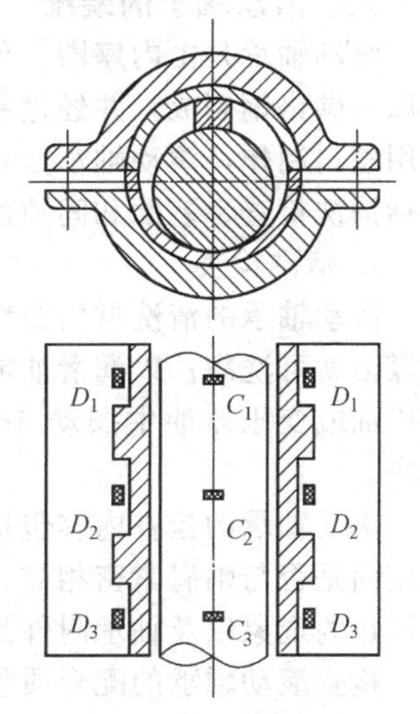

图 7-23　压铅法测量配合间隙示意

轴承侧间隙无法用压铅法直接测得。还可先用千分尺分别精确测量轴颈与轴瓦左中右三个位置，同一截面上相隔 90°的两个直径，在求得它们的平均直径后，即可方便地计算出轴承的顶间隙值。

⑥ 组装轴承盖，调整轴瓦压紧力：轴承盖往轴承座上装合时，首先要使它们对齐不错位，即应以销钉、凹槽或凸槽进行定位，如图 7-24 所示。然后装轴承连接螺栓并预拧紧，

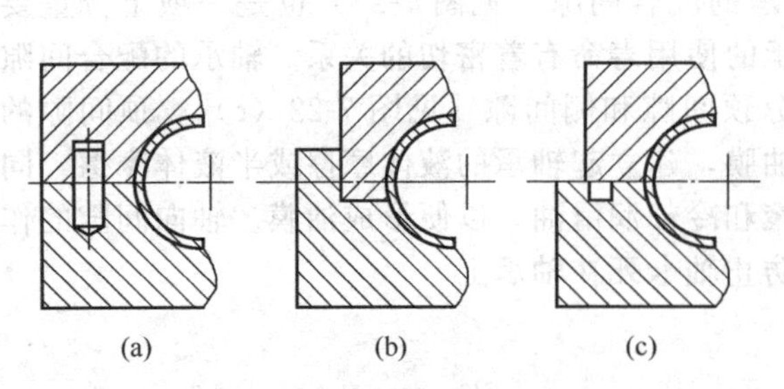


图 7-24 轴承盖的定位示意

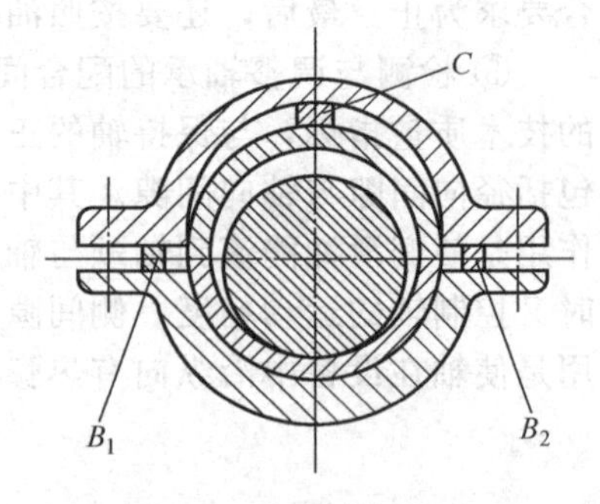


图 7-25 轴瓦紧力测量示意

此时应注意使轴瓦在轴承体内保持一定的紧力，防止运转中发生轴瓦的转动。下面介绍检查和调整轴瓦紧力的方法。

轴瓦紧力的检查：一般使用压铅法，即将铅丝或铅条（如果铅丝或铅条较硬，应加热到140℃放入水中，淬火使其变软，其长度为10～40mm)，用少许黄油粘在瓦背和轴承座中分面上，再装上轴承盖（连同上轴瓦一起)，并按规定力矩拧紧轴承盖的连接螺栓，此时，各个铅丝或铅条均不同程度地受压变薄；最后拆开轴承盖，用千分尺精确测量所有铅丝或铅条的厚度。轴承座中分面上的各根铅丝或铅条的平均厚度与瓦背上各根铅丝或铅条的平均厚度之差，即表示了正式装配轴承盖并拧紧连接螺栓时瓦背的压缩弹性变形量。这个差值愈大，弹性变形愈大，轴瓦在轴承体内愈紧固。安装中将这个差值称作轴瓦的紧力。如图 7-25 所示。轴瓦紧力的要求是 0.04～0.08mm。

轴瓦紧力的调整：主要是增减轴承体中分面上的薄垫片数量（即在粘住铅丝前，中分面上应放置几片薄垫片)。当紧力过大时增加垫片，反之，则抽出垫片。另外，也有用修刮瓦背上包薄铜皮的方法来调整轴瓦紧力。

## 六、滚动轴承的装配

滚动轴承是由内座圈、外座圈、滚动体和隔离罩等四部分组成的，内、外座圈和滚动体都以高碳铬钢制成，并经过精细加工，隔离罩常用软钢冲成，也有用黄铜制成的，近来则发展用塑料制作，滚动轴承分径向轴承、止推轴承以及径向止推轴承三大类型。其装配工作均包括清洗检查、装配和间隙调整三个步骤。

### 1. 清洗检查

滚动轴承的清洗材料要结合轴承防锈方式来选用。例如，以防锈油封存的轴承，用汽油或煤油就可洗净；以润滑油或油脂封存起来的轴承就要挖出旧油脂，先放入95～100℃的10号机油或变压器油中摆动5～10min，使轴承中的油脂全部溶化流出，然后用汽油或煤油洗净。

滚动轴承的检查内容包括：轴承是否洗净，轴承是否有锈蚀、毛刺、碰伤和裂纹；轴承内座面是否与轴肩紧密相靠；轴承的内部间隙是否合适；转动是否轻快，有无难以转动或突然停止的现象以及轴承附件是否齐全等。

检查滚动轴承的配合质量，要以千分尺精确测量轴颈及轴承体上座孔的直径及其椭圆度与圆锥度，检查轴肩的垂直度以及轴颈的圆角半径，最后察看轴颈表面是否有毛刺、裂纹和锈蚀等。表面上有毛刺或轻微锈蚀时要以油石或砂布打磨干净。

### 2. 滚动轴承的配合与装配

(1) 滚动轴承配合的选择　安装滚动轴承前应确认它的工作情况，即弄清是内圈转动，还是外圈转动。应该注意，转动的座圈的配合要比不转动的座圈的配合紧一些。一般情况下，滚动轴承与轴及轴承体的配合多为过渡配合，而且是在其第二、三、四类范围内选用。

具体配合类型可从设备图纸上查得。为了促使磨损均匀，有些滚动轴承的外圈与轴承体采用第一种动配合安装，工作中允许外圈略有间断的转动。

(2) 滚动轴承的装配方法　往轴上装轴承的方法如下。

① 第一、二类过渡配合。多采用压力机压入，在安装现场更多的是采用热装方法。轴承热装时，要将轴承放在机油箱内加热，时间10～30min，温度不超过100℃，然后迅速取出套装到轴颈上。应注意轴承不能直接放在箱底上，否则将因过热引起轴承的退火。如图7-26所示。

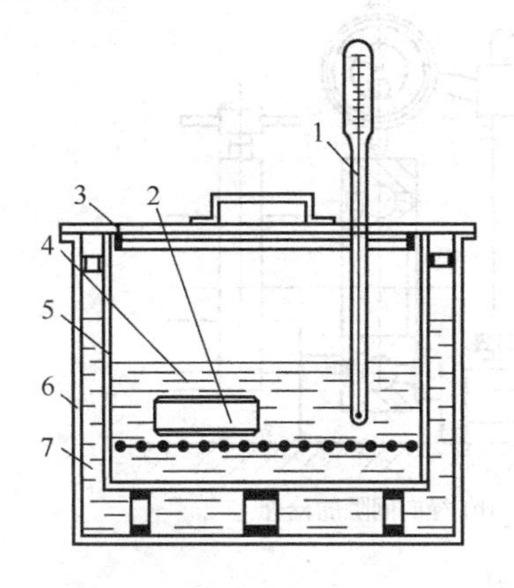


图7-26　热装法

1—温度计；2—轴承；3—盖；4—机油；5—机油槽；6—加热水槽；7—水

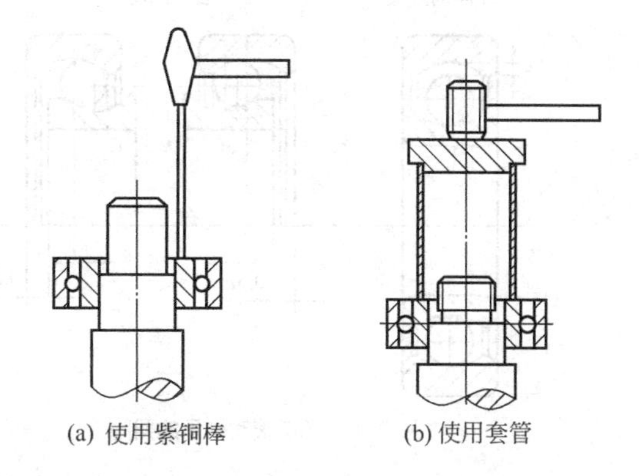


图7-27　锤击法安装滚动轴承

② 第二、四类过渡配合。多采用锤击法（见图7-27），在剖分式轴承体上装配滚动轴承时，操作比较简单，但应特别注意防止“夹帮”现象。为此，安装中必须检查滚动轴承与上下轴承体接触的中心角（见图7-28），并保持在轴承座部位的接触角达到120°左右，在轴承盖上接触角达到80°～120°。当不符合以上要求时，就应使用刮刀刮削轴承体座孔的两侧。

轴承体与滚动轴承的“夹帮”现象，是由于铸造内应力导致瓦口变形而发生的，检查方法有着色法和塞尺法。

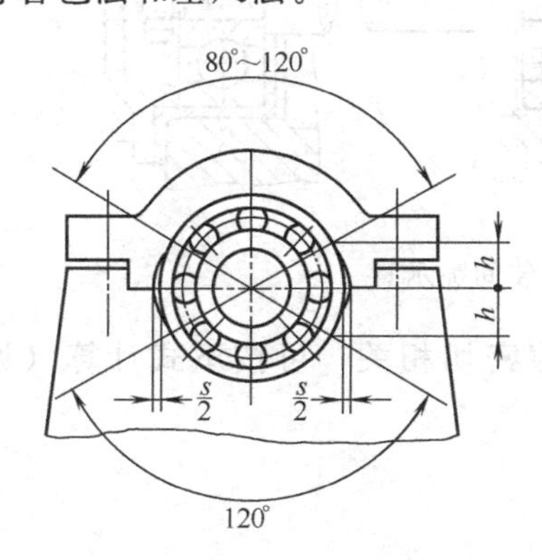


图7-28　开式轴承座与滚动轴承的正确配合情况

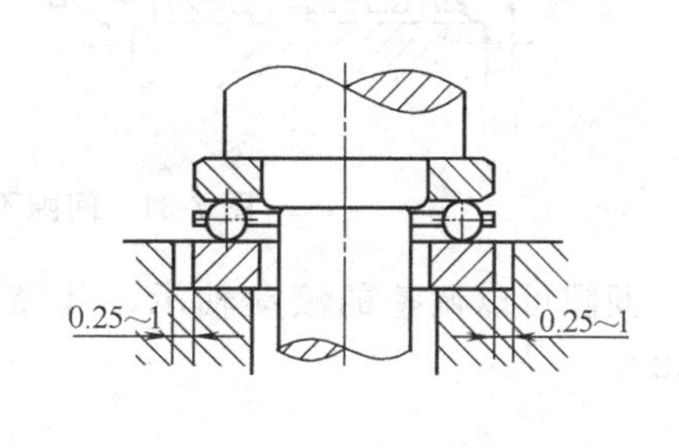


图7-29　止推轴承装配

另外，安装止推轴承时，要保持死圈与机座之间具有0.25～1mm的间隙值，如图7-29所示。

拧紧轴承盖连接螺栓时，要一边拧紧螺栓，一边用手转动轴承，应当达到既拧紧了轴承盖，又使轴承能够轻快、平稳地运转，没有沉重的感觉。

轴承装配好后，应按规定涂上运转时所需用的润滑油脂，但量也不宜过多，以免运转时轴承发热。最后还要装好两端的油毡、皮胀圈等密封装置以及设备端盖或压盖。密封装置必须严密，端盖或压盖应压紧，并不与轴承的转动部分相接触。

3. 滚动轴承间隙的检测与调整

滚动轴承的间隙也有径向间隙和轴向间隙两种，如图 7-30 所示。滚动轴承的间隙具有以下各种作用：使滚动体沿滚道轻快地运转，得到充分的润滑，并作为热膨胀的补偿值。

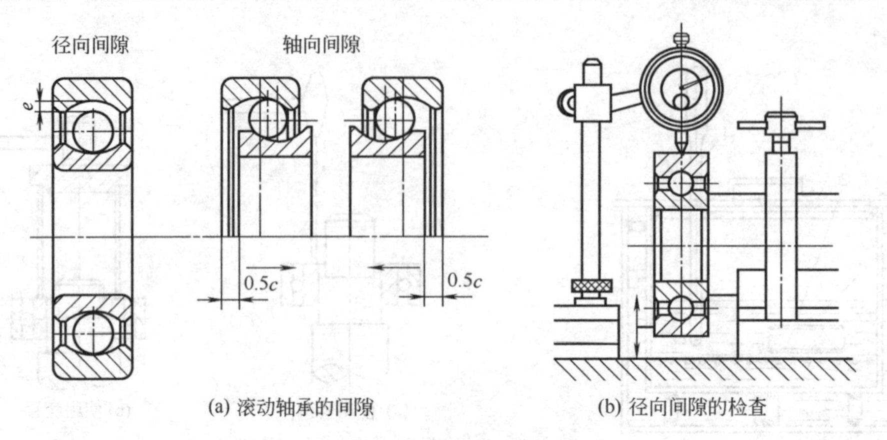


图 7-30　滚动轴承配合间隙示意

滚动轴承的间隙分为可以调整的和不可调整的两大类。间隙不可调整的滚动轴承，其间隙已在制造时予以保证，安装中应在其外圈与轴承室端盖之间留有轴系热膨胀需要的间隙值，如图 7-31 所示。应注意，只需在轴系的一侧留出适当的间隙便可。

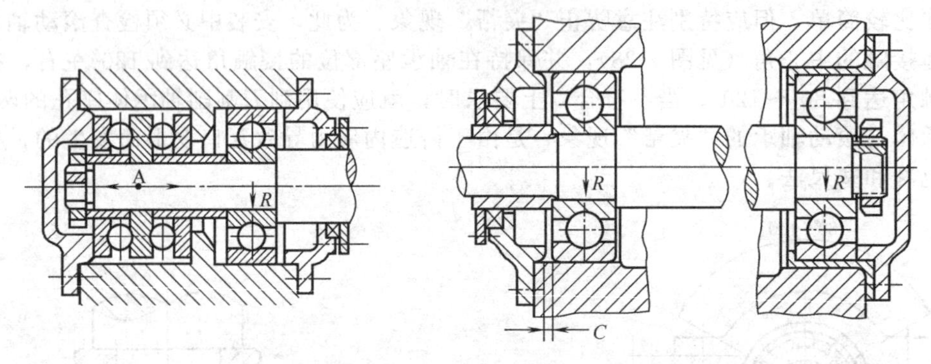


图 7-31　间隙不可调整的滚动轴承安装间隙示意

间隙可以调整的滚动轴承，其径向间隙与轴向间隙密切相关，可按下式计算（见图 7-32）。

$$c=\frac{a}{2\sin\beta}$$

$$e=2\cot\beta$$

式中　$c$——轴向间隙值；

$a$——斜面间隙值；

$e$——径向间隙值；

$\beta$——外座圈的圆锥半角，对于 7000 型：$\beta=11°\sim16°$。

测取滚动轴承内的斜面间隙时应注意先将轴向一端推紧，直到轴承没有任何间隙为止，

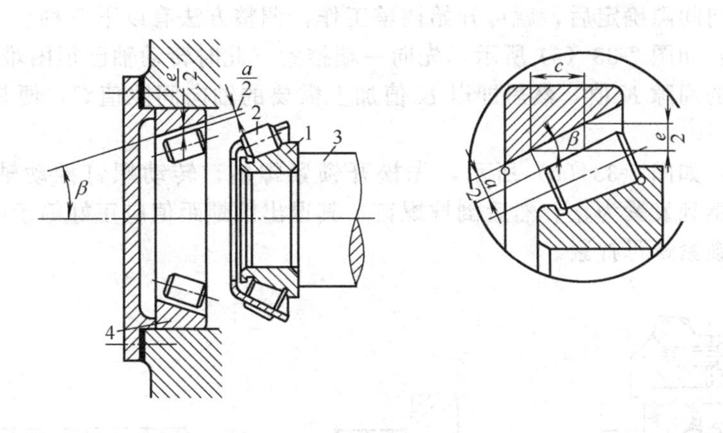


图 7-32 圆锥滚动轴承配合间隙示意

1—内座圈；2—滚子；3—轴；4—外座圈

然后再用塞尺测出另一端轴承的斜面间隙，只有这样，计算出的轴向间隙才是准确的。

滚动轴承的径向间隙直接关系到运转精度和磨损情况，必须严格控制；而轴向间隙的大小则应该保证轴系有自由热膨胀的余地，应留出的轴向间隙可由下式计算

$$c=\alpha\Delta TL$$

式中 $\alpha$——轴承的热膨胀系数；

$\Delta T$——轴相对于周围环境温度的温差，一般容许轴比轴承温度高 10°～15°。

$L$——两轴承之间的距离。

间隙可调的滚动轴承轴向间隙的允许值也可直接从表 7-1 中查取。

**表 7-1 间隙可调的滚动轴承轴向间隙的允许值** mm

| 轴承内径/mm | 轴承宽度系列 | 轴向间隙 | | |
|---|---|---|---|---|
| | | 向心推力球轴承 | 圆锥滚子轴承 | 反向推力球轴承 |
| <30 | 轻系列 | 0.02～0.06 | 0.03～0.10 | 1.03～0.08 |
| | 轻系列和中宽系列 | — | 0.04～0.11 | — |
| | 中系列和重系列 | 0.03～0.09 | 0.04～0.11 | 0.05～0.11 |
| 30～50 | 轻系列 | 0.03～0.09 | 0.04～0.11 | 1.04～0.10 |
| | 轻系列和中宽系列 | — | 0.05～0.13 | — |
| | 中系列和重系列 | 0.04～0.10 | 0.05～0.13 | 0.06～0.12 |
| 50～80 | 轻系列 | 0.04～0.10 | 0.05～0.13 | 0.05～0.12 |
| | 轻系列和中宽系列 | — | 0.06～0.15 | — |
| | 中系列和重系列 | 0.05～0.12 | 0.06～0.15 | 0.07～0.14 |
| 50～120 | 轻系列 | 0.05～0.12 | 0.06～0.15 | 0.06～0.15 |
| | 轻系列和中宽系列 | — | 0.07～0.18 | — |
| | 中系列和重系列 | 0.06～0.15 | 0.07～0.18 | 0.10～0.18 |

注：1. 当要求较高的运转精度或工作温度较低、轴长较短时，可以取较小值。

2. 运动精度要求不高，或工作温度较高、轴长较短时，可以取较大值。

3. 当工作温度很高、轴长很大时，则应校验轴的可受热长度及伸长值。

求得轴向间隙值后，即可按公式算出径向间隙；从而可判断轴的运转精度是否符合要求，也可给定径向间隙，算出轴向间隙，并按该计算值调整轴承，然后再核算所允许的温升，运转时加以控制。

滚动轴承轴向间隙确定后，就可开始调整工作，调整方法有以下三种。

热片调整法：如图 7-33（a）所示，先向一端推紧（此时转动轴已很困难），测出端盖和轴承体端面之间的间隙 $K$ 值，然后即以 $K$ 值加上需要的轴向间隙值 $C$，便是应在端盖下加入的垫片厚度。

螺钉调整法：如图 7-33（b）所示，先松开锁紧螺帽，转动螺钉推动轴系向另一端靠紧，直至转动轴感到发紧为止。然后倒拧螺钉，其退出的螺距值应正好等于所需要的轴向间隙值，最后再把锁紧螺母拧紧。

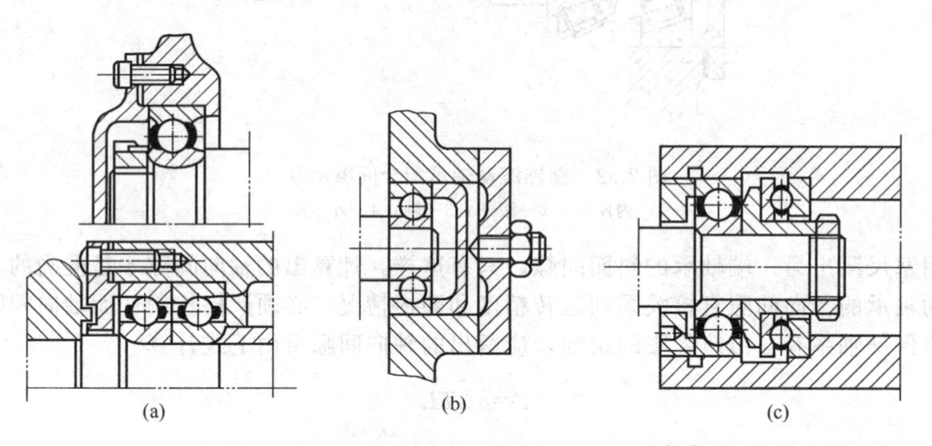


图 7-33　滚动轴承间隙调整方法示意图

止推环调整法：如图 7-33（c）所示，先拧动止推环至转动轴发紧为止，然后拧回止推环，使轴承获得轴向间隙，并用止动片固定止推环。

滚动轴承的轴向间隙调整好后，还可再以塞尺法或百分表法实测，以判断调整的结果是否合适。

## 七、齿轮传动装配

齿轮传动形式很多，包括直齿圆柱齿轮传动，人字齿轮传动，圆锥齿轮传动，蜗杆齿轮传动以及行星齿轮传动等。不管哪种传动方式，也不论什么样的齿轮，其装配工作都包括以下步骤。

① 将齿轮装配到轴上以前，应检查齿轮轴孔与轴的配合表面的加工粗糙度、尺寸和几何形状的偏差，然后才把齿轮套装到轴上。装配到轴上的齿轮，应检查有无如图 7-34 所示的各种不正确的情况，并测量径向与端面振摆。齿轮跳动检测示意如图 7-35 所示。

② 把已经装配好齿轮和轴承的轴装到机座中去，装配时一般先装入低速轴，然后依次

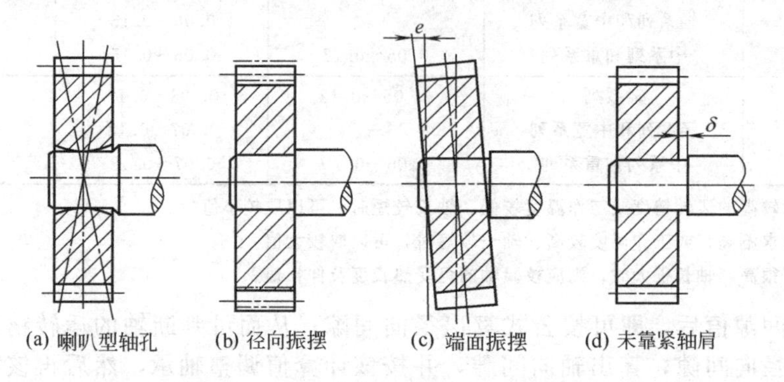


图 7-34　齿轮在轴上装配不正确的情况

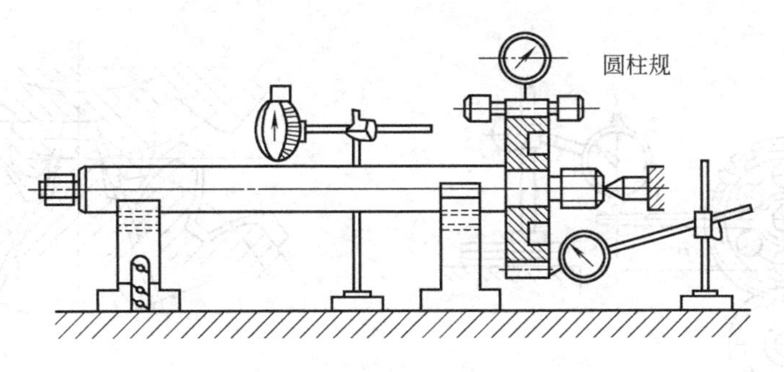


图 7-35　齿轮跳动检测示意

装入转速较快的轴。有时，在装配各齿轮和轴以前，还要精确测量机座上轴承座孔的中心线相对位置，以决定该机座是否合用，若不合用，应予修正或改用合格的机座。

③ 检测和调整啮合间隙。齿轮啮合间隙的功用是储存润滑油，补偿齿轮传动尺寸的加工误差与装配误差以及补偿齿轮传动的热变形和弹性变形。齿轮啮合间隙包括顶间隙（简称顶隙）和侧间隙（简称侧隙），圆柱齿轮的顶间隙一般为 0.25$m$（$m$ 为齿轮的模数），各种齿轮由侧间隙见表 7-2，表 7-3 和表 7-4。其他各种齿轮的啮合间隙可查阅有关技术文件或设备图纸。

**表 7-2　圆柱齿轮的标准的保证侧间隙**　　μm

| 名　称 | 中心距/μm | | | | | | | |
|---|---|---|---|---|---|---|---|---|
| | ～50 | ＞50～80 | ＞80～120 | ＞120～200 | ＞200～320 | ＞320～500 | ＞500～800 | ＞800～1250 |
| 保证侧间隙 | 85 | 105 | 130 | 170 | 210 | 260 | 340 | 420 |

**表 7-3　圆锥齿轮的标准的保证侧间隙**　　μm

| 名　称 | 中心距/μm | | | | | | | |
|---|---|---|---|---|---|---|---|---|
| | ～50 | ＞50～80 | ＞80～120 | ＞120～200 | ＞200～320 | ＞320～500 | ＞500～800 | ＞800～1250 |
| 保证侧间隙 | 85 | 105 | 130 | 170 | 210 | 260 | 340 | 420 |

**表 7-4　蜗轮蜗杆的标准的保证侧间隙**　　μm

| 名　称 | 中心距/μm | | | | | | |
|---|---|---|---|---|---|---|---|
| | ～40 | ＞40～80 | ＞80～160 | ＞160～320 | ＞320～630 | ＞630～1250 | ＞1250 |
| 保证侧间隙 | 55 | 95 | 130 | 190 | 260 | 380 | 530 |

a. 啮合间隙的检测：有以下三种方法。

塞尺法：这是用塞尺直接测得齿轮的顶隙与侧隙，操作简单方便，但不十分准确。

百分表法：用百分表检测齿轮的侧隙的装置如图 7-36 所示。操作时沿正反两个方向微微转动上齿轮的拨杆，由于存在齿侧间隙，百分表的指针便左右摆动，然后换算出实际的间隙。

压铅法：将软铅丝（或软铅条）以少许黄油粘在一个齿轮的轮齿表面上（如图 7-37），然后旋转齿轮，停下后再用千分尺精确测量被压扁后的铅丝厚度，便可求得齿轮传动的顶隙与侧隙。应注意对于宽度较大的齿轮，要放置两条以上的铅丝，此时不仅可测得啮合间隙，而且还能测出二轴的平行度与扭曲度的偏差。

b. 啮合间隙的调整：当检测到的啮合间隙不符合规定时，可选移轴法或修刮法来进行调整。移轴法就是移动轴承，改变齿轮传动的中心距或将两齿轮靠近或离开，来调整两齿轮

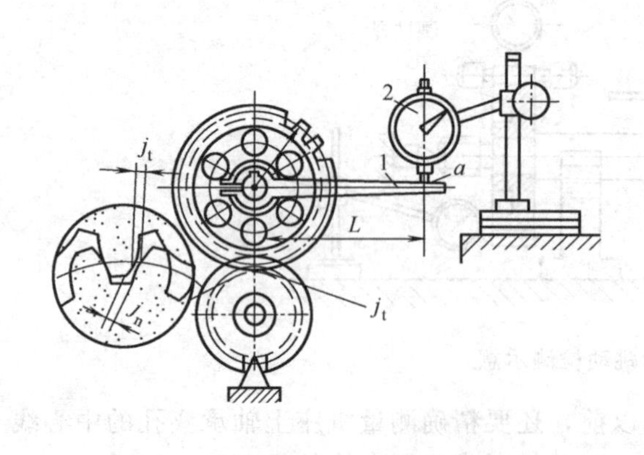

图 7-36 用百分表测量正齿轮的侧隙

1—拨杆；2—千分表

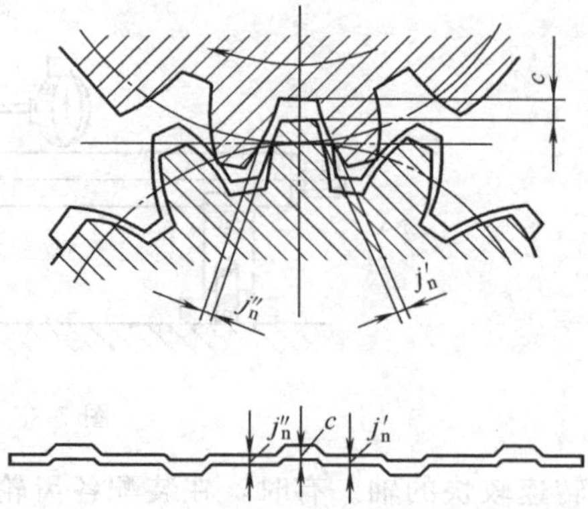

图 7-37 用压铅法测量齿轮的顶隙和侧隙

的啮合；修刮法就是修刮轴承的轴瓦，达到使齿轮离开或靠近的目的。

啮合接触面积的位置和大小，也是反映齿轮制造和装配质量的一个重要技术指标。接触面积大，位置正确，工作时载荷分布就均匀，磨损缓慢，传动平稳。齿轮传动啮合接触面积及位置见表 7-5 和图 7-38、图 7-39 及图 7-40。

**表 7-5 啮合接触面积**（占轮齿表面积的百分数） %

| 齿轮类别 | 部位 | 精度等级 | | | | 齿轮类别 | 部位 | 精度等级 | | | | 齿轮类别 | 部位 | 精度等级 | | | |
|---|---|---|---|---|---|---|---|---|---|---|---|---|---|---|---|---|---|
| | | 6 | 7 | 8 | 9 | | | 6 | 7 | 8 | 9 | | | 6 | 7 | 8 | 9 |
| 圆柱齿轮 | 齿高 | 50 | 45 | 40 | 30 | 圆锥齿轮 | 齿高 | 70 | 60 | 50 | 40 | 蜗轮蜗杆 | 齿高 | 60 | 60 | 50 | 30 |
| | 齿长 | 70 | 60 | 50 | 40 | | 齿长 | 70 | 60 | 50 | 40 | | 齿长 | 70 | 65 | 50 | 35 |

(a) 正确啮合

(b) 中心距过大

(c) 中心距过小

(d) 不平行

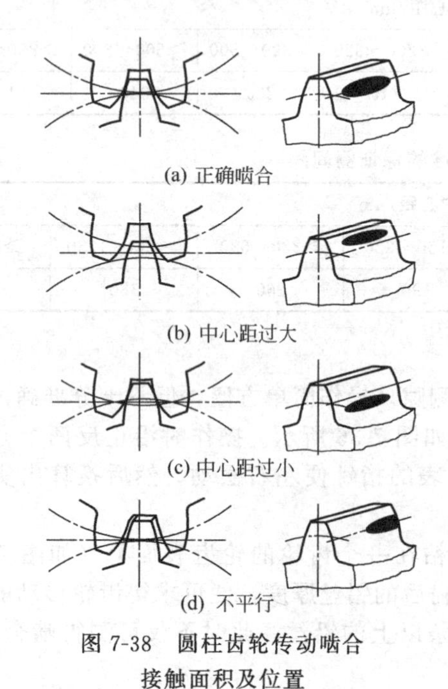

图 7-38 圆柱齿轮传动啮合接触面积及位置

(a) 无负荷时 (b) 有负荷时

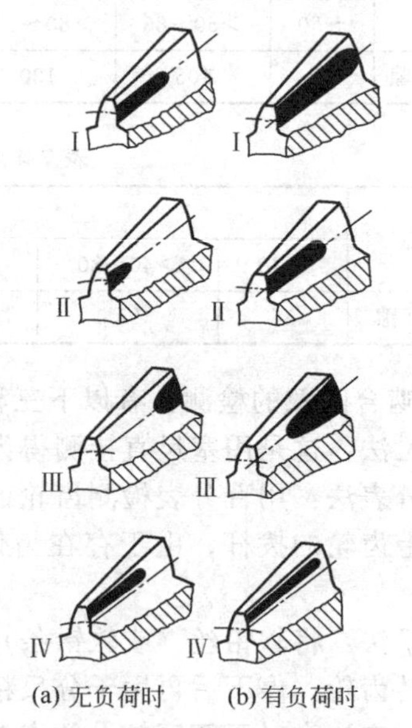

图 7-39 圆锥齿轮传动啮合接触面积及位置

Ⅰ—正确啮合；Ⅱ—中心线交角过大；Ⅲ—中心线交角过小；Ⅳ—中心线偏移或锥顶不重合

c. 啮合接触面积的检测：有擦光法和涂色法两种。擦光法就是旋转齿轮，查看轮齿表面被挤压擦光的亮度（痕迹）所在的位置及面积大小。涂色法就是先在小齿轮面上薄薄涂上一层红铅油（即红丹粉），然后将齿轮沿正反方向转几转，这时在大齿轮轮齿表面上就染上红黄色的斑点，据此便可判断齿轮啮合的正确性。

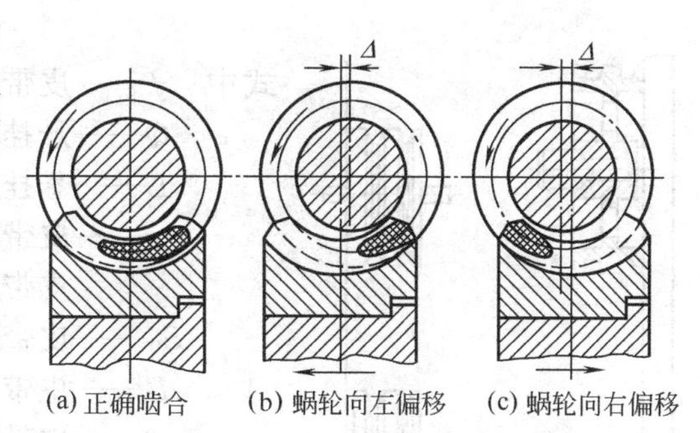

图 7-40　蜗轮蜗杆传动啮合接触面积及位置

d. 啮合接触面积的调整：有移轴法，修刮轴瓦法以及修刮齿形法。由于啮合接触面积与啮合间隙有关，在调整啮合接触面积时，可能影响到啮合间隙的大小，此时最好改变另一齿轮的位置进一步调整啮合间隙。即不要移动同一个齿轮，既要达到啮合接触面积的要求，又要用来调整齿轮传动的啮合间隙。否则就可能给调整工作带来麻烦，特别是圆锥齿轮传动。

## 八、皮带传动装配

(1) 皮带的接头方法　平皮带的长度不定，安装中根据需要确定长度并截断，然后进行接头。接头方法有扣合法与胶接法两种。扣合法简便、可靠、迅速并且十分经济，是一种常用的接皮带方法，如图 7-41 所示。胶接法传动平稳无噪声，应用也很广泛。胶接时皮带的接头长度一般应为皮带宽度的 1～2 倍。其具体要求如下：

① 胶合剂的材质应与皮带的材质具有相同的弹性。

② 橡胶带胶合剂的硫化温度和硫化时间，应按照所用胶合剂的规定进行确定。

③ 接头处应牢固，接头处增加的厚度，不应超过皮带厚度的 5%。

④ 胶合缝应顺着皮带运转方向，如图 7-42 所示。

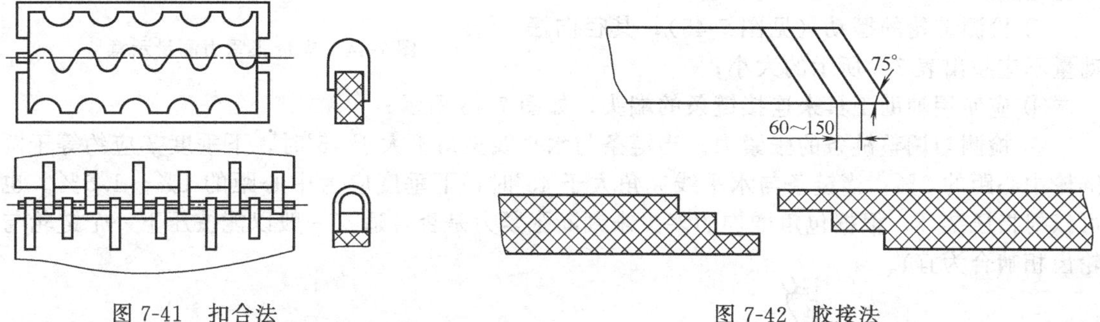

图 7-41　扣合法　　　　图 7-42　胶接法

(2) 皮带轮在轴上的装配　根据配合性质的要求，可以分别采取温差法、压入法和敲击法进行装配。两半皮带轮装到轴上后，其对合面之间必须留有一定的间隙，这样才可保证皮带轮与轴之间的过盈配合。

(3) 两皮带轮轴线平行度和中平面对中性的检测　可用直尺法或拉线法进行测定，如图 7-43 所示。一般要求平行度的偏差不超过 0.5/1000；中平面对正性的偏差不超过 1mm（三角皮带传动）或 1.5mm（平皮带传动）。

(4) 皮带张紧力的检测与调整　检测皮带张紧力的方法是在皮带上挂一重物，测量其下垂度，当下垂度符合以下的计算值时，即表示张紧力合适，如图 7-44 所示。

$$f=\frac{QL}{2S_0}$$

$$S_0 = B\delta\sigma$$

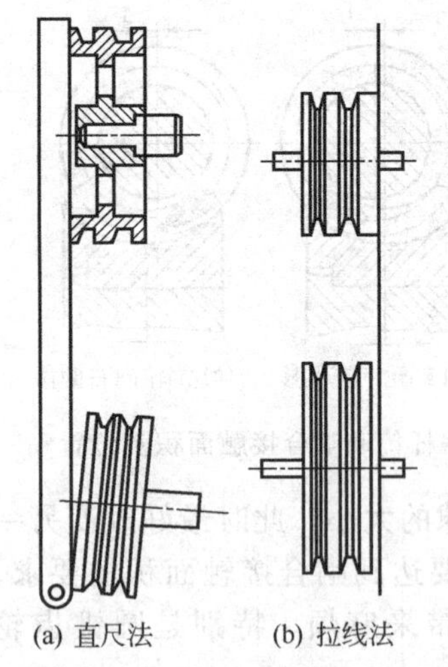

图 7-43　带轮对中性检测示意

式中　$f$——皮带的下垂值，mm；

$Q$——悬挂重物的质量，kg；

$L$——悬挂重物距某轮中心距离，mm；

$\sigma$——皮带标准初始应力，对三角皮带取 1.2MPa，对平皮带取 1.8MPa；

$S_0$——皮带正常的张紧力，N；

$B$——皮带的宽度，mm；

$\delta$——皮带的厚度，mm。

实际安装中，有时是以手按压皮带，凭感觉判断皮带的松紧是否合适。

应当了解，皮带张紧力不够时，皮带要在轮上打滑，降低传动效率和皮带使用寿命，而皮带过紧时，又会降低皮带之弹性，增加轴承的磨损和能量的消耗。另外，新皮带的张紧力也要适当放大（大约是正常张紧力的 1.5 倍），并预拉伸几天。

皮带张紧力的调整方法有改变中心距法和改变皮带长度法两种，其中以适当移动轴承位置来调整张紧力的方法应用最广。

## 九、链传动装配

链传动装配与皮带传动类似，并应掌握好下述几方面：

① 两链轮轴应严格平行，其平行度偏差不应超过 0.5/1000；

② 保证两链轮的对中性，其允许的偏移值不应超过 1mm；

③ 检测链轮的摆动（见图 7-45），其径向摆动量不应超出表 7-6 所示的大小；

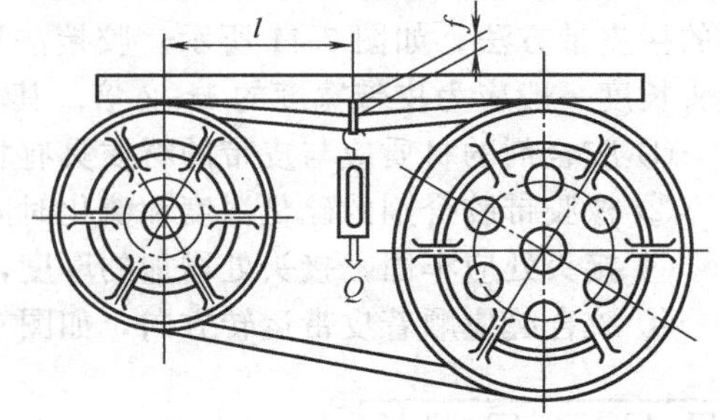

图 7-44　皮带张紧力测量示意

④ 应使用辅助工具来连接链条的端头，如图 7-46 所示；

⑤ 检测与调整链条的张紧力。当链条与水平线夹角不大于 45°时，下垂度 $f$ 应约等于两链轮中心距的 2%；当链条与水平线夹角大于 45°时，下垂度应为中心距的 1%～1.5%。也可以拇指压链环，根据包角增加的多少来判断张紧力是否合适（一般以能按压下一个链轮与轮齿相啮合为宜）。

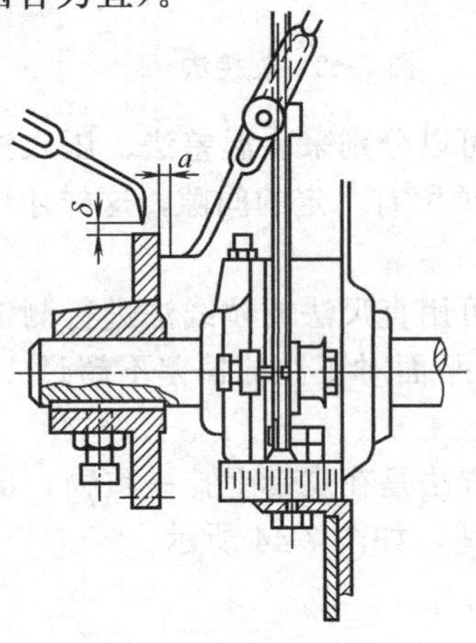

图 7-45　链轮摆动检测示意

**表 7-6　套筒滚子链链轮的允许摆动值**

mm

| 链轮的直径 | 链轮的摆动值 | |
|---|---|---|
| | 径　向 | 端　面 |
| <100 | 0.25 | 0.30 |
| 100～200 | 0.50 | 0.50 |
| 100～200 | 0.75 | 0.80 |
| 100～200 | 1.00 | 1.00 |
| >400 | 1.20 | 1.30 |

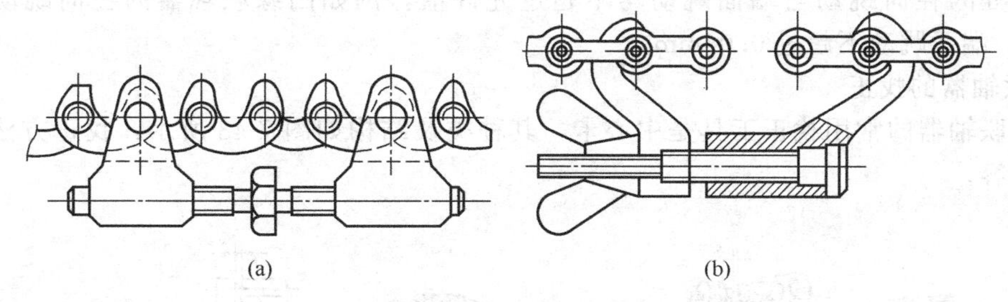


图 7-46　链条对接工具

## 十、联轴器的装配

联轴器又名靠背轮、对轮或接手。常用的联轴器有：凸缘联轴器、弹性柱销联轴器、齿形联轴器和滑块联轴器，如图 7-47 所示。联轴器的装配工作主要包括以下内容。

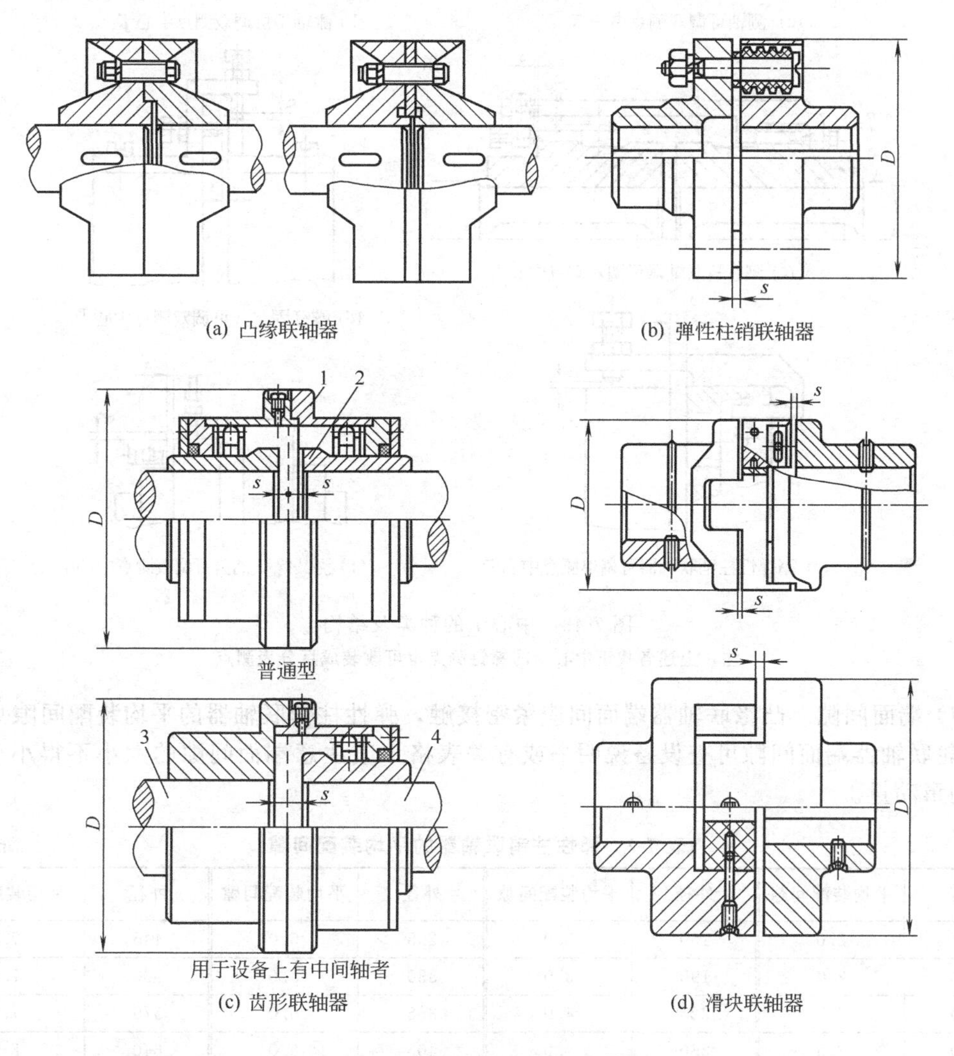


图 7-47　常见联轴器结构示意图

1—外齿套；2—外齿轴套；3—中间轴；4—主轴

### 1. 半联轴器的装配

将两半联轴器装配到各自的轴端上后，应以百分表测量每个半联轴器与轴的装配精度，要求边缘处的径向跳动与端面跳动均不超过允许值，例如凸缘联轴器的径向跳动不超过0.03mm，端面跳动不超过0.04mm。

2. 联轴器的找正

对半联轴器的常用找正工具是中心卡，其种类及结构如图7-48所示，找正方法见第五章有关内容。

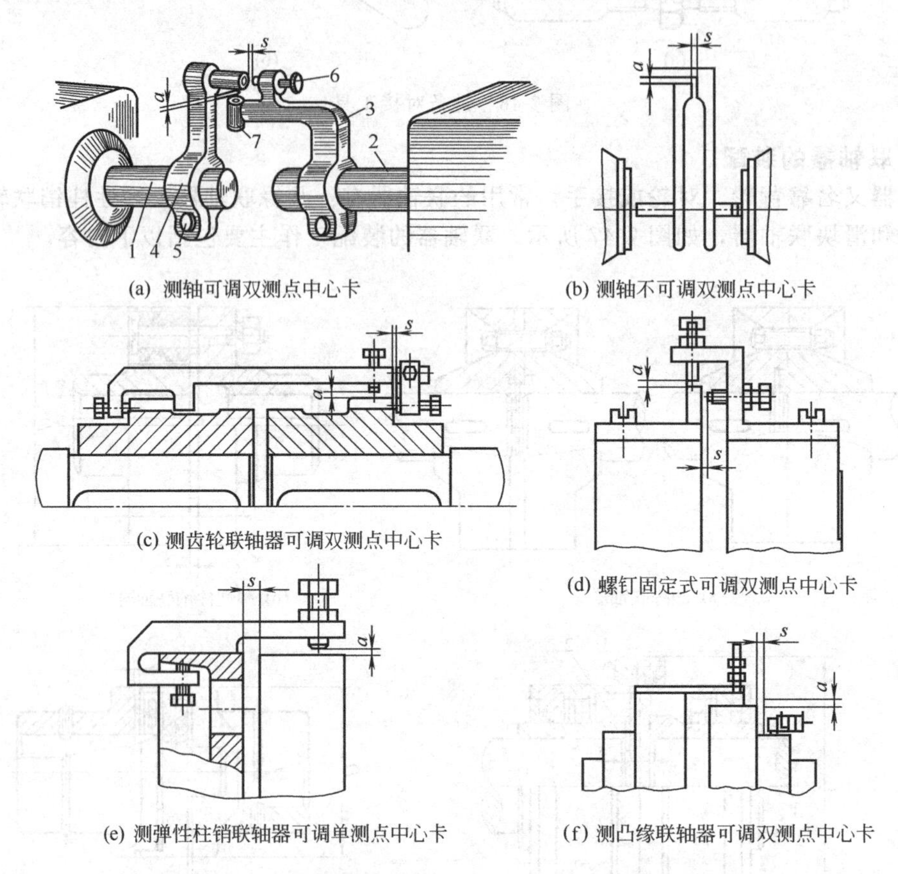

(a) 测轴可调双测点中心卡 (b) 测轴不可调双测点中心卡

(c) 测齿轮联轴器可调双测点中心卡 (d) 螺钉固定式可调双测点中心卡

(e) 测弹性柱销联轴器可调单测点中心卡 (f) 测凸缘联轴器可调双测点中心卡

图7-48 中心卡的种类及结构

注：上述各找正中心卡的螺钉测点也可改装成百分表测点

(1) 端面间隙 凸缘联轴器端面间应紧密接触，弹性柱销联轴器的平均装配间隙见表7-7，齿轮联轴器端面间隙可查设备说明书或有关表格。应注意端面间隙的大小不得小于实测的轴向窜动量。

**表7-7 弹性柱销联轴器的平均装配间隙** mm

| 外径 | 平均装配间隙 | 外径 | 平均装配间隙 | 外径 | 平均装配间隙 | 外径 | 平均装配间隙 |
|---|---|---|---|---|---|---|---|
| 90 | 2.0 | 160 | 3.0 | 295 | 5.0 | 445 | 7.5 |
| 100 | 2.0 | 190 | 3.0 | 330 | 5.0 | 500 | 7.5 |
| 120 | 2.5 | 225 | 4.0 | 365 | 6.0 | 570 | 7.5 |
| 140 | 2.5 | 260 | 4.0 | 405 | 6.0 | 640 | 8.0 |

(2) 径向与轴向位移 两半联轴器在连接前必须通过找正来保证其端面同心度与平行度在允许范围内，亦即径向位移与轴向位移均不得超过允差。同心度与倾斜度的装配允差见表7-8。

表 7-8　联轴器的同心度和倾斜度装配允差

| 联轴器类型 | 联轴器直径/mm | 同心度允差 | 倾斜度允差/(μm/m) |
| --- | --- | --- | --- |
| 齿形联轴器 | 150～300 | 30 | 50 |
| | 300～500 | 80 | 100 |
| | 500～900 | 100 | 150 |
| | 900～1400 | 150 | 200 |
| 夹紧式和凸缘式联轴器 | 150～300 | 5 | 20 |
| | 300～800 | 10 | 20 |
| 弹性柱销联轴器 | 150～300 | 5 | 20 |
| | 300～500 | 10 | 20 |

3. 两半联轴器的连接

两半联轴器的连接必须在对轴系作最后一次复查同轴度误差后进行，其连接过程可分为以下三个步骤：

① 对两半联轴器进行临时连接。临时连接前应将半联轴器端面及外圆清理干净，不得有任何铁屑、油污、毛刺等杂物。若两半联轴器之间有调整垫片时，垫片应清洁无毛刺，平行度误差小于 0.02mm，且厚度符合规定值，临时连接用的螺栓可现场制作，其直径可略比螺孔小约 0.5～1.0mm，但其中有两只螺栓只能比螺孔小 0.05mm，以保证在铰削两半联轴器上的螺孔时，它们之间没有相对转动的可能，临时连接可用 8 只或 4 只螺栓，它们应对称均匀分布和拧紧，并用百分表监视两半联轴器的中心是否变动。临时连接后，还要用两只百分表分别指对两半联轴器的外圆，检查其径向跳动量，要求其值与单独测量一个半联轴器时相同，误差不超过 0.02mm。

② 对两半联轴器的螺孔逐一进行铰削和安装永久螺栓。先要铰去其错口部分，然后按照永久螺栓杆部直径精细铰孔。操作时应注意：每拆去一个临时螺栓，就铰好该螺栓所空过的螺孔，同时立即装好永久螺栓，然后再拆另一个临时螺栓、铰孔并装上永久螺栓，依此类推，直至全部完成。要保证孔壁的粗糙度和精度，防止铰毛孔壁和使孔壁与永久螺栓之间出现间隙。且装在联轴器上的各永久螺栓，质量应先称量好，使布置在十字交叉上的四个螺栓质量相等，从而提高运转的平稳性。

③ 再次检测联轴器外圆的跳动量，应无显著变化。然后用紧定小螺栓和止动垫圈将每只永久螺栓的螺帽锁住，当用垫片翻边来锁紧螺帽时，应将垫片的内侧翻起，如图 7-49 所示，最后再装配联轴器的其他部分。

对齿形联轴器，如果有中间轴、装配连接时，应先将两端轴的位置调整好，再安装中间轴。调整两端轴的同轴度时用单表法检测较为方便。另外，装配齿形联轴器还要做到：检查齿形套筒和齿圈上齿的啮合状态或检查齿形套筒在中间轴上的配合情况，清理润滑油的供油通道，检查齿形套筒间的端面间隙，核对齿圈相对齿形套筒的轴向位移等。

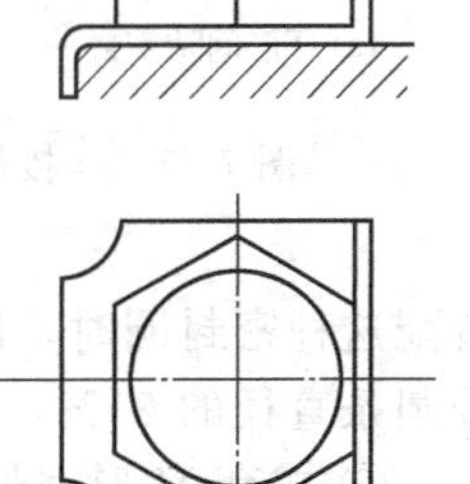

图 7-49　止动垫圈的设置示意

## 十一、密封件的装配

设备中相对运动零件之间总是会有间隙的。为了防止润滑油的流出和外界灰尘、水分的侵入，或为了保持设备内外两侧的压力差，就需要将运动件之间的间隙予以阻塞或使其节流，这就是密封。

密封可以分为接触密封和非接触密封两大类。其中接触密封是采用阻塞的原理，即使用一些密封元件，将间隙堵塞，阻止介质的流通。接触密封的密封元件形式很多，常用的有各种垫（或圈）、O形密封圈、V形密封圈、盘根以及机械密封等。非接触密封是利用节流的原理，即利用气体通过截面不同的曲折间隙时产生节流效应：气体流过较小缝隙时，流速加大，压力降低，紧接着气体又在流过较大面积中降低速度。这样，当气体在密封室内流过几个忽小忽大的间隙后，压力就降到与外界相等，也就是没有压力差了，于是气体就不会向外界流出，达到了无泄漏的目的。非接触密封元件也很多，常用的有轴向环形间隙密封和径向曲折密封（又称迷宫式密封）。上述各种密封的结构如图7-50、图7-51所示。

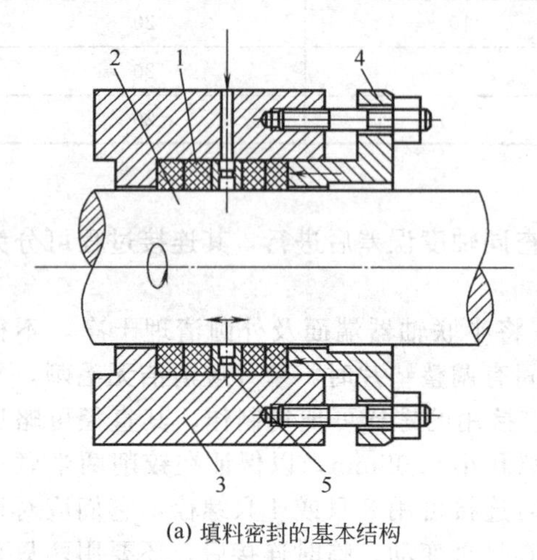


(a) 填料密封的基本结构

1—填料；2—转轴；3—填料函；4—压盖；5—液封环

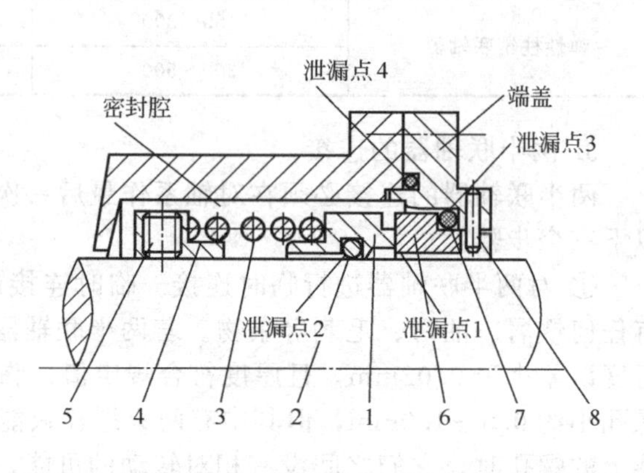


(b) 机械密封的基本结构

1—补偿环；2—补偿环辅助密封圈；3—弹簧；4—弹簧座；5—紧定螺钉；6—非补偿环；7—非补偿环辅助密封圈；8—防转销

图7-50　接触密封结构示意图

一般动静件之间密封采用间隙密封、填料密封或机械密封，而无相对运动的零件间则可一律采用橡胶密封圈密封（平垫、O形、V形均可）。

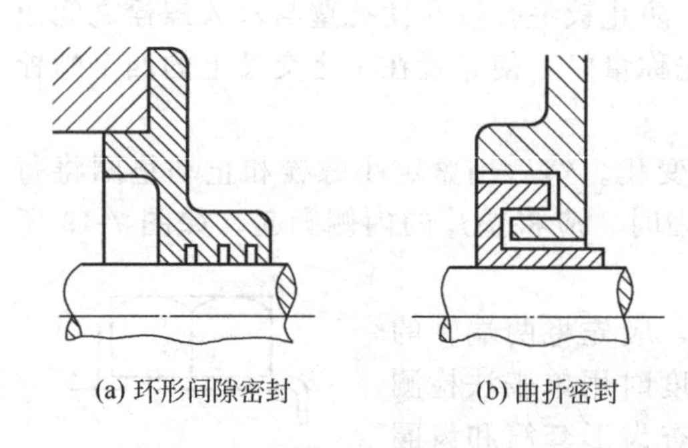

(a) 环形间隙密封　　(b) 曲折密封

图7-51　非接触密封结构示意

装配密封件时应遵守下列要求：

① 使用各种软金属（紫铜、铝）垫（或圈）密封，装配前一定要退火，否则密封效果不好。

② 各种垫（或圈）的厚度和直径应符合要求，其径向不得有较深的划痕。

③ 使用的各种毡垫、纸垫、橡胶垫，应符合有关的技术条件，遇有接头，应做成如图7-52所示的剖切口。

④ O形密封圈一般用耐油橡胶或皮革制成。装配这种密封圈时，应正确地选择预压量，其中用于固定密封或法兰密封时，预压量应为橡胶圆条直径的25%，用于运动密封时，预压量应为橡胶圆条直径的15%，如图7-53所示。

⑤ 成套V形密封圈装配时，预压量适当，既要达到密封目的，又要不致使摩擦阻力增加过大。如需搭接时，剖口应成45°，相邻两个密封圈的接口应错开90°以上，同时唇边应对着被密封的介质压力方向（图7-54）。

⑥ 压紧盘根（即填料）时，第一圈和最后一圈宜压装干石棉盘根，防止油渗出，若压

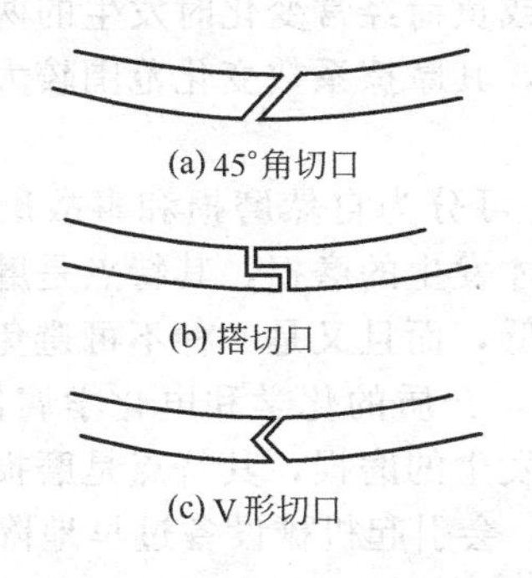


图 7-52 垫圈接头的剖切口形状

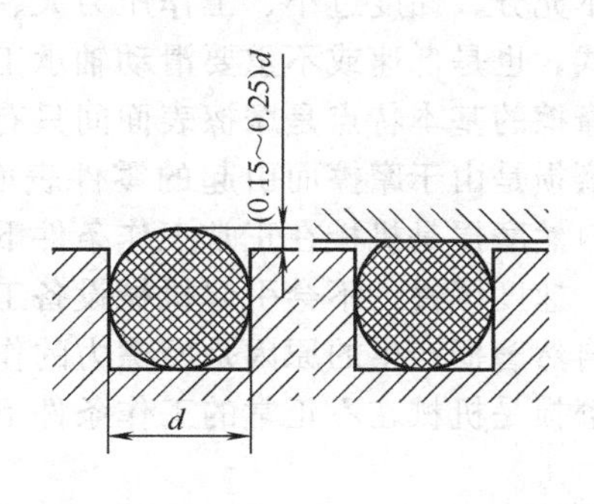


图 7-53 O形密封圈的预压量

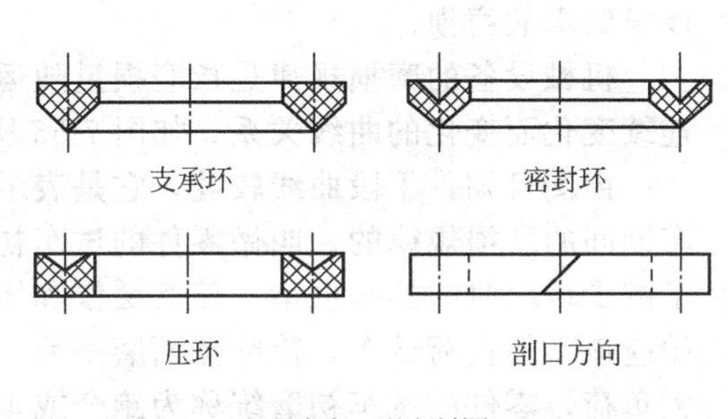


(a) 成套V形密封圈

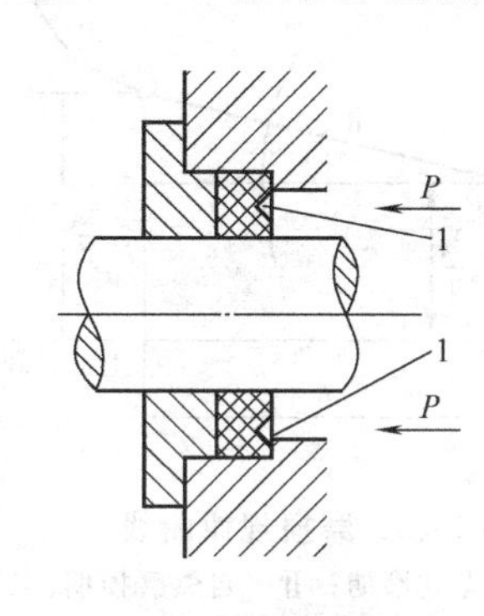


(b) V形密封圈的装配方向

1—密封圈唇边

图 7-54 V形密封结构装配搭接示意

装铝箔或铅箔包石棉盘根，应在盘根内面涂一层润滑油脂调和的鳞状石墨粉，另外盘根的切口宜切成小于45°的剖口，相邻两圈的切口错开90°以上，盘根也不应压得过紧。

⑦ 装配机械密封，动静环端面应互相研磨，并用涂色法检查贴合情况，同时动静环端面之间要涂以润滑油。

# 第五节 设备的润滑

为了降低动力损耗，减少机器部件的磨损，延长其使用寿命，必须针对不同运动件的特点，采取不同的润滑方式和润滑剂，并且在机器、设备或物件的装配过程中予以实施，确保设备运转可靠。

## 一、摩擦与磨损

摩擦是两个物体彼此有相对运动或有相对运动的趋势时相互作用的一种特殊形式。按照近代分子机械摩擦理论，摩擦既决定于分子的因素，又决定于机械的因素。即摩擦面上的各接触点处由于分子的引力相互结合，而摩擦面凹凸处的啮合是机械阻力。

根据摩擦物体的表面润滑程度，滑动摩擦可分为干摩擦、液体摩擦、界限摩擦、半液体摩擦和半干摩擦等数种。

其中液体摩擦，由于摩擦面完全被润滑油液体隔开，摩擦系数只有0.003～0.01，磨损不会产生，因而是一切润滑轴承在正常工作时所必须努力实现的；界限摩擦是依靠润滑油中的极性分子形成一层极薄的油膜（厚度只有0.1～0.2μm），摩擦系数是0.01～0.1，一般润滑比较充分的滑动轴承，在启动和制动中常发生这种摩擦，半干摩擦和半液体摩擦是润滑油供应不充分、黏度过小、工作压力大、温度高、设备有冲击或负荷经常变化时发生的两种摩擦形式，也是低速或不重要滑动轴承工作中的主要摩擦形式，其摩擦系数变化范围较大。这两种摩擦的基本特点是摩擦表面间只有部分被润滑油隔开。

磨损是由于摩擦而引起的零件表面层材料的破坏现象，可分为自然磨损和事故磨损两种：自然磨损是机械在正常工作条件下，经过相当长的时间才发生的磨损，其特点是磨损量均匀、速度缓慢，不会引起机械设备工作能力过早或迅速降低，而且又是一种不可避免的现象。自然磨损产生的原因是摩擦力的作用，冲击负荷的作用，介质的化学和电化学腐蚀等。事故磨损是机械在不正常的工作条件下，只经过很短时间就发生的磨损，其特点是磨损量不均匀、迅速、突然，会引起机械设备过早地降低工作能力，当自然磨损达到一定限度后，如果不及时进行修理，一般就会发生事故磨损；另外，不遵守安全操作规程，不按规定进行正确的润滑等，也都能导致事故磨损。

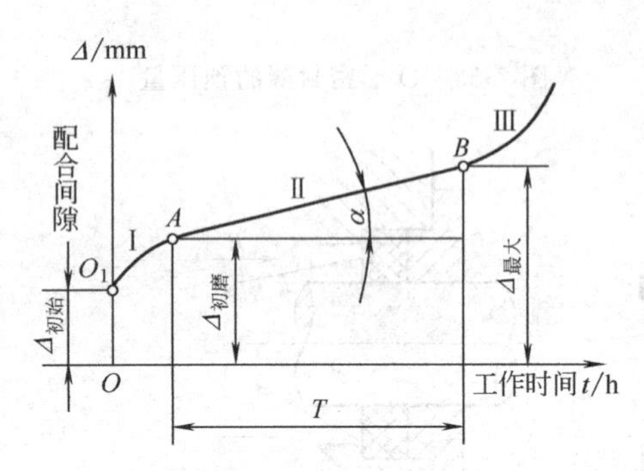


图 7-55　磨损规律曲线

Ⅰ—试车初磨期；Ⅱ—自然磨损期；

Ⅲ—事故磨损期

机械设备的磨损规律是指磨损量随运转时间的连续变化而变化的曲线关系，如图 7-55 所示。

由图可知，Ⅰ段曲线较陡，它是表示零件在试车期间的磨损规律的，叫做零件的试车初磨期。为了减少该段时间的磨损量，使其缓慢和均匀些，开始应该不加负荷试车，待摩擦面磨平后，才逐渐加大负荷，零件的试车初磨统称为跑合或走合。Ⅱ段曲线即零件的正常工作时间内磨损规律，超过 $B$ 点磨损量后，如不及时停车修理，就会发生如Ⅲ段曲线所示的事故磨损。

**二、润滑理论**

润滑对减少机械零件的摩擦与磨损，具有特别重要的意义。当摩擦面间有充足的润滑油，建立起液体润滑油膜后，摩擦系数就可降低数十倍至百倍以上，有效地防止了摩擦面的直接接触，与此同时，润滑油还能对摩擦面起到冷却、清洁与防大气腐蚀的作用。因此，各种传动设备都必须建立充分而可靠的润滑。

建立液体润滑油膜有两种途径。一种是利用高压油泵将润滑油压入摩擦面间，将轴抬起来形成液体摩擦，称为静压方法；另一种是利用转动轴轴颈的高速运转，将润滑油带入轴与轴瓦的间隙里，使轴浮起实现液体摩擦，称为动压方法。

动压建立润滑油膜的原理进一步阐述如下：

如图 7-56 所示，在轴承内进油处间隙大于出油处间隙，即存在着一楔形间隙。轴颈旋转时，润滑油由于黏度随轴颈一起进入承压区域的间隙内，因为进油量大于出油油压量，因而间隙内的润滑受到挤压而产生压力并将轴向左上方抬起［见图 7-56（a)］，这是形成油膜的启动过程，然后，在右下方间隙内油压作用下，将轴向左边推移并保持在该位置上，形成稳定的液体润滑油膜，这是建立起液体摩擦的正常工作阶段情况［见图 7-56（b)］。

润滑油膜厚度 $h$（即轴承最窄处的厚度）可按下式计算：

$$h=\frac{\mu nd^2}{18.36p\Delta C}$$

式中　$\mu$——润滑油的绝对黏度，Pa·s；

$n$——轴颈的转速，r/min；

$d$——轴颈的直径，mm；

$p$——轴瓦表面的压强，Pa；

$\Delta$——轴瓦与轴颈的配合间隙，mm；

$C$——考虑轴承长度影响的修正系数，$C=\frac{a+l}{l}$；

$a$——轴承与轴颈的接触长度，mm；

$l$——轴承的长度，mm。

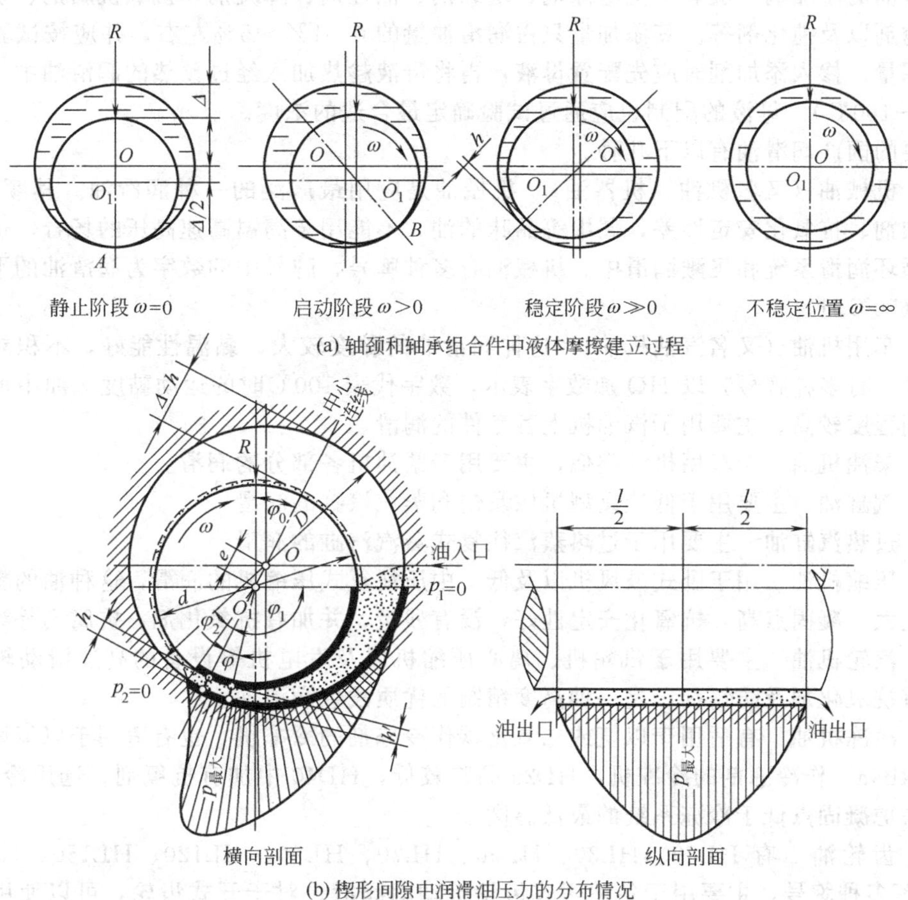


图 7-56 液体润滑油膜形成及油压分布示意图

在影响油膜厚度的上述各因素中，以配合间隙对油膜的形成与厚度影响最大，其次为润滑油的黏度。

轴瓦与轴颈的配合间隙，其适宜值可按下式计算：

$$\Delta_{最适宜}=0.467d\sqrt{\frac{\mu n}{pc}}$$

其最大值应控制在下述范围之内，以防止表面凹凸处直接接触：

$$\Delta_{最大}<\frac{\Delta_{最适宜}}{4\delta}=(2\sim5)\Delta_{最适宜}$$

式中 $\delta$——轴颈与轴瓦表面粗糙度之和，也应使其不超过（0.005～0.01）mm。

## 三、润滑剂

### 1. 润滑油

液体状态的润滑剂称为润滑油（或稀油）。机械设备上一般均采用廉价的矿物油作为润滑油。同时，为了改善矿物油的性能，常在矿物油中渗入适量的植物油或动物油；以有机溶剂、塑料、树脂等制成的合成润滑油也开始获得工业上的实际应用。

润滑油的主要质量指标包括：黏度（又分绝对黏度、运动黏度、相对黏度）、油性、含水量、残炭值、酸值、抗氧化安定性、破乳化时间、灰分、机械杂质、皂化值以及水溶性酸碱含量等。其中以黏度最为重要。

润滑油的添加剂一般有：抗泡沫剂、增黏剂、油性剂、降凝剂、抗氧抗腐剂、抗氧防胶剂、防锈剂以及钝化剂等。其添加量只占润滑油量的0.01%～5%左右，并应按试验结果确定具体用量；掺入添加剂时应先配置母液，再将母液趁热加入经过预热的润滑油中（预热温度为60～160℃）。母液的配制也应通过试验确定最合适的浓度。

主要的国产润滑油有以下几种。

（1）机械油（又名机油、机器油）　机械油是应用最广泛的一种润滑油。其颜色较深，没有添加剂、抗氧化安定性差，属中等品味的油，不能用于高温高速高压的场合，也不能用于长期循环润滑系统和飞溅润滑中。机械油有多种牌号，牌号中的数字为润滑油的平均运动黏度值（50℃时）。

（2）车用机油（又名汽油机油）　这种润滑油的黏度较大，黏温性能好，不积炭、不形成漆状物，有多种牌号，以HQ加数字表示，数字代表100℃时的运动黏度。油中加有添加剂，精制程度较高。主要用于汽油机上各零件的润滑。

（3）柴油机油　与车用机油类似，主要用于柴油机各部分的润滑。

（4）汽缸油　主要用于低速重型机械及饱和蒸汽汽缸的润滑。

（5）过热汽缸油　主要用于过热蒸汽往复式蒸汽汽缸的润滑。

（6）压缩机油　用于卧式鼓风机以及低、中压往复式压缩机的润滑，这种油的精制程度高，黏度大，凝固点高，抗氧化安定性好，没有残炭，并加有抗氧化剂、抗腐剂等添加剂。

（7）汽轮机油　主要用于汽轮机、离心压缩机以及发电机等设备的高速滑动轴承的润滑，加有抗氧化剂及防锈剂，是一种高度精制的优质浅色润滑油。

（8）冷冻机油　有适用于以氨或二氧化碳作冷冻剂的冷冻机，也有适用于以氟里昂（替代品是RB4a）作冷冻剂的冷冻机，HD25品味较低，HD40中加有抗氟剂。选用冷冻机油，首先要考虑凝固点低于冷冻系统的最低温度。

（9）齿轮油　有HL20、HL30、HL50、HL70、HL90、HL120、HL150、HL200及HL250等多种牌号，主要用于各种闭式齿轮传动的润滑。对于开式齿轮，可以使用黑色的残渣油，为了降低其黏度，可用橡胶溶剂油或200号溶剂油稀释后涂用，当溶剂层蒸发后，齿轮上就留下一层油膜。选用润滑油时遵循以下原则：

① 在保证有可靠润滑的条件下，优先选用黏度小的润滑油。

② 高速轻负荷选用黏度较小的润滑油，低速重载则选用黏度较大的润滑油。

③ 冬季选用黏度小、凝固点低的润滑油，夏季则应选用黏度大的润滑油。

2. 润滑脂

半固体的润滑剂称为润滑脂（俗称黄油或干油）。它由矿物油、稠化剂在高温下混合而成。有的还加入添加剂和填充剂，在润滑脂的成分中，稠化剂起着骨架作用，它像海绵一样把润滑油吸满在自己的空隙中，储存起来防油外流；同时，于工作中油就从骨架中析出，起着润滑作用。稠化剂大体上有脂肪酸皂、固化烃以及膨润土三类。其中皂基稠化剂应用较多，又有钠皂、钙皂、铝皂以及复合皂之分。但它们都不耐高温，一般只能在200℃以下使用，烃基稠化剂本身就是润滑材料，性能比较稳定，可以久储不坏，且耐水耐寒；但它们也有熔点低，油性差的缺点；膨润土稠化剂主要能耐高温。添加剂要先加在润滑油中，然后制成润滑脂。直接在润滑脂中加入添加剂是没有什么作用的。添加剂也主要是抗氧剂、抗腐剂、防锈剂以及抗磨剂等。填充剂一般是石墨、炭黑、滑石粉、锌粉、红铅粉等。主要用来赋予润滑脂以某种特殊性能，例如增加承载能力，改变颜色，增加光泽等，用量较大时还能改变脂的稠度。我国目前主要用石墨，以提高高温或重载下的承载能力，应注意加有石墨的润滑脂不能加到高速精密的轴承中使用。

润滑脂的静摩擦系数较大，给设备的开车启动增加一定的困难，但运转起来后，润滑脂的工作情况与普通润滑油基本上是一样的，而且运转和停车时都不会泄漏。

润滑脂的主要质量指标包括：针入度（稠度）、滴点、皂分含量、水分、腐蚀性、离析量、灰分、游离酸、游离碱以及机械杂质等，其中针入度对润滑脂的润滑性能影响最为主要。对高速或管道输送用的润滑脂，还要测定化学安定性，保持能力，蒸发量或漏损量。一般说来，如果润滑脂存放过久，颜色由浅变深，则表示它们已经氧化变质；如果由透明变得不透明，则说明其中含有游离水；如果表面硬化、裂开、内外颜色不均匀，又不断析出基油，则说明稠化剂已变质；以上各种废旧润滑脂不要再放入摩擦面使用。

常用的国产润滑脂有以下几种：

（1）钠基润滑脂　它是动植物油钠皂与矿物油配制而成的能耐较高温度的润滑脂。工作温度可达 110℃，但易溶于水。钠基脂的判别方法是：取一点放在手掌上，然后加入一点水，使它湿润，再用手掌揉搓，如果出现乳化现象即是钠基脂。钠基脂有 ZN-1 和 ZN-2 两种牌号。其针入度分别为 230～270 和 180～220。即对 ZN-1 号钠基脂加热到 25℃时，若放上 150g 标准圆锥，则该锥体沉入润滑脂内 23～27mm。

（2）钙基润滑脂　它是用动植物油钙皂与矿物油配制成的一种中滴点润滑脂。由于骨架材料中就含有 0.4%～1.0%的水作为稳定剂，因此不怕水，但是温度超过 70℃时就会失结晶水而使骨架瓦解，油皂分离，钙基润滑脂有 ZG1～ZG4 四种牌号，适用于中温、中速、轻负荷的轴承润滑，也可用于水泵的填料函中。

在以上钠基脂和钙基脂中有一种半硫态脂，它只含 5%皂分，因此针入度大，在室温下也能缓慢流动，适用于润滑油容易从油箱中泄漏出来的情况，也能用在油浴润滑的齿轮箱中。

（3）铝基润滑脂　它是用脂肪酸铝皂与矿物油配制而成的具有耐水性能的润滑脂。由于黏附能力强，内摩擦阻力大，不会在离心力作用下分离，适用于潮湿地方的开式齿轮、联轴器以及凸轮等处的润滑，使用温度可达 80℃。只有 2U-1 一个牌号。

（4）锂基润滑脂　它是用锂皂与精制矿物油或合成油配制成的具有较大针入度、不怕水的润滑脂，当用低凝点的基油（如合成油）时，最低工作温度可达－50℃，如果用高黏度的基油，则最高使用温度可达 130℃。

（5）钙钠基润滑脂　它是以钙钠皂作稠化剂的润滑脂，兼有钠基脂和钙基脂的优点，即既不怕水，又耐一定的高温。此种润滑脂的基油可以是矿物油（工作温度 80～100℃）、蓖麻油与 6 号合成油（适用于一般电动机的滚动轴承）以及棉籽油或牛油与 11 号汽缸油（用于压延机轴承）。

（6）复合钙基润滑脂　它是用由脂酸钙复合的脂肪酸钙皂和矿物油配制成的，既不怕水又能耐高温（150℃）是稳定性好的润滑脂，也是一种适用于中速的万能型滚动轴承的润滑脂。

（7）石墨润滑脂　它是用石墨作填充剂的润滑脂的统称。由于石墨有良好的抗压能力，因此多用于低速大负荷的摩擦面润滑。

（8）膨润土润滑脂　它是用经过阴离子表面活化处理的膨润土作骨架材料，耐高温，不怕潮湿，热稳定性能好，基油黏度较高，加有抗氧剂，适用于各种轻、中、重负荷下的滚珠轴承的润滑。

（9）二硫化钼润滑脂　加有二硫化钼添加剂的润滑脂称为二硫化钼润滑脂。二硫化钼呈片状，片与片之间吸附力极小，在高速高负荷下不易与摩擦面胶合在一起，而且热稳定性和低温性能也好，在高真空下不蒸发，不但适用于高温，也适用于边界摩擦。二硫化钼的加入量并不大，只有3%左右。另外，二硫化钼可单独制成油膏来使用，减摩性能都是良好的。二硫化钼润滑脂不适用于高速精密轴承的润滑，也不能用于以油泵作动力的循环润滑系统中。

润滑脂的选用基本原则与润滑油的选用类似，即高负荷选用针入度较小的润滑脂，高转速则应用针入度较大的润滑脂等。

最后，在选用国产油代替进口油时，首先应将进口油的黏度值换算成国产油的黏度值，即应将华氏温度下的赛氏黏度换算成摄氏温度下的运动黏度值。然后再按这个换算黏度和其他各项质量指标从国产油标准中选用一种适当的代用油。

## 第六节　转子找平衡

转动设备的转动轴及其上所装零件总称“转子”，由于制造、加工和装配不正确以及转子弹性变形的影响，其旋转轴线与转子质心往往不能重合，因而运转时必然产生离心力和离心力偶，导致振动。振动对传动设备的工作是非常有害的，使连接松动，增加磨损，甚至引起设备和基础的破坏。

通过检测和施加平衡重，使设备转子的质心达到与其旋转中心线的完全重合，就叫做转子找平衡。

转子找平衡包括找静平衡与找动平衡。

### 一、转子找静平衡

当转子的长径比小于0.2时，不论转速多高，都只需找静平衡。所谓静平衡，就是转子在静止状态下，不存在不平衡的力和力偶，这种转子运转时，转子各部分离心力相互平衡，但可能存在离心力偶，由于转子长径比很小，离心力偶的作用可忽略不计。例如离心泵的叶轮、齿轮、涡轮、皮带轮等都需要做静平衡的操作。

转子找静平衡一般在平行导轨式平衡台上进行，如图7-57所示。找静平衡的方法如下。

① 通过试验判断转子上质心所在的方位，用手分别推动转子向正反两个方向转动，待停下时画垂线 $Ob$ 或 $Oc$，显然转子的质心（或不平衡重）必在 $Ob$ 和 $Oc$ 所包含的面积范围内，取其角∠ $bOc$ 的平分线 $Od$。此 $Od$ 可作为该转子质心所在的方位，如图7-57（b）所示。

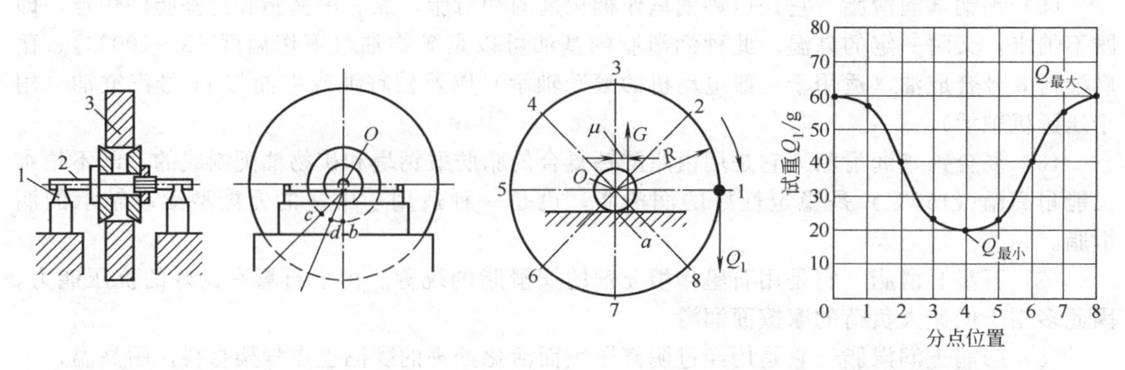


图7-57　平行导轨式平衡台

1—平行导轨；2—万能心轴；3—转子

图7-58　周移法检测记录图

如果这样试验找不出质心（即不平衡重）所在的方位，而静平衡要求又较高，可采用八点试重周移法（简称周移法）进行试验。即先在转子上取八个等角度测点，然后依次在每一测点上装试重（$Q_1$～$Q_8$），并调整其大小使转子均能在转过同一角度（10°左右）时停下来，接着绘制试重曲线，如图 7-58 所示。显然，转子在图示情况下，其质心或平衡重量必然在试重最小的那个方位上（即 $Q_4$ 向上）。

② 通过试验和计算，确定不平衡重的大小及其位置，将转子不平衡重所在的方位线转至左边水平位置上，并于右端点处安装试重 $Q_1$，使转子顺向转过大约 10°的角度停下来，然后再把转子的不平衡重所在的方位线转至右边水平位置上，并于左端点处安装试重 $Q_2$，也使转子顺时针转过大约 10°停下来，如图 7-59 所示。

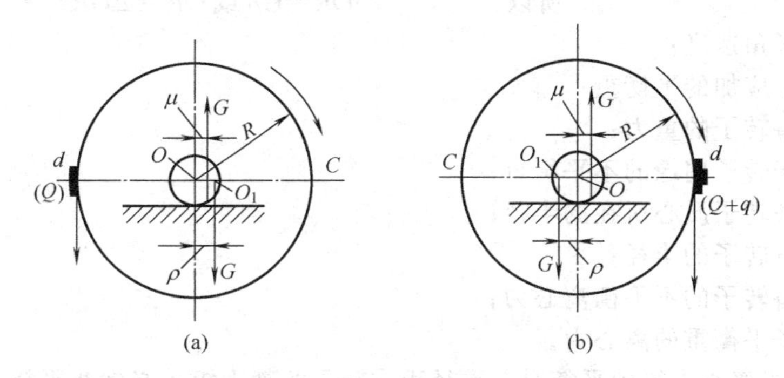


图 7-59　确定平衡重施加位置

显然，第一次转动转子的力矩 $M_1$ 为

$$M_1 = Q_1 R - G\rho - G\mu$$

第二次转动转子的力矩 $M_2$ 为

$$M_2 = G\rho - Q_2 R - G\mu$$

由于两次转动的角度相同，所以转动力也应该相同，即 $M_1 = M_2$

所以
$$Q_1 R - Ge - G\mu = G\rho - Q_2 R - G\mu$$

将上式整理和移项后，可得下式

$$G\rho = \frac{Q_1 + Q_2}{2} R$$

以上各式内的 $\mu$ 为滚动摩擦系数；$\rho$ 为不平衡重所处的半径，$G$ 为转子的质量，$G\rho$ 称为转子的不平衡重径积。假定该转子质心正好在转动中心上，而转子周缘处却有另一个不平衡重 $\Delta G$（如图 7-60 所示），且数值上为 $\Delta GR = G\rho$，显然，它们的离心力是相等的，故两种情况的静不平衡矩相同，可以理解为若存在静不平衡时，也可看作在转子周缘上有一个不平衡重 $\Delta G$，其值为

$$\Delta G = \frac{G\rho}{R} \text{或} \Delta G = \frac{Q_1 + Q_2}{2} R$$

当采用周移法确定不平衡重所在的方位时，可得

$$G\rho = \frac{Q_{max} - Q_{min}}{2} R$$

或
$$\Delta G = \frac{Q_{max} - Q_{min}}{2}$$

③ 确定应加平衡重的大小和位置：转子静平衡的基本方法，是在与不平衡重相反的某

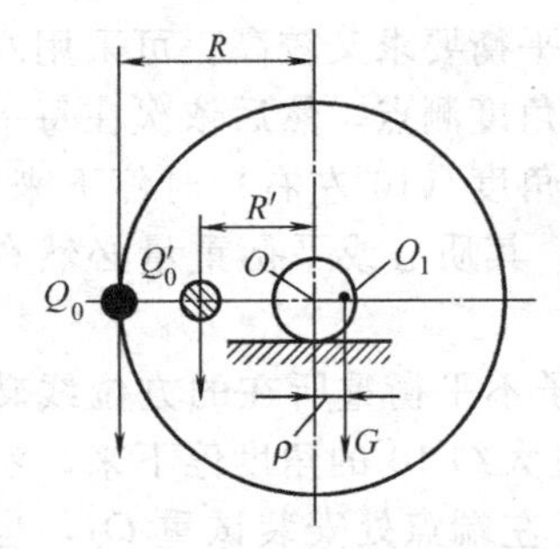

图 7-60 当量平衡重施加位置

一位置安装一个平衡重量（或在不平衡重的同一方位上钻去一个相应的重量以求得质心移到转动轴线上），并使平衡重产生的离心力与不平衡重的离心力相互平衡，如图 7-60 所示。

由图得

$$P'=P$$

又 $$P'=\frac{Q}{g}\omega^2R=\frac{Q}{g}\omega^2\rho$$

或 $$P=\frac{\Delta G}{g}\omega^2R$$

所以 $$OR=G\rho \text{ 或 } OR=\Delta GR$$

式中 $\omega$——转子角速度；

$Q$——转子应加的平衡重；

$G$——设备转子的重力；

$\Delta G$——位于转子周缘的不平衡重；

$\rho$——设备转子质心所在的半径；

$R$——设备转子的半径；

$P$——设备转子的不平衡离心力；

$P'$——转子平衡重的离心力。

上式说明，当离心力得到平衡时，重径积或转子的静力矩也必然相平衡，也就是达到了静平衡的要求。

从上式可得到应加平衡重的计算公式如下

$$Q=\frac{G\rho}{g}=\frac{Q_1+Q_2}{2}$$

或

$$Q=\Delta G=\frac{Q_1+Q_2}{2}$$

当平衡重应设在距转子轴线为 $R_0$ 的部位时，平衡重 $Q_0$ 的大小应按下述公式求得

$$Q_0=\frac{QR}{R_0}$$

对于采用周移法的静平衡试验方法，平衡重 $Q$ 应根据下式计算

$$Q=\frac{Q_{max}-Q_{min}}{2}$$

④ 安装平衡重，并复查转子静平衡的精度。安装平衡重时，可以通过焊接、铆接或螺钉将平衡重固定到转子的选定位置上，当利用去重平衡法时，钻孔的直径及深度应按平衡重的大小计算确定，同时不得在配合表面上钻孔。

转子经过静平衡后，还应按上述试验方法测出剩余重径积 $G\rho$，并据此算出剩余偏心距 $\rho$。然后将 $\rho$ 与许用偏心距 $\rho_0$ 相比较，如果 $\rho \leqslant \rho_0$ 就表示该转子的静平衡精度已达到要求。

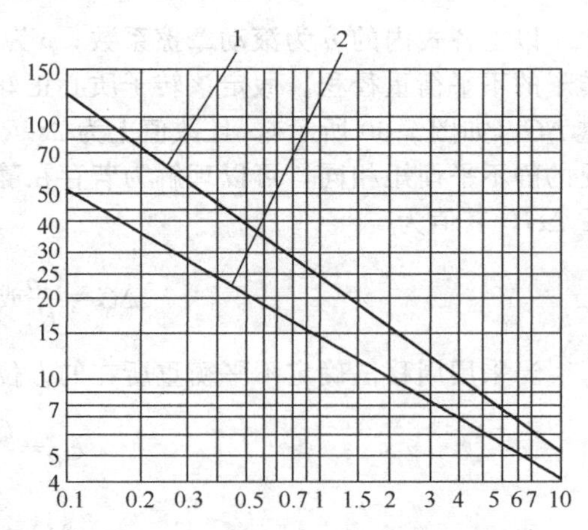

图 7-61 静平衡许用重心偏移量

转子许用偏心距可查图 7-61。图中直线 1 适用于粗糙设备上的转子，直线 2 适用于精密设备上的转子。例如，以 400r/min 转动的粗糙设备的转子只需要静平衡到 $\rho \leqslant 43\mu m$，而以 2000r/

min 转动的精密设备转子就需要静平衡到 $\rho \leqslant 10\mu m$，才算合格。

另外，静平衡精度也可直接以剩余重径积的大小来评定，当剩余重径积小于许用重径积时，即认为静平衡合格。许用重径积［$M$］可按以下公式计算

$$[M]=0.1G\rho_0$$

式中 $G$——转子的质量，kg；

$\rho_0$——转子的重心许用偏心距，μm。

## 二、转子找动平衡

转子在运转状态下，出现不平衡的离心力偶，或既有离心力偶的作用，又有离心力的存在，即称为转子动不平衡。找动平衡的工作，就是通过检测和施加平衡重的方法，使转子上不平衡的离心力偶（或离心力偶与离心力）得到完全合格的平衡。

转子找动平衡的试验，显然要使转子处在运转状态下来进行（否则无法测出不平衡离心力偶的大小和方位）。根据试验转速的高低不同，找动平衡分为低速找动平衡和高速找动平衡两种方法。

1. 低速找动平衡

低速找动平衡是在 150～300r/min 的动平衡机或动平衡台上进行的。平衡台的基本作用是使转子发生共振，扩大振幅，以便于检测，以下介绍试重 8 点周移法。

此法是用沿转子圆周上 8 个等分点依次试加重量的方法测出转子上不平衡重的大小和方位。具体步骤是，先不加试重测得原始振幅 $a$，选择试重大小，试重 $W$（单位为 g）可按以下公式选取

$$W=(400\sim1200)a/R$$

式中 $R$——试重的安装半径，mm；

$a$——原始振幅，0.01mm。

然后将试重装到等分点 8 上，启动平衡机，当达到某个转速而发生共振现象时停下，测得共振振幅 $a_8$，再依次测振幅 $a_1 \sim a_7$ 并绘制振幅曲线，如图 7-62 所示。

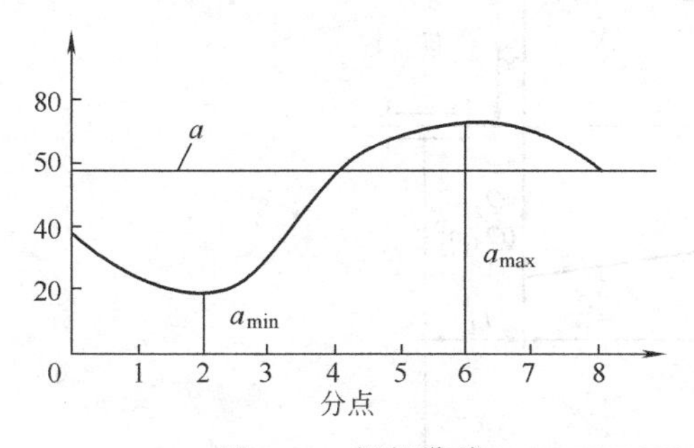


图 7-62 振幅曲线

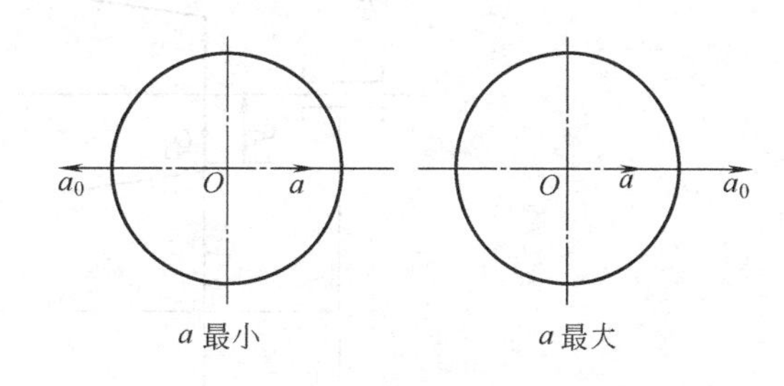


图 7-63 共振振幅与试重振幅的关系

下面便按振幅曲线判断不平衡重所在的方位，显然该转子的不平衡重在等分点 6 的半径上，即平衡重应加在振幅最小的等分点 2 的半径方向上。

最后，计算应加平衡重的质量：

当 $Q>W$ 时，$Q=\dfrac{a_{max}+a_{min}}{a_{max}-a_{min}}W$；

当 $Q<W$ 时，$Q=\dfrac{a_{max}-a_{min}}{a_{max}+a_{min}}W$。

至于究竟是 $Q>W$，还是 $Q<W$，可通过试验来确定，即把重物 $Q$ 试加到转子上观察共振振幅的变化来分析。如果最大振幅变小或消失了，则说明所取重物是正确的，平衡重便可

按此加重物制作与安装。

首先根据共振振幅与不平衡重成正比的规律可得如下公式

$$\frac{Q}{W}=\frac{a}{a_0}$$

式中　$a_0$——试重引起的振幅。

由图 7-63 可知：

当 $a>a_0$ 时，（即 $Q>W$）

$$a_{\max}=a+a_0$$

$$a_{\min}=a-a_0$$

所以
$$a=\frac{a_{\max}+a_{\min}}{2}$$

$$a=\frac{a_{\max}-a_{\min}}{2}$$

故
$$Q=\frac{a_{\max}+a_{\min}}{a_{\max}-a_{\min}}W$$

当 $a<a_0$ 时（即 $Q<W$）

$$a_{\max}=a-a_0$$

$$a_{\min}=a+a_0$$

所以
$$Q=\frac{a_{\max}-a_{\min}}{a_{\max}+a_{\min}}W$$

应特别注意，转子进行低速动平衡时，要先松开和检测振动大的一侧轴承，然后再松开和检测另一侧的轴承。同时，第二侧的平衡方法与第一侧略有不同，即确定出平衡重大小后，还要将该平衡重 $Q_2$ 分解为 $Q_{21}$ 和 $Q_{22}$；$Q_{22}$ 固定到第一侧（左侧）并与 $Q_2$ 方位差为 180°的半径线上，其目的是为了避免破坏已经平衡好的第一侧，如图 7-64 所示。

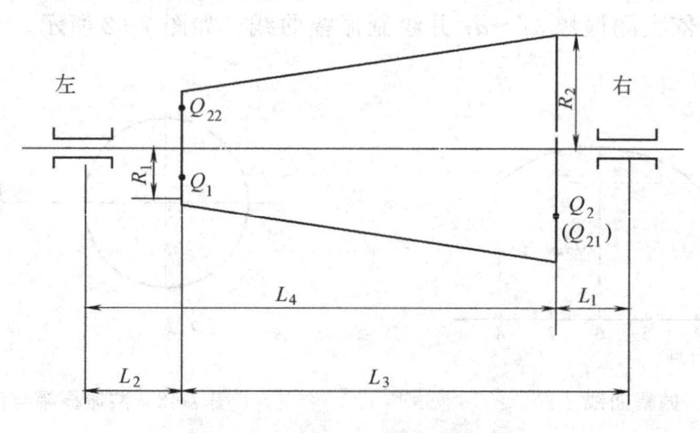


图 7-64　$Q_2$ 的分解方位示意图

然后，先考虑 $Q_{21}$ 和 $Q_{22}$ 能替代 $Q_2$ 对左侧轴承的作用

$$Q_{21}L_4R_2-Q_{22}L_2R_1=Q_2L_4R_2$$

再考虑 $Q_{21}$ 和 $Q_{22}$ 不应破坏第二侧已经取得的平衡

$$Q_{21}L_1R_2-Q_{22}L_3R_1=0$$

解以上联立方程式，可得

$$Q_{21}=\frac{L_3L_4}{L_3L_4-L_1L_2}Q_2$$

$$Q_{22}=\frac{L_3L_4R_2}{(L_3L_4-L_1L_2)R_1}Q_2$$

式中 $L_1$、$L_2$、$L_3$、$L_4$——转子各段的尺寸；

$R_1$、$R_2$——转子两侧平衡重所在的半径。

低速动平衡后还不能达到完全的平衡。实践证明，对于大中型转子只要剩余不平衡重新产生的离心力不大于转子在该轴承上重量的5%是可以正确工作的，这时转子以工作转速运转时的轴承振动不超过0.005～0.01mm。

剩余不平衡重的离心力可按下式计算

$$P_{余}=10RSa_{余}\left(\frac{n}{3000}\right)^2$$

式中 $S$——平衡台的灵敏度；

$n$——转子的转速，r/min；

$a_{余}$——转子剩余共振振幅，μm。

在实际工程中，也可以转子的许用重径积来控制平衡的精度。转子许用重径积和剩余直径分别按下式计算

$$许用重径积=G\rho$$

式中 $\rho$——许用偏移量，查表7-9。

**表7-9 动平衡的重心许用偏移量**

| 转子的工作转速/(r/min) | 许用偏移量/μm | 转子的工作转速/(r/min) | 许用偏移量/μm |
|---|---|---|---|
| ≤1500 | 8 | ≤8000 | 2 |
| ≤2000 | 5 | ≤10000 | 1.5 |
| ≤5500 | 3 | >10000 | 1 |

$$剩余重径积=G\rho_{余}$$

式中 $G$——转子质量；

$\rho_{余}$——设备重心的剩余偏移量。

显然，转子的剩余重径积可由离心力算出。

转子动平衡，还可由许用振幅来控制其精度，许用振幅可查表7-10。

**表7-10 旋转机器的许用（剩余）振幅**

| 转速/(r/min) | | 振幅/mm | | | 转速/(r/min) | | 振幅/mm | | |
|---|---|---|---|---|---|---|---|---|---|
| | | 优 | 良 | 劣 | | | 优 | 良 | 劣 |
| 一类机器 | <750 | 0.04 | 0.08 | 0.20 | 二类机器 | <750 | 0.07 | 0.15 | 0.30 |
| | 750～1500 | 0.03 | 0.06 | 0.15 | | 750～1500 | 0.05 | 0.10 | 0.20 |
| | 750～1500 | 0.02 | 0.04 | 0.10 | | 750～1500 | 0.03 | 0.07 | 0.15 |
| | >3000 | 0.01 | 0.03 | 0.06 | | >3000 | 0.02 | 0.05 | 0.10 |

注：一类机器指汽轮机、发电机、离心式压缩机等；二类机器指引风机、通风机、小型电动机等。

2. 高速找动平衡

对已安装就位的传动设备转子，可用闪光测相法或画线测相法，以转子工作转速来找动平衡。

测相法的基本前提是：轴承或轴颈的振幅与不平衡的离心力成正比以及转速不变时，轴承或轴振动方向与不平衡的离心力之间的相位差保持不变（由于转子“惰性”，轴承或轴的振幅总是要滞后于产生该振动的不平衡离心力，即具有一定的滞后角）。其方法步骤如下。

① 第一次启动转子，在达到工作转速的30%时，开始测量各轴承振动的振幅。若在升

速过程中，任何一个轴承振动的振幅有超过 0.25mm 趋向时，应立即停止升速，保护设备的安全。

② 试加重量后启动：试重 $W=1.5\dfrac{Ga_0}{R}$（单位为 g），$G$ 为转子重（kg）；$a_0$ 为初振幅（0.01mm）；$R$ 为转子半径（mm）；此时转子的振幅与相位均发生变化，并加以检测与记录，在加试重升速过程中，更要注意监视轴承的振动，特别是通过临界转速（产生共振的转速）时的振动。

③ 将测得的振幅、相位按照一定比例作出矢量图进行分析和计算，得出应加的平衡重大小和位置。

例如（见图 7-65），若测得的最大初振幅发生在 $A$ 点（即未加试重前），加试重后的最大振幅发生在 $B$ 点，并测得了初振幅 $Oa$ 和加试重后振幅 $Ob$，则可以下述作图方法求解：按比例画出矢量 $Oa$ 及 $Ob$，连接端点 $a$、$b$ 得矢量 $ab$，该矢量就是仅由试重所产生的振幅，然后将 $ab$ 方位线平移到 $O$ 点上得到 $OD$ 线，此 $OD$ 与 $OC$（$C$ 点是安装试重 $W$ 的位置）的夹角 $\alpha$ 就是该转子的振幅滞后角，根据这个角的大小作出方向线 $OE$，显然转子不平衡就在该方向线上，平衡重即应加在 $OE$ 相反方向 $OF$ 线上。平衡重的大小按下式计算

$$Q=\frac{Oa}{ab}W$$

$OF$ 可直接按 $\phi=\angle Oab$ 在图上画出来（$\phi=\angle Oab$ 可由几何关系证明）。

也可以不检测振幅的数值，只用测相法确定最大振动点的位置，来分析和计算平衡重的大小和位置，此时必须以正反两个方向来进行平衡试验。例如顺向旋转试验时最大振动点为 $A$，逆向旋转试验时，最大振动点为 $B$（见图 7-66），则不平衡重在 $\angle AOB$ 的平分线 $OC$ 上，而平衡重应加在 $\angle AOB$ 的另一个平分线 $OD$ 上，平衡重 $Q$（单位为 g）可按以下经验公式计算

$$Q=K\frac{a_0G}{Rn^2}$$

式中　$K$——系数，在 1～3 之间选取，转子越重，系数越小。

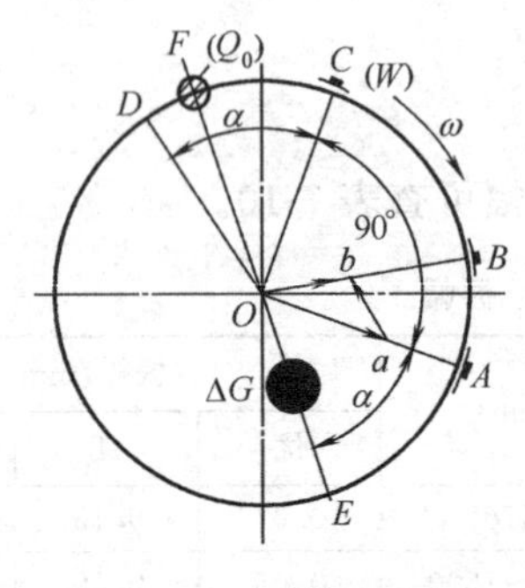

图 7-65　单转向法

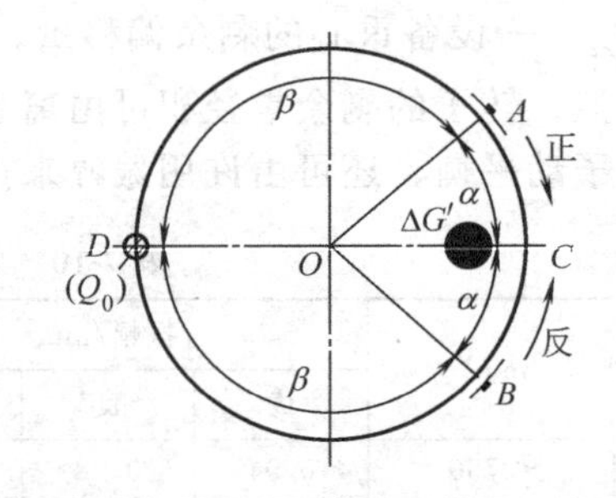

图 7-66　双转向法

以上就是直接在机座上进行高速动平衡的单转向法与双转向法。

闪光测相求出振动点的原理是：先在轴端面任意处画一径向白线，如图 7-67 所示，同时在垂直方向测量振动。当转子上最大振动点通过拾振器的触点，便由拾振器将振动的最大机械量转化为较强的电信号，再经闪光测振仪产生一个能使闪光灯闪光的电脉冲，于是静置的闪光灯便照见转子上白线的位置角度 $a_0$（从机座上的临时刻度盘读出）。因为闪光频率与转子的振动频率（即转速）是一致的，所以每当白线转到同一位置角度 $a_0$ 上时，闪光灯均闪光一次，又由于转子的转速高，就使检测者看到闪光灯总是亮着的，并且照着白线在不变的位置角度 $a_0$ 上。

有了位置角度 $a_0$ 后，就可以在转子端面上按 $90°-a_0$ 的大小画出最大振动点 $A$ 的位置，亦即测出了振幅的相位。

画线测相法的原理是：在轴承座附近固定一线架，让画针靠近转子表面，然后松开该侧轴承，启动转子，由于振动，画针便画出数条平行的标线，振幅越大，标线越短。停车后，找出这些标线中心点的平均中心，即示出该轴的最大偏差方向，亦称轴的最大偏移点，用 $A$ 表示，如图 7-68 所示。

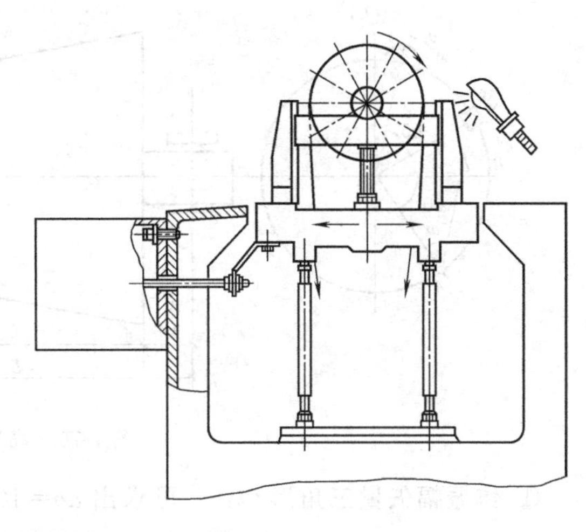

图 7-67 闪光测相法

如果测相法求振动点不方便，还可以采用不需知道振动点，单需三次试加重量的求作平衡重方位的方法。具体步骤是：先后在转子上相隔 120°的 1、2、3 三点［见图 7-69（a)］，装试重进行振幅的测定，然后以所测到的三个振幅值（$OA$、$OB$、$OC$）作三个同心圆，并在同心圆上作等边三角形 $ABC$，使 $A$、

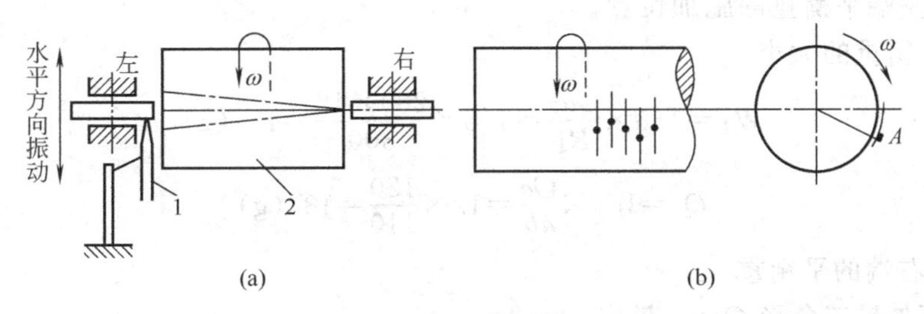


图 7-68 画线测相法

1—画线针；2—转子

$B$、$C$ 三点各位于一个圆上［见图 7-69（b)］。接着，再求作△$ABC$ 三条中线交点 $S$，连接 $SA$、$SB$、$SC$ 和∠$SOA$，该角就是平衡重的安装角；最后，过转子上 1 点至反向 1′点，取∠$OSA$ 的大小，画出 $OH$ 线，$H$ 点就是平衡重应该施加的位置。

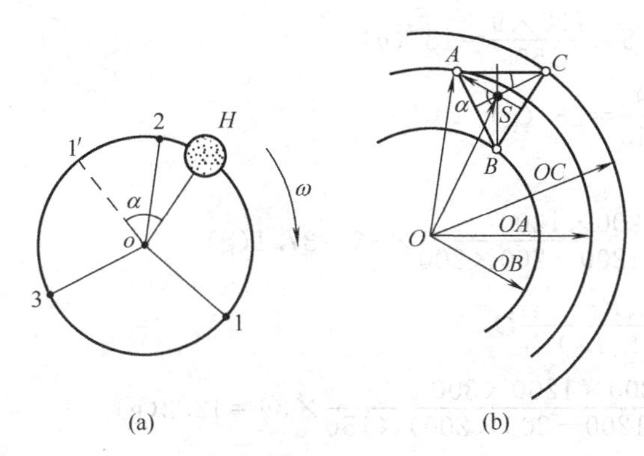


图 7-69 三点法

平衡重的大小可由以上的关系线求得

$$Q=\frac{OS}{SA}$$

式中 $Q$——试重；

$OS$——转子初振幅；

$SA$——试重引起的振幅。

整个转子高速动平衡的试验与平衡重计算步骤与低速动平衡时相同。

**例**：今有一高速动平衡转子，左右两端线试验测得的振动点位置如图 7-70 所示，其初始振幅的大小分别为 120μm（左端）和 90μm（右端），加试重 $W$ 后所测得的振幅分别为 100μm 和 80μm 。试计算该转子左右两端的平衡重位置与大小（转子重 200kg）。

**解**：(1) 计算左端的平衡重（因左端初始振幅较大）

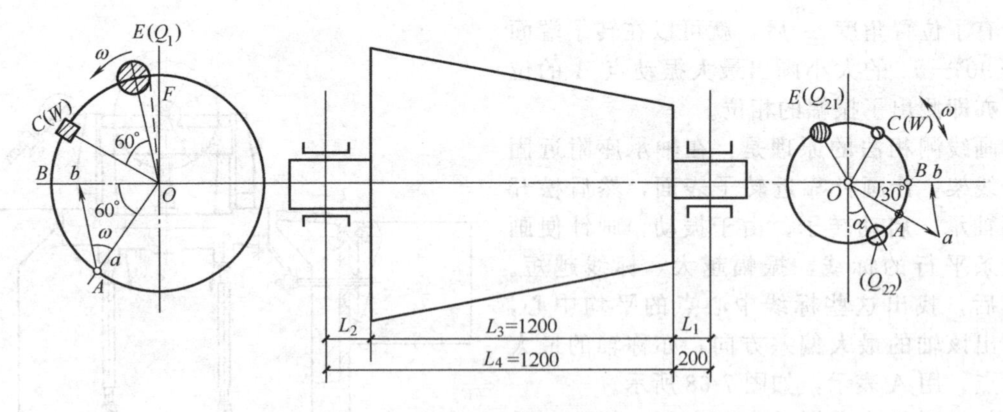


图 7-70　高速找动平衡

① 作振幅矢量三角形 $Oab$，可求出 $ab=100\mu\text{m}$，也可用余弦公式计算

$$ab=\sqrt{Oa^2+Ob^2-2\times Oa\times Ob\times\cos60^\circ}=110\mu\text{m}$$

② 求作平衡重的施加位置

过 $O$ 点作 $OE$，$OE$ 与 $OC$ 的夹角等于 $\angle Oab$，该角度也可以利用上述的方法计算求得。$E$ 点就是转子左端平衡重的施加位置。

③ 计算平衡重的大小

$$W_1=1.5\times\frac{Ga_0}{R_1}=1.5\times\frac{200\times12}{300}=12\text{（g）}$$

$$Q_1=W_1\times\frac{Oa}{ab}=12\times\frac{120}{110}=13\text{（g）}$$

（2）计算右端的平衡重

① 作振幅矢量三角形 $Oab$，量出 $ab=45\mu\text{m}$。

② 求作平衡重的施加位置：过 $O$ 点作 $OE$，使得 $OE$ 与 $OC$ 的夹角等于 $\angle Oab$，$E$ 点即是平衡重的施加位置。

③ 计算平衡重的大小

$$W_2=1.5\times\frac{Ga_0}{R_2}=1.5\times\frac{200\times9}{150}=18\text{（g）}$$

$$Q_2=18\times\frac{90}{45}=36\text{（g）}$$

④ 分解 $Q_2$

$$Q_{21}=\frac{L_3L_4}{L_3L_4-L_1L_2}Q_2=\frac{1200\times1200}{1200\times1200-200\times200}\times36=37.1\text{(g)}$$

$$Q_{22}=\frac{L_3L_4R_2}{(L_3L_4-L_1L_2)R_1}Q_2$$

$$=\frac{200\times1200\times300}{(1200\times1200-200\times200)\times150}\times36=12.2\text{(g)}$$

将 $Q_{21}$ 置于转子右端 $E$ 点上。

（3）求转子左端的总平衡量

① 作矢量 $Om$ 与 $On$ 分别代表 $Q_{21}$ 与 $Q_{22}$。

② 以 $Om$ 与 $On$ 作平行四边形 $Omfn$，连接 $Of$，量取 $Of$ 的大小，并从图 7-71 中得到 $Of=5.6\text{g}$，此即转子左端应加的平衡重大小 $Q'$。

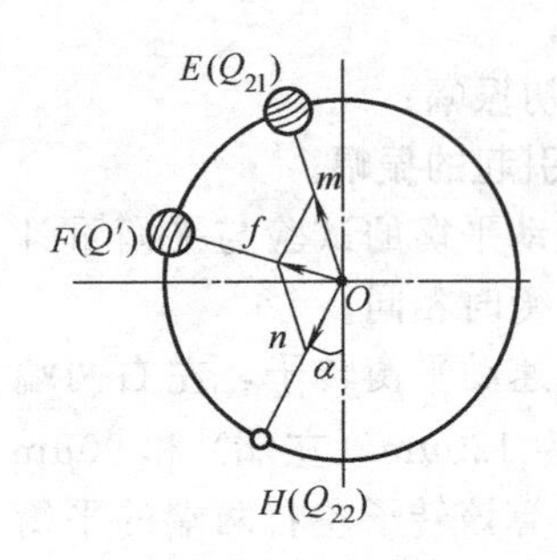


图7-71　转子左端的总平衡重位置示意图

## 复习思考题

1. 设备或零部件的拆卸有几种方法？应注意哪些事项？
2. 设备清洗的目的和要求是什么？清洗的方向和步骤有哪些？如何清洗油孔和滚动轴承？
3. 金属的各种锈蚀如何清除？
4. 什么是脱脂？为什么要脱脂？有哪些脱脂的方法？
5. 零部件装配的一般原则和要求是什么？装配工作的基本步骤有哪些？
6. 螺栓连接应如何装配？怎样防松？
7. 键与销连接应如何装配？
8. 滑动轴承的装配基本原则是什么？
9. 整体式滑动轴承如何装配？
10. 对开式滑动轴承应如何装配？怎样检测与调整配合间隙与接触精度？
11. 滚动轴承如何安装？怎样调整其间隙？
12. 齿轮传动如何装配？怎样检测与调整齿侧间隙与接触斑点？
13. 皮带传动与链条传动的安装原则是什么？怎样检测与调整其张紧程度？
14. 联轴器的装配原则是什么？怎样进行装配？
15. 密封元件有哪些种类？密封原理是什么？怎样进行装配？
16. 机器转子为什么要进行平衡？平衡的步骤是什么？
17. 转子静平衡的目的是什么？怎样进行转子的静平衡？
18. 转子动平衡的目的是什么？低速动平衡与高速动平衡有什么区别？
19. 转子静平衡与动平衡的精度如何确定？
20. 动平衡试验中，怎样测定转子的最大振动点？

## 计　算　题

1. 设已知转子经两次静平衡试验得到的试重分别为 20g 和 40g。不平衡重的方位为 $Om$ 线，试确定该转子平衡重的施加位置和大小（图 7-72）。

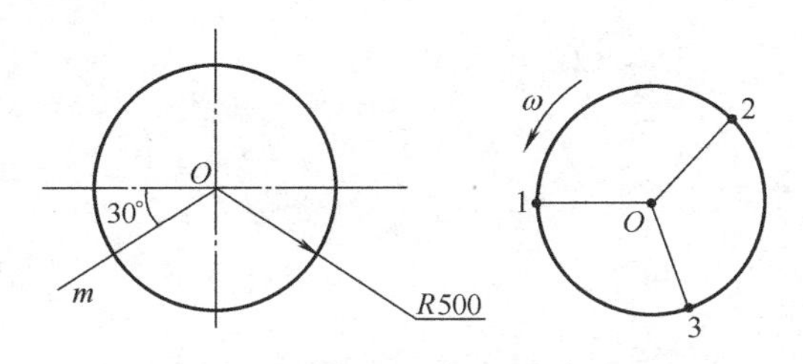


图 7-72　静平衡重施加位置示意图

2. 设转子两端经单转向试验得到的最大振幅点如图 7-73 所示，若该转子两端初振幅分别为 240μm 与 160μm，加试重后的振幅分别为 200μm 和 100μm，试计算该转子两端平衡重的大小并确定其施加位置。

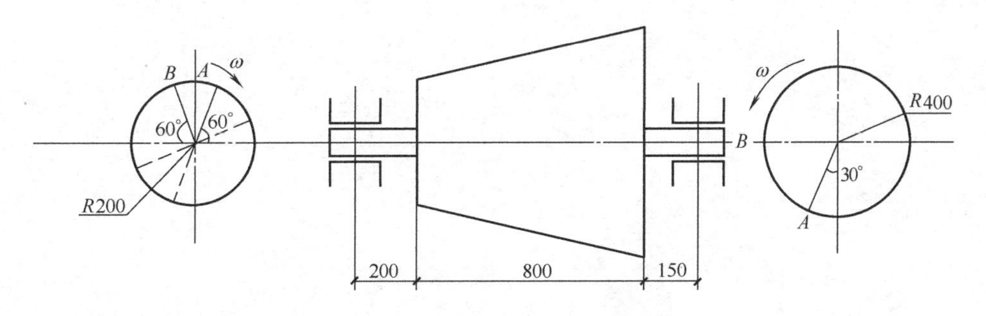


图 7-73　动平衡重施加位置示意图

3. 设用三点法测得的振幅分别为 60$\mu$m，300$\mu$m 和 400$\mu$m，试确定该转子不平衡重所在方位和初振幅的大小（图 7-74）。

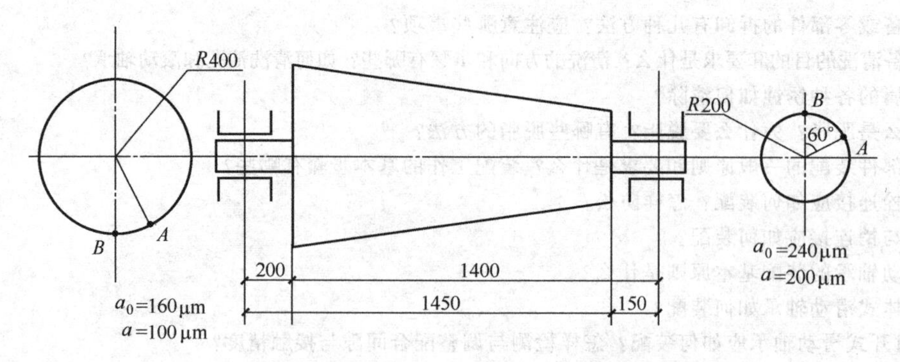


图 7-74　三点法找动平衡方法示意图

# 第八章 设备试车

每台设备（或装置）安装完毕后，都应进行试运转（又叫试车）。它是使整台设备全面地、全速地开动和运行，检测设备是否已达到应有的技术性能。只有试车合格，才能顺利进行交工。

## 第一节 设备试运转

设备试运转是将已安装好而尚未开动的设备，由静止状态运转和工作起来，以便综合考察安装施工的质量和设备在设计、制造上存在的各种问题，从而在经过进一步调整后，保证设备能够按照设计的要求正常运转和投入生产。

应当指出，设备试运转中所发生的问题常常是复杂的、多方面的，对设备来说，由未开动到全速运转是一个重大的转变，如果设备中有故障，安装调整有错误或操作不正确，都可能使设备受到损坏。因此，设备试运转是一项复杂细致而重要的工作，必须认真对待。

### 一、设备试运转的方法步骤

设备试运转一般是分阶段进行的。化工生产和装置的试运转的四个阶段如下。

① 单机调整试运转：主要是安装人员检查安装施工的质量，做好必要的调整工作，这种试运转是不带负荷的。

② 单机工作试运转：这是在生产单位人员的参加下，使设备按所定的工作条件进行单机交工的试运转，进行时负荷多少、试运转多长时间等都有专门的规程规定。

③ 联机无负荷试运转：主要是检查生产装置的各个部分（设备、机器和管路等）能否协调地工作，为联动负荷试车投产做好准备。

④ 联动负荷试运转：这是检查全套生产装置能否正常运转和生产，以进行最后竣工验收。

非连续生产的独立设备没有联动试运转阶段，只有单机的无负荷和负荷试运转。

设备试运转可按以下步骤进行。

(1) 拟定设备试运转方案和安全操作规程　小型设备的试运转工作比较简单，只有根据设备说明书或按有关规定进行。但是，对大型设备、复杂设备和成套化工装置的试运转工作，就要认真制定和审查试运转方案，确定各个试运转岗位的任务，编制每台设备的安全操作规程以及提出各项技术质量指标。要求所有参加试运转的安装人员、操作人员和技术人员分工明确，各负其责，坚守岗位，有条不紊地进行试运转工作。

试运转方案包括下列有关内容：

① 试运转机构和人员组织；

② 现场管理制度；

③ 试运转程序、进度和应达到的要求；

④ 需要复查的安装工序或其检验记录；

⑤ 操作规程，安全措施和注意事项；

⑥ 指挥和联系信号；

⑦ 记录表格式样；

⑧ 检查、调整和修复的方法；

⑨ 试运转设备、仪表和器材的选用；

⑩ 其他应规定事项（例如环境条件，与其他部门、设备之间的联系等）。

（2）进行试运转前的各项检查

① 检查各道安装工序，包括装配、精平、清洗、试压等是否已全部完毕和检验合格以及二次灌浆部分是否已达到规定的设计强度。

② 检查试运转时所需用的工具、材料（特别是润滑剂），安全防腐措施和防腐用品是否准备齐全，水、电、照明、压缩空气、蒸汽等是否保证可靠供应。

③ 检查设备各部分的零配件是否完整无缺；螺栓、销钉和机身附件是否拧紧和固定。

④ 检查设备上是否放有无关的构件或杂物，设备附近或周围环境是否清扫干净。

⑤ 检查设备的电气部分是否已由有关部门安装调试完毕。

（3）完成试运转初期应做的各项操作

① 用人力缓慢盘动运动部分几圈，确信没有阻碍和运动方向错误等反常现象后停止这项手动盘车的操作。某些大型设备上带有机械盘车装置，使用时应缓慢和谨慎地进行操作。

② 采用随开随停的办法（又称点动）启动设备的运动机件，观察各部分动作，认为正确无误后才能正式启动，并由低速逐级增加至高速。此时应注意不要启动太频繁，防止电动机过热出故障。

③ 主机试开动前，应进行润滑和液压系统的调试，所用润滑剂和液压油的规格应符合设备说明书的规定，不能乱用。

润滑系统的调整：加入润滑油时应通过每 10mm 40～80 孔的滤网，加入润滑脂应防止混入空气，油或油脂都应加至油标指示位置；启动油泵时调整溢流阀使油压升到规定值，要注意油泵运转是否无噪声，油压是否稳定，油量是否充足，气温如果低于 10℃，高黏度润滑油最好预热使用。油泵开动后，要立即进行整个系统的放气和排污，检查每个润滑点是否都有洁净和充足的油流出。

油压系统的调试：油泵初次启动前，应将溢流阀调至最低压力，油泵运转正常后，再调节溢流阀使油压逐步升高至正常工作压力；要充分排出液压系统内的空气，其方法是开动油泵，多次开闭放气阀，并使油泵工作缸以最大行程多次往复运动，液压系统的全面调试，应跟设备的试运转一起进行，另外检查安全连锁装置和调速、换向等各种操纵装置是否灵动可靠，管路系统是否有剧烈振动和噪声。

（4）开车试运转、检查各项运动指标

① 运转噪声：运动正常的声音，应该是均匀、平稳、有轻微的呼呼声。如果有毛病，就会发出刺耳的噪声，如齿轮的噪声是清脆的敲击声、嘶哑的摩擦声以及金属碰击的铿锵声。听声音的方法一般是用听音棒，也可用螺钉起子代替，将其尖端放在所要听的部位，耳朵贴在后端，金属的传音速度比空气快许多倍。如噪声不太明显，可继续仔细倾听，查明部位后再停车检查，并消除发音的原因。如发出铿锵的金属声，表示问题比较严重，应立即停车，查明原因，清除故障。

② 各部位温度（或温升）：需要测量和监视的一般是轴承、汽缸、滑道、润滑油、冷却水以及出口介质或物料等的温度。设备说明书和有关技术规范都对各部位温度要求作出规定。测量温度的方法是各种温度计，如水银温度计（带有金属套管）、热电偶温度计以及热电阻温度计等。一般温度规定为，主轴滚动轴承不得超过 70℃，滑动轴承不得超过 60℃，其他部分不应高于 50℃。

③ 轴或轴承振动值：对于高转速传动设备要进行轴或轴承振动的测量。一般的传动设备，例如离心鼓风机，当转子转速为 3000r/min、6500r/min、10000r/min 以及 16000r/min

以内时，轴承的允许振动值（双振幅）分别为 50$\mu$m、40$\mu$m、30$\mu$m 和 20$\mu$m，并且规定在轴上测量时，其允许值可取上述数值的 2 倍。

④ 设备密封部位的泄漏量：检查有无跑冒滴漏现象，并测量或判断设备密封部位的泄漏是否在允许范围内。

⑤ 设备出口压力、流量：可用压力表、流量表分别测量设备出口处物料或介质的压力和流量，并与规定值比较，在测试该项指标时一般要作反复的调整。

试运转中除了上述各项运转指标的测试和调整外，还应检查以下各方面：

① 各个操纵机构是否灵活可靠，动作是否符合要求；

② 各种安全保险装置是否能正常工作；

③ 润滑系统、液压系统、冷却系统、附属管道系统等是否正常通畅，是否泄漏，有无剧烈振动；

④ 设备地脚螺栓是否松动；机身振动如何，有无移位；

⑤ 皮带是否打滑，有没有跑偏；

⑥ 链条是否卡住，与链轮的啮合是否正常；

⑦ 轴的轴向窜动怎样，运转是否正常；

⑧ 往复运动部件是否平稳运动，有无走偏现象；

⑨ 联轴器的运转是否正常，抖动是否严重，是否过于发热；

⑩ 各连接部位是否松动脱开，销钉等是否掉落等。

(5) 结合试运转，进行以下各项的反复试验，使之符合要求

① 操纵开关和连锁装置正确动作的试验，要求能起到固定的作用，其标志牌所示应与实际情况相符。

② 制动装置和限位装置准确动作的试验，要求起到规定的作用，且在制动或限位时不发生过分的抖动。

③ 调速器和安全带的弹簧紧力的试验，要求能在规定范围内可靠灵敏和正确地工作。

④ 密封装置松紧程度的试验，要求不泄漏，不发高热。

⑤ 泵、压缩机等传动设备工作点的调节试验，要求在设计工作点上稳定运转，以更好地发挥设备的生产效能。

(6) 停止试运转，并做好下列结束工作

① 切断电源和其他动力来源。

② 除去压力和负荷（包括放水、放气等）。

③ 检查和复紧需要紧固的部件。

④ 装好试前予留未装的部件以及试运转中拆下的部件和附属装置。

⑤ 清理现场。

⑥ 整理试运转的各项记录。

(7) 办理工作验收手续

设备安装工程的验收，一般是由设备使用单位（甲方）向施工单位（乙方）验收，并应在工程竣工后尽快办理验收的手续。

工程验收时，施工单位一般应向使用单位提交下列有关技术资料：

① 按实际完成情况注明修改部分的施工图或单独按实际完成情况绘制的竣工图；

② 修改原设计的有关文件，包括设备修改通知单，施工技术核定单，会议纪要等；

③ 主要材料和用于重要部位材料的出厂合格证和检验记录（或试验记录）；

④ 重要焊接工作的焊接试验与检查记录；

⑤ 隐蔽工程的记录。设备安装的隐蔽工程是指工程结束后必须埋入地下、基础内或其

他建筑的结构内，外面看不到的工程。隐蔽工程的施工，必须由有关部门会同检查，确认合格，并记录埋设方法、方位、规格和数量，及时填写有关表格，应在记录表上签字，并于工程验收时一并交给使用单位；

⑥ 各安装工序的检验记录。设备安装中经常用到的工序检验记录有设备开箱检查记录，设备受损（或锈蚀）及修复记录，设备试压记录以及各施工工序的自检记录等；

⑦ 重要灌浆所用混凝土的配合比和强度试验的记录；

⑧ 设备试运转记录；

⑨ 其他有关资料：例如仪表校验记录，重大返工工作的记录，重大问题处理文件以及施工单位向使用单位提供的建议或意见等。

设备验收时，应根据上述资料，对照质量检查评定标准，进行质量的评定，安装工程质量标准分为“合格”和“优良”两个等级。

最后，使用单位和安装单位的代表应在验收证书上签字。

**二、设备试运转的注意事项**

① 凡单机负荷试运转中不可能脱离连接的管道时，就在联动负荷试运转中一并进行单机的试运转；单机试运转的内容、条件和持续时间应符合标准、技术条件和制造厂的要求。

② 设备试运转前要取下传动皮带或拆开联轴器，对电动机单独进行无负荷试运转，直到轴承达到正常温度为止，但不得少于 2h。

③ 设备无负荷试验的持续时间一般为：泵 2h、卧式活塞压缩机 10h、立式活塞压缩机 6h，其他传动设备 2h，另外，离心式压缩机不进行无负荷试运转。

④ 设备负荷试验的持续时间一般为：泵和一般传动设备 4h，卧式活塞压缩机 28h，立式活塞压缩机 24h，离心式压缩机 24h。

⑤ 设备联动试运转可采用中性介质或生产物料进行负荷试验，高压压缩机采用空气进行负荷试验，压力最高不超过 25MPa，排气管道的温度不应超过 160℃。

⑥ 开动设备前先要短时接通电动机，检查转子旋转方向是否正确，以免发生设备事故。

⑦ 无法测量温度时，要在第一次开始运转时，让设备运转数分钟停下来，确定温升无问题后，方可逐步分别进行较长时间的运转，另外也用手摸测温度。

⑧ 各摩擦部位在未“走合”之前，运转初期发热的温度可能超过规定，如果超过不多可继续运转，以其走合后的稳定温度为准。

⑨ 正常的轴承，其运转温升一般不会超过 25～30℃，当轴承温度超过规范的规定（60℃、70℃）不多时，而且又能稳定下来可继续运转，如果温度继续上升，就要停车检查是否有其他故障。轴承严重发热的原因有：润滑剂过少或过多（过少润滑不良，过多散热不良），润滑油不洁净，有机械杂质或胶凝物质；轴承装配不当，接触面积未达到规定，配合间隙未调整到规定标准（过紧或过松）以及密封装置太紧引起轴过热并影响到轴承等。

⑩ 在运转中发现有不正常现象，一般应立即停止运转，并运行检查和修理；设备内有压力或其他危险因素时，应予以清除后方可进行检查和修理；同时所有参加试运转人员应熟悉设备说明书和有关技术文件，了解设备的构造和性能，掌握操作程序、操作方法和安全守则，做到联系妥当才开车，发现问题及时处理，并报告有关人员，停车妥当后再检查修理。

## 第二节 设备交工验收

交工验收是工业设备安装工程的最后一道工序，也是一项仔细的工作。特别是“交钥匙”工程，对施工单位来说，关系重大，要求安装质量上乘，技术资料齐全，试运转记录完整，性能达标，才能顺利实现交工。

## 一、交工验收的依据

工程交工验收的主要依据有：

① 经过相关部门批准的计划书和有关文件；

② 工程合同；

③ 设计文件、施工图纸和设备技术说明书等；

④ 国家现行的施工技术验收规范；

⑤ 若是引进项目，还应该有相应的合同和对应的设计文件、验收标准等。

## 二、交工验收的主要标准

工程项目交工验收的主要标准是：

① 工程项目按照工程合同规定和设计图纸要求，已全部施工完毕，达到国家规定的质量标准，能满足使用要求；

② 交工的工程达到环境要求、辅助设施业已正常运转；

③ 设备调试、试运转达到设计要求；

④ 技术档案、资料齐全。

## 三、交工验收的基本步骤

### （一）准备工作

① 交工前的全面自检。及时发现问题，并逐项分析处理后才能办理交工。

② 根据施工验收规范和工艺要求，制订设备试运转方案。

③ 做好交工验收技术资料的准备。主要是：a. 交工工程项目一览表和图纸会审记录；b. 工程竣工图、设计变更通知单、工程变更资料、材料代用核定单等；c. 施工记录、质量事故报告及处理意见等；d. 材料、设备的质量合格证或试验记录；e. 交工验收证明材料；f. 其他有关材料。

### （二）交工验收

交工验收一般按照单位工程进行。施工单位在单位工程竣工后，应先进行预检工作，合格后及时向建设单位提出书面交工验收通知，同时提供交工资料。建设单位收到通知后，应在规定的期限内，组织有关单位会同施工单位共同进行验收，验收合格后，合同双方在交工验收书上签字。

工程交工验收主要有以下几种形式。

中间验收：主要是指隐蔽工程、分部分项工程等，是随完随验及时办理验收手续的工程验收；这些中间验收记录资料是单位工程竣工交工验收必须具备的重要资料。

分期验收：指在局部项目或个别单位工程已达到投产条件，因生产或施工需要必须提前进行的工程验收。

竣工验收：是指整个建设项目按照设计要求全部施工完成，并符合竣工验收标准而办理竣工交工的验收。

### （三）工程交接

经过交工验收合格并办理交工验收证书之后，应逐项办理固定资产（如大型设备、附属工具）等的移交，及时办理工程结算手续，除注明应承担的保修工作内容外，合同双方的经济关系和法律责任予以解除。工程全部交付给生产单位使用。

最后，施工单位应该及时进行工程全面总结，找出差距，吸取教训，全面总结经验，以期不断提高企业的经营管理水平和施工技术水平。

## 复习思考题

1. 设备试运转的目的是什么？

2. 试运转前的准备工作有哪些？
3. 装置试运转可分为哪几个主要阶段？
4. 试运转的主要方法和步骤有哪些？
5. 什么是工程验收？
6. 工程验收时，主要需要准备哪些技术资料？
7. 工程验收有哪几种形式？

# 第九章　泵和风机的安装

泵和风机是炼油、化工生产装置中重要的流体输送设备，应用极其广泛。本章将介绍它们的结构原理、品种型号、安装技术要求以及安装工艺过程。

## 第一节　泵和风机的应用和分类

### 一、泵的应用和分类

（一）应用

在化工生产中，常需将流体从低处输送至高处，或从低压输送至高压，或沿管道送至较远的地方。为达到此目的，保证化工生产过程连续进行，必须将一定的外界能量加于流体，以克服流动过程中所产生的阻力并补偿输送流体所不足的总能量。这种提升液体、输送液体或使液体增加压力所提供能量的机械设备，称为泵。例如：石油化工厂的原油要用泵输送；硫酸厂的酸也要用泵输送；在化肥生产中要用到各种水泵、酸碱泵；合成氨厂在原料气精炼工段中要使用高压水泵、铜液泵或钾碱溶液泵等向净化吸收塔供液。在硫酸生产过程中，各种泵遍布各个工段，数量很多。如：水泵房中的给水泵供全厂用水；化磺岗位用往复泵进行料液的输送；干燥岗位用离心泵输送浓度为93%的硫酸进入干燥塔，使空气进行干燥；在吸收岗位，泵输送浓度为98%的硫酸，吸收三氧化硫气体等。至于像冷却水泵、润滑油泵等，许多工厂都会用到。此外，农田的供排水、城市的给排水、发电厂的锅炉给水、矿井的排水等也都要用泵。泵的正常运转是保证生产正常进行的关键，如果泵发生了故障，就会影响生产，甚至使整个装置处于停顿状态。如果把管路比作人体的血管，那么泵就好比是人体的心脏。可见泵是一种重要的通用机械，在生产中起着重要作用。

（二）分类

化工生产中被输送的流体是多种多样的，有黏度较小的、也有黏度较大的；有腐蚀性较强的、也有腐蚀性较弱的；还有含固体悬浮物的，而且在流量、温度、压力、输送等方面也有差别，因此而发展起来的泵的种类也就很多，以适应不同情况的要求。化工厂中常用的流体输送设备，按其结构和工作原理可分为下列三类。

1. 容积式泵

它是利用泵内工作室（泵壳或缸）的容积做周期性变化来输送液体的，其排液过程是间歇的。这类泵又称为正排量泵，它可分类如下。

（1）往复式泵　依靠作往复运动的活塞或柱塞推挤液体，如图9-1所示，有各种形式的活塞泵［见图9-1（a)]、柱塞泵［见图9-1（b)］及隔膜泵［见图9-1（c)]。

（2）旋转式泵　又称转子泵，它是依靠作旋转运动的部件推挤液体。例如外啮合齿轮泵，如图9-2所示；螺杆泵，如图9-3所示。

2. 叶片式泵

这是一种依靠泵内作高速旋转的叶轮把能量传给液体，进行液体输送的机械设备。属于这种类型的泵有离心泵、混流泵、轴流泵及漩涡泵等。它们的叶轮结构分别如图9-4和图9-5所示。

3. 流体动力泵

它是依靠另外一种工作流体的能量来抽送或压送液体。如喷射泵（见图9-6)、酸蛋泵

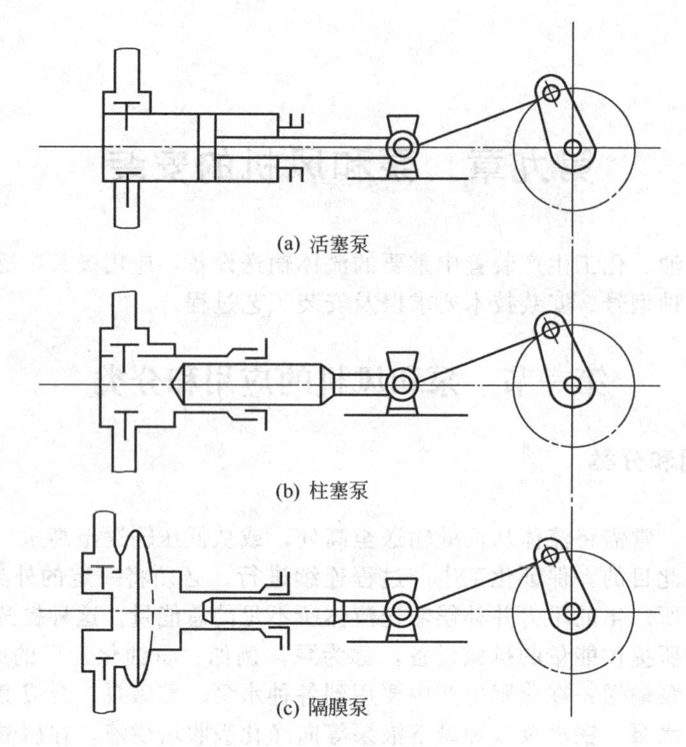


图 9-1 往复式泵

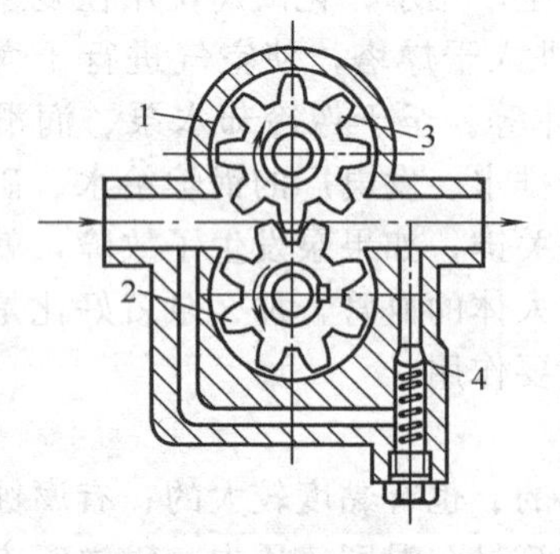


图 9-2 外啮合齿轮泵

1—泵体；2—主动齿轮；3—从动齿轮；4—安全阀

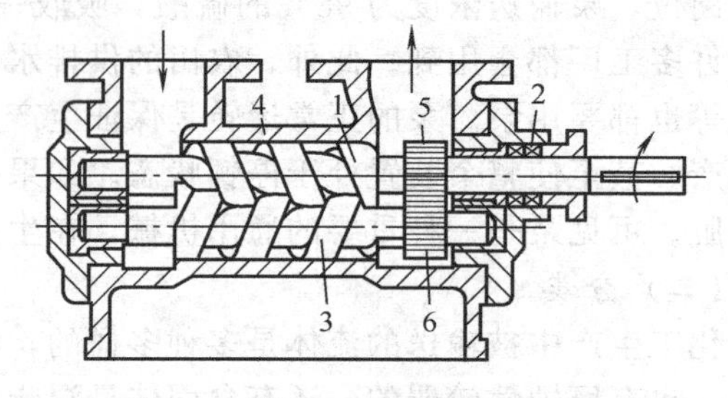


图 9-3 螺杆泵

1—主动螺杆；2—填料函；3—从动螺杆；4—泵壳；5，6—齿轮

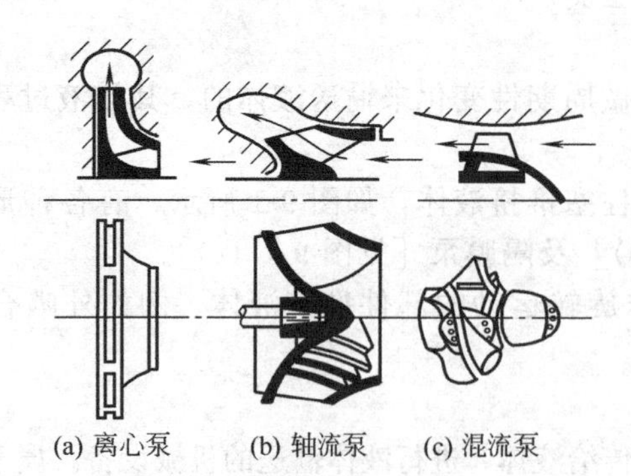


图 9-4 各种类型叶片泵

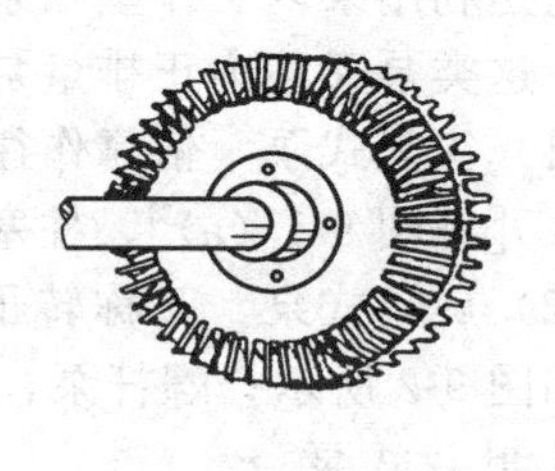

图 9-5 漩涡泵叶轮

（见图 9-7）等。

此外，根据所输送的介质，泵还可以分为清水泵、污水泵、泥浆泵、耐腐蚀泵、油泵

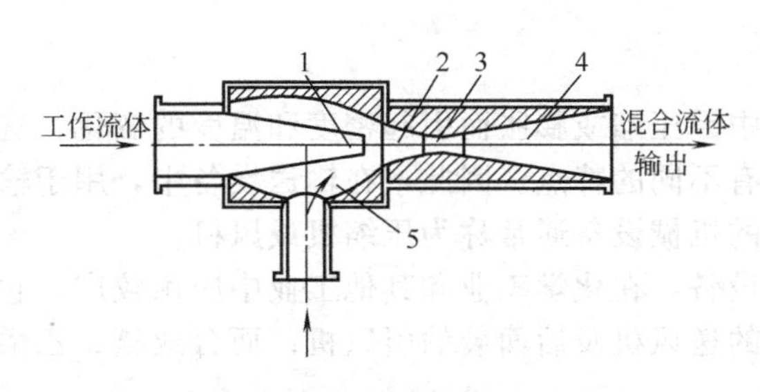


图 9-6　喷射泵结构示意

1—喷嘴；2—混合室；3—喉管；4—扩散室；5—真空室

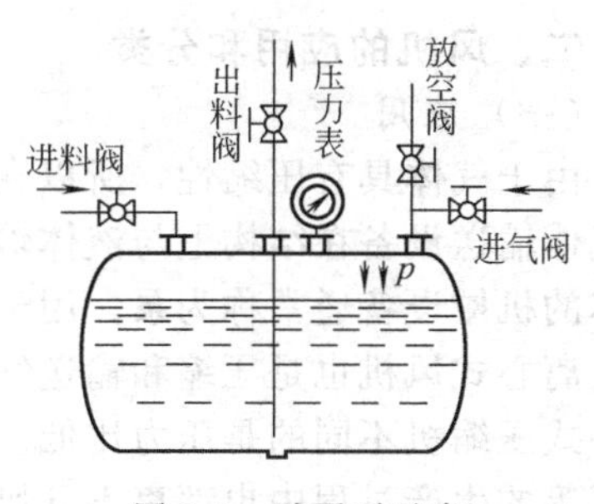


图 9-7　酸蛋泵示意

等。各种泵都有自己的特点和应用范围。图 9-8 大致表示出各类泵的流量和扬程应用范围，供使用时参考。由图看出，离心泵主要适用于大、中流量和中等压力的场合；往复泵主要适用于小流量和高压力的场合；齿轮泵等转子泵则多适用于小流量和高压力的场合。其中尤以离心泵具有适用范围广、结构简单以及运转可靠等优点，在石油化工及其他化工生产中得到广泛的应用。

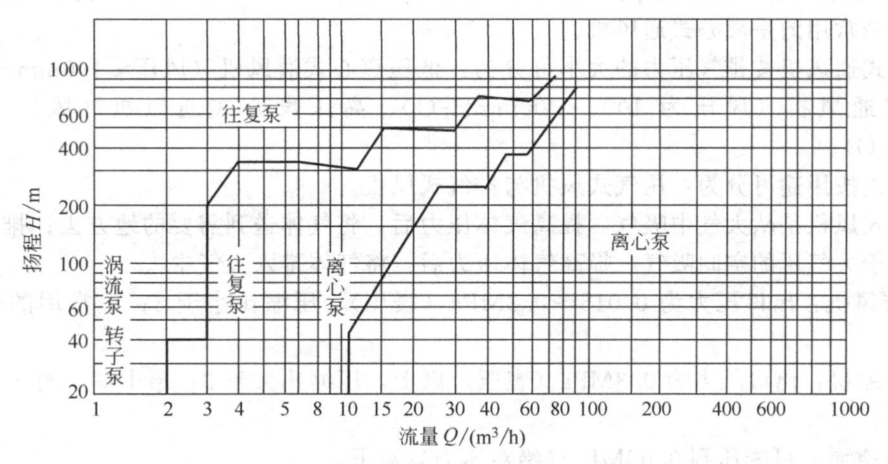


图 9-8　各类泵的流量和扬程应用范围

在每一类型泵中，根据具体的结构和动力来源的不同，又有许多不同的命名，如下所示，仅供参考。

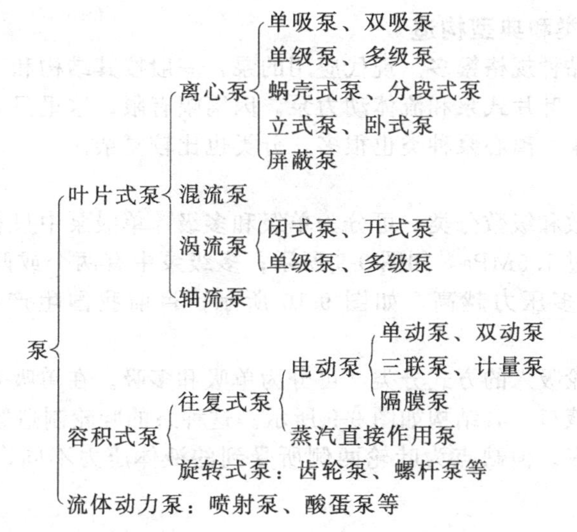

### 二、风机的应用和分类

（一）应用

由于气体具有压缩性，所以在输送过程中因压缩或膨胀而引起密度和温度的变化，这就使气体输送设备在结构上与液体输送设备具有不同的特点。因此，在输送设备中，用于输送液体的机械设备通常称为泵，用于输送气体的机械设备通常称为压缩机或风机。

离心式风机也是压缩和输送气体的机械设备，在化学工业和其他工业中应用较广，它与离心式压缩机不同的是压力比低。如锅炉用的送风机及后面装的引风机；而合成氨、乙烯和尿素等的生产过程中也都离不开风机的使用。

（二）分类

风机是输送气体的机械设备，种类很多。

① 按其结构和工作原理分类：气体输送与液体输送设备基本一致，有离心式、往复式、旋转式和流体动力式四大类。

② 在化工生产中，各种过程对气体压力变化的要求不同，从不同的使用要求来看，气体输送设备可按出口压力或压缩比的大小分为以下四类。

a. 通风机：出口压力不大于 1500mm$H_2O$（1mm$H_2O$＝9.80665Pa）（表压），压缩比为 1～1.5；最常用的是离心式通风机。

离心式通风机按排气压力的大小可分为：低压离心式通风机（风压≤100mm$H_2O$）、中压离心式通风机（风压为 100～300mm$H_2O$）、高压离心式通风机（风压为 300～500mm$H_2O$）。

通风机按用途可分为：压气式风机与排气式风机。

压气式风机是从大气中吸气，提高气体压力后，将气体送到需要的地方去；排气式风机是从稍低于大气压的空间吸气，提高气体压力后，将气体排入大气中去。

b. 鼓风机：出口压力为 0.015～0.3MPa（表压），压缩比小于 3；最常用的是罗茨鼓风机。

c. 压缩机：出口压力为 0.3MPa（表压）以上，压缩比大于 3；第十章、第十一章有详细叙述。

d. 真空泵：可减压到 0.02MPa（绝对压力）以下。

## 第二节　离心泵的安装

### 一、离心泵的分类和典型构造

泵的种类复杂，品种规格繁多。现代应用的泵，一般按其结构和工作原理，基本上可以分为三类：容积式泵、叶片式泵和流体动力泵。因篇幅有限，这里只介绍叶片式泵中的最典型、使用最广的离心泵。离心泵种类也很多，分类也比较复杂。

（一）分类

（1）按叶轮的个数和级数分类　可分为单级和多级。单级泵中只有一个叶轮，所产生的压力不高，一般不超过 1.5MPa，如图 9-9 所示；多级泵中有两个或两个以上叶轮。一个叶轮便是一级，级数越多压力越高，如图 9-10 所示；目前我国生产的多级泵最高压力可达 28MPa。

（2）按液体自叶轮吸入的方式分类　可分为单吸和多吸。在单吸泵中液体从一侧流入叶轮，即泵只有一个吸液口。其结构如图 9-9 所示。这种泵的叶轮制造容易，液体在其间流动的情况较好，应用较多。但缺点为叶轮两侧所受到的液体压力不同，使叶轮承受轴向力的作用。

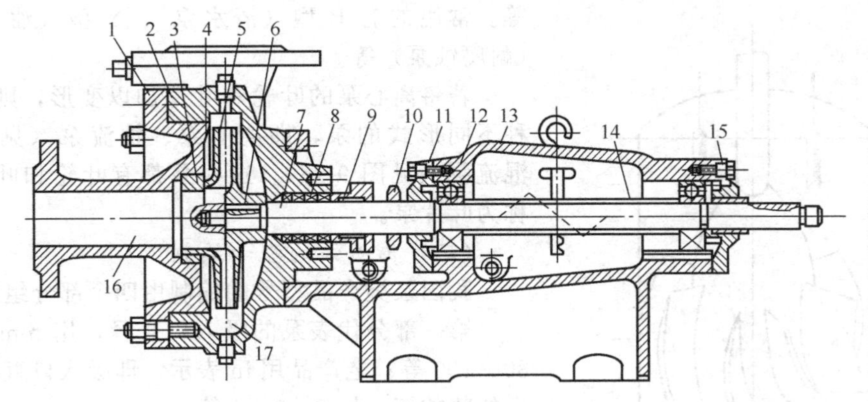


图 9-9　单级单吸离心泵

1—泵盖；2—泵体；3—密封环；4—螺母；5—叶轮；6—键；7—泵轴；8—填料；9—填料压盖；10—挡水圈；11—轴承盖；12—单列向心球轴承；13—托架；14—定位套；15—挡套；16—吸液室；17—压液室

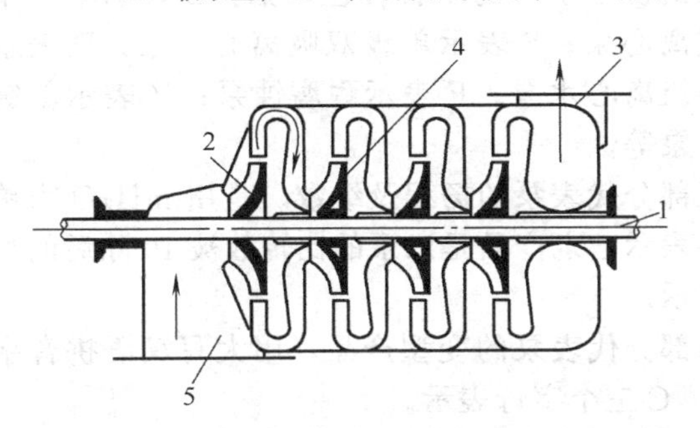


图 9-10　多级泵

1—泵轴；2—导轮；3—排出口；4—叶轮；5—吸入口

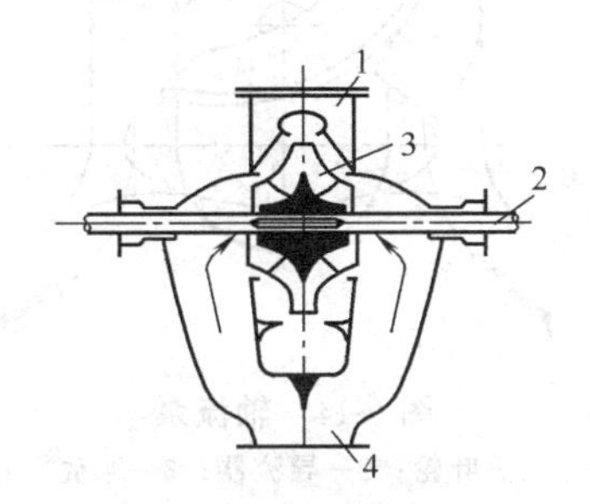


图 9-11　双吸泵

1—排出口；2—泵轴；3—叶轮；4—吸入口

双吸泵中液体从叶轮两侧同时流入叶轮，即泵具有两个吸液口。其结构如图 9-11 所示。这种泵的叶轮双面吸液，故其吸液量较大。这种叶轮及泵壳的制造比较复杂，两股液体在叶轮的出口汇合时稍有冲击，影响泵的效率，但叶轮的两侧压力相等，没有轴向力存在，而且泵的流量几乎比单吸泵增加一倍。目前我国生产的双吸泵最大流量达 $2000m^3/h$。

(3) 按导叶机构的形式分类　可分为蜗壳式和导叶式。蜗壳式泵室为蜗壳形，如图 9-12 所示，液体从叶轮流出后经蜗壳其流速降低，压力升高，然后由排液口流出。

导叶式泵（见图 9-13）中液体从叶轮流出后先经过固定的导叶轮，在其中降速增压后，进入泵室，再经排液口流出。在早期，这种泵叫透平泵。多级泵大多是这种形式。

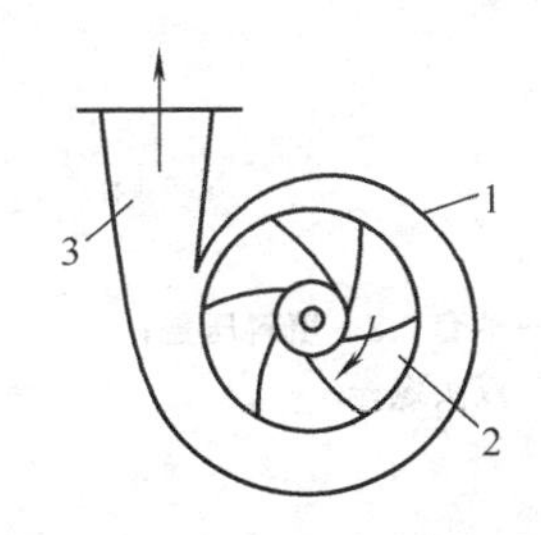


图 9-12　蜗壳式泵

1—泵壳；2—叶轮；3—排液接管

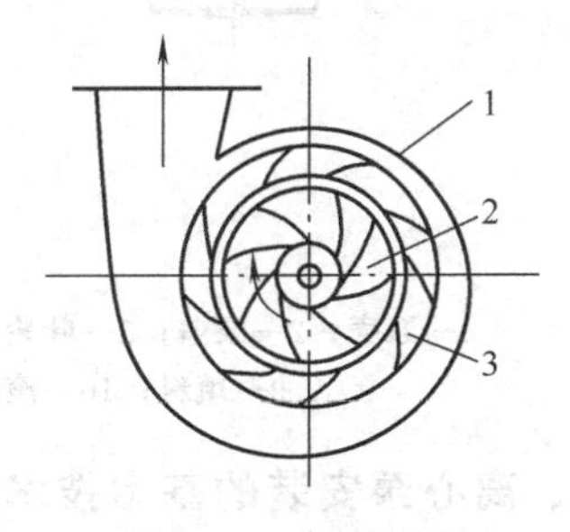


图 9-13　导叶式泵

1—泵壳；2—叶轮；3—导叶

(4) 按输送液体性质和用途分类　可分为一般离心水泵、离心式井泵、离心式油泵、冷凝水泵、杂质泵、酸泵、碱泵、低温泵、高温泵、屏蔽泵、锅炉给水泵及其他特殊离心泵

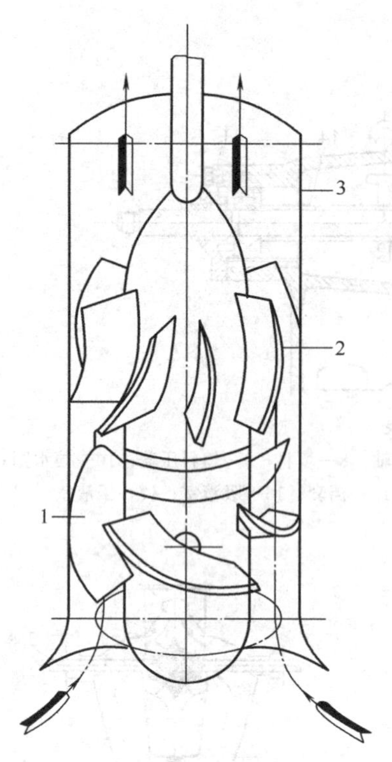


图 9-14　轴流泵

1—叶轮；2—导流器；3—泵壳

等。常用的有 B 型（清水泵）、Y 型（油泵）、F 型（耐腐蚀泵）等。

若将离心泵的叶轮和叶片加以变形，则可得到三种不同形式的泵，即离心泵、轴流泵（见图 9-14）、混流泵（见图 9-15）。这些泵都有叶轮和叶片，故均称为叶片泵。

（二）离心泵的型号编制

我国泵类产品型号的编制由四个部分组成。

第一部分代表泵的吸入口直径，用 mm 表示，如 80、100 等；老产品用 in 表示，即吸入口直径被 25 除后的整数值，如 2、3、4 等。

第二部分代表泵的基本结构、特征、用途及材料等。用汉语拼音字母的字首标注，如：B 表示单级单吸悬臂式离心泵；S 表示单级双吸离心水泵；D 表示分段式多级离心水泵；F 表示耐腐蚀泵；Y 表示单级离心式油泵等。

第三部分代表泵的扬程及级数。是用 $mH_2O$ 为单位的数字表示；老产品是以泵的比转数被 10 除后的整数数值表示。

第四部分代表泵的变型产品，用大写汉语拼音字母 A、B、C 三个字母表示。

如：3B33A 表示吸入口直径为 3in，扬程 $33mH_2O$，叶轮经第一次切割的单级单吸悬臂式离心泵。

100D16×8 表示吸入口直径为 100mm，单级扬程为 $16mH_2O$，总扬程为 $16\times8=128mH_2O$，8 级分段式多级离心水泵。

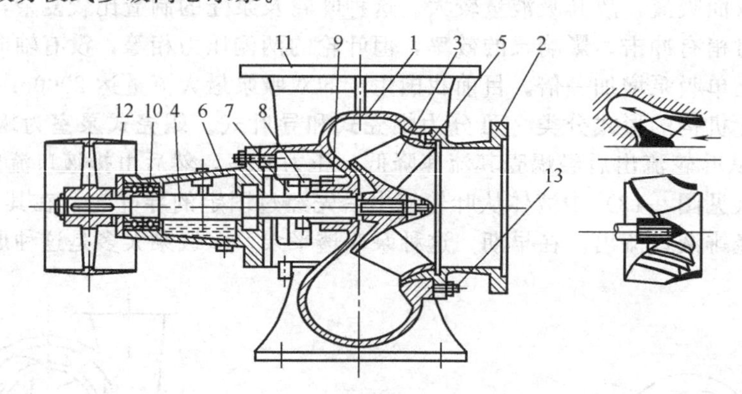


图 9-15　混流泵

1—泵壳；2—泵盖；3—叶轮；4—泵轴；5—减漏环；6—轴承盒；7—轴套；8—填料压盖；9—填料；10—滚动轴承；11—出水口；12—皮带轮；13—双头螺栓

## 二、离心泵安装的基本技术要求

① 离心泵泵体与机座、机座与基础之间必须牢固地固定在一起。

② 离心泵轴中心线必须水平，中心位置和标高必须与其他设备保持准确的相对位置并符合图纸要求。

③ 离心泵各连接部位必须有良好的严密性，各处间隙均符合验收技术标准。

④ 离心泵试车时，泵的轴承温度、进口真空度和出口压力均应符合设计要求，而且泵在运转时的振动量也应在允许范围之内。

**三、离心泵的解体清洗**

常用的离心泵的结构如图 9-9 所示，解体清洗的一般步骤如下。

① 联轴器的拆卸：对于小型泵，其联轴器套装紧力不大，一般用手锤和铜棒沿联轴器四周均匀敲打即可取下；其他情况可采用油压千斤顶或专用工具。

② 轴承的拆卸：拆卸前后两端轴承时，先拧下泵壳与轴承间的连接螺钉，然后将轴瓦连同轴承座沿轴向抽出。

③ 轴封的拆卸：拧下填料压盖与泵体间连接螺母，沿轴向取出压盖，再挖出填料。拧下轴套螺母（注意旋转方向），取出轴套。

④ 尾盖及平衡盘的拆卸：拧下尾盖螺母，拆下尾盖，然后拆除平衡盘。

⑤ 泵体紧固长螺钉拆卸：一般多级泵有好几根长连接螺栓，只要拧下两端螺母即可抽出。

⑥ 出水段的拆卸：将整个泵体放置稳妥，再用手锤轻轻敲打后段凸缘，使之松脱后即可将出水段拆下。

⑦ 中间各级和进水端的拆卸：用木锤沿叶轮四周轻轻敲打，取出第一个叶轮，如果叶轮锈蚀在轴上时，应先用煤油浸洗一段时间，然后再拆。

取下第一个叶轮后，余下中间各级都是先取下外壳和导叶，再取下叶轮。只要用撬棍沿壳体级间垂直结合面两侧撬动，即可取下该壳体。撬动时应注意不得损坏密封面，每取下一级外壳后再顺轴拆下挡套及导叶，中间各级拆去后，再拆卸进水端直至进水盖。

拆卸时的注意事项如下：

a. 在水泵拆卸时，对所有的部件应慎重处理，应将其存放在清洁的木板上面，用硬纸板盖好，以防碰伤经过精加工的表面。对一些部件的位置和角度应做出明确的标志，以便在复装时不致将其位置弄错，这一点对转子部位特别重要。

b. 橡胶密封垫与石棉密封垫（除了耐油橡胶密封垫以外），都不能和油脂或二硫化铜膏接触。

c. 所有在安装或运行时发生互相摩擦的部件，如泵轴及轴套和螺母、叶轮和密封环等，均应涂以干燥的二硫化铜粉（其中应不含油脂）。

d. 密封（摩擦）面、承力面和交叠面，必须完全保持清洁，不能有刻痕、划伤。

e. 在拆卸以前，使平衡盘和平衡座的摩擦面相接触，将转子轴向位置记录下来；在拆卸过程中，其他一些零部件相互位置与间隙也应记录下来。

**四、离心泵的装配与调整的步骤及方法**

离心泵拆卸清洗之后，即可着手进行装配和调整，其主要工作如下：

① 调整离心泵叶轮与泵壳之间的周向间隙。

② 调整平衡环与平衡盘，使它们之间相互平行，并保持规定的间隙。如图 9-16 所示，平衡盘在装配时与平衡环留有 0.1～0.25mm 的间隙，以减少泵启动时的磨损。

③ 调整叶轮进口端与泵壳密封圈之间的间隙，如图 9-17 所示；对于水平剖分式，还要保证密封圈在泵壳内的紧力。

④ 调整轴端密封装置的间隙和填料松紧（对填料密封而言）如图 9-18 所示，但填料不宜压得过紧或过松，以每分钟仍然能滴出十滴左右液体为宜；若使用的是机械密封，如图 9-19 所示，先应检查零部件有无碰坏、变形、裂纹等现象，要用柔软的纱布以汽油洗净，并保证动环、静环端面严密粘合，同时要保证轴转动轻松自如。

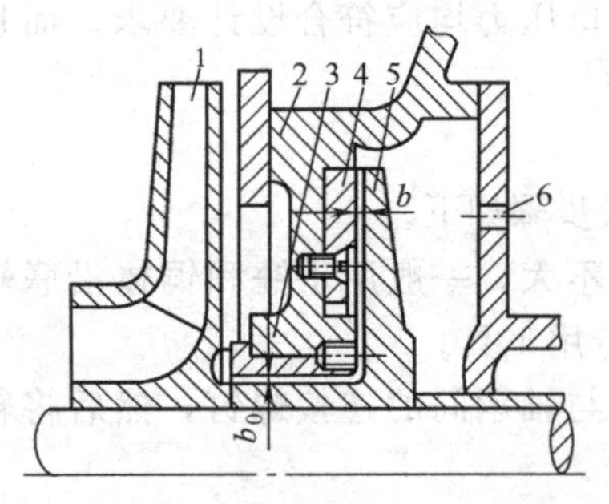


图 9-16　多级离心泵上的平衡盘装置

1—末级叶轮；2—出水段；3—平衡套；4—平衡环；5—推力平衡盘；6—接吸入口的管孔

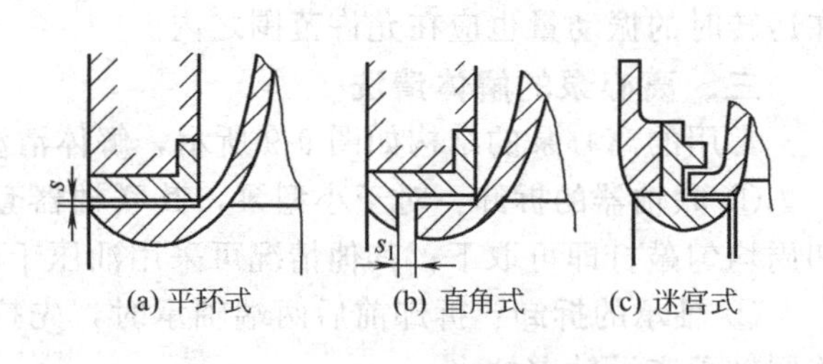


图 9-17　密封圈的形式

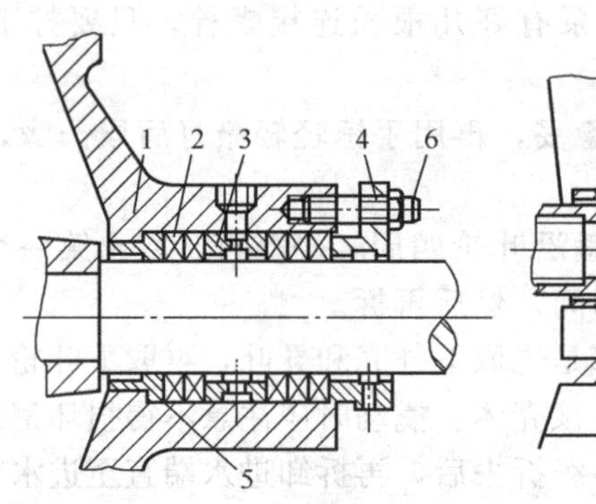


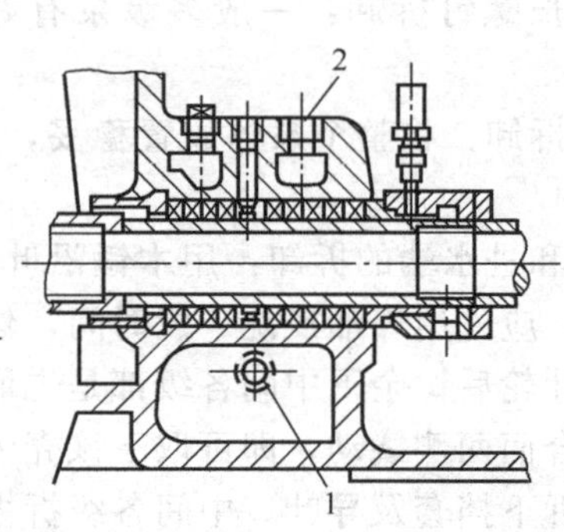


(a) 填料密封装置

1—填料函外壳；2—填料；3—水封环；4—填料压盖；5—底衬套；6—螺栓

(b) 带水冷的填料密封装置

1—冷却水入口；2—冷却水出口

图 9-18　离心泵的轴向密封装置

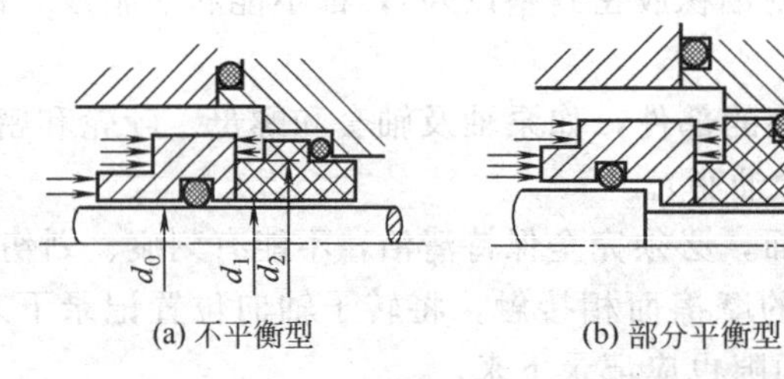


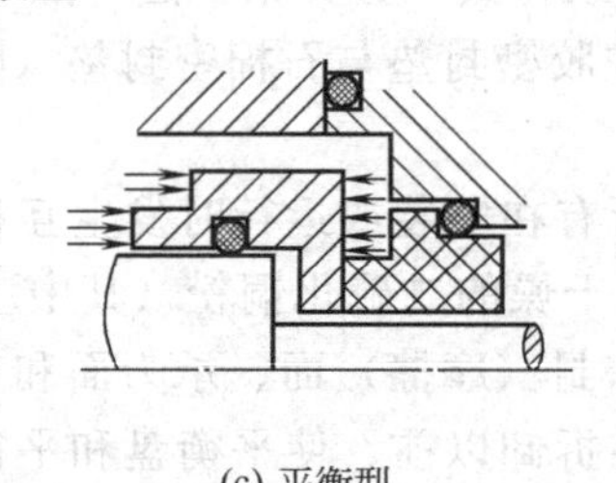


图 9-19　机械密封原理

## 五、电动离心泵的安装

### （一）离心泵机座的安装

① 检查基础的外形尺寸、强度、地脚螺栓孔的情况，对预埋地脚螺栓，则应检查间距、垂直度、标高和螺纹磨损及配套情况，看是否符合设计要求。

② 在基础表面上铲麻，弹纵横中心墨线，放置垫板。

③ 将机座运到垫板上，按弹好的中心墨线就位。

④ 机座找正方法如下。

a. 机座中心位置找正：一般情况下，只要使机座的中心线与基础上的中心墨线重合即可；必要时，应该在基础上方挂设纵横中心线钢丝，使机座中心线位置符合安装技术要求。

b. 机座水平度找正：一般均采用三点找平法进行。

（二）离心泵泵体的安装

① 泵体就位：对小型泵可由人工抬、搬；中型泵利用拖排、滚杠在斜面上滚动；大中型泵可立桅杆（人字桅），利用滑轮组吊运，也可使用厂房内或基础上原有的起重机械直接将泵吊放在机座上。

② 泵体找正、找平和找标高：找正、找标高是为了与其他设备连接时不发生困难，而找平是为了泵体能与电动机很好地连接以及避免运转时使轴承磨损。

a. 泵体找正：就是找正泵体上的纵横中心线。泵体的纵向中心线是以泵轴的中心线为准；横向中心线是以出口管的中心线为准。找正时，可以其他设备的中心线（或基础和墙柱的中心线）为标准拉钢丝线进行测量。使泵体的纵横中心线符合图纸的要求（允许偏差在±5mm以内），并与其他设备很好地连接。

b. 泵体找平：测量时以泵上两轴颈为测点，把水平仪放在轴颈上，测取读数，通过调整泵的底脚与台板间的垫片厚度，使泵处于水平状态。

c. 泵体找标高：泵的标高是以泵轴中心线为准。找标高可借助水平仪或U形管连通计来进行。标高调好后应重新测量轴颈水平，符合要求后再紧固泵体与机座之间的连接螺栓，再次检查水平，如无波动，就可以进行电动机的安装了。

（三）电动机的安装

电动机就位在机座上后，就以泵体为基准，进行联轴器找中心，使电动机的中心线与离心泵轴的中心线在同一条直线上。联轴器找中心时，应使两半联轴器端面间保持一定轴向间隙，其数值应大于泵轴和电动机轴的轴向窜动量之和，以防止泵与电动机各自产生轴向窜动时互相干扰。联轴器端面距离（轴向间隙）在无特殊规定时可选取下面数值：

小型离心泵　2～4mm；

中型离心泵　4～5mm；

大型离心泵　5～10mm。

（四）二次灌浆

泵和电动机联轴器找正中心后，即可拧紧地脚螺栓，垫铁点焊，并重新检查联轴器的同心度和平行度，符合要求后，进行二次灌浆。待水泥砂浆硬化后，必须再校正一次联轴器的中心。

## 六、电动离心泵的试车

离心泵安装调整完之后，就可以进行试车，其目的是检查和消除安装调整中没有暴露出的缺陷，使得离心泵的各部分运转时协调灵活，达到规定的性能指标。

1. 试车前的检查和准备工作

① 检查地脚螺栓、泵体与电动机连接螺栓的紧固情况。

② 检查联轴器的连接情况。

③ 检查轴承内润滑油是否充足和轴承螺栓的紧固情况。

④ 检查轴向密封装置是否装配良好。

⑤ 检查轴承水冷夹套的水管是否畅通。

⑥ 检查泵的旋转方向是否正确、出口阀门是否灵活。

除进行上述项目的检查外，还应准备必需的工具及备件，如：扳手、填料（管路法兰的垫圈）等。同时，要与电气部门和供水（或其他液体）部门取得联系，以便相互配合进行试车。

2. 试车步骤

① 关闭排出管上的阀门。

② 将泵内注满液体，小型离心泵直接将液体从泵体上的漏斗注入；大型离心泵可开动

附设真空泵，把泵内的气体抽出，造成负压，让液体从进口单向阀吸入泵内。

③ 开车。就是开动电动机。

④ 待电动机达到正常转速后，如果压力表和真空表的指针无异常摆动，就可打开排出管上的阀门，正式输液。

⑤ 待负荷试车完毕后，应先关闭出口阀，然后再行停车。

3. 试车时可能出现的毛病及消除方法

① 轴承温度升高：这是由于轴承间隙不合适，研磨不细致或润滑不充分所致。这可用间隙调整法、金刚砂研磨法来消除。

② 进口真空度下降：主要是由于进液管路（比如连接法兰盘接合处）上有泄漏，导致吸入空气，使真空度下降。此时，可用拧紧管路法兰螺栓或更新法兰盘垫圈的方法来消除。

③ 出口压力产生波动：当叶轮与密封环之间的径向间隙增大时，泵的出口压力就会下降；若输出管道上阀门或管路堵塞时，泵的出口压力就会有所上升。前者可更换密封环，后者可停机清除杂物。

此外，还有振动和噪声问题，这一般是由于联轴器连接不当、基础隔振措施不利，地脚螺栓紧固程度不够。

总之，试车中轴承温度、进口真空度和出口压力都符合要求，泵运转时振动很小，才能认为该泵的安装质量达到了指标。

离心泵试车后，应将所有的安装记录文件及图纸移交给生产单位，方可正式投入生产。

## 第三节 风机的安装

### 一、风机的分类、构造和型号表示方法

风机的分类第一节已有叙述，这里不再赘述。下面仅介绍几种常见的离心通风机、离心式鼓风机和转子式鼓风机的构造和型号表示方法。

1. 离心式通风机

工业上常用的通风机主要有离心式通风机和轴流式通风机两种。轴流式通风机所产生的风压很小，一般只作通风换气之用。离心式通风机的工作原理和离心泵一样：在蜗壳中有一高速旋转的叶轮，借叶轮旋转时所产生的离心力将气体压头增大而排出，如图 9-20 所示。

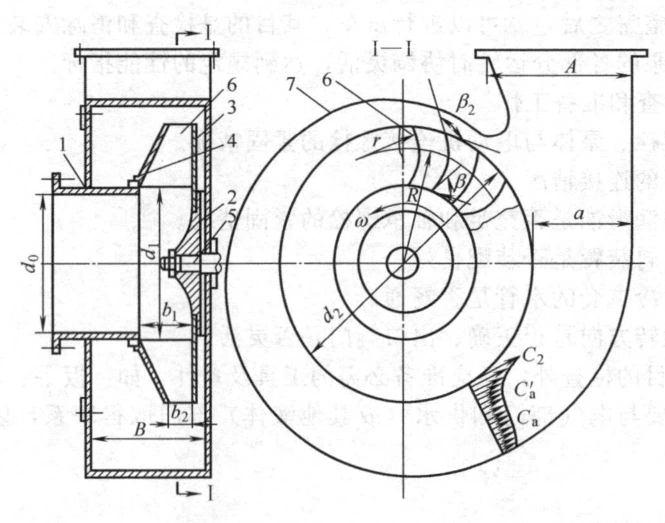


图 9-20 离心式通风机结构

1—进风口；2—轮毂；3—后盘；4—前盘；5—轴；6—叶片；7—机壳

离心式通风机的型号由基本型号和补充型号组成。其组成方式为

Ⅰ-Ⅱ-Ⅲ

其中，Ⅰ、Ⅱ为基本型号；Ⅲ为补充型号。

第一单元（Ⅰ）：代表全压系数 $H$ 乘以 10 的整数值，用阿拉伯数字表示。

第二单元（Ⅱ）：代表比转数 $n_s$ 化整后的值，用阿拉伯数字表示；如果基本型号相同，用途不同，为便于区别，应在基本型号前加上 G 或 Y 等符号，G 表示锅炉通风机；Y 表示锅炉引风机。其他用途代号可查通风机用途代号表。

第三单元（Ⅲ）：由两位阿拉伯数字组成。第一位数字表示通风机进口吸入形式的代号，用 0、1、2 表示，其中 0 代表双吸通风机；1 代表单吸通风机；2 代表两级串联通风机。第二位数字表示设计的顺序。

例如：通风机 8-18-12No.4

8 表示压力系数为 0.8；18 表示比转数为 18；1 表示单吸通风机；2 表示第二次设计；No.4 表示机号。一般用叶轮外径的 dm（分米）数表示。该叶轮外径为 400mm，即机号 4。

风机完整的表示方法包括名称、型号、机号、传动方式、旋转方向和风口位置等 6 部分。一般可由机型型号在风机样本中查出该机的性能参数。

2. 离心式鼓风机

离心式鼓风机又称透平鼓风机，其主要构造和工作原理与离心式通风机类似，由于单级叶轮产生的压力很低，故一般都采用多级叶轮，如图 9-21 所示为三级离心式鼓风机，这样，它无论在结构上还是在工作原理上，都与离心式压缩机相同，只是进口压力较低而已。

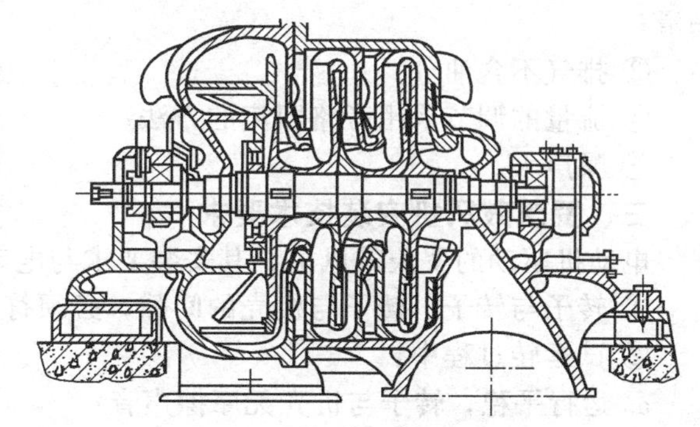

图 9-21　三级离心式鼓风机

离心式鼓风机的型号表示以 D1200-22 为例，解释如下：D 表示鼓风机进风形式代号，D 为单级，S 为双级（指第一级）；1200 表示鼓风机进口流量为 $1200m^3/min$；前一个 2 表示鼓风机的叶轮数；后一个 2 表示第二次设计。

3. 转子式鼓风机

转子式鼓风机机壳中有一个或两个旋转的转子，其特点是：构造简单、紧凑、体积小、排气连续，适用于所需压力不大而流量较大的情况。转子式鼓风机的出口压力一般不超过 0.8at（表压），常见的有罗茨鼓风机，用 LG 表示。

罗茨鼓风机型号表示以 LGA40-5000-1 为例，解释如下：LG 表示系列代号；A 表示卧式，主要有两类，A 为卧式，B 为立式；40 表示流量为 $40m^3/min$；5000 表示出口静压力，单位为 mm 水柱；1 表示第一次设计。

**二、罗茨鼓风机的构造和工作原理**

罗茨鼓风机的构造如图 9-22 所示。

机壳内有两个断面呈纺锤形或星形的转子，在转子之间、转子与机壳之间都有很小的间隙，使转子能自由运动而无过多的被压缩气体泄漏。两个转子的轴，由原动机轴通过齿轮驱动，相互以相反的方向旋转。两个转子的不断旋转，使机壳内形成两个空间，即低压区和高压区。气体从低压区进入，从高压区排出。如果改变转子的旋转方向，可使其吸入口和压出口互换。如图 9-23 所示。

其特点是：

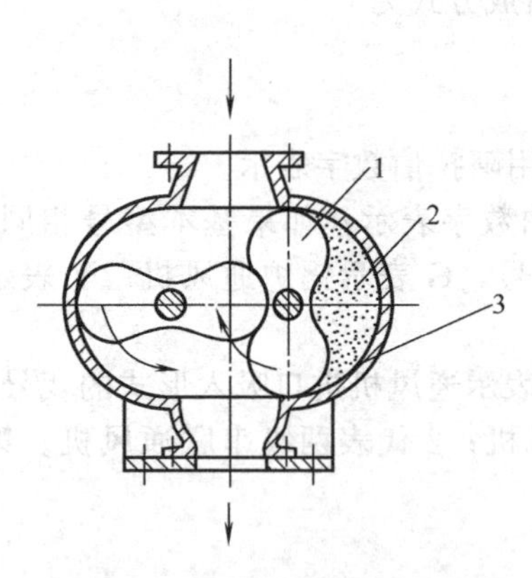


图 9-22 罗茨鼓风机的构造

1—叶轮；2—所输送气体的容积；3—机壳

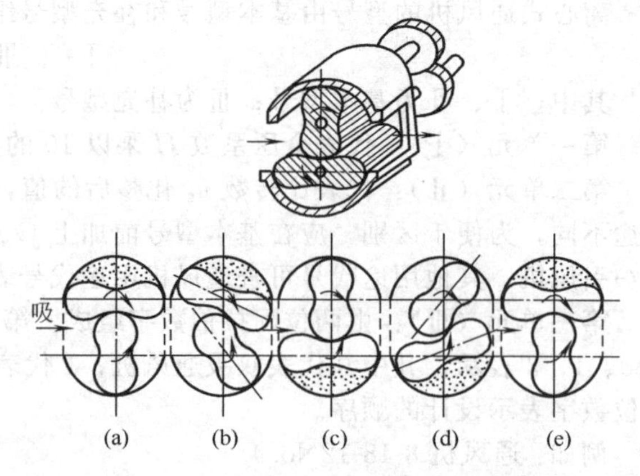


图 9-23 罗茨鼓风机的工作过程

① 风量基本上不随风压而变，是容积型风机；

② 转子之间和转子与机壳之间有间隙（0.3～0.5mm），无往复运动部件，故不需要润滑；

③ 排气不含油分；

④ 流量的调节采用旁路回流的方法；

⑤ 噪声大。

**三、罗茨鼓风机安装技术要求**

电动机驱动的罗茨鼓风机，其安装要求与电动离心泵基本一致，此外还有：

① 转子与转子、转子与机壳的间隙，必须符合技术文件的要求；

② 试运转过程中：

a. 运行平稳，转子与机壳无摩擦声音；

b. 径向振幅不得超过允许范围；

c. 轴承温度，如无规定，滑动轴承最高温升不得超过 35℃，最高温度不得超过 70℃；滚动轴承最高温升不得超过 40℃，最高温度不得超过 80℃；

d. 油路、水路不得漏油、滴水。

如果是皮带传动，则应考虑鼓风机轴和驱动电动机轴的平行度、中心距及两轴端面平齐，还有皮带的张紧程度等。

**四、罗茨鼓风机装配调整的方法与步骤**

罗茨鼓风机的安装包括：机座的安装；罗茨鼓风机的安装；减速装置与电动机的安装；机组找正；二次灌浆；附属设备及管路的安装。这些安装步骤与电动离心泵基本相同，这里不再重复。下面着重介绍罗茨鼓风机间隙调整方法。

罗茨鼓风机体内转子与机壳各部分的间隙调整，是整个安装中的关键。其各部分间隙调整得如何，将会直接影响机器的性能。调整的偏差较大时，甚至会产生机械事故。罗茨鼓风机有三个方面的间隙需要调整。

1. 主动转子与从动转子之间的间隙

调整间隙前，应先测量下列六点间隙。如图 9-24 所示。

当转子处于图中的Ⅰ、Ⅱ、Ⅲ三个位置时，先测两转子之间的啮合间隙回转 180°后再测相对应的三点，总计为 6 点间隙。若测量出的 6 点间隙不符合技术要求时，均应进行调整。调整间隙的方法是将传动齿轮进行调整，一般在从动齿轮的轮壳上，有四个圆弧孔及两个 1∶30（或 1∶50）的圆锥孔，如图 9-25 所示。调整间隙的时候，将两个圆锥销钉拔出，

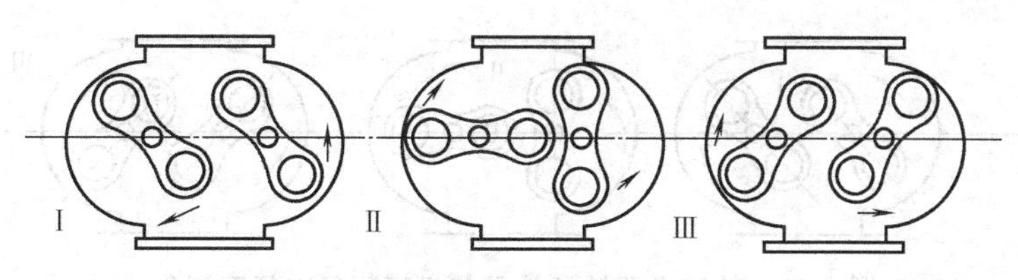

图 9-24　鼓风机两转子之间测量间隙

松开 4 个圆弧孔上的螺母，然后，轻轻敲打从动转子，边敲打边进行测量两转子之间的间隙，直到将间隙调整到要求的范围内为止。

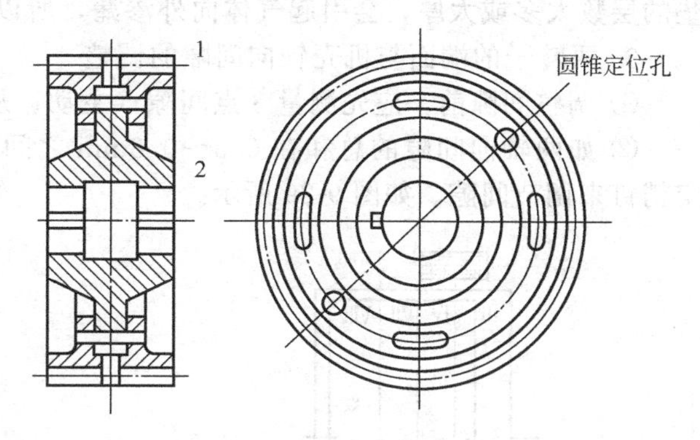

图 9-25　罗茨鼓风机的传动齿轮
1—齿轮；2—轮壳

实践证明，转子上半部的间隙，由于齿轮磨损而逐渐增加，而转子下半部的间隙逐渐减小。为了延长机器的使用寿命及修理间隔期，在调整间隙的时候，人为地减少上半部的间隙，增加下半部的间隙。调整的具体数值是，两转子上半部之间的间隙，应为总间隙的 1/3，而下半部的间隙，应为总间隙的 2/3，如图 9-26 所示。

两转子调整间隙后，拧紧齿轮轮壳上的四个螺钉，并将两个圆锥孔重新用手动铰刀铰孔，以圆锥销钉进行固定。

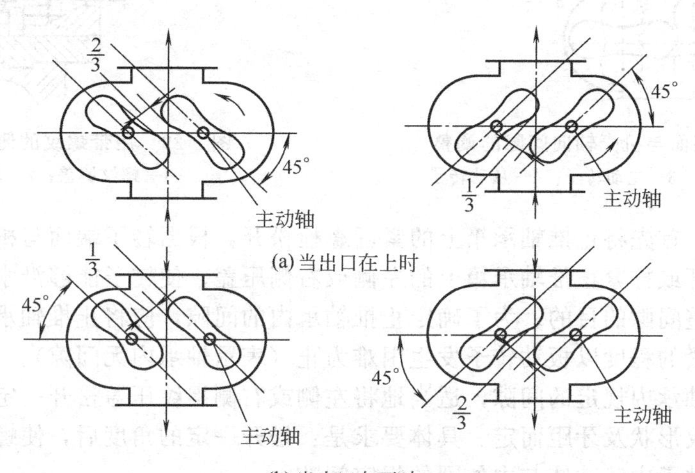

图 9-26　鼓风机转子压力角间隙调整方法

2. 两转子外径与机壳间径向间隙的调整

调整间隙前，必须首先测量如图 9-27 所示的Ⅰ、Ⅱ、Ⅲ三个位置，旋转 180°后再测相对应位置，另一个转子也同样测量 6 点，总计为 12 点。根据测出数值误差，进行适当的调整工作。

调整间隙的方法是移动机壳或壁板。调整时，先调整左下机壳和右下机壳，下部间隙调整完后，再调整上部的径向间隙。Ⅲ点间隙的调整，在左、右上机壳，前、后上壁板等未安装前就应当进行。否则，当上部分的机壳与壁板安装之后，底部的径向间隙就无法测量了。测量间隙时，经常遇到各种不同的情况，必须从实际情况出发来解决问题。例如，用加偏垫

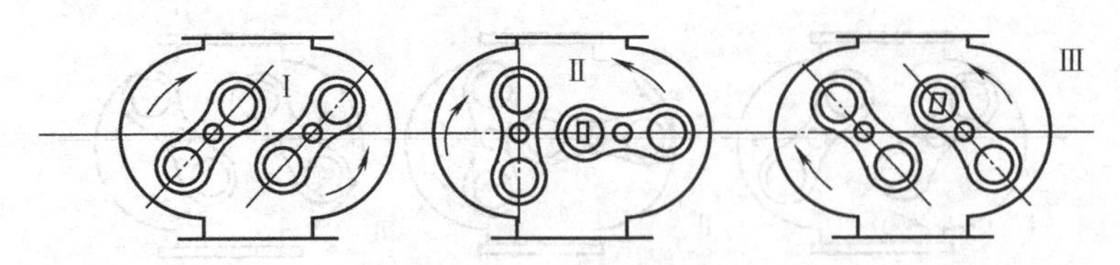


图 9-27　鼓风机两转子外径与机壳间径向间隙测量

的方法，解决间隙的局部偏差；但一般相差在 0.5mm 以上时，加偏垫就不合适，因为，加垫的层数太多或太厚，会引起气体向外渗漏，所以，应采取其他方法修复。

3. 两转子的端面与机壳轴向间隙的调整

① 调整间隙前，应先测量 8 点间隙（主动、从动转子各测 4 点），如图 9-28 所示。

② 如两轴向间隙的总和在 0.3～0.8mm 之间，可以调整滚动轴承。即用螺纹压盖和固定销钉来调节间隙。如图 9-29 所示。

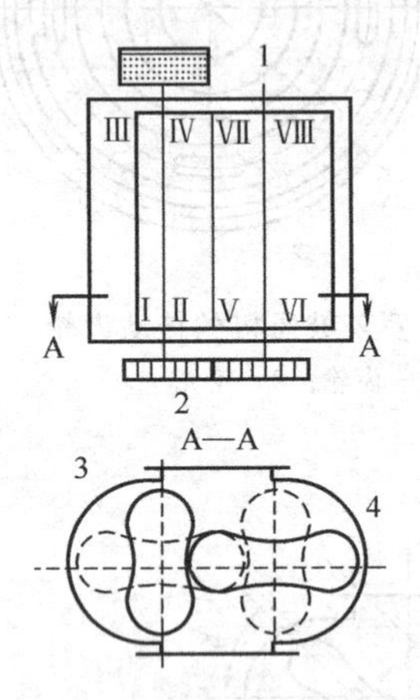


图 9-28　转子的端面与机壳轴向间隙的调整
1—皮带轮；2—齿轮；3—主动转子；4—从动转子

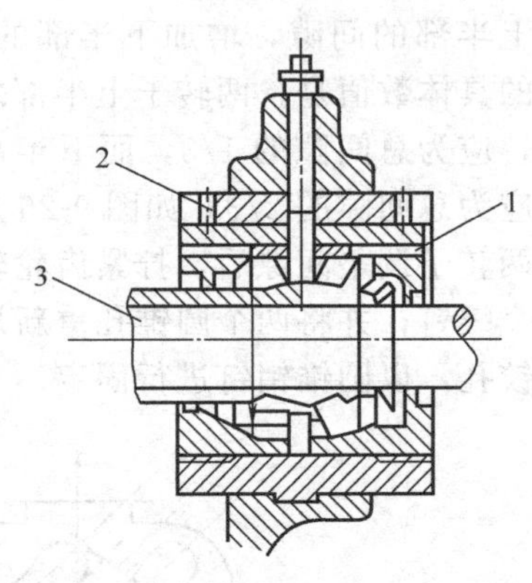


图 9-29　用带螺纹的侧盖调整轴承间隙
1—螺纹侧盖；2—轴承；3—轴

调整间隙前，首先将止推轴承箱上的紧固螺栓松开，根据转子端面与机壳内表面间隙的偏差，适当地松开或拧紧止推轴承箱上的左侧或右侧压盖，使转子能够沿水平方向做微小的移动，以达到调整间隙的目的。为了确定止推轴承内的间隙，应将止推轴承箱上的左侧或右侧压盖拧紧，拧紧的程度以板动转子发生困难为止（表示轴承内无间隙）。

然后，根据轴承内规定的间隙，适当地将左侧或右侧螺纹压盖松开一定的角度，此角度的大小，根据螺纹形状及牙距而定。具体要求是：松开一定的角度后，使螺纹压盖后退的轴向距离符合止推轴承内滚动体与内外圈的规定间隙。

轴承装配的保持器与滚动体的原始间隙值列于表 9-1 中。

**表 9-1　轴承装配的保持器与滚动体的原始间隙值**　　mm

| 轴颈 | 滚　珠 | 滚　柱 | 轴颈 | 滚　珠 | 滚　柱 |
|---|---|---|---|---|---|
| 50～80 | 0.013～0.025 | 0.025～0.070 | 120～140 | 0.017～0.040 | 0.045～0.10 |
| 80～100 | 0.013～0.029 | 0.035～0.080 | 140～180 | 0.018～0.045 | 0.060～0.125 |
| 100～120 | 0.025～0.034 | 0.040～0.090 | | | |

③ 在调整转子端面间隙时，若两端总和间隙超过 0.8mm 时，就要减少机壳的长度，以保证端面与机壳的轴向间隙。

另外，由于某种原因，当转子端面与机壳内表面间隙两侧偏差较大，而在调整过程中，转子沿水平方向一侧移动较大时，除调整止推轴承外，还应检查支承轴承的间隙情况，防止由于转子轴沿水平方向移动较大，而使支承轴承内的间隙发生了变化，致使轴承过热或过早磨损。所以，必须松开支承轴承压盖进行检查。

**五、罗茨鼓风机试车**

（一）试车前的准备工作

① 机器、电气、仪表等的安装均应竣工，其中包括：

a. 机械部分的施工，例如：机体、减速器、电动机等安装工程全部竣工，二次灌浆混凝土强度应达到80%以上；

b. 工艺管道清洗干净、试压合格，并与本体联系良好；

c. 气体过滤器、气体储罐、安全阀等附属设备，应全部安装完毕；

d. 电气、仪表等工程，如电流表、过流继电器、遥控装置等均应试验合格。

② 减速器齿轮试车前，应先进行单体跑合试验，运转时间为2～4h；

③ 电动机单独试运转2～4h，应无异常现象；

④ 安装与修理记录齐全。

（二）试车前的检查

① 检查地脚螺栓及接合面连接部分有无松动。

② 检查联轴器柱销螺钉有无松动。

③ 检查齿轮箱、减速器的润滑油是否按规定牌号添加，油量是否在规定的油线上。

④ 鼓风机的轴封装置应拧入足够的油脂。

（三）试车步骤及紧急停车条件

① 无负荷试车：鼓风机出口的气体在无任何阻力的情况下进行空转，一般是将出风管道拆开。无负荷试车一般为4h。

② 负荷试车：鼓风机出口的气体在有阻力的情况下进行运转，根据制造厂出厂技术说明书，逐渐达到规定的技术要求。负荷试车的时间一般为8h。

③ 试车中的检查项目：

a. 检查连接螺栓有无松动；

b. 倾听转子运转声音是否正常，有无摩擦现象；

c. 轴承温度是否符合技术规定；

d. 冷却水是否畅通；

e. 轴封装置部位有无漏气现象；

f. 齿轮减速器运转声音是否良好；

g. 停车后，应检查转子有无轴向窜动，两转子之间或转子与外壳之间的间隙，和试车前比较有无变化；

h. 检查电气与仪表装置，有无损坏或失灵现象。

④ 试车操作顺序：

a. 用手或工具扳动联轴器2～3转，检查转动是否灵活，有无“蹩劲”现象；

b. 打开入、出口阀门；

c. 合上电源开关，电动机启动后，扳动电阻箱手轮，使机器逐渐达到正常转数，同时，将电动机滑环扳手扳到运行位置；

d. 根据鼓风机技术性能规定，进行负荷试车试验，一般采用孔板流量计测量风量，用弹簧压力计测量风压，风压可以逐渐升高。

⑤ 鼓风机发现下列现象之一时，应紧急停车：

a. 转子与机壳摩擦冒烟时；

b. 轴承温度超过规定时；

c. 机体强烈振动时；

d. 输送的有毒气体泄漏较大时；

e. 电流突然升高，在 1～2min 不返回原位置时；

f. 齿轮油泵管路堵塞或其他原因不能供油时；

g. 在其他情况发生的现象具有严重的危险时。

（四）试车中常见故障原因分析及其处理方法

1. 鼓风机振动原因及其处理方法

鼓风机在正常运转中，发生的振动次数值超过规定的技术要求时，应根据振动的特征，进行具体的分析，判断引起振动的原因，一般可分为下列几种类型。

① 运行中，鼓风机与电动机发生谐振，即振动的频率与转速相同，这主要是转子质量不平衡的结果，主要原因是：

a. 转子未经过平衡校正，或者虽已校正，但配重铁块松动或位移，这时就应检查平衡铁块位置；

b. 转子表面粘着脏物较多，如灰层、油垢、铁锈等，破坏了转子的质量平衡，应清洗转子表面；

c. 轴向密封装置安装不正确，使轴与密封环产生局部摩擦，引起轴的局部过热，而使轴产生弯曲。发现了这种现象，应及时检查密封环上、下间隙，矫直已弯曲的轴等；

d. 气体输送管道有无负荷急剧变化的现象，应检查鼓风机进出口阀门及其管道有无脏物堵塞。

② 有时，振动是不定时的，振动随负荷增加而剧烈，这种现象的原因，多数是由于两半联轴器安装偏差较大，应重新进行联轴器的找正、找平；若鼓风机是三角槽轮带动时，应重新检查两三角槽轮轴是否平行，有无偏斜。

③ 若运转中发生了局部振动，特别是在轴承箱部分振动较严重，而机体振动不甚显著时，有时偶尔还能听到尖锐的敲击声或杂音，这主要是轴承磨损、油隙过大或滑动轴承瓦衬与轴承体的紧力过小，使轴在运行中跳动而引起的，这时应检查轴承间隙及磨损程度。

④ 由于基础和机座连接不牢固，地脚螺栓松动，垫板松动或机座的刚性较差等，也会使机器产生振动。

⑤ 若振动中带有噪声，可能是润滑不良和机器内部摩擦所致，应进行润滑系统和机器内部的间隙检查。

2. 罗茨鼓风机摩擦的原因

罗茨鼓风机运行中的摩擦现象可分为以下四类：

① 轴的刚性不够。罗茨鼓风机在旋转时，若主、从动轴的刚性不够，产生了扭转变性(此变性在弹性范围以内)，而使两转子之间或转子与机壳之间产生摩擦。

② 齿轮磨损。特别是鼓风机两转子水平放置时，由于齿轮磨损以后，使两转子位置发生了变化，致使两转子之间产生摩擦。

③ 齿轮键槽与键松动。由于键槽与键发生了松动，也会使两转子位置发生变化，而使两转子之间发生摩擦。

④ 轴承间隙超过规定。输送气体中有硬性杂质，会引起转子之间的摩擦。

## 复习思考题

1. 离心泵怎样分类？型号编制的原则是什么？
2. 离心泵安装的基本技术要求有哪些？

3. 离心泵装配时的间隙调整内容及要求是什么？

4. 电动离心泵的试车步骤如何？

5. 鼓风机的分类方法及类型代号如何？

6. 罗茨鼓风机体内转子与机壳各部分的间隙调整内容是什么？

7. 罗茨鼓风机试车的操作顺序是什么？

8. 罗茨鼓风机摩擦的原因是什么？

# 第十章　活塞式压缩机的安装

## 第一节　概　　述

活塞式压缩机是一种常见的通用机械。它与其他类型压缩机相比，有以下优点。

(1) 压力范围广　活塞式压缩机从低压到超高压都适用，目前工业上使用的最高工作压力可达 350MPa，实验室中使用的压力则更高。

(2) 效率高　由于原理不同，活塞式压缩机比离心式压缩机的效率高。

(3) 适应性强　活塞式压缩机的排气量可在较广范围内进行选择，特别是在较小排气量的情况下，更为显著。

活塞式压缩机的主要缺点是：外形尺寸和质量较大，需要较大的基础，气流有脉动性以及易损零件较多等。

**一、活塞式压缩机的工作原理**

活塞式压缩机靠汽缸内作往复运动的活塞缩小气体容积而提高气体压力。

图 10-1 为活塞式压缩机工作过程示意图。活塞式压缩机的曲柄、连杆组成了曲柄连杆机构。该机构在电动机驱动下，带动活塞在汽缸内作往复直线运动，从而压缩汽缸里的气体。气体达到一定压力后，克服了排气阀的阻力，便打开排气阀使气体进入下一级汽缸（多级压缩）或储气罐（单级压缩）。当曲柄旋转一周时，曲柄连杆机构带动活塞在汽缸内往复运动一次，完成了一个吸气、压缩、排气过程，这个过程称压缩机的一个循环。

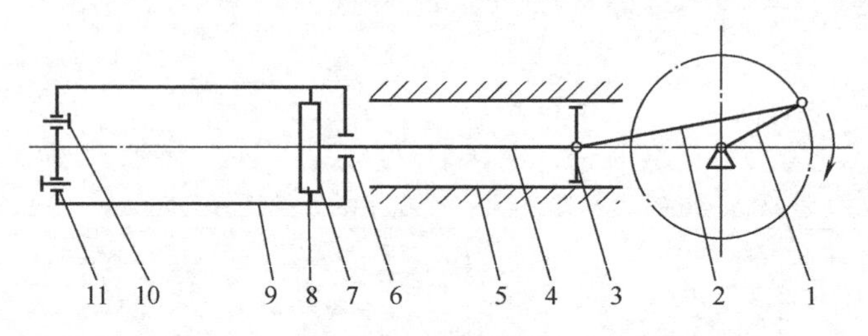


图 10-1　活塞式压缩机工作过程示意

1—曲柄；2—连杆；3—十字头；4—活塞杆；5—滑道；6—密封；7—活塞；8—活塞环；9—汽缸；10—吸气阀；11—排气阀

电动机带动曲柄旋转，曲柄连杆机构将电动机的旋转运动，转变为活塞的往复直线运动。当活塞 7 自左向右运动时，汽缸内的压力则逐渐降低；当低于进气口的压力时，进气口的气体便顶开吸气阀 10 进入汽缸，并充满汽缸的整个空间，直至活塞运动至右端为止（叫内止点）。然后，活塞在曲柄连杆机构作用下，从右端向左端运动，这时汽缸容积逐渐减小，压力逐渐升高，吸气阀关闭；活塞继续向左运动，气体不断被压缩，压力不断升高；当压力达到一定的要求时，排气阀被汽缸内的压缩气体顶开，进入排气管道，一直持续到活塞到达汽缸的左端（叫外止点）。当活塞又在曲柄连杆机构的作用下自左向右运动时，汽缸容积又逐渐增大，残留在汽缸内的高压气体膨胀，汽缸内压力降低。当汽缸内压力低于管道内压力时，排气阀被关闭；当压力继续下降到一定值时，吸气阀被打开，又一次吸气过程开始了。

如此周而复始，循环往复，活塞式压缩机就将气体压缩到一定的压力。活塞每往复一次所经过的路程称为冲程。

## 二、活塞式压缩机的基本结构

1. 活塞式压缩机的基本结构

包括机身、中体、曲柄、连杆、十字头等部件。其作用是传递动力、连接基础与汽缸部分，把电动机的旋转运动转化为十字头往复运动，从而推动活塞在汽缸中往复移动。

2. 汽缸部分

包括汽缸、气阀、活塞、填料及安置在汽缸上的排气量调节装置等部件，其作用是压缩气体和防止气体泄漏。

3. 辅助部分

包括冷却器、缓冲器、液气分离器、滤清器、安全阀、油泵、注油器及各种管路系统。这些部件用于保证压缩机正常运转。

## 三、活塞式压缩机的分类

### （一）根据压缩机排气压力高低分类

（1）低压压缩机　排气压力在1MPa以下的。

（2）中压压缩机　排气压力在1～10 MPa范围内的。

（3）高压压缩机　排气压力在10～100 MPa范围内的。

（4）超高压压缩机　排气压力在100 MPa以上的。

### （二）根据压缩机输气量大小分类

（1）小型压缩机　排气量在$10m^3/min$以下的。

（2）中型压缩机　排气量在$10\sim30m^3/min$范围内的。

（3）大型压缩机　排气量在$30m^3/min$以上的。

### （三）根据压缩机汽缸中心线相对位置分类

（1）立式压缩机　汽缸中心线与地面垂直，如图10-2所示。

（2）卧式压缩机　汽缸中心线与地面平行，如图10-3所示。

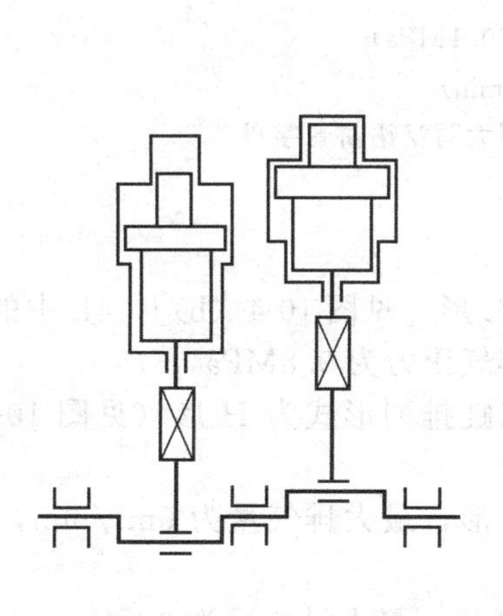
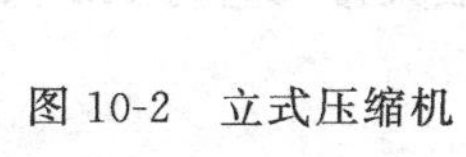

图10-2　立式压缩机

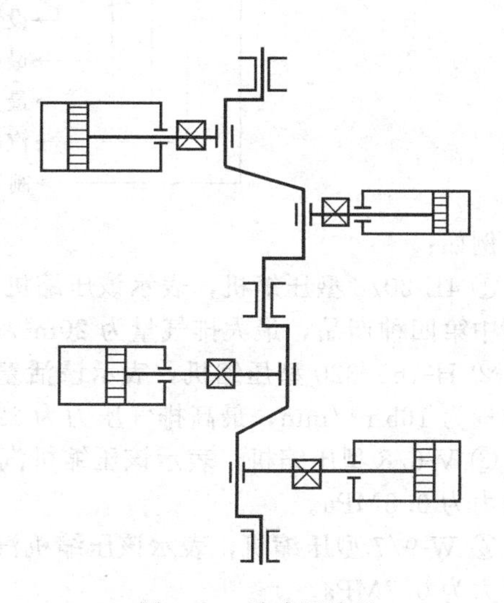

图10-3　卧式压缩机

（3）角式压缩机　汽缸中心线彼此成一定角度，如图10-4所示。

角式压缩机由于汽缸中心线相对位置不同，又可分为V形压缩机［见图10-4（a）］、L形压缩机［见图10-4（b）］和W形压缩机［见图10-4（c）］。

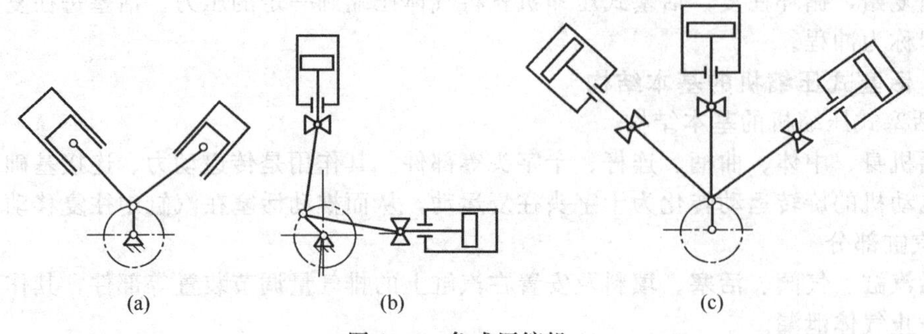


图 10-4 角式压缩机

（四）根据活塞在汽缸中的作用情况分类

（1）单作用压缩机 活塞只有一个端面进行工作，吸气阀和排气阀都装置在汽缸的一端。

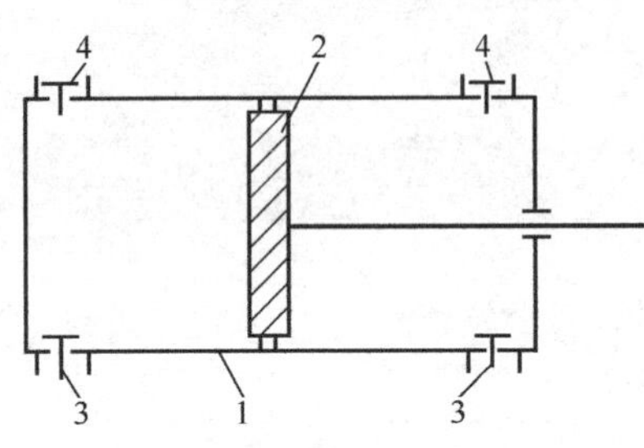


图 10-5 双作用汽缸示意
1—汽缸；2—活塞；3—吸气阀；
4—排气阀

（2）双作用压缩机 活塞的两个端面都进行工作，汽缸两端都设有吸气阀和排气阀，如图 10-5 所示。

（3）级差式压缩机 压缩机的汽缸由两个或多个不同压力等级的汽缸组合而成。

此外，压缩机还可以根据压缩的级数分为单级压缩和多级压缩；根据有无十字头分为有十字头压缩机和无十字头压缩机；根据压缩机所压缩的介质不同，分为空气压缩机、二氧化碳气体压缩机、氮或氢气压缩机和氨压缩机等；还可以根据润滑形式不同，分为油润滑压缩机和无油润滑压缩机等。

## 四、活塞式压缩机的型号

我国原机械工业部对活塞式压缩机的型号作了如下的统一规定

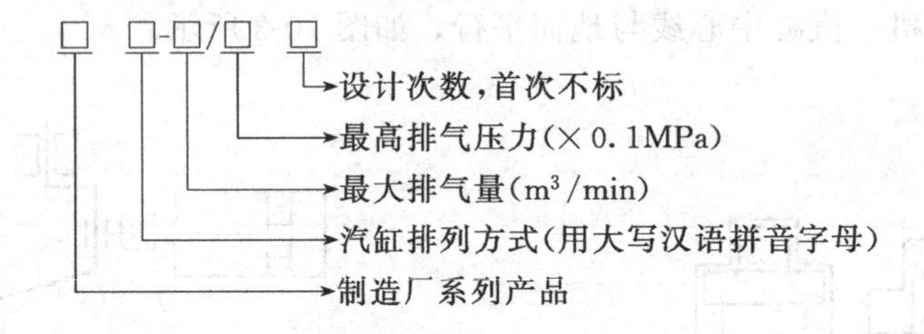


例如：

① 4L-20/8 型压缩机，表示该压缩机汽缸排列为 L 形［见图 10-4（b）］，4L 中的 4 为 L 系列中第四种产品，最大排气量为 $20m^3/min$，最高排气压力为 0.8MPa。

② H-165/320 型压缩机，表示该活塞式压缩机汽缸排列形式为 H 形（见图 10-3），最大排量为 $165m^3/min$，最高排气压力为 32MPa。

③ V-6/8 型压缩机，表示该压缩机汽缸排列为 V 形，最大排气量为 $6m^3/min$，最高排气压力为 0.8MPa。

④ W-9/7 型压缩机，表示该压缩机汽缸排列为 W 形，最大排气量为 $9m^3/min$，最高排气压力为 0.7MPa。

# 第二节 活塞式压缩机的安装

活塞式压缩机的安装是一项很重要的工作。它将直接影响压缩机的运行和使用寿命。

压缩机种类繁多，形式各异，但就安装而言，可分为整体式小型压缩机的安装和解体式大中型压缩机的安装。前者较简单，后者较复杂。本节仅以解体式压缩机的安装工艺步骤为例，讲述一些主要安装方法和技术要求。

## 一、安装前的准备工作

当接受了压缩机的安装任务后，要积极做好安装前的准备工作。准备工作充分与否，决定着施工进度的快慢、质量的好坏。

安装前准备的目的是：为有计划、按步骤、全面地开展施工打下良好的基础，做到心中有数；为提高效率、保证质量、加快施工进度创造必要的条件。

施工前准备的主要内容如下。

1. 技术资料的准备

压缩机安装前应具备下列技术资料和图纸：

① 产品使用维护说明书和产品交货技术条件（包括设备成套明细表、装箱单、备件清单、随机工具清单、随机图样资料清单、预装配检验记录等）；

② 设备本体图纸；

③ 基础图、安装图及有关工艺图。

对这些资料和图纸应进行认真详细地学习和审查，领会设计意图，掌握其结构和安装技术要求，必要时应进行图纸会审并提出质疑。

2. 编制施工方案

压缩机安装前，应根据技术资料和《机械设备安装工程施工及验收规范》编制施工方案（范围大的编制施工组织设计，单机多编制安装技术规程）。压缩机安装的施工方案的主要内容有：

① 工程概述；

② 安装方法和步骤及技术要求；

③ 施工平面布置图和交通路线图；

④ 施工平面和检测仪表计划；

⑤ 施工用料计划；

⑥ 劳力配备及劳动组织；

⑦ 形象进度图表；

⑧ 安全技术措施；

⑨ 现场记录表格。

3. 人和物的准备

根据施工方案，开工之前要组织好劳动力，将施工机具、检测仪表和各种材料准备齐全。

4. 现场的准备

① 压缩机安装前，接通水、电，运输及消防道路要畅通无阻。

② 压缩机厂房内要能遮蔽风、沙、雨、雪，照明充足，车间内行车应先安装好（若无行车，应另准备吊装机具）；压缩机基础强度应达到设计要求（最低不得低于混凝土设计强度的60%）。

③ 安装地点应具备符合要求的消防安全措施。

## 二、压缩机的开箱验收和保管

① 压缩机各零部件应按照安装的先后顺序运抵施工现场，特别是大型压缩机，零部件很多，不能一下子都堆放在安装现场，以免保管不当或妨碍安装施工。

② 运抵现场的零部件应在有关人员共同参加下进行开箱检查和验收，并做好验收记录。

但是，为了保护各零部件免受侵蚀和损坏，也为了便于现场管理，有利于文明施工，设备的防护包装，应在需要时拆除，不得过早将所有设备一次全部拆除。

③ 验收记录应详细记载开箱人、开箱日期、箱号、箱数、包装情况、运输损伤情况、全部零部件和附件及工卡具数量、型号、规格等以及随设备一起装箱的图纸、资料等是否齐全。

④ 对全部零部件进行验收。先进行表面检查。对于从国外引进的重要零部件如曲轴、活塞杆、连杆螺栓等应进行超声波探伤。发现问题，应当场做出记录、拍照，并由供货部门及时处理。

⑤ 在防锈油没有清除以前，不是转动。压缩机各滑动运动部件，检查后应重新涂上防锈油或喷洒防锈剂。

⑥ 机组开箱以后，施工单位应妥善保管，防止机件丢失、损坏和锈蚀，爱护设备表面漆层。稀有贵重材料、精密加工的零部件、易损易丢的零部件以及一些仪表等，宜设专门仓库备架存放。经切削加工的表面不得随意敲击，不得直接放在地面上。为检查而拆卸部件时，应事先在非工作表面做好标记。

⑦ 安装现场应保持清洁和干燥，禁止在零部件存放处或施工现场作混凝土搅拌、焊接、木工等作业，还要采取防止落物击伤设备的措施。

### 三、基础验收及垫铁和地脚螺栓

1. 基础验收

基础移交安装时，应提供基础坐标、标高和几何尺寸的实际测量图表、基础沉陷观测记录和基础合格证。

基础检查验收中发现的问题应及时解决。基础检查验收合格后，即可办理基础移交手续。

机组安装就位前，基础上平面要铲麻面，以便使二次灌浆层能牢固地与基础结合在一起。具体作法是：用风镐或手工工具在每 100cm$^2$ 范围内铲出 3～5 个深 10～20mm 的小坑，铲后将基础表面冲洗干净。在铲麻面过程中，要注意防尘和碎石伤眼等安全问题。

2. 垫铁

压缩机的平稳度很大程度上取决于垫铁的平衡度。为使垫铁能平稳地放置在基础上，必须研好垫铁基础。研出的基础与垫铁应接触均匀，并不得有翘角现象，其水平度允差为 0.3mm/m，同一水平上各垫铁组摆好后应用水平仪找平，其允差为 1～2mm；否则应调换平垫铁的厚度。当然也可用“座浆法”安装垫铁，也可采用调整螺栓专用千斤顶等方法（无垫铁安装，见图 10-6）来调整安装压缩机。

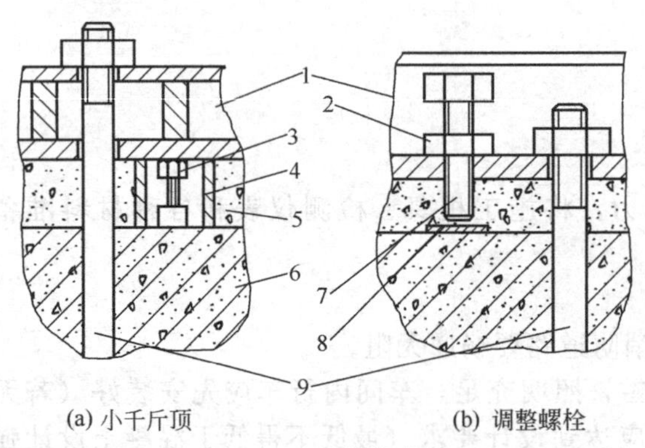


图 10-6　无垫铁安装

1—设备底座；2—固定螺母；3—千斤顶；4—模板；5—二次灌浆层；6—基础；7—顶丝；8—垫铁；9—地脚螺栓

3. 地脚螺栓

中型以下的活塞式压缩机常用死地脚螺栓，大型压缩机常用活地脚螺栓。因为大型压缩机振动性大，长期使用后便于更换。活地脚螺栓在安装前应根据图纸检查其质量和几何尺寸；丝扣应完好无损并涂上防锈油；螺杆部分应刷两遍红丹粉以防锈蚀。

活地脚螺栓孔内不能浇灌混凝土，而在基础内的一段活地脚螺栓杆身上，套以薄铁皮制作的（厚度 $\delta$=0.05mm 左右）套管，直径为螺栓的 1.2～1.3 倍，两端以油毡或棉纱封闭，螺栓套管在基础孔内四周的间隙应不少于15mm，应填充砂。

## 四、机体的安装

大型压缩机的机体一般由中体和曲轴箱两部分组成。中小型压缩机两者多为一体。机体的作用是：

① 连接汽缸和安装运动机构。

② 作为传动机构的定、导向部分。如：曲轴在主轴承中旋转，十字头在中体滑道中往复运动等。

③ 承受压缩机往复运动产生的气体力和惯性力。

④ 承受压缩机的质量并传至基础。

中型以上压缩机机体的安装应在垫铁安放完毕和机组轴线核准无误后进行。其安装步骤如下。

### （一）机体试漏

机体安装就位前应进行机体试漏。

先将机体用枕木垫高500mm以上，清洗机体上的污垢、铁屑、垃圾等，并擦拭干净；然后在油箱以下的外表面及底面上涂以白垩粉，以便检查机体的渗漏情况；再将煤油装盛在机体内，其深度为润滑油的最高油面位置。经过8h不应有渗漏现象。

如发现机体有渗漏，可用下列方法修补：

① 钻孔攻丝，用丝堵堵死。这种方法适用于在非重要部位发现有裂纹的场合。其方法是先在裂纹端部钻上$\phi$5mm的孔，攻M6丝孔，并旋入紫铜丝堵，并使丝堵彼此重叠1/4直径。全部堵上丝堵后用小锤轻轻敲击一遍，外表面用锉刀锉平整。

② 加盲板堵漏。其方法是在裂纹两侧按情况钻孔并攻丝数个，用厚度为3～4mm的紫铜板按该部形状切制并钻孔，紫铜板与机体之间涂铅油，再用螺栓拧紧即可。

③ 焊补堵漏。焊前要预热，用气焊或电焊施焊，焊后保温。用黄铜硬钎焊或镍基焊条电焊效果更佳。

④ 用黏结剂粘接。沿渗漏处铲出V形槽，涂以适当黏结剂，待黏结剂干燥后即可使用。

修补后的机体应按上述方法重新试漏。试漏合格后，将机体外表面的白垩粉揩掉，以保证机体能与二次灌浆相粘合。

机体滑道的进出油孔应清洗干净，保证润滑油路畅通无阻。进油孔要用油或压缩空气试验，试验压力应为600kPa。

### （二）机体就位

在各级垫铁抄平后，根据基础上事先放设好的主轴中心线、机体和汽缸中心线，将机体吊装就位。此时应注意机体上事先画好的主轴中心线、汽缸中心线与基础上的墨线相重合。其中心线和标高允差为±5mm。

吊装就位时，应注意轻吊轻放，不得碰坏地脚螺栓的丝扣，不得将垫铁组撞散。

### （三）机体的找平

机体正确就位后，可用精度为0.2mm/m的方水平找平。其纵向和横向水平度允差为0.05mm/m。卧式和对称平衡型压缩机纵向水平度测量应在机体滑道上进行。测量时宜在滑道上放一平尺；若无平尺，可在滑道前、中、后三处测量，每处测量两次（测量一次后，将方水平调转180°后再测一次，以消除水平仪本身的误差）。以前后两处测量的数据为准，只允许接缸端稍高，中间部位测量数据仅供参考。横向水平应在曲轴轴承座上测量。立式压缩机的水平度安装合格后，应拧紧地脚螺栓，并复查其水平度。

双机体压缩机的第二个机体的安装，应以安装好的第一个机体为准进行找平找正工作。原则上不允许移动第一个机体。两机体的跨距，以轴瓦座内侧端面为测量点，用带有特制加长杆内径千分尺测量，使之符合预先测得的主轴实际跨距尺寸，并留出主轴窜量，跨距允差为 0.1mm，两机体标高的相对误差一般规定为±0.05mm。

两列机体主轴孔应严格保持同心，可用拉钢丝（用内径千分尺测距离）或激光准直仪进行精确调整。第二个机体找平找正后，即可固定，并复测水平度应不变。

列与列之间中心线平行度测量也可用拉钢丝的方法。其平行度允差为 0.1mm/m。测量时，每列以滑道中心为准各挂一根钢丝，长度要比长列还要长。用特制的测杆（桥规尺）分别在主轴承处、中间点处和列的最外端处测量。

**五、主轴承和曲轴的安装**

压缩机的曲轴是压缩机中最重要的零件。其作用是把电动机轴的旋转运动变成活塞组件的往复直线运动，它从原动机接受动扭矩，通过活塞对气体做功，因此它周期性承受气体压力和惯性力，并在其内产生弯曲和扭转的变应力。

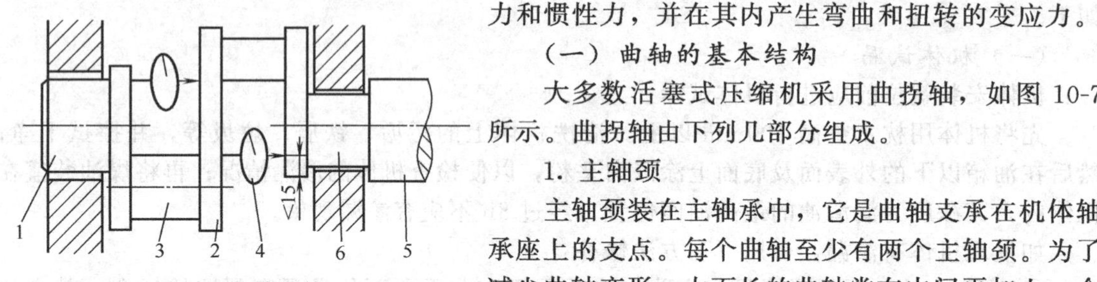

图 10-7 曲拐轴

1，6—主轴颈；2—曲柄；3—曲柄销；4—百分表；5—轴身

（一）曲轴的基本结构

大多数活塞式压缩机采用曲拐轴，如图 10-7 所示。曲拐轴由下列几部分组成。

1. 主轴颈

主轴颈装在主轴承中，它是曲轴支承在机体轴承座上的支点。每个曲轴至少有两个主轴颈。为了减少曲轴变形，大而长的曲轴常在中间再加上一个或多个主轴颈。

2. 曲柄销

曲柄销装在连杆大头轴承中，由它带动连杆作平面运动。

3. 曲柄

也叫做曲臂，它连接曲柄销与主轴颈或连接两个相邻曲柄销部分。

4. 轴身

曲轴除上述三部分外，其余部分称轴身，它主要用来装配曲轴上其他零件，如齿轮油泵等。

此外，曲轴上还有油孔，为了输送压力润滑油；为了抵消曲轴不平衡质量所引起的回转惯性力，曲柄下端常配有平衡重。

（二）主轴承及其安装

压缩机常用的主轴承有滚动轴承和滑动轴承。中小型压缩机大多采用滚动轴承。这里主要介绍滑动轴承的安装。

① 主轴承安装前，首先要进行外观的检查。主轴承的合金层（轴瓦）、瓦背、轴承座不得有裂纹、孔洞、斑痕、夹砂和重皮等现象；如发现有上述缺陷应进行修理和更换。

② 对于薄壁瓦（瓦壁厚 $t$ 与轴瓦内径 $d$ 之比 $t/d \leqslant 0.05$，轴瓦上合金层厚度为 0.3～1mm）还应检查合金层与瓦胎的贴合程度。检查的方法是将主轴瓦浸入煤油内，放置半小时后取出擦净，在合金层与瓦胎接合处涂上白粉，经半小时后，检查是否有渗油现象。有渗油现象为贴合不紧。

③ 对于厚壁瓦［$t/d > 0.5$，$t = 0.1d + (1 \sim 2)\text{mm}$］应进行刮研。轴颈与对开轴瓦承受负荷部分有 90°～120°的弧面接触，接触点的总面积不得少于该接触弧面面积的 60%～80%；对四开轴瓦，轴颈与下瓦和侧瓦接触点的总面积不得小于该面积的 70%。接触点要均匀分布。对于薄壁瓦原则上不允许刮研。

④ 主轴承放入轴承座内以后，应用着色法检查瓦背与轴承座的接触情况，接触面积要均匀；或以 0.02mm 的塞尺塞不进为合格。

⑤ 轴承的安装应与曲轴的安装同时进行并密切配合。主轴承测量检查合格后，应很好保持清洁，并用压缩空气吹净油孔。

（三）曲轴的安装

① 曲轴自运抵施工现场到安装，都要很好地保护，防止生锈、碰伤和加工面划出痕迹。安装前要仔细检查曲轴有无锈蚀、裂痕、砂眼，然后用柴油或煤油清洗干净，用压缩空气吹净油路，保持油路畅通、干净；检查曲轴上装配件连接是否牢固可靠；按照曲轴图纸复测各部尺寸和精度，并认真作好记录。

② 大型压缩机的曲轴一般比较长，吊装时要特别注意曲轴的平衡性，防止由于吊装不平衡，在就位时碰坏轴瓦或曲轴。

③ 曲轴就位后应做如下检测：

a. 曲轴水平度检测。曲轴水平度是否符合要求是压缩机安装质量好坏的标志之一。若水平度不符合要求，运行时将使曲轴过早疲劳破坏；会使轴瓦温度升高，发生烧瓦、窜轴和撞击轴瓦端面等事故。测量曲轴水平度的方法。一般是用方水平放置在曲轴的各主轴颈上及中间位置上，每转动 90°位置测量一次；还要反转再每隔 90°测一次，曲轴水平度允差为 0.1mm/m（取 4 次读数的平均值）。

b. 主轴颈与曲轴销平行度测量。该项测量可与曲轴水平度检测同时进行，即在曲轴销上也放水平仪。每当曲轴旋转 90°时，对照一下曲轴销上水平仪的读数，即可得出平行度误差。平行度允差为 0.2mm/m。

c. 曲轴开挡偏差测量。曲轴销两边的两曲轴之间的距离叫做曲轴开挡（或叫曲轴开度）。多拐曲轴的曲轴开挡在曲轴朝上或朝下时，一般都有变化，其变动值应符合技术文件规定。若无规定时，应不大于万分之一行程。若曲轴开挡偏差过大时，容易引起轴承温升过高或烧坏轴瓦。施工现场测曲轴开挡的方法多用百分表放在距曲轴边缘 15～20mm 处，在曲轴上、下、左、右四个位置各测一次，比较其差值。

d. 曲轴中心线与滑道中心线的垂直度测量。曲轴中心线与十字头滑道中心线应互相垂直，否则会使十字头、小头瓦和大头瓦发生偏磨损，严重时会造成事故。其垂直度允差为 0.1mm/m。具体测量方法如图 10-8 所示。

制作一个测量架（图 10-8 中的 4），固定在曲轴销上，沿滑道中心架设一条钢丝线。用内径千分尺测得 $a_1$ 值，转动曲轴 180°后，再测得 $a_2$ 值，则其垂直度偏差为 $\Delta$，则

$$\Delta=(a_1-a_2)/L$$

式中，$L$ 为两测点间距（m）。

施工现场，也可不做测量架，可直接在曲柄侧壁上取点测量。

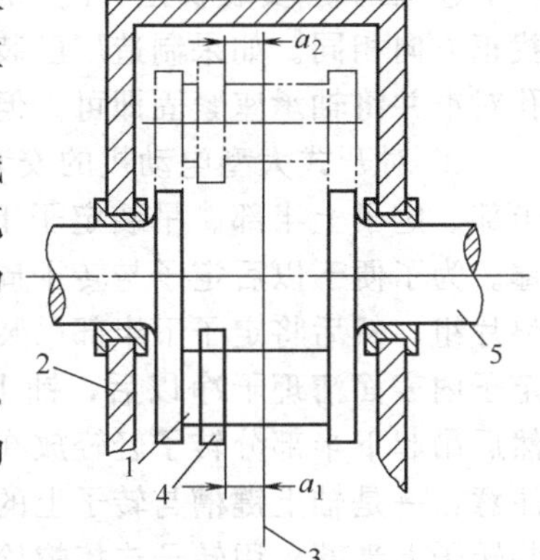


图 10-8 曲轴中心线与滑道中心线的垂直度测量

1—曲轴；2—机体；3—钢丝；4—测量架；5—轴身

e. 检查主轴承的径向顶间隙和侧间隙应符合规范或技术文件规定。如无规定时，顶间隙可按表 10-1 选取，顶间隙可用压铅法测量。侧间隙可按顶间隙的一半计算或塞尺测量检查。

**表 10-1 滑动轴承的顶间隙（$d$ 为轴颈）**

| 轴瓦材料 | 铅锡基合金 | 铅铜合金 | 铅合金 |
|---|---|---|---|
| 顶间隙/mm | $(5\sim7.5)d/1000$ | $(7.5\sim10)d/1000$ | $(10\sim12.5)d/1000$ |

f. 检测轴向间隙。定位轴承的轴向间隙也应符合规范或技术文件的规定。如无规定时，可在0.2～0.5mm范围内选取，其他轴承的轴向间隙应为1～3mm。

## 六、大型电动机的安装

所谓大型电动机一般是指电枢直径（直流电机）或定子铁心外径（交流电机）超过1m的电动机。它是大型压缩机的动力来源。大型活塞式压缩机常用大型同步电动机拖动，如TDK260/60-18。

大型同步电动机由定子、转子和底座三部分组成。根据运输条件和安装使用条件，定子和转子可分为整体式或对开式。安装时，要根据不同的结构形式制定不同的施工方案。其安装步骤简述如下。

### （一）底座的安装

① 按要求布置垫铁。除遵循垫铁布置原则外，还要在荷载集中处增设垫铁组，如轴承座、定子在底座上的固定部位要增设垫铁，并尽可能将垫铁布置在底座带有筋板的部位。

② 底座吊装就位并初步找正找平。其水平度允许偏差为0.01mm/m；中心线允许偏差为±5mm；标高允许偏差为±0.5mm。其精确调整常在轴承、转子、定子等部件安装后，结合其找中心一并进行。

### （二）电动机轴承座的安装

① 轴承的检查、清洗的要求与主轴承相同。

② 轴承座与底座之间的接触面（称台板）应平整无毛刺，接触应严密，其间允许放置垫片，以调整轴承座的高度。为了防止“轴电流”的产生（轴电流能使轴颈与轴瓦之间产生小电弧，电解润滑油，侵蚀轴颈和轴瓦，引起轴承过热，甚至烧坏轴瓦），要在轴承座与台板之间加绝缘垫片，紧固螺栓也应采取绝缘措施。

③ 轴承座安装找正。使轴承座的中心与机组主轴线重合。找正的方法与机组主轴承的找正方向相同。如果制造厂已装配过并且打过定位销钉，安装时只要将轴承座与台板定位销孔对准并将轴承座紧固即可。但要检查位置是否正确。

④ 对开式大型电动机的安装顺序是：安装定子下半部、转子下半部、转子轴、转子上半部、定子上半部。吊装定子下半部时，为了防止其开口处变形，常在定子开口间放置木撑。为了便于以后定子与转子周围的空气间隙调整，在定子的两个底座下加上3～4mm的垫片组，然后将定子下半部吊装底座上，初步找正中心后，即可拧紧地脚螺栓。将下半部分定子内表面清理干净以后，铺上5～7mm厚的橡胶板或石棉板，以防损坏电动机的绝缘。然后吊起下半部分转子轻轻放在下半部分定子上，再将转子轴放在下半部分转子上。此时要注意：一是轴上键槽与转子上的键槽要对准；二是转子端面与轴上的定位台阶要靠紧。再吊装转子上半部，用转子连接螺栓将两半转子固定在轴上，并用塞尺检查转子与轴接合面应无间隙。

转子与轴之间的切向键要用涂色法检查，其两侧面接触面积应达60%以上。两条楔形键组对好以后，用千分尺测量，两端宽度允许偏差为0.05mm。然后用游锤打入。而键槽上部应有0.5～1mm的间隙。最后吊装定子上半部。在吊装前先在两半定子对口处按电气要求加上薄的绝缘片，使上下两半定子的硅钢片不致因互相接触而损坏。上部定子应与下部定子牢固连接，连接处应无缝隙。

⑤ 如果定子是整体部件，则应将转子及轴套装进去。其方法有不垫高定子套装法和垫高定子套装法两种。

不垫高定子套装法，首先将定子吊至底座上并使其靠向一个轴承座，以便于穿套。其次是将转子在中心处吊起使部分穿入定子中，使伸出部分便于支承，至设立吊点为止，然后用道木托住转子。再采用横吊梁吊起转轴两端，撤去道木，稳妥穿入定子中，使轴颈落入轴承中。最后将定子移回到安装位置（见图 10-9）。这种套装法比较简单，但事先必须经过核算，保证在两个轴承座之间能有同时容纳转子和定子的空间。同时吊装过程中要注意不能有碰撞。

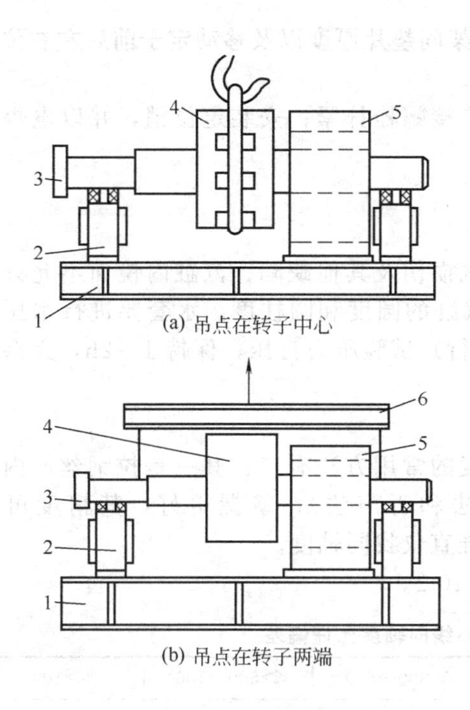


图 10-9　不垫高定子套装法

1—底座；2—轴承座；3—转子轴；4—转子；5—定子；6—吊梁

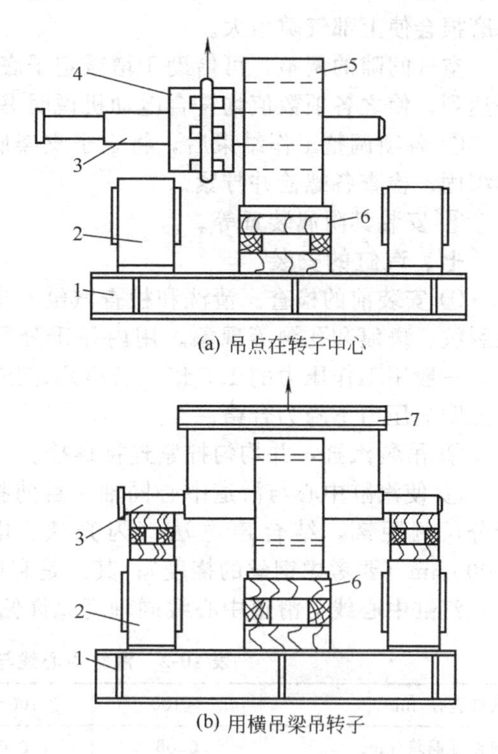


图 10-10　垫高定子套装法

1—底座；2—轴承座；3—转子轴；4—转子；5—定子；6—道木；7—吊梁

垫高定子套装法（见图 10-10）不受两轴承空间狭小的限制，先将定子吊在垫高的道木垛上，然后吊起转子，使轴端穿入定子中，垫好转子轴，改用吊梁吊起转轴两端，将转子穿入定子中。最后同时吊起定子和转子，抽去道木，慢慢放下定子和转子，使定子落到底座上，轴颈落入两端轴承座中。此种方法比不垫高套装法麻烦些，但可靠。尤其对空气间隙小的异步电动机多用此法。

⑥ 检查定子内圆和转子外圆的圆弧程度及定子与转子间空气间隙（即气隙）的均匀情况。检查方法如下：

a. 以定子为基准，检查转子外圆的圆弧程度。在定子内圆上任取一点 $A$ 作为气隙测量基准点（见图 10-11），将转子的每个磁极顺次编号，并打上永久性标志。盘车转动转子，沿着径向测量 $A$ 点至转子每个磁极间的距离。令其间距最小的一个点为 $B$（在转子上）。

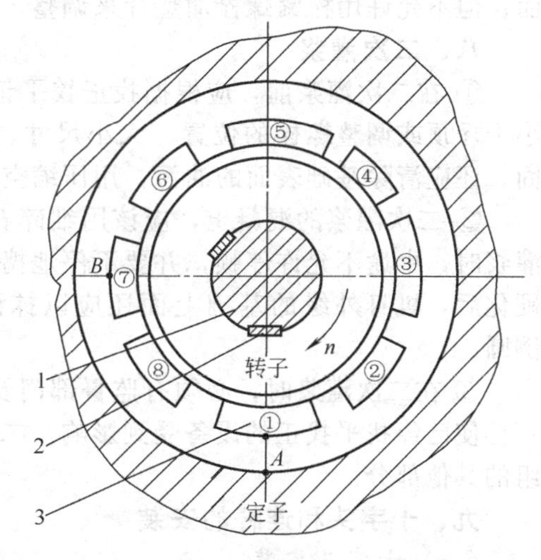


图 10-11　检查电动机定子和转子气隙

1—转子轴；2—切向键；3—磁极

b. 以转子为基准，检查定子内圆的圆弧程度。把定子内圆周均分若干等分（不少于 8 点），以转子上的 $B$ 点为基准点，盘车检查 $B$ 点距定子内圆上各点间的距离。

对交流电动机，各点的空气间隙差值（即间隙不均匀度）不应超过基准值（即空气间隙的平均值）的10%，其偏差方向应使上部气隙较下部气隙小3%～5%。因为长期运转，轴承磨损会使上部气隙增大。

空气间隙的调整，可借助于增减定子底座与支架间垫片厚度以及移动定子前后左右位置来达到。使之各项数值均符合电动机说明书的规定。

⑦ 各项调整工作结束后，将定子支架底座的连接螺栓拧紧；安装定位销，并以电焊点焊牢固；检查各螺栓并拧紧。

⑧ 安装其附属装置等。

## 七、汽缸的安装

① 安装前的检查。清洗和检查汽缸，应无机械损伤及其他缺陷；汽缸内镜面不允许存在裂纹、斑痕和孔洞等现象。用内径千分尺检查汽缸的圆度和圆柱度。水套要进行水压试验，一般用工作压力的1.5倍（若有规定按规定进行）试验压力打压，保持1～2h，无渗漏及无明显压力下降为合格。

② 吊装汽缸，并均匀拧紧连接螺栓。

③ 使汽缸中心与滑道中心同轴。目前找同轴度的常用方法有二：其一是拉钢丝、内径千分尺测距离，结合声电法（闪光法、电流表法和听声法），掌握得好，其精度可达0.005mm（要考虑钢丝的挠度）；其二是利用激光准直仪找同轴度。

汽缸中心线与滑道中心线同轴度允许偏差见表10-2。

**表10-2　汽缸中心线与滑道中心线同轴度允许偏差**

| 汽缸直径/mm | ≤100 | ＞100～300 | ＞300～500 | ＞500～100 | ＞100 |
|---|---|---|---|---|---|
| 同轴度偏差/mm | 0.05 | 0.07 | 0.10 | 0.15 | 0.20 |
| 汽缸水平度偏差/(mm/m) | | 0.02 | 0.04 | 0.06 | 0.08 |

若同轴度超过规定时，应松开汽缸与中体的连接螺栓，调整汽缸的位置，然后拧紧连接螺栓重新测量，直到符合规定为止。汽缸中心线只允许外端高，因为运转时，汽缸外端有向下移动的趋势。汽缸水平度检测要与同轴度检测同时进行。若有矛盾，应以水平度合格为准。若汽缸同轴度和水平度偏差过大时，允许用锉刀、刮刀类机加工修整汽缸与中体的接合面；但不允许用松紧螺栓加垫片来调整。

## 八、二次灌浆

① 在二次灌浆前，应根据找正找平记录对机体各部分进行一次全面复查，并将垫铁和小千斤顶或调整螺栓的位置、大小尺寸、数量作出隐蔽工程记录，必要的可用电焊点焊牢固。还应清除基础表面的油污，用压缩空气吹除基础表面的杂物，此后即可进行二次灌浆。

② 二次灌浆的混凝土，应该用细碎石混凝土，其标号应该比基础混凝土高一号。二次灌浆时，中途不允许停顿，并要不停地捣固，以充满机体底部的所有空间。二次灌浆层稍微硬化后，机身外缘的基础上面还应以抹面砂浆将其顶部抹成向外倾斜的平面，并将棱角倒圆。

③ 在二次灌浆时，必须有监督部门及安装部门的人员在场，保证二次灌浆的质量，并不得使已经找平找正的设备受到影响。二次灌浆层经过一段时间养护后，方允许安装压缩机组的其他部分。

## 九、十字头和连杆的安装

### （一）十字头安装

① 安装前应拆下十字头的上下滑板，用着色法检查并刮研上下滑板背面与十字头体的

接触面，使其均匀接触，其面积不少于60%。最后一次组装十字头和滑板之前，应根据滑道内直径、十字头外直径以及它们之间的径向间隙，决定垫片的多少和总厚度，并将垫片加在十字头体和滑板之间。

② 将十字头放入机体的十字头滑道中，用着色法检查并刮研十字头滑板，使其与机体十字头滑道接触点的总面积不少于滑板面积的60%，接触点应均匀分布。在刮研过程中，要一面刮研，一面用塞尺测量滑板与滑道之间的间隙（每侧不少于三处测量点），边刮边测，以免刮偏。

③ 十字头滑板与机体十字头滑道的径向间隙，在行程的各位置上均符合图纸和有关技术文件规定。为了保证在运转过程中活塞杆中心与机体十字头滑道中心的同轴度，对卧式压缩机汽缸列，十字头滑板与机体十字头滑道的径向间隙应置于滑道不受侧向力的一侧。例如对称平衡型压缩机，机身两侧的十字头滑板受力方向不同，一侧十字头的侧向力在下方，对称的另一侧的十字头侧向力在上方；侧向力在下方的十字头，径向间隙在上；侧向力在上方的十字头，径向间隙在下（见图10-12）。确定十字头位置的这道工序叫做十字头定心。定心时，要在十字头与活塞杆连接的端面处安装一个专用胎具，用内径千分尺测量十字头在滑道内前、后两端中心位置。间隙在上时，内径千分尺测量的上部数值应该等于下部数值加上间隙值；间隙在下时（指运动状态），测量的下部数值加上间隙值应该等于测量的上部数值减去间隙。这是因为测量在静止状态进行的缘故。

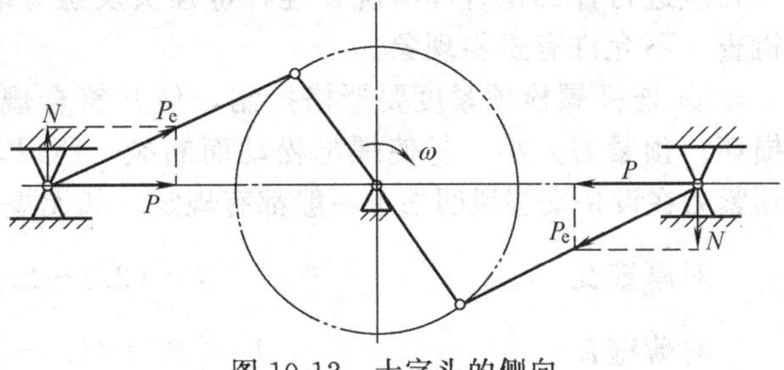

图10-12 十字头的侧向

对于立式压缩机的汽缸列十字头定心，其间隙应保证两侧均匀分布。

④ 十字头装入滑道后，还应检查十字头和活塞杆连接处端面和滑道的垂直度，其垂直度允差为100mm长度上不应大于0.2mm。

⑤ 十字头的刮研、测量定心、调整工作可在机体滑道未安装前进行，也可在汽缸未安装前进行。

（二）连杆安装

十字头放入滑道及曲轴就位后，可以安装连杆。安装前要仔细检查：大小头轴瓦的粗糙度是否符合要求，有无明显的裂纹、拉伤现象，杆体有无刀痕和毛刺。如发现上述现象应进行修理和更换，避免引起应力集中，造成连杆断裂等严重事故。

① 将连杆清洗干净，并用压缩空气吹通油路，保证油路清洁畅通。

② 刮研连杆大头轴瓦和小头衬套瓦（当大头轴瓦为薄壁瓦时不能刮研），使其与曲轴销和十字头销接触面积为70%以上，接触点应均匀分布。

③ 连杆大小头轴瓦的配合间隙必须严加控制。连杆大小头轴瓦的配合间隙过大时，运转过程中就会产生敲击冲撞声，严重时能振裂瓦衬，破坏润滑；间隙过小时，会发生过热烧瓦、抱住十字头销轴或与十字头体胀死。因此安装时，必须按照制造厂提供的技术数据进行检查调整。连杆小头轴瓦的径向间隙可用塞尺检查，也可凭经验判定：对于大型卧式压缩机，当十字头销轴装好后，以一个人力能使其自由转动而又不太松动为宜；对于小型立式压缩机，一只手能板动十字头销轴即可。轴向间隙可用塞尺检查，或直接测量计算得出。连杆大头轴瓦的径向间隙也不能过大或过小。间隙过大，会引起敲击、振动、烧瓦；间隙过小，则会引起润滑困难，轴瓦发热、烧瓦、抱轴，甚至损坏轴颈表面。大头瓦的径向间隙可以用塞尺或压铅法来检测。连杆大头瓦的轴向间隙如果过大时，连杆横向窜动量增大，会产生敲

击冲动；过小时，将会因曲轴的热伸长而发生歪偏，产生轴瓦偏磨，严重时也会烧瓦抱轴。检查大小头轴瓦轴向间隙的方法可以用塞尺塞，也可以将百分表挂在曲轴上，其测杆触头靠在大头轴瓦一侧端面上，拨动连杆，读出百分表读数值即为轴向间隙。

④ 连杆的定位，一般以小头轴瓦的轴向间隙为准，因为小头轴瓦的轴向间隙较小，容易实现连杆定位；而曲轴销较长，大头轴瓦轴向间隙较大，不宜定位。如果以连杆大头轴瓦定位，则连杆小头轴瓦也需有较大的轴向间隙，供补偿窜移之用。定位端两侧的轴向间隙应均匀相等。

⑤ 连杆螺栓的受力情况复杂，故安装时必须给以充分的注意。对连杆螺栓、螺母、螺栓孔应进行仔细检查和清洗；连杆螺栓头及螺母端面对连杆支承面靠紧状况，一般用着色法检查，不允许有歪斜现象。

⑥ 连杆螺栓预紧度要严格控制，使其符合规定值。预紧力太大，会使螺栓应力增大而损坏；预紧力太小，易使螺母松动而断裂。所以，拧紧连杆螺母一定要保证规定的预紧力。预紧力在设备安装说明书中一般都有规定，如无规定时，可按下式计算预紧力 $T$（单位为 N）：

对厚壁瓦 $$T=(2.1\sim2.5)P/Z$$

对薄壁瓦 $$T=[P_1+(2.1\sim2.5)P]/Z$$

式中 $P$——最大活塞力，N；

$Z$——连杆螺栓个数，当用 4 个螺栓时，$Z$ 取 3；

$P_1$——薄壁瓦过盈所需的力，N。

保证预紧力的方法有二：

a. 用测力扳手拧紧螺母，此时的扭矩 $M$（单位为 N · cm）可按下式计算

$$M=KTd_o$$

式中 $T$——预紧力，N；

$d_o$——连杆螺栓杆直径，cm；

$K$——系数，一般取 $K=0.15\sim0.18$。

b. 测量连杆螺栓的伸长量。伸长量在设备说明书中一般都有规定。若无规定，伸长量 $\Delta L$ 可按下式计算

$$\Delta L=TL/EF=4TL/\pi d_o^2E$$

式中 $T$——预紧力，N；

$L$——螺栓总长，mm；

$E$——螺栓材料的弹性模量，钢和合金钢取 $2.1\times10^5$ MPa；

$F$——螺栓横截面积，$mm^2$；

$d_o$——螺栓直径，mm。

松开螺母后，螺栓应恢复到原来的长度，不应有残余伸长（永久变形）。

连杆螺栓伸长量 $\Delta I$ 的测量：安装前用外径千分尺测量自由状态下的连杆螺栓长度，记下数据；安装并拧紧连杆螺母后，在装配位置上再用外径千分尺测量其长度。用拧紧后的测量长度值减去自由状态测量长度值，即为连杆螺栓的实际伸长量。实际伸长量应符合设备技术文件的规定，或者符合计算出来的数据。

连杆螺母拧紧后，应用开口销或其他防松装置固定，以防松动。

安装过程中，要注意防止连杆体碰伤曲轴销或机体滑道。

## 十、填料及刮油器的安装

填料是密封汽缸与活塞杆之间的间隙用的密封件。对它的要求是密封良好而又经久耐

用。其密封原理和活塞环一样，即以阻塞为主并兼有节流作用，借助气体压力差来获得自紧密封。

（一）填料的种类和结构

填料通常由填料盒、密封圈、锁紧弹簧、定位销、填料盒盖及螺栓螺母等组成。按其密封圈的结构形式不同。填料有平面的和锥形的两类，前者多用于低、中压，后者多用于高压。

1. 低压三瓣密封圈（见图 10-13）

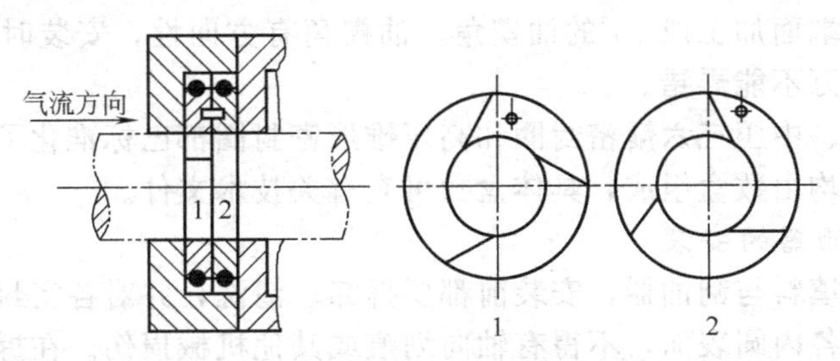


图 10-13　低压三瓣密封圈

低压三瓣密封圈为单向斜切口，由于它对活塞杆的压力是不均匀的，因此磨损也不均匀。锐角一端比压较大，磨损自然也较严重。其结果必然使相邻两瓣接口处不可避免地留有缝隙，增大了泄漏。因此这种三瓣结构的密封圈只适用于压差在 1MPa 以下的低压密封。

2. 三六瓣密封圈（见图 10-14）

压力在 10MPa 以下的中压密封，国内多采用三六瓣密封圈。每盒密封圈依靠两个镯形弹簧把开口环箍紧在活塞杆上。三瓣环安装在缸侧，六瓣环安装在近曲轴侧，切口要互相错开。三瓣环的作用是在轴向将六瓣环的切口挡住，六瓣环起主要密封作用，其里面的三瓣箍紧在活塞杆上，外面三瓣挡住内三瓣的径向开口，各环的径向间隙可用以补偿密封圈的磨损。

平面密封圈的缺点是各盒之间的负荷相差很大，近缸侧的第一盒负荷最大。在高压情况下，填料会急剧磨损，造成大量泄漏，这是压缩工艺不允许的，尤其是压缩易燃、易爆、有毒、腐蚀性强等气体时，更是不允许的。

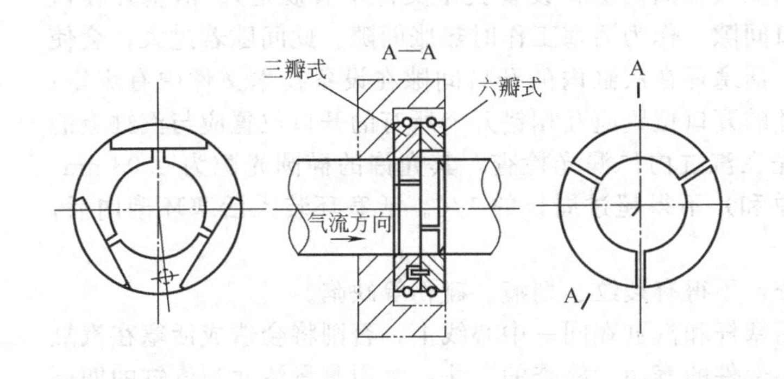


图 10-14　三六瓣密封结构

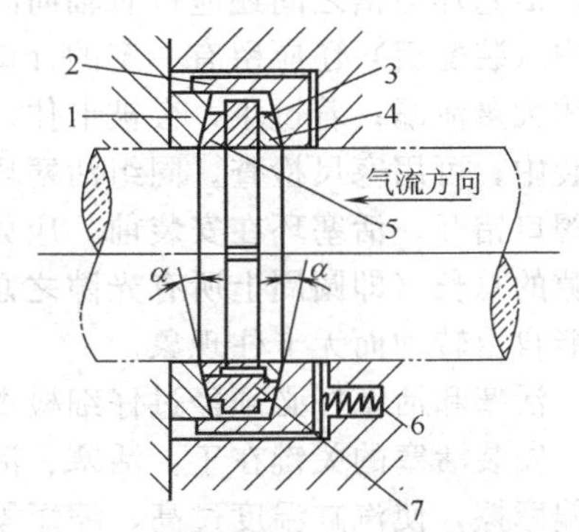


图 10-15　锥形密封圈

1—支承环；2—压紧环；3—T 形环；4—前锥环；5—后锥环；6—轴向弹簧；7—圆柱销

3. 锥形密封圈（见图 10-15）

高压密封宜采用锥形密封圈，其密封元件是由一个 T 形环、两个锥形环（前锥环和后锥环）组成，三者都是单切口，各切口互相错开 120°，由圆柱销定位，装在由支承环和压紧环所组成的盒中。为了获得良好的密封性，T形环、锥形环和整体的支承环与压紧环的锥面应研磨配合，使其接触面积不少于75%。轴向弹簧的作用是在有气体压力之前压紧密封圈的锥面，并对活塞杆产生预紧压力。

当气体压力从轴向作用在压紧环端面时，由于$\alpha$角产生了一个径向分力，使密封圈压紧活塞杆，$\alpha$角越大，径向分力越大。在若干盒组成的填料组合件中，各盒密封圈承受的压差是不相同的，汽缸侧压差大，磨损快。为了使各盒密封圈的径向压力基本一致，前面几盒的$\alpha$角应小些，后面逐渐取大些。为了保证润滑油楔入摩擦面，改善摩擦状况，提高密封性能，将锥形环的内圆端面加工成15°的油楔角。油楔角有方向性，安装时要注意油楔角在每盒填料的低压侧，千万不能弄错。

低压三瓣密封圈、中压三六瓣密封圈和高压锥形密封圈都已标准化了，它们均属易损零件，不管哪种填料，均由数盒组成，具体盒数可查有关技术文件。

（二）填料及刮油器的安装

不论何种形式的填料与刮油器，安装前都要拆卸、清洗，并对各密封元件的加工质量进行检查。密封元件的各内圆表面，不得有轴向划痕或其他机械损伤。在拆卸过程中，注意顺序，要事先做好标记。因为有的作用不同，有的压力角不一样，若装错了会造成密封失效、气路或油路不通，导致气体泄漏或填料发热，甚至烧坏。

填料和刮油器应与活塞杆配研，也可用与活塞杆材料、尺寸、精度都一样的假轴来代替活塞杆，配研填料密封圈和刮油环。其接触点的总面积应不少于接触面的70%，且要均匀分布。密封圈与填料盒的端面间隙应符合规定要求。其弹簧力要均匀，不能装歪斜。各盒填料内都必须清洁无杂物，否则会引起发热。组装好后应试验填料的油路、气路、水路，保证畅通。整组填料装入汽缸前，应先将填料座孔内的软质垫片放入并摆正。整组填料推入后，要均匀拧紧其螺母。装好后，应进行磨合运行，以保证接触均匀。

**十一、活塞环、活塞及活塞杆的安装**

安装前，应清洗和检查各个零部件，如发现缺陷，应立即进行修理或更换。

活塞环不得有气孔、沟槽、裂纹等现象。毛刺必须除去，为了避免活塞环的边缘损坏汽缸壁并使活塞环与汽缸摩擦而能良好布油润滑，活塞环的外缘必须有圆角（一般$r$=0.1～0.5mm）。为了避免活塞环工作时，因热胀而被卡在活塞环槽内，并有0.3～0.5mm的沉入量，活塞环与槽之间还应留有轴向间隙（轴向间隙在设备技术文件中有规定）。活塞环在汽缸中（装配后）还应留有一定的开口间隙，作为活塞工作时热胀间隙。此间隙若过大，会使气体大量泄漏；若过小，会被卡住。活塞环在汽缸内的开口间隙在设备技术文件中有规定；安装中，可用塞尺检查。同组活塞环的开口位置应互相错开，所有的开口位置应与汽缸上的气阀口错开。活塞环在安装前，应先在汽缸内作漏光检查，其允许的椭圆光隙为0.03mm，光隙的总长（即圆周上所有光隙之总和）不得超过周长的1/6。活塞环装入活塞环槽内后，应能自由转动而无卡住现象。

活塞和活塞杆必须经过仔细检查，不得有裂纹、划痕、碰伤等缺陷。

安装活塞的关键在于：活塞、活塞杆和汽缸在同一中心线上，否则将会造成活塞在汽缸内偏摩擦，使汽缸温度过高，缩短零部件的寿命。检查的方法：常用测量活塞与汽缸的四周径向间隙值来判断，即如果活塞与汽缸是同心的，则其四周径向间隙应相等。

在安装活塞杆时，将活塞杆穿入填料密封装置和刮油器时，应使用导向套或采取其他措施，防止划伤活塞杆。在与十字头连接好以后，应在活塞杆上用框式水平仪测量活塞杆的水平度，活塞杆应呈水平状态，但允许前端高0.05mm/m。活塞杆摆动值的测量方法是：将百分表挂在汽缸与机体的连接座上，百分表触头垂直地触及活塞杆，慢慢盘车，查看指针的摆动值。当汽缸压力小于1.5MPa时，允许摆动值应不大于0.30mm；当汽缸压力为1.5～

20MPa 时，不应大于 0.20mm；当汽缸压力大于 20MPa 时，为 0.05mm。活塞装入汽缸后，立即装好缸盖及阀门盖。考虑到活塞在汽缸中往复运动，而连杆、活塞杆、活塞等机件受热后的膨胀，活塞有撞击汽缸端面的危险。为此，在汽缸两端都留有必要的止隙（或叫余隙）。对于卧式压缩机，考虑到热膨胀是向外伸长的，故外止隙应比内止隙稍大；对立式压缩机，考虑各运动件的磨损，下止隙比上止隙稍大。汽缸的具体止隙值，设备技术文件中均有规定。汽缸止隙值的测量方法，一般都是用压铅法。测量时应注意，软铅条要从汽缸的不同方向伸入，压测两次以上；尤其是大活塞，更应如此，以免活塞偏斜，检测不准确。另外，软铅条的压扁度不应超过铅条直径的 1/3。汽缸止隙值不符合要求时，调整的方法有三：一是增减活塞杆头部与十字头凹孔内调整垫片的厚度，这种方法适用于用联轴器连接的十字头；二是利用十字头和活塞杆连接的双螺母来改变活塞杆的位置，借以改变汽缸止隙，这种方法适用于螺纹连接的十字头；三是通过改变汽缸端盖下垫片厚度来调整汽缸止隙。

## 十二、气阀的安装

气阀是压缩机中控制中体吸入和排出的重要部件之一。现在活塞式压缩机所用的气阀，都是随着汽缸内气体压力的变化而自行开闭的自动阀。气阀质量的优劣和运行情况的好坏，直接影响着压缩机的生产能力、功率消耗和运行安全。

### （一）气阀种类

按气阀的用途，气阀可以分为吸（进）气阀和排气阀两种。其结构大体相同，都是由阀座、运动密封元件（阀片或阀芯）、弹簧、升程限制器等零件组成。

1. 吸（进）气阀（见图 10-16）

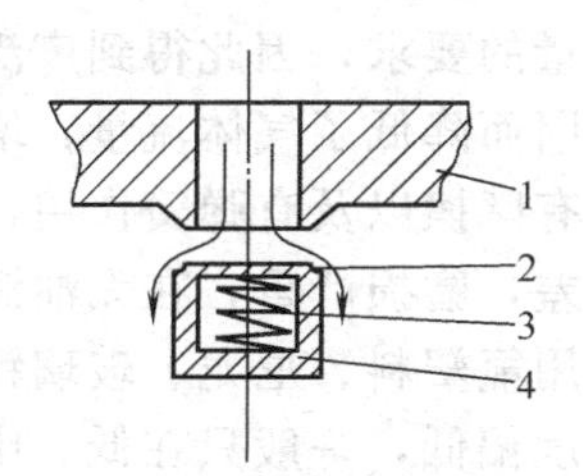

图 10-16　进气阀示意

1—阀座；2—阀片；3—弹簧；4—升程限制器

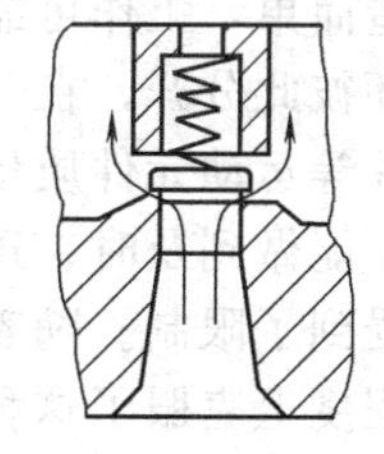
图 10-17　排气阀示意

在吸气过程中，活塞运动使汽缸内的压力低于吸入管道中的压力，当压力差能够克服弹簧力、阀片 2 和弹簧 3 运动质量惯性力时，阀片 2 便开启，气体被吸入汽缸；气阀继续开启并贴到升程限制器 4 上，气体进入汽缸。当活塞运动至止点时，速度急剧降低，因此气流速度也随之降低，作用在阀片上的动压力也在减少。当此力小于全启状态的弹簧力时，阀片开始关闭，最终落在阀座 1 上，完成 1 个进气过程。

2. 排气阀（见图 10-17）

排气阀的启闭与吸（进）气阀类似，这里不再赘述。

按气阀的结构，气阀又分为环状阀、网状阀、球形蝶阀、杯形阀、蝶阀及条状阀等。常用的为环状阀，其次为网状阀。

### （二）气阀的结构

1. 环状阀

环状阀由阀座、阀片、弹簧、升程限制器、连接螺栓螺母等零件组成。

低压和中压使用的环状阀座由一组直径不同的同心圆环（1 环至 8 环）组成，各环之间用横筋连成一体，这种阀座的气阀又称开式气阀（见图 10-18）。在高压情况下，为了保证阀座有足够的强度和刚度，也为了加工方便，将通道制成圆孔形状，这种气阀又称闭式气阀（见图 10-19）。

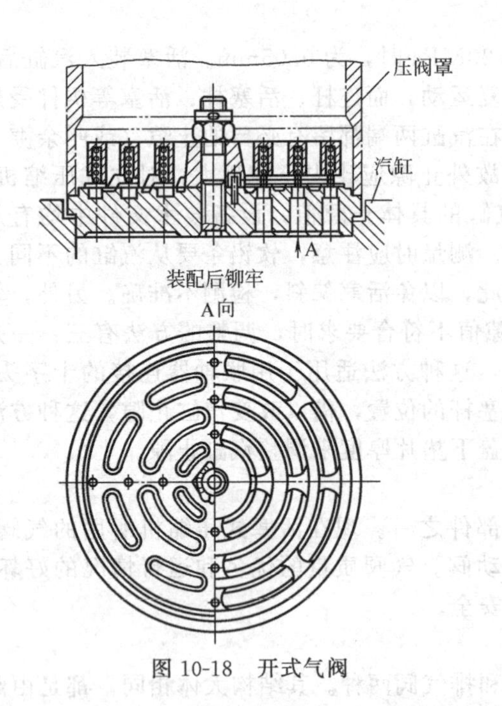


图 10-18　开式气阀

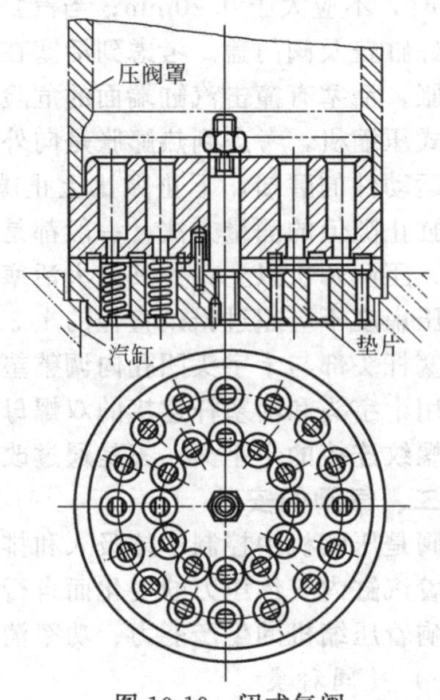


图 10-19　闭式气阀

环状阀的阀片是圆环状薄片，一般都制成单环阀片，也有把两环连在一起的，由于寿命较短，故应用不广泛。

环状阀制造简单，工作可靠，可改变环数适应各种气量的要求，因此得到广泛应用。其缺点是阀片各环彼此分开，在开闭运动中很难达到同步，因而降低了气体流量，增加了能量消耗；并且阀片等运动元件质量较大，阀片与导向块之间有摩擦以及有弹簧作用，使阀片在启、闭运动中不能做到及时、迅速；由于阀片缓冲作用较差，磨损严重，在无油润滑压缩机中应用环状阀受到了限制。随着非金属耐磨材料的发展，用氟塑料、尼龙、玻璃钢材料制成阀片，在一定程度上克服了这种弊病；但因耐温性差，强度偏低，一般只在低、中压范围内应用。

2. 网状阀

网状阀与环状阀的工作原理一样。其区别在于网状阀的阀片各环连在一起，呈网状（见图 10-20）。由于网状阀没有导向块，因此特别适用于无油润滑压缩机的汽缸中，如氧压机和空分压缩机中普遍采用网状阀。

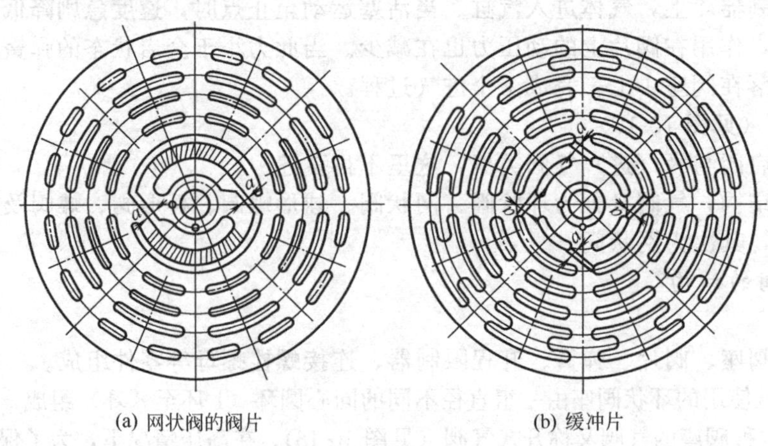


(a) 网状阀的阀片　　(b) 缓冲片

图 10-20　网状阀的阀片结构

网状阀的主要缺点是阀片结构复杂，气阀零件多，加工制造难度大，成本高；阀片任何一处损坏都导致阀片报废。因此其应用受到限制。

（三）气阀的材料

1. 阀片的材料

阀片由于受到反复冲击和反复交变弯曲荷载，因此必须具有足够强度和较长时间的使用寿命，这就要求阀片材料强度高，韧性好，耐磨，耐腐蚀等。对于空气、氮气、氢气、石油气等没有腐蚀介质的压缩机，多用30CrMoSiA；对用于有腐蚀介质的压缩机（如$CO_2$）和氧气压缩机，常采用1Cr13、2Cr13、3Cr13、1Cr18Ni9Ti等。

2. 阀座和升程限制器的材料

一般介质的压缩机，其阀座和升程限制器的材料，可根据阀片两侧压差决定（见表10-3）。对$CO_2$压缩机，低压采用灰口铸铁；中、高压采用1Cr13、1Cr18Ni9Ti等。氧压机的阀座和升程限制器一般采用黄铜（HPb5-1）和不锈钢（1Cr18Ni9Ti、1Cr13），黄铜和不锈钢不仅防锈而且不会产生火花。无油润滑压缩机的阀座和升程限制器常采用合金铸铁或不锈钢制造。

**表10-3　阀座和升程限制器的材料**

| 压差/MPa | 材料 | 压差/MPa | 材料 |
|---|---|---|---|
| ≤0.6 | HT20-40 | >1.6～4.0 | 球墨铸铁、锻钢 |
| >0.6～1.6 | HT30-54、合金铸铁、球墨铸铁 | >4.0 | 锻钢35、40、40Cr、35CrMo等 |

3. 弹簧的材料

气阀中的弹簧，当排气温度较低时（120℃以下），采用碳素弹簧钢丝；当排气温度较高时（不超过400℃时），采用合金弹簧钢丝，常用的有50CrVA、60SiMn、60Si、65Mn等；对有腐蚀性气体介质，常采用不锈钢或有色金属弹簧材料，如Cr13、1Cr18Ni9Ti、Cr18Ni12Mo2Ti、Cr18Ni12Mo3Ti及硅锰青铜、锡青铜和铍青铜等。

（四）气阀的安装

气阀安装是压缩机安装的最后工序之一。常在无负荷试车之后，随着压缩机系统的吹洗逐级安装。

气阀安装之前，要认真清洗检查，仔细安装：

① 检查各零件是否有变形、裂纹和撞伤现象。

② 检查阀片的翘曲度、粗糙度、平行度。

③ 阀片与阀座的接触面要严密，用涂色法检查，要求尚密封圆周达到不间断地均匀贴合。

④ 气阀装配后，先检查阀片起落是否灵活，不得有卡住现象；然后用煤油渗漏试验，对于新装气阀，要求在5min内允许有不连续滴状渗漏，但滴数不得超过表10-4的规定。

**表10-4　气阀气密性试验允许渗漏滴数**

| 阀片圈数 | 1 | 2 | 3 | 4 | 5 | 6 |
|---|---|---|---|---|---|---|
| 允许渗漏滴数 | ≤10 | ≤28 | ≤40 | ≤64 | ≤94 | ≤130 |

⑤ 气阀安装要逐级进行，要特别注意气阀和排气阀不能装反，否则，不但造成气体分配混乱，降低压缩机的生产效率，而且会造成机件损坏事故。此外，在拧紧阀盖螺栓时，要对称反复进行，并注意垫片的压正情况，否则将引起泄漏。

## 十三、润滑系统的安装

在压缩机中，相互滑动的部件，如活塞环与汽缸、填料与活塞杆、主轴承、连杆大头轴瓦、连杆小头轴衬以及十字头与机身滑道等处，都要注入润滑油（或润滑脂）进行润滑。润滑的作用是：

① 减小摩擦力，降低压缩机功率消耗。

② 减少滑动部位的磨损，延长零件寿命。

③ 润滑剂有冷却作用，带走摩擦热，降低零件的温升，保证滑动部位必要的运转间隙，防止滑动部位咬死或烧伤。

④ 用油作润滑剂时，尚有冲走机械杂质的作用。

⑤ 防锈。

在大中型带十字头的压缩机中，均采用压力润滑。压力润滑往往又分为两个独立系统，即汽缸填料部分的压力润滑和运动部件的压力润滑。

汽缸填料压力润滑系统，主要润滑活塞与汽缸、活塞杆与填料，压力较高。多数压缩机使用压缩机油（如 HS-13 或 HS-19）。它由注油器（多数为柱塞泵）、输油管路和逆止阀等组成。对于少油或无油润滑的汽缸（如氧压机）采用固体润滑材料；对超高压压缩机中的润滑一般使用白油。

运动部件的润滑系统又称循环润滑系统，主要润滑主轴承、连杆大小头、十字头与机身滑道。循环润滑系统由油泵、油箱、油过滤器、油冷却器、输油管和回油管等组成。循环润滑系统常用机械油，如 HJ-20、HJ-30、HJ-40 或 HJ-50。顾名思义，循环润滑系统的润滑油可循环使用，润滑油在压缩机中循环流动。

对润滑系统的安装要求是：

① 油管要用酸溶液或碱液清洗，然后用清水冲洗干净。

② 油管路不允许有急弯、折扭和压扁现象，并排列整齐，力求美观。

③ 润滑系统的油路、阀门、过滤器、油冷却器等，应分别进行气密性试验和强度试验。对于循环系统，以 0.6MPa 压力进行试验；对汽缸填料润滑系统，以工作压力的 1.5 倍进行试验。

④ 安装位置准确，运转正常，供油情况良好。

**十四、附属设备的安装要求**

压缩机的附属设备包括：水封槽、冷却器、缓冲器、油（水）气分离器、集油槽等。

① 安装就位前，根据图纸要求检查结构和尺寸、管口方位及地脚螺栓的位置等，然后进行强度及气密性试验。

② 立式附属设备安装就位后，其铅垂度允差每米不大于 1mm；卧式附属设备水平度允差每米不大于 1mm。

③ 所有的附属设备均应按容器的不同要求彻底清洗干净，不得有污垢、铁屑和杂物等存留。

## 第三节　压缩机的试运转

压缩机组及其附属设备、管路系统、电气仪表、控制系统安装完毕后，必须进行试运转。所谓压缩机试运转，就是新安装的或经过大修后的压缩机的开车，因此也称试车。试运转是对压缩机的设计、制造、安装等各方面质量的总检查，也是压缩机从设计、制造、安装到投入生产这一过程中必不可少的重要环节。通过试运转能使所有间隙配合的表面得到更好地磨合，还能发现那些静态下发现不了的隐患，以保证压缩机正常运转时的安全可靠，避免发生事故。

压缩机的试运转，根据不同的型号、规格，按照制造厂随机带来的产品使用维护说明书中所规定的程序和要求进行。大中型压缩机的试运转，一般都包括循环润滑油系统的试车，汽缸填料注油系统的试车，冷却水系统的通水试验，通风系统的试车，原动机单独试车，压缩机组试车。压缩机的试车步骤如下。

## 一、压缩机试运转前的准备工作

### （一）循环润滑系统的试运转

为了消除润滑油系统中可能存在的隐患，保证压缩机重机试运转时润滑油系统的正常工作，必须事先进行循环润滑油系统的试运转。

① 试运转前，在油箱内装入润滑油，其规格数量应符合设备技术文件的规定。

② 本系统试运转要求是：

a. 整个系统各连接处严密无泄漏现象；

b. 油冷却器、油过滤器效果良好；

c. 油泵机组工作正常，无噪声和发热现象；

d. 油泵安全阀在规定压力范围工作；

e. 循环润滑油的温度和压力指示正确；

f. 油压自动联销灵敏；

g. 整个系统清洁。

### （二）汽缸填料注油系统的试运转

要求达到该系统各连接处严密无泄漏现象；阀门工作正确灵敏；注油器工作正常，无噪声和发热现象；各注油口处滴出的油清洁无垢。

### （三）冷却水系统通水试验

水系统应通水，保持工作水压 4h 以上，检查汽缸、冷却器各连接处应严密无泄漏现象，水系统畅通无阻塞现象，水量充足，阀门动作灵敏。

### （四）通风系统的试运转

要求运行平衡，风量充足，风压正常，风管连接处严密无泄漏现象。

### （五）原动机的单机试运转

压缩机组在开车之前，应首先对原动机进行单独试运转。这种单独试运转对大型电动机更为必要。其具体步骤如下。

1. 开车前的检查

① 调整电动机的旋转方向，使其必须符合压缩机的要求，不允许反转。

② 对耐压试验和干燥等项工作进行严格检查，并用干燥无油水的压缩空气吹净电动机内部空间。

③ 用塞尺复测转子与定子沿圆周的空气间隙。

④ 仔细检查电动机各处紧固、定位、防松情况。

⑤ 接通电动机的控制测量仪表。

2. 启动电动机

① 盘动电动机转动三周以上，检查有无碰撞和摩擦声响。一切正常后，开动电动机。

② 点动电动机，检查转动方向和各部分有无障碍。

③ 启动后运转 5min，然后停车检查。

④ 启动运转 30min，如果正常，则可连续试运转 1h。停车后，检查主轴承温度不得超过 60℃，电动机的温度不得超过 70℃，电压、电流应合乎铭牌上的规定值。

### （六）压缩机各部位检查和准备

① 全面检查压缩机的紧固情况。

② 检查二次灌浆的强度是否达到要求。

③ 检查各部分的测试仪表是否安装妥当、联锁装置是否灵敏可靠。

④ 复查各部分的间隙及汽缸止隙是否符合要求，并盘车检查转动是否灵活。

⑤ 检查安全防护装置是否良好及放置是否恰当。

⑥ 将要试运转的压缩机擦拭干净，搬开附近一切与试运转无关的物品，并向地面洒水，打扫干净，以防地面灰尘进入汽缸内。

⑦ 拆去气阀和管道，并装上筛网。

## 二、压缩机无负荷试运转

压缩机无负荷试运转的目的：

① 使运动件得到良好磨合。

② 考验润滑系统、冷却水系统及各辅助系统的工作可靠性；最高排水温度不得超过40℃。

③ 发现并处理试车中的问题，为压缩机进入负荷试运转创造条件。

各项准备工作完成之后，即可进行无负荷试运转，其步骤是：

① 开动循环油泵，调整油压到设计压力。

② 开动注油器，检查汽缸及填料各点的供油情况。

③ 开启循环水系统至设计压力。

④ 开车

a. 点动并检查。检查各运动部件有无不正常的声响或阻滞现象。

b. 正式启动压缩机，空载运行5min，这时要注意：压缩机运转声音应该正常，不应有碰撞及其他不正常情况。此时可借助“探针”探听主轴承、十字头滑道、汽缸及电动机各重要部位的运转声响，应无杂音和不正常现象。

看：各级冷却水是否畅通，各出水口水温应符合要求，水量充足；循环油压力是否达到规定要求，注油器运转是否正常，各供油点供油情况是否良好；地脚螺栓及其他各连接处有无松动现象；机体是否有振动等。

摸：用手摸汽缸外壁、填料与活塞、十字头滑道外壁、机体、电动机等可用手触及的地方的温度和振动情况。

嗅：嗅不正常的气味，如绝缘烧毁的“焦”味，油温过高的烟味等。

c. 开车运转30min，若无不正常的响声、发热、振动，则可连续运转8h，然后停车检查。填料温度应不超过60℃，十字头滑道温度应不超过60℃，主轴承温度应不超过55℃，电动机温升应不超过70℃，压缩机组的振动幅度在规定范围之内。

试运转过程中，对运转情况随时全面检视，并对异常情况及时处理，要每隔半小时填写一次试运转记录。

## 三、压缩机系统的吹洗

压缩机无负荷试运转后，应开动压缩机对气体管路及附属设备进行吹洗。吹洗是利用压缩机各级汽缸压出的空气，吹除本身排气系统的灰尘及污物的过程。

吹洗工作一般采用分段吹洗法，即先Ⅰ级开始，逐段连通吹洗，直至末级。具体方法是：先将Ⅰ级汽缸的吸气管道用人工清扫干净，也可以利用吸气装上排气阀反吹。然后分别吹洗Ⅰ级汽缸的排气口到Ⅱ级汽缸吸气管法兰螺栓，使Ⅱ级汽缸错开一定的位置。开车后，利用Ⅰ级汽缸压出的气体依次洗Ⅰ级排气管路、中间冷却器、Ⅱ级吸气管路，直到排出的空气完全干净为止。下一步吹洗Ⅱ级汽缸的排气管路、中间冷却器、Ⅲ级吸气管路。依此类推。最后装上末级的吸、排气阀门，吹洗末级的排气管路、后冷却器和其他设备，直到排出的空气完全干净为止。

各级吹洗的压力应遵守设备技术文件规定；若无规定时，应按150～200kPa进行。

吹洗时，应在各级段吹除口处放置白布，以检查脏物；吹洗时间不限，直到吹净为止。经常用木锤轻敲吹洗的管路和设备，以便将脏物振落吹除。

吹洗段的仪表、安全阀、逆止阀等要拆除，其他阀门必须全开，以免损坏密封面或遗留脏物。吹除的污染空气和脏物，不准带入下一级的设备、管道和汽缸内。不进行吹洗的汽缸、设备和管道必须加盲板挡住。

吹洗时，为避免排气时噪声过高，管径 $D100$mm 以下的，可以用比原管径大 2 倍左右的临时管道将吹出的气体通向室外。

**四、压缩机负荷试运转**

压缩机负荷试运转也叫升压连续试车，负荷试运转一般用压缩空气进行。最终压力不宜超过 25MPa。超过此压力的试运转应考虑用氮气为介质。在进行负荷试运转的同时，也进行气密性试验。负荷试运转的目的是：

① 检验压缩机的负荷性能。

② 检验压缩机正常工作压力下的气密性。

③ 检验压缩机的生产能力（排气量）以及各项技术性能指标等是否符合设备技术文件规定的要求。因此，压缩机的升压连续试运转是决定压缩机能否投入正式生产的关键。

压缩机的负荷试运转在压缩机吹洗之后进行。其具体步骤是：

① 开车前，先把吹洗时用的临时管路、筛网、盲板等全部拆除干净，装上正式试运转需用的管路、仪表及安全阀，然后进行正式试运转。

② 开车后，要分次逐渐加负荷（加压），每次加负荷之前，保持稳定一段时间，以使操作条件稳定下来，每次升压的幅度也不宜过大。

③ 在升压过程中，应对机组运转情况进行全面检查，每半小时填写一次试运转记录，各种数据应在规定范围之内。

④ 在最后压力下运转时间不得少于 4h，停车后进行检查。

⑤ 上述试运转合格后，应进行不少于 24h 额定压力下的连续运转，并每隔半小时作一次记录，各数据应在规定的范围内，并运转平稳。

**五、拆卸检查再运转**

负荷试运转后，应拆开压缩机检查：

① 各运动部分的磨合情况是否正常；

② 各紧固部分是否松动；

③ 拆下各进排气阀进行清洗；

④ 检查汽缸镜面磨损情况；

⑤ 全面检查电动机各部分；

⑥ 复测汽缸和曲轴的水平度；

⑦ 消除试运转中发现的缺陷。

拆卸检查后，重新装配好再次试运转，试运转的过程与压缩机的负荷试运转相同，以检验再装配的正确性。

压缩机经过上述步骤的试运转，若平衡可靠，则证明一切正常，即可进行交接工作，投入生产使用。

试运转是一项重要的多工种联合作业。因此，压缩机试运转之前首先要编制试运转方案（或试运转指导书），并向全体参加试运转的人员交底；其次，试运转过程中，要自始至终地贯彻“听”、“摸”、“看”、“嗅”四字方针。一旦发现问题，既要沉着冷静，又要迅速及时地妥善处理。

## 六、压缩机试运转或运转中可能产生的问题及其原因和对策

压缩机在试运转过程中，常会发现一些问题，产生这些问题或故障的原因和解决方法归纳如下。

### （一）排气量达不到设计要求

其原因有：

① 气阀泄漏，特别是低级气阀泄漏；

② 填料漏气；

③ 第一级汽缸余隙容积过大；

④ 汽缸和活塞环有故障。

排除方法：

① 气阀泄漏，可能是阀座与阀片间有金属颗粒，因关闭不严引起泄漏，此时要拆洗，也可能是气阀弹簧刚度不符合要求，此时要检查气阀弹簧并更换合适的气阀弹簧；也可能是阀座与阀片磨损不均匀而引起密封不严漏气，此时可用研磨法修理或更换。

② 填料漏气，可能是填料磨损而引起漏气，此时可修正或更换密封圈；也可能是润滑油供应不足，降低气密性而漏气，此时可增加润滑油量；也可能是装配不良或回气管不通，此时要重新装配填料和疏通回气管。

③ 汽缸余隙容积过大，可用调整汽缸余隙方法排除。

④ 汽缸和活塞环的故障，可能是磨损。若为汽缸磨损，可采用镗削或研磨法修理，严重时更换新的缸套；若为活塞环磨损，要更换新的活塞。也可能是润滑油量不足或质量不高，此时要更换高质量的且量足的润滑油。

### （二）级间压力超过正常压力

其原因和排除方法是：

① 后一级的吸、排气阀不好，要检查气阀，更换损坏件。

② 前一级冷却器的冷却能力不足，要检查冷却器的供水情况。

③ 活塞环泄漏引起排出量不足，要更换活塞环。

④ 到后一级间的管路阻抗增大，要检查管路并使之畅通。

⑤ 本级吸、排气阀不好或装反，要检查气阀。

### （三）级间压力低于正常压力

其原因和排除方法是：

① 前一级吸、排气阀不良引起排气不足或活塞环泄漏过大，此时要检查气阀和活塞环，必要时更换损坏件。

② 吸入管道阻抗太大，要检查管道，使之畅通。

③ 级间有外泄漏；要检查泄漏处，并消除之。

### （四）排气温度超过正常温度

其原因和排除方法是：

① 汽缸或冷却器效果不良，要增加冷却水量。

② 吸入温度超过规定值，检查工艺流程，排除升温源。

### （五）运动部件发出异常声音

其原因和排除方法：

① 连杆螺栓、轴承盖螺栓、十字头螺母松动或断裂；紧固或更换损坏件。

② 主轴承、连杆大小头轴瓦、十字头滑道等间隙过大，要检查或调整间隙。

③ 各轴瓦与轴承座接触不良且有间隙，要刮研轴瓦瓦背。

④ 曲轴与联轴器配合松动，检查并采取相应措施。

（六）汽缸内发出异常声音

其原因和排除方法是：

① 润滑油太多或气体含水太多，会产生水击现象，应减少润滑油量、提高油水分离器效果，并定期打开排水阀。

② 汽缸余隙容积太小，要适当增大余隙容积。

③ 活塞杆螺母或活塞松动，应紧固。

④ 异物掉入汽缸内，检查并清除之。

⑤ 填料破损，更换填料。

⑥ 气阀有故障，检查气阀并消除故障。

⑦ 汽缸套松动或断裂，检查并采取相应措施。

（七）汽缸发热

其原因和排除方法是：

① 冷却水不足，检查冷却水供应情况。

② 汽缸润滑油太少，检查并调整汽缸润滑系统，保证正常的油压和油量。

（八）轴承或十字头滑道发热

其原因和排除方法是：

① 配合间隙过小，调整间隙。

② 轴颈和轴承接触不均匀，重新刮研轴瓦。

③ 润滑油不足，检查其润滑系统，保证正常的油压和油量。

④ 润滑油太脏，更换润滑油。

（九）油泵油压不足

其原因和排除方法是：

① 吸油管内有空气，排除空气。

② 泵壳漏油，检查并消除之。

③ 吸油阀或吸油有故障，检查并消除之。

④ 油箱内润滑油不足，添加润滑油。

⑤ 滤油器太脏，清洗滤油器。

（十）汽缸部分发生不正常振动

其原因和排除方法是：

① 汽缸支腿位置不正确或垫片松动，调整支承间隙或垫片厚度。

② 配管振动引起的，消除配管振动。

③ 汽缸内有异物，清除异物。

（十一）机体部分发生不正常振动

其原因和排除方法是：

① 各轴承和十字头配合间隙太大，调整间隙。

② 各部件接合不好，检查并调整之。

③ 汽缸振动引起，应消除汽缸振动。

（十二）管道发生不正常振动

其原因和排除方法是：

① 管卡太松或断裂；紧固或更换新的管卡，应考虑管子的热胀冷缩。

② 支承刚性不足；加固支承。

③ 气流脉动引起共振；用放空或回流法防治。

压缩机出现的故障原因常是很复杂的，因此必须细心地观察，认真研究，甚至要经常进行多方面的试验和依靠丰富的实践经验，才能判断出产生故障的真正原因。

## 复习思考题

1. 活塞式压缩机有哪些类型？是如何分类的？典型的活塞式压缩机的型号表示方法及含义是什么？

2. 活塞式压缩机的主要部件（机体、汽缸、曲轴、连杆、十字头和活塞组件）各有什么作用？其安装方法和基本要求是什么？

3. 活塞式压缩机上的密封有哪几种？它们的结构如何？安装要点是什么？

4. 气阀的结构如何？安装及检测的要点是什么？

5. 活塞式压缩机常用的轴承有哪些？各有什么特点？其安装要求是什么？

6. 大型压缩机的驱动电动机安装顺序是什么？其空气间隙检测的方法和目的是什么？

7. 大型活塞式压缩机机组的润滑系统有几种？其安装要点是什么？

8. 大型活塞式压缩机机组试车前应做好哪些准备工作？

9. 压缩机无负荷试运转的方法和步骤是什么？有哪些注意事项？

10. 压缩机的吹除工作如何进行？如何检查？应注意哪些问题？

11. 压缩机的负荷试运转如何进行？

12. 压缩机机组试运转中常发生哪些故障？是什么原因？如何排除？

# 第十一章　离心式压缩机的安装

离心式压缩机，因其叶轮与水涡轮的叶轮相似，故又称涡轮透平式压缩机。近年来，这种压缩机发展很快，目前已成为大中型化工企业中使用的主要的压缩机。

## 第一节　概　　述

### 一、离心式压缩机的工作原理

当汽轮机驱动（或电动机通过增速器带动）离心式压缩机主轴上的叶轮做高速旋转时，叶轮叶片流道中的气体在叶轮叶片的作用下，跟着叶轮做高速旋转，而气体由于离心力的作用以及在叶轮里的扩压流动，使其他通过叶轮后的压力和速度得到了提高，然后，再通过扩压器、涡壳将气体的速度降低，更进一步提高气体的压力，就这样，将气体的速度能转化为静压能。

### 二、离心式压缩机的优缺点

与活塞式压缩机相比，离心式压缩机有以下特点：

① 离心式压缩机的排气量大（50～20000$m^3/min$），输气均匀、连续，而且振动小，运转可靠，可作长期运转。

② 由于离心式压缩机的单机总压比很大（最高可达192），所以其体积小，结构紧凑，重量轻。

③ 被压缩气体不会被润滑油污染。

④ 在化工厂里有着大量的热量可以回收，尤其是在化肥厂，可以进行废热综合利用，即锅炉回收热量产生蒸汽驱动汽轮机带动离心式压缩机，既安全又节约能源。

⑤ 离心式压缩机适应工况变化的性能较差，因为它只能在设计工况下操作才能获得最高效率，在高于和低于设计工况进行操作时，效率都会下降，更突出的是在流量减小到一定程度时，压缩机便会产生剧烈的振动，即所谓“喘振”。

⑥ 离心式压缩机的效率一般比较低，只有在大流量时（大于1000$m^3/min$）才能与活塞式压缩机相比，其主要原因是目前对它的研究不充分，另外，气体速度很高造成的能量损失也很大。

⑦ 离心式压缩机的转速很高，一般均在1～2万转/分转速下工作，故对压缩机转轴和轴承的材质和加工精度要求很高。

⑧ 若需压力高而流量小的离心式压缩机，其叶轮的加工非常困难。

### 三、离心式压缩机的型号

离心式压缩机的型号表示方法比较简单，它由代号DA加上流量、叶轮数和设计顺序号组成，例如：DA120-121，其中，DA表示离心式压缩机；120表示排气量，$m^3/min$；12表示叶轮个数；1表示第一次设计顺序号。

## 第二节　离心式压缩机的总体构造

### 一、机组布置和总体构造

1. 机组布置

离心式压缩机可由电动机驱动，也可由汽轮机驱动，同时，根据压缩机的“级”的数

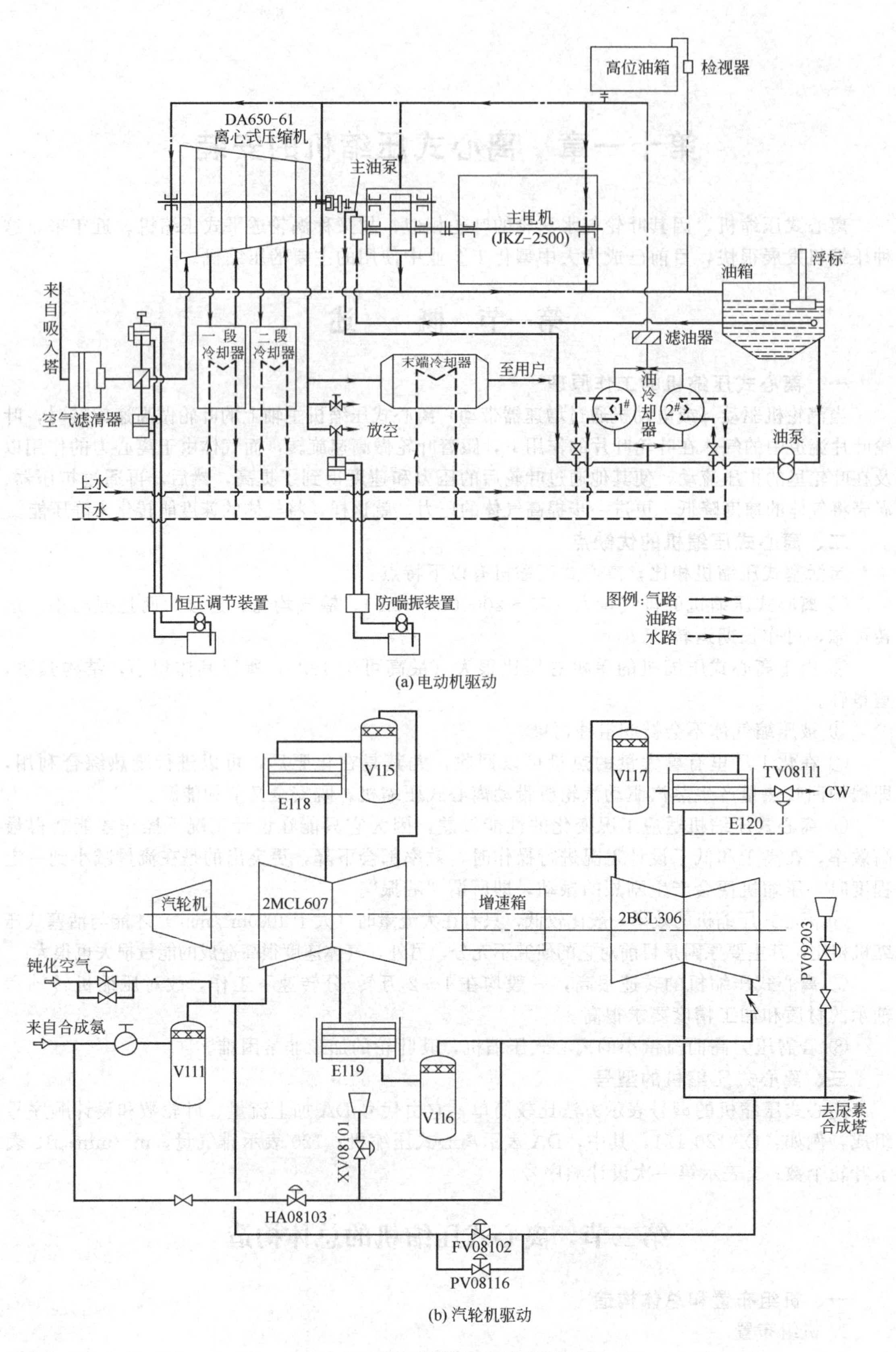


图 11-1　离心式压缩机机组布置示意

目，可把汽缸制造成单缸，分低、高压缸或三个汽缸等情况，图 11-1（a）所示是电动机驱动离心式压缩机机组布置示意图，是单缸形式；图 11-1（b）所示是汽轮机驱动离心式压缩机机组布置示意图，分低、高压缸形式。

2. 总体构造

一般离心式压缩机由底座、定子和转子三大部分组成，其中转子包括主轴、叶轮、平衡盘、推力盘、卡箍环（或固定环）、联轴器等部件；定子包括机壳、进气塞、扩压器、弯道、回流器、蜗壳、密封装置和前后轴承等。典型离心式压缩机总体构造图如图 11-2 所示。

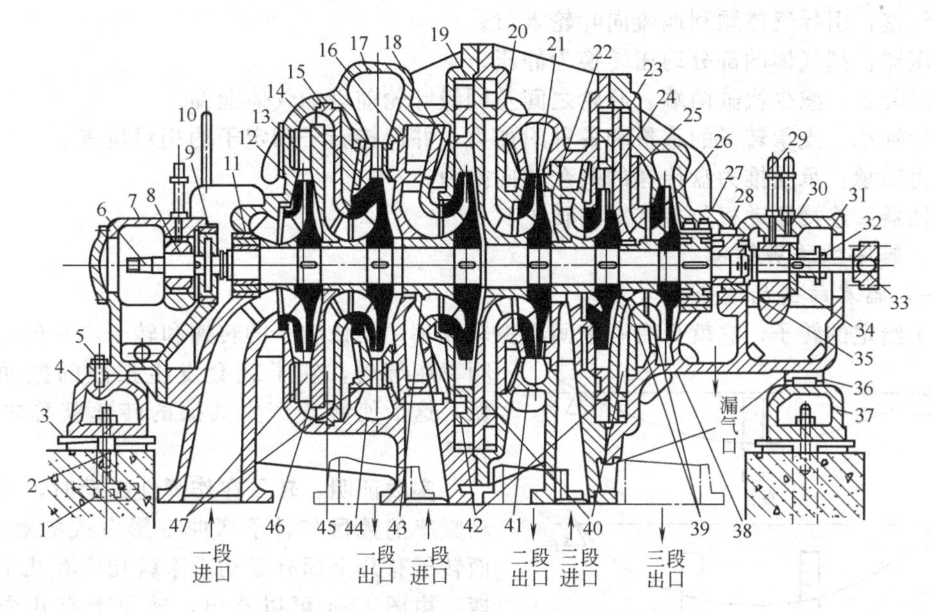


图 11-2　DA350-61 型离心式压缩机总体构造

1—锚板；2—地脚螺栓；3—斜垫板；4—前底座；5—圆柱销钉；6—转子主轴（盘车端）；7—前轴承座；8—径向轴承（$\phi80$）；9—前轴承座油封；10—导向柱；11—前气封（轴封）；12—第一级叶轮；13—第一级隔板；14—第二级隔板；15—第二级叶轮；16—第三级隔板；17—前汽缸盖（蜗壳部分）；18—第三级叶轮；19—第四级隔板；20—中汽缸盖；21—第四级叶轮；22—第五级隔板；23—后汽缸盖；24—第六级隔板；25—第五级叶轮；26—第六级叶轮；27—平衡盘；28—后气封（轴封）；29—温度计；30—径向推力轴承（$\phi80$）；31—后轴承座；32—卡箍；33—半齿轮联轴器；34—推力盘；35—后轴承座油封；36—导向键；37—后底座；38—后汽缸底；39—隔板气封；40—第四、六级隔板的回流器；41—中汽缸底（蜗壳部分）；42—第四、六级隔板的直壁形扩压器；43—气封轴套；44—前汽缸底（蜗壳部分）；45—第一级隔板的回流器；46—弯道；47—第一、二级隔板的翼形扩压器

（1）离心式压缩机级、段、缸的意义　压缩机中每一叶轮与其相配合的扩压器，弯道及回流器构成一个压缩级，简称“级”，它是压缩机的基本工作单元。从结构上看，一般将这种“级”分为“中间级”和“末级”，如图 11-3 所示，而末级以蜗壳取代了中间级的弯道和回流器。

多级压缩机一般需要中间冷却或中间抽气，根据冷却或抽气次数的多少，压缩机分为若干个“段”，一段可以包括一个级或几个级。如果一个压缩机的级数过多，一个汽缸放置不下（每缸最多十级，主要从能量头考

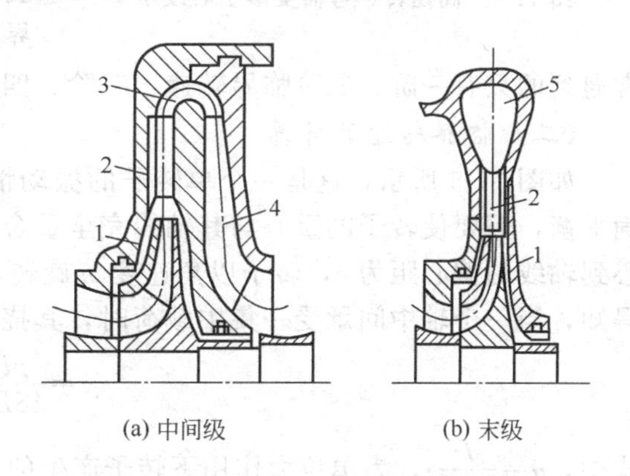


图 11-3　离心式压缩机“级”示意

1—工作轮；2—扩压器；3—弯道；4—回流器；5—蜗壳

虑），可将全部“压缩级”分装在两个或三个汽缸内。

(2) 离心式压缩机主要部件的作用

主轴：传递功率，支持轴上零件，并保持各零件相对位置。

叶轮：压缩气体，提高气体压力。

平衡盘：减小转子的轴向推力。

推力盘：传递剩余轴向推力。

卡箍环：防止零件的轴向位移。

进气室：引导气体顺利地流向叶轮入口。

扩压器：把气体的部分动压转换为静压。

密封装置：减少汽缸两端、叶轮之间及同级叶轮前后的气体泄漏。

前后轴承：支承转子的重量和各种附加力，并保持转子和定子的相对位置。

推力轴承：承受推力盘传递的剩余轴向推力。

联轴器：连接原动机与各汽缸的转子。

## 二、转子的临界转速

### （一）临界转速的概念

对于给定的转子，它就具有一个固有振动频率，当该转子的转速和转子本身的固有振动频率相等时，转子就会发生强烈的振动，即共振，这个使转子产生共振的转速就称之为临界转速。

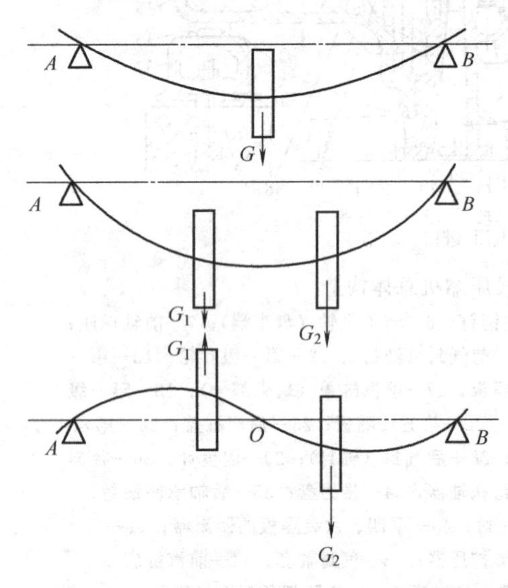

图 11-4　高速转子弯曲变形中心线示意

实践证明：转子在作弹性振动时，其固有振动频率的数目与转子弯曲变形方式的数目相等，而转子有几个固有振动频率就相应有几个临界转速。由图 11-4 可以看出，转子上有几个集中载荷，就会产生几种弯曲方式，因而集中载荷的数目也决定了临界转速的数目。

对离心式压缩机来说，若不考虑转轴的重量，则一个叶轮就代表一个集中载荷，有几个叶轮，就有几个临界转速。

转子在一个升速过程中，第一次引起共振的转速称为第一临界转速（或一阶临界转速），速度继续上升，第二次引起共振的转速称为第二临界转速，以后就是三阶、四阶……等。但是，通常遇到的只有一阶、二阶临界转速，三阶、四阶以上就不多见了。

### （二）临界转速的计算

如图 11-5 所示，这是一个单转子的振动情况，转子在加工和平衡过程中都力求达到精确平衡，但要使转子的重心与其轴线完全重合则是非常困难的。该转盘的重心为 $S$，转盘重心到轴线的偏心距为 $e$，转子以角速度 $\omega$ 旋转，由于离心力 $P$ 使轴产生挠度 $y$，由材料力学得知，当一个轴中间承受一集中载荷时，其挠度为：

$$y=\frac{pl^3}{48EJ}=P\alpha \tag{11-1}$$

式中，$\alpha=\frac{l^3}{48EJ}$，为单位力作用下转子产生的挠度。

转子的离心力为

$$P=m(y+e)\omega^2 \tag{11-2}$$

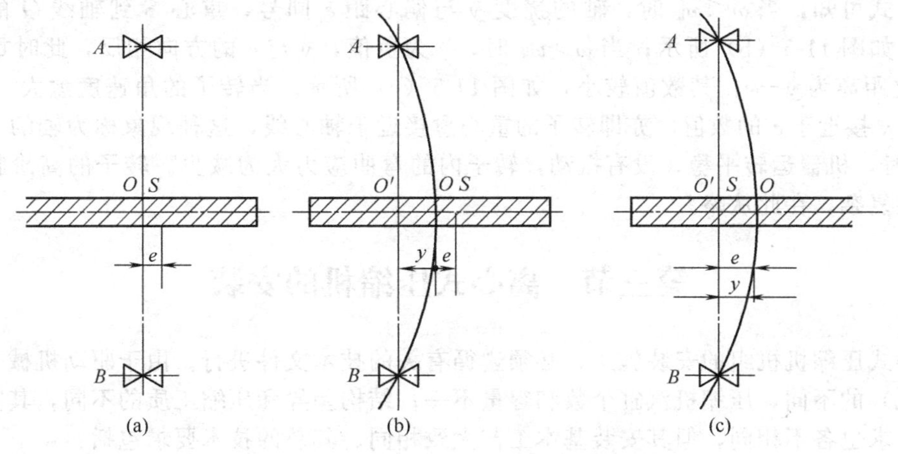

图 11-5 高速转子自动对心过程示意图

由离心力引起的挠度为 $y=m(y+e)\omega^2\alpha=P\alpha$

或 $(1-m\omega^2\alpha)y=me\omega^2\alpha$

由

$$y=\frac{me\omega^2\alpha}{1-m\omega^2\alpha} \tag{11-3}$$

当式（11-3）分母为零时，轴的挠度 $y$ 变为无穷大（实际上由于空气阻力、轴承摩擦等阻力的存在，挠度只是大到一定的数值），此时轴即发生共振，设此时的角速度为 $\omega_k$。

则

$$1-m\omega_k^2\alpha=0 \tag{11-4}$$

即

$$\omega_k=\sqrt{\frac{1}{m\alpha}} \tag{11-5}$$

式中，$\omega_k$ 为临界角速度。

如用临界速度表示，则

$$n_k=\frac{60\omega_k}{2\pi}=\frac{30}{\pi}\sqrt{\frac{1}{m\alpha}}\ \text{(r/min)} \tag{11-6}$$

若圆盘的重量为 $G$，则有 $m=G/g$

$$n_k=\frac{30}{\pi}\sqrt{\frac{981}{G\alpha}}\approx 299\sqrt{\frac{1}{G\alpha}}\ \text{(r/min)} \tag{11-7}$$

对于轴的各种支承情况及圆盘（即叶轮）的布置情况，可用材料力学的方法求出 $\alpha$，代入上式求得其临界转速 $n_k$。

实践证明：当转子的转速到达临界转速时，由于各种阻力的存在，如果通过临界转速进行得很快，实际上轴并没有受到破坏也没有危险的变形，而是顺利地通过临界转速，而轴的挠度来不及达到危险值。因此，转子的工作转速可以低于第一临界转速，或者在第一临界转速与第二临界转速之间甚至在第二临界转速与第三临界转速之间。工作转速低于第一临界转速的转子称为刚性转子，工作转速大于临界转速的转子称为挠性转子，在离心式压缩机中：

刚性转子 $n\leqslant n_{k1}/1.3$

挠性转子 $1.3n_{k1}\leqslant n\leqslant n_{k2}/1.3$

单圆盘的转子通过临界转速以后是一种什么情况呢？

由式（11-3）和式（11-4）

得

$$y=\frac{e}{\frac{1}{m\omega^2\alpha}-1}=\frac{e}{\frac{m\omega_k^2}{m\omega^2}-1}=\frac{e}{\left(\frac{\omega_k}{\omega}\right)-1} \tag{11-8}$$

由上式可知，当$\omega<\omega_k$时，轴的挠度$y$与偏心距$e$同号，重心$S$到轴线$O$的距离为$(y+e)$，如图11-5（b）所示；当$\omega>\omega_k$时，$y$为负值，$y$与$e$的方向相反，此时重心$S$到轴线$O$之距离为$y-e$，其数值较小，如图11-5（c）所示。当转子的角速度愈大，即$\omega_k/\omega$愈小时，$y$接近于$e$的数值，亦即转子的重心愈接近于轴心线，这种现象称为轴的“自动对心”。此时，机器运转平稳，没有振动，转子内的弯曲应力大为减少。转子的高阶临界转速的计算很复杂，在此从略。

## 第三节　离心式压缩机的安装

离心式压缩机机组的安装施工，必须遵循有关的技术文件进行。由于驱动机械（汽轮机或电动机）的不同，压缩机汽缸个数和容量不一；结构差异和压缩工质的不同，其安装方法和技术要求也各不相同，但其安装基本工艺大致相同。其总的技术要求包括：

① 离心式压缩机机组的安装位置应符合设计施工图纸的要求；

② 压缩机转子中心线与机壳和轴承座孔中心线重合；

③ 机组各转子中心线能够形成一条光滑的公共中心线；

④ 离心式压缩机机组运行时，能自由膨胀而不影响其转子中心线的位置要求；

⑤ 离心式压缩机机组的基础和垫铁能均匀地承受和传递载荷。

### 一、压缩机机组安装前的施工准备工作

因为离心式压缩机的结构比较复杂，而且运转速度很高，其装配精度要求也比较高，因此，离心式压缩机的安装是一项细致复杂而又十分重要的工作。必须做好充分的施工准备工作。它与活塞式压缩机的安装准备工作大体相同，应该包括施工技术资料的准备，施工现场的准备，机具材料和人力的准备，设备的开箱、检验与清洗，基础的验收与放线垫铁的选择、加工与设置，地脚螺栓的检查处理等项目。其内容也基本一致，要求也差不多。

### 二、压缩机组中心线的确定

离心式压缩机机组一般有两个或两个以上的转子轴，通过挠性联轴器相互连接。根据离心式压缩机机组各转子中心线能够形成一条连续光滑的公共中心线的安装要求，必须使所有串联的二转子中心线在联轴器处同心，如图11-6所示的两种安装方式。

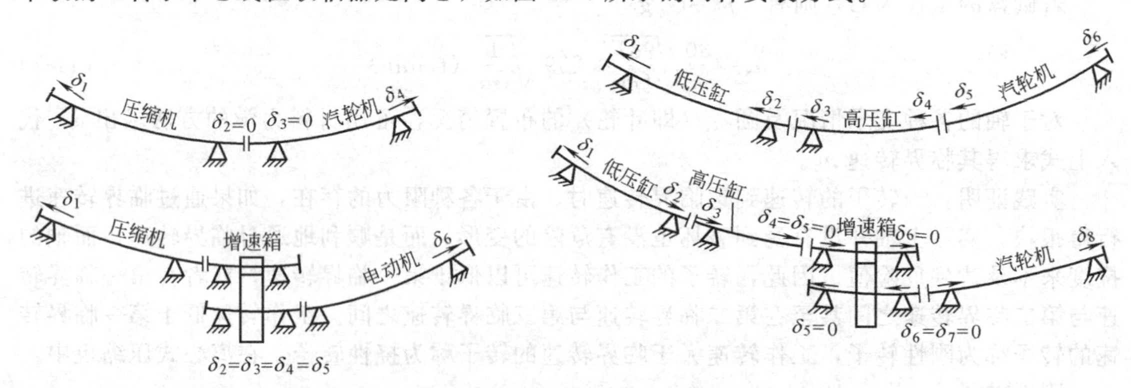


图11-6　离心式压缩机机组的两种安装方式

从图11-6中可以看出，机组中的轴承不是全部处于水平，而是一部分水平，另一些轴承朝某一方向扬起。其原因是：转子在静置状态，尽管两轴承水平放置，转子轴也水平放置，由于转子轴产生静挠度的结果，转子轴颈处也不在呈水平状态，而是分别向两端扬起（斜度），如图11-7所示，转子轴上某点扬起的程度称为该点的扬度，其单位是mm/m，用$\delta$表示。

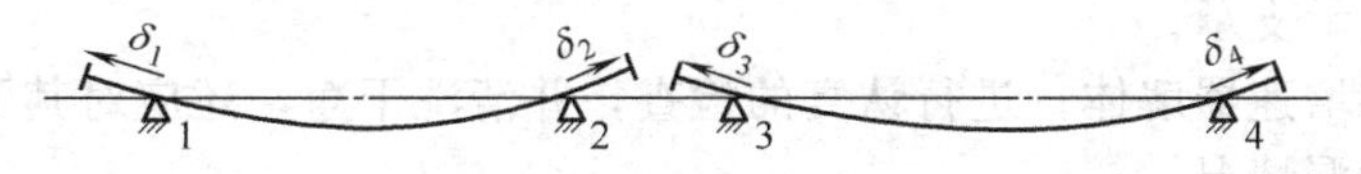


图 11-7　缸体位于水平位置转子中心线示意

如果是两个或两个以上转子的情况，仍将所有的轴承水平放置，就会出现如图 11-8（a）所示的状态，相互串联的两半联轴器的端面不平，在工作时，联轴器的工作条件将是十分恶劣的，这是不允许的，必须安装成如图 11-8（b）所示的状态。

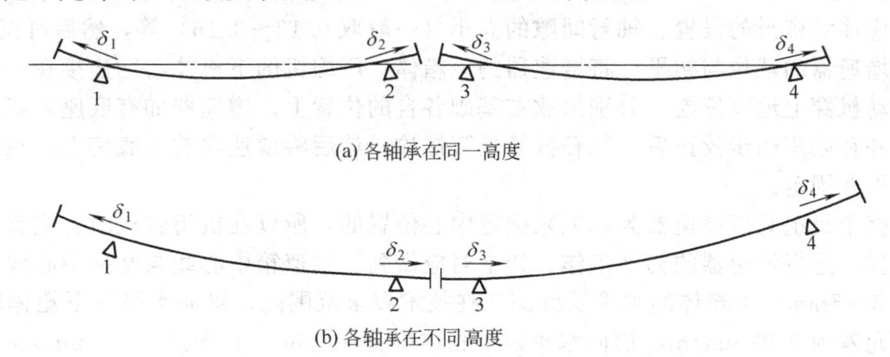


(a) 各轴承在同一高度

(b) 各轴承在不同高度

图 11-8　两转子中心线的相互位置示意

离心式压缩机机组安装施工是在常温下进行的，这与压缩机工作时的状态（热态或冷态）都极不相同（汽轮机尤其明显），这会造成常温下找正的转子中心线，在运转过程中会受到机组热膨胀、润滑油和其他许多因素的影响，不能保证压缩机转子和汽缸的正确位置以及机组转子中心线仍为光滑的连续曲线。因此，必须找出转动部件从冷态到热态、从静态到动态同轴度偏差的大小和方向。而在冷态安装时，将偏差在相反的方向预留出来，以便到热态运行时达到同轴或近似同轴的程度。

例如机组的热膨胀，随着机组的运转，机壳和轴承的温度都将升高，如果机组运行时的温度与室温之差为 $\Delta T$，则机组的热膨胀量为

$$\Delta_{\mathrm{L}} = \alpha L \Delta T \text{（mm）}$$

式中　$L$ ——机组受热膨胀部分的长度，mm；

　　$\alpha$ ——材料的热膨胀系数，对钢一般取 $\alpha = 11 \times 10^{-6}$。

机组的热膨胀既有水平方向的，也有垂直方向的；在水平方向，主要是机壳和转子的轴向延长，将对安装有相当大的影响，所以在机壳安装和转子找正前，必须在转子两半联轴间，按要求留出一定的轴向间隙，已使转子有轴向膨胀的可能。

机组的机壳和轴承座在垂直方向的膨胀，会使转子中心线抬高，而且由于吸入端和排出端的温度不同，轴承的升高量也不相等；在机组各部分之间（如增速机和压缩机、电动机和压缩机之间），由于各自的工作温度的不同，在垂直方向的热膨胀量也各不相同。

由于这些热膨胀的影响，将使得两半联轴器的端面既难平行，又不同心。为此，找正工作最好在接近操作条件下进行，也可采用下列措施（任选一种）：

① 在室温条件下找完同轴度后，按制造厂提供的资料或实验数据，在压缩机支腿处撤去或加上规定的垫片，以适应其膨胀量或收缩量；

② 找正前，按制造厂提供的资料或实验数据，计算出联轴器在室温下应留的同轴度误差，并使联轴器端面的偏差量与计算值相同，以保证机组正常运转时同心。

## 三、“电动机-增速器-压缩机”机组的安装

### （一）增速器的安装

现在一般均采用平行双轴式一级圆柱齿轮增速器，其大小齿轮为斜齿或人字齿轮。大小

齿轮轴都由滑动轴承支承。

安装前，要将增速器解体，进行认真的检查，并清洗干净，还应对其下壳体做煤油渗透试验，检查有无泄漏情况。

检查轴瓦质量及瓦背与壳体镗孔的配合情况，测出轴瓦的径向和轴向间隙，看是否符合设备技术文件的规定。

检查增速器上、下箱体法兰接合面的贴合程度，接合面的间隙允许在 0.06mm 以下（自由配合状态）。

同时应注意密封的设置、轴封间隙的大小（一般取 0.12～0.16）等，然后可正式安装。

(1) 增速器的就位与初平　将增速器的下箱体，压缩机的下机体与已连接在一起的支承底座及电动机穿上地脚螺栓，分别吊放在基础各自的位置上。增速器如有底座，则应先安装其底座，并在底座初步校正后，轻轻拧紧地脚螺栓，然后将增速器放在底座上，在底座上将增速器调平并固定。

因为整个机组是以增速器为基准来确定中心位置的，所以在机组就位时，应首先调整增速器的位置，进行增速器的初平工作。初平时应做到：增速箱中心线与基础中心线重合，允许误差为 3～5mm；下箱体的水平及标高应在技术要求范围内，纵向水平以下箱体轴瓦洼窝为准，其允差为 0.02mm/m，横向水平以下箱体中分面为准，其允差为 0.1mm/m，一般水平仪的安装位置如图 11-9 所示。

(2) 增速器精平　按初平时相同的要求对增速器下箱体进行水平复查。然后拧紧地脚螺栓，固定箱体，与此同时，应检查垫铁与箱体的接触情况，并将轴承装入洼窝内，安装好大小齿轮轴。再次复测高速轴的轴向水平，而且调整时，必须首先满足高速轴的要求，以免造成积累误差，保证机组的同轴度。

再同时对齿轮啮合间隙及啮合接触面积、轴颈与轴瓦的接触情况进行检测：一般要反复进行多次，最后要做到既满足齿轮啮合要求，又满足轴瓦的接触与间隙要求。

(3) 推力面间隙调整　推力面间隙主要是轴承轴向间隙 $f$ [一般取 $(3\sim6)d/10000$，但不小于 0.20mm] 或轴间间隙 $e$（一般取 $e=0.12\sim0.16$mm）；前者用百分表或塞尺法测取，用补焊巴氏合金或刮研法调整，而后者靠装配保证。如图 11-10 所示。

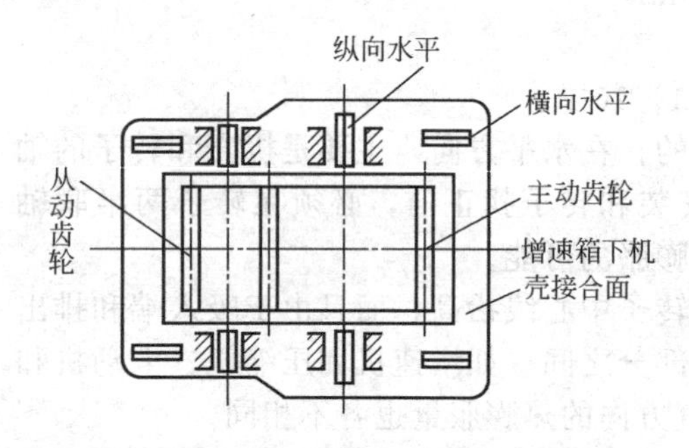


图 11-9　增速器下机壳水平仪安装位置示意

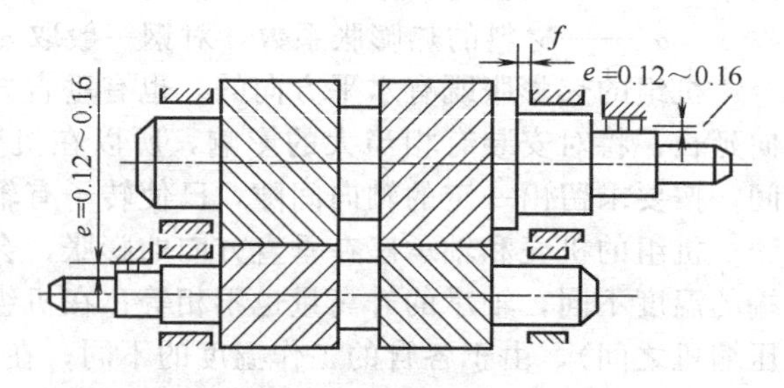


图 11-10　增速箱轴承轴向间隙和轴间间隙示意

(4) 增速器的封闭（扣大盖）　为了使压缩机与电动机找正工作方便起见，可暂不扣大盖，待压缩机和电动机找正找平工作完全结束，再将齿轮吊出，进行全面情况的检查，将齿轮齿合面、轴瓦和轴颈浇上透平油，按步骤装配好，在增速器体接合面上涂上密封膏（一般涂厚为 0.2～0.3mm，宽 10～15mm），将上盖扣好，装入定位销，分别将轴承和箱体接合面上的螺栓对称均匀地拧紧。

（二）压缩机的安装

1. 就位前的准备

（1）机身的清洗和检查　压缩机的机体（又称机壳）是离心式压缩机的外罩，它一般分为水平剖分式和垂直剖分式两种，但有的机器中机壳既有水平剖分又有垂直剖分（如DA350-61型压缩机），如图11-11所示。这种形式的机壳由铸铁铸成（压力超过5.0MPa时，需采用铸钢）。从水平与垂直两个方向将机壳分为6片。采用垂直剖分面仅是为了加工方便，加工装配后，垂直剖分面的螺栓就不要再拆开。在水平法兰的四角装有四根导杆，以保证机壳上盖拆卸吊装时不致碰坏机壳内部的密封及转子。

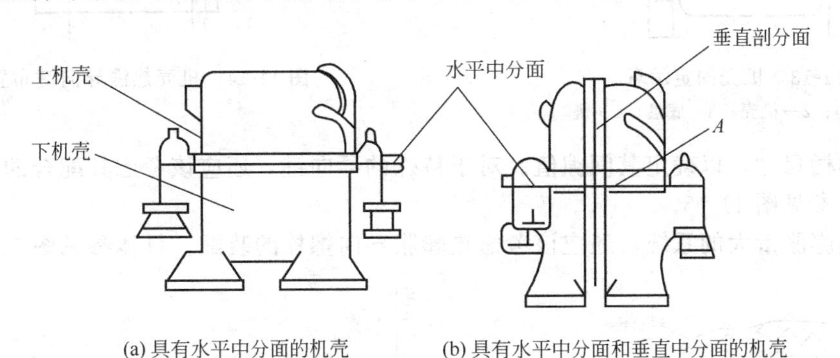


(a) 具有水平中分面的机壳　　(b) 具有水平中分面和垂直中分面的机壳

图11-11　机壳剖分形式示意

先将机体放平，把上下机壳连接螺栓拆除，测量汽缸中分面处的间隙（允许局部间隙小于0.08～0.12mm）。吊开机壳上盖及轴承盖，并使上机壳法兰结合面向上。对上下壳体、各部气封、隔板进行处理检查，不应有裂纹等机械损伤，所有焊接连接处（如进口侧导气叶与壳体的连接）不应有松动现象。然后进行必要的清洗。

（2）其他零部件的检查与清洗　检查滑动轴承的巴氏合金的表面质量，并用煤油渗透法检查巴氏合金与瓦胎的贴合情况。对于有支持枕块的轴瓦，应检查枕块与镗孔的接合面，要均匀接触75%以上；两侧应有0.01～0.02mm的紧力，最下部枕块应有0.01～0.02mm的间隙，如图11-12所示。

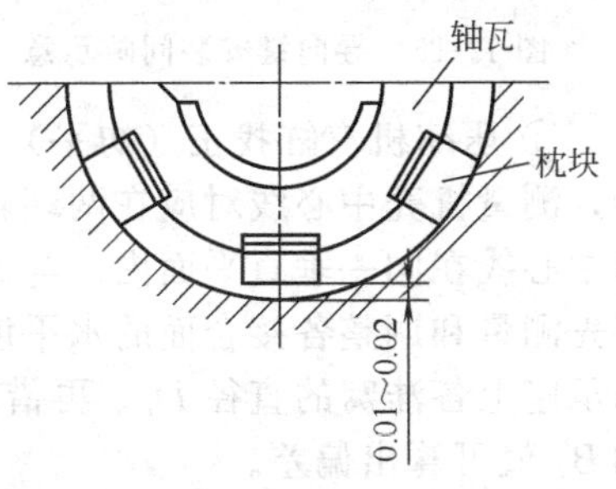


图11-12　轴瓦支承枕块的接触示意

清洗并检查转子及轴颈各处有无机械损伤，拆除其推力瓦块和轴封、轴瓦，以免吊出吊入转子时损伤其加工面。

2. 离心式压缩机的安装

（1）底座、下汽缸和轴承座的安装

① 底座、下汽缸和轴承座的固定方式　一般的小型压缩机，如DA350-61型离心式压缩机，它的机壳固定在两端的轴承座上，整个压缩机则通过轴承座再固定到设备底座上，在支承轴承侧的底座上用销钉固定，而在止推轴承侧的底座中心线上设置可相对滑动的水平键，相应地，在该底座上的连接螺钉在螺母和垫片之间保持0.05～0.1mm的间隙。

如果机壳只是一个水平中分面，支承轴承箱同止推轴承箱与机壳分开，机壳是通过四个猫爪支承在前后两底座上，猫爪与前后两底座之间设有四个导向键，其中三个为轴向布置，一个为横向布置（在后底座上），如图11-13所示。

对于大型压缩机，一般采用轴承座与机壳分开的结构，此时机壳由其两侧的支座固定到基础或底座上，两侧轴承则单独分开，直接固定在基础和底座上。在机壳与底座之间装有由销子、横向键、纵向键、立键组成的导向键系统，如图11-14所示。

② 底座、下汽缸和轴承的就位　就位前应清除底座、汽缸支腿和轴承座的污垢油漆等杂物，对底座上的导向键及轴承座、下汽缸上的有关键槽都应用煤油清洗，然后用千分尺检

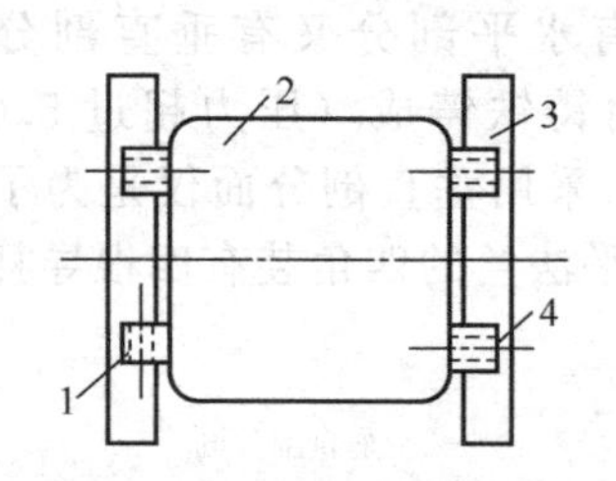


图 11-13 机壳固定示意

1—横向键；2—机壳；3—底盘；4—键

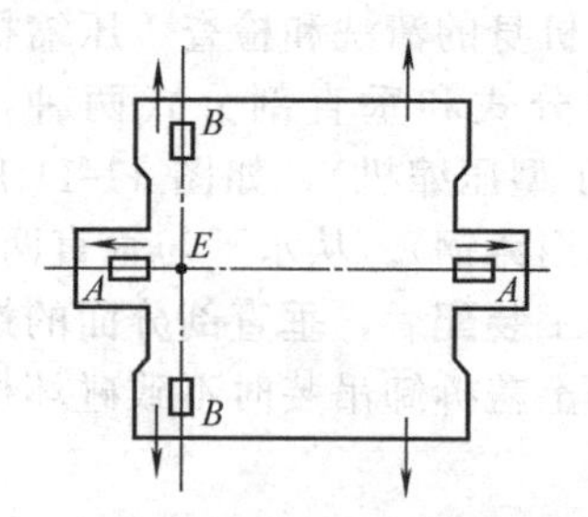


图 11-14 机壳热涨导向键布置示意

查各滑键键槽尺寸，以确定其间隙值。对于特殊的导向键，还应该考虑其配合的过盈量和配合间隙，可参见图 11-15。

对于热膨胀量大的系统，还应该考虑热膨胀导向螺栓的装配。具体参见图 11-16。

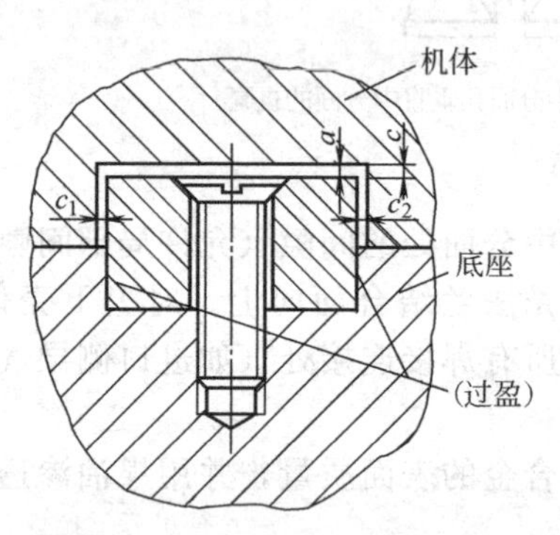


图 11-15 导向键安装间隙示意

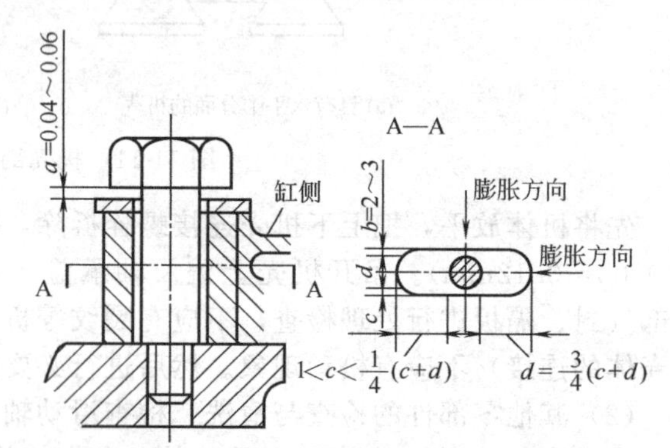


图 11-16 热膨胀导向螺栓的装配示意

③ 压缩机汽缸找正（初平） 找正时，机壳的位置以增速器高速轴轴承洼窝中心线为准，测量机壳中心线对应在两端轴承洼窝处进行，一般采用挂钢丝法，使得轴承座和汽缸的两中心线在同一垂直平面内。与此同时应测量汽缸或者轴承座中心线与水平接合面的偏差；首先测量和调整各接合面的水平度，使它们同处于一水平上，然后用内径千分尺测得汽缸或轴承座上各洼窝的直径 $D_i$，再借助于水平尺测出 $B_i$，如图 11-17 所示，然后根据测得的 $D_i$ 和 $B_i$ 值可算出偏差。

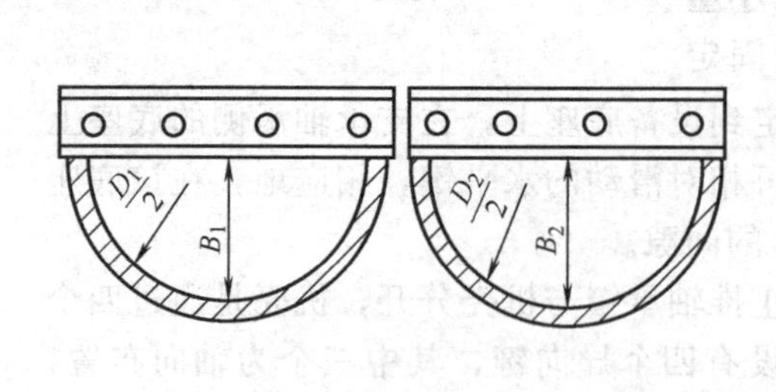


图 11-17 中心误差找正示意

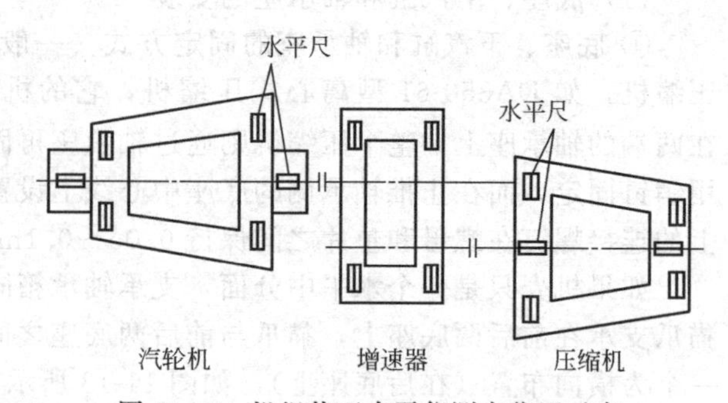


图 11-18 机组找正水平仪测点位置示意

偏差量大于 0 时，表明几何中心较汽缸接合面高，反之较低。然后以最大正偏差为准，调整其他的洼窝的中心。因为几何中心线的偏差一般很小，因而要求的垫片非常薄，若无法制作时，可使各洼窝的垫片加上同一厚度，并结合这项调整，将各处的扬度调整结合起来综合考虑，一并增减垫片。

还应同时校正机壳横向水平度，其允差为0.1mm/m。测量时，以中分面处为准，并使两侧的横向水平方向一致，不能使机壳前后水平方向相反，造成机壳扭曲现象，机组找正时，水平仪测点的位置如图11-18所示。

(2) 轴承的安装　轴承安装应保证转子位置的固定，在高速旋转情况下润滑良好，不产生过大的振动等。为此必须使轴承部件间接触严密，受力均匀，转子与轴瓦有良好的接触及适当的间隙。

① 轴承的结构

a. 径向轴承：它一般由轴承座、轴承盖、轴瓦、轴瓦盖或轴承套等组成。根据结构形式的不同，一般有单油楔轴承（带有四块垫块）、双油楔轴承（即椭圆形）和多油楔轴承如图11-19所示。

总之，离心式压缩机径向轴承中轴瓦有圆柱形、椭圆形和多油叶形三种，而瓦背与轴承盖的接触形式也有平面、球面及中间垫块式几种。

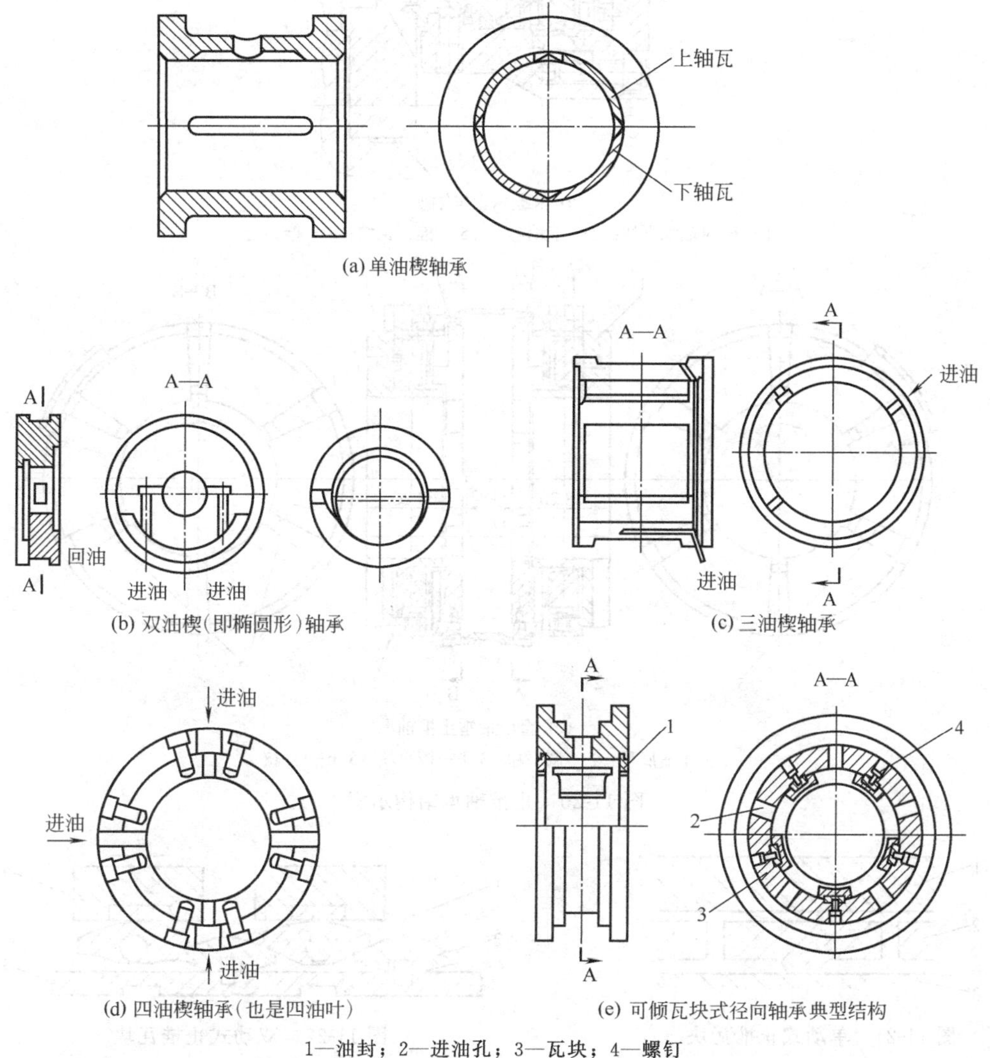


1—油封；2—进油孔；3—瓦块；4—螺钉

图11-19　不同的油楔和油叶结构示意图

b. 止推轴承：在大型离心式压缩机上常用的有两种结构，一种是半歇尔止推轴承，一种是金斯伯雷止推轴承，如图11-20所示。从图中可知，两种结构的止推轴承都装有止推瓦块，其中主止推瓦块承受正常工作情况下的轴向推力，而副止推瓦块只承受启动与负荷突增时偶尔发生的反向推力的作用。止推瓦块有三种基本形式：固定式［如图 11-20（b）所示］，单动式（如图 11-21 所示）和双动式（如图 11-22 所示）。

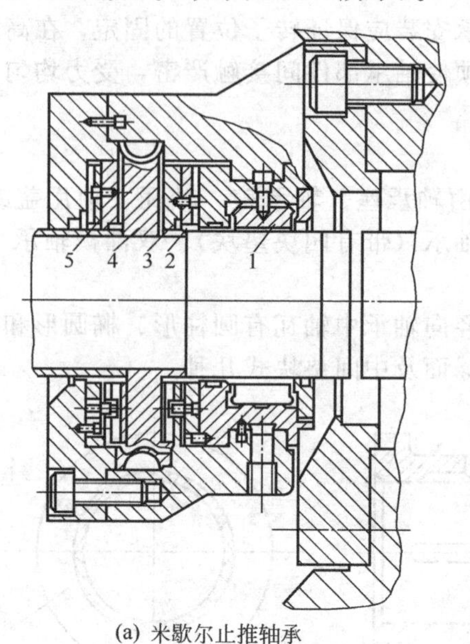


(a) 米歇尔止推轴承

1—径向轴承瓦块；2—定距套；3, 5—推力瓦块；4—推力盘

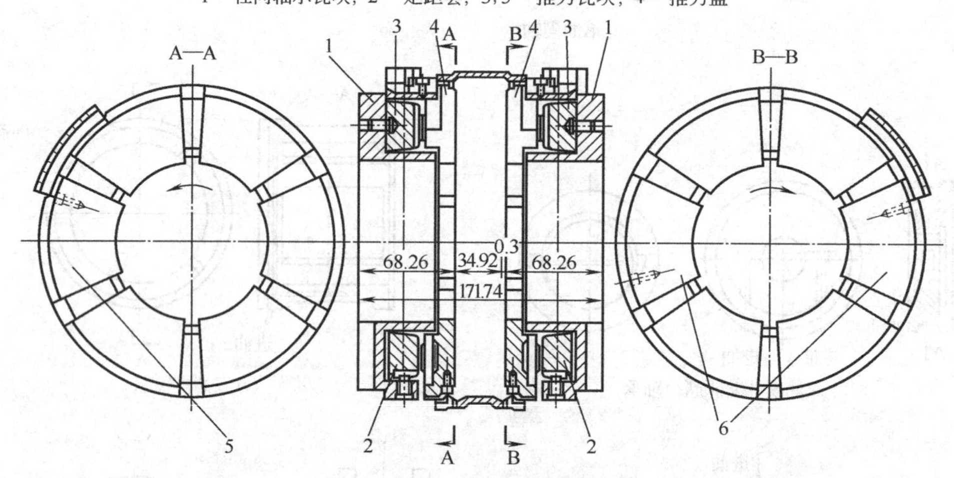


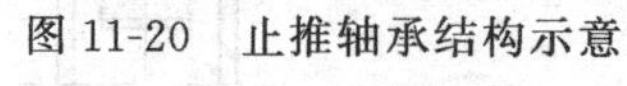

(b) 金斯伯雷止推轴承

1—底环；2—调平块；3, 4—校平块；5, 6—瓦块

图 11-20 止推轴承结构示意

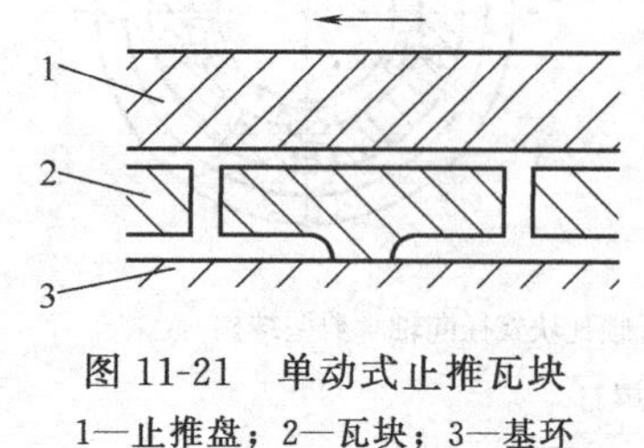


图 11-21 单动式止推瓦块

1—止推盘；2—瓦块；3—基环

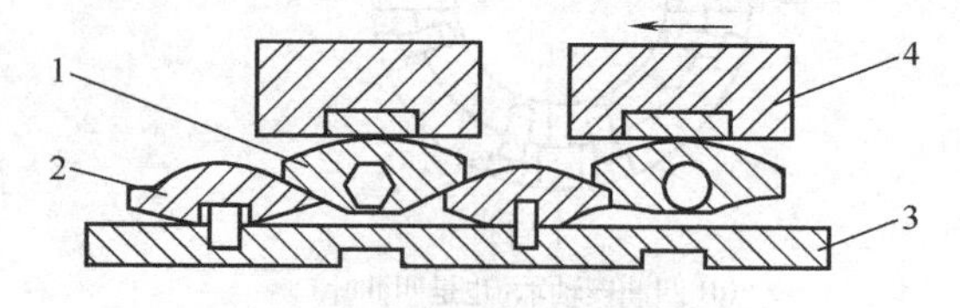


图 11-22 双动式止推瓦块

1—上水准块；2—下水准块；3—基环；4—止推瓦块

② 轴承的安装

a. 径向轴承的安装：压缩机就位后即可进行轴瓦的研磨工作，用涂色法检查轴颈与轴

瓦的接触情况，其接触角一般为60°～90°，接触点要均匀地分布在轴承全长的承力面上，但轴瓦两端应留有10～20mm，0.02mm间隙的疏油部位。上瓦与下瓦的瓦口接触处应均匀严密接触，用0.05mm的塞尺不得塞人。轴瓦盖与上瓦背之间应保持有足够的压紧力，要求为0.03～0.07mm。轴瓦间隙，通常顶间隙取直径的1.50/1000～2.50/1000，图形孔轴瓦侧间隙应为顶间隙的1/2；椭圆瓦侧间隙应等于顶间隙。

b. 止推轴承的安装：由于在连接风管时会使压缩机下机体产生一定的挠曲，故止推轴承的研磨工作最好在风管接通后再进行。止推轴承表面应平滑无擦伤痕迹，其挠曲允差为0.02mm以内，并用百分表检查止推盘工作表面的振摆值，其偏差不允许超过规定值。推力块的厚度应均匀一致，误差不应超过0.02mm，固定环的承力面应光滑，装配时不得过松与过紧；止推瓦块在轴承座槽内的位置，必须按编号或钢印放在各自固定的位置上。用着色法检查工作瓦块与止推盘表面接触情况，使其接触面积达70%以上，且每平方厘米内要保持2～3个接触点并调整轴瓦间隙（止推间隙）至规定值，一般为0.25～0.35mm，如图11-23所示。

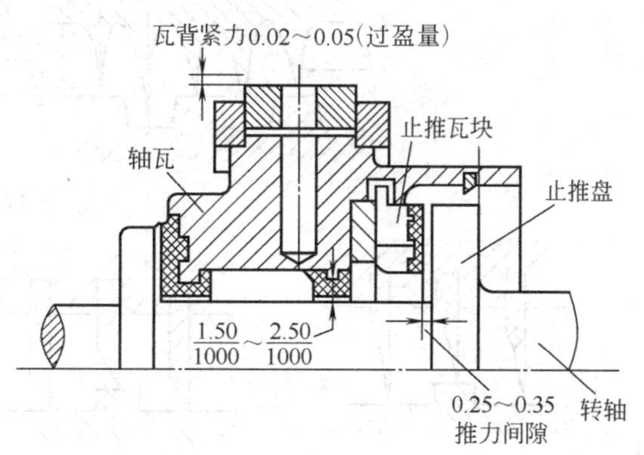


图11-23　止推轴承装配示意

(3) 隔板及密封装置的安装　隔板的结构如图11-24所示，安装前要进行清洗和检查，然后吊入机体，检查隔板与机壳之间的膨胀间隙。一般钢制隔板取0.05～0.1mm，铸铁隔板为0.2mm或更大；径向间隙一般为1～2mm或更大。

隔板的固定：如图11-25所示，在水平接合面上用固定螺钉固定，螺钉与垫圈之间应有0.4～0.6mm的间隙，以允许隔板在垂直方向上移动；螺钉头应埋入汽缸或隔板水平接合面至少0.05～0.1mm，垫圈直径应比凹槽直径小1～1.5mm。

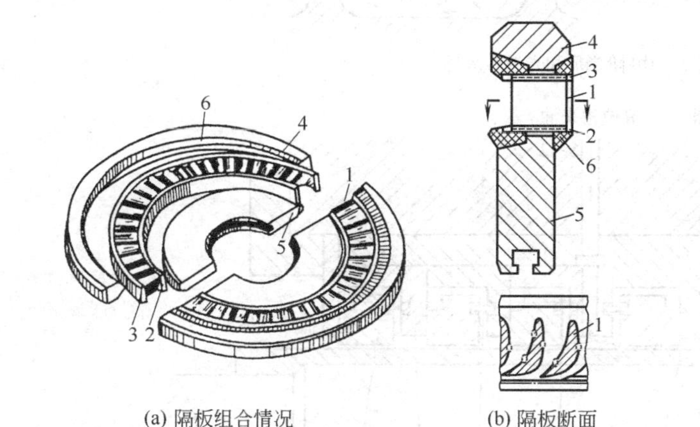


图11-24　隔板结构

1—喷嘴片；2—内环；3—外环；4—隔板轮缘；5—隔板体；6—焊缝

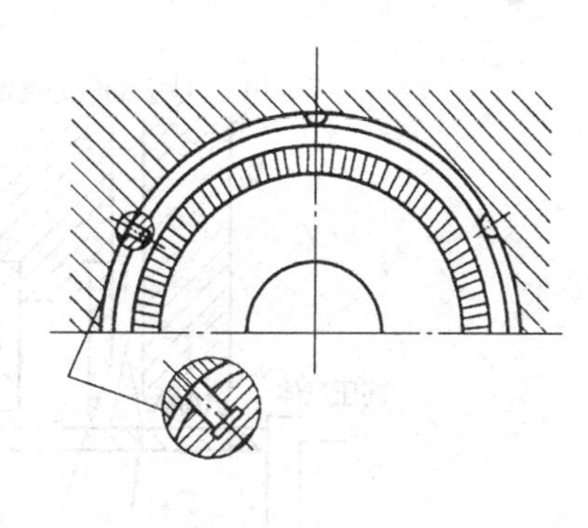

图11-25　隔板的固定示意

两半隔板接合面检查：将平尺放在机壳接合面上，正对被检查的隔板，用塞尺测出上下隔板间隙，或者在下机壳隔板接合面上，选择四处放铝丝，盖上机壳盖，对称拧紧三分之一左右连接螺栓，然后测量铅丝厚度，即为隔板接合面的间隙。这些间隙应能保证汽缸扣盖后，上下隔板接合面能形成0.1～0.25mm的间隙。

隔板的调整：调整的方法随隔板的固定方法不同而不同，如果隔板是悬挂在两只销柄上，并用垂直定位销钉定位的，则应改变两销柄厚度，以达到调整的目的，如果隔板借埋入隔板外圈的销钉支承在汽缸内，则锉短或接长这些销钉就可改变隔板在汽缸中的位置。

轴封的结构：一般有梳齿状密封［如图 11-26（a）所示］，阶梯形和光滑形密封［如图

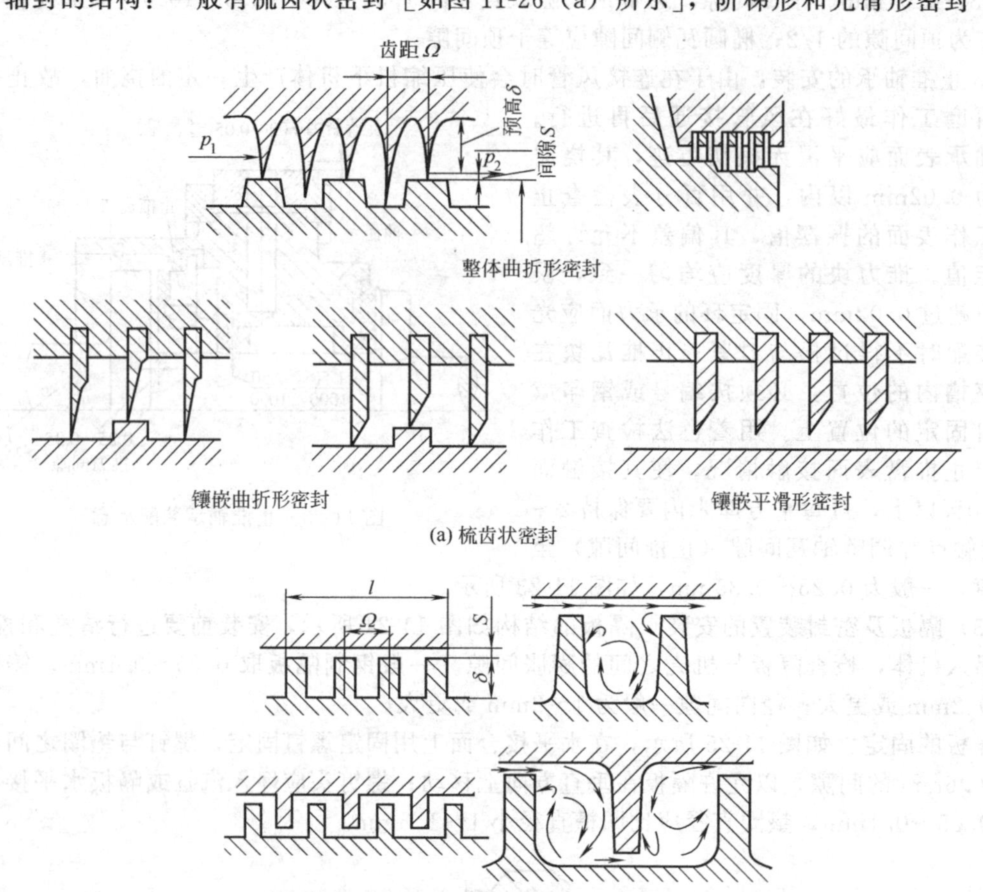


(a) 梳齿状密封

(b) 阶梯形和光滑形密封

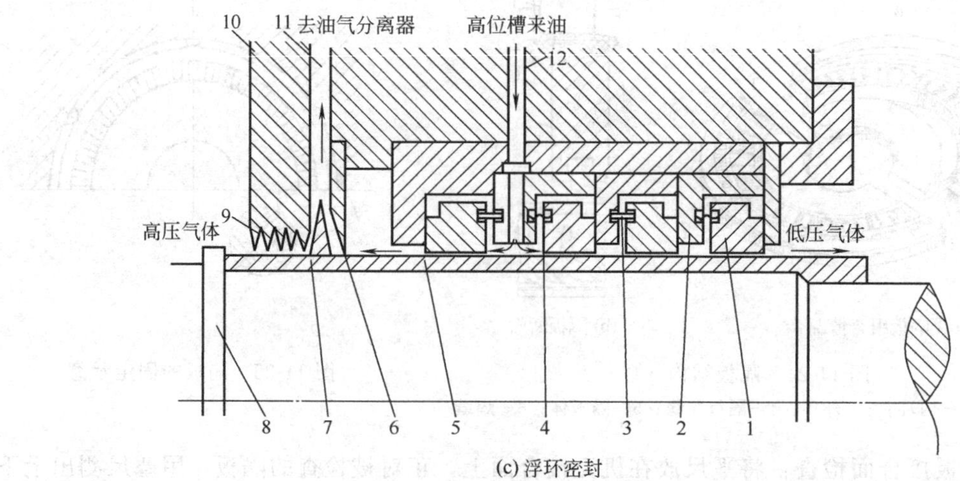


(c) 浮环密封

1—浮环；2—固定环；3—销钉；4—弹簧；5—轴套；6—挡油环；7—甩油环；8—轴；9—迷宫密封；10—密封；11—回油孔；12—进油孔

图 11-26　轴封结构示意

11-26 (b) 所示] 以及浮环密封 [如图 11-26 (c) 所示]。

轴封间隙的测量：先将转子安装在下机壳内，再在机壳内组装各级隔板密封，前后轴封和各级轮盖密封，用涂色法检查密封环嵌入部分的接触情况，接触不均匀应适量修刮。测量时，下部及两侧间隙，用塞尺直接测出间隙值，上部间隙测量时，可分别在轴承套及轮盖上涂色，在被测各梳齿上贴上已知厚度的胶纸或胶布，然后盖上机壳上盖，并将连接螺栓拧紧，盘动转子几周后，开缸观察各胶纸或胶布的接触情况，判断间隙是否符合要求。各部位密封间隙见表 11-1。

**表 11-1　压缩机各部位密封间隙表**　　mm

| 轴封间隙 | 0.25～0.50 | 隔板密封间隙 | 0.35～0.62 |
|---|---|---|---|
| 油封间隙 | 0.08～0.15 | 平衡盘密封间隙 | 0.25～0.48 |

间隙的调整：间隙过大，只能重换新的，间隙过小，可进行修刮，修刮时应将梳齿顶尖朝向高压侧，切忌刮成圆角，以免漏气量增加。

(4) 转子的安装　转子轴结构：工作轮，平衡盘（如图 11-27 所示)、止推盘及轴套均以过盈热装在主轴上，工作轮与轴仍用键连接，用来传递转矩并防止工作轮在意外情况下转移，为了保持平衡，各工作轮的键互呈 180°配置，用轴套使各工作轮保持其轴向位置，并且还会保护轴免受机械或化学损伤，有时还在轴套上车有曲径梳齿，作为主轴通过隔板处气封。

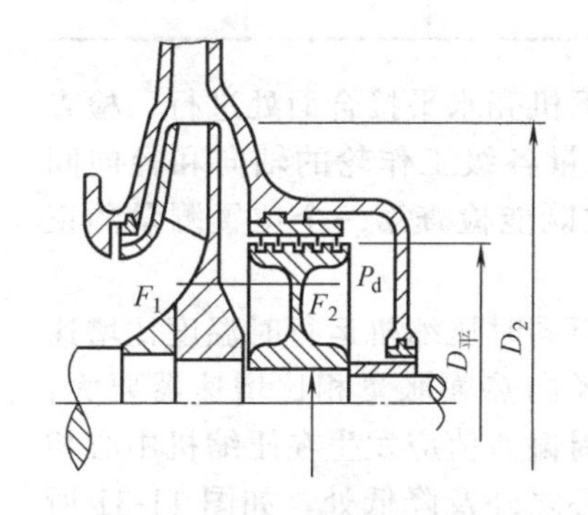


图 11-27　平衡装置结构示意

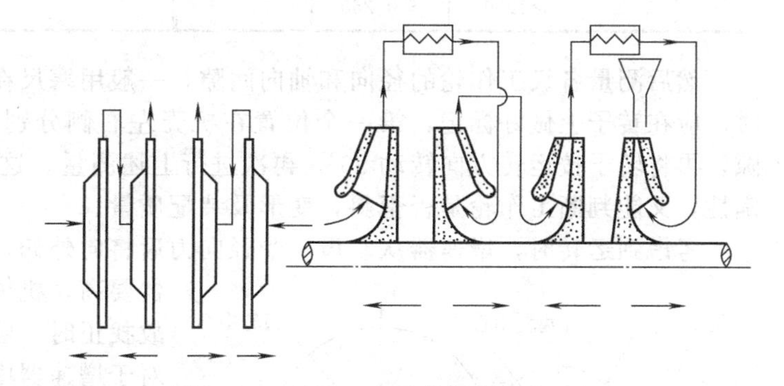

图 11-28　转子上工作轮排列方式示意

工作轮在转子轴上的布置有顺排和对排式（如图 11-28 所示)，顺排则轴向力很大，必须配置平衡盘和止推盘，而对排时轴向力大大减少。引起轴向力的原因见图 11-29。

转子的安装：首先清洗并检查转子及轴颈各处有无机械损伤，拆除其推力瓦块和轴封、轴瓦，以免吊出吊入转子时损伤其加工面。在吊装转子时，必须使用专用工具，并应保持转子轴呈水平状态，将转子吊放到轴瓦上，测量轴瓦的径向间隙和轴向间隙，推力轴瓦间隙及止推平面的轴向摆差，测量转子的轴颈锥度和椭圆度，测量各级工作轮、轴套及联轴器等处的径向振摆差和轴向振摆差，测点部位如图 11-30 所示，其允许值见表 11-2。

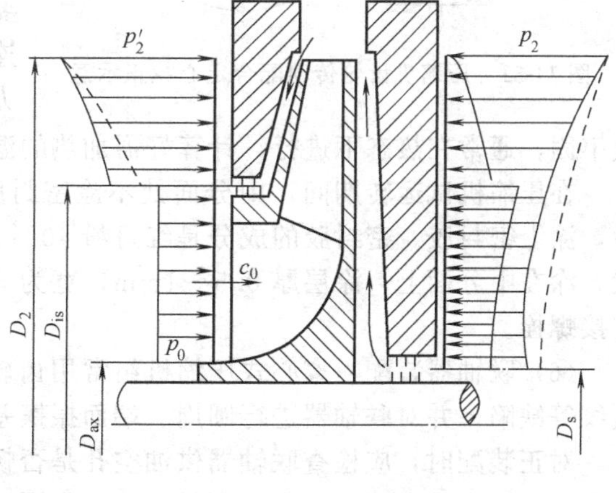


图 11-29　工作轮上的轴向力

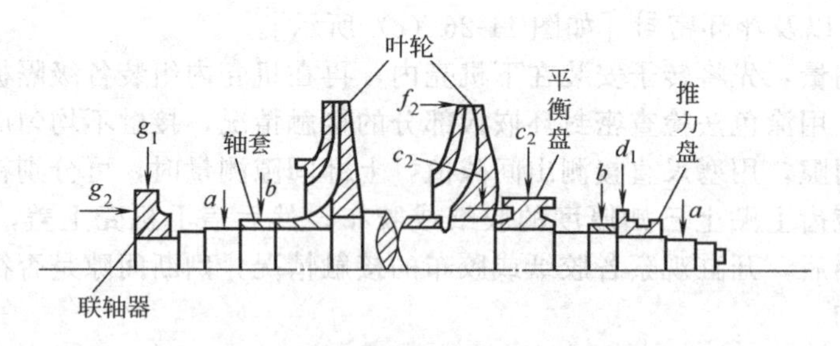


图 11-30　转子振摆值测点部位示意图

**表 11-2　转子上各部位振摆差容许值**

| 部　位 | 径向尺寸 | 径向跳动 | 端面跳动 | 部　位 | 径向尺寸 | 径向跳动 | 端面跳动 |
|---|---|---|---|---|---|---|---|
| 轴颈<br>$a$ | ≤100<br>≤200<br>>200 | ≤0.010<br>≤0.015<br>≤0.020 | — | 联轴器<br>$g$ | ≤150<br>≤250<br>>250 | ≤0.010<br>≤0.015<br>≤0.020 | ≤0.010<br>≤0.015<br>≤0.020 |
| 轴承密封处<br>$b$ | ≤400<br>≤800<br>>800 | ≤0.080<br>≤0.080<br>≤0.100 | — | 推力盘<br>$d$ | ≤180<br>≤300<br>>300 | — | ≤0.010<br>≤0.015<br>≤0.020 |
| 工作轮外圆<br>$f$ | ≤500<br>≤1000<br>>1000 | ≤0.150<br>≤0.200<br>≤0.250 | — | | | | |

然后测量各级工作轮的径向和轴向间隙，一般用塞尺在下机壳水平接合面处进行，检查时，应在转子上做好标记，第一个位置在机壳左右侧分别测量各级工作轮的轴向和径向间隙，再将转子按运转方向转动 90°，再次进行上述测量。这样既能检查第一个位置测量的正确性，又能判断工作轮是否歪斜，变形及装配质量。

考虑到运转时，增速器从动齿轮受径向力后将向外偏，但同时压缩机运行时温度比增速器要高，机体径向热膨胀量相比增速器要大，故找正时，圆周偏差值应发生在压缩机中心相对于增速器中心之外及降低处，如图 11-31 所示，具体数值根据技术要求而定。

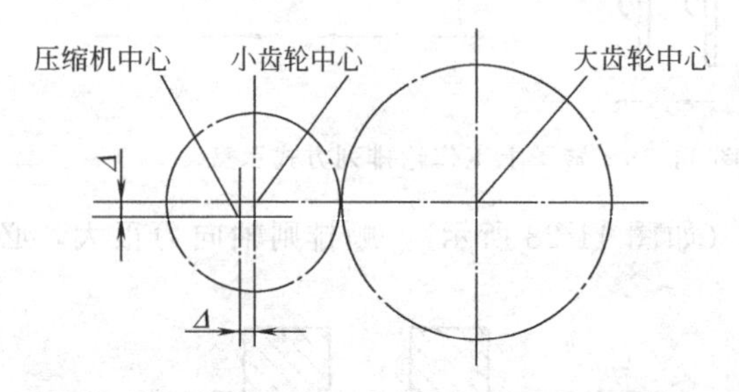


图 11-31　压缩机齿轮传动配合定心找正示意

(5) 扣汽缸大盖　首先对汽缸进行严格的吹净工作，然后吊装大盖。此时应特别注意不要将缸盖打翻或产生冲击折断钢丝绳。再拧紧连接螺栓。对中低压汽缸，只要用规定的拧紧力矩按秩序拧紧即可；对高压汽缸，为保证连接牢固，通常在热态下进行，计算好需加热的温度和伸长量。

在压缩机试运转期间，中分面处不涂密封胶，因为在这期间需经常开缸检查。待试车后，涂上密封胶。密封胶的成分是红丹粉 40%、白铝油 20%与热的亚麻籽油混合，拌成糊状，涂在中分面上，涂层厚 0.5～1mm，宽为 5～10mm，涂层经 12h 略为硬化后，再拧紧连接螺栓。

(6) 联轴器装配　离心式压缩机组常用齿轮联轴器连接，首先检查其外观，应无毛刺、裂纹等缺陷，并对联轴器进行圆周、端面振摆差检测，其允许值见表 11-2。

对正装配时，应检查联轴器供油空孔是否畅通，止推环应有抽油孔，止推环与联轴器端面之间、两齿轮之间应留有一定的间隙，如图 11-32 所示。对正联轴器时应按制造厂所留标

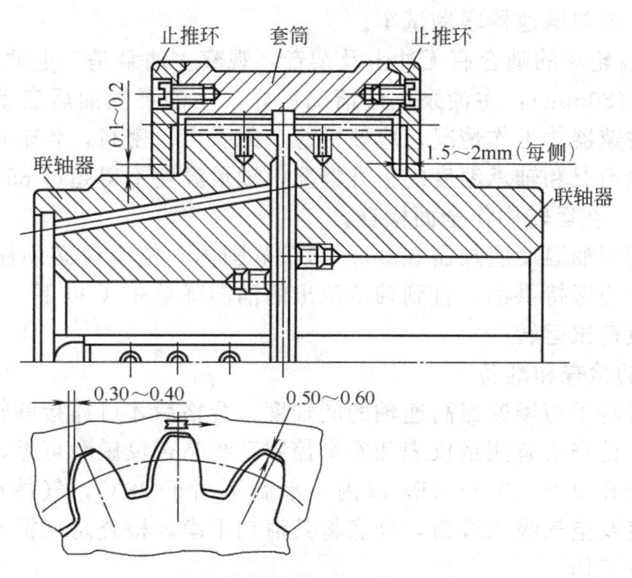


图 11-32 齿轮联轴器装配及间隙示意

志对准，不得错位。两联轴器端面之间应留有适当间隙。

(7) 压缩机定心　为保证压缩机机组在工作状态下仍然能够保持各个转子中心线连线在运行时形成一条光滑连接曲线，且保持与缸体之间的同心要求，找正找平时，以已经固定的基准轴线（如增速器）的从动轴（或汽轮机轴线）为基准，借助压缩机机体底座下面的垫铁（或其他装置）调整，使压缩机机组各个转子中心线同轴度误差及其他误差都在允许范围以内。必须从以下五个方面考虑：

① 各个联轴器连接处的同轴度误差；

② 各个中分面处的中心误差、各个洼窝处的同心度误差；

③ 各个齿轮配合啮合斥力引起的中心偏差；

④ 各个轴颈处的扬度对同心度和同轴度误差的影响；

⑤ 由于工作介质温度不同而形成的缸体热涨不同对同心度和同轴度误差的影响。

压缩机在最后定心时，同时进行机体的固定，此时，将地脚螺栓对称均匀逐次拧紧。与此同时，应不断复核联轴器定心情况，使地脚螺栓拧紧至应有程度，联轴器定心符合要求的范围。然后，应复测轴瓦接触情况，并松掉压紧的膨胀螺栓，用 0.04mm 塞尺检查机体与底座接触面的接触情况，如有个别处超差，则可用底座部的垫铁加以消除，但在消除该间隙的过程中，如果影响到联轴器的同轴度，则还应调整使其符合要求。

最后可进行垫铁的点焊和基础的二次灌浆。

3. 电动机的安装

电动机的安装方法和步骤与活塞式压缩机中的电动机安装相同，不再重复，电动机的定心找正方法与离心式压缩机与增速器定心找正完全相同。

4. 机组辅助系统的安装

离心式压缩机的辅助系统包括油润滑系统与空气冷却系统，可参考图 11-1 和图 11-2 的压缩机组布置图、构造图。这些辅助设备和管道的安装要求、方法、步骤也大都与活塞式压缩机的辅助系统相类似，故省略。

(三) 离心式压缩机机组的试运转

1. 试运转前的准备工作

(1) 空气系统的准备　该系统的设备（吸气室、中间冷却器、末端冷却器）及管道阀门要求安装完毕，系统要与增速器联动试车。

① 冲动：检查齿轮对的啮合有无冲击及杂音，观察主油泵是否上油；

② 第二次启动（30min）：主油泵上油情况良好，主油泵供油后启动油泵应自动停止供油，检查电动机与增速器的工作情况，应该平稳、无噪声、密封，各轴承处的振动应符合要求，检查各轴承供油情况和轴承温度的上升情况，轴承温度不得超过 65℃。

③ 连续运转 4h，在运转中作全面检查。

在试运转中，润滑油温度应控制在 30～40℃范围内。停车时必须注意，当电动机停止运转后，启动油泵还应保持供油，直到轴承流出的油温降至 45℃以下。

（2）压缩机无负荷试运转

① 机组启动前的检查和准备

首先复查压缩机转子与增速器高速轴的同轴度，合格后才可连接联轴器，检查所有的螺钉和螺栓是否拧紧，检查所有测量仪表和安全控制系统是否灵敏和可靠，检查冷却水流动是否畅通，水压应保持在 0.2～0.25MPa 以内，水温不高于 28℃，气体冷却器不应有积水，仔细检查空气过滤室及空气吸入管道，彻底将其清扫干净，检查防喘振装置，并打开防喘振阀。然后做一下准备工作。

打开疏水器顶部的注水口旋塞，注入清水，直至溢出，将螺栓塞拧上，盘车检查各部位是否正常，有无异常声响，将压缩机进口调节阀开启到 15°～20°的位置，将压缩机出口管路上的放空阀打开，并将其他有关的阀门按需要打开或关闭。

② 机组无负荷试运转

a. 启动辅助油泵（或启动油泵），启动后检查润滑油回流情况，如无异常情况即停止其工作，当油压低于 MPa 时，辅助油泵应能自动再次启动，以恢复正常油压。

b. 按电动机的操作规程启动电动机试运转

冲动：压缩机启动后立即停电，在机组瞬时转动过程中，检查增速器、压缩机内部声响是否正常，压缩机工作轮有无摩擦声，检查压缩机的振动情况，转子的轴向窜动情况以及各润滑油的供油情况。

运转 30min 后，在机组运转起来后要仔细检听机组各部分运转的声音，应无杂音和异常声响，在运转中，应测定压缩机的振动情况，每 10min 一次，观察有无变化，全面检查供油情况及油温、油压，轴承温度不得超过 65℃，电动定子温度不得超过 75℃等，如遇重大问题，应紧急停车。

连续运转 8h：在运转过程中，应进行上述各项工作。

停车后的检查：拆除联轴器，复测压缩机与增速器高速的同轴度应符合规定，拆开各轴承箱及止推轴承，检查巴氏合金和轴颈、止推面的摩擦情况，应光滑无擦伤痕迹，打开压缩机机壳大盖，测定转子叶轮的径向和轴向振摆差值以及汽缸圈径向振摆值，并与安装时所测数据比较，气封片应无碰擦现象，所有间隙应符合规定，压缩机内各部铆接、焊接处不应有松动和开裂现象。

（3）压缩机的负荷试运转　压缩机作负荷试运转时，首先在空负荷下启动，即第一次冲动后进行必要检查，第二次启动后无负荷运转 1h，干净、畅通、空气滤清器室的机械运转要正常。

水系统的准备：上下水及消防用水要畅通，具备使用条件。试运转时，冷却水压要符合规定要求，检查各段冷却器的上水阀和回水阀，并由溢流管检查各段冷却器的水量应充足。

电气系统的准备：电气部分全部安装竣工并具备使用条件。

自动控制及仪表系统的准备：所有仪表、自动控制联销装置等均已安装完毕并调整准确。

2. 试运转步骤

(1) 润滑系统的试运转　油润滑系统是保证转动设备正常运转的首要条件，尤其是高速旋转的离心式压缩机，保证油润滑系统的清洁和畅通更为重要。

① 向油箱内注入规定标号的润滑油（22 号透平油），油量应在液面计的 2/3～3/4 处，高于正常运转时油位，主要考虑到油泵开动，油润滑系统、油管路和高位油箱以及润滑点各处，充油后油箱油位会下降很多。

② 为了防止循环油中脏物进入轴瓦，应在各轴瓦油入口处加装过滤网，或者在油润滑系统试运转过程中，先将连接轴瓦油管的接头，齿轮喷油管拆开，套上塑料软管，插入回油管内，不经各润滑点，冲洗润滑系统，冲洗干净后，再接通各润滑点油管，进行油润滑系统的试运转。

③ 将启动油泵或备用油泵的电动机，按电气规程单独试运转 2h，校对其旋转方向，检查有无振动及杂音，轴承是否发热，电动机温升是否超过规定等，合格后，与油连接好并找正联轴器。

④ 开动启动油泵或备用油泵，检查油泵的工作情况，油量是否充足，试运转 2h 后，如油泵工作正常，则可正式向油润滑系统送油。为了冲洗干净，油量应充足，油温应保持在 30～40℃以上。冲洗时要用小锤轻轻敲击弯头、管接头、法兰、焊缝等易结存杂物处，同时，应由各回油窥视镜检查各处是否畅通。油系统各连接部件接头应严密无泄漏现象。油润滑系统的试运转时间应不少于 8h，至清洁为止。用 80 目滤网套在出油端检查时应清洁无杂质。

⑤ 经上述冲洗后，将脏物全部排出，清洗油箱及滤网。并重新换新的合格透平油。与此同时，应清洗各轴承轴瓦，然后再继续进行油循环。此时，启动油泵或备用油泵的出口油压应符合规定，调整好的油泵自动控制联锁装置应灵敏，减压阀及安全阀应按规定调整好，连续运转 2h，情况正常，油润滑系统试车结束。

(2) 电动机与增速器联动试运转　电动机的单体试运转（在第十章中已讲述）合格后，将电动机与增速器的联轴器连接好并检查两半联轴器的同轴度，盘动电动机与增速器联轴器数圈，确定无卡阻、碰撞等现象后，开动启动油泵，使油润滑系统首先投入工作，油温保持在 20～30℃，进入轴承前的油压应符合要求，检查各轴承及齿轮对啮合处的供油情况，检查无问题后，待轴承温度稳定后，方可进入负荷试运转。

无负荷时用空气作为工作介质，负荷试运转一般仍以空气作为工作介质，当压缩机的设计工作介质的密度小于空气时，则应核算以空气为工作介质进行试运转时所需的轴功率，并应考虑以空气试运转时，压缩机的温升是否影响正常运转，否则不得以空气为压缩机介质进行负荷试运转，而只能作空负荷试运转。

加负荷时，应采用恒压装置，缓缓打开进口调节阀（碟形阀），使空气吸入量增加，负荷增加；同时逐渐关闭手动放空阀门，使压力逐渐上升。加负荷时要缓慢、均匀，要根据设备的有关规定进行，在升压过程中，要时刻注意压力表，当达到额定工作压力时，应立即停关放空阀，不得超过设计压力，在整个试运转过程中，用阀门调节压缩机出口压力，使压力波动不超过 0.01～0.03MPa。

负荷试运转至少在 8h 以上，结束时的停车，首先打开放空阀门，降低系统压力，同时关闭吸入管上的调节阀，减少负荷，此时应注意减压，减负荷相应进行，勿使吸入空气量超过规定，降压结束后停止主电机运行。但必须使所有轴承流出的润滑油温度降至 35℃以下时，才能停止供油，然后停水，最后切断机组的电源。为了防止压缩机由于热弯曲过大而损坏，所有离心式压缩机在转子静止后，都必须周期地或连续地按照正常旋转方向盘车。

压缩机负荷试运转结束后，应进行各项必要的检查（同无负荷试运转），并对试运转中发现的问题，查明原因，排出隐患。增速器也应开盖检查，主要对齿轮对的齿合和轴承的接触情况加以检查，如试运转中管道有振动，停车后应对管道进行加固，根据带负荷试运转情况，必要时，在机组停车后，立即进行一次机组热状态下联轴器的对中校核，并做适当调整。

全部检查合格并处理完毕后，机组进行最后的封闭，安装工作结束。可再进行不少于4h的连续负荷试运转，经有关人员鉴定合格后，即可办理移交手续，交付生产。

### （四）离心式压缩机典型故障及其处理

1. 压力、流量低于设计要求

其原因在于：过滤网阻塞造成。吸入负压增大，密封间隙过大造成级间窜气或轴向移动过大而损坏密封，各级（段）冷却器由于供水不足、水温过高或冷却器阻塞而效率降低，设计不良等。

2. 振动

原因有转子本身不平衡；或接近临界转速运转；轴承油膜振荡；机组安装不良；机组安装和装配调整不良等。

其他常见故障的原因分析及处理见表11-3。

表11-3 离心式压缩机故障原因分析及处理方法

| 故障特征 | 产生原因 | 处理方法 |
|---|---|---|
| 支承轴承温度过高或损伤 | ①润滑油量不足或冷却不当<br>②润滑油质量不高或变质<br>③油中含水分<br>④轴承进油的温度过高<br>⑤轴瓦合金的质量不好或浇铸有缺陷<br>⑥轴瓦研磨不当、轴瓦与轴颈之间间隙不当<br>⑦轴颈损伤 | ①检查油管、适当增大节流圈孔径<br>②更换新油<br>③更换新油并检修冷油器，消除漏水<br>④调节冷却水量、加强油冷却<br>⑤重新浇铸轴瓦合金<br>⑥检查和修正过盈及间隙<br>⑦研磨轴颈、或重新浇铸轴瓦 |
| 止推轴承过热或损伤 | ①平衡盘气封漏气<br>②止推块制造质量不好、研配不当、油楔被破坏 | ①修理平衡盘气封<br>②修正或更换止推块 |
| 轴承振动振幅超差 | ①各转子轴线有同轴度误差<br>②转子或增速箱齿轮动平衡精度被破坏<br>③轴承盖与轴瓦间压合不紧密<br>④轴承进油温度过低<br>⑤转子与气封发生碰撞<br>⑥负荷急剧变化或已经处于喘振区域工作<br>⑦轴瓦间隙过大<br>⑧地脚螺栓松动<br>⑨机壳内有积水或固体杂物<br>⑩主轴弯曲<br>⑪齿轮啮合不良<br>⑫轴承热涨偏差<br>⑬转子上各部件间间隙不当<br>⑭轴承体升高<br>⑮风管固定不当 | ①检查并重新找正<br>②重新做动平衡<br>③研磨轴承、调整垫片、调整配合<br>④调整油温<br>⑤修正气封间隙<br>⑥调整负荷或调整节流阀或回流调整<br>⑦减小轴瓦间隙<br>⑧重新拧紧地脚螺栓<br>⑨排除杂物或积水<br>⑩校正主轴<br>⑪调整齿轮轴位置<br>⑫检查并调整滑销系统<br>⑬重新检测并调整<br>⑭检查各个连接部位的间隙和固定情况；重新进行调整<br>⑮重新固定 |

续表

| 故障特征 | 产生原因 | 处理方法 |
| --- | --- | --- |
| 油压急剧下降 | ①齿轮油泵配合间隙过大<br>②油管破裂或连接处漏油<br>③滤油器堵塞<br>④油箱内油量不足<br>⑤油泵吸入管道泄漏<br>⑥压力表失灵或压力表导管堵塞 | ①调整间隙<br>②更换油管<br>③清洗滤油器<br>④添加润滑油<br>⑤检查并排除<br>⑥同上 |
| 压缩机出口流量降低 | ①密封间隙过大<br>②压缩机任意一段的吸入口气体温度过低<br>③进口空气过滤器堵塞 | ①调整间隙<br>②调整冷却水量，必要时清洗冷却器<br>③清理空气过滤器 |
| 油冷却器或气体冷却器出口油温或气温过高 | ①油冷却器或气体冷却器内有积垢<br>②油冷却器外壳或气体冷却器的水室内积有空气<br>③润滑油变质<br>④冷却水管道堵塞<br>⑤冷却水量不足 | ①清除<br>②排除<br>③更换<br>④检查并清除<br>⑤检查冷却水系统，并排除故障 |
| 油泵振动发热或产生噪声 | ①油泵轴与传动轴轴线之间误差大<br>②油泵齿轮装配不良、与泵壳之间有碰擦<br>③泵体与泵盖或泵体与增速器壳体之间的连接松动 | ①重新找正<br>②检查并排除<br>③重新拧紧、固定、并钉紧定位销 |

## 四、“汽轮机-离心式压缩机”机组的安装

### （一）汽轮机的结构及原理

汽轮机是一种蒸汽原动机，它将水蒸气的热能转换成转子转动的机械能，它具有功率范围大、效率高、安全可靠、并可以通过改变本身的转速来调节离心式压缩机的排气量等优点，可以实现石油化工厂的热能综合利用。

1. 汽轮机的类型

(1) 按用途分　用于驱动发电机而转速不变，称为发电汽轮机；而用于驱动压缩机、风机以及泵等机器时，其转速可以调节改变，称为工业汽轮机。

(2) 按工作原理分

① 冲动式：汽轮机中，每一叶轮与其前面的隔板上喷管组成一个冲动级，工作时蒸汽在喷管内膨胀产生高速蒸汽流冲向叶片，利用高速蒸汽沿叶片流动产生离心力而推动叶轮如图 11-33 所示。

② 反动式：汽轮机中，蒸汽在喷管（实质上是装在汽缸上的静叶片）内只进行部分膨胀，流经动叶片时，继续降压增速，利用高速蒸汽离开动叶片时的反冲力使叶轮转动，与火箭的工作原理很类似，具体如图 11-34 所示。

③ 按叶轮个数或工作叶片的列表分：单级式和多级式，单级冲动式汽轮机如图 11-33 所示。在多级冲动式汽轮机中，常在第一级叶轮上安装两列动叶片，并在汽缸上设置一列导向叶片位于两列动叶片之间构成所谓两列“速度级”，这时蒸汽在喷管中获得的速度能分两次在动叶片中做功，从而使蒸汽的热能得到更有效的利用，同时也减少了叶轮数，如图 11-35 所

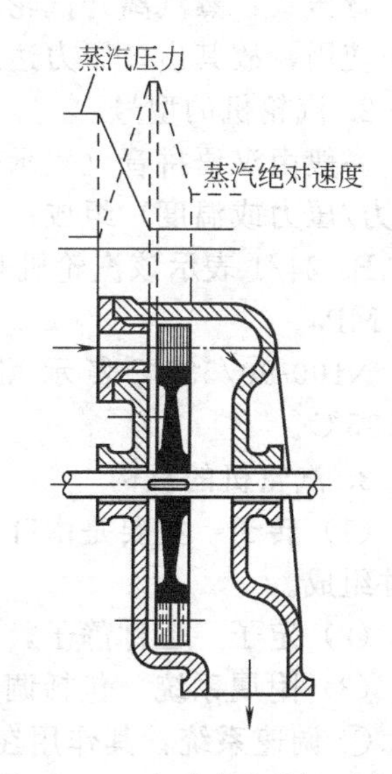

图 11-33　冲动式汽轮机示意图

示，而在多级反动式汽轮机中，有数列动叶片和数列静叶片相间排列，参见图 11-34 所示。

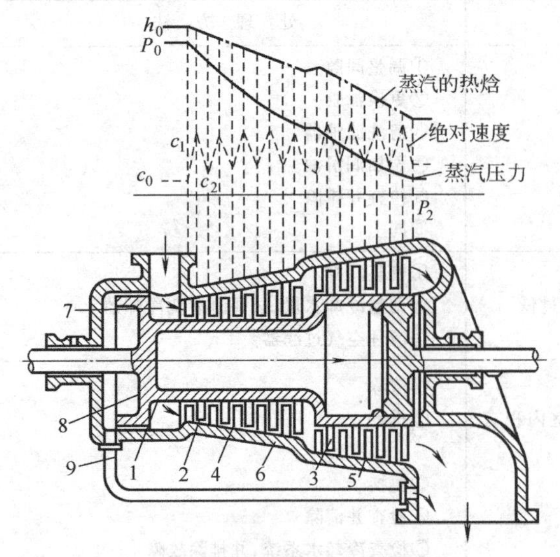


图 11-34 反动式汽轮机示意图

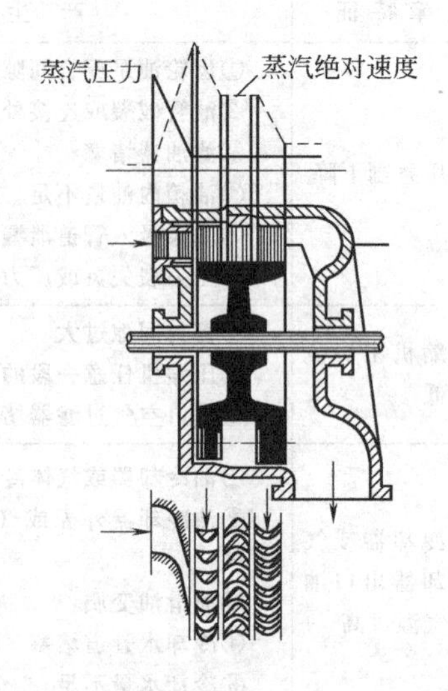


图 11-35 两列速度级汽轮机示意图

冲动式与反动式汽轮机的区别在于：按冲动式原理工作时的叶轮，其叶片是与其轴线平行的，而按反动式原理工作的叶轮，其叶片与其轴线有一定的倾斜，如图 11-36 所示。

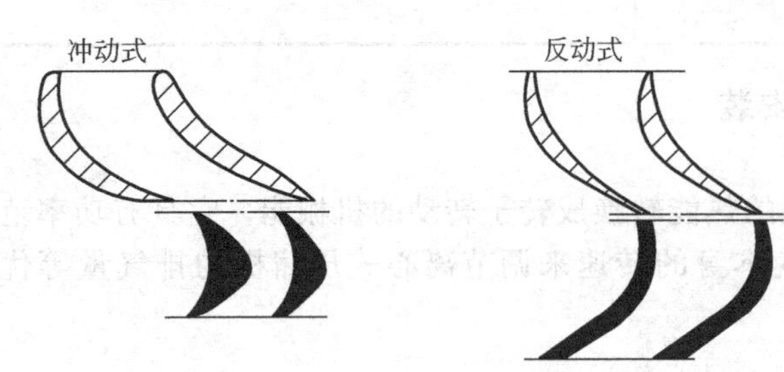


图 11-36 冲动式与反动式汽轮机叶片

(3) 按热力过程的特征分

凝汽式：汽轮机工作时，蒸汽离开汽轮机后进入具有一定真空度的凝结器中凝结。

抽汽式：汽轮机工作时，从汽轮机中间级抽出一股一定压力的蒸汽给工业或民用使用。

二次抽汽式：汽轮机工作时，从汽轮机中二次抽出蒸汽；

背压式：蒸汽离开汽轮机后再进入低压蒸汽汽轮机中做功或送至其他工业设备与民用采暖中使用，故其出口压力达到一个绝对大气压以上直至几十个大气压。

2. 汽轮机的型号

一般由汉语拼音（表示热力过程形式）加阿拉伯数字（功率，单位 kW）和蒸汽参数（压力/压力或温度）组成；例如：

B3-24/1 表示该汽轮机是背压式，功率 3MW，新蒸汽压力 2.4MPa。排出蒸汽压力是 0.1 MPa。

N100-90/535℃表示凝汽式，功率 1000000kW，新蒸汽压力为 9.0MPa，温度为 535℃。

3. 汽轮机的机构

(1) 转子　主要是由叶片、叶轮、主轴、汽封轴套、中间轴套、联轴器和其他一些传动部件组成。

(2) 定子　也称静子，主要由台板、汽缸、喷嘴、隔板、汽封和轴承等组成。

(3) 附属系统　包括调速、保安和润滑系统等附件。

① 调速系统：其作用在于，对于发电汽轮机是调节汽门适应负荷变化，稳定转速，对于工业汽轮机则是调节汽门改变转速或稳定某一工作转速。

典型的液压调速系统：如图 11-37 所示，它主要由旋转阻尼、放大器、同步器、继动器错油门和油动机等组成。工作时，由旋转阻尼将感受到的转速变化改变成油压变化，传给油压转换器，经压力转换器和错油门放大后进入油动机，通过油动机活塞和杠杆操纵调速汽门的开度，从而改变送汽量，使转速恢复到原来的数值。

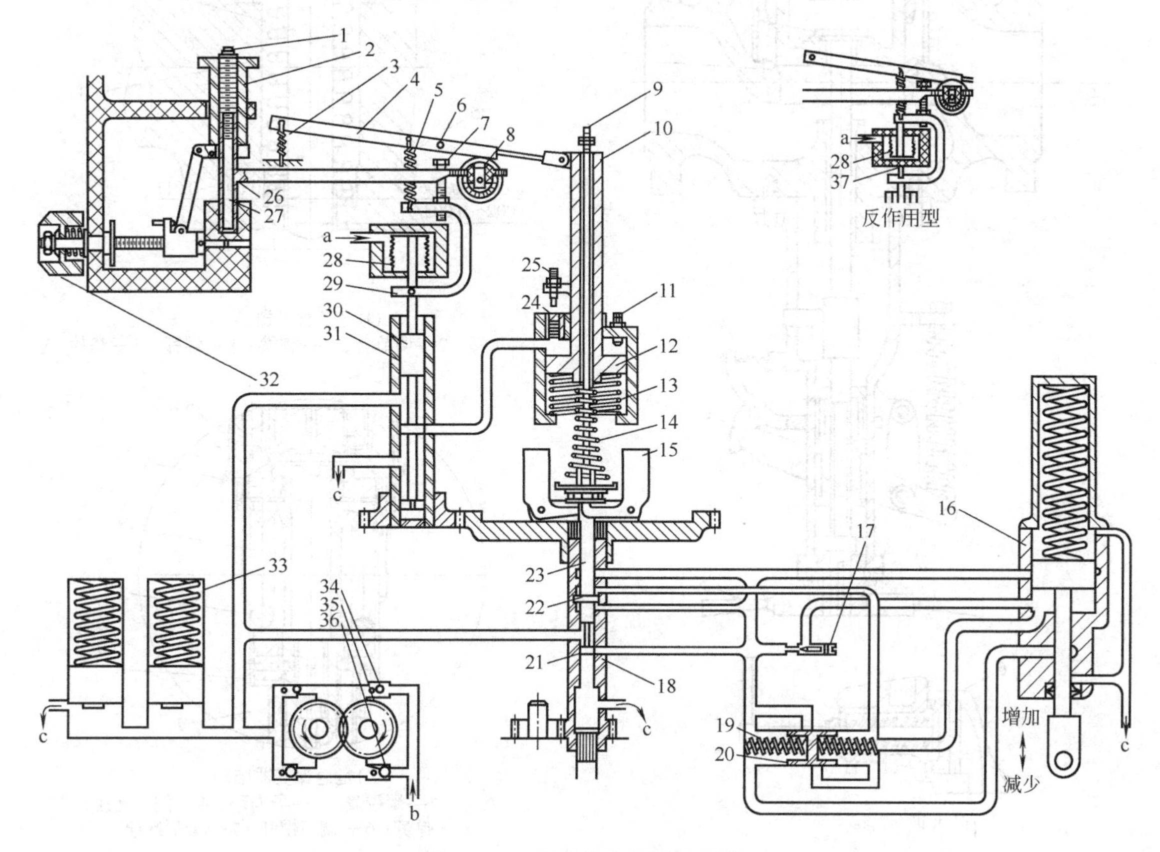


图 11-37 典型的液压调速系统

1，25—高速限位调节螺钉；2—速度调节螺母；3—拉紧弹簧；4—复位杆；5—回复弹簧；6—低速限位销；7—低速限位螺钉；8—移动支架；9—超速试验杆；10—活塞杆；11—活塞限位螺钉；12—速度给定活塞；13—活塞弹簧；14—速度弹簧；15—飞锤；16—油动机；17—针阀；18—控制面；19—缓冲弹簧；20—缓冲活塞；21—滑阀套；22—补偿面；23—导阀柱塞；24—高速限位阀；26—速度给定杆；27—高速限位销；28—波纹管；29—弓形杆；30—速度给定柱塞；31—速度给定阀套；32—速度操作旋钮；33—蓄压器；34—单向阀（开启）；35—泵齿轮；36—单向阀（关闭）；37—波纹管弹簧；a—控制空气；b—进油口；c—回油槽

② 保安系统

a. 自动主汽门：如图 11-38 所示。其作用是当发生事故紧急停车时，危急保安器动作，关闭高压油路，让汽缸中的高压油泄漏回油箱，依靠弹簧力推动活塞杆关闭汽门，或用手动轮关闭汽门。

b. 超速保护装置：危急保安器，也叫危急遮断器，其结构形式一般可分为飞环式和飞锤式两种，如图 11-39 所示。它们的工作原理都是利用飞环（飞锤）的重心和转子轴线的偏心所产生的离心力起作用，当机组的转速超过额定转速即拉钩，使得危急遮断油门动作，关闭主汽门使机组停下。

危急遮断油门：其结构如图 11-40 所示，它是接受危急保安器的动作，击落拉钩，滑阀上升，堵住高压油到主汽门的通路而停止机组工作。

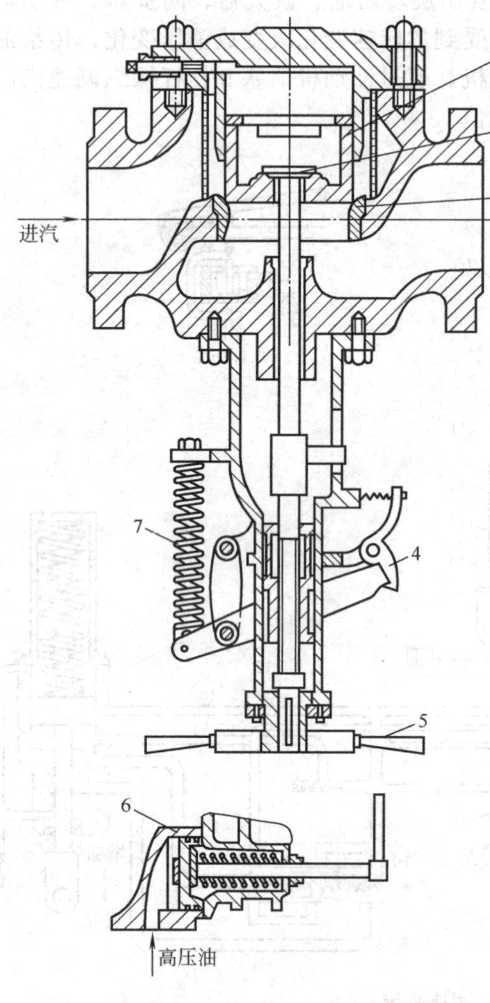


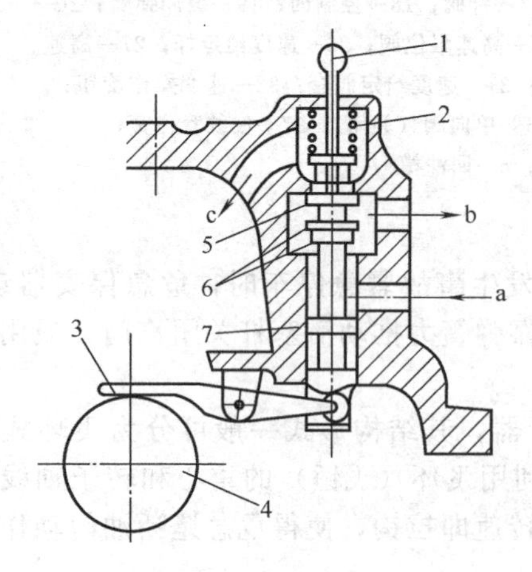


图 11-38　自动主汽门结构示意

1—阀；2—预启阀；3—阀座；4—锁闩机构；5—操作手轮；6—跳闸油缸；7—关闭弹簧

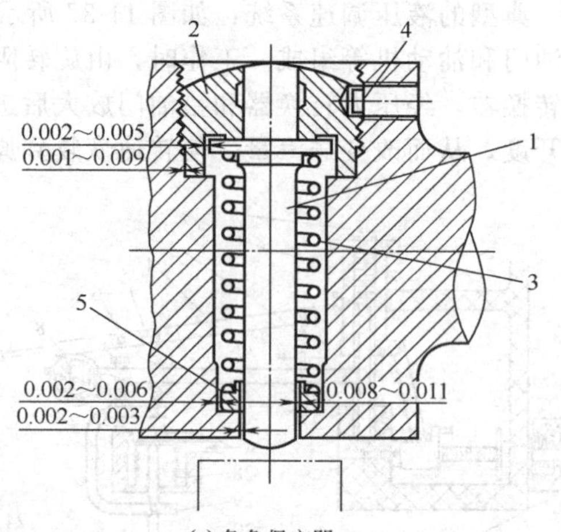


(a) 危急保安器

1—飞锤；2—调节套；3—弹簧；4—螺钉；5—垫片

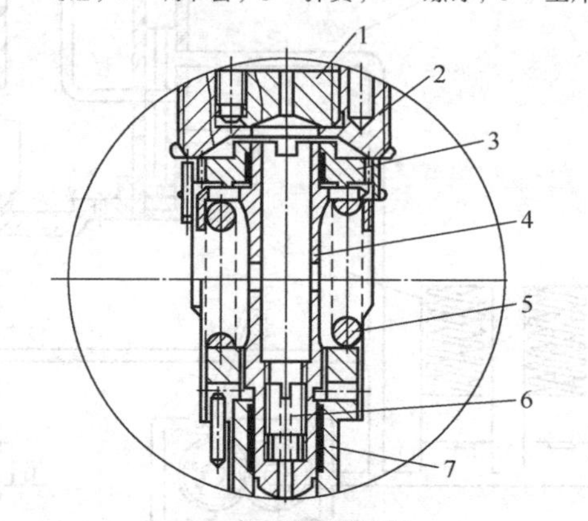


(b) 危急保安器结构

1—丝堵；2—螺纹盖；3—导向环；4—偏心飞锤；5—弹簧；6—调节螺钉；7—紧配螺栓

图 11-39　危急保安器及结构

图 11-40　危急遮断油门

1—手柄；2—弹簧；3—杠杆；4—危急保安器；5，6，7—滑阀；a—压力油口；b—跳闸油口；c—排油口

c. 轴向位移遮断器：其结构如图 11-41 所示。它的工作原理是，当汽轮机主轴由于某种因素产生大于规定值的轴向位移时，滑阀移动，切断高压油通向危急遮断油门的通路，并打开去调速汽门的油路，这时主汽门与调速汽门同时关闭，调速汽门结构见图 11-42 所示。

d. 磁力断路油门：其结构如图 11-43 所示。它是转子轴向位移、冷凝器真空度及轴承温度超过允许值时紧急停机的执行机构，当它动作时，滑阀被拉上，一方面堵住高压油到主汽门的通道，另一方面主汽门中的压力油经磁力断路油门回到油箱，因而迅速关闭主汽门。

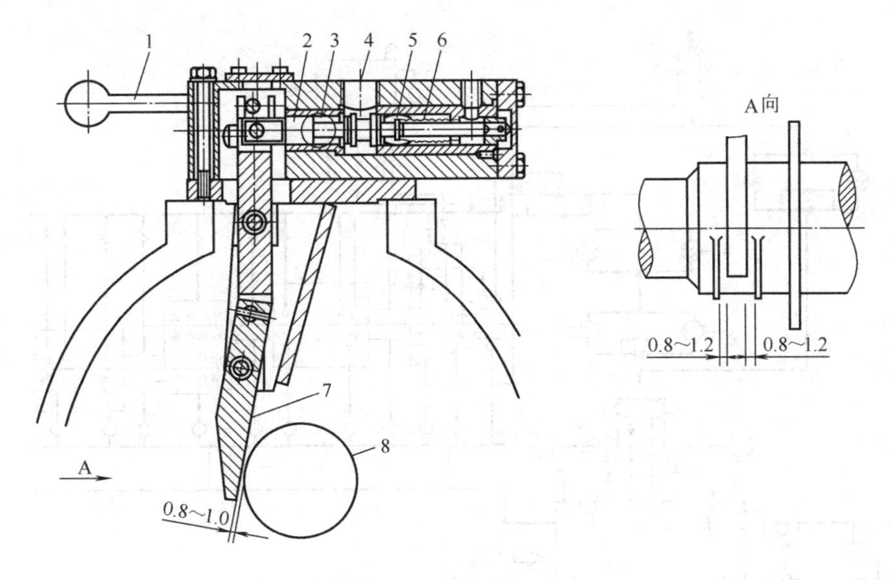


图 11-41　轴向位移遮断器结构

1—手动复位杆；2—滑阀；3—进油口；4—出油口；5—泄油口；6—弹簧；7—跳车杆；8—主轴

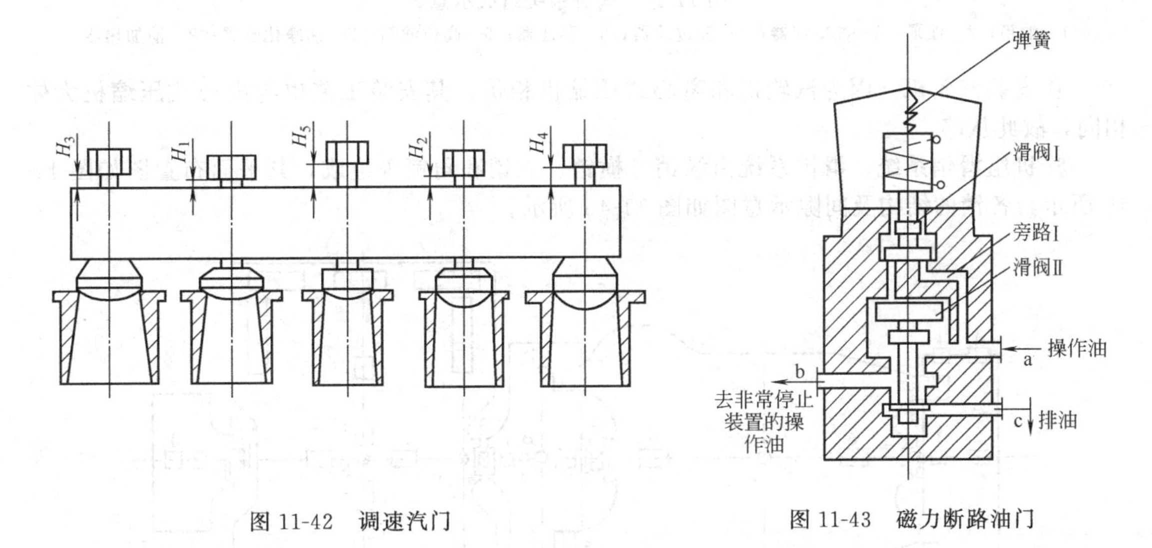


图 11-42　调速汽门

图 11-43　磁力断路油门

③ 润滑系统：汽轮机的润滑系统由主油泵、注油器、油箱启动泵、顶轴油泵、冷凝器、过滤器、过压阀和低油压发生器等设备组成，简图如 11-44 所示。

（二）“汽轮机-离心式压缩机”机组安装工艺

① 检查验收基础。根据第二章有关内容，按照规定的方法和步骤进行检验，尤其注意基础浇筑时预留的标记，表面状况和标高等。

② 基础放线。在基础表面上，按基础图、安装图画出基础的中心线，并检查以此中心线安装压缩机，能否与其他设备正确连接。

③ 吊装压缩机底座。

a. 在底座基础上放垫板和千斤顶。

b. 将地脚螺栓穿到螺栓孔内。

c. 将底座就位，检查底座与基础中心线是否重合，其允差为±2mm，调整底座的标高，先调水平后测出各底座的相对高度，并使标高达到要求。

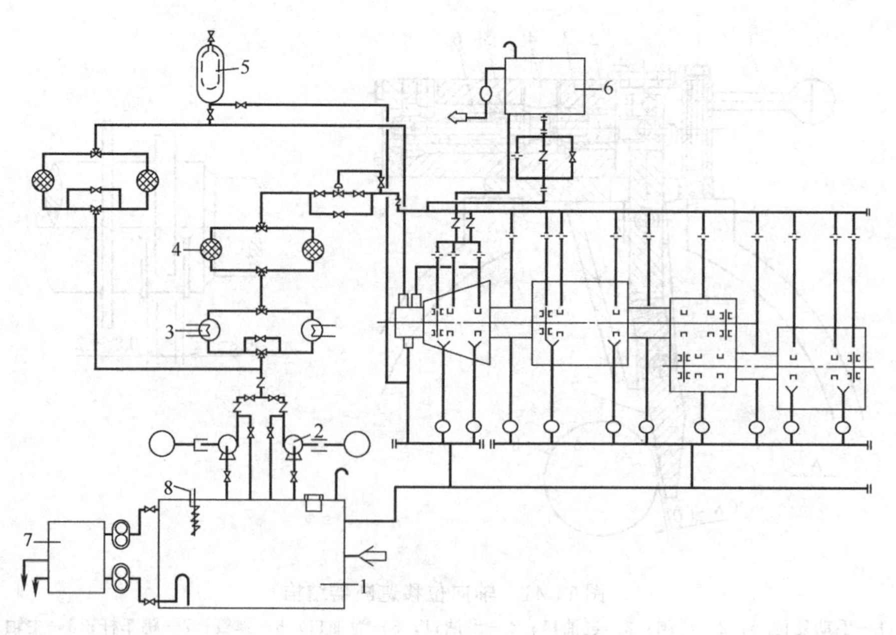


图 11-44　润滑系统组成示意

1—油箱；2—油泵；3—油冷却器；4—油过滤器；5—蓄压器；6—高位油箱；7—油净化装置；8—油加热器

④ 安装汽轮机。因为汽轮机和离心式压缩机相仿，其安装工艺也与离心式压缩机大体相同，故此从略。

⑤ 机组滑销系统。滑销系统由纵销、横销、立销和角销等组成，其平面布置图如图 11-45 所示，各销的结构及间隙示意图如图 11-46 所示。

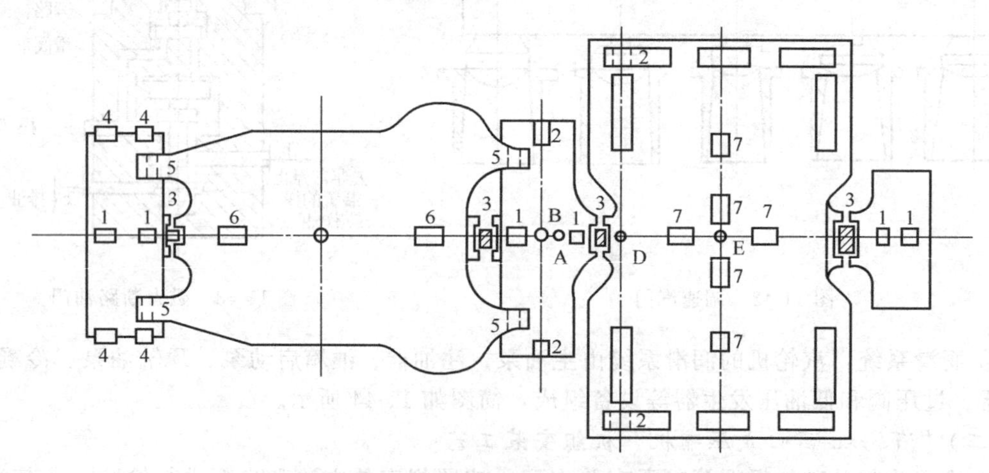


图 11-45　滑销系统平面布置示意

1—纵销；2—横销；3—垂直销；4—压板销；5—猫爪横销；6—高中压内外缸纵销；7—低压内外缸“十字”销；A—转子死点（止推轴承处）；B—高中压外缸死点；C—高中压内缸死点；D—低压外缸死点；E—低压内缸死点

注：C 在左端中心线交点处

⑥ 压缩机的组装、机组找正。

⑦ 基本要求：考虑到汽轮机的热能的影响，应使汽轮机转子中心线略低于压缩机转子的中心线，但应保证工作时，汽轮机转子中心线与压缩机转子中心线能连成一条连续光滑曲线。

⑧ 具体步骤：以汽轮机转子轴为基准，利用“一表法”进行找正，并考虑热胀，利用

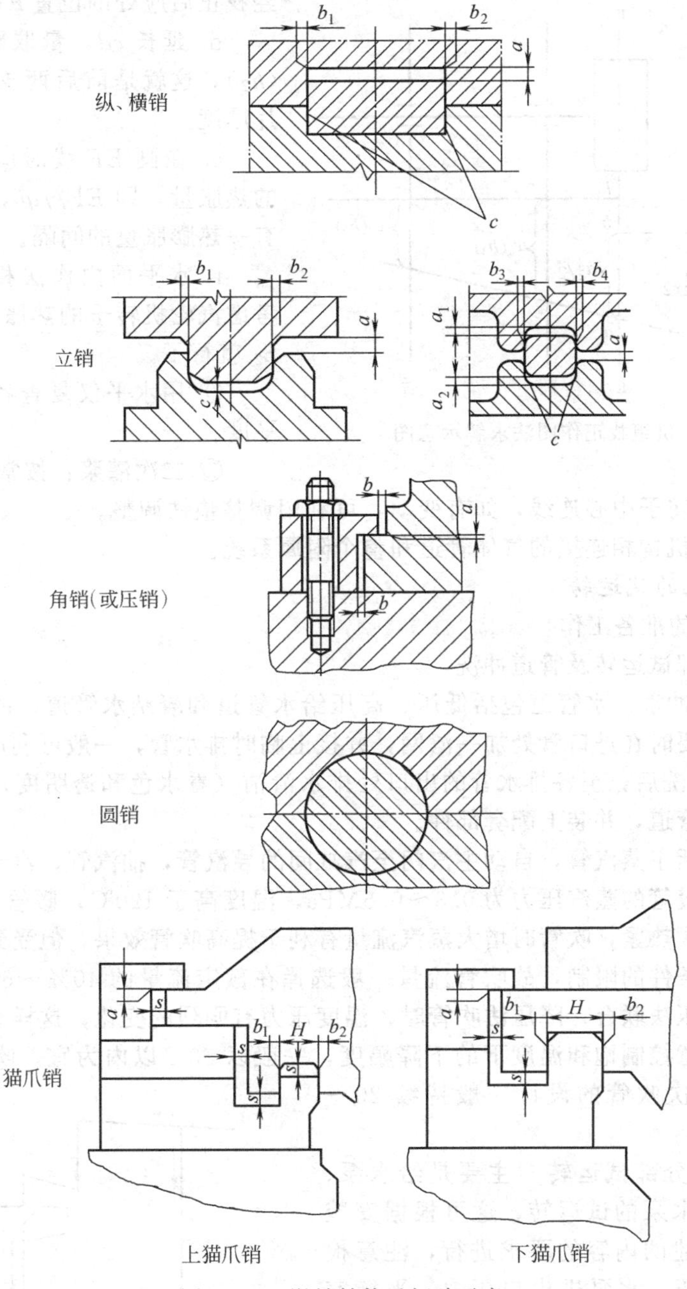


图 11-46　滑销结构及间隙示意

作图法求压缩机的调整量。

a. 任意画一直线 $A$ 表示汽轮机转子轴线的位置，同时按比例画出 $A$ 和 $B$（压缩机转子轴线）、联轴器及 $B$ 侧面轴承的位置，如图 11-47 所示。

b. 画出联轴器测量平面Ⅰ—Ⅰ、Ⅱ—Ⅱ和 $B$ 轴前、后轴承断面，按照安装说明书中给出的汽轮机转子中心的设计值（扬度），画出其实际位置线 $ab$，再根据实测值 $a_2{}^1$ 在Ⅰ—Ⅰ面上截取 $ac=a_2^1/2$，同理在Ⅱ—Ⅱ面上截取 $bd=a_2^2/2$。连接 $cd$ 即得出压缩机转子轴线的实际位置（垂直位置）。

c. 按照安装说明书中给出的压缩机转子中心的设计值（扬度），画出压缩机转子轴线 $B$

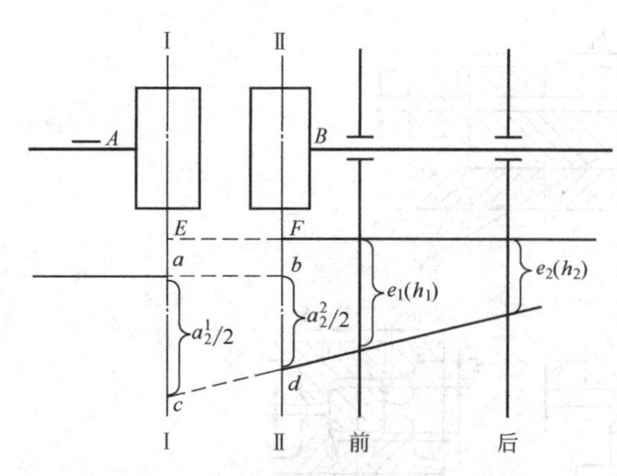

图 11-47　机组找正作图法求解示意图

经找正后应处的位置 $EF$。

d. 延长 $cd$，量取距离 $e_1(h_1)$ 和 $e_2(h_2)$，这就是前后两支脚下应增减的垫片厚度。

e. 在画 $EF$ 线时应考虑汽轮机转子的热胀量，即 $EF//ab$，但应使它们之间有一热膨胀量的间隔。

f. 水平面内作法相同，只是不需要考虑汽轮机转子的热胀影响，求出 $S_1$ 和 $S_2$ 就行了。

⑨ 用水平仪复查各转子轴颈处的水平度。

⑩ 二次灌浆：按常规方法处理。

⑪ 复测机组转子中心连线，如有变动，可利用调整垫铁调整。

⑫ 安装与主机构相连接的气体管道和整个附属系统。

（三）汽轮机的试运转

1. 试运转前的准备工作

（1）辅机分部试运转及管道冲洗

① 汽水管道冲洗　水管道包括低压、高压给水管道和凝结水管道，冲洗时应将水泵进口处拆开，有必要时在进口管处加一滤网，并接上临时排水管，一般可利用澄清的生水（经除氧水箱），经冲洗后，至各排水管的出口处排水清洁（看水色和透明度）为止。然后拆去滤网，装上永久管道，并装上配套部件。

蒸汽管道包括主蒸汽管，自动主汽门至汽缸间的导汽管，抽汽管，汽封进管等，吹管前应先进行暖管。暖管的蒸汽压力为 0.3～0.5MPa，温度高于 120℃，暖管 2h 后对所有法兰连接螺栓进行一次热紧，吹管时增大蒸汽流量有利于提高吹管效果，但受到锅炉燃烧能力及各受热面超温等条件的限制，故吹管流量一般选择在额定流量的 40%～60%，吹管方法可采用稳压法与降压法联合，降压法吹管时，温度压力有剧烈的变化，这样有利于焊渣、锈皮的脱落，但要注意控制饱和温度下的下降幅度，一般以 50℃ 以内为宜。吹管次数视管路清洁程度而定，每次吹管的设计一般持续 20～25min 即可。

② 各辅机的分部试运转　主要是给水泵、循环系统和凝结水泵的试运转，这可根据安装说明书或以前讲述的内容的要求进行，注意检测轴承油温、油压、水泵进出口压力、平衡室压力、电动机电流及静子温度、轴承振动等，保证水泵连续试运转 8h 以上，各项参数均符合要求即可。

（2）真空系统严密性试验　汽轮机的真空系统包括凝汽器的蒸汽空间，汽轮机的排汽部分以及汽轮机空负荷运行时处于真空状态下的设备与管道。其关键设备为凝汽器，图 11-48 所示为凝汽设备的组成情况。

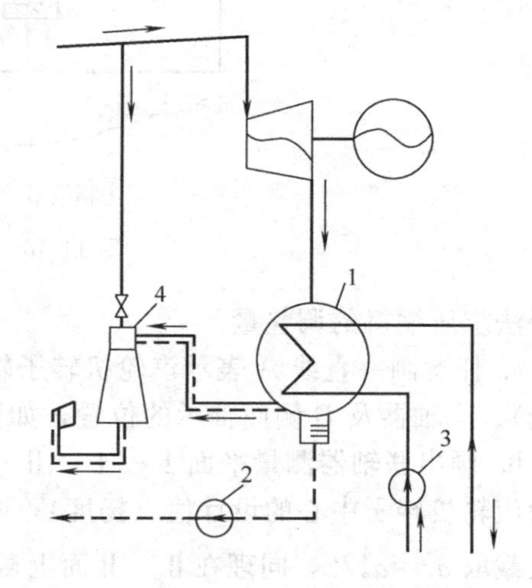

图 11-48　凝汽设备的组成情况

1—凝汽器；2—凝结水泵；3—循环水泵；4—抽汽器

严密性检查该系统可用灌水法、灌水加压

法或水压试验法。主要是保证下列各部位无泄漏现象：与真空系统连接的凝汽器在真空系统下工作的加热器的水位计，凝结水轴封处，向空排汽门，处于真空状态下的法兰密封面、插座、接头、堵头和焊口、凝汽器铜管及其与管板连接处以及疏水器U形水封管等。

(3) 油系统的启动与油循环

① 灌油　首先检查油箱内的放油门是否关闭严密，用离心式或压力式滤油机向油箱内灌油，第一次灌油高度可灌至油箱最高油位线，等油系统充油，油位下降后，再将备用油补充进去，灌油过程中要检查油位计动作是否灵活，指示是否准确，对用压力式滤油注油机灌油时，还应加铜网布过滤，以防滤纸、毛绒混入油内。

② 油循环　油循环一般可采用下面三种方法进行：

a. 油布通过轴瓦，在轴承的进油管前加临时短管和轴承回油管连接，使轴瓦短路，管子的直径应与原油管直径相同。

b. 对带有调整垫块的轴瓦，在油循环前可将轴瓦旋转10°～20°，如图11-49所示，使油绕过轴瓦而循环。

c. 油通过各轴瓦，但应在各轴瓦进口油管装上临时滤网。

油循环时，应有较大的流量和较高的油压，并保持40～50℃的油温，故油循环时最好用容量较大的启动油泵，同时应进行滤油，定期清理油箱的滤网、轴瓦的滤网以及滤油器的滤网，直到油质清洁并不含水分为止。

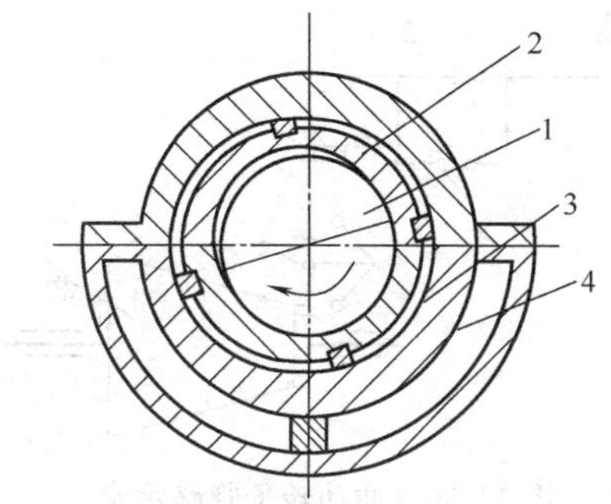

图 11-49　轴瓦油循环

1—汽轮机油；2—轴瓦；3—轴瓦衬套；4—进油孔

油循环初期，必须使调节系统设备上的油管与油系统单独循环，在油质达到一定清洁程度后，方可将调速油管与油系统接通，使其与油循环管路接通，并启动辅助油泵，用以检查其工作情况。

(4) 设备和阀门的检查　检查有关启动设备和阀门是否处于准备启动状态，并分系统逐步地检查油系统，调速系统，汽轮机的汽、水系统等，尤其注意各管道阀门等的启闭位置是否正确。

(5) 工具的准备　准备好试运转中所需的工具（如转速表、振动仪和百分表等）以及各种记录表格。

2. 汽轮机的启动、试运转

(1) 启动前的一般检查　检查各系统的所有设备和部件是否符合启动条件。

(2) 暖管与升压　主蒸汽管道的暖管需分段进行，即总汽门至自动主汽门为一段；自动主汽门至调速汽门为另一段；前一段的暖管在启动后进行，而后一段的暖管与低速暖机同时进行。

暖管时为避免管道因突然加热而产生的热应力和水冲击，通常分为低压和高压暖管两个阶段进行。

低压暖管时先稍开总汽门（如有旁路汽门则稍开旁路汽门），开启全部疏水器阀门，中参数汽轮机暖管压力维持在0.2～0.3MPa，对于高压汽轮机可使压力升至0.5～0.6 MPa进行暖管。当管壁温度接近于饱和温度时，可进行升压暖管，升压速度取决于管道强度所允许的温升速度，中参数汽轮机一般取5～10℃/min，高压汽轮机不超过3～5℃/min。升压过程中应注意管壁温度不低于相应压力下的饱和温度。随着汽压上升和管壁温度的升高，可逐渐关闭疏水门。

(3) 启动抽汽器、建立凝汽器真空　对于采用射汽式抽汽器的汽轮机，在暖管的同时，即可开启循环水泵，并向凝汽器汽侧灌水至一定水位，启动凝结水泵，并开启凝结水再循环阀门，使凝结水在主抽汽器和凝汽器间进行循环，当蒸汽压力升到抽汽器工作压力时，开启启动抽汽器建立凝汽器真空，对采用射水抽汽器或启动抽汽器建立真空的汽轮机，可在冲转后再开启凝结水泵等设备。

(4) 开启汽动油泵　中小容量机组都采用汽动油泵供油，当蒸汽压力升到能冲动小汽轮机时即可投入，这样也可增加蒸汽容量，缩短暖管时间。

(5) 冲动转子　一般有利用调速汽门冲转、自动主汽门冲转和主汽门旁路汽门冲转三种方法。

调速汽门冲转是，开启调速汽门以前所有阀门，利用启动阀或同步器开启调速汽门冲动转子，如图 11-50 所示，这种方法可减少自动主汽门的磨损，但因局部进汽因而汽缸受热不均，易使汽缸各部件产生热变形和热应力。

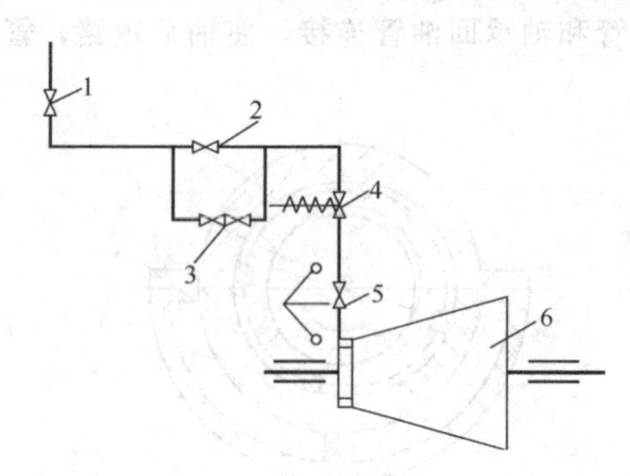

图 11-50　冲动转子管路示意
1—总汽门；2—主汽门；3—主汽门的旁路汽门；4—自动主汽门；5—调速汽门；6—汽轮机

自动主汽门冲转时，它以前的所有阀门和调速汽门均开启，此法是全周进汽，因而汽缸受热均匀，但是自动主汽门的门心和门座将因节流作用而磨损，容易造成关闭不严的缺陷。

主汽门旁路汽门冲转时，应将主汽门关闭，自动主汽门及调速汽门开启，用主汽门的旁路汽门来冲动转子，将汽轮机转速升高到调速系统投入工作时，方可全开主汽门，关闭旁路汽门，这两种方法综合了上两种冲转方式的优点，在定参数启动中普遍采用。

低速暖机：其目的是使汽轮机各部分均匀受热，从而保证汽缸和转子的热膨胀、热变形和热应力都在安全范围之内。

汽轮机一经冲动，应立即关小冲动汽门，使汽轮机在低速下暖机，低速暖机的转速一般为额定转速的 10%～15%，时间可参照有关规定。

(6) 升速　升速就是增加进汽量，把汽轮机转速逐渐提高到额定转速，升速的幅度，对中压机组可按每分钟增加 5%～10%的额定转速提升转速，而高压汽轮机以每分钟 2%～3%的额定转速进行升速为宜。对于工作转速大于临界转速的汽轮机，在中速暖机（转速为额定的 70%～75%）充分后，应开大启动阀，增大蒸汽量，使转子快速通过临界转速。通过临界转速时，因蒸汽量的增加较快，汽缸及转子各部件产生温差也较大，所以在通过临界转速后，应在适当转速（额定转速的 90%～95%）下停留一段时间，也就是高速暖机，其目的在于减小各部分温差，减小热应力，此时调速系统应投入工作，然后将启动用汽门开关，用同步器将转速调整到额定转速，汽轮机在额定转速下，应进行全面检查，机组一切正常后，可进行空负荷下的调速保安系统的试验工作。

① 汽轮机处于静止状态下，通过手动危急遮断器脱扣试验，检查手动脱扣器、危急继动器、遮断指示器、磁力断路油门以及主汽门等保护装置动作的可靠性。对液压调速保护系统，试验时应开启高压油泵，以测定主汽门和调速汽门的启闭动作时间。

② 机组在静止状态下以及启动至空负荷运转时，都要进行磁力断路油门试验和电超速保护装置试验，以便检查电气回路有无缺陷，油门有无卡涩现象，并调查确定其动作数值。

③ 危急遮断器试验（超速试验）。一般规定，当机组超速至额定转速的 111%～112%

时，要求危急遮断器动作，使机组紧急停机，其目的在于检查超过保护装置是否正常，工作弹簧预紧力的调整是否恰当。

为了慎重起见，试验时应将自动主汽门关闭，使蒸汽经自动主汽门的旁路汽门进入汽轮机做试验，若没有弯路门应把主汽门稍微打开，使它只能通过稍大于空转的蒸汽量，然后强迫调速汽门开大，以提高转速做试验，如果转速超过危急遮断器规定动作转速而它仍不动作时，则应立即手拍危急遮断器停机。

各危急遮断器应做超速动作试验三次，前两次动作的转速差不应超过 0.6%，第三次动作转速与前两次平均数相差不应超过 1%。

3. 负荷运行

在调速保安系统和电气试验合格后，机组就可以接带负荷。汽轮机组带负荷后，蒸汽流量将有较大的增长，因而对汽轮机而言，带负荷过程是一个剧烈的加热的过程，因此必须根据允许的金属升温速度来确定加负荷的速度，并安排适当的暖机时间，使汽轮机金属部件的热应力和热膨胀控制在允许范围之内。

随着负荷增加，蒸汽量增加，凝汽器中水位升高，此时对于采用喷汽或抽汽器的汽轮机应逐渐关小凝结水再循环门，并开大抽汽器冷却器的凝结水出水门，保持凝汽器的正常水位。负荷增加过程中，各段压力逐渐升高，除氧器和加热器应随之投入运行。此外，负荷增加，调节级汽室压力升高，高压段的油封漏汽已足够供给低压轴封用汽，故可关闭轴封送汽门，并把多余的蒸汽排入凝汽器。

首先是减负荷，但必须严格控制汽轮机金属温度下降速度，以保证各项控制指标在允许范围内，为此，应掌握好减负荷速度并适当停留一段时间，使汽缸和转子温度能均匀下降，负差胀不致超限。

在停机阶段，可结合做调速保安系统的试验，并检查调速系统能否维持空负荷运行，有条件时应测绘出转速与时间的关系曲线——惰走曲线。

转子调整后供轴承润滑系统的润滑油泵应继续运行，并仍应注意继续调节冷油器冷却水量。保持冷油器出口油温在 40%左右。同时应使用盘车装置按规定连续盘车一段时间，待汽缸和转子逐渐冷却下来后，再改为定期盘转 180℃，直到汽缸金属温度降到 150℃以下为止。对于装有顶轴设备的机组，盘车之前，应先将顶轴油泵投入。

最后打开蒸汽管道和汽轮机本体上各疏水阀，以防积聚剩水，腐蚀设备。

汽轮机试运转合格后，需要提交下列技术文件，方可正式移交：管道的冲洗和吹洗合格鉴证书，附属设备及辅助设备试运转记录，透平油的化验记录，汽轮机调速系统和保安系统试验记录，真空系统严密性试验记录，汽轮机热膨胀记录，汽轮机各轴承记录，汽轮机整套试运转记录。

## 第四节　离心式压缩机的性能调节与喘振

### 一、离心式压缩机的性能调节

当压缩机在一定管道装置中工作时，它只有一个固定的工况点 $M$，但当工艺流程中要求将压缩机的流量或管路系统的出口压力改变时，则必须要改变压缩机的工况点，显然改变压缩机工况点的方法可以从改变管道的特性曲线或压缩机的特性曲线两方面来达到。改变压缩机的工况点就叫压缩机性能调节。

1. 压缩机排气管上的节流调节

此法是利用装在压缩机出口管道上的阀门开度大小来进行压缩机工作总的调节。图 11-51 所示为其调节方法示意图；或利用同时调节管路出口压力和压缩机出口流量来保持压缩

机的工况点 $M$，如图 11-52 所示。

这种方法简便易行，但根本不经济，压缩机的出口节流阀关得越小，则阀门的附加损失就越大，特别是对性能曲线比较陡的机器，采用这种方法引起的损失就更大。

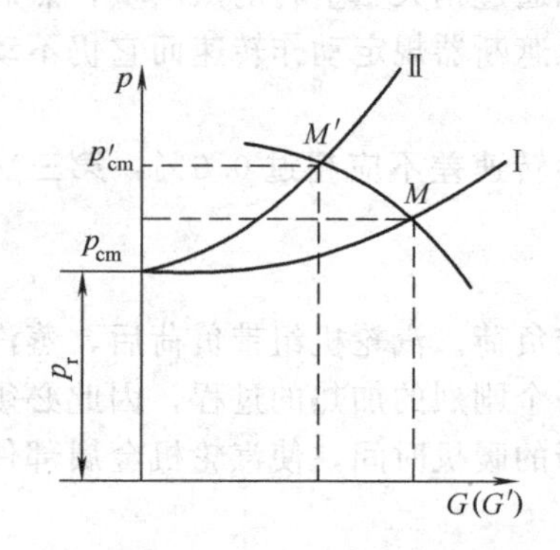

图 11-51　改变出口阀开度调节法

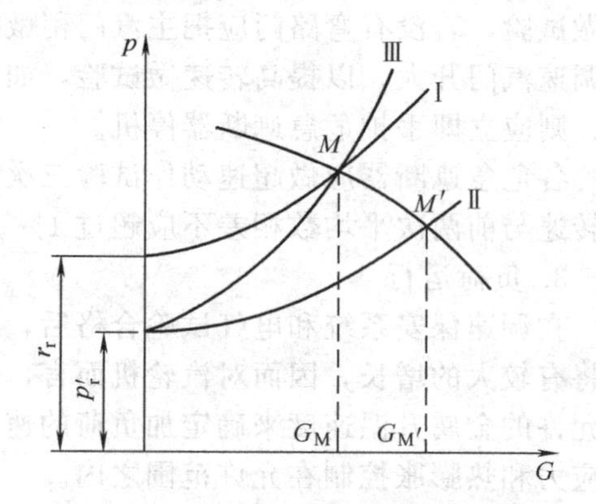

图 11-52　改变管路出口压力调节法

2. 压缩机的进气节流调节

这种调节方法的示意图如图 11-53 所示，它比第一种方法的节流损失小，且调节简单可靠。当然，可以像第一种方法一样，可利用进口节流调节压力而不改变压缩机的工况点，如图 11-54 所示。

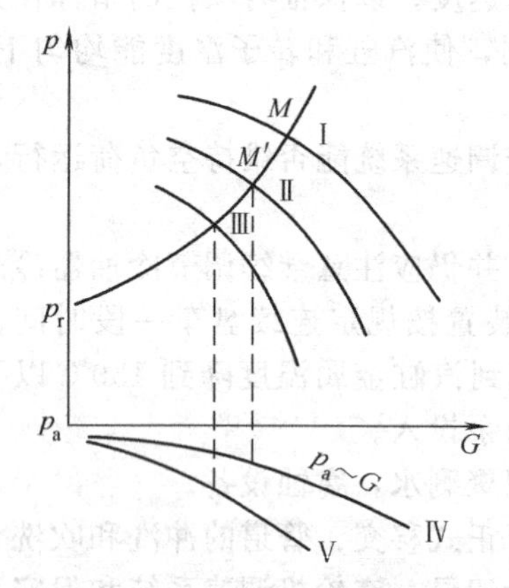

图 11-53　进气节流对性能的影响

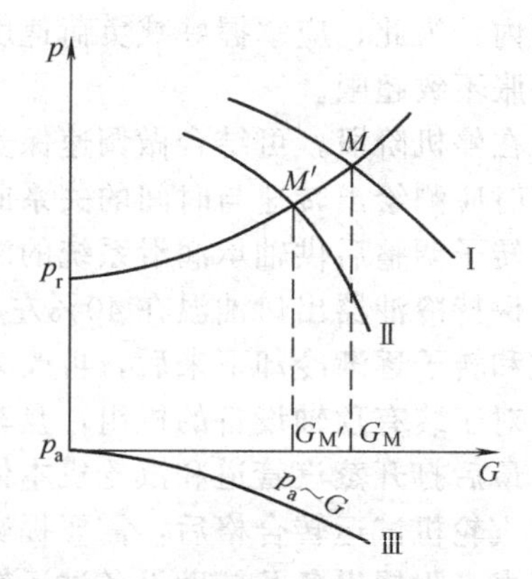

图 11-54　利用进口节流调节法

3. 转动可调进气导叶的调节

此法是利用在叶轮前装有可绕叶片本身轴线旋转的导向叶片，当导向叶片转动时，进入叶轮去的气流就产生旋绕，其结构如图 11-55 所示，性能曲线如图 11-56 所示。

进口导叶一般采用流动阻力较小的翼型叶片，这样附加的节流损失就比进出口节流时附加损失小，但在改变导叶角度时，气流方向与叶片方向不一致，会使冲击损失加大，使压缩机的效率降低，而且其结构较为复杂，为此应用较少。

4. 改变压缩机的转速

如图 11-57 所示，当转速由 $n_0$ 增加到 $n_{\mathrm{II}}$ 时，流量就由 $G_0$ 增加到 $G_{\mathrm{II}}$，当转速由 $n_0$ 下降到 $n_{\mathrm{I}}$ 时，流量 $G_0$ 就下降到 $G_{\mathrm{I}}$，也就是利用改变原动机的转速来调节压缩机的流量。

这种方法效果好，没有附加节流损失，但调节后的工况点不是原设计的工况点，同样会效率下降。

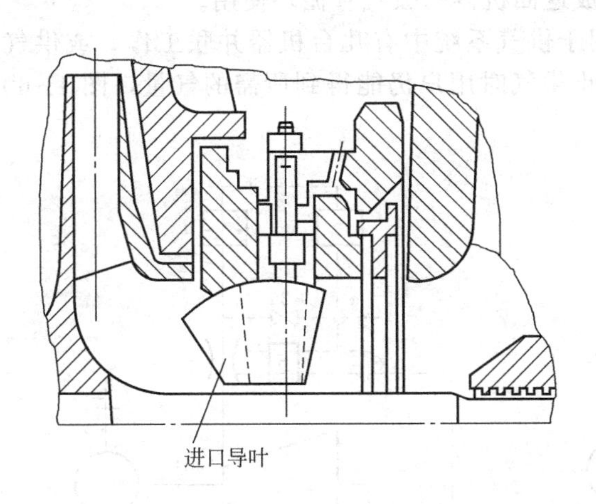


图 11-55　利用可轴向转动进口导叶调节

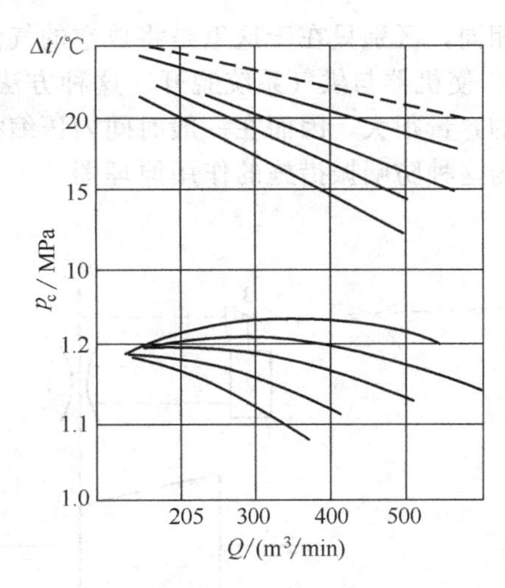


图 11-56　利用可轴向转动进口导叶调节性能曲线

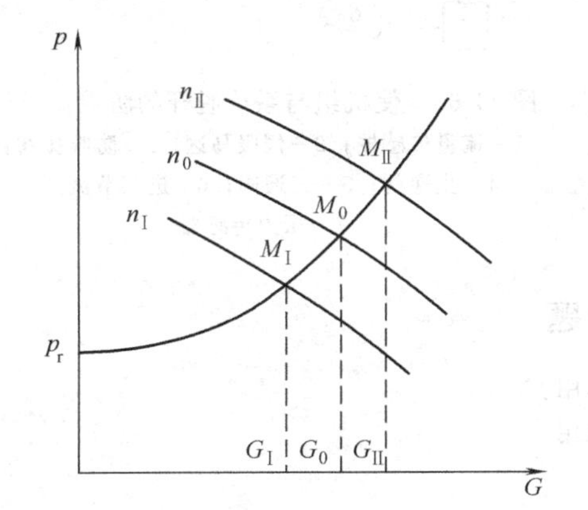


图 11-57　调节压缩机转速改变其性能曲线

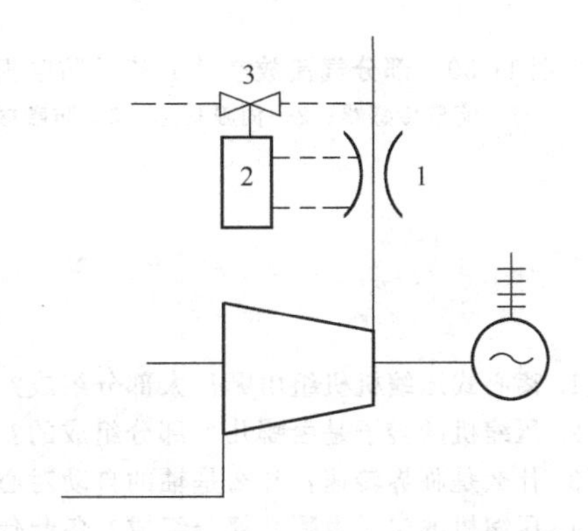


图 11-58　部分气流放空的防喘振措施

1—流量传感器；2—伺服马达；3—防喘振放空阀

离心式压缩机的流量调节还可利用可转动的扩压器叶片等方法。

## 二、离心式压缩机的喘振

离心式压缩机的喘振现象是当气体流量减小到临界点以下而引起的伴有异常吼叫声的一种周期性振动，还常伴有气体出口管道上逆止阀的开关声，而且流量表、功率表都显示出摆动。

喘振的原因：当某一时间的流量过分小时，将引起气体倒流回到压缩机级内来，则管道内气体压力下降，待倒流一定时间后，叶轮恢复正常工作，管道压力上升，然后又倒流，管道压力又下降，如此循环往复，导致压缩机的强烈振动，即发生了喘振。

喘振的危害：对压缩机的迷宫式密封破坏很大，使漏气量增大，并造成转子的轴向窜动，烧坏止推轴瓦，打坏叶轮，严重时还可能损坏压缩机、齿轮箱、电动机（或汽轮机）以及管道等附属设备。

喘振的防范：

① 一般喘振发生的临界流量点大都在设计工况的70％左右，为此让压缩机避开设计的70％的工况点工作。

② 部分气流通过防喘振阀放空。这种防喘振措施的作用原理如图 11-58 所示。

③ 部分气流经防喘振阀后由弯路回吸气管。如图 11-59 所示，这种方法的原理与上述

方法相同，区别只在于这里是将放空的气流改成返回机器的吸气管循环使用。

④ 使机器与供气系统脱开。这种方法适用于供气系统中有几台机器并联工作，或供气系统的容量很大，因而在一般时间内压缩机停止供气时用户仍能得到所需的气量，图 11-60 所示为这种防喘振措施的作用原理图。

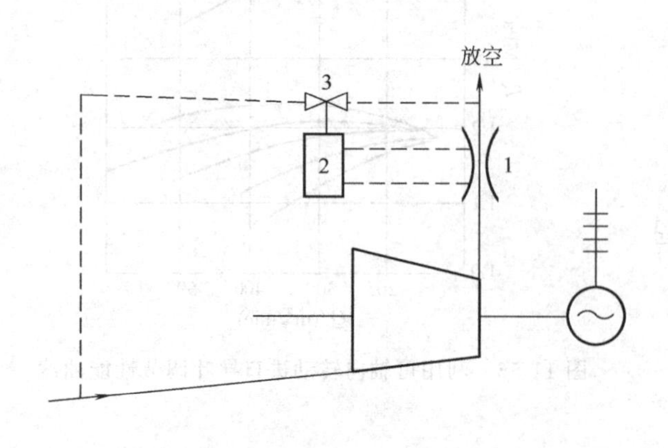


图 11-59　部分气流放空并回流的防喘振措施

1—流量传感器；2—伺服马达；3—防喘振阀

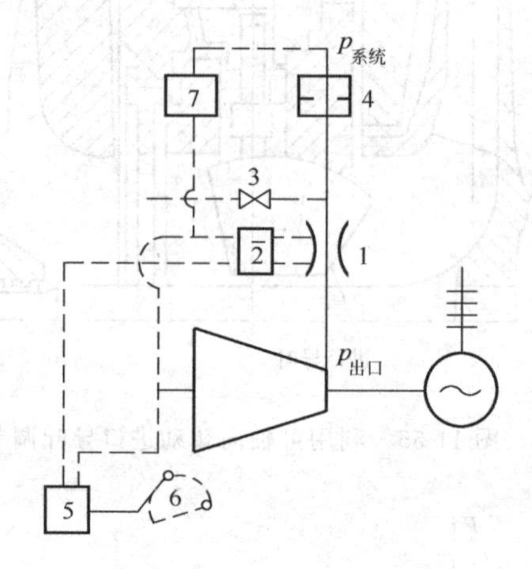


图 11-60　使机组与系统脱开的防喘振措施

1—流量传感器；2—伺服马达；3—防喘振阀；4—止逆阀；5—三通阀；6—进气节流阀；7—压力传感器

## 复习思考题

1. 离心式压缩机机组由哪几大部分组成？各起什么作用？
2. 压缩机的转子是由哪几个部分组成的？各起什么作用？
3. 什么是临界转速？什么是轴的自动对心？
4. 压缩机的定子由哪几部分组成？各起什么作用？
5. 离心式压缩机的安装技术要求有哪些？
6. 离心式压缩机机组的中心线如何确定？找正机组的中心线时，应考虑哪些问题？
7. 说明增速器的结构和作用，其安装包括哪些内容？
8. 机壳如何进行固定？导向键、膨胀螺栓的作用是什么？
9. 简述机组就位及初平的步骤和方法？
10. 轴承的结构及安装要求怎样？
11. 梳齿密封的作用原理是什么？安装要点有哪些？
12. 离心式压缩机定心的基准是什么？怎样进行定心？
13. 离心式压缩机的试运转的步骤有哪些？试运转中常会出现哪些故障？怎样处理？
14. 汽轮机的结构及原理如何？
15. 汽轮机的型号表示方法怎样？
16. 汽轮机-压缩机机组滑销系统的组成和作用如何？
17. 汽轮机-压缩机机组的找正要求和找正方法怎样？
18. 汽轮机的试运转前的准备工作有哪些？
19. 汽轮机冲动转子有几种方法？各有什么特点？
20. 汽轮机试运转有哪些主要步骤？
21. 离心式压缩机的性能调节方法及原理是什么？
22. 离心式压缩机的喘振的原因和处理方法是什么？

# 第十二章　回转圆筒设备的安装

回转圆筒设备是很多化工生产企业用于对物料进行干燥或煅烧的大型传动设备，其安装具有十分明显的技术特征。

## 第一节　概　　述

回转圆筒设备的主体部分是一个倾斜1°～4°、直径2～3m、长达数米的大型圆筒，整个筒体1是通过装在壳体上的滚圈2支承在基础上的多对托轮6上的，由电动机通过主、副减速器传动齿轮7减速后再驱动壳体上的齿圈3，为防止筒体沿轴向下滑，还设置了止动滚轮9，另外，还设置有送料室、卸料室、端部密封、活动连接和内部衬里等。

常见回转圆筒设备的结构示意图如图12-1所示。

回转圆筒设备安装的技术要求是：

① 回转圆筒的轴线应符合设计规定的倾斜度；

② 滚圈与支承托轮之间的接触应均匀，以保证圆筒的整体刚性并减少磨损；

③ 回转圆筒工作中受热时应能自由伸长；

④ 回转圆筒应保持良好的直线度，防止壳体发生变形。

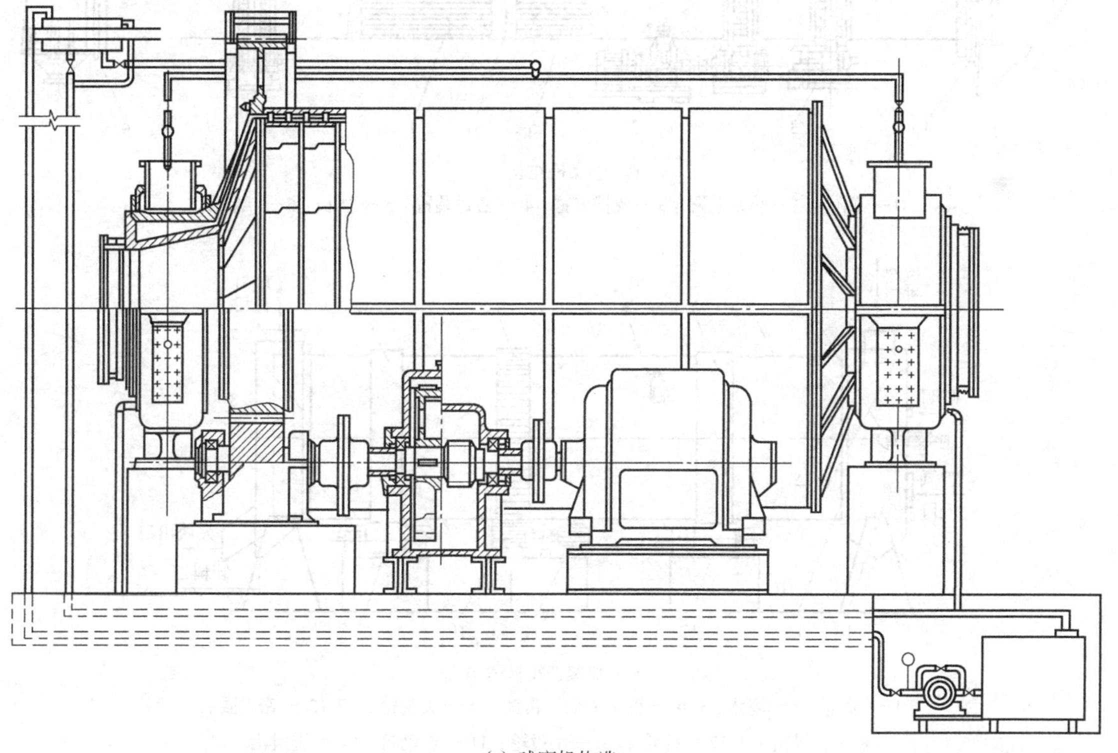

(a) 球磨机构造

图12-1

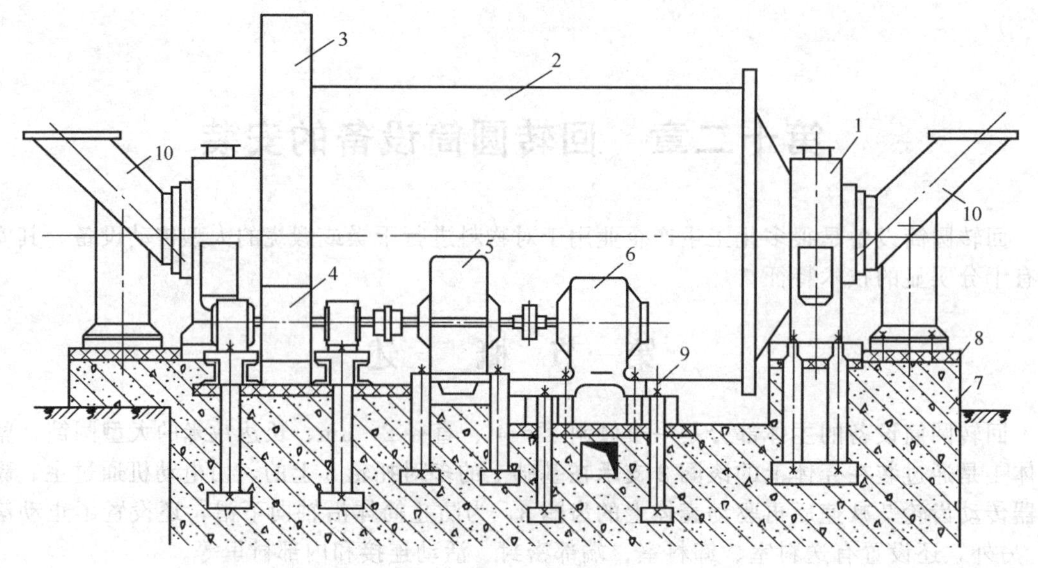


(b) 钢球磨煤机示意

1—主轴承；2—筒体；3— 齿轮环(大齿圈)； 4— 传动机(原动齿轮)； 5—减速机；6—电动机；
7—基础；8—二次灌浆；9 —地脚螺栓；10 —进煤或出粉短管

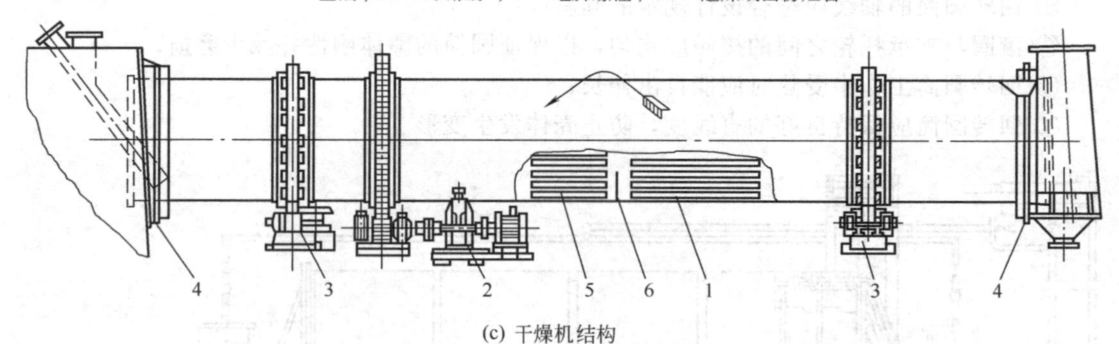


(c) 干燥机结构

1— 筒体；2—传动装置；3 —支撑装置；4— 密封装置；5— 抄板；6— 挡料圈

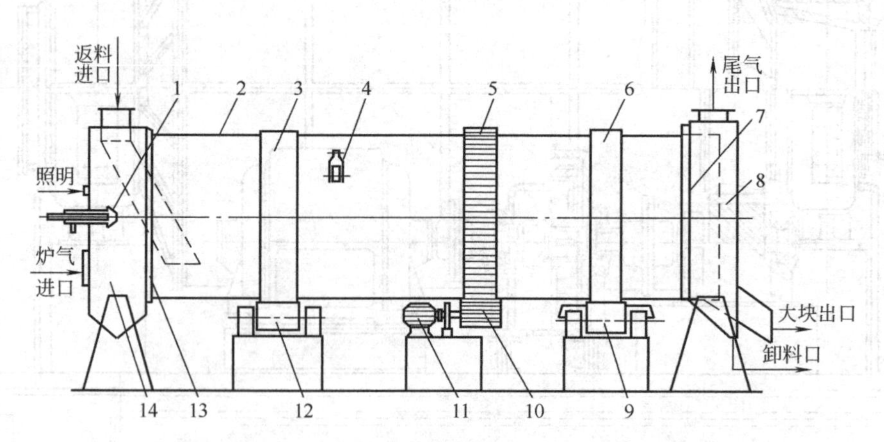


(d) 喷浆造粒机结构

1— 喷枪；2—筒体；3, 6— 轮带；4 —击锤；5— 大齿轮； 7,13 —密封圈；
8— 卸料箱 ；9,12— 托轮 ；10 —小齿轮；11 —电动机；14— 进料箱

图 12-1 常见回转圆筒设备的结构示意

## 第二节 回转圆筒设备的安装和试运转

### 一、安装

回转圆筒设备的安装，主要工作量在现场施工。一般事先将筒体分段分节预制好，再组装成筒节，并将其他附件也预制好，运抵施工现场后，再进行分体安装。其主要安装程序和方法如下。

1. 找坡线

首先，将各个基础上的底板分别就位，利用垫铁调整好各自的倾角，再将各个底板的上表面调整到同一个斜面上，符合图纸规定的倾斜度要求（如图 12-2 所示）。其具体方法是，使用水平仪和标尺，分别测得尺寸 $A_1$、$A_2$，与安装图上标注的尺寸 $B_1$、$B_2$ 进行比较，若 $A_1=B_1$、$A_2=B_2$，也可以利用几何关系计算 $B_1$、$B_2$，即

$$B_1=(L_1+L_2)\tan\alpha,\quad B_2=L_2\tan\alpha$$

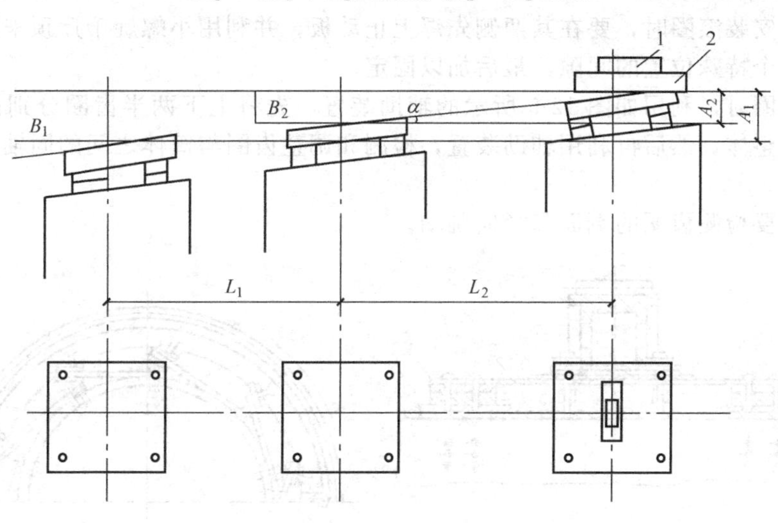


图 12-2 找坡线

1—水平仪；2—楔形尺

2. 找轴线

根据图纸，架设安装基准钢丝线，可利用基础中心标板确定中心位置、利用下式确定其标高，以确定钢丝线的具体位置（见图 12-3）。

$$H=\sqrt{(R_G+r_T)^2-L^2+h}$$

式中 $R_G$、$r_T$——滚圈和托轮的半径；

$L$——托轮中心至基础中心的距离；

$h$——托轮中心高度。

3. 托轮安装

首先将托轮的支承台板在底板上就位，再组装好托轮，并检测和调整。

① 支承台的倾斜度：用水平仪加楔规进行检测，通过底板下的垫片调整。

② 支承台的对正：每对支承台都必须前后对齐，可借助大平尺或拉钢丝对正（见图 12-4）。

4. 滚轮安装

先将滚轮装配到支承台上，再让支承台在底板上就位，并根据滚圈的宽度来调整其中心位置。

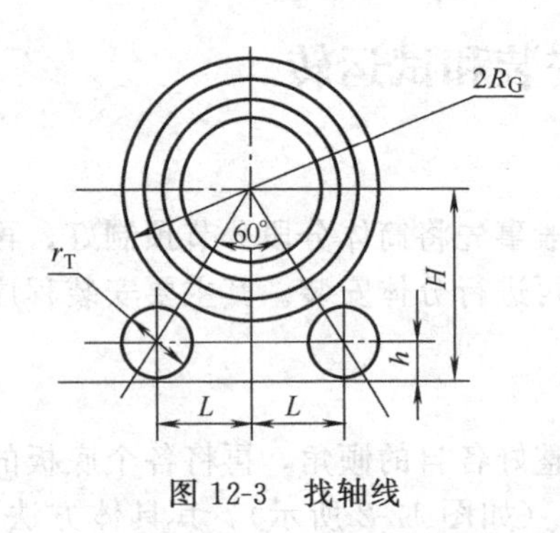

图 12-3　找轴线

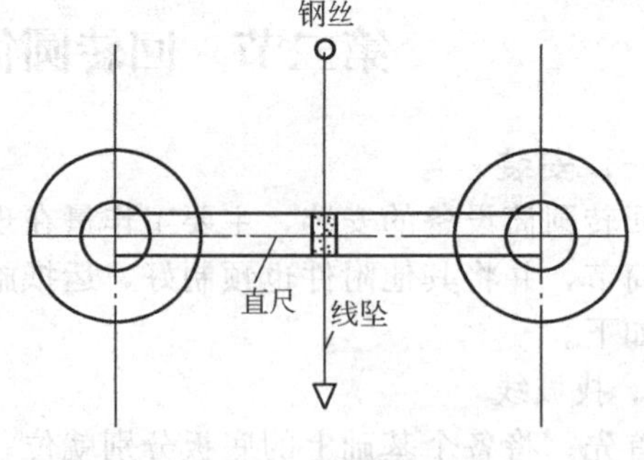

图 12-4　托轮找中心线

5. 二次灌浆

以上工作结束后，就可以进行基础底板的二次灌浆了。

6. 滚圈与齿圈的安装

在筒体上安装滚圈时，要在其两侧先焊上止动板，并利用小螺旋千斤顶来调整好滚圈与筒体之间的各个特殊位置的间隙，最后加以固定。

在安装齿圈时，利用如图 12-5 所示的辅助装置，先将上下两半齿圈分别吊起、依靠筒体组对成一个整体，然后再利用辅助装置，检测和调整齿圈与筒体之间的同轴度，最后加以点焊固定。

同时，还要检测齿圈的端面和径向跳动。

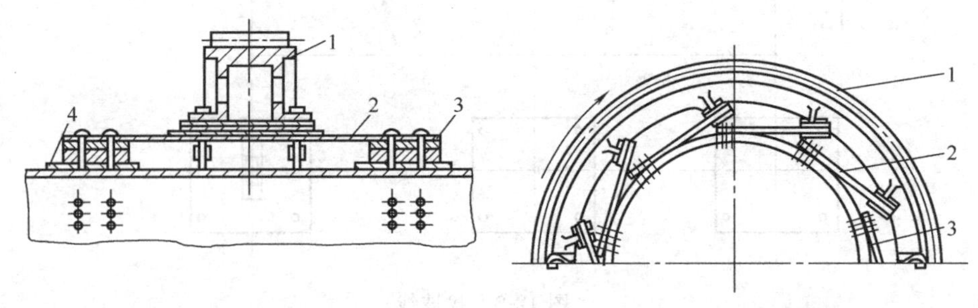

(a) 纵向弹性固定大齿圈结构

1— 大齿圈；2— 弹簧钢板；3— 弹簧垫座；4— 筒体

(b) 切向弹性固定大齿圈结构

1— 大齿圈；2— 弹簧钢板；3— 筒体

图 12-5　辅助装置结构示意

7. 筒体吊装、组对与焊接

筒体筒节吊装前，先在基础上设置好辅助支承，然后分步将各个筒体筒节吊装到辅助支承和托轮上就位；利用专用装置，调整好筒节之间的间隙，再按焊接规范实施焊接并检验。

8. 传动装置安装

回转圆筒设备的传动装置如图 12-6 所示，主要是由主、辅减速器和驱动电动机组成。

安装时，从主传动齿轮开始，直到电动机的安装为止。安装要点是，主要是检测与调整各个齿轮轴以及它们与筒体轴线之间的相互平行、中心距和同轴度要求。

然后，传动装置要单独试运转不少于 3h。

9. 料室、烟室与密封装置的安装

按图纸要求，组装好送料室、卸料室和烟室，安装且固定，将各连接结合部位密封，并用适当的方法对连接部位进行漏风测试。

10. 其他部件安装

其他部件是指，干燥和煅烧有内件（如煅烧列管），球磨机类有衬里之类的附件，还有

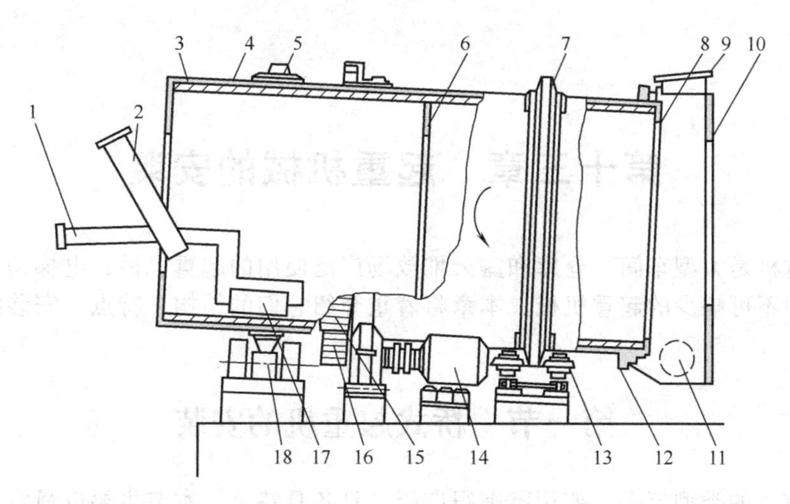


图 12-6　传动装置示意

1—蒸汽管；2—进料管；3—衬里；4—筒体；5，7—轮带；6，8—挡料圈；
9—尾气排放管；10—卸料箱；11—出料口；12—密封圈；13—挡轮；
14—电动机；15—大齿圈；16—小齿轮；17—喷嘴；18—托轮

大量的钢球。都应该按照安装说明书的要求，分别安装和调试，直至满足要求为止。

## 二、设备试运转

回转圆筒的试运转分为空负荷试运转和真空密封性能试验。

空负荷试运转前，先盘车若干转，然后以最低速度空负荷运转 4h；有内件或附件的，进行内件或附件安装；再继续空负荷试车，并以各种工作速度试验，一般达到 36h 的时间后，若无异常，可结束空负荷试运转。主要的性能参数是，轴承温升、筒体振动振幅、滚圈与托轮接触宽度、筒体轴向移动的距离以及止推轮的可靠性等指标。

真空密封性能试验，主要是在投料试运转时，观察各个密封部位的泄露情况，一般投料试运转要保持连续 48h 为宜。

## 复习思考题

1. 回转圆筒设备主要由哪几部分组成？
2. 回转圆筒设备的安装主要技术要求有哪些？
3. 找坡线、找轴线是如何进行的？
4. 托轮和齿圈是如何安装就位的？
5. 传动装置的安装顺序是怎样的？应达到什么样的技术要求？
6. 回转圆筒设备如何试运转？必须检查哪些项目？

# 第十三章　起重机械的安装

桥式起重机是大型车间、仓库和露天堆放场广泛使用的起重机械；电梯是各类高层建筑和特定企业中不可缺少的起重机械。本章将着重介绍它们的结构、特点、安装技术要求和工艺过程。

## 第一节　桥式起重机的安装

桥式起重机的类型繁多，使用范围很广泛，且各具特色。本节主要以最常用的电动双梁起重机为例，简要介绍其安装工艺过程和技术要求。

**一、基本构造**

如图 13-1 所示，电动双梁桥式起重机主要由主梁、端梁、水平连系、大车驱动机构、

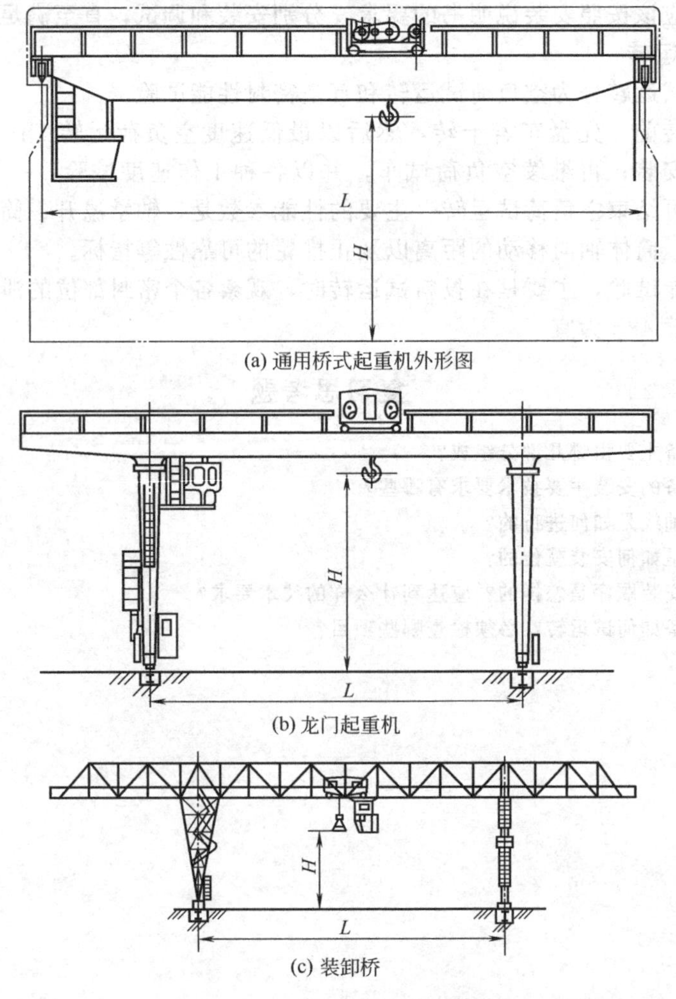


图 13-1　桥式类型起重机外形图

小车及运行机构、操作室及其附件（如围栏、止动、缓冲机构等）组成。对于起重量大于100t的桥式起重机，其主梁采用箱形结构的桥架，也有的采用由钢板组合焊接而成的工字钢梁为主梁，副桁架为空腹结构。

## 二、轨道制作与安装

桥式起重机的轨道制作与安装主要包括以下步骤：

① 轨道的调直。对钢轨进行检测，如果有局部变形，可以利用锤击、千斤顶顶、火焰烤或专用工具进行调直，以保证钢轨上下表面和侧面的水平度和直线度满足要求。

② 轨道的切头。轨道调直以后，可以根据图纸要求，将所有的钢轨编号，为保证热胀冷缩余量，让各个伸缩缝错开（不少于500mm），防止运行不平稳。切头可以用普通的锯条，也可以用专用机械切割，切头处的断面一定要垂直、平整和光滑，以便于对接。

③ 轨道铺设。首先在结构梁上放设安装基准线，一般可以采用弹墨线法，画出中心线以后，一定要用适当的方法，检测两中心线之间的中心距和平行关系是否符合要求。

轨道的吊装，可以在柱子牛腿礅上立小桅杆，也可以直接用屋架，确定好吊装的次序，就可以进行吊装就位了。

轨道的就位与固定，先在结构梁上铺设一层橡胶垫，再吊装轨道，然后用鱼尾板将钢轨固定，利用适当的方法，检测并调整好轨道的水平度、直线度和两轨道之间的中心距以及平行度。可参见图13-2所示。

## 三、前期运输

根据组装的先后次序，安排好各个部件的进场秩序。如果组合以后的部件质量很大，还应该铺设临时运输轨道，或者是直接利用排子和滚杠运输。

## 四、起重就位

大型桥式起重机的吊装就位是比较复杂的，主要的步骤如下。

(1) 吊装机具布置（以桅杆吊装为例，参见图13-3）

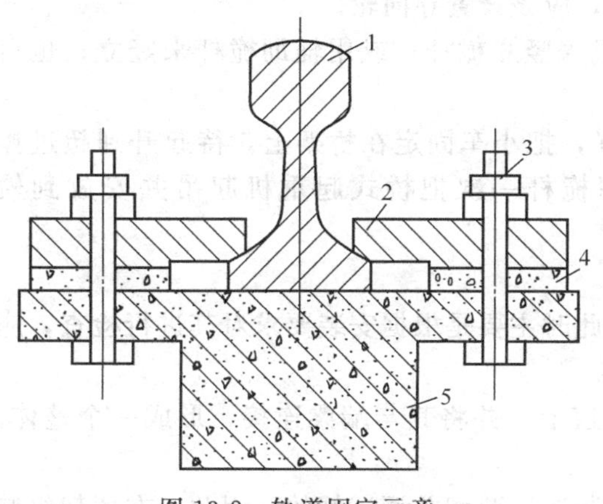

图13-2 轨道固定示意

1—轨道；2—压板；3—连接螺栓；4—垫板；5—梁

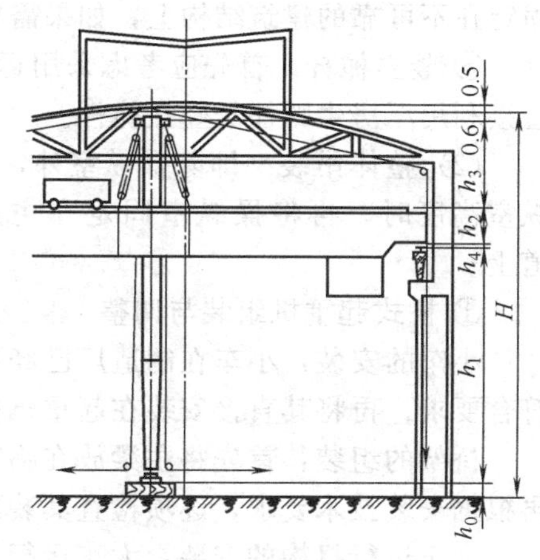

图13-3 桅杆布置示意

① 确定桅杆站位。由于桥式起重机上的大车与小车都是在地面上组合好以后整体吊装的，所以桅杆是不能站立在厂房的正中间的，而必须要考虑有一个偏心距，其大小可以利用下式计算

$$L_1=\frac{W_2\times L_2}{W_1}$$

式中 $L_1$——桅杆中心线至车间跨距中心（也就是大车中心）之间的距离，m；

$L_2$——桅杆中心线至小车中心线之间的距离，m；

$W_1$——大车质量，kg；

$W_2$——小车质量，kg。

② 基础处理。车间的地面一般未经处理，要设置桅杆时，必须将地面夯实、平整，再铺设两层以上的枕木，必要时还可以设置钢轨，参见图13-4。

③ 确定桅杆高度。应根据屋架净空高度、桥式起重机道轨表面标高、起升滑车组动定滑轮之间的最小距离，结合桅杆有效净空，确定桅杆高度。具体参见图13-5。

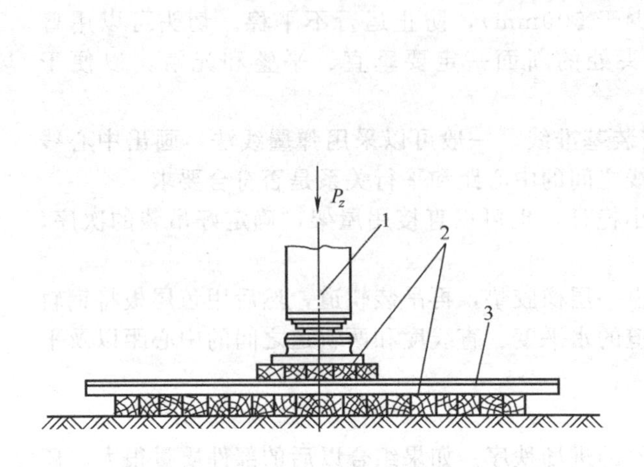


图13-4　桅杆底座支承示意

1—桅杆；2—枕木；3—钢轨

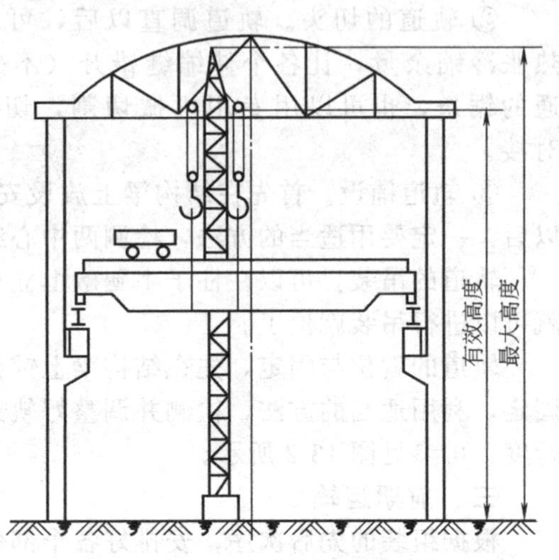


图13-5　桅杆高度确定示意

④ 确定缆风绳和卷扬机的位置。缆风绳应尽可能均匀对称布置，不得穿越电线、不得固定在不可靠的建筑结构上，如果需要改变角度，应该设置导向轮。

⑤ 竖立桅杆。首先应考虑采用运行式起重机来竖立桅杆；或用辅助桅杆来竖立；也可直接利用厂房牛腿柱子竖立桅杆。

(2) 整体吊装　即除操纵室外，将桥架装好，把小车固定在桥架上，待起升到超过操纵室高度时，再将操纵室固定在主梁上，利用桅杆一次把桥式起重机起吊并安放到轨道上。

① 桥式起重机组装与调整。

小车的安装：小车在制造厂已经装配完毕，此时主要是根据安装要求对其进行检查，应符合要求；再将其直接安装在起重机桥架上固定。

桥架的组装：首先将主梁放在临时的水平轨道上，并将其与端梁连接，形成一个整体。再根据安装技术要求，逐项检查其装配质量。

大车运行机构的安装：大车运行机构也是由制造厂装配并调试好的。因此，在桥架组装以后，应按安装技术要求，检查大车的装配质量。

② 桥式起重机整体吊装。

小车固定：开始吊装时，小车并不处于主梁的中间，而应该选择一个合适的位置，以保证整体的平衡；同时要在小车的两端分别用倒链固定，以便于在吊装进程中随时调整小车在主梁上的位置。

吊点设置：主要是确定需要挂设的滑轮组的组数，并选择好捆绑的方法和具体位置，以保证吊装过程中的整体的稳定性。

试吊：在正式起吊前，考虑到桥式起重机吊装的难度，应进行试吊，确认各个部分连接的可靠程度、整体稳定性、调整是否方便等。

正式吊装：主要是在桥式起重机吊离地面足够距离时（大约 2～3m），即可安装操作室。同时要重新调整小车的位置，以保证整体的稳定性。具体参见图 13-6。此时，小车的位置可按下式计算

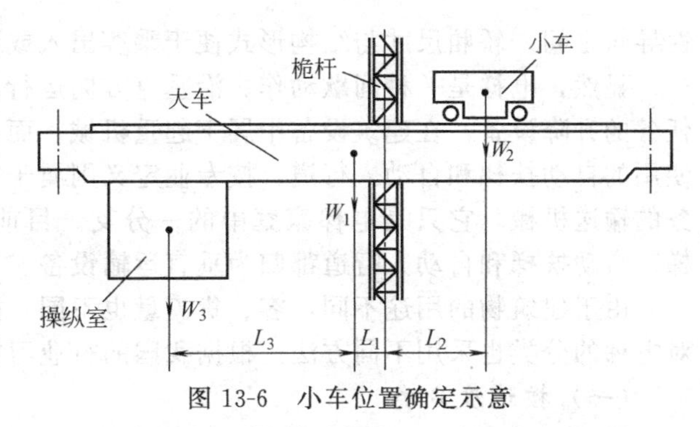


图 13-6　小车位置确定示意

$$L_2=\frac{W_1\times L_1+W_3(L_3+L_1)}{W_2}$$

式中　$W_3$——操纵室质量，t；

$L_3$——操纵室中心线到大车重心之间的距离，m。

在主梁上升到导轨支承梁附近时，利用事先设置的麻绳，将主梁转动一定角度，使得主梁方便地越过支承梁，再继续上升到稍高于导轨表面的高度，缓慢将大车轮子对准导轨并放下、就位，检测后对正即可。

**五、试车步骤**

(1) 无负荷试车　在空载条件下，慢速运行，检查桥式起重机与建筑物之间的距离是否符合要求；再按照正常速度使得大车和小车均在各自的行程上往返不少于三次，同时观察终端开关和缓冲器的动作是否灵活和及时；最后将主副钓钩反复升降几次，以检查起升机构的工作情况是否符合要求。

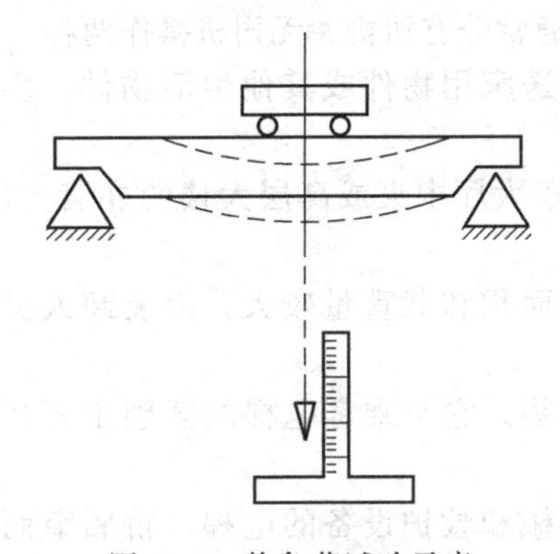

图 13-7　静负荷试验示意

(2) 静负荷试验　将桥式起重机开到适当的位置，使小车处于中间位置，然后在主梁的中间位置挂上线坠，在地面设置一个测量装置，参见图 13-7。

按照设计的载荷值，选择适当的重物，起吊距离地面 100mm 以后，悬空不动，利用测量装置测定主梁的挠度（不得超过主梁跨度的 1/700），随后放下重物，观察主梁的恢复情况。

(3) 动负荷试验（负荷试车）　将大车和小车在额定负荷条件下，分别开到各自的端头处，反复检查开关和缓冲器的工作情况以及大、小车的运行是否平稳正常；接着进行升降操作，检查升降机构的工作情况；最后在超过额定负荷约 10% 的条件下，再按照前面的进程全面试验一次。直到各项指标全部合格为止。

同时还要检查各个连接处的连接质量、吊钩钢丝绳在滑轮轮槽中的位置以及制动器的工作情况。最后要全面检查和试验电气装置的工作情况。

## 第二节　电梯的安装

**一、电梯的分类**

根据 GB/T 7024—1997《电梯、自动扶梯、自动人行道术语》，电梯的定义为：服务于规定楼层的固定式升降设备。它具有一个轿厢，运行在至少两列垂直或倾斜角小于 15°的刚

性导轨之间。轿厢尺寸与结构形式便于乘客出入或装卸货物。

显然，电梯是一种间歇动作、沿垂直方向运行、由电力驱动、完成方便载人或运送货物任务的升降设备，在建筑设备中属于起重机械。而在机场、车站、大型商厦等公共场所普遍使用的自动扶梯和自动人行道，按专业定义则属于一种在倾斜或水平方向上完成连续运输任务的输送机械，它只是电梯家庭中的一分支。目前，美、日、英、法等国家则习惯于将电梯、自动扶梯和自动人行道都归为垂直运输设备。

由于建筑物的用途不同，客、货流量也不同，故需配置各种类型的电梯，因此各个国家对电梯的分类也采用不同方法。根据我国的行业习惯，大致归纳如下。

(一) 按速度分类

① 低速电梯：电梯运行的额定速度在 1m/s 以下，常用于 10 层以下的建筑物。

② 快速电梯：电梯运行的额定速度在 1～2m/s 之间，如 1.5m/s、1.75m/s，常用于 10 层以上的建筑物内。

③ 高速电梯：电梯运行的额定速度在 2～3m/s 之间，如 2m/s、2.5m/s、3m/s，常用于 16 层以上的建筑物内。

④ 超高速电梯：电梯运行的额定速度为 3～10m/s，甚至更高，常用于楼高超过 100m 的建筑物内。

随着电梯速度的提高，以往对高、中、低速电梯速度限值的划分也将做相应的提高和调整。

(二) 按用途分类

① 乘客电梯：为运送乘客而设计的电梯，主要用于宾馆、饭店、办公大楼及高层住宅，在安全设施、运行舒适、轿厢通风及装饰等方面要求较高。通常分有司机、无司机操作两种。

② 住宅电梯：供住宅楼使用，主要运送乘客，也可运送家用物件或其他生活物件。多为有司机操作。

③ 观光电梯：观光轿厢透明，装饰豪华、活泼，运行于大厅中央或高层大楼的外墙上，供游客、乘客观光的电梯。

④ 载货电梯：为运送货物而设计的电梯，轿厢的有效面积和载重量较大，因装卸人员常常需要随梯上下，故要求安全性好，结构牢固。

⑤ 客货两用电梯：主要用于运送乘客，但也可运送货物。它与乘客电梯的区别主要在于轿厢内部的装饰结构有所不同。

⑥ 医用电梯：专为医院设计的用于运送病人、医疗器械和救护设备的电梯，轿厢窄而深，要求有较高的运行稳定性，有专职司机操纵。

⑦ 服务（杂物）电梯：供图书馆、办公楼、饭店等运送图书、文件、食品等，轿厢的有效面积和载重量均较小，不允许人员进入及乘坐，门外按钮操作。

⑧ 车辆电梯：用于多层、高层车库中的各客、货、轿车的垂直运输，轿厢面积较大，构造牢固。

⑨ 自动扶梯：与地面成 30°～35°的倾斜角，在一定方向上以较慢的速度连续运行，多用于机场、车站、商场、多功能大厦中，是具有一定装饰性的代步运输工具。

⑩ 自动人行道：在一定的水平或倾斜方向上连续运行，常用于大型车站、机场等处，是自动扶梯的变形。

⑪ 其他电梯：除上述几种电梯外，还有一些特殊用途的电梯。如：冷库梯、建筑施工梯、消防梯、特殊梯、矿井梯、运机梯、斜运梯等。

(三) 按驱动动力分类

① 交流电梯：用交流感应电动机作为驱动力的电梯。根据拖动方式又可分为交流单速、

双速、三速电梯，交流调速、交流调压调速电梯以及性能优越、安全可靠、速度可与直流电梯媲美的交流调频调压调速电梯。

② 直流电梯：用直流电动机作为驱动力的电梯。根据有无减速箱，分为有齿与无齿直流电梯。此类电梯的速度较快，一般在 2m/s 以上。

③ 液压电梯：靠液压传动的原理，利用电动泵驱动液体流动，由柱塞使轿厢升降的电梯，速度一般为 1m/s 以下。

④ 齿轮齿条电梯：采用电动机-齿轮传动机构，将导轨加工成齿条，轿厢装上与齿条啮合的齿轮，由电动机带动齿轮旋转完成轿厢升降运动的电梯。

⑤ 直线电动机驱动的电梯：用直线电动机作为动力源，是目前最新驱动方式的电梯。

（四）按有无司机分类

① 有司机电梯：必须由专职司机操作而完成电梯运行的电梯。

② 无司机电梯：不需专门司机操作，由乘客自己按动需去楼层的按钮后，电梯自动运行到达目的层楼的电梯。此类电梯具有集选功能。

③ 有/无司机电梯：此类电梯可改变控制电路。平时由乘客自己操纵电梯运行，遇客流量大或必要时，改由司机操作。

（五）按控制方式分类

按控制方式分类有：手柄操纵控制电梯，按钮控制电梯，信号控制电梯，集选控制电梯，并联控制电梯，群控电梯，微机控制电梯。

（六）按曳引机结构分类

① 有齿曳引机电梯：曳引机有减速器，用于交、直流电梯。

② 无齿曳引机电梯：曳引机没有减速器，由曳引机直接带动曳引轮转动，用于直流电梯。

（七）其他分类方式

按轿厢尺寸的大小分类时，经常使用“小型”、“超大型”等词来描述电梯。

按机房位置不同可分为：机房位于井道顶部的上置式电梯；机房位于道底部或底部旁侧的下置式电梯。近些年还出现了小机房电梯和无机房电梯。

## 二、电梯的基本结构简介

电梯是“机”与“电”紧密结合的复杂产品，其基本组成包括机械部分与电气部分，但从空间上考虑一般划分为以下几部分。

① 机房部分。包括电源开关、曳引机、控制柜（屏）、选层器、导向轮、减速器、限速器、极限开关、制动抱闸装置、机座等。

② 井道部分。包括导轨、导轨支架、对重装置、缓冲器、限速器张紧装置、补偿链、随行电缆、底坑及井道照明等。

③ 层站部分。包括层门（厅门）、呼梯装置（召唤盒）、门锁装置、层站开关门装置、层楼显示装置等。

④ 轿厢部分。包括轿厢、轿厢门、安全钳装置、平层装置、安全窗、导靴、开门机、轿内操纵箱、指层灯、通信及报警装置等。电梯的基本结构见图 13-8。

## 三、电梯的安装、调试与验收

（一）概述

电梯作为高楼大厦中的垂直运输工具，其重要性是不言而喻的。因为电梯不像汽车（水平运输工具）是整机出厂，其质量在厂内就可得到控制。电梯是在现场安装、调试、验收合格交付用户使用，所以电梯产品的质量不仅取决于零部件的质量，也取决于现场安装的质量。大量实例说明，电梯安装质量的好坏直接影响到电梯投入使用后效果的好坏以及电梯使

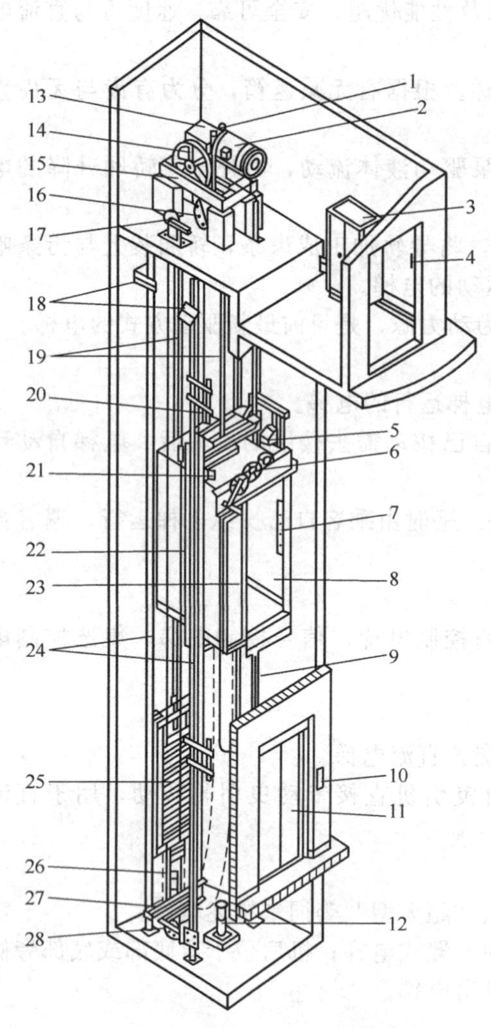

图 13-8 电梯的基本结构

1—制动器；2—曳引电动机；3—电气控制柜；4—电源开关；5—位置检测开关；6—开门机；7—轿内操纵盘；8—轿厢；9—随行电缆；10—呼梯盒；11—厅门；12—缓冲器；13—减速箱；14—曳引机；15—曳引机底盘；16—导向轮；17—限速器；18—导轨支架；19—曳引钢丝绳；20—开关碰块；21—终端紧急开关；22—轿厢框架；23—轿厢门；24—导轨；25—对重；26—补偿链；27—补偿链导向轮；28—张紧装置

用寿命的长短。目前，我国判定电梯安装质量的主要依据是 GB 10060—1993《电梯安装验收规范》和 GB 50310—2002《电梯工程施工质量验收规范》，而对于电梯安装工艺并没有统一要求。由于各电梯厂家的产品各异，所以安装工艺有所不同，但机械部分的安装基本一致，主要区别是电气控制部分。

（二）电梯安装的准备工作

电梯安装工地负责人应向参加安装的小组人员介绍有关电梯的井道、机房、仓库、电梯安装材料、堆货场地、施工现场、施工办公室、电话、厕所、电源、灭火器、火警、报警处、医疗站、附近医院等事项。另外，对安装技术资料应进行详细研究。

1. 施工现场的检查

① 检查施工现场和道路是否安全，是否有障碍及积水需清除，是否需要设栏杆、覆盖孔洞等。

② 仓库内应保持干燥并可以上锁，且有照明灯，必要时可以通暖气。

③ 检查堆放较大电梯零部件的堆货场，场地应该保持干燥，有防雨水、防气候影响等的防护措施。

④ 检查井道和机房是否符合电梯安装规程中的各项规定（如不应安放与电梯无关的设备，机房不可当通道使用，通往机房的道路应畅通无阻，井道和机房的结构应是隔火的等）。

2. 劳动力的组织

安装小组一般由 4～6 人组成，安装工地负责人应与使用单位商量，提供一定数量的起重工、脚手架工、木工、泥石工等，根据安装进度进行配合。人员组织好后编制施工进度表（见表 13-1）。

3. 工具准备

工具准备见表 13-2。

4. 开箱检验

安装前应由安装负责人员同客户代表根据装箱单，核对所有的零部件及安装材料，并了解该电梯的型号及控制方式。根据电梯的土建总布置图复核井道留孔、牛腿、底坑深度、顶层高度、提升高度、层站数、层门形式、井道内净平面尺寸（宽×深），若发现差错则应通知有关部门及时更正。

5. 搭设脚手架

① 搭设脚手架的形式可根据井道设备布局和操作距离等作通盘考虑，可遵循电梯载重量不小于 3t 时采用双井字式，电梯载重量小于 3t 时采用单井字式（见图 13-9）的原则。

**表 13-1　电梯安装进度**

| 序号 | 工序 | 有效工作日 | | | | | | | | | | | | | | | | | | | | | | |
|---|---|---|---|---|---|---|---|---|---|---|---|---|---|---|---|---|---|---|---|---|---|---|---|---|
| | | 2 | 4 | 6 | 8 | 10 | 12 | 14 | 16 | 18 | 20 | 22 | 24 | 26 | 28 | 30 | 32 | 34 | 36 | 38 | 40 | 42 | 44 | 46 |
| 1 | 安装前的准备工作 | — | — | — | | | | | | | | | | | | | | | | | | | | |
| 2 | 电梯导轨的安装 | | | | — | — | — | — | — | | | | | | | | | | | | | | | |
| 3 | 轿厢 | | | | | | | | | — | — | — | — | | | | | | | | | | | |
| 4 | 对重与缓冲器 | | | | | | | | | | | — | — | — | | | | | | | | | | |
| 5 | 曳引机与导向轮 | | | | | | | | | | | | | | — | — | — | — | — | | | | | |
| 6 | 曳引钢丝绳 | | | | | | | | | | | | | | | | | | — | — | | | | |
| 7 | 层门与门滑轮 | | | | | | | | | | | | | — | — | — | — | — | | | | | | |
| 8 | 安全钳与限速器 | | | | | | | | | | | | | | | | | — | — | — | | | | |
| 9 | 自动门机 | | | | | | | | | | | | | | | | | — | — | — | — | | | |
| 10 | 电气部分安装 | | | | — | — | — | — | — | — | — | — | — | — | — | — | — | — | — | — | — | | | |
| 11 | 调试 | | | | | | | | | | | | | | | | | | | | | — | — | — |

**表 13-2　电梯安装常用工具**

| 序号 | 名　称 | 规　格 | 序号 | 名　称 | 规　格 |
|---|---|---|---|---|---|
| 1 | 套筒扳手 | | 16 | 液压千斤顶 | 5t |
| 2 | 活动扳手 | 150mm、250mm | 17 | 手拉葫芦 | 3t |
| 3 | 管子钳 | 30mm | 18 | 万用表 | |
| 4 | 管子铰板 | 12mm、50mm | 19 | 兆欧表 | 电池式(不准用手摇式) |
| 5 | 管子台虎钳 | 50mm | 20 | 转速表 | |
| 6 | 尖嘴钳 | 150mm | 21 | 钢锯架 | |
| 7 | 斜嘴钳 | 150mm | 22 | 一字槽螺钉旋具 | 50mm、150mm、300mm |
| 8 | 剥线钳 | | 23 | 十字槽螺钉旋具 | 100mm |
| 9 | 吊线锤 | 10～15kg | 24 | 整形锉 | |
| 10 | C型轧头 | 50mm、100mm | 25 | 锉刀 | 板、圆、半圆 |
| 11 | 扁凿 | | 26 | 奶子锤 | 1kg、2kg |
| 12 | 角尺 | 100mm、300mm | 27 | 木锤 | |
| 13 | 厚薄规 | | 28 | 电钻 | 6～18mm |
| 14 | 钢卷尺 | 2m、30m | 29 | 电烙铁 | 75W |
| 15 | 钢直尺 | 300mm、1000mm | 30 | 电工刀 | |

a. 搭设脚手架的材料可采用杉杭、钢管、方木或竹竿。北方大多采用杉杭和钢管，长度一般取 5m 为宜，若太长进入井道比较困难。绑扎时应用 8# 铁丝或钢卡扣，不许用麻绳绑扎。脚手板一般使用无节的松木板，有效载荷应不小于 $2500N/m^2$。

b. 脚手架立杆最高点位于井道顶下面 1.5～1.7m 处，以便放样板。而且顶层脚手架应考虑轿厢安装时拆除方便，即顶层立杆用四根短杆，当拆除时的平台用，余下的杆顶位于顶层牛腿下 500mm 处为宜。

c. 脚手架排木间隔以 1700～1800mm 为宜，横梁的间隔应为 850～900mm，层门入口处的横梁按图 13-9 的要求架设。在各层横梁上，铺设两块以上的脚手板，各层应交错排列，脚手板伸出横梁约 500mm，且两端应与横梁捆扎牢固。

d. 为便于上下攀登，在脚手架某一侧的各层两横梁间，增加梯级，其间隔为

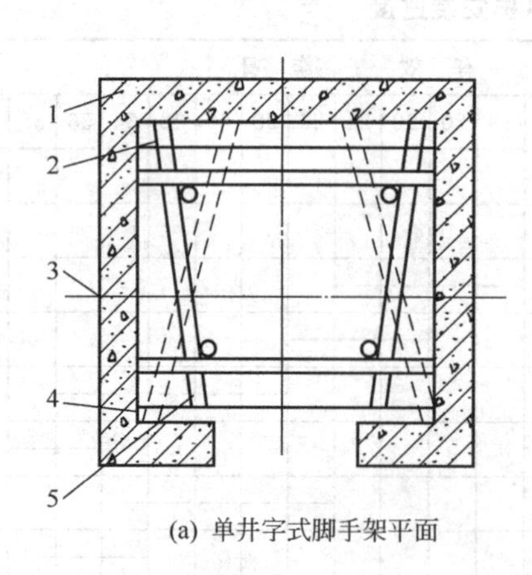


(a) 单井字式脚手架平面

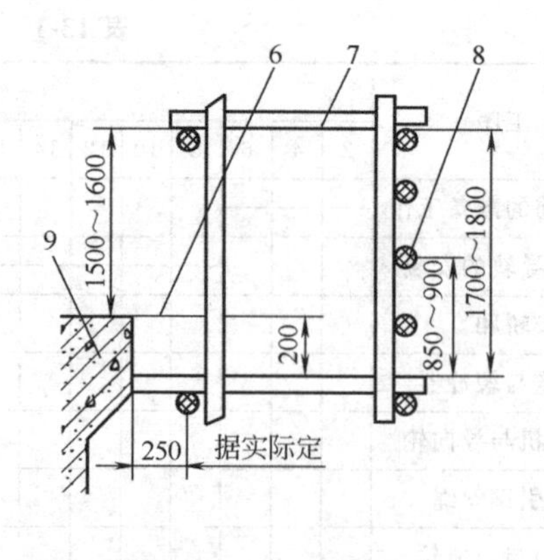


(b) 单井字式脚手架立面

图 13-9 单井字式脚手架

1—井道；2—对重导轨中心线；3—轿厢导轨中心线；4—层门地坎外沿线；5—脚手架；6—楼板地平面；7—脚手架横梁；8—攀登用梯级；9—层门口牛腿

300～400mm。

e. 脚手架架设完毕，必须经安装人员全面仔细地检查，对不符合安全要求的脚手架应重新架设，直到符合安全要求才准使用。

② 为确保脚手架的使用安全，必须对以下几个方面进行检查：

a. 检查脚手架所用材质是否符合要求；

b. 检查脚手架的结构形式，看平面布置和垂直布置，各支承是否齐全并符合要求；

c. 检查脚手架的有关尺寸、四周间隙、横杆间距等是否符合工作要求；

d. 检查各部立杆与横杆绑扎的情况，是否牢固，使用的绑扎绳是否符合要求；

e. 检查脚手架的承载能力，看其是否安全、稳固，确认其承载能力不得小于 $2500N/m^2$。

③ 脚手架拆除的安全要求是按照先绑的后拆、后绑的先拆的原则，依次由上向下拆除。应先拆木板，然后依次拆除横杆、攀登杆、支承杆和立杆。在井道拆除杆件的操作中，一定要精神集中，拆下的杆逐根传递下去，不准随意往下扔，以免伤人或损坏器件与材料，拆除的钢管木料应堆放在指定位置，整齐有序，分类堆放，应留有通道，注意通风和排水。

6. 井道内焊接

在井道内焊接时，应根据消防要求备有灭火器材。

7. 安装施工照明用电

① 电源应设专用闸箱，各路负载有过载及短路保护。如低压供电变压器的一、二次侧均加装保险。负载为多路时应每路分装熔断器保护。

② 电梯井道内应用不高于 36V 的安全电压。多台电梯并列施工时，每台电梯井道应单独供电，在底层井道入口附近设电源开关。

③ 电梯井道内应有足够的亮度，并根据需要在适当位置设置手灯插座。

④ 顶层和地坑应设有两个或两个以上的电灯照明，其他层站也均应备有照明。

⑤ 机房照明电灯数量应为电梯台数的两倍或以上。

⑥ 施工所需动工电源应送到机房内和工地的施工场地，确保施工使用。

⑦ 电梯用接地线严禁挪作他用（例如电焊）。

8. 样板架的制作与架设

（1）样板架的制作

① 样板架是安装导轨支架、导轨、层门地坎的放线基础，直接关系电梯的安装质量，不仅要求尺寸准确，而且要求有足够的韧性。因为每次放线时样板上要垂下 4～10 根垂线，每个线锤质量一般为 10～20kg，样板架承受重量很大。根据提升高度的不同，样板架可采用型钢和木板两种。另外，不同提升高度也对木样板厚度和宽度有不同的要求。制作木样板的材料一般使用不易劈裂和不易变形的红、白松木。

② 制作样板架的木料应干燥，不易变形，四面刨平，互成直角，其断面尺寸可参照表 13-3 的规定。

**表 13-3　样板架木料断面尺寸**

| 提升高度/m | 厚/mm | 宽/mm |
|---|---|---|
| ≤20 | 40 | 80 |
| ＞20～40 | 50 | 100 |

③ 样板架应在平坦地面上制作，为便于安装时观测，在样板架上必须用文字清晰地注明轿厢架中心线、层门和轿门中心线、厅门和轿门门口净宽、导轨中心线等名称。样板架的平面示意如图 13-10 所示。样板架制作时应准确，相互间的位置尺寸允差为±0.15mm。

④ 在样板架放铅垂线的各点处，用薄锯条锯个斜口，其旁钉一铁钉，用来悬挂、固定铅垂线（见图 13-11）。

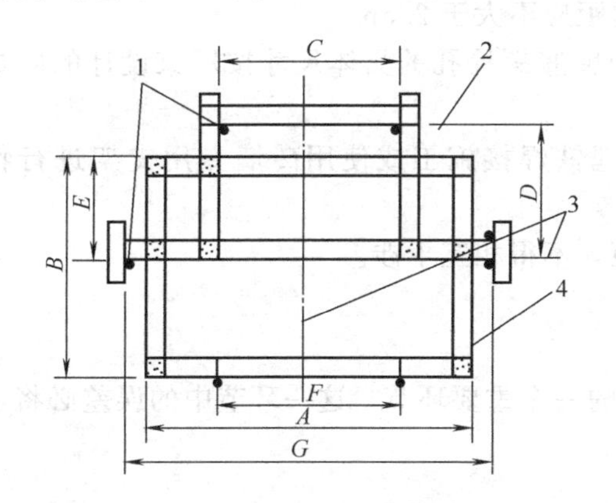


图 13-10　样板架平面示意

1—铅垂线；2—对重中心线；3—轿厢架中心线；4—连接铁钉；A—轿厢宽；B—轿厢深；C—对重导轨架距离；D—轿厢架中心线与对重架中心线的距离；E—轿厢架中心线至轿底后沿尺寸；F—开门净宽；G—轿厢导轨架距离

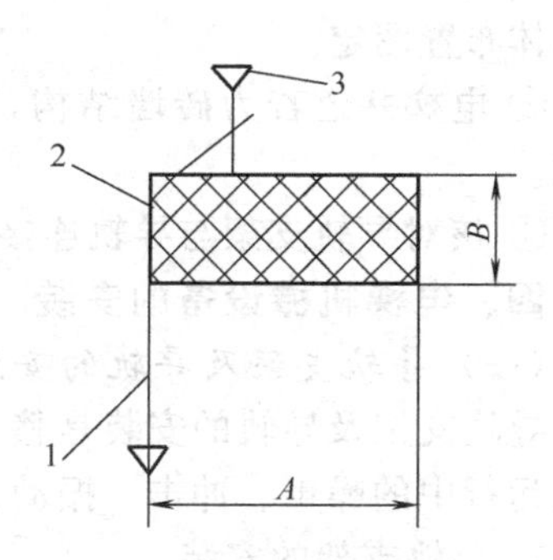


图 13-11　铅垂线悬挂

1—铅垂线；2—锯口；3—铁钉；A—木条宽；B—木条厚

（2）样板架的安置和悬挂铅垂线

① 在机房楼板下面 500～600mm 的井道墙上，水平地凿四个 150mm×150mm 的孔洞，用两根截面大于 100mm×100mm 的刨平木梁，托着样板架，两端放入墙孔内，用水平仪校正水平后固定（见图 13-12）。

② 在样板架上标记悬挂铅垂线的各处，用 0.4～0.5mm 直径的钢丝挂上 10～20kg 的重锤，放至底坑，待铅垂线张紧稳定后，根据各层层门、承重梁，校正样板架的正确位置后打牢，固定在木梁上。

③ 固定铅垂线。在底坑距地 800～1000mm 高处，固定一个与顶部样板架相似的底坑样板架，样板架安置符合要求后，用 U 形钉将铅垂线固定于底坑样板架上。

④ 样板架的安置应符合下列要求：

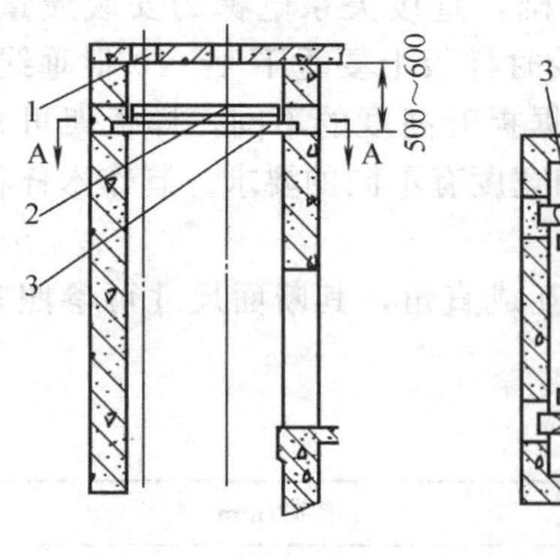

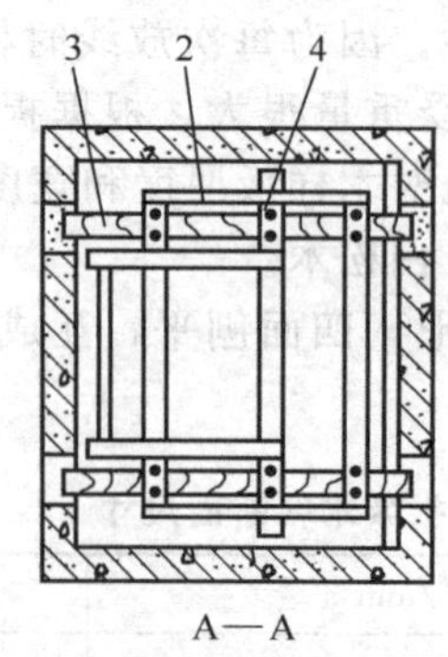


图 13-12 样板架安置示意

1—机房楼板；2—板架；3—木梁；4—固定样板架铁钉

a. 按照井道内的实际净空尺寸来安置；

b. 水平度不应超过 5mm；

c. 顶底部样板架间的水平偏移不应超过 1mm。

⑤ 样板架的安置和铅垂线挂放的安全技术：

a. 样板架梁应采用截面尺寸大于 100mm×100mm 的矩形木材制作，凡材质疏松、有断口、扭曲的材料均应刨除。

b. 样板架托梁与井道墙必须牢固定位，保证人上去时，不产生变形或塌落事故。

c. 样板使用的材料应保证不会发生弯曲或折断。

d. 当电梯提升高度大于 40m 以上时，应采用相应强度的型钢制作，以满足铅垂加重受载的要求。

(3) 导轨支架距离的确定

① 每根导轨至少应有两个导轨支架，其间距应不大于 2.5m。

② 电梯井道若为混凝土结构，则壁侧支架膨胀螺栓孔的具体尺寸按厂家设计的电梯土建总体布置图定。

③ 电梯井道若为砖墙结构，则应采用预埋铁焊接施工或使用砖墙专用支架进行特殊施工。

④ 核对导轨支架与导轨连接板之间的间距，不得相互干涉。

## 四、电梯机械设备的安装

### (一) 导轨支架及导轨的安装

导轨支架及导轨的安装是整个电梯安装中的一个重要环节，这一环节中的误差必将造成轿厢运行中的噪声、冲击、振动。

1. 导轨支架的安装

① 将与墙壁相连的角铁根据沿线垂直度调到 $X$ 尺寸，见图 13-13 (a)，并用螺栓拧紧。

② 将连接角铁根据铅线垂直度调到 $Y$ 尺寸，见图 13-13 (b)，并用螺栓紧固，要尽量保

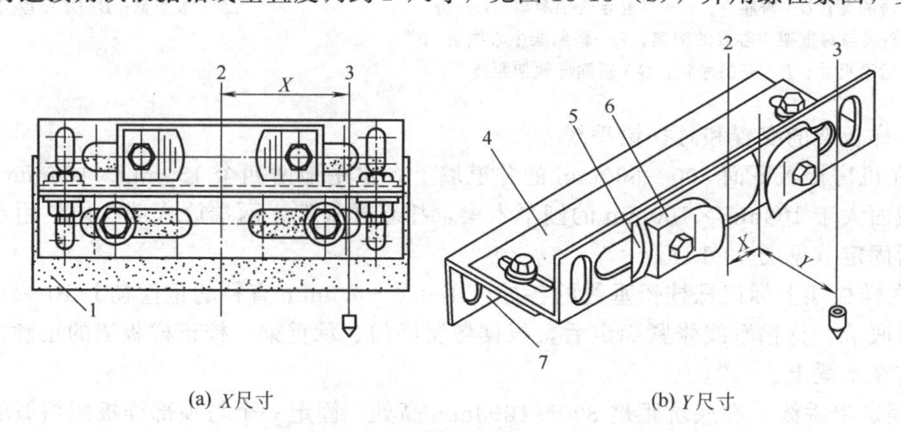


图 13-13 导轨支架的固定方法

1—墙壁固定板的表面；2—导轨中心线；3—铅垂线；4—导轨托架；5—半圆状背衬；6—压导板；7—墙壁托架

证平行度的要求。

2. 导轨的固定

将第一对导轨竖立在地面坚固的导轨座上，松开支架上导轨压导板上的螺栓，并旋转90°，以便能将导轨铺设在两个压导板之间，并顶着半圆状背衬，然后将压导板重新放置在它们通常安装的位置上，并用手将螺栓初步拧紧，如图 13-14 所示。其他每节导轨的安装、校正和临时固定都按上述方法类推。要注意的是：压导板背面的整个宽度应与半圆状背衬接触，两个导板要与导轨凸缘的前边线相啮合。

3. 导轨的连接

导轨与导轨之间的连接采用导板进行连接，其端部通过凹凸榫头定位，如图 13-15 所示。

井道两侧的导轨连接处应相互错开，不应在同一水平位置（见图 13-16）。

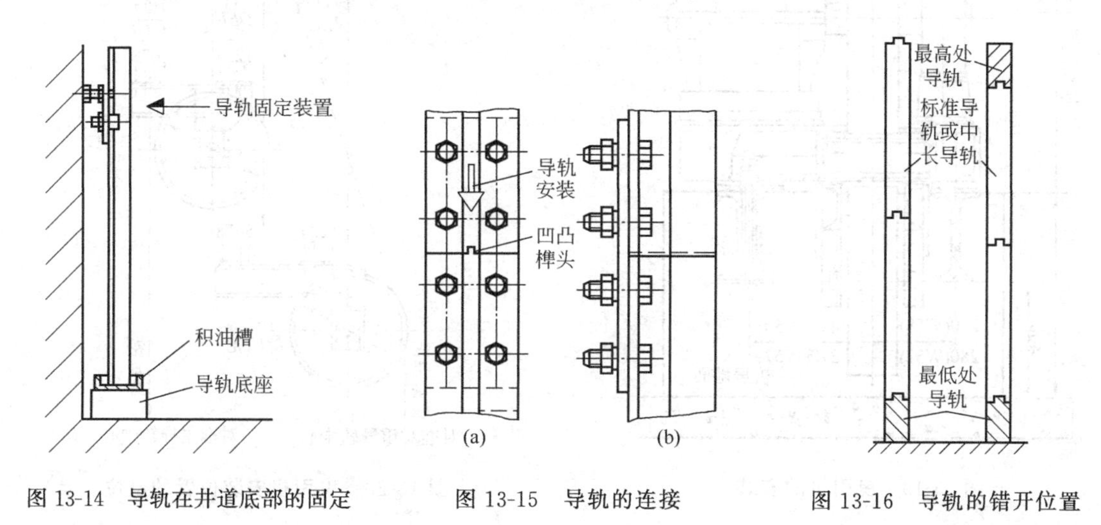


图 13-14　导轨在井道底部的固定　　图 13-15　导轨的连接　　图 13-16　导轨的错开位置

4. 导轨的校正

当导轨临时固定后应进行校正，以保证电梯的良好运行。

① 校正导轨垂直度。根据导轨和固定铅垂线的距离 $X$，用角尺测量并校正，如图 13-17 所示。

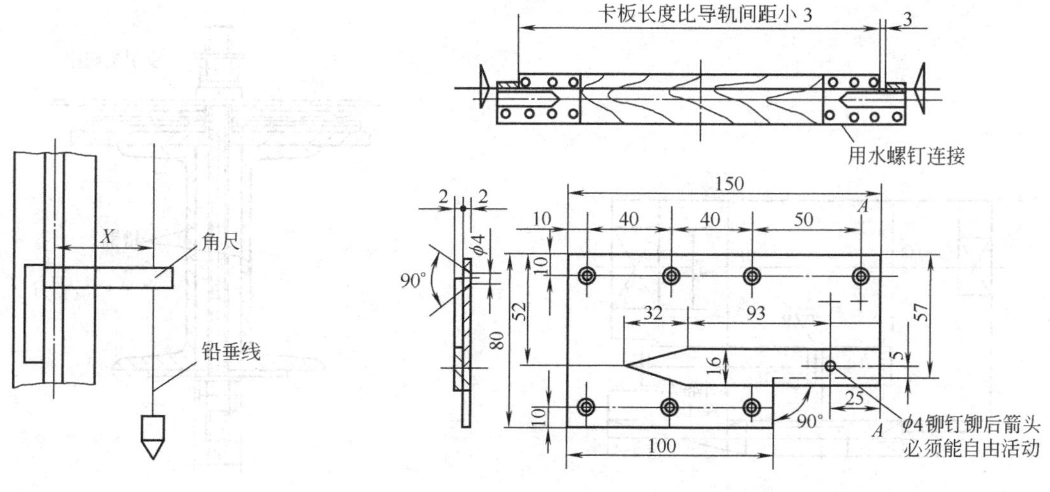


图 13-17　导轨垂直度的找正　　图 13-18　导轨间距和平行度的校正

② 校正导轨间距和平行度。首先制作一块校正卡板，如图 13-18 所示，然后自上而下进行测量校正。当两列导轨侧面平行时，卡板两端的箭头应准确地指向校正卡板的中心线。

（二）曳引机的安装

曳引机的安装见图 13-19。为减小振动和噪声，通常采用橡皮垫块作为减振部件来减小振动和噪声。减振部件的布置如图 13-20 所示。

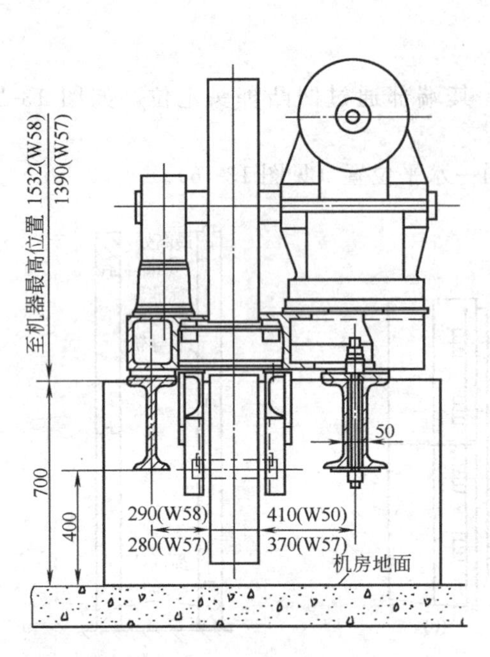


图 13-19　曳引机的安装

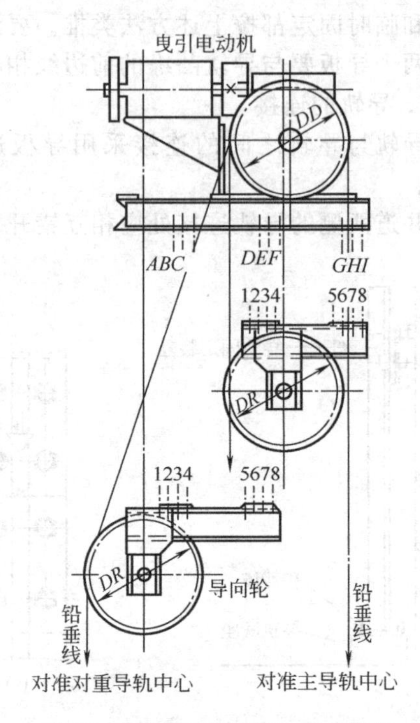


图 13-20　曳引机安装位置的定位

安装有齿轮曳引机时，通过吊装先将电动机的底座水平放置在基座上，然后将曳引电动机按原定位销的位置放在电动机的底座上，并用螺栓拧紧。

曳引机安放在基座后必须进行定位。可在曳引轮居中绳槽前后放一根铅垂线直至井道样板上绳轮的中心位置，移动曳引机位置，直至铅垂线对准主导轨中心和对重导轨中心，如图 13-21 所示，然后拧紧吊紧螺栓，见图 13-22。

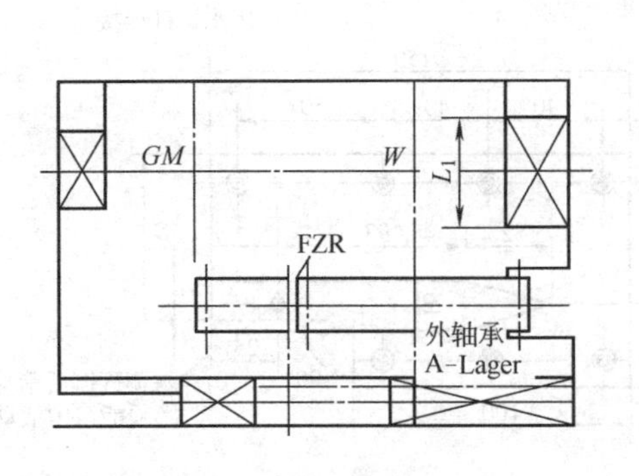


图 13-21　减振部件的布置

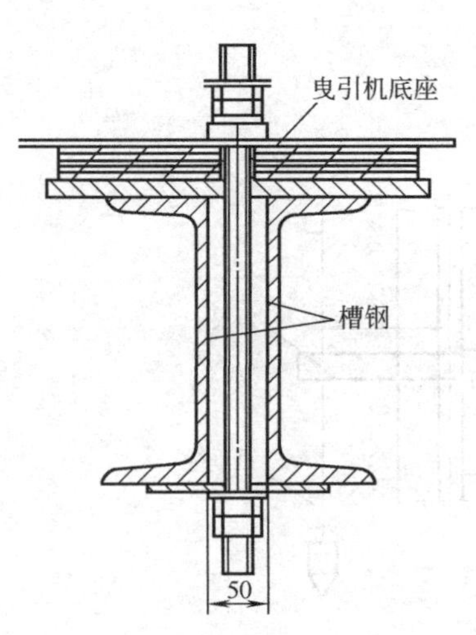


图 13-22　曳引机底座与基座的固定

（三）限速器的安装

限速器的安装通常按照施工图进行，其安装示意如图 13-23 所示。安装完应检验其动作的正确性。在限速器投入使用前，张紧装置必须能够自由运动，限速器钢丝绳应悬挂于两闸瓦中间，不得擦碰闸瓦。

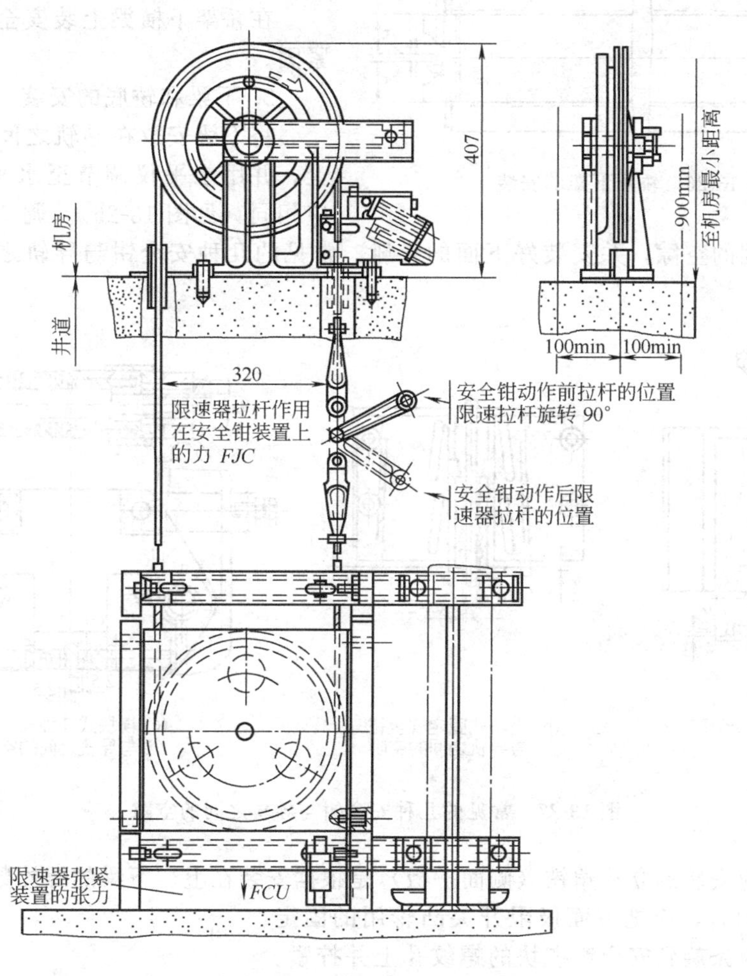


图 13-23　限速器安装示意

（四）轿厢、安全钳及导靴的安装

一般情况下轿厢应在井道最高层内安装。在轿厢架进入井道前，要先设置支承架，即先在厅门地坎对面的墙上平行地凿两个孔洞，孔距与门口宽度相接近，用两根方木（不小于

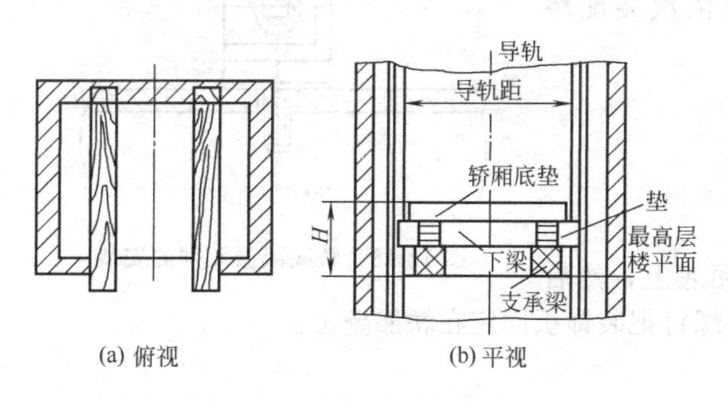


图 13-24　轿厢支承架的设置

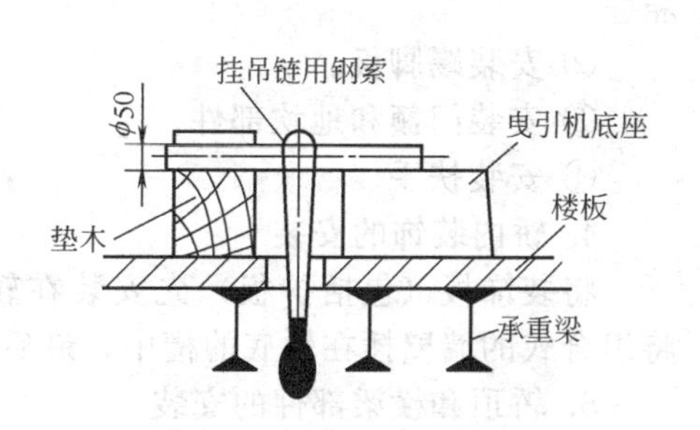


图 13-25　轿厢架的悬吊装置

200mm×200mm）作支撑梁，并将两方木找齐上面，调平行后加以固定（见图 13-24）。然后，在井道顶通过轿厢中心点的曳引绳孔，并借助于楼板承重梁用手拉葫芦来悬吊轿厢架，如图 13-25 所示。

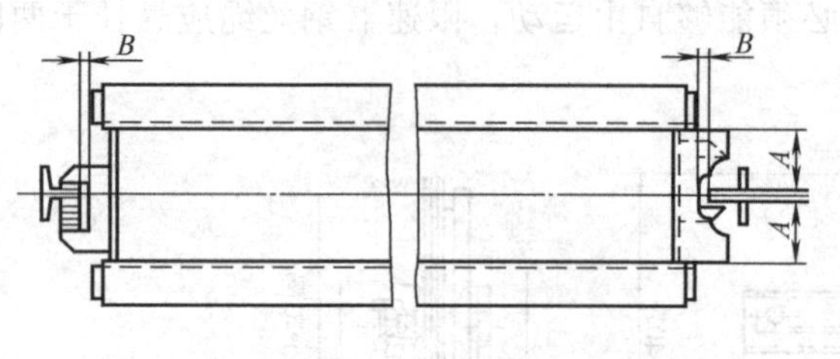


图 13-26　轿厢下架的安装

1. 安全钳的安装

在轿架下横梁上装安全钳，并用螺栓紧固。

2. 下梁和轿底的安装

将下梁安放在导轨之间的临时支承梁上，并用水平仪调节至水平，尺寸 $A$、$B$ 应相同（见图 13-26）。调节导轨与安全钳楔块滑动面之间的空隙，并安装好下面的导靴。常见的几种安全钳与导轨之间的空隙如图 13-27 所示。

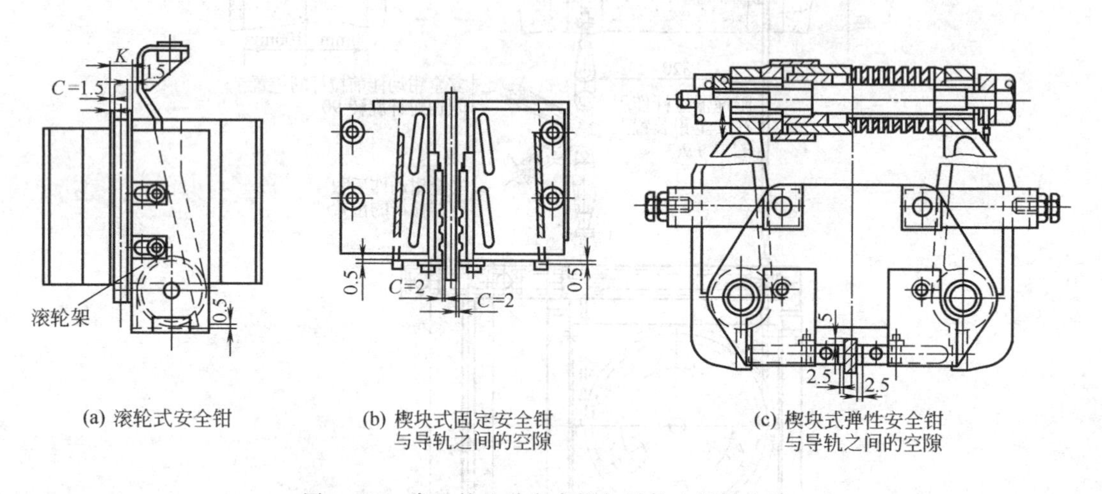


(a) 滚轮式安全钳　(b) 楔块式固定安全钳与导轨之间的空隙　(c) 楔块式弹性安全钳与导轨之间的空隙

图 13-27　常见的几种安全钳与导轨之间的空隙

轿厢每侧应安装的立柱角铁（侧面护板）是根据安装在上、下梁的螺栓数确定的，在安装立柱角铁的同时，应把下面极限开关凸轮用的固定板拧上去，将拉条旋到安全钳楔块的螺纹孔上并拧紧。最后，在安装轿底时应保证轿底水平，如果轿厢带减振元件，应预先安装在下梁上（见图 13-28）。

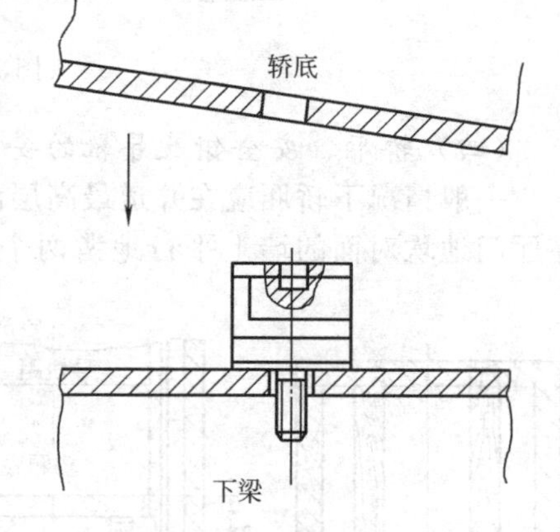


图 13-28　轿底减振元件的安装

3. 轿壁的安装

① 把电缆槽和操纵箱（盘）安装在相应的轿壁上，然后按照后壁、侧壁和前壁的顺序依次装配轿厢壁。

② 安装踢脚板。

③ 安装门额和地坎部件。

④ 安装扶手。

4. 轿内装饰的安装

将装饰板（包括护板）先安装在轿厢底上，然后将组合式的墙壁插在轿底的槽中，最后用螺钉把装饰板固定在轿厢壁上。

5. 轿顶和横梁部件的安装

① 把轿顶装妥，然后盖上保护板。

② 安装带橡胶元件的轿顶固定装置（轿顶压板）。

③ 检查限速器杠杆的位置及预先安装的零件，再装上梁，此时应将安全钳的拉条穿入操纵轴拉杆的孔内。

④ 将上梁安装在两侧立柱上并校正，同时应安装极限开心凸轮上用的固定板及限速器拉杆的挡板卡箍（即止动弯件），见图13-29。

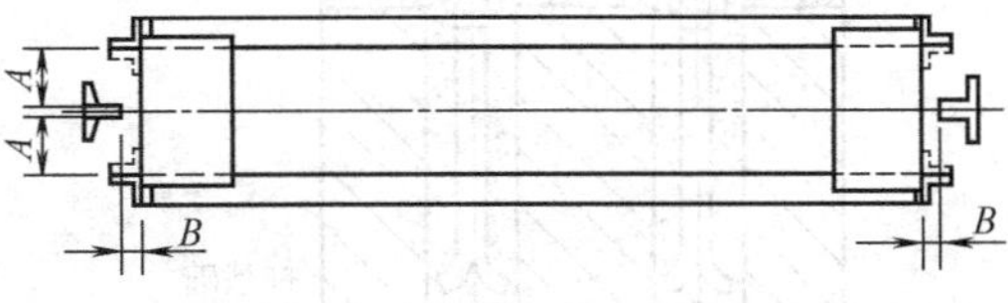

图 13-29　挡板卡箍的安装

⑤ 将上梁轴调整到$A$、$A$和$B$、$B$相同，如图 13-30 所示，并在固定导靴之前用铅笔先将正确位置标上去，然后安装导靴，如图 13-31 所示。

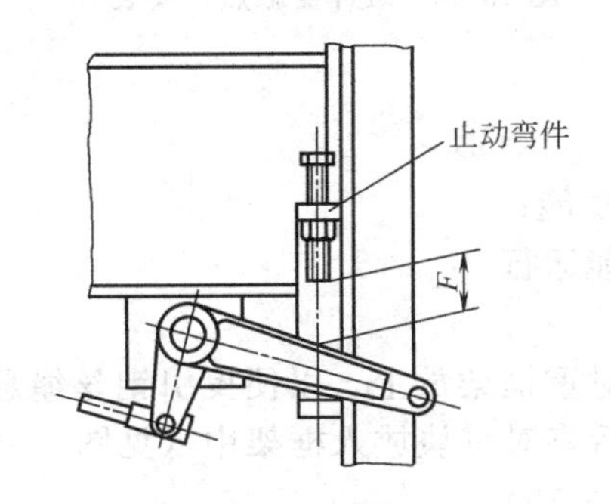

图 13-30　轿厢上梁轴尺寸及位置

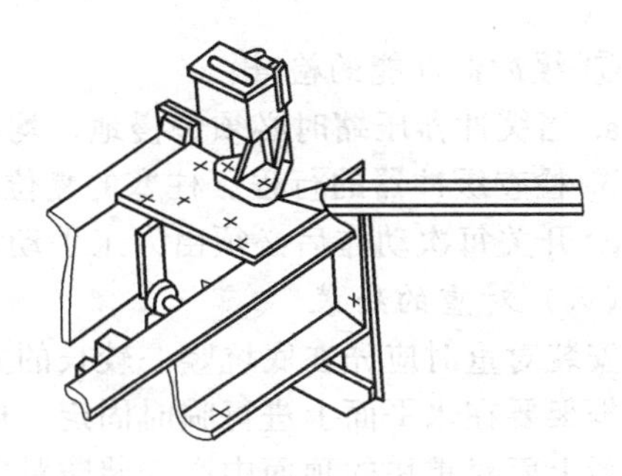
图 13-31　上导靴位置的预定方法

⑥ 安装悬挂装置，并悬挂轿厢。

6. 其他

① 准确地校正轿厢的垂直，并将所有的螺栓拧紧。

② 安装缓冲器。

③ 安装润滑导轨装置，并注油。

④ 将安全钳楔块由静止位置提升 0.5mm，再用锁紧螺母紧楔块。

⑤ 安装并校正安全钳连锁触头，使安全钳拉杆在微提升时开关就发生作用。

⑥ 安全钳功能的检查：

a. 用微小的力拉起限速器拉杆，使滚柱或楔块同时碰到导轨上。在提起拉杆时，滚柱或楔块不应有被卡住的现象（安全钳连锁触头应先起断电作用）；

b. 将限速器拉杆慢慢地放回到非操作位置。

（五）缓冲器的安装

弹簧缓冲器和油压缓冲器虽然在结构和性能上有所不同，但其安装要求基本相同。在此以油压缓冲器为例说明安装过程。

① 根据缓冲器安装的数量、位置尺寸等浇注混凝土柱基础。

② 用水平仪调准柱底板，并将其固定在混凝土内，如图 13-32 所示。

③ 取下柱底板的上螺母，并安装缓冲器。

④ 用水平仪和铅垂线（如有必要，可使用垫片）调节缓冲器。

⑤ 取下柱塞盖，将油位指示器打开，以便空气外逸，加油至油位指示器上油位刻度线，立即用盖将开口关闭。

⑥ 安装启动开关（即缓冲器触点的安装见图 13-33）。触点支架用手通过螺钉连接在油缸上，操作架必须准确地调节至触点槽的中点，然后拧紧触点支架，操作触点并检查间隙是否保持在 1mm 左右。

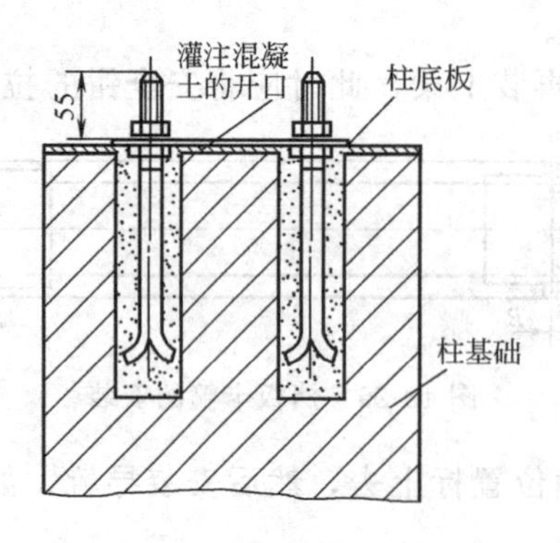


图 13-32　缓冲器的柱底安装

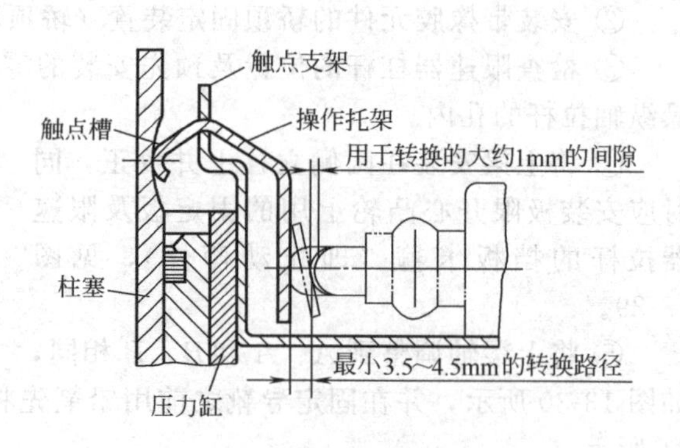


图 13-33　缓冲器触点的安装

⑦ 缓冲器性能的检查：

a. 当缓冲器压缩时必须慢慢地、均匀地向下移动；

b. 检查缓冲器的行程、柱塞的复位和启动开关的功能；

c. 开关每次动作后必须由人工手动复位，电梯方能运行。

（六）对重的安装

安装对重时应先在底坑竖一较长的方木，然后将对重框架放上，以便曳引钢丝绳悬挂。对重框架要在水平面上进行临时固定，以防倒塌。最后将对重块放入框架中（见图 13-34），并在最上面对重块的顶面中心安装防跳安全件（见图 13-35）。

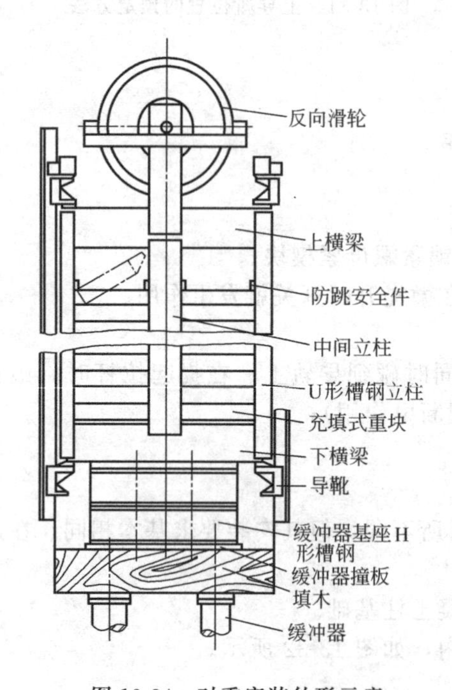


图 13-34　对重安装外形示意

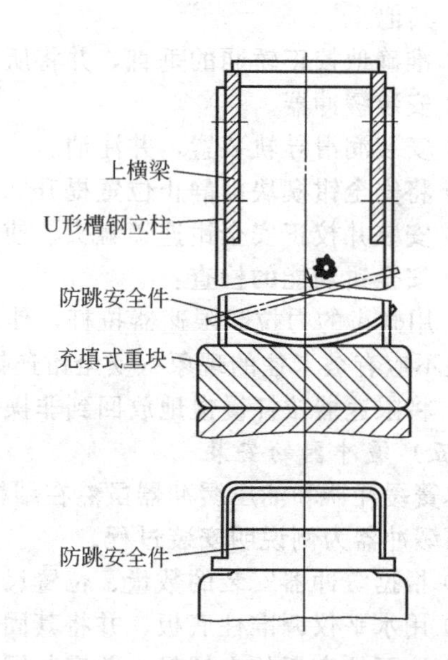


图 13-35　防跳安全件的安装示意

（七）曳引钢丝绳的安装

目前，基本不用在现场进行截绳操作，因为运到现场的曳引钢丝绳已由厂家根据电梯提升高、楼层总高等参数在工厂里事先截好。

1. 曳引钢丝绳绳头的制作方法

2. 曳引钢丝绳绳头制作的安全技术要求

3. 挂绳

曳引绳头制作完经检查符合要求后，就可开始挂绳操作。挂绳时一般都是从机房开始往下操作的。

① 当曳引方式为 1∶1 时，把绳的一端从曳引轮一侧放至轿厢架，并固定在轿厢架绳头板上。另一端经导向轮下放至对重装置，并固定在重架绳头板上。

② 当曳引方式为 2∶1 时，曳引绳需从曳引轮两侧分别下放到轿厢和对重装置，穿过轿顶轮和对重轮，再返回机房，并固定在绳头板上。

③ 挂好曳引绳后，可借助手拉葫芦把轿厢吊起，拆除轿厢底部托梁，放下轿厢。但在放下轿厢之前必须装好限速器、安全钳，挂好限速器钢丝绳和将安全钳钳头拉杆与限速器连接好。这样做的目的是若出现轿厢因打滑下坠的情况，限速器会起作用，使用安全钳轧住导轨，防止轿厢坠落。

4. 钢丝绳张力的调整

为使电梯运行平稳，各轮槽受力均匀，避免对某根钢丝绳的负荷集中、减少钢丝绳寿命，要求各曳引钢丝绳张力基本一致。曳引钢丝绳张力的设定基准规定如下：

① 电梯提升高度在 40m 以上的场合，轿厢侧、对重侧钢丝绳张力的调整方法是将轿厢置于中间层站，在轿厢上方 1m 的位置对钢丝绳施加打击振动，在各根钢丝绳上测定振动波往返 5 次所需要的时间，其误差应该控制在下式计算值内：(最大往复时间－最小往复时间)/最小往复时间≤0.2。

② 电梯提升高度不满 40m 的场合，轿厢侧钢丝绳张力的调整方法是将轿厢置于最下层，根据在轿厢上方 1m 处的打击振动来测定钢丝绳的张力，调整方法和误差要求同①。对重侧钢丝绳张力的调整方法是将轿厢置于最上层，进行对重一侧钢丝绳的打击振动测定，并在中间层根据实测值进行张力调整。

③ 调整钢丝绳张力时应该按如图 13-36 所示，在将钢丝绳锥套固定的状态下进行，不允许采用旋转钢丝绳来增减张力的办法。

④ 对电梯提升高度超过 100m 的电梯的钢丝绳锥套部分，为了防止钢丝的旋转倒捻(扭松)，则必须按如图 13-37 所示那样，用 10 号铅丝将各钢丝绳锥套相互之间扎结起来。

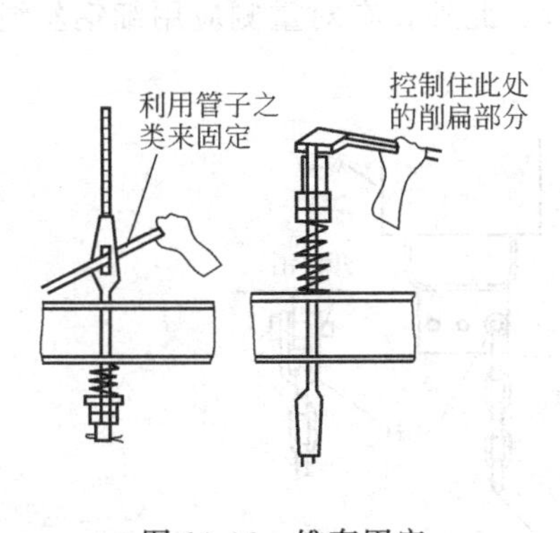


图 13-36 锥套固定

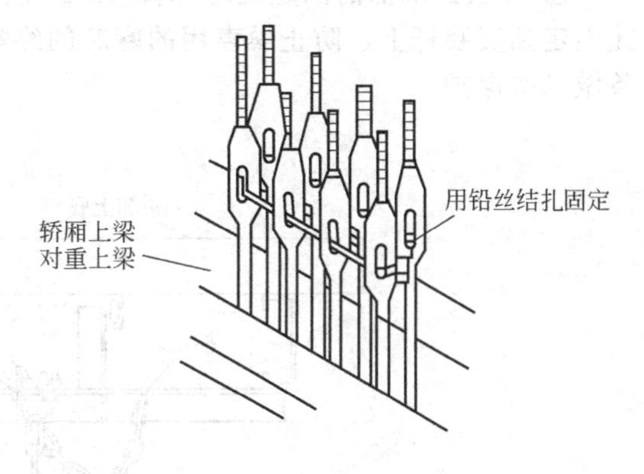


图 13-37 锥套扎结

5. 补偿链安装

① 补偿链扭曲的排除。将链条的一端装在对重上，使对重向最上层移动，在链条下端加上 50～60kg 的载荷，放置数分钟，使扭曲消除。

② 补偿链吊挂位置的确定如图 13-38 所示，图中 $A$ 为链条在轿厢和对重上吊挂点之间的距离，$A$ 值应该按表 13-4 的规定来选定。

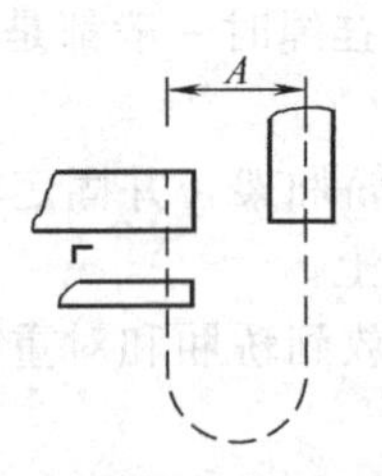


图 13-38 补偿链吊挂位置示意

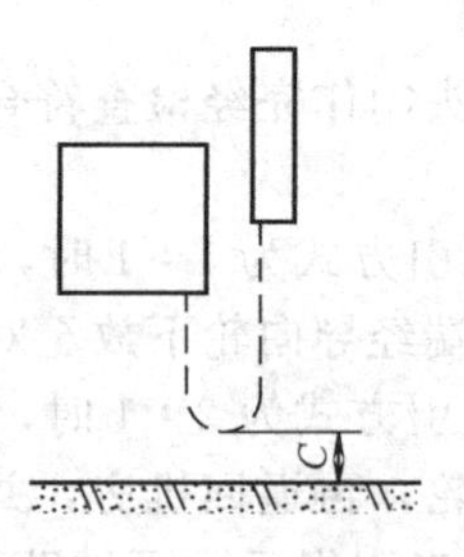


图 13-39 补偿链长度设置示意

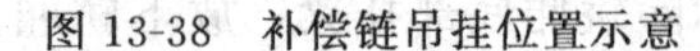

表 13-4 补偿链吊挂位置规定

| 机　　种 | 链条尺寸/mm | 吊挂点的间隔 $A$/mm |
|---|---|---|
| 标准型电梯 | $\phi5\sim\phi7$ | 250 |
| M 系电梯 | $\phi7\sim\phi10$ | 270～320 |
| M 系电梯 | $\phi10$ 以上 | 300～350 |

注：表中 $A$ 的值是设计图中的值，在轿厢和对重之间装入中间梁的场合，$A$ 的值应为 400～500mm。

③ 补偿链长度的设定标准如图 13-39 所示。图中 $C$ 为链条下垂部分的最低点到井道底坑地面的距离，其值按表 13-5 确定，可通过调节轿厢一侧的吊钩来达到，然后将该吊钩端部保留 300mm，多余部分截断。

表 13-5 补偿链距底坑地面距离

| 对重一侧有无安全钳 | | 距离 $C$/mm |
|---|---|---|
| 无 | | 200～300 |
| 有 | HGC-201 张紧轮 | 450～500 |
| | HGC-323 张紧轮 | 700～750 |
| | HGC-327 张紧轮 | 200～300 |

④ 补偿链端部的固定处理如图 13-40 所示，轿相一侧链吊钩后的多余部分，用电线捆扎固定到安装杆上，防止噪声用的麻芯的终端应保留着。此外，在对重侧应用细钢丝绳对链条做二次保护。

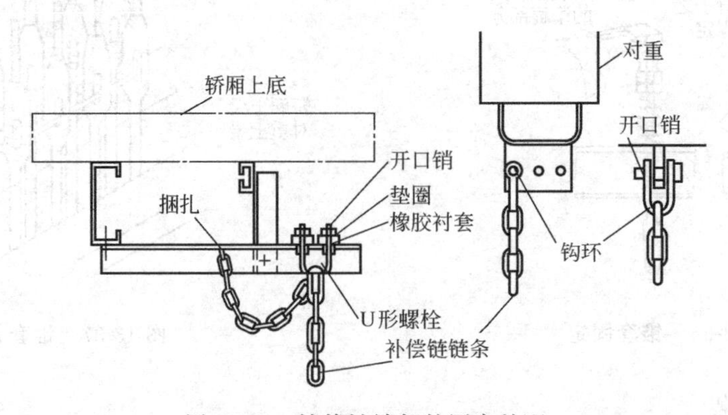


图 13-40 补偿链端部的固定处理

（八）轿门、开门机和层门的安装

如图 13-41 所示为一种新型的全自动轿门和厅门的驱动装置，与传统驱动装置相比，具有平稳、快速以及密封性好等优点。

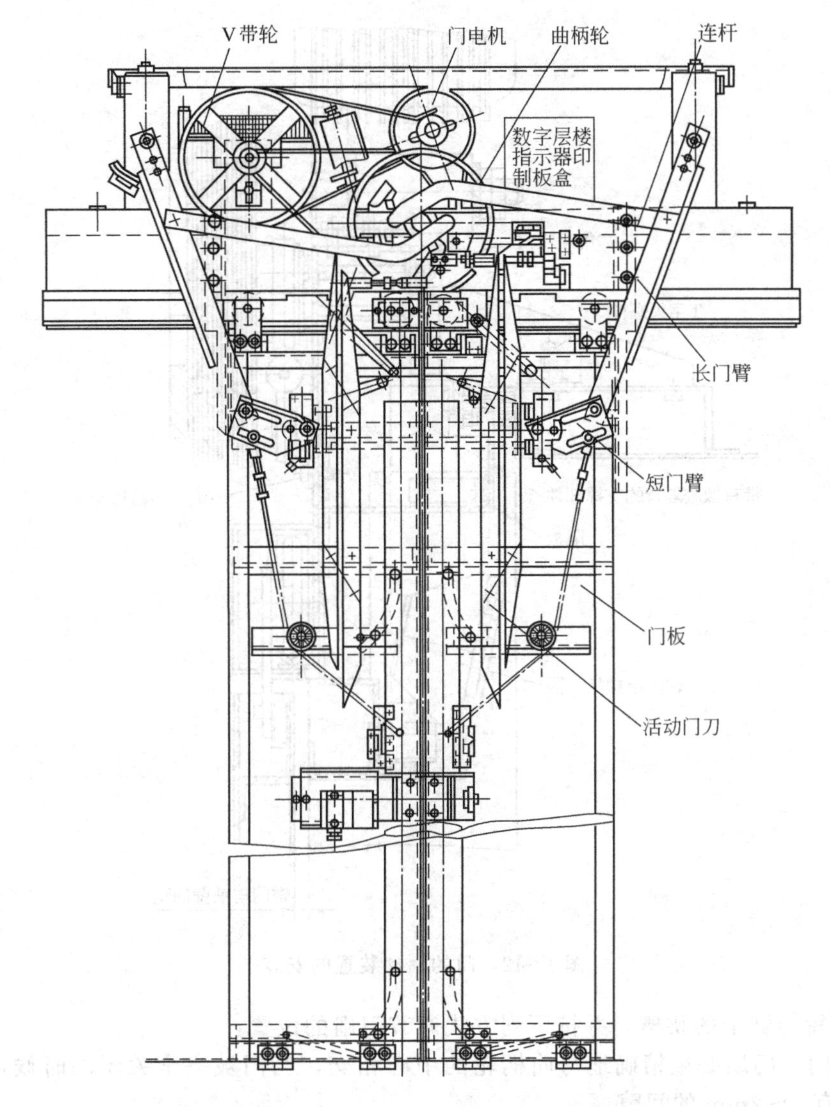


图 13-41　全自动轿门和厅门的驱动装置

1. 门的驱动装置的安装

① 将轿厢放置在底部停靠层的上方，即从停靠层的上方易于接触到门的驱动装置。

② 门的驱动装置的放置应与铅垂线相吻合。

③ 中分和中分双折门曲柄轮的中心必须与入口宽度的中心重合。

④ 调整好安装尺寸后将螺钉拧紧，以确保门的驱动装置位置准确，见图 13-42。

2. 轿门扇的安装

① 在安装门扇之前，应按照下列顺序将下列部件临时地安装于门扇上：a. 带有触点的关门力限制器；b. 门刀；c. 安全融板（用铁丝临时捆绑）；d. 门滑块。

② 将门扇悬吊起来，并做好下列工作：a. 清洁顶部轨道并涂抹一层薄的机油；b. 将门滑板插入顶部上坎；c. 将门放置在其位置上（将门滑块放在轨道槽内，并在轨道槽内置入 4mm）；d. 用螺钉将门扇紧固于顶部的门滑轮上（必须垫上锁紧垫圈）；e. 从门扇下面拆除定距板。

③ 用螺钉将短门臂紧固于关门力限制器上。

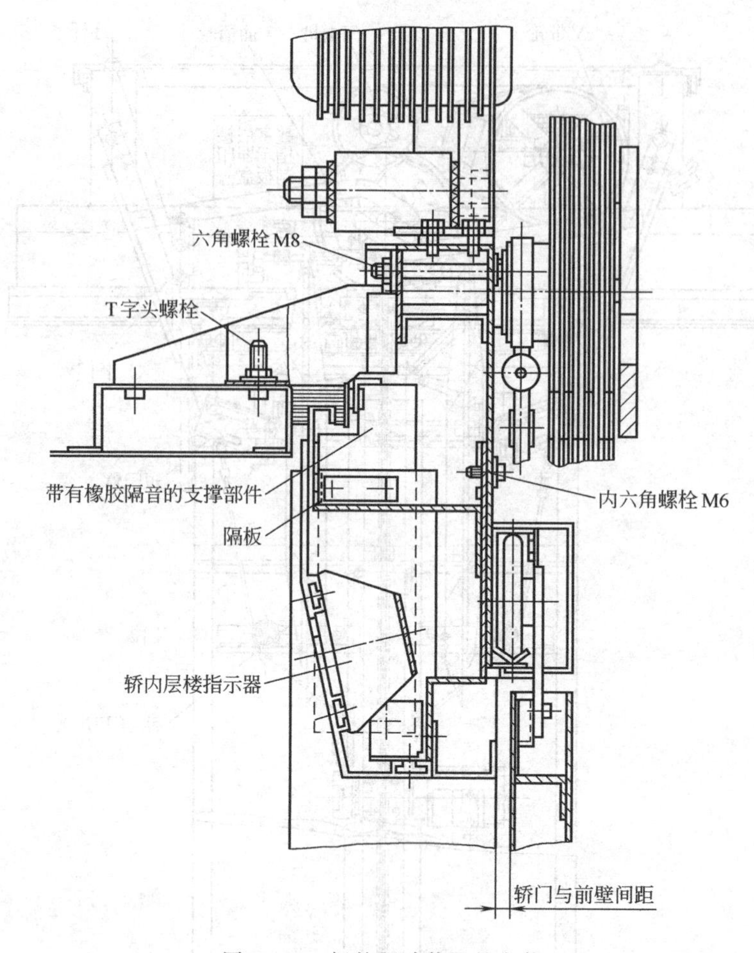

图 13-42　门的驱动装置的安装

④ 通过短门臂上的狭槽，并按下列方式调节门扇的位置：

a. 中分门。门扇必须精确地与曲柄轮的中心相交，当门被完全关闭的时候，两扇门板之间必须留有 1～2mm 的间隙。

b. 双折门。快门扇在关闭过程中必须离轿厢前壁的侧立板 1～2mm，当被完全打开时，慢门扇的前边缘必须与快门扇的前边缘齐平。

c. 中分双折门。当门被完全关闭的时候，快门扇必须精确地与曲柄轮中心相交，并在门扇之间留有 1～2mm 间隙，当门被完全打开时，慢门扇的前边缘必须与快门扇的前边缘齐平。

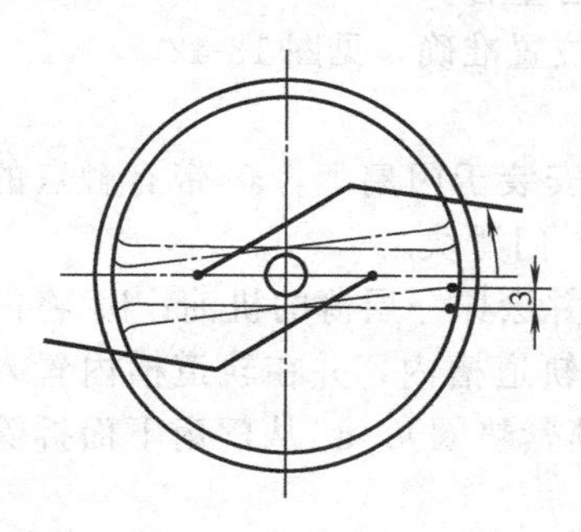

图 13-43　曲轴轮转动位置的尺寸

⑤ 门的驱动装置和门的调节。为保证安全和无故障操作，必须小心地安装和调节门的驱动装置和门。

a. 将门关闭连续转动曲轴轮，直至反冲弹簧完全被压缩为止。在这个位置上，曲轴轮应该经过“死点”线大约 3mm（见图 13-43），而且反冲弹簧必须完全压缩，且能够防止曲轴轮进行任何进一步的转动，用弹簧张紧螺母进行调节。

b. 按如下方式调节门板位置，即当门被完全关闭的时候，门板精确地与曲轴轮的中心相交，在门板之间留有 1～

2mm 的间隙，然后移动短门臂狭槽内长臂端部的暗销。

c. 向后转动曲轴轮直至活动门刀被完全扩展为止，将活动门刀向上推，直至活动门刀上的尼龙挡块触及开门机底板的底侧为止。

d. 按逆时针方向（关闭门）转动曲轴，直至反弹簧被完全压缩和停止曲轴轮的进一步运动为止。测量第一个活动门刀的扩展量，调节的方法是沿垂直方向移动它，并用螺钉固定。活动门刀在这样的位置上将压缩至 78mm，通过转动螺纹杆（具有左、右螺纹）的方法能够获得这个尺寸。在开启情况下，门板必须与前壁板齐平。

e. 安全触板的调节。当门被关闭或打开的时候，门安全触板的正确位置是由绳长度的变化进行调节的。用金属钩（绳张紧器）按如下方式进行调节：当门被关闭的时候，安全触板之间或安全触板与入口前壁的侧立板之间留有一条大约 4mm 宽的间隙，用铁丝或绝缘带固定在钢丝绳环上。当门处于半关闭状态时，安全触板必须伸出门板边缘前面 60～70mm。调节的方法是移动连接有钢丝绳的短门臂狭槽之内的销子。

f. 光电管的调节。方法是光束对准反光板的中心。

g. 关门力限制器的调节。如果关门力限制器正在对门的正常关闭做出反应，关门速度就得予以降低。

h. 预先将关门力调节为 120～150N，触点只是在极少的情况下才予以调节，如图 13-44 所示。

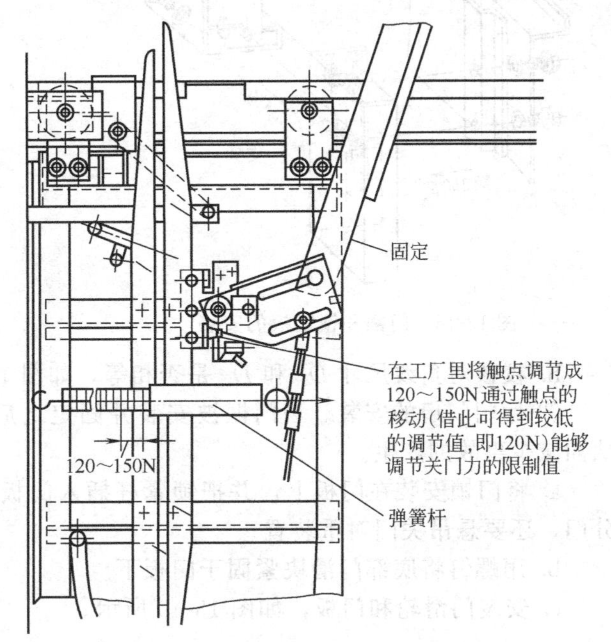

图 13-44　关门力限制器的调节

3. 层门的安装

① 层门门框的安装方法有两种：壁式安装或安装在墙壁的凹穴内。

a. 壁式安装。用螺栓把厅门固定在墙壁安装板上。如果两个楼面之间的距离大于 2.55m，门坎和门顶盖各有一块墙壁安装板埋于水泥内；如果两个楼面之间的距离在 2.38～2.55m 之间，门坎和门顶盖有一块共用的墙壁安装板。安装支承架设计成能够从三个平面对门框进行调节的形式。其深度可通过墙壁安装板和安装支承架之间的垫片进行额外的调节，但这些垫片不得使门坎边缘和井道壁之间的距离扩大 140mm 以上（对于中分门）或 165mm 以上（双折门、中分双折门）。

b. 安装在墙壁的凹穴内。用方木或定位板将门框固定在合适位置内，然后用水泥浆料将墙壁锚定物封裹住，用水泥灌注门坎边缘和停靠楼层之间的遗留间隙。

② 层门门框的安装。按照下列顺序安装层门门框的各物件：门坎、左右支架、门额及锁紧板等，也可将门框组装好后一次安装。

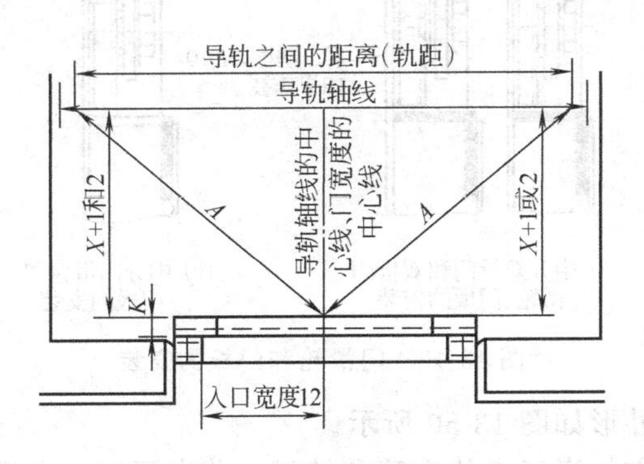

图 13-45　门坎尺寸调节示意

a. 调节门坎尺寸。如图 13-45 所示，参照基准标记，用水平仪精确地将其调节成水平位置，并在距离 $K$ 处平行于主导轨。

b. 侧向方面参照门宽度中心线的位置和导轨轴线的中心线位置。

c. 安装左右支架，并用精确的角尺调节，使其与门坎边缘成90°。

d. 在最后固定之前，应校核尺寸$K$（因为$K$的尺寸错误会直接影响门刀与门锁滚轮）。

e. 安装门额和锁紧板，如图13-46所示。

f. 用铅垂线校正门框支架。

g. 在左侧和右侧，按尺寸（$X+1$）mm调节锁紧板，如图13-47所示。

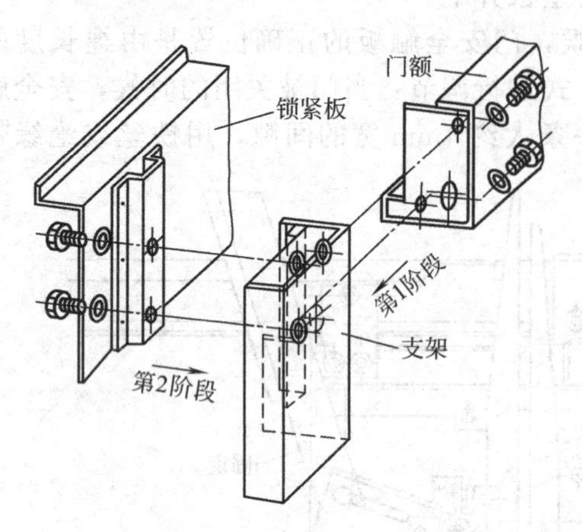


图13-46 门额和锁紧板的安装

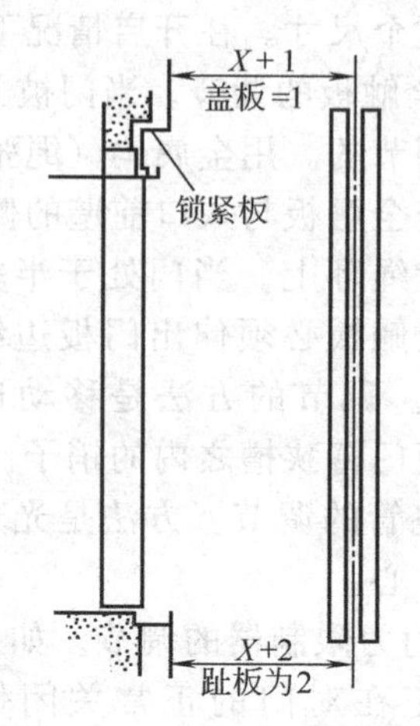


图13-47 锁紧板调节示意

h. 校核对角线尺寸$D_1$和$D_2$是否相等，如图13-48所示。

③ 厅门门扇的安装。当门框被安装并固定之后，就应把门扇装上，以便保护厅门口，从而减少事故的产生。

a. 将门锁安装在门板上，并把锁紧杆插入门板，临时将其紧固于层门锁盒上，对于中分门，还要悬吊关门对重装置。

b. 用螺钉将底部门滑块紧固于门板下。

c. 安装门滑轮和门板，如图13-49所示。

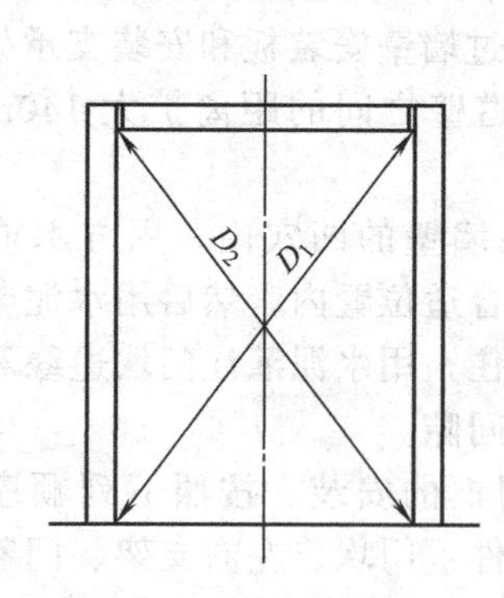


图13-48 校核对角线尺寸示意

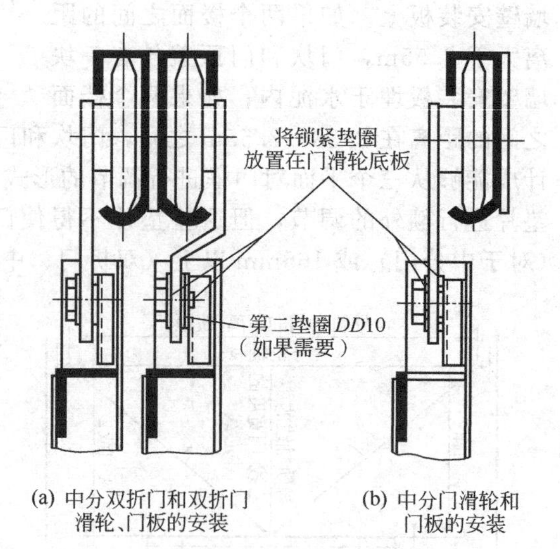


图13-49 门滑轮和门板的安装

中分层门、中分双折层门和双折层门的安装外形如图13-50所示。

电气部分是电梯的动力输送及控制的通道，它相当于人的血管和神经，若有不畅，电梯

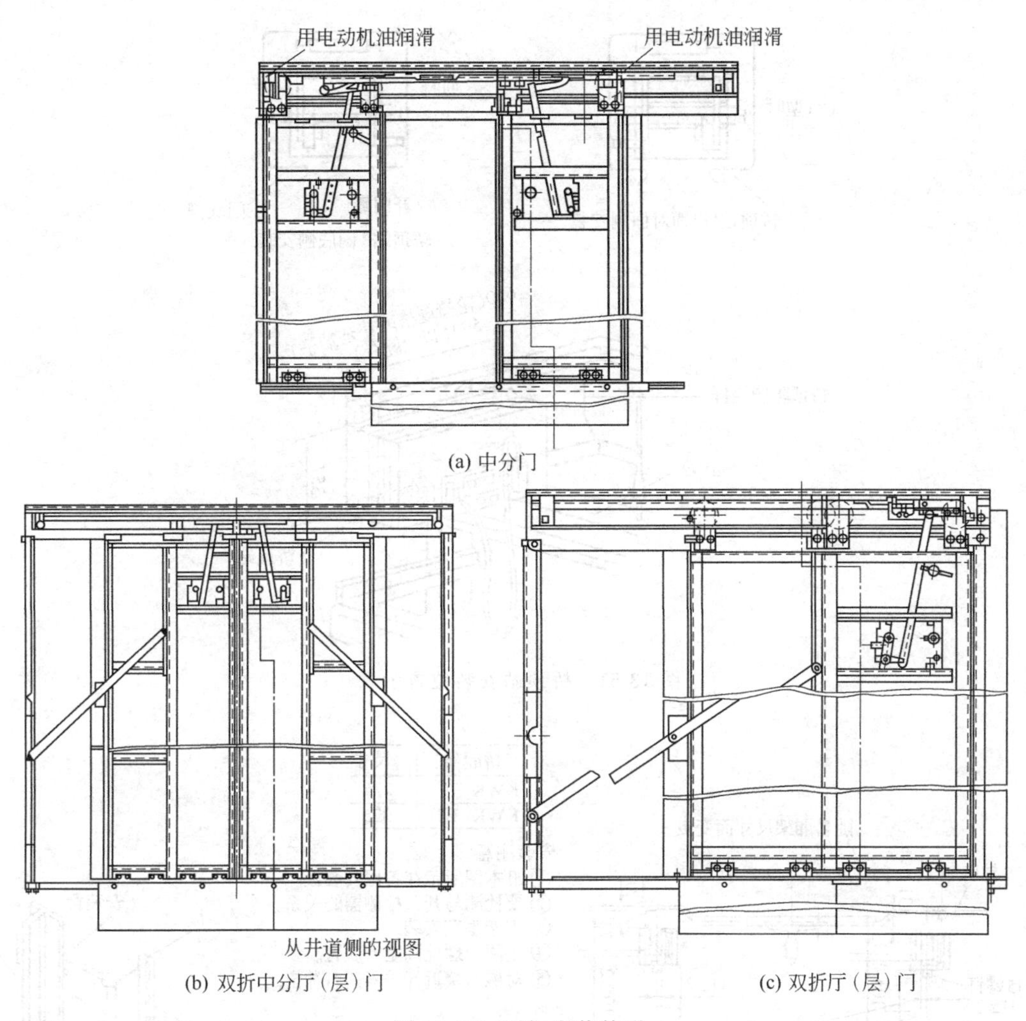


图 13-50　层门安装外形

将不能正常运转。电梯电气设备的安装可与机械设备的安装同时进行，但应避开同时进行井道内的垂直作业。在全部机械设备安装完毕的同时，电气设备的安装也应全部完工，这样可不影响调试工作的进行。电气设备的安装原理基本一致，但因电梯类型、井道、机房土建规格等不同，使其具体的安装方法有所不同。

（九）轿厢电气设备的安装

1. 轿顶站的安装

轿顶站是机房控制柜的延伸，从机房控制柜引出的随行电缆先经轿底接到轿顶站上，再由轿顶站引出自动门机、轿内操纵盘、开关门安全保护装置、安全窗开关、轿顶和轿底灯等的控制线，轿顶站本身还装有电梯急停开关、电梯检修开关、220V 和 36V 电源插座等。轿顶站的安装位置如图 13-51 所示。

2. 平层装置的安装与调整

GPS 系列电梯的平层装置与以前电梯的平层装置不同，它是将三个感应器组成的开关箱装在轿顶上，将遮磁板装在井道内导轨上，安装如图 13-52 所示。

安装后调整的顺序为：

① 把开关箱装在靠上面的梁上，且装在中央。

② 在安装臂上装上支架，但不要上紧（事先应将板装在支架上）。

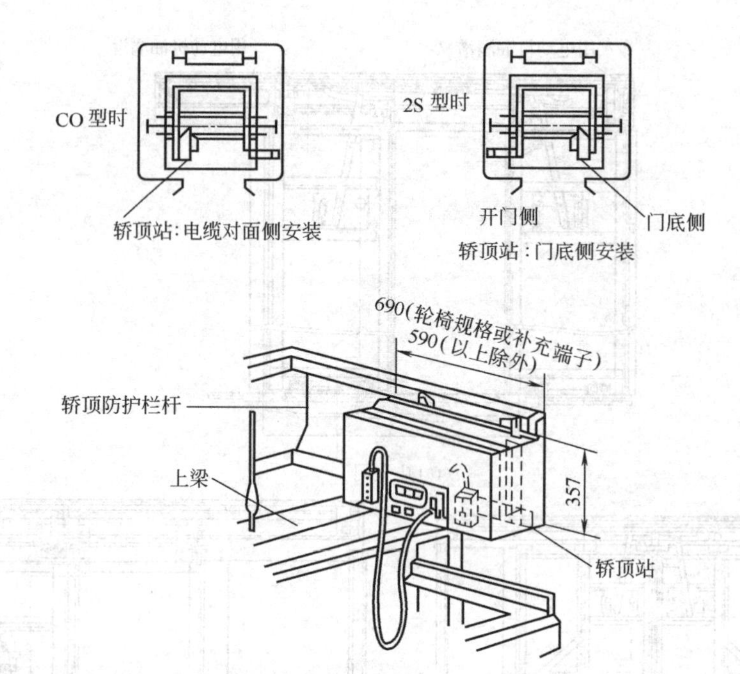


图 13-51　桥顶站安装位置示意

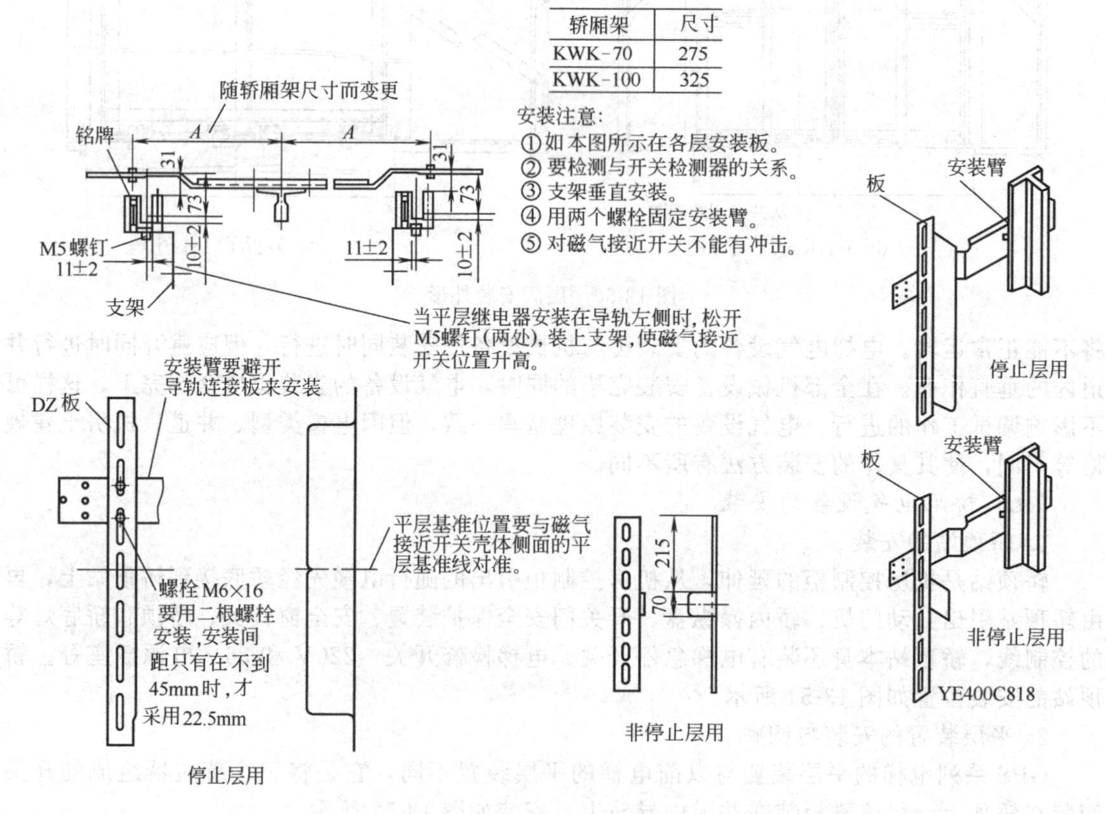


图 13-52　平层装置安装示意

③ 在轿厢平层位置，将安装臂装于导轨上，将安装臂固定在位置上，要使 DZ 板的中央与开关箱的基准线基本一致时，固定安装臂。

④ 精确地调节支架，从而使DZ板的中央与开关箱的基准线完全在一条直线上。调节检测器的倾斜，且同时调整节板。

⑤ 手动使电梯向下运行，使开关箱脱离感应板，然后拧紧支架的安装臂之间的螺栓。

⑥ 手动使电梯在该层附近做上下运行，确认开关与感应板之间的位置，从而确保检测器在感应板插入时，左右间隙相等。

3. 自动门机的安装

一般门电机、传动机构及控制箱在出厂时都已组合成一体，安装时只要将自动门机安装支架按图纸规定位置固定好就行。GPS系列电梯的门采用全电脑交流变频（VVVF）控制技术对门电机进行调速，速度图形用短路插头设定与调整。用短路插头不但能对速度图形设定和调整，而且还能对机种（门型号）和进出口宽度（JJ尺寸）、灵敏度等进行设定和调整。门机安装后应动作灵活，运行平稳，门扇运行至端点时应无撞击声。

4. 轿内操纵盘

轿内操纵盘在出厂时已根据订货合同做好，安装时只要将其固定在轿壁上的对应位置，把轿顶站引下来的电缆插头和轿内操纵盘上电缆插座一一对应插好就行。GPS系列电梯的轿内操纵盘中包括了轿内层楼指示器、指令选层按钮、开关门按钮、运行停止开关、检修开关、照明和风扇开关等控制装置。

## 五、电梯的调试

### （一）通电调试前应具备的条件

① 主要的安全部件，如限速器、安全钳等均已安装完毕，且动作有效、可靠。

② 机房所有电气线路的配置及接线均已完成，各电气部件的金属外壳均有良好的接地装置，且其接地电阻不大于4Ω。

③ 机房内各电气部件的接线经校对正确，接线螺栓均已拧紧且无松动现象。

④ 轿厢的所有电气线路（包括轿厢顶、轿内操纵箱、轿厢底）的配置及接线均已完成。

⑤ 机房内控制柜与轿厢之间的接线校对正确，接线螺栓均已拧紧且无松动现象，轿厢内各电气装置的金属外壳均有良好的接地。

⑥ 机房内控制柜、安全保护开关等与井道内各层楼的召唤按钮箱、门外指示灯、门锁电触点等之间的接线正确，均已检查、校对，确信无疑，接线螺栓均已拧紧且无松动现象。

⑦ 机房内各电气机械部件、轿厢内的各电气部件、井道各层站的电气部件均处于干燥而无受潮或受水浸湿、浸泡现象。

### （二）不悬挂曳引钢丝绳的通电试验

为确保安全，必须进行这一环节的工作，其主要步骤如下：

① 将原已挂好的曳引钢丝绳按顺序取下，并作顺序标记。

② 在控制柜的接线端子上用临时线短接门锁电触点回路、限位开关回路及安全保护触点回路的底层（基站）的电梯投入运行开关触点。

③ 合总电源开关，检查三相电源的电压与相序是否正确。

④ 检查整流器的输出电压及极性是否正常。

⑤ 检查安全回路继电器是否正常。

⑥ 用临时线短接控制柜检修开关触点，使电梯处于检修状态。

⑦ 手按上行方向开车继电器，此时电磁制动器松闸张开，曳引电动机慢速向某一方向旋转，如其转向不是电梯向上运行方向，应调换曳引电动机的电源线顺序，使其转向与电梯上行方向一致再手按下行方向开车继电器，再次检查曳引电动机转向。

⑧ 在进行上述步骤的同时，可调整曳引机上电磁制动器闸瓦与鼓轮间的间隙，使其均匀保持在不大于0.7mm的范围。然后测量制动器松开时的电压与维持松开的电压，并调整

其维持松开的经济电阻值，使维持松开电压为电源的60%～70%。

⑨ 恢复前面改动的线路至原状，控制柜上的检修继电器应吸合。如不吸合，应仔细检查直至吸合。

⑩ 操纵轿内操纵箱上的争停按钮（或轿厢顶检修上的急停开关）时，控制柜中的安全回路继电器应释放。

⑪ 在轿内操纵箱上，操纵上行（下行）开车按钮，曳引机应按指令方向运转。

当上述步骤结束后即可进行下面的调试工作。

（三）悬挂曳引钢丝绳后的慢速运行调试

① 按顺序将曳引机钢丝绳放回曳引轮绳槽内。

② 自上而下拆除井道内的脚手架，并进行井道和导轨的清扫工作。

③ 拆除轿厢与对重下的垫木。

④ 检查并关闭好各个层楼的厅门，防止他人跌入井道。

⑤ 在轿厢顶的检修箱上操作检修开关，使电梯处于可靠的检修状态。随着轿厢慢速运行至最底层，检查轿厢是否与井道内其他固定部件或建筑设施相碰撞，并进一步清理轿厢和对重导轨以及施工过程中遗留在井道内的杂物。

⑥ 以检修速度自上而下逐层安装井道内各层的水磁感应器、平层停车隔磁板（或各层相关的双稳态磁开关的永久圆磁体）及上、下端站的强迫减速开关、方向限位开关和极限开关，然后拆除控制柜接线端子上的临时短接线，使检修运行也处于安全保护之下。

⑦ 不带厅门的自动门机调试。

⑧ 带厅门的自动门机调试。

（四）电梯的快速运行及整机性能调试

在完成了上述（二）、（三）项的内容调试后，即可投入电梯快速运行和整机性能调试。电梯方向错误时，有时间采取紧急停车措施；令电梯处于有司机状态，轿内装载额定负载一半质量的负载。

1. 轿厢内快速运行的调试工作

① 在轿厢内按下操纵盘上的层楼指令按钮，电梯即可自动定出运行方向，然后按关门按钮，电梯关门，并自启动、加速至稳速运行，在接近已定的指令层时，电梯自动减速、自动平层、停车开门。如此连续运行多次，应使每次运行正常。

② 在上述运行过程中，如发现启动、减速、停车的三个阶段有不舒适的感觉时，应对控制柜上的启动、减速环节进行调整，直到满意为止。

③ 在上述运行过程中，应对平层停车的准确度进行检查，对于平衡负载，平层停车的准确度应较为理想。如发现只是某层的准确度不好，则调整某层隔磁铁板（或永久磁体）的位置即可；如发现所有层楼的停层准确均相差同一数值时，则应调整轿顶上的永磁感应器（或双稳态磁开关）位置。

④ 令电梯在空载和满载状况下，向上、向下运行于所有层楼，如其启制动及停车舒适感和各层楼的停层准确度均在标准范围内时，即可认为电梯的快速运行调试工作已全部完成。

2. 电梯的整机性能调试

当电梯的快、慢速运行均正常后，即可进行下列整机性能的调试。

① 静载试验及其调整。将电梯置于最底层，切断动力电源，使轿厢的载荷平稳地加至150%的额定载重，曳引机传动轴不应转动，如果转动则说明电磁制动器的弹簧制动力矩不够，应压紧其弹簧。如果曳引钢丝绳在曳引机轮绳槽内有滑移现象，则说明曳引钢丝绳内的油性太大，导致其与绳槽的摩擦力太小，应清除曳引钢丝绳的油污或调整导向轮的上下位

置，增大曳引钢丝绳在绳轮上的包角，从而增加摩擦力。

② 超载试验及其调整。对于有/无司机两用的集选控制电梯，应在轿厢内载荷达到额定载重的110%时，其超载装置动作，使电梯不能关门，又不能开车。如不能起作用，应予以调整（一般可调整轿底机械式称重装置的秤砣位置和开关位置，对于电子式称重装置应调整相应的电位器）。

规范规定：当电梯断开超载控制电路时，并在110%的额定载荷下通电持续率达40%的情况下到达全行程。范围：启制动运行30次，电梯应能可靠地启行、运行和停止（平层不计），曳引机工作正常。规范规定当轿厢面积不能限止载荷超过额定值时，需作此项试验，历时10min，曳引钢丝绳无打滑现象。

③ 电梯停层准确度的测定及其调整。在电梯空载、满载情况下进行此项工作。对上行和下行时各层的停层准确度进行测量，并作记录，若空载与满载时相差数值较大，并超出标准范围时，需要调整到在空载方向运行时各层的停层准确度误差为正值（即轿厢地坎平面略高于层楼地坎平面），而满载下行时的停层准确度为负值（即轿厢地坎平面略低于层楼地坎平面）。其调整方式见上述。

④ 两端站强迫减速开关和方向限位开关以及极限开关动作位置的调整。此时应使电梯空载向上运行，调整上端站的强迫减速限位开关、方向限位开关以及极限开关的动作位置，并使其符合标准范围。应使电梯轿厢满载向下运行，调整其下端站强迫减速限位开关、方向限位开关以及极限开关的动作位置，并使其符合标准范围。

⑤ 机械安全保护系统的试验及其调整。主要是试验限速器和安全钳的联动动作性能是否可靠（因限速器的动作速度已在电梯制造厂出厂时调整好）。试验方法是，让轿厢满载由最高层向下运行（额定速度），人为地推动限速器上的卡绳把柄，此时安全钳动作，切断控制电路并把轿厢牢牢地卡在导轨上。如果安全钳虽动作，但不能将其卡在导轨上，制停距离超出标准范围，则应在厢顶上调整安全钳楔块拉条上的弹簧及拉条的位置。

## 复习思考题

1. 常见的桥式起重机有哪几类？
2. 典型桥式起重机的结构如何？
3. 双梁桥式起重机的安装要求有哪些？
4. 桥式起重机的安装步骤有哪些？
5. 利用桅杆吊装桥式起重机时，它的站位如何确定？
6. 简述桥式起重机的试车步骤。
7. 常见的电梯有哪些类型？
8. 电梯的组成如何？
9. 电梯安装的基本要求是什么？
10. 电梯安装的基本步骤有哪些？
11. 电梯如何试运转？

# 第十四章　塔设备与换热设备的安装

各种塔设备是炼油、化工生产装置中的关键设备之一。它的特点是重、大、高，有相当严格的安装技术要求，并有一些特殊的安装工艺；换热设备也是同样，它种类繁多，安装技术要求也比较高。

## 第一节　塔设备的安装

### 一、塔设备的种类

塔设备的种类繁多，用途广泛，分类方法也很多，按其用途分类如下。

(1) 分馏塔　将液体混合物分离成各种组分。例如常减压炼油装置中的常压塔和减压塔，将原油分割成汽油、煤油、柴油和润滑油等；又如空分装置中的精馏塔将冷凝为液态的空气分离出氧气和氮气。

(2) 吸收塔　主要是在塔内，用吸收液来分离气体，例如在碳化塔内，用浓氨水吸收变换气中的二氧化碳，既除去变换气中的二氧化碳，得到纯净的氮气和氢气，同时又得到碳酸氢铵。

(3) 洗涤塔　主要是利用水来除去气体中的无用成分或固体尘粒，故又称水洗塔。

(4) 反应塔　通过塔内催化剂的催化作用，使参加反应的介质化合成新的产品。例如氨合成塔，就是将通入塔内的氮气和氢气化合成氨气。

按结构形式，塔设备分类如下。

(1) 板式塔　塔内有一层层相隔一定距离的塔盘（又称塔板），每层塔盘上液体与气体互相接触后又分开，气体继续上升到上一层塔盘，液体继续流到下一层塔盘上。由于塔盘的结构形式的不同，板式塔进一步分为浮阀塔、S形塔、泡罩塔和浮舌塔等，如图14-1所示。

(2) 填料塔　塔内一般分为一到三层，每层塔板上装有一定体积的填料，液体自上而下流动，而气体则自塔底进入，自下而上流动，二者在填料表面互相接触，进行传热或传质。根据需要，填料的形式很多，主要的有柱型、蜂窝型、鞍型、环型以及各种丝网填料等。填料塔的结构如图14-2所示。

(3) 合成塔　塔由内外筒构成，内筒由催化剂筐、分气盒和换热器组合而成；外筒是高压容器。根据内筒热交换的方式，还可进一步分为双套管、三套管和单管并流多种结构类型。如图14-3所示。

### 二、塔设备的安装工艺

#### （一）塔设备的水压试验

塔设备可以通过注水试验和水压试验（也可采用气压或气密试验），检验其强度和严密性以及焊接和连接部位有无异常现象。具体方法可参见第三章的相关内容。

#### （二）吊装前的准备工作

塔设备的就位一般要借助起重机具，具体的吊装也可以考虑简单的整体吊装和复杂的综合整体吊装。为做好吊装工作，必须做好以下的准备工作。

① 检查塔设备的基础，特别注意地脚螺栓的埋设和垫板的放设情况。

② 进行塔设备的二次运输与方位调整，一般情况下可利用拖排运输，如图14-4所示；

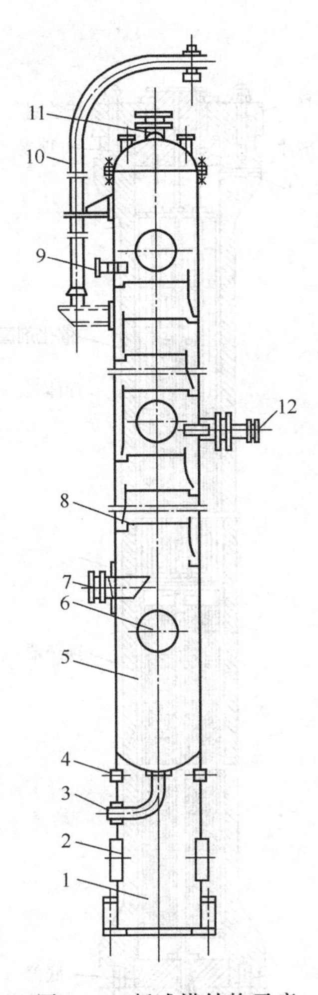


图 14-1　板式塔结构示意

1—裙座；2—裙座人孔；3—塔底液体出口；4—裙座排气孔；5—塔体；6—人孔；7—蒸汽入口；8—塔盘；9—回流入口；10—吊柱；11—塔顶蒸汽出口；12—进料口

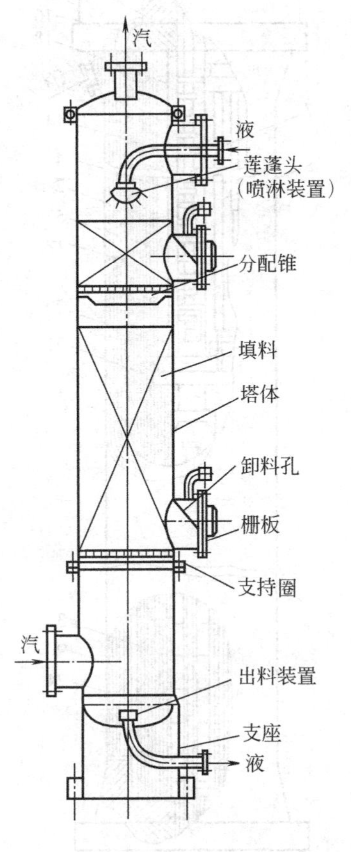


图 14-2　填料塔结构示意

如管口方位有偏差，则应事先调整好，可借助千斤顶、滑轮组和钢丝绳等完成，具体见图14-5所示。

③ 布置起重机具：如采用吊车吊装，要做好吊车站位；如采用桅杆吊装，则要布置好桅杆站位和卷扬机以及各个锚点位置。

④ 铲麻面、放置垫板。

（三）塔设备的吊装

塔设备的吊装应依照编制好的吊装方案进行。一般分为预起吊和正式吊装两个步骤，预起吊是从启动起升卷扬机到张紧钢丝绳的阶段，此时被吊装设备只是开始抬头，其目的是检查绳索与机具的受力情况，是否安全可靠；正式吊装过程中，主要是保证各个工位的动作要服从统一指挥、协调一致，以保证设备吊装平稳、安全稳定地就位到基础上。

（四）塔设备的就位、找正和固定

塔设备就位时，应在悬空状况下能对准地脚螺栓，如果有偏差，则应采取相应的措施。对误差很小的情况，可以直接用麻绳、借助起重机具直接调整就位；对于误差较大的情况，可在基础上放置枕木，将设备先行就位到枕木上，再利用挂滑轮组移动设备，待全部地脚螺

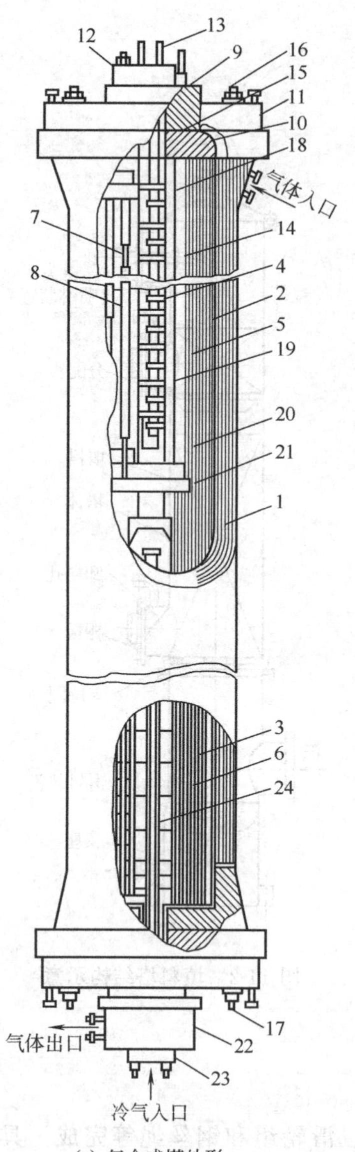

(a) 氨合成塔外形

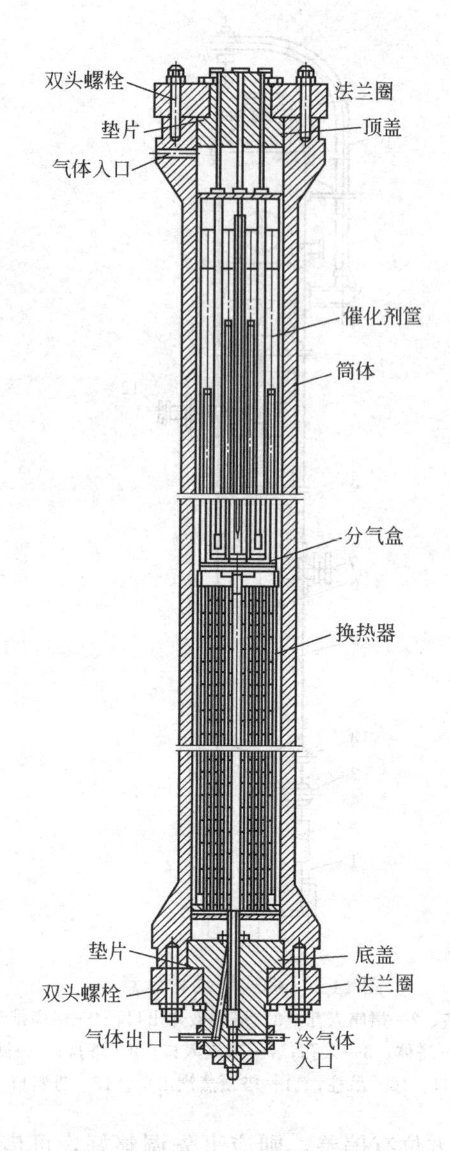

(b) 氨合成塔结构

**图 14-3 合成塔结构示意简图**

**1—筒体；2—催化剂筐；3—换热器；4—电热器；5—催化剂；6—换热器管束；7—双套管内管；8—双套管外管；9—顶盖；10—垫片；11—法兰；12—电热器小盖；13—导电棒；14—温度计插套；15—压盖；16，17—螺栓；18—催化剂筐盖；19—中心管；20—孔板；21—分气盒；22—底盖；23—小盖；24—冷气管**

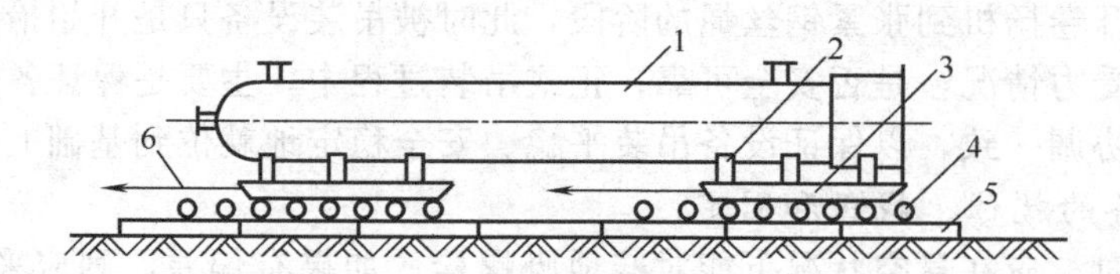


**图 14-4 塔类设备的运输**

**1—塔体；2—垫木；3—拖运架；4—滚杠；5—枕木；6—牵引索**

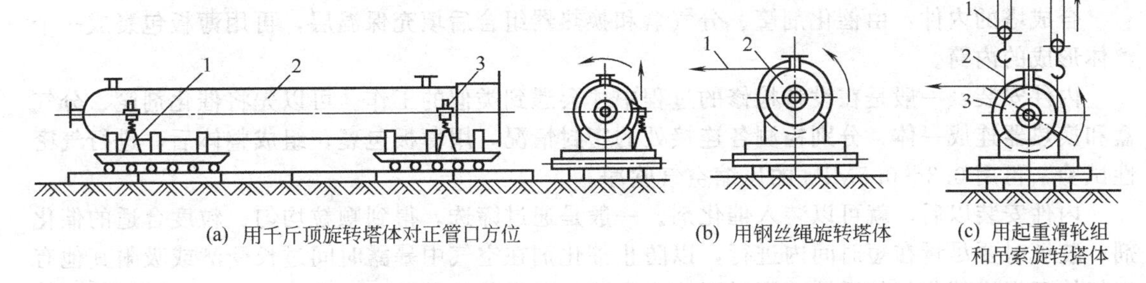


(a) 用千斤顶旋转塔体对正管口方位　(b) 用钢丝绳旋转塔体　(c) 用起重滑轮组和吊索旋转塔体

1—千斤顶；2—塔体；3—支脚　1—钢丝绳；2—塔体　1—起重滑轮组；2—吊索；3—塔体

图 14-5　设备接管方位的调整

栓对齐后，再正式就位。

塔体的找正包括找标高和铅直度。标高检测主要是依据设备底座或者是有特殊要求的管口中心的标高来控制；找铅直度可使用两台成90°布置的经纬仪（或事先设置的吊线）来进行，再借助调整垫板调整。最后，便可按照地脚螺栓的拧紧要求，依次拧紧固定。

（五）塔内件的安装

1. 板式塔

板式塔内件主要有：塔盘（包括附件）、支承圈、定位拉杆、密封组件等。

内件安装：首先要检查塔盘及其附件的质量、规格和位号，然后自下而上地逐一安装，并保证其塔盘间距、可靠性、强度、密封性能等。

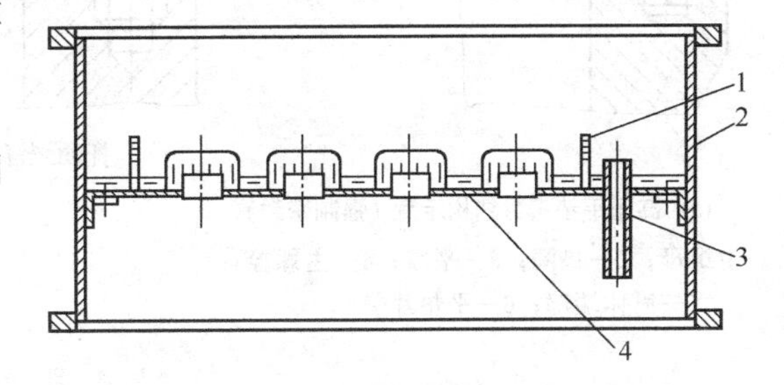


图 14-6　塔盘水平度检测示意

1—水深探尺（直尺）；2—塔圈；3—溢流管；4—塔板

主要检查项目如下。

① 塔盘水平度：一般可用水深探尺测量，方法可参见图 14-6 所示。具体要求是：

$D$(塔径)$\leqslant$1600mm，$\delta\leqslant 3/1000$；

$D$=1600～3200mm，$\delta\leqslant 4/1000$；

$D>$3200mm，$\delta\leqslant 5/1000$。

② 溢流堰高度（又称液封高度）：可采取塔盘水平度测量同样的方法。

③ 塔盘间距：可利用拉杆加套定位套筒的方法解决。

④ 鼓泡性能：采用塔盘上注水、下方通入压缩空气，检验浮阀（或泡罩）的升降灵活程度和鼓泡性能。

⑤ 密封性能：主要是通过注水试验，检查塔盘之间的密封性能，防止漏液。

2. 填料塔

填料塔的内件主要是塔盘和填料。

内件安装：塔盘安装方法和板式塔相同；填料安装可采用下列方法。

干法：主要是针对填料堆放高度小的矮塔，或者是填料本身是不易弄碎的材料，或者是在实验室里需要整齐排列填料的情况。

湿法：主要是针对填料堆放高度大的高塔，或者是填料本身是易碎的陶瓷材料，或者是填料数量很大，难以整齐排列的情况。

两种方法的主要区别就在于湿法安装时，先向塔盘上灌水，再将填料小心倒入，而干法则是直接倒入。

3. 合成塔

合成塔的内件：由催化剂筐、分气盒和换热器组合后填充保温层，再用薄板包裹成一个整体形成的内筒。

内件安装：一般是在设备检修的过程中才会遇到类似的工作。可以先将催化剂筐、分气盒和换热器连成一体，分别检测各连接处的密封情况，用薄板包裹，组成整体后，进行气密性试验，再用 0.3～0.5MPa 的压缩空气吹净。

内件安装以后，就可以装入催化剂。一般是通过筛选，得到颗粒均匀、粒度合适的催化剂；装填时要尽量在短时间内进行，以防止催化剂在空气中暴露时间过长受潮或吸附其他有害气体而损害催化剂的活性，同时要防止碰碎，夹带其他杂质。

密封装置安装：合成塔是高压设备，密封装置比较特殊，是安装的一大难点。这类密封装置的主要类型有如图 14-7 所示的两大类别：一类是强制密封［见图 14-7（a）］；另一类是自紧密封［见图 14-7（b）、（c）、（d）］。

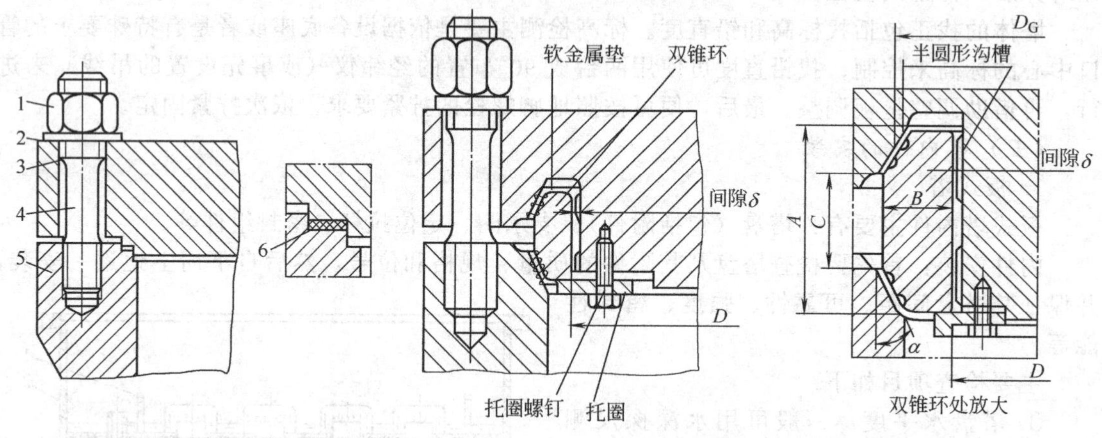


(a) 高压平垫密封结构示意（强制密封）

1—主螺母；2—垫圈；3—平盖；4—主螺栓；
5—筒体端部；6—平垫片

(b) 高压双锥垫密封结构示意（自紧密封）

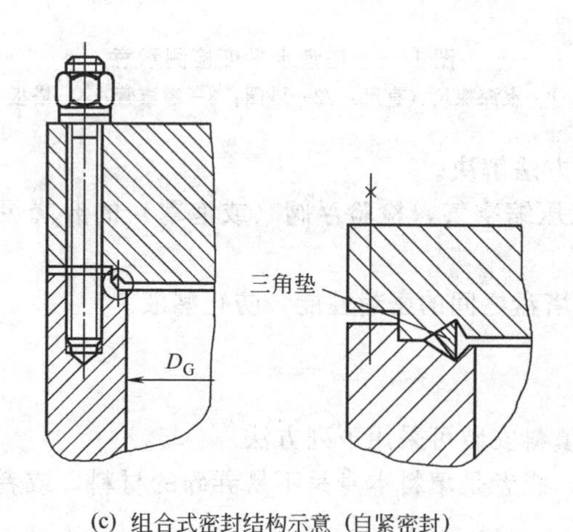


(c) 组合式密封结构示意（自紧密封）

(d) 三角垫密封结构示意（自紧密封）

图 14-7 密封装置

最后是两端封头盖的连接，在拧紧密封盖时，要特别注意密封垫的位置是否正确，务必使得各处接触均匀。

## 第二节　换热设备的安装

### 一、换热设备的分类

换热设备的类型很多，常用的分类方法主要有以下几种。

1. 按用途分类

(1) 换热器　在这种换热器中，两种温度不同的流体进行热量的交换，使得其中一种流体降温，而使另一种流体升温，且不改变各自原有的形态。例如列管式换热器。

(2) 冷凝器　在冷凝器中，两种流体进行热交换后，其中一种流体从气态（或蒸汽）被冷凝为液态。例如汽轮机机组中的凝汽器。

(3) 蒸发器　其工作原理与冷凝器相反，有一种流体从液态被加热而蒸发为气态。例如炼油装置中的重沸器。

(4) 冷却器　在冷却器中，主要是利用一种流体去冷却另一种流体。例如水冷却器。

(5) 加热器　主要是利用特定流体去加热另一种流体。例如锅炉中的空气预热器，就是利用它来吸收高温烟道气来预热锅炉给水的。

2. 按换热方式分类

(1) 间壁式换热设备　在冷热两种流体之间设置有一定形状的金属表面把它们分开，热量是通过这样的间壁而互相交换，但这两种流体并不直接接触或混合。例如各种列管式换热器、套管式换热器等。

(2) 蓄热式换热设备　冷热两种流体先后流过蓄热器，并分别和蓄热器中的固体填充物进行热交换，从而把热的流体的热量通过固体填充物传递给冷流体。例如乙烯装置中的蓄热式裂解炉。

(3) 混合式换热设备　冷热两种流体直接接触、混合而交换热量。例如热电厂使用的凉水塔，就是利用空气直接吹过要散热的热水表面，使得热水降温后继续使用。

3. 按结构形式分类

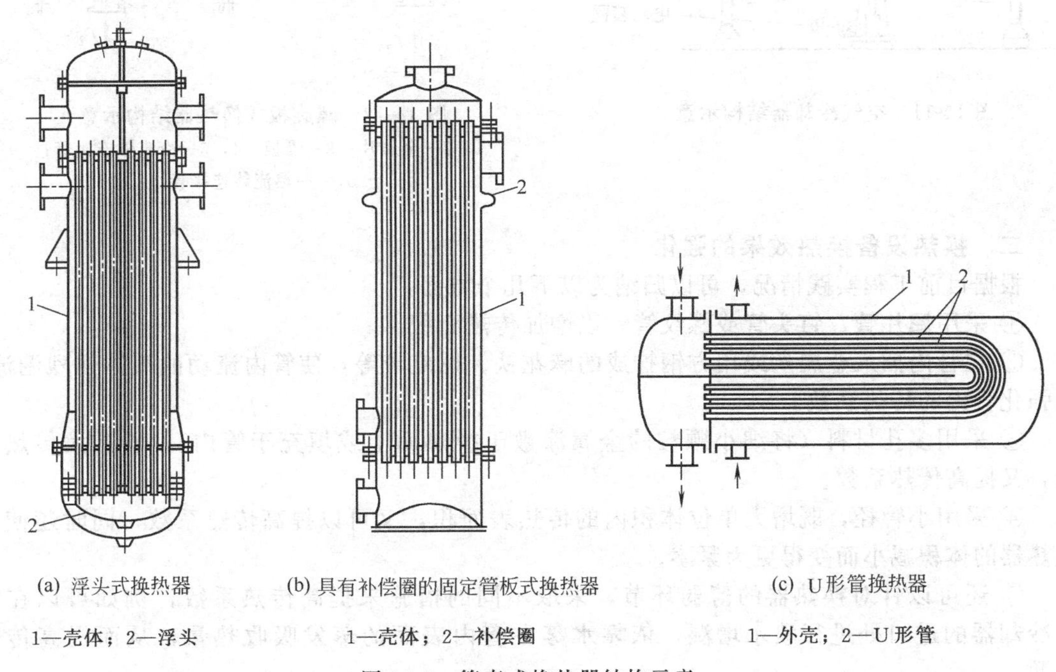


(a) 浮头式换热器　1—壳体；2—浮头

(b) 具有补偿圈的固定管板式换热器　1—壳体；2—补偿圈

(c) U形管换热器　1—外壳；2—U形管

图 14-8　管壳式换热器结构示意

(1) 列管式换热器　利用一定直径和规则排列的金属管束形成换热面，冷热流体在管内和管外分别流动，通过金属壁进行传热，达到换热效果。它还细分为管壳式换热器（见图14-8)、套管式换热器（见图 14-9)、水浸式冷却器（见图 14-10）和空气冷却器（见图14-11)。

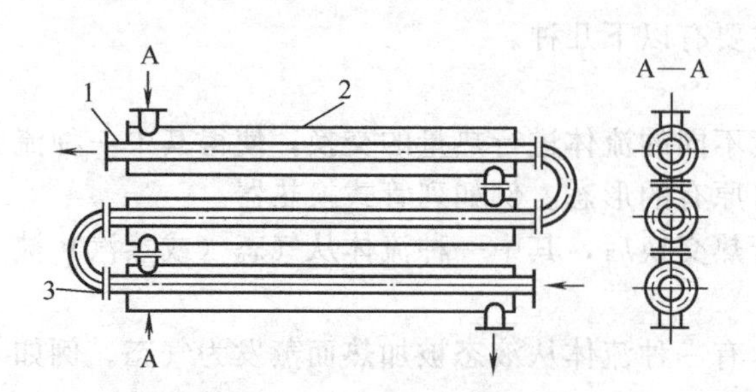


图 14-9　套管式换热器结构示意
1—内管；2—外管；3—U 形肘管

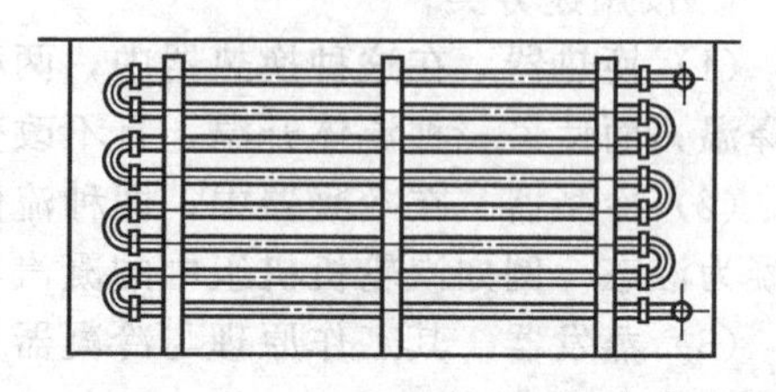

图 14-10　水浸式冷却器结构示意

(2) 板式换热器　利用薄板压制成不同的形状形成传热表面，冷热流体在不同的板壳间隙里流动，通过板壁进行换热，图 14-12 所示为螺旋板式换热器结构示意。

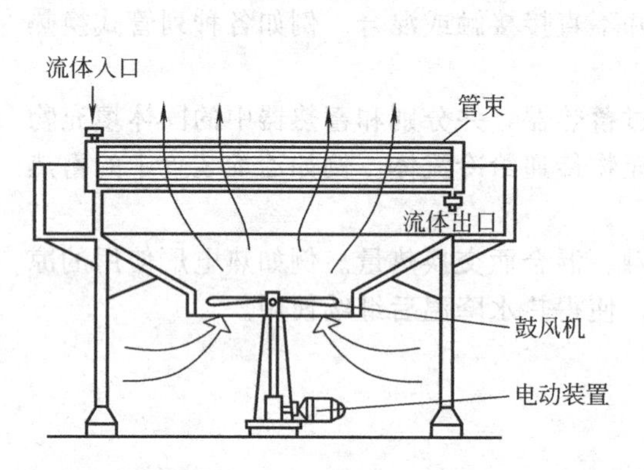


图 14-11　空气冷却器结构示意

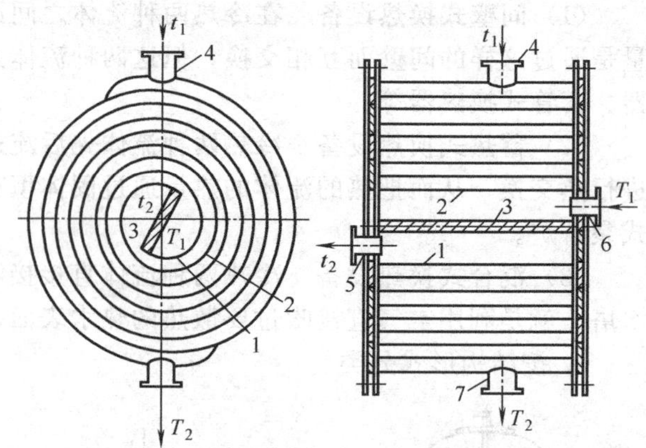


图 14-12　螺旋板式换热器结构示意
1，2—金属片；3—隔板；4，5—冷流体连接管；
6，7—热流体连接管

## 二、换热设备换热效果的强化

根据目前工程实践情况，可以归纳为以下几个方面：

① 采用翅片管、钉头管或螺纹管，以增加传热面积。

② 在管内插入金属丝或用方钢拧成的麻花铁、螺旋带等，使管内流动的流体强烈湍流，以强化管内的传热系数。

③ 采用多孔材料（将细小颗粒的金属涂敷于换热面上或填充于管内），既扩大传热面积，又提高传热系数。

④ 采用小管径，既增大单位体积内的传热表面积，又可以提高传热系数，同时还使得换热器的体积减小而变得更为紧凑。

⑤ 还可以针对换热器的薄弱环节，采取不同的措施来提高传热系数，例如可以在空气冷却器的进口处进行喷水增湿，依靠水雾在管内表面的蒸发吸收热量，从而提高传热系数。

## 三、换热设备的安装工艺

1. 换热设备的试压

因为，换热设备的类型很多，结构差异很大，试压的要求和程序也有所不同。以浮头式换热器为例，简要介绍试压装置和方法。

首先，拆卸两端端头盖和小浮头，装上假浮头，先实施浮头端管板与壳体之间的密封，假浮头端盖的结构可参见图 14-13 所示。

再拆去固定端管箱，装上专用管圈保持管板与壳体之间的密封，向壳程灌水、加压升压，检查两端管板上的涨口处是否有泄漏现象。

接着进行管程试压，先拆去假头盖，装上小浮头，同时装上固定端管箱，然后向管程灌水、加压、升压，检查浮头连接处有无泄露。

最后，装上浮头端盖，并通过中间壳体上的接口向壳程灌水，进行换热器的整体试压，这个过程中，主要检查两端法兰连接处是否有泄漏。

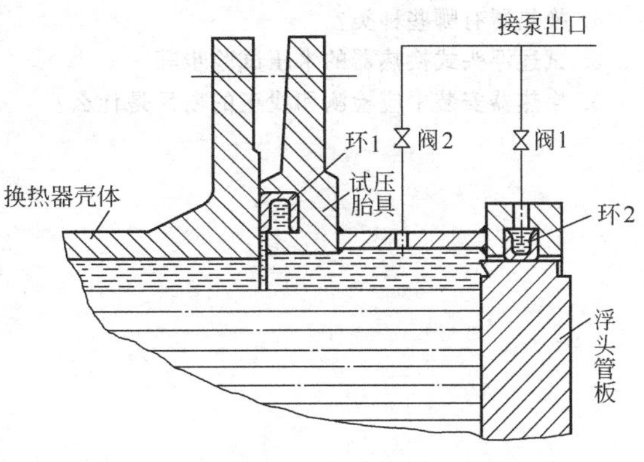

图 14-13　假浮头端盖的结构

当然，可以根据换热器的具体情况，采取不同的试压方法，简单的只做整体试压即可。

2. 换热设备的清扫

常用的清扫方法有风扫、水扫、汽扫、酸洗以及机械清扫等。

只有轻微积垢或堵塞的，一般都采用压缩空气吹除（即风扫），或者以简单工具之间直接穿透；但是，当积垢或堵塞较严重时，就必须用酸洗或机械清扫的方法清理。

酸洗法的装置如图 14-14 所示。在酸槽中配制一定浓度（6%～8%）的酸液，并用蒸汽加热到一定温度（50～60℃），再加入一定量（1%左右）的缓蚀剂，即可按照图 14-14 中的流程强制循环，维持 10～12h 以后，直到返回的酸液中看不见或有很少的悬浮物时，结束酸洗，用清水反复冲洗，直至循环水呈中性为止。

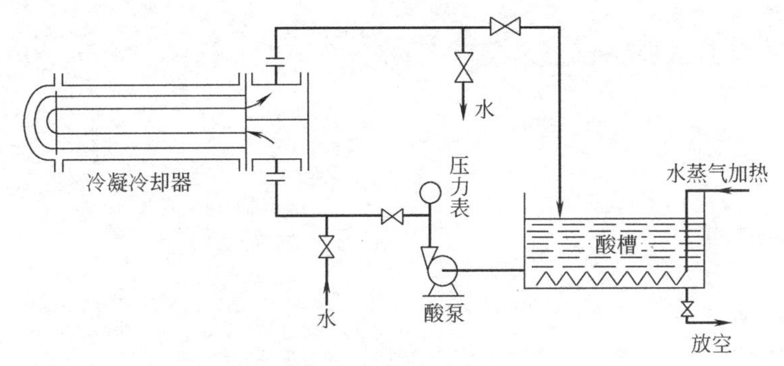

图 14-14　酸洗法流程装置

机械清扫是利用管式水钻或机械钻头，将堵塞的管道钻通。如无这样的机具，也可采用木钻上接圆钢、再按一定角度缠绕铁丝的方法替代。

对于管子外面的污垢，可使用高压水冲洗或压缩空气吹净的方法进行清洗。

3. 换热设备的就位找正

列管式换热器的就位一般均为整体吊装，再根据设备布置图就位，然后找正其中心位置、管口法兰的水平度（或垂直度）以及管口方位与标高，最后拧紧连接螺栓进行固定。此外，还应将所有的接管口盖密封，以防止灰层和杂物进入设备内。

## 复习思考题

1. 塔设备有哪些结构形式？
2. 试述塔设备试压、吊装、就位与找正的步骤、方法。
3. 怎样进行塔设备的气密性试验？
4. 换热器有哪些种类？
5. 试述浮头式换热器的水压试验步骤。
6. 换热器安装中应检测和找正的项目是什么？

# 第十五章　储罐的安装

球罐、立罐是炼油、化工企业的主要容器设备，用于储存有压力、低温、常温、常压油品、化工液体物料、产品以及气体物料等。这些设备一般都在现场组对、焊接安装而成，施工要求严格，工作量大，施工技术复杂，并已形成各自独特的现场安装工艺。

## 第一节　球罐的安装

### 一、球罐的构造和特点

球罐是一种先进而广泛使用的容器，一般用于储存气体、液体物料或产品等。球罐与圆柱形立罐比较，具有许多优点：在同样容积下，球罐表面积最小；在同样压力与直径下，球罐球壳板内应力最小而且均匀分布；钢材消耗大为节省，一般可减少 30%～45%。另外，球罐占地面积不大，基础施工较简单。

球罐可以用于高压常温、高压低温以及低温低压等各种操作条件。目前，球罐的设计压力已从 99.9%的真空度发展到 3.0MPa，个别已达 70MPa；使用温度已从 550℃到－250℃；容积已从 $50m^3$ 扩大到 $5\times10^4m^3$ 以上；直径已从 $\phi$280mm 增大到 $\phi$47m，而且最大的球罐已达 $11.7\times10^4m^3$、$\phi$60m、重达 3000t。

球罐对钢板材料及焊接质量要求高，钢板厚度也受到一定限制，而且必须现场组对焊接与探伤检查。

球罐的构造包括本体、支柱以及平台梯子等附属设备，如图 15-1 所示。

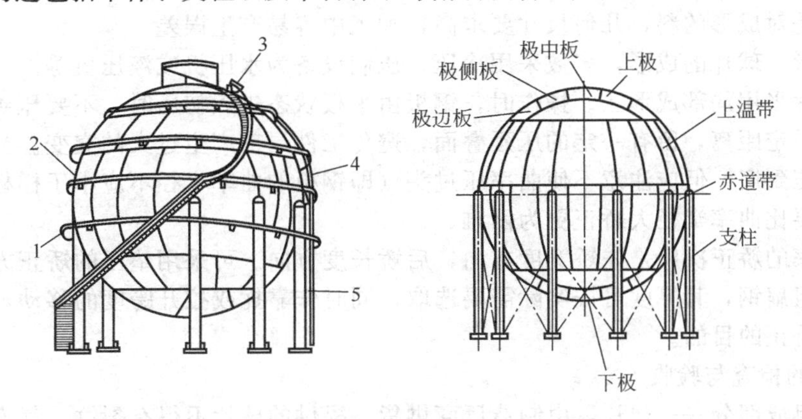


图 15-1　球罐的构造

1—喷淋装置；2—球体；3—平台扶梯；4—消防管；5—支柱

球罐本体又称球体，由图 15-1 可知，它由上下极板、中带板拼装焊接而成，包括直接与球壳焊接在一起的接管与人孔。

球罐支座有支柱式（见图 15-1）、裙式、半埋式以及高架式几种形式。

附属设备有顶部操作平台、外部及内部的扶梯、保温或保冷层以及阀门、仪表等。

球体材质，国内现主要使用 Q235、16MnR 和 15MnR 等几个钢种，尤以 16MnR 更多。

## 二、球罐的现场安装工艺

### （一）球片的制作工艺、检查与验收

1. 球片的制作

（1）展开放样　球片展开放样方法很多，常用的是展开图法或球心角弧长计算法。

展开图法是按等弧长的原则，采用多级截锥体展开原理进行的。

球心角弧长计算法是利用球心角来计算弧长值。球片上任意两点间球面弧长的计算公式为

$$L=R\omega$$

式中　$R$——球面中心层或外壁半径，mm；

$\omega$——两点间的球心角，rad。

球片上任意两点间球面中心层弧长值用于下料，而球片上任意两点间外球面弧长值用于检验。

（2）下料样板制造　由于球片展开应用球心角弧长计算法，所以球片下料可用一次下料样板法。钢板下料是在平面状态下一次割准（即不留余量），样板的正确性要求较高。

下料样板选用小规格的扁钢或薄钢板等组成，具有制造方便，柔软性适中，精度高，容易保存等优点。

下料样板的修正是十分重要的。根据球心角计算法所得的各外弧长值，下两块相同的料，周边放余量 20～30mm，标出各节点印记。取其中一块进行冷压，压时将印记置于球片外壁，压制成形后仍按其弧长值，在球片外壁上进行尺寸校验。由此，得出各节点经压延所产生的位移值，然后在另一块平料上，按其变量予以修正。为了可靠起见，可重复以上操作，确认准确后便可作为下料样板。

（3）下料　制造球片的钢板应逐张做超声波探伤检查，以符合容器用钢板超声波探伤的验收要求或根据设计要求选定。

球片下料采用氧乙炔或氧丙烷切割。一次下料法是在平板上进行，以气割操作比较有利，其缺点是对成形的料，几何尺寸要求高，加工中容易产生误差。

（4）成形　球片的成形，多数采用冷压。压制设备为水压机或液压机等。

冷压球片采用局部成形法。操作时，钢板由平板状态进入初压时，不要压到底，坯料每压一次移动一定距离，留有一定的压延叠面，避免工件局部产生过大的突变。当坯料返程移动时，可以压到底，但应注意不使曲率压过头（即钢板的曲率半径不应小于样板曲率半径），曲率半径小要比曲率半径大矫正更为困难。

球片曲率的矫正次序是先矫宽度方向，后矫长度方向。可采用垫压的矫正方法，它是利用上、下两组扁钢，其厚度可按实际需要选取，同时作靠拢或拉开跨度的移动，并以适当的压力，达到矫正的目的。

2. 球片的检查与验收

球罐的组成部分——球片，由制造厂商供货。提供的球片不得有裂纹、气泡、结疤、折叠和夹渣等缺陷；若有缺陷需进行修补。也有自己展开下料，冲压成形的。目前应对球片逐块进行材质、外观、弧度与几何尺寸及坡口等的严格检验，并对板面进行 100％超声波检验和厚度测量。

测厚可进行抽查，实测厚度不得小于名义厚度减去钢板负偏差。抽查数量应为球片数量的 20％，且每带不应少于 2 块，上、下极不应少于 1 块；每张球片的检测不应少于 5 点。抽查若有不合格，应加倍抽查；若仍有不合格，应对球片逐张进行检查。

检查球片弧度用专用样板。样板弧长不得小于球片弧长的 2/3，而且样板与球片弧形之间的贴合应良好，局部间隙不应超过样板弧长的 2/1000，超差时可退回，由现场返修时做

好记录。

检查时要将球片放在特制的胎架上，避免由于球片自重而引起变形，影响球片的几何尺寸。

（二）组装球体的方法

组装球体的方法很多，如散装法、胎装法、分带组装法、半球组装法、整球组装法等。现分述如下。

1. 散装法

又称逐块组装法。此法是采用中心立柱，将球片自下而上逐块吊起组装，并借连接在中心立柱上的放射式支承拉杆及专用夹具来固定每块球片，其具体工序如下。

(1) 基础验收找平，地脚螺栓二次灌浆固定　安装前应按设计图纸和土建施工记录，对球罐基础进行检查验收，各部位尺寸允许偏差见表 15-1，基础检查项目如图 15-2 所示。

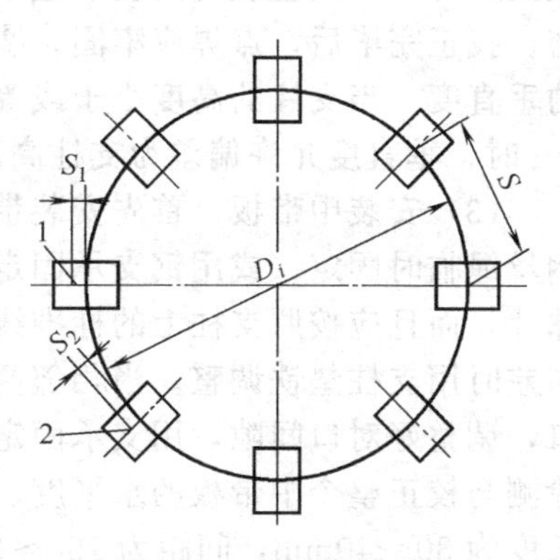


图 15-2　基础检查项目

1—基础中心线；2—支柱中心线

**表 15-1　基础各部位尺寸允许偏差**

| 序号 | 项目 | | | 允许偏差 |
|---|---|---|---|---|
| 1 | 基础中心圆直径($D_i$) | | 球罐容积<1000m³ | ±5mm |
| | | | 球罐容积≥1000m³ | ±$D_i$/2000mm |
| 2 | 基础方位 | | | 1° |
| 3 | 相邻支柱基础中心距(S) | | | ±2mm |
| 4 | 支柱基础上的地脚螺栓中心与基础中心圆的间距($S_1$) | | | ±2mm |
| 5 | 支柱基础地脚螺栓预留孔中心与基础中心圆的间距($S_2$) | | | ±8mm |
| 6 | 基础标高 | 采用地脚螺栓固定的基础 | 各支柱基础上表面的标高 | $-D_i$/1000mm，且不低于−15mm |
| | | | 相邻支柱的基础标高差 | 4mm |
| | | 采用预埋地脚板固定的基础 | 各支柱基础地脚板上表面标高 | −6mm |
| | | | 相邻支柱基础地脚板标高差 | 3mm |
| 7 | 单个支柱基础上表面的水平度 | | 采用地脚螺栓固定的基础 | 5mm |
| | | | 采用预埋地脚板固定的基础地脚板 | 2mm |

注：$D_i$ 为球罐设计内径。

(2) 支柱对接　这是将已经焊在中带板某些球片上的支柱上部与其下部进行对正和焊接，如图 15-3 所示，在支柱上部画出的赤道线上取 $OA=OA'$；在支柱下部中心线上定点 $B$，然后找正支柱，使 $AB=A'B$；为使支柱中心线平行于中带板球片上下口连接线，可通过中带板球片上下口中心拉线，并通过调整使支柱下部中心线与拉出的线平行，即 $C=C'$。

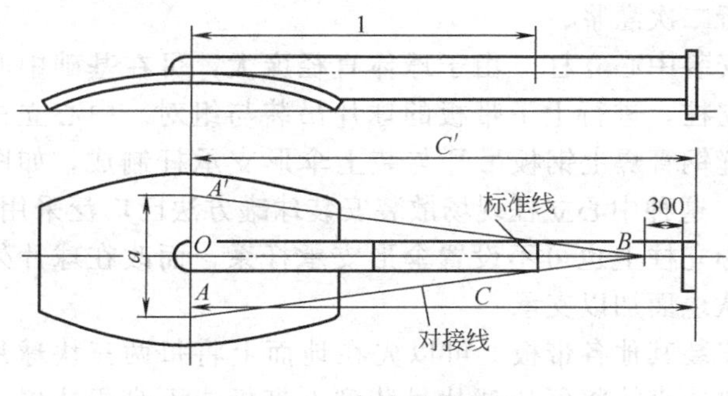


图 15-3　支柱对接找正

支柱对焊后，对焊缝着色检查，测量从赤道线到支柱底板的长度，并在支柱下端一定距离处画出标准线，作为组装中带板的找正以及水压试验前后观测基础沉降的依据。

支柱的安装应符合：①支柱用垫

铁找正时，每组垫铁的高度不应小于 25mm，且不应多于 4 块。斜垫铁应成对使用，接触紧密。找正完毕后，点焊应牢固。②支柱安装找正后，应在球罐径向和周向两个方向检查支柱的垂直度。当支柱的高度小于或等于 8m 时，垂直度允许偏差为 12mm；当支柱的高度大于 8m 时，垂直度允许偏差为支柱高度的 1.5%，且不应大于 15mm。

(3) 安装中带板　首先安装带支柱的中带板。将带支柱的中带板球片吊装在基础上。用钢丝绳临时固定（或用钢支承固定），并初步调整垂直度，再安装第二块带有支柱的中带板球片，而且应按照支柱上的标准线以玻管水平仪测定这两块已被支承的球片的水平度，出现高差时用支柱垫铁调整。当相邻两支柱临时固定后即安装两支柱间的中带板球片，找平上下口，调整好对口间隙，用支承固定。再用同样方法将其余各中带板球片一一组装完毕。最后检测与校正整个中带板的水平度、曲率半径以及上下口的直径，并加以点焊固定，一般点焊长度为 30～40mm，间距为 150～200mm。

图 15-4 所示为组对与调整对口间隙、曲率半径及错边量用的卡具和调整方法示意图。

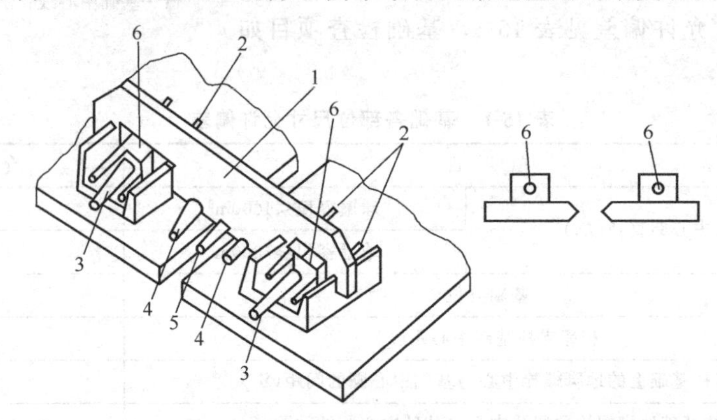


图 15-4　组对卡具和调整方法示意

1—卡具；2，3—圆锥楔；4—圆楔；5—斜楔；6—耳板

分别敲打斜楔 5、圆锥楔 2 与 3、圆楔 4，便可调整对口间隙、错边量和带板曲率半径。注意：中带板组对后的偏差大小，将直接影响球体的成形质量。其允许偏差是：支柱垂直度偏差不超过其总高的 1.5/1000（逐根检测），且不大于 15mm；球体应以球片内壁找平，对口间隙要控制在 2～3mm，局部间隙不超过 5mm；对接部位错边量不大于球片厚度的 1/10，且应小于 3mm；组对中应及时使用专用样板检查曲率半径，其最大间隙不应超过 6mm；中带板上下口及赤道线的椭圆度不大于直径的 0.3%，且应小于 50mm。

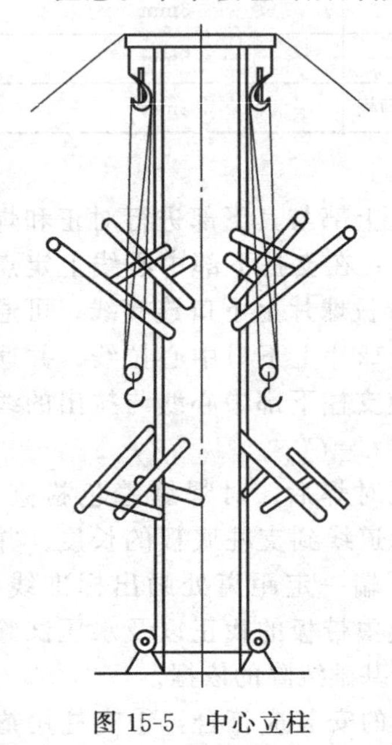

图 15-5　中心立柱

中带板组对质量检查合格后，支柱底板下的垫铁加以点焊，并进行二次灌浆。

(4) 安装中心立柱　由于球体直径庞大，可在基础中心设立中心支柱，进行上下带板的球片吊装与组对。中心立柱一般用无缝钢管焊上钢板吊耳与装上伞形支承杆制成，如图 15-5 所示。这种中心立柱现场散装安装球罐方法已广泛采用。另外，中心立柱上也可不设置伞形支承杆系，而改在球片外面用钢管从地面加以支承。

(5) 安装其他各带板　可以先在地面上将每两三块球片拼焊成大块或直接将每块球片吊装到上带板或下带板位置进

行组装，最后在球体上组装已在地面拼焊好的上下极板。

上下带板和上下极板的组对方法与技术要求和中带板是相同的。

逐块组装法也可以按下述步骤进行：每两块球片在地面上拼接与编号；设立临时支架；安装下极板到临时支架上；组装下带板、中带板、上带板；焊接各纵缝与环缝；组装上极板；拆除临时支架与支承等。

此法的优点（散装法）是：对施工起重机具要求不高；不需大型平台和大型转胎。缺点是：安装精度较低些。必须手工焊；适用于大型球罐的安装。

2. 胎装法

先预制胎具，然后将球片逐块贴合到球胎上，校对尺寸后定位焊接。优点是安装精度高；缺点是工艺复杂，制作胎具麻烦，安装中已很少采用。

3. 分带组装法

分带组装法是在组装每一带板时，都先在地面铺设平台，将该带板组对好，并焊好立缝的外侧与内侧，然后整体吊装到基础上方与已安装部位进行组装，焊好横缝的外侧与内侧。其具体步骤如下。

① 铺设地面平台。严格找正平台的平直度与水平度，并点焊固定。平台钢板的厚度为20～30mm，用砖或钢轨砌支座。

② 画线与组装支架。平台上要先按所组装带板的口径画出底圆，并沿该圆点焊数个小角铁，以便对球片定位，然后组对支架和圈板，其高度应比带板低100～150mm，并装上必要的固定用卡具。如图15-6所示。

③ 组对和焊接各球片。如图15-7所示。以任意球片开始，逐块组对各球片，并用吊线法找正球片的垂直度、找好对口间隙与错边量，然后由数个经过考试合格的焊工在对称的各个位置上，以分段倒退法同时对各立缝的外侧施焊。为了减少焊接应力，使焊缝处有一定的收缩余地；为了组装方便，带板中应留出2～3道活口暂不点焊（只用卡具固定），待各立缝外侧全焊好后，再由焊工把活口处焊好。

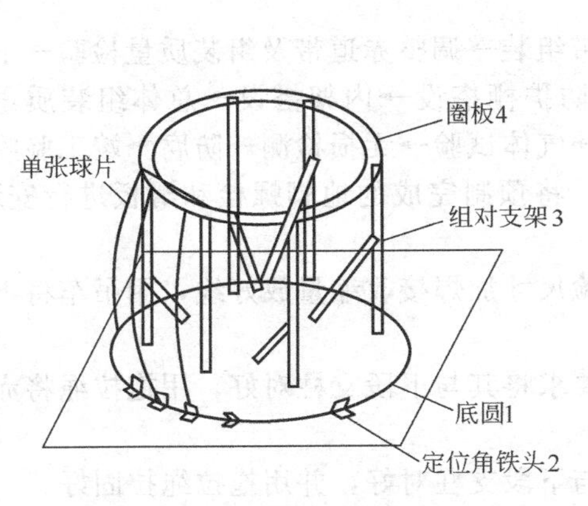


图15-6　分节组装法示意图

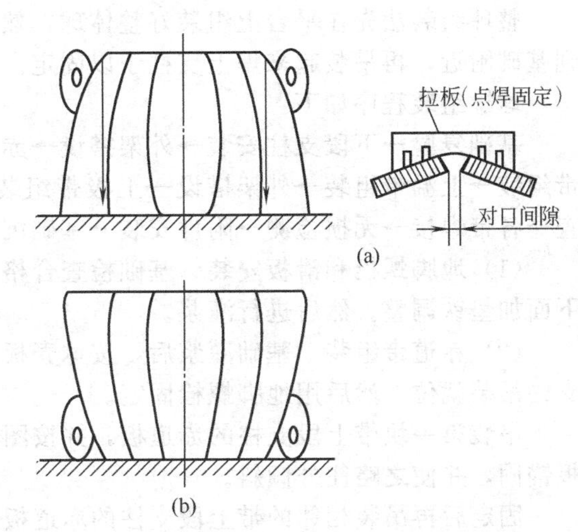


图15-7　带板组对与焊接

立缝外侧全焊完后，将带板翻转180°，焊接各焊缝的内侧。“先外侧后内侧”的焊接目的是为了使X形双面坡口都能处在上坡焊的位置，以保证焊接质量。

点焊固定，可以采用将拉板点焊在两侧球片上的方法来实施。活口处卡具也可使用图15-4所示的构造。

④ 组对与焊接上下极板。先单独进行上下极板本身的组对焊接，然后先后把它们安装

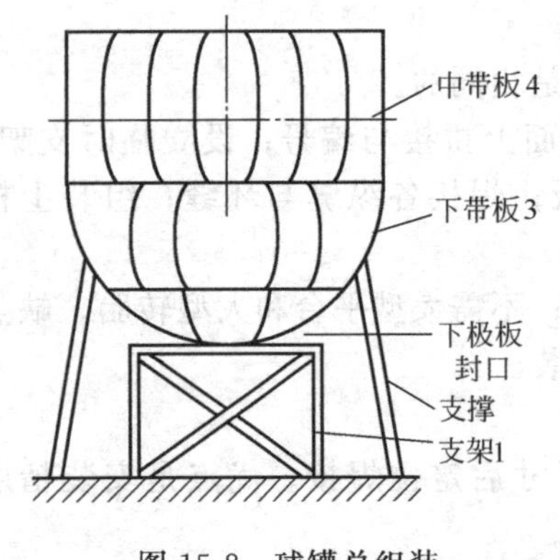

图 15-8　球罐总组装

到上下带板上，并以先外侧后内侧的同样顺序完成焊缝的焊接。

⑤ 总组装。如图 15-8 所示。在球罐基础的中心部位装置临时支架或转胎，并将其找正找平。然后吊装下极板与下带板到临时支架上就位，也要找正找平，并要以数根支承将其临时固定。这项工作完成后，便整体吊装中带板到下带板上，组对对口间隙与错边量仍用图 15-4 所示卡具并将其固定起来。焊接顺序也还是先外侧后内侧。接着组装支柱到中带板上，焊完支柱与球体之间的角焊缝后，拆去临时支架或转胎。总组装的最后步骤是整体吊装上极板与上带板到中带板的上口上，调整好对口间隙与错边量后，以先内侧后外侧的顺序完成施焊工作。

分带组装法的优点是：各带板在平台上组对焊接，既方便又便于保证施工质量，不易产生过大的焊接应力与变形；其缺点是：现场需配用起重能力大的吊装机具。这种方法适用于中小型球罐群的安装。

4. 半球组装法

半球组装法是先在地面铺设的平台上，将整个球罐组装成两个半球，然后将这两个半球吊装到基础上组装成整球。这种方法的优点是：几乎所有球片的环缝都能处在平焊位置上施焊，所有立缝的内外侧都能处于上坡焊的位置上施焊。因而，焊接质量较高，组对也方便些，可较少高空作业，尤其值得提出的是，由于只有赤道环缝焊后变形受到限制，而其他所有环缝都能在比较自由状态下施焊，因而可较大地减少焊接应力的存在。这种方法的缺点是：现场必须配置大型起重机具，而且在平台上焊接时翻转次数较多（因为要使环缝立缝分别处在平焊与上坡焊的位置上），增加了起重工作量。主要适用于小型球罐群的安装。

5. 整球组装法

整球组装法先在平台上组装好整体球，然后放到铺有枕木或浇有水泥的平整地面上滚运到基础附近，再吊装起来焊上支柱予以固定。这也适用于小型球罐群的安装。

球罐组装程序如下：

基础复验→下段支柱安装→外架搭设→赤道带组装→调整赤道带及组装质量检验→下极带组装→上温带组装→外架搭设→上极带组装→防护棚搭设→内架搭设→总体组装质量检查→各带焊接→无损检测→附件安装→基础沉降→气体试验→无损检测→防腐→竣工验收。

(1) 地脚螺栓和滑板安装　基础检查合格后，将预制完成的地脚螺栓和滑板进行安装，下面加垫铁调整。然后进行灌浆。

(2) 赤道带组装　基础灌浆后，按球壳板复验尺寸加焊接收缩量放好线，用吊车将下段支柱吊装就位。然后用地脚螺栓固定。

吊装第一块带上段支柱的赤道板，并按图纸要求将其与下段支柱对好，用拖拉绳将赤道板锚固，并使之略往外倾斜。

固定后再吊装相邻的带上段支柱的赤道板，与下段支柱对好，并用拖拉绳拉固好。

安装柱脚间的调节拉杆。

吊装两相邻支柱间的赤道板插装入带柱腿的两赤道板之间，在插赤道板时，可调整拖拉绳及调节拉杆，以便插板安装。

依上述方法，依次吊装一块带上段支柱的赤道板，再插装一块赤道板，按此顺序进行吊装，直至整个赤道带闭合。

赤道带组装时用组装卡具固定，上半部分组对人员在外架环形平台上进行组对，下半部分在内部预先设置的小平台上组对。

赤道带吊装宜连续作业，中途停止吊装时，尤其是过夜，两敞开端必须用锚绳向内向外拉固，以防大风。

赤道带是整个球罐安装的基准带，其组装精度至关重要，它对于其他各带及整个球罐的组装质量影响很大，必须精心调整，以保证椭圆度、上下弦口水平度、对口间隙、错边量、角变形等技术参数达到要求后再进行点焊。组装时一定要防止强制装配，以避免附加应力的产生。

椭圆度可利用柱间拉杆调整，对口间隙、错边量、角变形用组装卡具调整。

支柱的垂直度要符合设计图纸要求，在球罐径向和周向两个方向测量支柱的垂直度。

(3) 下极带组装　吊装第一块下极外边板时，上口用卡具与赤道带固定，下口用导链及钢丝绳拉在赤道带上弦口外侧的吊耳上，以后每隔一块板下口用倒链固定一次。下极外边板组装时，要注意其下垂趋势，所以收口宜偏小 3mm。

下极外边板吊装完后，先调整与赤道带连接的环缝，再调整纵缝，然后吊装下极边板，调整完后点焊固定。

考虑到罐内作业需要采光通风、人员进出罐方便等，下极顶中心板可暂不吊装，待罐内焊接作业结束、再组装焊接。

(4) 上温带组装　上温带板吊装时，下口用卡具与赤道带固定，上口用导链拉在预先埋好的锚点上，导链可隔两块板拉一个。由于自重作用，上温带板有下垂趋势，为避免因下垂而造成最后一块板安装不上，所以上温带的收口宜偏大 3～5mm。

上温带板吊装完后，也是先调整与赤道带连接的环缝，再调整纵缝，要避免弦口“露头”现象。调整环缝时，必须保证赤道板和温带板的纵向弧度，切勿错口。调整好后点焊固定，环缝处暂不点焊。用固定板固定。

(5) 上极带组装　上极带的组装与下极带组装基本相同。吊装第一块上极外边板时，下口用卡具与上温带固定，上口用导链拉在预先埋好的锚点上。上极外边板组装时，也要注意其下垂趋势，所以收口宜偏大 3～5mm。

上极外边板吊装完后，仍先调整其与上温带的环缝，后调整纵缝，然后吊装上极边板，调整完后点焊固定纵缝。

上下极带组装完成后，要认真调整，如有几何尺寸不符合标准，应加以修整，保证各部分的尺寸都合格。

(6) 组装质量检查　球罐整体组装点焊工作结束，自检合格后，再请监理工程师、甲方代表和监检部门代表共同检查，经共同确认组装质量合格后方可进行焊接。焊缝每 500mm 检查一点。直径偏差检查水平方向 8 点，垂直方向检查两点。

### （三）球罐盘梯的制作安装

球罐盘梯的扶手、楼梯，其材质与球罐相同，焊条也相同。

## 三、球罐的焊接工艺

球罐安装的特点是焊接工作量大，焊接质量要求严格，焊接工艺复杂，难度高，包括平、立、横、仰各种位置上的施焊；质量要求非常高，要求 100%拍片检查。

球罐上焊缝一般均为 X 形双面坡口，钝边控制在 1～2mm 左右，同时外侧坡口大，内侧坡口小，以减少罐内的焊接量。

每一带板上的数条立缝要由 4～8 名焊工对称施焊，而且每条环焊缝也要分成四段以上同时对称施焊，以减少焊接应力与变形。每段焊缝的焊接工作都应按除锈手工打底、分数遍施焊、清根、分数遍焊另一侧的步骤细致地进行。为了改善劳动条件，提高焊接质量，有条件时尽可能采用自动焊正式施焊。

（一）焊接技术要求大体有以下几项

① 焊接应由经过使用同种焊条、在同样材质钢板上进行焊接考试合格的焊工担任。并应遵循：手弧焊焊条应符合现行国家标准《碳钢焊条》GB/T 5117 和《低合金钢焊条》GB/T 5118 的规定；药芯焊丝应符合《碳钢药芯焊丝》GB 10045 的规定。埋弧焊使用的焊丝应符合《熔化焊用焊丝》GB/T 14957 和《二氧化碳气体保护焊用焊丝》GB/T 8110 的规定，使用的焊剂应符合《碳素钢埋弧焊用焊剂》GB 5293 和《低合金钢埋弧用焊剂》GB 12470 的规定。

保护用二氧化碳气体应符合现行国家标准《焊接用二氧化碳》GB/T 2537 的规定；保护用氩气应符合现行国家标准《氩气》GB 4842 的规定；二氧化碳气体使用前，宜将气瓶倒置 24h，并将水放净。

符合“钢制压力容器焊接规程（JB/T 4709—2000）”的规定，选择合理的施焊方案与现场管理制度后才能焊接。

② 施工现场必须建立严格的焊条烘干和保温使用的管理制度。焊条一般要在 250℃烘干箱中烘烤保温 2h，再放到焊条桶内备用，做到烘多少，用多少，随烘随用。要防止使用未经烘干与药皮不全的焊条。

③ 焊好一侧后，必须在另一侧先做好清根工作，才能进行施焊。清根可采用碳弧气刨，清根后还要打磨表面的渗碳层，必要时需经着色探伤或磁粉探伤合格后才能继续焊接。

④ 焊接时要控制一定的线能量，即单位长度焊缝内的热输入量。一般线能量控制在 12～45kJ/cm 以内。实际的焊接线能量可由公式计算得到

$$Q=60IU/v$$

式中 $Q$——焊接线能量，J/cm；

$I$——焊接电流，A；

$U$——焊接电压，V；

$v$——焊接速度，cm/min。

⑤ 组对时的点焊、工卡具与起重吊耳的焊接等，应采取与主焊缝相同的焊条与焊接工艺，点焊长度不小于 50mm，焊肉高度不低于 8mm，焊距不大于 300mm。另外，工卡具与起重吊耳在使用后均应使用碳弧气刨去除，用砂轮磨光。

⑥ 凡要求焊接前预热的焊缝，其吊耳、工卡具的焊接也应预热。预热温度对 16MnR 钢板纵焊缝来说，无论外侧还是内侧施焊均为 100～160℃，环缝预热到 200℃左右；预热范围应达到焊接部位周边 100mm 以外；加热方法使用弧形加热器或远红外加热器，其长度为所焊纵缝长，每侧各装燃烧液体燃料或气体燃料；并且里侧加热外侧焊接；外侧加热里侧焊接；同时焊接开始后，只减少预热火焰，而不熄灭火焰。

⑦ 要求预热的焊缝，环境温度低于 10℃时，焊后应后热缓冷。后热温度为 200～250℃，保温不少于 30min，然后熄掉加热器，用 800～1000mm 的保温被盖上，使之缓慢冷却。

⑧ 施工现场遇有雨、雪和风速 8m/s 以上，环境温度－10℃以下，相对湿度在 90%以上时，要采取有效的防护措施，才能施焊。

球片的对接焊缝以及直接与球片焊接的焊缝，必须选用低氢型药皮焊条，焊条和药芯焊丝应按批号进行扩散氢复验，方法应符合《电焊条熔敷金属中扩散氢测定方法》GB/T 3965 的规定。

球罐手工电弧焊时，可采用直流碱性低氢型焊条（例如：以 J507 底层焊条手工打底，J507 焊条进行焊接，其性能接近美国进口的 E7018 电焊条）。焊条直径可从 $\phi3.2$、$\phi4$ 及 $\phi5$ 三种中选用。

球罐采用埋弧自动焊时，可选用H08A、H08MnA、H10Mn2和H10MnSi等牌号的焊丝，并选用431作为焊剂。

焊接中一般使用直流反极接法（宜选用硅整流直流电焊机，过去常用的直流旋转电焊机已基本淘汰）。并且以小电流、短电弧、连弧焊方法施焊，同时控制好焊接速度。采用上述措施的目的是减少热影响区，提高焊缝质量。

（二）焊缝质量检查与修补

① 球罐焊接完成后，其焊缝内外表面应符合：成形良好，表面几何形状达到图纸要求，没有裂纹、气孔、夹渣等缺陷，同时局部咬边深度不得大于0.5mm，咬边长度不得大于100mm，每条焊缝两侧咬边长度之和不得大于该焊缝总长度的10%。

② 焊缝无损探伤量应为100%，并应在至少焊完24h以后进行。焊缝如采用超声波检查，球罐全部丁字接缝、十字接缝以及超声波有疑义的地方，均应以X射线复查。

③ 发现有不合格的缺陷时，首先应将缺陷清除，经着色检查合格后进行补焊，补焊长度不得小于50mm。焊缝同一部位返修不得超过2次。对于深度不小于0.5mm的表面缺陷，用砂轮磨出即可，补焊工艺应与主焊缝相同，但预热温度应比正式焊提高25%。

（三）球罐的焊后热处理

球罐多用厚度较大的高强度碳钢或低合金钢板焊接而成，焊缝多而且复杂，焊后均存在有较大的焊接应力。因此，凡碳钢球罐壁厚大于34mm以及16MnR与15MnVR球罐，都应作焊后消除应力热处理。

球罐消除应力热处理的方法有整体高温退火处理，低温消除应力处理，局部处理及超压试验等。目前多采用整体高温退火处理，即在球罐内部布置若干燃烧喷嘴，燃烧气体或液体燃料（如液化气），罐外用保温材料进行保温，并在罐壁上安装若干热电偶控制及测量温度。当球罐被加热到500～650℃左右，便按照保温2h、降温2h或一定的退火温度曲线进行整体退火热处理。

## 四、球罐的试验与检定

球罐制成后，要根据《球形储罐施工及验收规范》（GB 50094—98）进行压力试验、气密性试验和检验。

（一）球罐的水压试验

为了考核和检查球罐的强度和基础的承压能力、球罐装配和焊接质量，并起到一定的消除内应力的作用，在焊接、砂轮打磨、焊缝X射线透检和磁粉探伤表面裂纹合格后，应进行水压试验。

① 强度钢制球罐，必须在焊后至少72h后进行水压试验。

② 试验压力为工作压力的1.25倍，如有特殊要求，也可采用1.5倍工作压力进行。应注意此压力值是罐顶压力表读数。

③ 对高强度钢制球罐，试验用水应作水质分析，不得含有氯离子，以免产生应力腐蚀裂纹，试验水温最好在15℃以上，水温低于10℃时不得试压。

④ 水压试验前，必须先完成基础的二次灌浆及养护，并拧紧地脚螺栓。然后定出测量基准点，用水准仪测量并记录各支柱的标高，并分别在充水50%、充满水、放水后再进行测量，以测定基础水压试验后的沉降量。充水和放水各阶段均停留一段时间。另外，升压前要把支柱之间的斜拉杆松开，切勿拉紧，否则升压过程中可能因升压膨胀引起支柱及拉杆的破坏，造成重大损失。

⑤ 水压试验时，由于球罐的质量陡增，基础要下沉，为了使基础的沉降缓慢和稳定，应按比例50%、90%、100%进水，并放置一定时间，分别为15min、15min、30min，同时进行基础沉降测定，以观察基础沉降情况。相邻基础沉降之差很大时应停止进水，这时放置

时间应长一些，待基础的沉降自行调整到符合技术要求为止。

⑥ 沉降观测应在充水前、充水到球壳内直径的 1/3、2/3、充满水、充满水 24h、放水后等阶段进行。

⑦ 当水充满球罐，空气全部排出后，封闭上部人孔，开始升压。升压速度一般不超过每小时 0.3MPa，不得敲击罐壁。压力升到 0.2～0.3MPa 时，暂时停止升压，检查法兰、焊缝等有无渗漏现象。允许在低于 0.5MPa 压力的情况下拧紧螺栓。确认无渗漏后，继续升压。当升压到 50%、75%、90%时分别停压 15min，进行渗漏检查，无异常则继续升压到试验压力，保持 20min，并全面检查焊缝及其他各部位有无异常；确认一切正常后，即可按每小时 1.0～1.5MPa 的速度降压。压力降到 0.2MPa 以下时应在罐顶放空，并打开人孔，以免造成真空。

（二）球罐的气密性试验

气密性试验一般在水压试验以后进行。主要是对球罐焊缝、接管、法兰及人孔等进行严密性试验。由于气体渗漏程度要比液体大得多，故必须对所有储存压力气体的球罐进行严格的气密性试验。试验介质一般为空气，但对盛装易燃物料的球罐必须以氮气进行气密性试验。此试验必须设置两个或两个以上安全阀和紧急放空阀。

① 试验前，球罐各附件应安装完毕，并符合设计要求，除气体进出口外，其余所有接管均应装好阀门，所用压力表、安全阀都需经过检验定压，罐内的焊条头、铁屑、药皮等污物必须全部清除干净，用水冲洗。球罐内、外壁也用水冲洗干净。不得留有杂物。

② 试验介质为空气，试验压力即工作压力。夏季试验需注意环境温度，防止超压。

③ 先用低压空气压缩机升压，待压力达到 0.4MPa 后，用高压空气压缩机逐级升压达到试验压力时，稳定 30min，用肥皂水涂刷在所有焊缝和接口法兰处检查渗漏情况。

④ 降压应平稳缓慢，升压速度为每小时 0.1～0.2MPa，降压速度为每小时 1.0～1.5MPa。

（三）球罐的测量检定

球罐的测量检定应在水压试验后，具有使用压力状态时进行。其项目包括：赤道线圆周长、外径、垂直大圆周长、罐板厚度以及内部总高等，其目的是测定球罐的总容积和不同高度上的液体容积。

## 第二节　立罐的安装

### 一、立罐的构造和特点

立罐就是立式圆筒形储存容器，由罐底、罐身及罐顶组成。

罐底由许多钢板装配而成，如图 15-9 所示。罐底中间部分称为中幅板，周围的部分称为边板，边板比中幅板尺寸小，厚度比中幅板厚。立罐罐身就支承在边板上，因此边板外缘 200～250mm 范围内，应将原来的搭接改为对接形式。

罐身由多圈钢板组成，圈与圈之间可以搭接也可以对接，并且外侧采用连续焊，内侧采用断续焊，罐身与罐底内外侧均应为连续焊。

罐顶一般为拱顶形式。拱顶是由多块有一定曲率的扇形板组成，为了增加刚度，可在背面焊加强筋。

### 二、充气顶升倒装法施工方法

目前，国内外现场组装大型立罐，采用充气顶升倒装法施工方法的很多。充气顶升倒装法的关键是解决气体顶升过程中气体的密封和壁板顶升平衡限位问题。实践证明，这种施工方法在现场中已逐步趋于完善，取得了较好的经济效益。可以广泛地应用于金属油罐气体顶升施工中，是一种比较先进的施工方法。

## (一) 充气顶升倒装法的原理及安装工艺步骤

充气顶升安装立罐，是先在基础上组焊底板，装上一圈壁板、罐顶板，形成一个整体（罐顶），根据罐体的结构条件和密封性能，按照倒装法的顺序，将空气用鼓风机通入罐体内部，当罐内空气顶升力超过被顶升罐体自重及附加摩擦力时，罐顶即徐徐上升，被顶升到预定高度，此时，逐渐关闭风门，使进风量与漏风量相等，罐顶便进入悬空平衡状态，从而可作下部的安装工作。这样，由上至下反复交替充气顶升，逐带组焊壁板，直至完成整个立罐的组焊工作。

安装工艺步骤如下。

① 检查验收基础。立罐基础可以是砂垫层基础，要检查基础的中心位置、直径、椭圆度以及中心凸起锥度与表面平直度（中心凸起锥度应控制为直径的1.5%）。

② 检查验收钢板及预制件。施工前应检查钢板化学成分、机械性能、规格尺寸、偏差及缺陷，并应进行矫平、防锈和找平工作。对各种预制的拱顶、包边角钢及壁板等应以样板检查弧度。

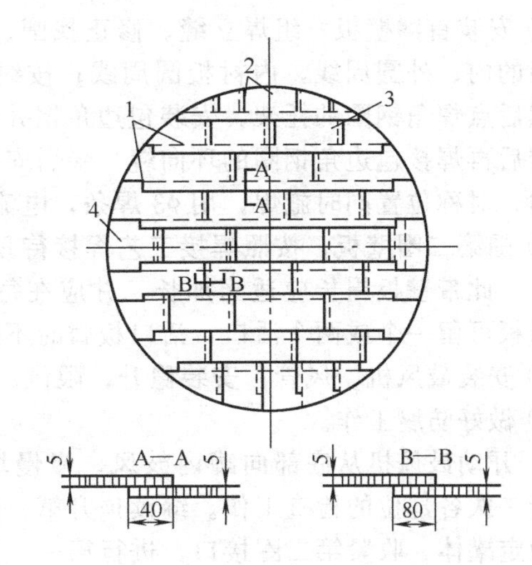


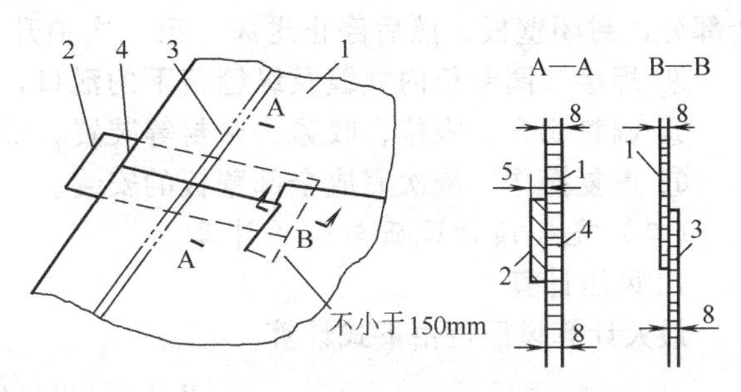


图 15-9　立罐底板结构

1—纵向边板；2—横向边板；3—边排钢板；4—罐底纵向中心线

③ 铺设底板。铺设前应绘制排板施工图，如图15-10所示。按照排版施工图铺设底版，排版直径应比设计直径大（1.5～2)/1000，以补偿焊接收缩。

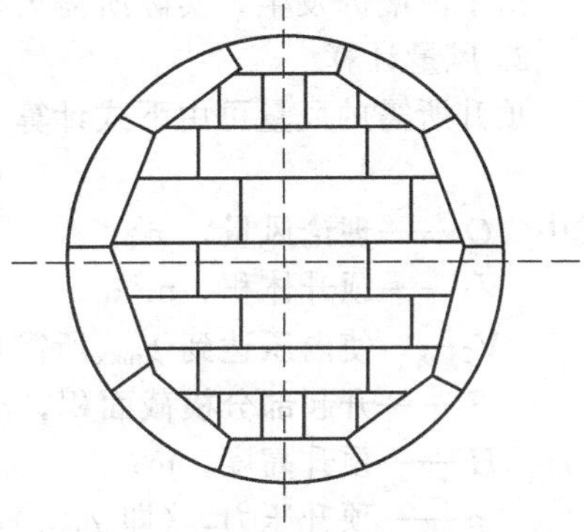

图 15-10　排板施工图

进行钢板的画线与下料。铺设底板时先在基础上画出十字中心线，接着在中心板上也刻十字中心线，然后使两者中心线重合。中心板铺好后，先向两端铺中间一行的底板，再依次铺相邻两侧的底板。铺设时还要符合搭接形式及宽度的要求，并检查底板的直径。

按照焊接工艺焊接底板。通道底板及部分边缘板暂时不焊接。

底板焊接次序为：先焊中幅板、再焊边缘板；要有几名焊工同时同向、分段对称施焊。焊接电流也不宜过大。

④ 安装首圈壁板、组焊立缝、修正找圆、上角钢圈。组装时要在罐底板上画出最下一带壁板的内、外圆周线，内衬板圆周线；按线组装首圈壁板时要检查其垂直度及上口椭圆度。然后点焊角钢圈的托架，安装包边角钢并点焊固定。再拆除角钢圈的托架；焊上顶板肋板托架后再焊接包边角钢圈的环向缝。最后安装径向、横向肋板和顶板。焊接顶板需采用分段逆向、对称位置同时施焊，用 $\phi 3$ 焊条，电流也不能过大。

⑤ 围第二圈壁板，按照焊接工艺焊接待顶升壁板外侧立缝，待顶升壁板不在本身圆周位置上，此带壁板周长应适当加长，并应在每带待顶升壁板的活口板上加长。依据罐径大小，壁板可留一个或两个活口，活口板暂时不焊接，用收紧装置临时固定。

⑥ 安装鼓风机、风管；安装稳升、限位、收紧、密封等装置。

⑦ 做好防腐工作。

⑧ 开动鼓风机从底部向罐内鼓风，慢慢均匀松动倒链。罐体浮升到一定高度应稳压，并进行一次各部位的检查工作。继续顶升第一圈壁板，将罐体浮升到预定位置，用平衡限位装置稳定罐体，收紧第二圈接口，进行第一、二圈壁板的组对点焊，收紧活口。切割活口多余部分，封闭壁板。然后停止送风，第一次顶升工作完成。

⑨ 焊接二圈壁板内立缝及纵缝留下的活口，焊接一、二圈板间的环缝。

⑩ 调整稳升、限位、收紧、密封等装置，准备下一圈壁板的顶升。

⑪ 重复操作，依次完成全部壁板的安装。

### （二）充气顶升风压与风量计算

1. 风压计算

最大计算风压可由下式计算

$$p_{\max}=(mg/F)+p_{\mathrm{m}}$$

式中 $p_{\max}$——顶升所需的最大理论计算风压，MPa；

$m$——升起部分最大质量，kg；

$g$——重力加速度，$\mathrm{m/s^2}$；

$F$——升起部分横截面积，$\mathrm{m^2}$；

$p_{\mathrm{m}}$——摩擦损耗，一般取 $p_{\mathrm{m}}=(5\sim10)\times10^{-4}\,\mathrm{MPa}$。

由于泄漏的发生，实际所需风压应取 $1.15\sim2p_{\max}$。

2. 风量计算

顶升所需的风量可由下式计算

$$Q=V_1+V_2=FH+pv$$

式中 $Q$——理论风量，$\mathrm{m^3}$；

$V_1$——顶升体积，$\mathrm{m^3}$；

$V_2$——使内压达到 $p_{\max}$ 所需增加的气体容积，$\mathrm{m^3}$；

$F$——升起部分横截面积，$\mathrm{m^2}$；

$H$——顶升高度，m；

$p$——顶升压力，（即 $p_{\max}$）；

$v$——顶升压力 $p$ 作用下的比容。

实际风量由于泄漏，应取 $(3\sim5)Q$。

当规定升起时间后（可取 8～10min），便可按风量要求计算风速。

根据风压、风速选择适合的鼓风机或压缩机的型号规格。

### （三）辅助装置

充气顶升倒装法安装立罐，除安装离心式鼓风机外，还需设置以下辅助装置，以保证安装的顺利进行。

（1）密封装置　环缝是主要的漏气部位，可采用悬帘式或强制式密封结构。前者是用20cm宽的牛皮纸带粘贴在上圈壁板的下沿内侧；后者是用平橡胶板或异型橡胶条固定在罐内的槽钢涨圈上，靠其弹性封闭环缝。

另外，底缝可用沿底板周边浇灌热沥青来密封。

（2）稳升装置　立罐在顶升过程中呈悬浮状态，容易歪斜或偏转。为了保证罐体垂直上升，可利用稳升装置，对罐体顶升方向加以控制，如图15-11所示。

（3）平衡限位装置　为控制顶升高度，可在壁板外侧焊上定位拉杆，如图15-12所示。在罐内均布安装若干个倒链，倒链的一端通过钢丝绳与罐壁最上面的拉板相接，另一端与焊在罐底板上的下拉板相接，倒链的高度以操作方便为宜，倒链的数量和规格依据罐的大小和数量而定，最好四个中心倒链吨位稍大一些。罐内外均应有备用倒链，钢丝绳的长度应超出罐体总高度。

（4）收紧装置　如图15-13所示。其作用是两层壁板相互靠紧，以便找正上下两圈之间的环缝。

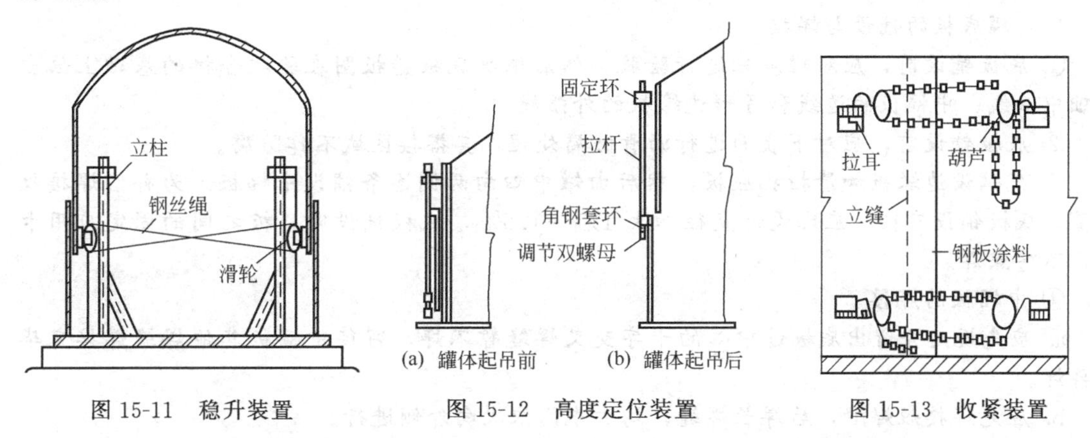


图15-11　稳升装置　　图15-12　高度定位装置　　图15-13　收紧装置

（5）通讯联络装置　通讯联络工具有：电话、电铃、指示灯、对话机等，为了防止顶升时出现意外事故，应备有两套通讯联络装置。

（6）照明装置　罐内采用低压安全电源及橡胶绝缘线。

（四）注意事项

① 按常规组装好第一圈壁板、罐顶和附件后，应严格检查其质量，一般采用真空法或煤油渗透法试漏，然后刷漆，避免返工和高空作业。

② 壁板如有变形，应先整形再安装，否则会由于圆度不够造成过大的摩擦力，使顶升困难。

③ 罐体上升时，偏斜不得超过20cm。否则应查明原因，排除后再预顶升。

④ 顶升就位后，控制风量使罐体呈稳定状态，并立即收紧圈板，收紧速度要均匀一致，立缝不得歪斜；同时要迅速点焊固定（数点同时点焊）。

⑤ 升最后一圈壁板就位后，罐内人员应进行罐位校正，校正时可适当进风，使罐体稍微升起呈悬浮状态，再用短角钢在罐内将壁板固定在设计位置上，为焊接底部丁字缝做好准备。

下面是一个工程实例，仅供参考。

### 五万立方米大型圆筒浮顶钢制焊接储罐工法

五万立方米大型圆筒浮顶钢制焊接储罐（以下简称五万罐），已形成定型设计，因其储装能力大，单位体积原油所耗的金属材料相对较少，目前已成为国内炼油厂原油储装的首选罐种之一。

五万罐筒直径为60m，高为19.35m，采用浮顶结构，设计质量为913.0t。水浮正装法因其简单方便、稳妥可靠、经济节约的特点，已成为五万罐安装的主要方法，现场所承建的数台五万罐，均采用此施工工艺，通过不断优化改进，此施工工艺已成熟，形成成形工艺。

水浮正装法安装五万罐，是利用已焊接好的罐底板和第一带壁板作为水槽，通过水泵向罐内充水，使罐内浮顶连同罐外通过吊架与浮顶连成整体的抗风圈一同浮起，利用浮顶和抗风圈作为内、外施工操作平台依次进行以上各带板的组焊，直至罐体组焊成形。

水浮正装法施工，具有以下特点。

① 简单方便。其工艺易于操作，内、外操作平台浮升高度易于控制调整，稳妥可靠。

② 经济节约。不需搭设脚手架和操作平台，且浮顶的提升仅需数人，劳动强度及工时消耗较低。

③ 安全可靠。浮顶和抗风圈作为内外操作平台，施工操作空间大，且稳妥安全。

④ 施工进度快，工期短，提高工效。

1. 施工方法及要点

(1) 罐底板的铺设与焊接

① 底板铺设前，应对罐基础进行验收，然后根据底板排板图在验收合格的基础上画出基础中心线、中幅板的边线和弓形边缘板的外弧线。

② 底板铺设前，应对下表面进行沥青防腐处理，其搭接区域不作防腐。

③ 先铺设边缘板和清扫孔底板，然后由罐中心向两侧逐条铺设中幅板。为补偿焊接收缩量，底板铺设直径，应比设计直径加大1‰～1.5‰，底板铺设时，板之间的固定应用卡具，不得点焊。

④ 中幅板的焊接

a. 应先规定并留出底板过中心的十字交叉焊缝暂不焊，留待中幅板其他焊缝焊接完毕后再焊。

b. 应先焊接短焊缝，后焊长焊缝，均由中间依次向外侧进行。

c. 长焊缝焊接时应从中间分开，采用分段退焊或跳焊法。

d. 每条焊缝在将焊之前方可撤去卡具，进行点焊固定。

e. 每条焊缝在全部成形后，方可进行下道缝的焊接。

⑤ 边缘板的焊接

a. 先焊边缘板外缘300mm部位的焊缝。在罐底与罐壁连接的角焊缝焊完后且边缘板与中幅面板之间的收缩缝施焊前，方可进行剩余的边缘板对接焊缝的焊接。

b. 边缘板对接焊缝，应由焊工在周围均布，对称施焊。

c. 边缘板与中幅板之间的收缩缝，应由焊工在圆周均布，采用分段倒退焊或跳焊法进行施焊。

(2) 罐浮顶的安装与焊接　浮顶的安装工作应在罐壁第一带板组焊完毕后方可进行。

① 浮顶单盘板的施工方法与底板中幅板相似，可直接铺设在底板上。为保证质量，也可在单盘板下面铺以组装胎架，把单盘垫起成水平状态，同时浮船也垫起至相应位置。

② 浮顶船舱组装前应先画出铺设船舱底板的内、外圆周线，考虑到焊接收缩量，内、外圆直径应比设计直径放大1‰～1.5‰。船舱组装应同时进行，应先组装船舱底板并焊接完毕，然后在底板上画出内外边缘板、桁架、隔舱板的安装位置，再组装内外边缘板、桁架、隔舱板等，内外边缘板应全部焊好后，方可进行内外边缘板与底板间角焊缝和隔舱板、桁架之间焊缝的焊接，然后再组装船舱顶板。

③ 单盘与浮船连接角钢之间的连接。对于在组装胎架上组装的单盘与浮船可直接进行连接焊接。对于直接在底板上组装的单盘与浮船的连接，应采用以下方法：用5m长的I20

工字钢均匀分三段用卡具固定在单盘上，然后在工字钢端头的船舱上搭设两木塔（两木塔向罐中心倾斜，外侧的拖拉绳固定在罐外），利用两木塔将工字钢斜拉起，使单盘板与船舱连接角钢相靠点焊在一起。此装置宜用三套圆周均布，同时同向进行。

单盘板与船舱连接角钢间应先点焊，待全部就位后，方可进行连接角钢长圆孔的塞焊和圆周封闭角焊缝的焊接。

(3) 罐壁第一带板的安装和焊接　罐壁板的安装分两步进行，第一带壁板在底板铺设后且浮顶安装前完成，在浮顶安装后再依次进行以上各带板的组焊工作。

① 第一带板的安装

a. 按照壁板内径在底板上画出壁板组装圆周标记线并打上标记，然后沿圆周线每隔0.8～1.0m左右焊一块限位挡板，以此为壁板组装的内壁基准。

b. 沿限位挡板吊装围板，壁板下端内侧应紧靠限位挡板，壁板边组对边点焊，壁板应留一活口，活口一侧的一张壁板应比排板净料尺寸略大300mm。

c. 调整好罐壁垂直度，便可进行壁板纵缝的组对焊接。

d. 纵缝焊接完毕后，用钢盘尺测量罐壁上下周长，然后依周长下活口处壁板（关门板），焊接活口。

e. 焊接第一带壁板与底板之间的内、外角焊缝。

f. 在第一带壁板上开孔安装作为进水管的接管（利用罐本身接管）。

② 壁板的焊接

a. 先焊纵缝，后焊环缝。活口处纵缝应待其他所有纵缝焊接完毕后，方可下料施焊。环缝应由数名焊工在圆周均布，并沿同一方向施焊。

b. 对接焊缝背面采用砂轮打磨或碳弧气刨进行清根，焊道用砂轮机打磨出金属光泽。

c. 纵缝焊接时应根据焊接角变形情况合理调整内、外侧焊缝的焊接顺序，以控制角变形。

(4) 主要工艺装置

① 充水装置　由水泵、管道、阀门等组成，其作用是向罐内充水，使浮船上升。水泵的扬程应根据供水池最低水位与罐内充水所需达到的最高水位，并考虑到管道的流体损失来选取，水泵的流量应保证每带板上升时间控制在5～8h之内，以便夜间即可完成一带板的提升。

② 放水装置　由管道、阀门等组成，其作用是将罐内水排于罐外，也可利用充水管道进行。

③ 抗风圈吊架装置　由型钢制作成，其作用是将罐外抗风圈与罐内浮顶连接成刚性整体后构成外操作平台，以便壁板的组焊。

④ 浮船临时导向装置　此装置共三组，包括滚轮和导轨，沿罐壁圆周均布，其作用是使浮顶在充水时能自由无阻碍地垂直上升。

⑤ 环向胀紧装置　即胀圈，由钢板拼焊成，分成数段。工作时位于壁板上口，用300kN千斤顶胀紧壁板，用来增大罐体已焊好壁板的环向刚度和调整该壁板的椭圆度，以作为下一带板安装组对的依据。

⑥ 浮顶排水装置　由潜水泵和管道（或消防水带）组成，设置2～3套，其作用是将起壁板组装内平台作用的浮顶上的积水排出浮顶，以免过多的积水对浮顶造成破坏。

⑦ 壁板组装装置　由焊于已焊好的带板外壁上口的L形楔铁、固定于浮船上的拉紧螺栓和龙门工具组成。其作用是便于壁板的围板就位、调整带板的组对间隙和垂直度，保证壁板组装质量。

⑧ 通讯装置　配备对讲机，以方便罐内外、上下的联络。

(5) 第二带板及以上各带板的安装和焊接

① 浮顶的提升

a. 进行工装的安装。

b. 打开水泵向罐内充水，注意检查各工装工作情况。

c. 浮船顶面浮升到距第一带板上口处800mm左右时，停止充水，关闭进水阀门。

② 第二带板及以上各带板的安装

a. 浮船浮升到位后，用胀圈胀紧罐壁，并对其进行找圆。

b. 组装罐壁板。罐壁板组装时，因考虑到焊接收缩，每带板可留一活口，待其他纵缝焊完后，再进行下活口处关门板组对焊接。也可根据每带板块数、板厚、纵缝对口间隙、下面带板的周长及以往施工经验，确定每带板的焊接收缩量，一次性下出关门板，这样可保证纵缝一同焊接完毕，节省了活口处额外的安装焊接时间。

c. 重复上水、浮顶提升、围板、组对、焊接，依次进行以上各带板的安装。

③ 壁板的焊接　与第一带板的焊接要求相同。

(6) 罐体附件的安装

① 抗风圈作为罐壁组装外平面，随浮船上升，待罐壁板组焊完毕后，即应组装焊接。

② 罐壁加强圈在罐壁板组装到相应带板时，一块安装焊接。

③ 其他附件可在罐放水后进行安装。

(7) 检查验收

① 根据施工图和规范GBJ 128—90对焊缝进行外观检查和内部质量检查。

② 根据施工图和规范GBJ 128—90对罐体及附件的安装尺寸进行检查。

③ 试验　储罐焊接检查合格后，应根据图纸和规范要求进行相应试验，其试验和检查项目及部位见表15-2。

**表15-2　试验和检查项目及部位**

| 序号 | 试验部位 | 试验方法 | 检查部位(项目) | 备注 |
|---|---|---|---|---|
| 1 | 罐底板 | 真空试验 | 所有焊缝 | 300mm Hg |
| 2 | 单盘板 | 真空试验 | 所有焊缝 | 300mm Hg |
| 3 | 船舱的内外侧板、隔舱板、底板 | 煤油渗透 | 所有焊缝 | |
| 4 | 船舱 | 气密性试验 | 所有焊缝 | 80mm Hg |
| 5 | 罐本体 | 充水试验 | 罐底严密性<br>罐壁强度和严密性<br>浮顶严密性及升降试验<br>中央排水管的严密性<br>基础的沉降观测 | 48h |
| 6 | 中央排水管 | 水压试验 | 整个管线 | 0.4MPa 30min |
| 7 | 其他附件 | 按图纸及有关文件要求进行试验 | | |

注：1mmHg＝133.322Pa

2. 工装设计

(1) 水泵的扬程

$$H=h_1+h_2+\Delta h_f$$

式中　$H$——水泵的扬程，m；

$h_1$——水泵与水池最低液面的高度差，m；

$h_2$——水泵与罐内充水时所能达到的最高水位的高度差，m；

$\Delta h_f$——管道流体损失，根据上水管道长度，取$\Delta h_f=5\sim8$m。

(2) 水泵的流量

$$Q=\frac{\pi DH}{4t\eta}$$

式中 $Q$——水泵的流量，m/h；

$D$——罐体内径，$D=60.0$m；

$H$——罐壁板中最宽一带板的高度，m；

$t$——浮顶浮升一带板时所需时间，$t=5\sim8$h；

$\eta$——泵效率。

(3) 抗风圈吊架设计

① 吊架主吊架工字钢选型

$$W=\frac{M}{[\sigma]}=\frac{(F_1+F_2+F_3)L_1}{[\sigma]}$$

式中 $W$——工字钢所需的抗弯截面模量，m；

$F_1$——每个吊架所承受的抗风圈的重力，N；

$F_2$——每个吊架所承受的位于抗风圈上施工人员的重力，N；

$F_3$——每个吊架所承受的放于抗风圈上工装卡具等的重力，N；

$L_1$——吊架工字钢横梁的长度，m；

$[\sigma]$——吊架横梁工字钢的许用应力，N/m。

根据工字钢所需的抗弯截面模量，查标准选合适的工字钢。

② 副吊架组合角钢的选型

$$W=\frac{M}{[\sigma]}=\frac{(F_1+F_2+F_3)L_2}{[\sigma]}$$

式中 $W$——角钢所需的抗弯截面模量，m；

$F_1$——每个吊架所承受的抗风圈的重力，N；

$F_2$——每个吊架所承受的位于抗风圈上施工人员的重力，N；

$F_3$——每个吊架所承受的放于抗风圈上工装卡具等的重力，N；

$L_2$——副吊架组合角钢的长度，m；

$[\sigma]$——副吊架组合角钢的许用应力，N/m。

根据角钢所需的抗弯截面模量，查标准选择合适的角钢。

3. 安全措施

① 各工装应按要求制作安装。

② 罐充水和放水时，应由专人负责开、关，罐内应有专人巡视检查浮船浮升和下降情况。

③ 罐组装时上、下爬梯应定期进行检查。

④ 抗风圈外侧应装有护栏，抗风圈吊架连接部位应定期进行检查。

⑤ 罐内照明必须采用安全电源。罐内导线必须用橡胶绝缘线。

⑥ 高空作业较多，必须遵守高空作业有关规定。

⑦ 吊装时，应统一指挥，罐上下、内外通讯信号应统一。

## 三、立罐的质量检查及相关试验

1. 尺寸及垂直度检查

筒体部分高度偏差最大不超过±5mm；筒体部分直径偏差不超过设计直径的 ±2.5/1000；

表面凹凸变形量不超过变形长度的2/100，且最大不超过50mm；罐体垂直度偏差不超过设计高度的4/1000，最大不大于50mm，且高度及垂直度应在4～8个不同方位测量。

2. 严密性试验

包括罐底板的严密性、罐顶板的严密性及罐壁板的严密性三方面的试验。其方法有真空法（在焊缝上造真空）、空气法（通入压缩空气，压力为200mm $H_2O$）、氨气法（通入压力为8～15mm $H_2O$的氨气）、注水压气法（罐内注水，高度不小于1m，然后通入压力为200mm $H_2O$的压缩空气）以及涂抹或喷煤油法等。

3. 注水试验

向罐内注水应分几个阶段进行，即水位每达一定高度停留一段时间再继续注水；当水灌满后要保持48h（700m³罐）、72h（11000m³罐）以上时间，以无渗水、无显著变形、基础不均匀下沉不超过40mm为合格。

罐内注水时，禁止锤击，如发现裂纹应立即停止充水，放水时先打开顶部透气孔，以免造成负压。

## 第三节　气柜的安装

气柜广泛用于化肥、化工、煤气等工程中，用于储存的气体大多是可燃性气体，它的容积小至几百、大至十几万立方米，容积大，施工复杂，周期长。

气柜的结构一般有湿式、浮顶、螺旋导轨、圆柱形、直升式形式。它包括钟罩、数个中节以及水槽与底板等。使用时，各塔节应升降自如、安全、可靠，并且在它们之间的衔接部位都装有水封装置（充水），水封主要由上下水封板组成。

立式气柜的施工有正装及倒装两种方法，下面以五万立方米螺旋导轨低压湿式气柜工法为例，简要介绍其安装工艺。

### 一、概述

螺旋导轨低压湿式气柜储存的气体大都是可燃性气体（煤气、天然气），使用时各塔节应升降自如、安全、可靠。因此，对气柜的制造、安装工程质量要求比较严格。这类气柜定型设计已成系列：1000～200000m³。制造、安装的施工方法不尽相同。

本工法特点主要是采用将气柜主体结构合理划分成部件，在加工场预制，现场集中安装；分部件在机械胎具上冷加工成形，组合件在胎具上组装；合理旋焊；制造、安装抓住质量控制点等工艺方法。在施工中减少现场机具、人员的投入；保证重要部件的质量；缩短工期，降低成本，确保了工程质量。

本工法适用于7000～50000m³螺旋导轨钢制低压湿式气柜的制造和安装。

### 二、工艺原理

本工法的工艺过程采用将大型气柜结构合理划分成部件预制；重要部件在机械胎具上冷加工成形（导轨、水封槽、钢圈），组合件在胎具上组装；合理施焊（合理制订焊接顺序，采用对称分段倒退焊工艺）；制造、安装过程抓住质量控制点等工艺。以保证质量，降低成本，缩短工期。

### 三、工艺程序

根据安装工艺流程，确定预制构件制造的先后顺序。将全部构件合理、准确地分成若干部件，根据安装及运输能力按部件组装在一起。难度大的导轨及上、下水封槽钢等构件要专人、专机预制。当集中安装时，应构件齐全，尺寸准确，安装工作能顺利进行。

（一）工序流程图

气柜施工工序流程图如图15-14所示。

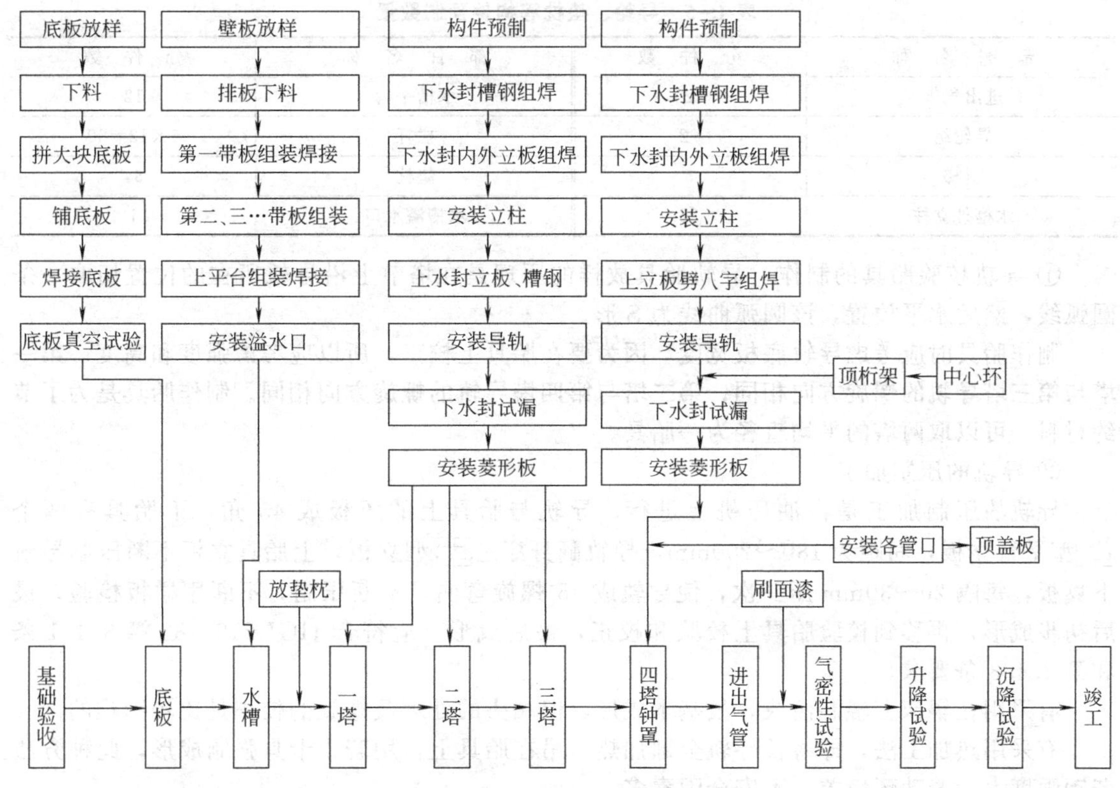

图 15-14　气柜施工工序流程图

## （二）施工方法

### 1. 部件的划分

根据施工场地及运输条件、吊装能力划分部件的预制数量，见表 15-3、表 15-4、表 15-5。

**表 15-3　50000m³ 气柜塔节预制的部件数量**

| 名　称 | 四塔(钟罩) | 三塔 | 二塔 | 一塔 |
|---|---|---|---|---|
| 上水封内、外立板 | — | 各 12 | 各 12 | 各 14 |
| 上水封槽钢 | — | 12 | 12 | 14 |
| 下水封内、外立板 | 各 12 | 各 12 | 各 12 | 各 14 |
| 下水封槽钢 | 12 | 12 | 12 | 14 |
| 导轨(带垫板) | 16 | 24 | 24 | 28 |
| 立柱 | 48 | 48 | 48 | 56 |
| 菱形板 | 16 | 24 | 24 | 28 |

**表 15-4　钟罩顶梁、顶板预制的部件数量**

| 部　件　名　称 | 分　件　数 | 部　件　名　称 | 分　件　数 |
|---|---|---|---|
| 主次梁组合件 | 12 | 顶板中圈板 | 24 |
| 次梁带横梁组件 | 12 | 顶板内圈板 | 12 |
| 顶架中心环 | 1 | 顶板边板 | 24 |
| 顶板外圈板 | 24 | 顶环板 | 1 |

### 2. 关键构件的预制方法

（1）螺旋导轨的预制　螺旋导轨是采用标准轻轨弯成螺旋形，与水平成 45°斜向。导轨弯曲的质量，直接影响塔节的升降。因此，导轨均在胎具上进行压弯、校验、校正。

**表 15-5　导轮、垫枕等构件预制数量**

| 部　件　名　称 | 分　件　数 | 部　件　名　称 | 分　件　数 |
|---|---|---|---|
| 进出气管 | 2 | 水槽平台 | 12 |
| 导轮组 | 92 | 栏杆 | 5×12＝60 |
| 斜梯 | 5 | 垫枕 | 64 |
| 水槽外立柱 | 28 | 水槽溢水口 | 1 |

① 导轨校验胎具的制作　导轨胎具放样的原理是在塔节上沿导轨所在的位置切取一条圆弧线，然后水平放置，该圆弧曲线为S形。

制作胎具时应考虑导轨底板宽度，因为要在胎具上校正，所以应考虑强度和高度。第一塔与第三塔导轨的螺旋方向相同；第二塔与第四塔导轨的螺旋方向相同。制作胎具是为了节约材料，可以取两塔的平均直径为一胎具。

② 导轨的压制加工

导轨的压制加工是在油压机上进行，导轨与胎具上的压板成45°角，下胎具有两个凸型平行立板，间距为180～200mm，导轨翻身穿过凸型立板，上胎具立板不断压制导轨下翼板，每隔20～30mm压一次，使导轨成45°螺旋弯曲，不断压制，不断用样板检验，最后初步成形，再移到校验胎具上校验和校正，最后成形，应符合HGJ 212—83第3.4.1条和第3.4.3条要求。

有采用在辊床上辊制而成，虽基本成形，但端头的处理及螺旋的校正是比较困难的。

有采用热加工法，即将长导轨全部加热，吊在胎具上，用若干卡具强制成形，此种方法劳动强度大，劳动环境差，不安全因素多。

(2) 上、下水封环形槽钢的预制　上、下水封（或称挂圈）是塔节的主要骨架，也是塔节在升降过程中的轮、轨接合及水封气体的重要部位，水封是由槽钢和立板组成的，槽钢的质量影响整个水封的质量。

采用双槽钢冷加工成形法：将两槽钢相背点焊在一起，每隔500mm点焊50mm，在油压机的胎具上压制，每重叠100～150mm压制一次，反复压制，用200mm样板不断检验，当合格后，平放在平台上，用气割分开。如采用单槽钢加工，应在腹板里加上加固块。胎具制作应考虑金属回弹量。

预制段弧长总和应大于设计周长250～300mm，槽钢接口与立板接口应错开300mm以上。

(3) 钟罩顶桁架分榀预制　主梁、次梁分别在油压机胎具上压制成形。再每两个主梁组成一榀架，是在平台上组装，中心环抬高150～200mm。组装成12榀组装件，另外12榀的次梁可与三角架、部分横梁组装在一起。

3. 安装方法

(1) 气柜底板的铺设与焊接

① 铺设底板时，应按排板图板块编号进行铺设。在排板时直径应比设计直径大0.15%～0.2%，以补偿焊接收缩；也应考虑基础中心的起拱高度；还应考虑幅板的宽度不应小于500mm。

② 中幅板、幅板均是预制焊接而成的大板［一般为（4～6)m×(4～6)m］，预制是采用双面焊。中幅板之间焊缝是采用对接，接缝下边垫上垫板，厚为4～6mm，宽为50～100mm。中幅板与边板为搭接焊缝，搭接应不小于50mm。中幅板的焊缝和边板焊缝应错开200mm。

③ 底板焊接是采用对称分段倒退焊，总的顺序如图15-14所示的箭头方向，幅板间是先短缝后长缝，但每隔350～400mm为一次倒退焊。

④ 连续焊缝，应先用角钢楔子打紧，达到有足够的外力固定条件下，再点焊，该焊缝

每隔50mm点焊一点，再去掉角钢楔子，进行分段倒退焊。

⑤ 底板所有焊缝施焊完后，应进行真空试漏检验，发现问题及时补焊。

(2) 水槽壁板的组装与焊接　50000m$^3$气柜，其水槽直径50m，水槽高8520mm，组装时采用正装法，自下而上，最后安装水槽平台。

① 组装水槽前，应校核基础中心点、底板上标志的壁板圆周线和检查线，三点（线）准确后在壁板内侧线上每隔300mm点焊一个角钢爪，作为立板时的限位装置。

② 从第一带板起，每带板立焊缝焊接时，均应用上、下两块护板。水槽壁各带板的焊接应先焊立缝的外侧，再焊立缝的内侧，然后再焊环缝。其环缝的焊接，应在相邻两带板的立缝焊完后进行，所有壁板对接焊缝应清根焊。

③ 每带壁板组对焊接时，应留活口，并留有余量。搭接不小于1000mm，上、下用两个5t手拉葫芦锁住。

当其他立缝焊完时，测量壁板上口、下口尺寸，使之上、下口尺寸一致，且尺寸误差在允许范围之内。此时从内侧气割多余部分，切坡口，用角钢锲子打紧，上护板再焊该立缝。每带板切余量之前的测量，作为一个控制点，能保证水槽圆周尺寸及垂直度。

水槽壁每带的水平度应从底板开始测量。当第一带壁板焊接后，应调整上口水平。如因底板周围不平，可在底板下边垫上薄钢板；如因壁板下料时宽度不一致，局部突出，应铲去突出部分。达到上口水平尺寸在公差范围内，方可安装第二带板。以此类推。

④ 水槽壁组装采用正装法，大部分是高空作业，在外侧挂牛腿，再铺板进行施工。内侧因还有四个塔要组装，所以采用组合脚手架，即用脚手杆，紧固联成4000mm×1200mm×8000mm的整体，再分三层捆上脚手板，形成一个完整脚手架，用吊车随时移动，有四组就能满足安装需要。

⑤ 水槽壁上平台的安装，应作为一个关键的控制点，其圆周尺寸、椭圆度、水平度应符合设计和HGJ 212—83的要求。

要求在平台上测出并标识28个点，这些点也就是安装导轮位置。其水平偏差小于5mm，相对点的椭圆度偏差小于10mm，直径允许偏差小于±10mm。

⑥ 水槽壁板厚度为8mm以上时，对接焊缝均要求无损探伤。按设计要求和HGJ 212—83以及JB 1152—81等要求检验。

(3) 塔节的安装　当水槽及底板检验合格后，安装垫枕，应以水平仪测其标高，其标高误差应不大于5mm，合格后，画出各塔位置线。

① 塔节安装顺序。是由外向内进行，即先安装与水槽相邻的一塔，然后安装二、三塔，最后安装四塔（钟罩）。

塔节的安装在垫枕上进行，按垫枕上的各塔位置线，分别点焊挡块，保证位置准确。塔节构件的安装程序：

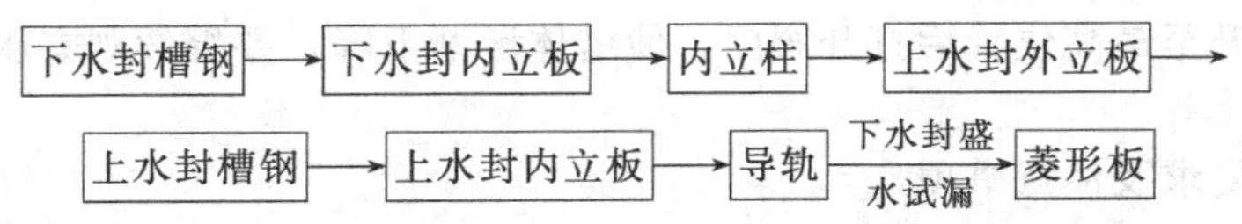


一、二、三塔的上水封安装时，应控制圆周上的水平度小于10mm/m，全高垂直偏差小于10mm，水封立板倾斜不大于5mm。

水封的焊接顺序：先焊环形槽钢（或环形板）的对接缝，再焊立板纵焊缝，然后焊立板与环形槽钢的焊缝，最后焊水封与壁板（或菱形板）的焊缝。其环形焊缝应对称均匀分布，分段倒退焊。水封内、外立板焊接前，应在内、外立板每间隔1～1.5m加一个防止变形的临时支承。安装菱形板之前，下水封焊后盛水试漏，24h无渗漏时，再安装菱形板。安装菱形板时，用角钢楔子卡住，每隔30mm点焊一点，全部点焊后，拆除角钢楔子，再分别由数名焊工均匀分布，分段倒退焊。

② 四塔（钟罩）顶桁架的安装。四塔上肩劈八字安装后，校验圆周尺寸、椭圆度、合格后加支承，使其固定在三塔上挂圈上，固定48个点，即在主、次梁对应位置加支承，防止安装桁架时变形。

顶桁架安装顺序：用脚手架支承起中心环，中心环的中心与底板中心在同一垂线上，并将中心环抬高200mm，作为顶桁架下降余量。检查中心环的中心允许偏差，应不大于5mm，水平偏差不大于5mm，符合要求后，开始吊装主次梁的一榀组合件，用螺栓紧固，再对称安装一榀。均采用对称安装的方式顺序安装其他各榀。主次梁组合件安装后再安装次梁、三角架、横梁等。顶梁桁架组装后，要检验尺寸，合格后开始焊接，焊后清理焊渣，再安装各顶板。按HGJ 212—83及设计图纸要求组装项板及焊接。

考虑气柜内还有各种材料、设备等，应在与边板相邻的中环板带暂留一块不安装，各种剩余材料、设备均清理完毕，最后安装预留的那块顶板。

(4) 其他构件的安装　梯子、栏杆、导轮、水封槽、安全阀、放空阀等应按设计图纸和规范HGJ 212—83的要求安装。

4. 气柜总体检验（升降、气密）

气柜的升降试验是该项工程最后的总检验，也是气柜能否合格验收和投产的关键。

(1) 试验的目的

① 检验各塔的升降性能。

② 检验各塔的气密性。

③ 检验罐体强度和地基的承载能力，各塔升降试验是对气柜施工质量的总检验，是施工的最后关键工序。

(2) 升降试验前的准备工作

① 仔细检查水封、立柱与垫梁以及其他各部位点固焊是否铲除。

② 所有妨碍升降的因素应予以消除。

③ 水槽内所有杂物、灰泥及垃圾均应清扫干净。

④ 升降试验若在冬天进行，应在水槽内临时设置加热器，以保证水温在0℃以上。

⑤ 水槽外充水管线及阀门，应进行保温或采用其他办法保护，以防冻坏管子和阀门。

⑥ 应将气柜的出气管堵死，入气管与鼓风机相连，中间加设断气源阀，以控制气体进入量，把顶板上的放散孔全部打开向水槽内注水，在气柜检验测孔上对称设计U形压力计(长1m)两支，设置−38℃-0℃-100℃的温度计1支。

(3) 升降试验方法　试升用加压鼓风机向塔内充气，使塔徐徐升起。通过观察导轮的动转情况和借助塔顶上的U形压力计观察压力变化情况，来检验塔体的性能，用涂肥皂液的方法来检验塔体的气密性。

试降时在塔升至最高位置后打开阀门，使塔体渐渐下降，要继续观察压力的变化和导轮的动转情况。

(4) 试验的要求及注意事项

① 根据实际用料进行塔体压力计算。

② 升降速度为0.9m/min或不低于气柜实际动转高峰时的升降速度。

③ 气柜的压力应与实际验算后的压力相符，如出入过大则应停止试验，找出原因排除故障，直至试验三次，升降合格为合格。

④ 升降试验完毕后，应将各塔落到底，并全部打开气柜顶部放散孔，使塔内外压力相符，防止吸真空。

(5) 气密性试验　与立罐试验类似。

## 复习思考题

1. 试述球罐的结构及各带板的名称？
2. 球罐的散装法步骤是怎样的？
3. 球罐的分带组装法与半球组装法是如何进行的？
4. 试述球罐带板的组对要求与卡具？
5. 试述球罐的焊接工艺及要求？
6. 球罐的热处理怎样进行？
7. 球罐的试压试漏工作如何做？
8. 试述立罐的充气顶升倒装法施工工艺以及风压风量的计算方法？
9. 气柜现场施工经常采用什么方法？其组装程序是怎样的？

# 第十六章　工业锅炉的安装

## 第一节　概　　述

**一、锅炉的用途和分类**

锅炉是通过燃料的燃烧，将燃料的化学能转变为热能，并将热能传递给水，从而产生具有一定压力和温度的蒸汽或热水的热力设备。锅炉房及其设备是工业生产和日常生活中不可缺少的、重要的组成部分，在整个国民经济中有着重要的作用。

根据锅炉在生产和生活中的不同用途可分为动力锅炉和工业锅炉两大类。

动力锅炉生产的蒸汽是用来驱动热力机械产生动力，以用于发电、推动机车船舶、驱动农业排灌机械等，常见的如火车蒸汽机车锅炉、火电站的蒸汽锅炉等。一般动力锅炉所产生的蒸汽，其压力和温度都比较高，容量也较大，并且日益向高压、高温和大容量方向发展。比如与12.5MW汽轮发电机组配套的国产再热式锅炉，蒸汽压力为13.73MPa，温度为550℃，每小时蒸汽产量可达400t。

工业锅炉生产的蒸汽或热水，作为载热体用于工业生产中加热、蒸煮和干燥等，或用于厂房及生活用房的采暖通风和热水供应等。工业锅炉压力和温度较低，容量也较小。一般的压力在1.28MPa以下，每小时产蒸汽量在10t以下，个别情况压力可达2.45MPa，每小时产蒸汽量达20t或30t。

由于动力锅炉和工业锅炉的压力、温度和容量不同，其相应的锅炉构造及锅炉房设备也不相同。本节只介绍一般小型工业锅炉与锅炉房的一些基本知识。

工业锅炉也称为供热锅炉，随着科学技术的发展，锅炉的种类和构造形式不断地扩大和发展。按构造形式可分为立式锅炉和卧式锅炉两种；或者分为火管锅炉和水管锅炉两类；按所生产的工质不同，可分为蒸汽锅炉和热水锅炉；按水循环利用动力的不同，又可分为自然循环锅炉和机械（强制）循环锅炉。蒸汽锅炉大多数是自然循环，热水锅炉大多数是机械（强制）循环。

**二、锅炉设备的组成和工作过程**

为了保证锅炉房能够安全可靠、经济有效地供给生产和生活用蒸汽（或热水），在锅炉房设备中除了配置锅炉主体设备外，还必须装置其他配套的辅助设备，组成完整的锅炉运行系统。现以图16-1为例，说明锅炉设备的组成和工作过程。

图16-1为一台SHL10-1.27/300型锅炉房的设备简图，其设备由本体设备和辅助设备两大部分组成。本体设备由汽锅（包括锅筒、水冷壁、管束和联箱）、炉子（包括炉排和炉膛）、过热器、省煤器、空气预热器和仪表附件组成。辅助设备由运煤除灰系统、通风系统、汽水系统和仪表控制系统四个系统组成。

运煤除灰系统：是将燃料连续地供给锅炉燃烧，同时又将生成的灰渣及时地排走。由提升机、输送机、煤斗以及灰斗、除渣机、运灰小车等设备组成。图中11为运煤皮带输送机，将煤送入煤仓12，靠煤的自重滑至炉排燃烧，燃烧后生成的灰渣入灰斗，由除渣机送入灰车13，然后运送到灰渣堆放场。此外，由除尘器收集的烟尘也由运灰小车运至堆放场。

通风系统：是将燃烧所需用的空气送入锅炉，并将生成的烟气经过处理后排到空中。由

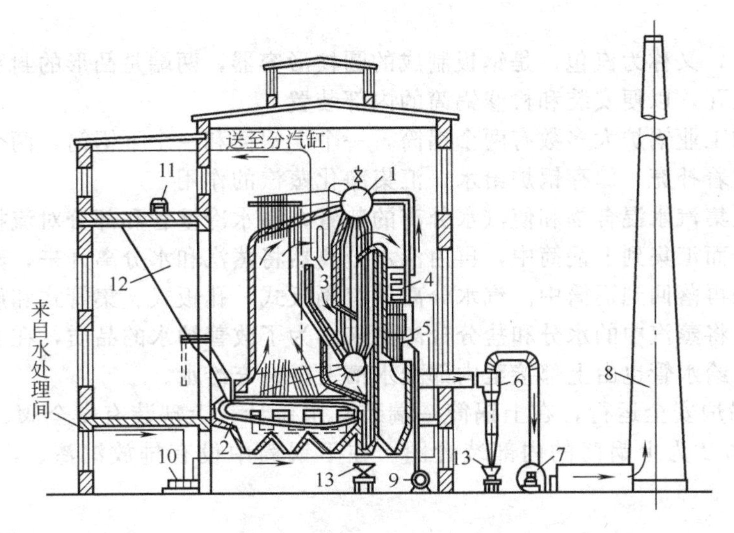

图 16-1 锅炉房设备简图

1—锅筒；2—链条炉排；3—蒸汽过热器；4—省煤器；5—空气预热器；6—除尘器；7—引风机；8—烟囱；9—送风机；10—给水泵；11—运煤皮带输送机；12—煤仓；13—灰车

送风机、除尘器、引风机、风道、烟道、烟囱等组成。燃烧所需的空气由送风机 9 鼓入风道，经过空气预热器 5 加热后送到链条炉排 2 下面，穿过链条炉排缝隙进入煤层助燃；燃烧后生成的烟气，经过除尘器 6 净化后，由引风机 7 抽出送入烟囱 8 排到空中。

汽水系统：是将经过软化处理后的水送入锅炉，并将锅炉生成的蒸汽或热水输送给用户。它由水处理设备、水箱、水泵、管道和分汽缸等组成。如图 16-1 所示，存入水箱中的软化水，由给水泵 10 送入省煤器 4，吸收烟气的余热进行加热，然后送入锅筒；锅炉生成的蒸汽从上锅筒经蒸汽过热器 3 继续加热（过热），然后进入分汽缸分配给用户。天然水中含有各种杂质，若直接作为锅炉用水，将会引起锅炉结垢、腐蚀、发沫及汽水共腾，影响锅炉的安全经济运行。因此，锅炉用水必须经过处理才可使用。

仪表控制系统：是为了保证锅炉安全经济运行而设置的仪表和控制设备。如蒸汽流量计、水流量计、风压表、烟气温度计、水位警报器、电气控制柜等。

蒸汽锅炉的工作过程。一般包括三个连续不断且同时进行的工作过程：燃料的燃烧过程、高温烟气向水传热的过程、水蒸气产生的过程。

煤在炉膛内燃烧产生高温烟气，首先在炉膛内与水冷壁进行辐射换热，然后依次与对流管束、过热器及省煤器进行对流换热，把热量传给水或蒸汽，最后温度降低的烟气经烟道和烟囱排入大气。

在燃烧过程的同时，经过水处理的锅炉给水，由水泵先送入省煤器预热，然后进入上锅筒，再流入对流管束和水冷壁管继续加热，形成汽水混合物上升进入上锅筒内，进行汽水分离产生饱和蒸汽，如需过热蒸汽时，则经过过热器加热后再进入分汽缸，用管道引出，供给用户使用。

## 三、锅炉构造及水循环

锅炉设备由本体设备和辅助设备两大部分组成。这里将就锅炉本体中各主要设备的构造、特点和作用加以叙述，对辅助设备就不再做详细介绍。

### （一）汽锅

汽锅由锅筒、水冷壁、对流管束和联箱组成。汽锅是锅炉的主要受热面，蒸汽过热器、省煤器和空气预热器则是锅炉的辅助受热面。为保证锅炉的安全正常运行，在锅炉上还装有各种附件。

1. 锅筒

锅炉的锅筒，又称为汽包。是钢板制成的圆柱形容器，两端是凸形的封头。在锅筒的一端封头上开有人孔，以便安装和检修锅筒的内部装置。

目前生产的工业锅炉大多数有两个锅筒，一个上锅筒和一个下锅筒，两个锅筒用对流管束连接起来。起着补充、储存锅炉给水，汇集净化蒸汽的作用。

上锅筒是汇集汽水混合物和使汽水分离的装置，在水冷壁管和部分对流排管中产生的汽水混合物都上升而汇集到上锅筒中，再由汽水分离器将蒸汽和水分离开来，蒸汽则由上部主汽管引出，水滴再落回到锅筒中。汽水分离器有隔板式、孔板式、集管式和旋风分离式等多种形式，目的是将蒸汽中的水分和盐分分离出来。为了改善炉水的品质，在上锅筒内还装有连续排污装置。给水管也由上部接至内部配水槽上以补充给水。

为了保证锅炉安全运行，在上锅筒一端装有水位计，上部装有安全阀、排空阀和压力表接出管。图 16-2 为上锅筒的内部装置图。在下锅筒中设有排放沉渣、泥渣的定期排污装置。

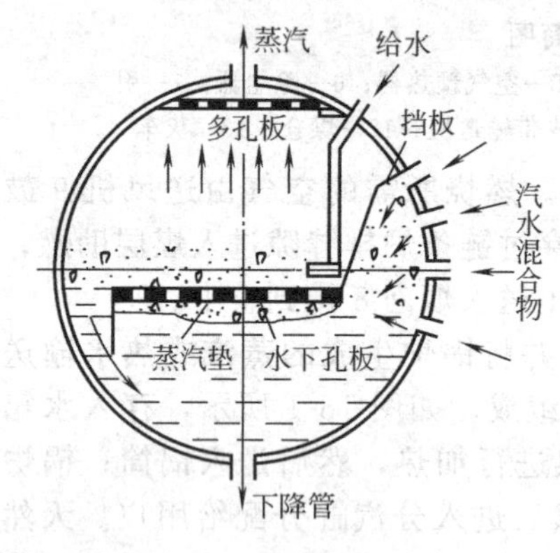

图 16-2　上锅筒内部装置图

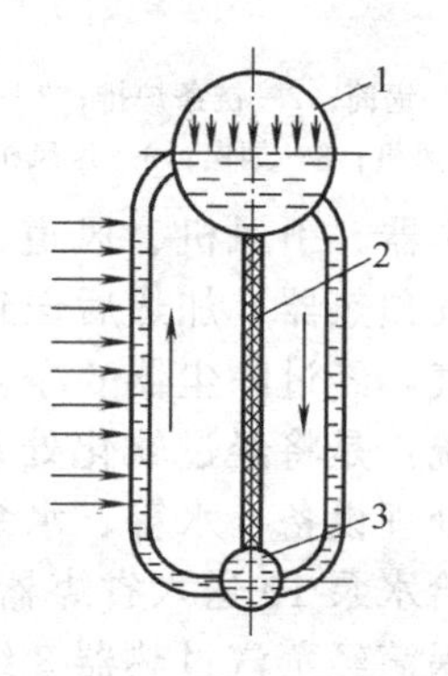

图 16-3　锅炉水循环示意

1—上锅筒；2—隔烟墙；3—下联箱

2. 水冷壁及联箱

水冷壁又称水冷墙，一般用 $\phi$51～76mm 锅炉钢管制成。它布置在燃烧室四周，主要是用来保护炉墙，防止结渭，并吸收锅炉高温烟气的大量辐射热，是水管锅炉的主要受热面。

水冷壁上端一般是与上锅筒连接，或与接至上锅筒的联箱连接，下端与下锅筒或与下锅筒连接的下联箱连接。上锅筒的给水，经过下降管到下联箱，然后到水冷壁受热，吸收热量后成为汽水混合物再上升至上锅筒，形成了锅炉水的自然循环系统，如图 16-3 所示。

连接水冷壁的联箱又称集箱，常用直径较大的无缝钢管制成，有上、下、左、右之分。两端设有手孔，以便清除水垢用。在下联箱上连接的管子除了水冷壁管和下降管外，下部还焊有定期排污管，用于排除炉水中沉积的泥渣和锅炉放空排水用。

3. 对流管束

对流管束又称为流排管或水排管，是由许多排管组成的锅炉对流受热面，是中小型锅炉的主要受热面。全部对流管束都放置在烟道中，受到烟气的冲刷，排管内的水吸收烟气的热量，产生汽水混合物，上升至上锅筒进行汽水分离。由于管子排列和烟气的流向不同，对流管束内的水和汽水混合物组成了有规律的自然循环。

对流管束通常用 $\phi$51～63mm 无缝钢管，采用顺排或错排的排列方式组成管束，上端和上锅筒连接，下端和下锅筒或下联箱连接，连接方式有焊接和胀接两种。

(二) 炉子

炉子又称燃烧设备，是由炉排和炉膛组成的燃料燃烧的空间和场所。由于燃料种类不同，燃烧设备的构造类型也不相同。按照组织燃烧的不同方式，燃烧设备可分为层燃炉、悬燃炉和沸腾炉三种类型。

层燃炉：层燃炉在工业与采暖锅炉中占主要地位，应用最为广泛。其特点是燃料在炉排上铺成层状，空气从炉排下送入燃料层助燃，燃料中可燃气体在炉膛中燃烧，固态碳则在炉排上燃烧。

层燃炉按照操作方式和炉排种类的不同，又分为链条炉排炉、抛煤机炉、往复推动炉排炉和手烧炉。图 16-4 所示是最常用的链条炉排燃烧室。一般小型工业锅炉采用往复推动炉排的层燃炉也比较多。

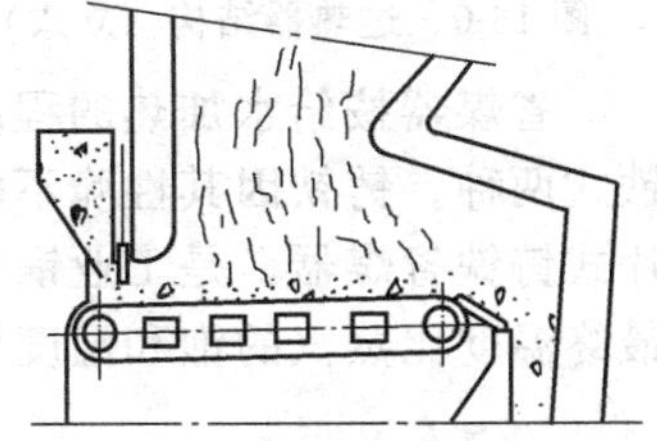

图 16-4 链条炉排燃烧室

悬燃炉：悬燃炉是将煤粉、重油和气体燃料与空气混合后在炉膛内呈悬浮式燃烧，炉膛内没有炉排，四周布满水冷壁受热面，效率较高，多用于发电厂锅炉。另外，燃气和燃油锅炉没有灰渣，也不设除渣设备。煤粉锅炉的炉膛底部装有煤灰斗，用机械或水力除尘设备除灰。

沸腾炉：沸腾炉也称为半悬燃炉，燃用固体颗粒燃料。通常是将煤破碎至一定粒度后送入炉后，从炉排下送入较高压力的空气，将燃料吹到一定高度，使燃料在炉内上下翻滚进行燃烧。它的特点是能燃用次煤，如劣质煤和煤矸石等，燃料在炉内停留时间较长，燃烧效率高，炉排和炉膛热强度高，炉子体积小、耗钢量少。但是飞灰量大，飞灰中可燃物含量大，烟气含尘量高，耗电量大，管束易受磨损。

锅炉的炉膛又称燃烧室，是由炉墙封闭成的燃烧空间（见图 16-5）。炉墙除构成燃烧室外，还构成烟道的外壁，其功能是：防止热量向外散失；组织烟气按指定的通道流动；在锅炉正压运行时，能防止烟气外冒，避免烧伤操作人员和影响环境卫生，在负压运行时，能防止冷空气漏入炉膛，影响锅炉的热效率。

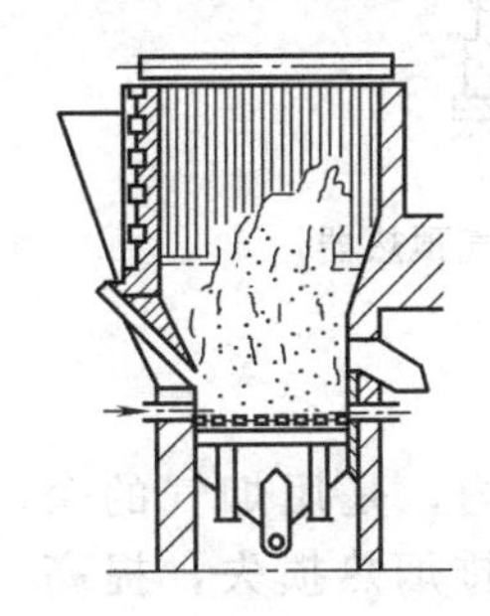

图 16-5 燃烧室

炉墙按构造不同分为重型炉墙、轻型炉墙和管式炉墙三种。工业锅炉一般采用重型炉墙，即炉墙直接砌筑在锅炉基础上，用耐火砖砌内衬，红砖砌外墙，全部重量由基础承担。

为了防止因热胀冷缩炉墙产生裂缝，在炉墙四周设有钢架，用于箍紧炉墙，起到保护炉墙的作用，同时钢架还用来支承锅筒、联箱和管束，起到支承锅炉设备的作用。

### （三）蒸汽过热器

蒸汽过热器是电厂锅炉机组不可缺少的部分，在工业锅炉中也常用到。它的作用是将锅筒引出的饱和蒸汽加热，并达到一定的过热温度。

蒸汽过热器通常布置在烟道的高温区，如炉膛的出口，或装在炉膛顶部。工业锅炉的过热器常布置在一小部分对流管束的后面。

蒸汽过热器按换热方式，可分为辐射式、半辐射式和对流式三种；按放置的方式，可分为立式和卧式两种（立式结构见图 16-6）；按蒸汽和烟气的流向，分为逆流、顺流、双逆流和混合流四种（见图 16-7）。

### （四）省煤器

省煤器是锅炉尾部的辅助受热面，设置在对流管束后面的烟道中。它是利用锅炉排烟的热量加热锅炉给水的一种换热设备，它不仅可以吸收烟气的余热，降低排烟温度（水温升高1℃，烟温降低 1.53℃），减少排烟热损失，节约燃料（可节约 5%～6%），而且由于给水温度的提高，缩小了给水与炉水的温差，从而减少了锅炉的热应力，同时增加了锅炉的汽化能力。但因省煤器使烟气阻力加大，引风机的功率也相应加大。

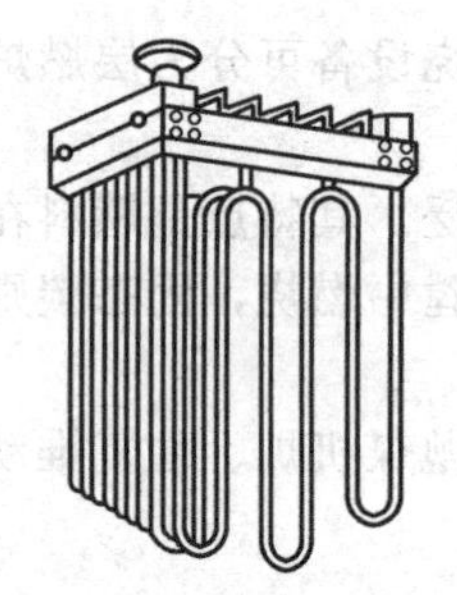

图 16-6　过热器结构（立式）

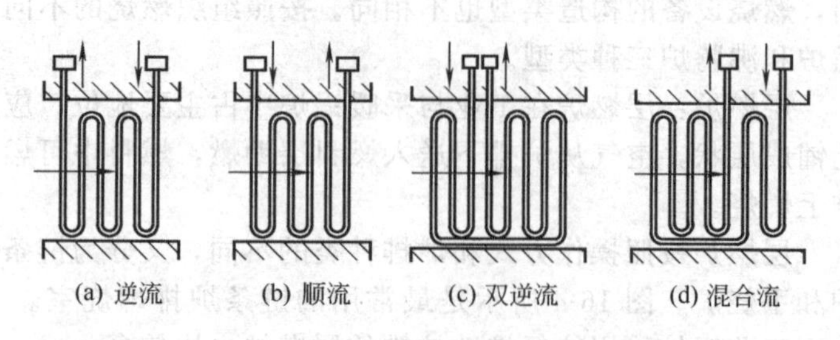


图 16-7　过热器蒸汽与烟气流向

省煤器按给水加热的程度，分为沸腾式和非沸腾式两种；按制造材料可分为钢管式和铸铁式两种。铸铁因其性脆不耐冲击，只能作非沸腾式省煤器。图 16-8 为常见的一种方形翼片式铸铁省煤器，是工业锅炉常用的非沸腾式铸铁省煤器，给水经过这类省煤器加热后，其最终温度比蒸汽的饱和温度低 20～50℃。

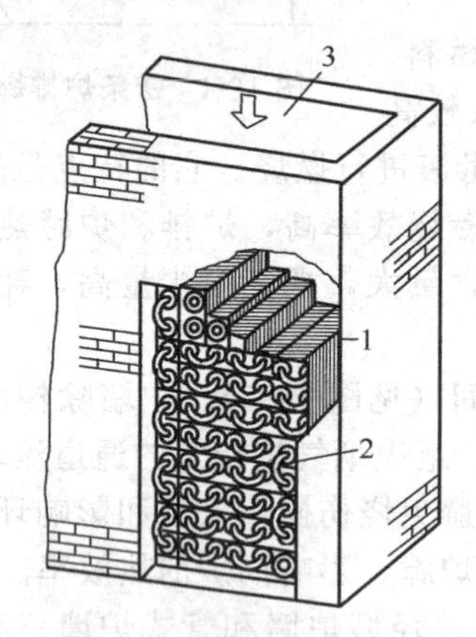


图 16-8　铸铁省煤器

1—省煤器管；2—弯头；3—烟气

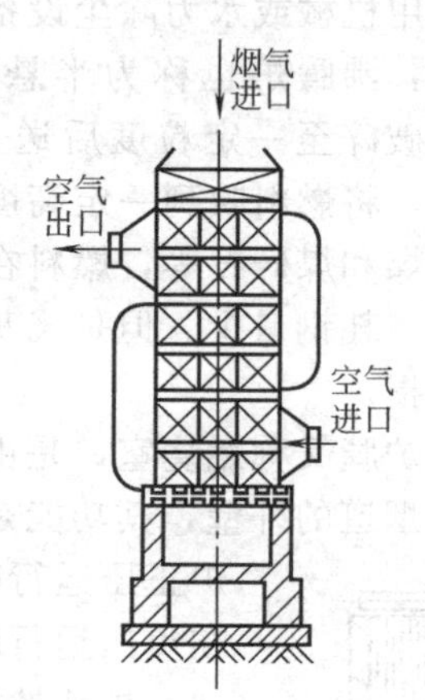


图 16-9　管式空气预热器

（五）空气预热器

空气预热器也是锅炉尾部的辅助受热面，安装在省煤器后面烟道内，是用烟气的余热加热供燃料燃烧所需要的空气。它的作用，一方面，可以减少锅炉排烟热损失，提高锅炉热效率；另一方面可使空气预热至 100～300℃。提高了炉膛内温度，加速和改善了炉内燃料的燃烧条件，增强炉内辐射换热效果，减少了燃料的化学和机械不完全燃烧热损失。

空气预热器分为板式、管式和再生式多种形式，其中管式空气预热器使用较多，如图 16-9 所示。预热器的受热面是由直径 $\phi$32～53mm 的无缝钢管或焊接钢管组成的管束，管子两端垂直焊接在上下管板上。烟气在管内自上而下流动，空气在管外横向流动，在上、下管板中间有隔板和导流箱，空气由下进风口进入，在管束外流过导流箱，再由上出风口流出。

**四、锅炉基本特性指标**

1. 蒸发量或产热量

蒸发量是锅炉每小时能够产生的额定蒸汽量，表明了锅炉的容量大小。用符号 $D$ 表示，单位为吨/时（t/h）。

热水锅炉则是以每小时的额定产热量表示容量的大小。用符号 $Q$ 表示，单位是瓦特（W）。当前热水锅炉仍然有用千卡/小时（kcal/h）表示的。其换算关系为：1kcal/h＝1.163W。

2. 蒸汽或热水参数

蒸汽或热水参数是指锅炉出口处蒸汽或热水的额定工作压力和温度。额定压力用符号 $P$ 表示，单位是 MPa。饱和蒸汽只标明压力即可，过热蒸汽和热水除标明压力外，还应标明过热器出口和热水出口的温度，单位是℃。

3. 受热面蒸发率与发热率

烟气与水或蒸汽进行换热的金属表面称为受热面。每平方米受热面每小时的产汽量，即蒸发量与受热面积之比，称为锅炉受热面蒸发率。用符号 $D/H$ 表示，单位是 $kg/m^2 \cdot h$。平方米受热面每小时的产热量，称为受热面发热率，用符合 $Q/H$ 表示，单位是 $W/m^2$（或 $kcal/m^2 \cdot h$）。

4. 锅炉热效率

锅炉中的燃料完全燃烧所放出的热量，被锅炉有效利用的百分数，称为锅炉的热效率。用符号 $\eta$ 表示。它是锅炉的重要经济指标，供热锅炉的热效率 $\eta$ 一般在 60%～80%左右。

5. 炉排热强度

炉排热强度又称炉排面积热负荷，是表示每小时在每平方米面积的炉排上，燃料燃烧产生热量的最大限度。单位是 $W/m^2$（或 $kcal/m^2 \cdot h$）。它说明了炉子的工作强度，是炉子工作经济性的一个重要指标。其大小应当适度，一般机械炉在 $(800 \sim 1100) \times 10^3 kcal/m^2 \cdot h$ 之内。

6. 锅炉金属耗率

锅炉每吨蒸发量所耗用的金属材料的质量，称为锅炉金属耗率。目前供热锅炉一般为 2～6t/t。

## 五、锅炉型号表示方法

工业锅炉的型号由三部分组成，各部分之间用短横线隔开。锅炉型号完整的表示形式如下：

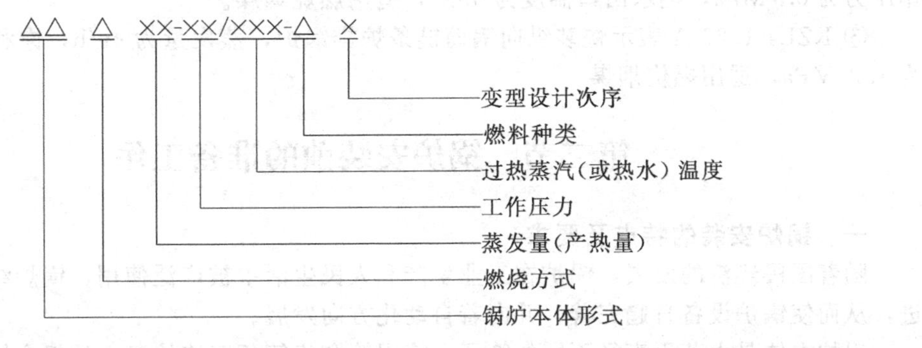


第一部分包括炉型、燃烧方式和蒸发量（或产热量）三个内容。锅炉本体的形式，以两个汉语拼音字母为代号表示，见表 16-1；燃烧方式以一个汉语拼音字母为代号表示，见表 16-2，蒸发量或产热量用阿拉伯数字来表示，其产热量用 MW 表示，蒸发量用 t/h 表示。

**表 16-1　锅炉型号代号**

| 本体形式 | 代　号 | 本体形式 | 代　号 |
|---|---|---|---|
| 立式水管 | LS(立水) | 单锅筒纵置式 | DZ(单纵) |
| 立式火管 | LH(立火) | 单锅筒横置式 | DH(单横) |
| 卧式内燃 | WN(卧内) | 双锅筒纵置式 | SZ(双纵) |
| 卧式快装 | KZ(快装) | 双锅筒横置式 | SH(双横) |
| 热水锅炉 | RS(热水) | (双锅筒横置式) | (HH)(双横) |
| 废热锅炉 | FR(废热) | 强制循环 | QX(强循) |

表 16-2 锅炉燃烧方式代号

| 燃烧方式 | 代号 | 燃烧方式 | 代号 |
|---|---|---|---|
| 固定炉排 | G(固) | 往复推动炉排 | W(往) |
| 活动手摇炉排 | H(活) | 振动炉排 | Z(振) |
| 链条炉排 | L(链) | 沸腾炉 | F(沸) |
| 抛煤机 | P(抛) | 燃气炉 | Q(气) |
| 倒转炉排 | D(倒) | 燃油炉 | Y(油) |
| | | 煤粉炉 | F(粉) |

第二部分包括工作压力和过热蒸汽或热水温度，中间用斜线分开。

第三部分包括燃用的燃料种类和锅炉变型设计次序两个内容。燃料种类用一个汉语拼音字母表示，见表 16-3；变型次序用阿拉伯数字连续排列，如果是原设计，则无此项。

表 16-3 燃料种类代号

| 燃烧种类 | 代号 | 燃烧种类 | 代号 |
|---|---|---|---|
| 无烟煤 | W(无) | 油 | Y(油) |
| 贫煤 | P(贫) | 气 | Q(气) |
| 烟煤 | A(烟) | 木柴 | M(木) |
| 劣质烟煤 | L(劣) | 甘蔗渣 | G(甘) |
| 褐煤 | H(褐) | 煤矸石 | S(石) |

举例如下。

① SHL10-1.27/350-W 表示双锅筒横置式锅炉，采用链条炉排，蒸发量为 10t/h，工作压力为 1.27MPa，过热蒸汽温度 350℃，适用于燃烧无烟煤，按原设计制造。

② QXW1.4-0.7/95℃-A 表示强制循环往复推动炉排热水锅炉，产热量为 1.4MW，工作压力为 0.7MPa，热水出口温度为 95℃，适用燃烧烟煤。

③ KZL4-1.27-A 表示快装纵向锅筒链条炉排锅炉，蒸发量为 4t/h，饱和蒸汽工作压力为 1.27MPa，适用燃烧烟煤。

## 第二节 锅炉安装前的准备工作

### 一、锅炉安装的特点及要求

随着国民经济的发展，锅炉在工业生产和人民生活中被广泛使用，锅炉结构也在不断改进，从而使锅炉设备日趋完善，并向着自动化方向发展。

锅炉本体是由若干直径不同的管子，将锅筒和集箱相互连接起来的组合体。加上其他部件和辅助设备，全套锅炉设备比较庞大而笨重。这样，锅炉整体搬运困难较大，且易损坏。因此，目前除了小型快装锅炉是在生产厂整体组装出厂外，一般工业锅炉都是将部件装配成若干组合件或单件出厂，运输到施工现场后，由施工单位在现场安装成为一套完整的锅炉。

本章所讲述的工业锅炉安装，是指工作压力不高于 2.45MPa（指表压）、蒸发量不大于 35t/h 的现场组装方式的锅炉安装。

锅炉是在生产和生活中广泛使用的、有爆炸危险的承压设备。而且需要由管工、钳工、焊工、起重工、筑炉工等多工种共同合作，密切配合才能进行安装。因此，为了确保锅炉的安全运行，保障人们的生命安全和国家财产不受损失，安装锅炉的施工单位，必须经过省（地、市）劳动局锅炉压力容器安全监察机构审查批准，发给专业安装许可证，方可承担锅炉安装任务。从事锅炉安装的技术工人，特别是焊工，必须经过专业训练，并通过专业考试，取得当地锅炉压力容器安全监察机构颁发的合格证，方能上岗工作。

为了保证锅炉的安装质量，国家对锅炉安装工程规定了一整套必要的审批手续，其审批程序如下：

锅炉房在建设前，使用单位需向环保局领取《锅炉安装审批表》，填写盖章后向环保、劳动部门办理审批手续。环保部门批准后，使用单位可向设计单位提出设计任务书，设计单位应根据《工业锅炉房设计规范》及有关的规定，结合使用单位的要求进行锅炉房及设备、工艺管道的设计。

使用单位根据工程情况，向领有专业锅炉安装许可证的施工单位提出任务，签订合同，并让施工单位在锅炉安装审批表上盖章，然后携带设计资料报劳动局审批。待审批后即可进行安装，在锅炉本体安装验收后方可进行筑炉、配管和辅助设备的安装。

锅炉安装的整体验收工作，应由主管部门或使用单位组织，有主管部门、环保、劳动、设计、施工等单位的代表参加。

锅炉安装竣工验收后，使用单位持《锅炉安装审批表》及有关技术资料报劳动局，办理锅炉使用登记证手续，待发证后方可正式投入使用。

## 二、锅炉安装的工艺流程

锅炉安装单位所依据的技术资料，除设计图纸、随机提供的锅炉本体及主要附件安装的有关技术资料外，主要应遵照《机械设备安装工程施工及验收规范》、TJ321（一）、（四）、（五）、（六）分册和《工业炉砌筑工程施工及验收规范》等有关规定，认真组织施工，不断提高施工技术和管理水平，严格遵守施工程序和安装工艺，作好质量检查和监督工作，确保锅炉安装的质量。

锅炉安装工艺流程如下：

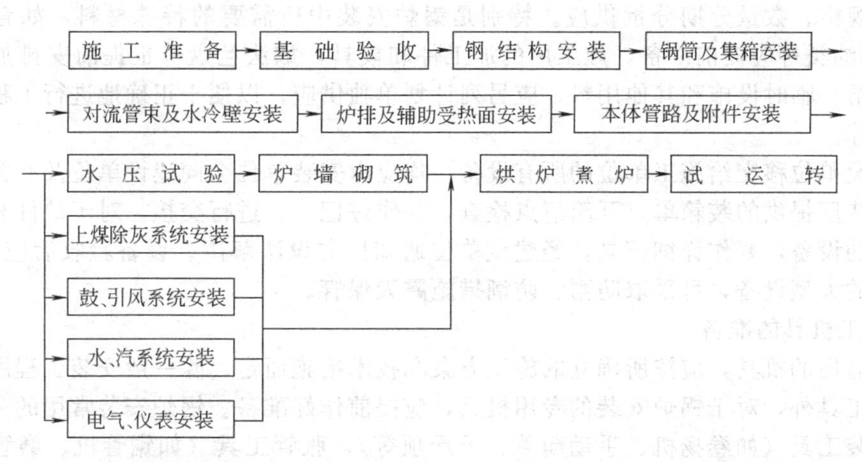


以上流程，除锅炉本体安装必须遵循外，水处理间，鼓、引风系统及上煤除灰系统等，均可视具体情况与本体安装平行或穿插施工。同时电气、仪表安装也应及时配合，待全部工程完工后，方可进行锅炉的烘炉、煮炉及试运转等工作。

## 三、锅炉安装前的准备工作

为了保证锅炉安装工作有计划按程序进行，在施工前应编制出施工组织设计（或施工方案），严格按照施工组织设计组织施工。

施工单位接到锅炉安装任务后，在技术负责人的主持下，组织有关人员熟悉施工图纸及有关技术资料和规范，同时深入现场进行调查，了解工程概况、自然条件、土建工程进度、设备到货时间、建设单位的协助能力等。以此为依据，编制施工组织设计，全面规划施工活动。

施工组织设计应包括：工程概况、主要施工方法和技术措施、施工进度计划、主要材料、设备、施工机具和劳动力需用量计划、施工现场平面布置图、施工准备工作计划、质量及安全措施等。

施工组织设计一经批准，首先应进行施工前的准备工作。现根据锅炉安装的特点，将锅炉安装前主要的准备工作简述如下。

1. 劳动组织及人员配备

合理的劳动组织和管理形式，在锅炉安装工程中，对于提高工作效率，保证工程质量以及按时完成工程任务都极为重要。

锅炉安装是一项比较复杂的技术性工作，涉及的工种较多，而且对各工种工人的专业技术水平和操作能力要求较高，因此应配备经过专业训练的技术人员和工人担任安装任务。行政和技术管理人员的配备以及工人作业小组中工种、级别和数量的配备，均应根据工程大小及复杂程度而定。一般中小型工程应配备工程负责人、工长、技术员、材料员、机械员、质量安全员等配套管理人员组成精干的管理班子；工人小组可分别组成钳工、管工、起重工、筑炉工、电工等几个小组，也可组成混合小组，人数以 15 人左右为好，平均等级应高于 3.5 级，具体应视工程情况而定。

总之劳动组织与人员配备应做到合理、精干，既要符合施工进度计划的要求，又要避免人浮于事，造成窝工浪费。

2. 材料及设备的准备

及时地供应材料和设备，是正常开展锅炉安装工作的必要条件，否则就会因停工待料造成窝工，延误工期，给国家造成经济损失。

安装工程所需的材料、设备，应以施工组织设计中的材料和设备计划以及进度计划为准，按照规格、数量分期分批供应。特别是锅炉安装中所需要的特殊材料，如青铅、绸子（棉布）和油类等应提前准备，施工用的加工件和模具，如法兰盘等也提前安排加工，以保证及时供给。临时设施和其他用料，应另列计划单独供应，以便于正确地进行工程成本核算分析和核算。

由建设单位移交给施工单位的所有设备，均应由安装单位会同建设单位及有关人员，根据设备制造厂提供的装箱单，开箱清点检查，并作好记录，进行交接。对于缺件和表面有损坏和锈蚀的设备，要作详细记录，经建设单位通知厂方设法解决。设备验收后应妥善保管，不能入库的大型设备，可采取防雨、防潮措施露天保管。

3. 施工机具的准备

施工需用的机具，应按所确立的施工方案和技术措施而定。除一般安装工程所常用的施工机械和工具外，对于锅炉安装的专用机具，应提前作好准备。锅炉安装常用的一些主要机具有：吊装工具（如卷扬机、手动葫芦、千斤顶等），胀管工具（如锯管机、磨管机、电动胀管机、FYZ-1 型胀管器、退火用的化铅槽等），测量工具［如水准仪、经纬仪、游标卡尺、内径百分表（0.02）、热电偶温度计、手锤式硬度计等］，安全工具（如排风扇、12V 行灯变压器等）。

对所需用的施工机械和主要工具，均应按计划的需用量加以落实，保证可以随时调入现场。对不常用的起重或运输设备，如吊车、汽车等，也应拟订计划，以便使用时及时调用。

4. 施工现场准备

施工现场准备工作，是按照施工组织设计中的施工平面布置图，进行安装前的现场准备。包括施工用水、电线路的敷设、临时设施的搭设、材料及设备堆放场地的整理、操作场地及操作平台的准备等。

材料及设备仓库准备，对小型材料、工具及设备零配件应在室内库房保管，库内应设有货架，以便入库的材料、工具及配件能分类放置，对一些精密件则可单独存放，大件材料和设备，尽可能在锅炉房内设堆放场，如果没有条件也可露天搭设堆放场，但要尽量靠近锅炉房，并要有防雨、防潮、防火、防盗等措施。

锅炉受热面管的校正平台，可设在距管子堆放场较近的地方，用厚度约12mm的钢板铺设台面，下面垫以型钢或枕木，用水平仪操平后固定，其面积应以能校正最长和最宽的弯管为宜，平台高度以便于操作为宜。

退火炉应避免露天设置，尽量设在靠近锅炉安装处，以减少管子的搬运，附近砌一深度约300mm的灰池，并装好干燥的石棉灰（或干石灰），灰池靠墙设置为好，可减少管架，以备退火时放管。

打磨管子的机械和工作台，宜靠近锅炉放置，以不影响锅炉安装操作为准，且便于装配管时随时修整管端。附近还应用木架杆搭设管子堆放架，管子打磨后可分类堆放，以待胀管时选用。

施工现场的用水用电，可敷设临时管线，既要满足要求，又要安全可靠，电线不准直接在钢架上，特别是拉入锅筒内的照明灯，必须用橡皮电缆由行灯变压器接出，电压为12V。

其他生产和生活设施，应按施工组织设计中总平面布置，统筹规则，妥善安排。

## 第三节　锅炉钢架和平台安装

### 一、安装前的检查和准备

锅炉钢架在安装前，首先应对基础进行检查、验收和放线，并对钢架质量进行检查和调整，以保证锅炉钢架的安装质量。

#### （一）基础验收和放线

锅炉基础一般都是由土建单位施工的。安装单位在安装前，应按照《钢筋混凝土工程施工及验收规范》GBJ 204—83中的有关规定，对锅炉基础进行检查验收。

基础验收时，先进行外观检查，观察基础是否有蜂窝、露石、露筋、裂纹等缺陷，地脚螺栓预留孔中的模板是否已全部拆除。

待外观检查合格后，按锅炉房平面布置图和锅炉基础图，复测锅炉基础的相对位置及各部分尺寸是否符合设计要求。基础各部的偏差应符合表16-4的规定。

锅炉基础尺寸的复测工作，应和放线同时进行。先按照土建施工时确定的基础中心线和基准标高进行初步检查，如果基础正确，则可依此标准放线，如果已超出了图纸要求，则应进行调整，然后再详细画线核对。

放线时应先画出平面位置基准线和标高基准线。即先画出纵向基准线、横向基准线和标高基准线三条基准线。画线时，先将已确定的锅炉纵向中心线，从炉前至炉后画在基础上，作为纵向基准线；然后在炉前以前柱中心为准，画一条与纵向基准线的垂直线作为横向基准线，由这两条基准线即可确定锅炉基础的平面位置。锅炉标高基准线，可以土建施工的标高为准，在基础四周选有关的若干地点分别作标记，各标记间的相对偏移不应超过1mm。有这三条基准线为依据，就可将其他各部分轴线和中心线，按锅炉基础图上的尺寸全部画在基础上，然后按照表16-4中的规定进行检查。经检查若各部尺寸未超过允许偏差，便可签证验收。

放线工作可先用红铅笔打底，然后再弹出墨线，重要的基线可用红油漆标记在基础上，或标在墙和柱子上，作为整个安装过程中检查测量的依据。

为了进一步说明锅炉基础的放线过程，现以SHW2-1.3-A型锅炉为例，说明其放线的过程（见图16-10）。

**表 16-4　混凝土设备基础各部的允许偏差**

| 项次 | 项　　目 | 允许偏差/mm | 项次 | 项　　目 | 允许偏差/mm |
|---|---|---|---|---|---|
| 1 | 坐标位置(纵横轴线) | ±20 | 6 | 预埋地脚螺栓<br>① 标高(顶端)<br>② 中心距(在根部和顶部两处测量) | <br>+20<br>±2 |
| 2 | 不同平面的标高 | −20 | | | |
| 3 | 平面外形尺寸<br>凸台上平面外形尺寸<br>凹穴尺寸 | ±23<br>−20<br>+20 | 7 | 预埋活动地脚螺栓孔<br>① 中心位置<br>② 深度<br>③ 孔壁铅垂度 | <br>±10<br>+20<br>10 |
| 4 | 平面的水平度偏差<br>① 每米<br>② 全长 | <br>5<br>10 | 8 | 预埋活动地脚螺栓锚板<br>① 标高<br>② 中心位置<br>③ 水平度偏差(带槽的锚板)<br>④ 水平度偏差(带螺纹孔的锚板) | <br>+20<br>±5<br>5<br>2 |
| 5 | 垂直度<br>① 每米<br>② 全长 | <br>5<br>10 | | | |

① 先复测土建施工时确定的锅炉基础中心线 $OO'$，经测后已符合图纸要求，故确定它为锅炉纵向基准线。

② 用等腰三角形法检查纵向基准线 $OO'$ 与横向基准线 $NN'$ 是否互相垂直。具体作法是：以 $OO'$ 与 $NN'$ 交点 $D$ 为中心点，在 $NN'$ 线上截取相等的两段任意长度，分别使 $AD=DB$，在 $OO'$ 线上任取一点 $C$，连接 $AC$ 及 $BC$，$\triangle ABC$ 便成为一个等腰三角形，用钢卷尺测量 $AC$ 与 $BC$ 的长度，当 $AC=BC$ 时，说明 $NN'$ 垂直 $OO'$，如果 $AC$ 不等于 $BC$，尚需调整 $NN'$，直至 $AC=BC$ 为止。

③ 以纵向基准线 $OO'$ 和横向基准线为准，画出各辅助中心线和钢柱中心线。

④ 各条线画好后，可用拉对角线的方法，检查放线的准确度。在图 16-10 中，如果 $M_1=M_2$、$N_1=N_2$、$L_1=L_2$ 则说明所画的线是准确的。然后，将已画定的基准线和辅助中心线的两端用红油漆标在周围的墙上，以供安装时检查测量使用。

⑤ 在钢柱的位置上，画出钢柱底板的中心线和轮廓线，将中心线延长到轮廓线外，用红铅笔或油漆标在基础上，靠基础边缘的一端可标在基础的侧面，以便安装钢柱时调整对中使用，如图 16-11 所示。

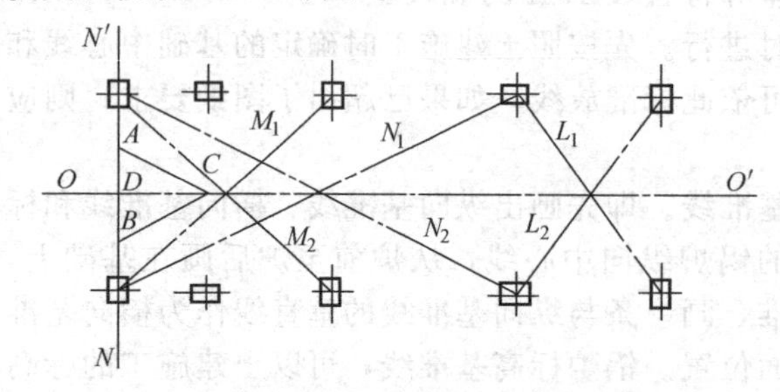


图 16-10　锅炉基础画线

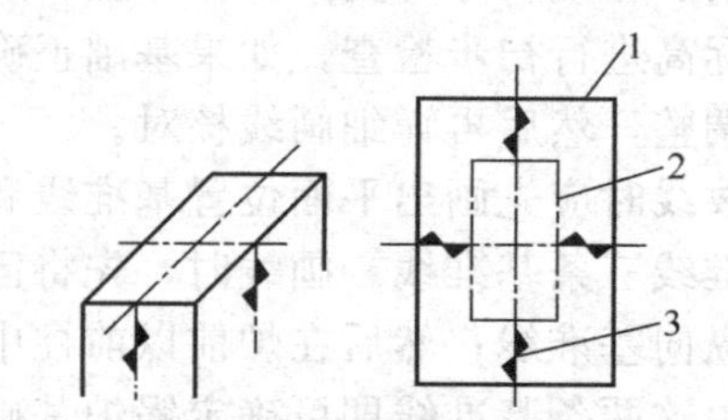


图 16-11　钢柱中心线标志

1—锅炉基础；2—钢柱底板轮廓线；3—标志

⑥ 经复测土建施工的标高无误差时，以此为准，在周围墙和柱子上 1m 高处标出几个基准标高点，作为安装时调整钢柱标高的标准。各钢柱底板处基础高度可同时测出来，并作好记录，安装时以此决定垫高或凿低数值。

（二）钢架和平台构件的检查及矫正

锅炉钢架是锅炉本体的骨架，起着支承重量并决定锅炉砌体外形尺寸和保护钢墙的作用。其安装质量的好坏，直接影响到锅炉本体的安装质量。为保证锅炉钢架的安装质量，必须对钢架各单独构件进行检查。

锅炉钢架开箱清点时，应按照图纸核对规格、件数，并按表16-5的规定进行检查，检查立柱、横梁、平台、护板等主要部件的数量和外形尺寸，是否有严重锈蚀、裂纹、凹陷和扭曲现象。凡偏差超过表16-5规定的构件，均需作出记录，并进行处理，如有变形或丢失，应予以矫正或配制。

**表16-5　锅炉钢结构组装前的偏差**

| 项次 | 项　目 | 偏差不应超过/mm | 项次 | 项　目 | 偏差不应超过/mm |
|---|---|---|---|---|---|
| 1 | 立柱横梁的长度偏差 | ±5 | 4 | 护板、护板框的水平度误差 | 5 |
| 2 | 立柱横梁的弯曲度：每米<br>全长 | 2<br>10 | | | |
| 3 | 平台框架的水平度误差：每米<br>全长 | 2<br>10 | 5 | 螺栓孔的中心距离偏差：两相邻孔间<br>两任意孔间 | ±2<br>±3 |

对超出允许偏差的变形钢构件，应根据具体情况采取相应的方法进行矫正。常用的矫正方法有冷态矫正、加热矫正和假焊法矫正三种。

冷态矫正可分为机械矫正和手工矫正两种。机械矫正一般采用型钢调直机，矫直情况易于控制，施力均匀，对材质几乎没有影响，效果比较理想。如果无调直机，也可用千斤顶代替丝杠，以同样的原理进行矫正，如图16-12所示。在现场缺少矫直机械的情况下，也可采用手工大锤法矫正变形的钢结构，操作时应使锤面与构件表面平行，经大锤锤打矫正后的零件表面不应有凹坑、裂纹等缺陷。

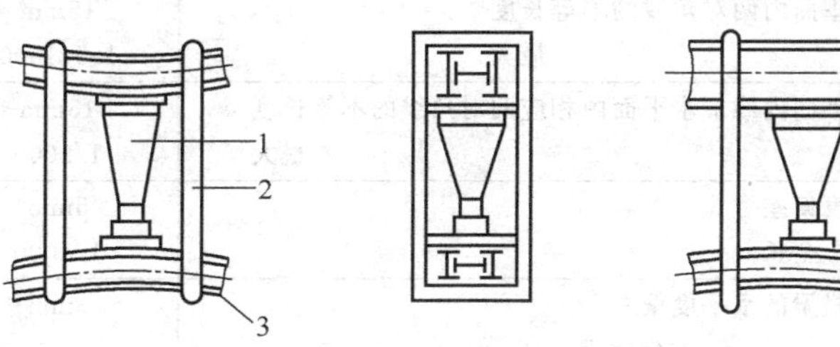


图16-12　钢架矫正示意

1—千斤顶；2—紧固装置；3—被校直钢构件

对变形较大的钢架，宜采用加热法矫正。变形钢架可在加热炉中直接加热，其加热部位和长度应根据弯曲情况确定，加热长度不宜太长，温度不宜超过800℃（暗樱红色）。采用的燃料为木炭，也可采用乙炔焰加热，禁止使用含硫磷过高的燃料。加热矫正时，应防止过热和产生其他方向的变形。

假焊法矫正，适用于不重要的小型构件。它是利用焊接变形的原理来矫正变形的，应由有经验的焊工操作，注意施焊的部位和方向，禁止使用炭精棒施焊，以防金属表面渗碳。假焊后表面应打光。

## 二、钢架和平台的安装

安装钢架前，先根据测量的标高记录修理基础，将各个安装钢柱的地方凿平，使其达到不高于设计标高20mm。

钢架的连接方式分螺栓连接和焊接两种，安装时可根据钢架的结构形式和施工现场的施工条件，采用预组合或分件安装方法进行安装。

采用预组合方法安装，是先将锅炉的前后墙或两侧墙的钢架，预先组装成组合件，然后将各组合件安装就位，并拼装成完整的钢架。为保证钢架的安装质量，组合件的组装工作，应在预先搭设好的组装平台上进行。组装平台可在周围的地面上用枕木搭设，用水准仪找平，枕木之间用铁把钉钉牢。组装时，应注意随时校正组合件的尺寸，每调准一件，立即拧紧螺栓或点焊，待组合件所有尺寸核对无误后进行焊接。若采用可拆卸的螺栓连接时，螺栓端头露出螺母的长度不应大于3～4个丝扣，螺母下面应有垫圈（最多不超过两个），如果支持面是斜面，则应垫以相同斜度的楔形垫圈。

采用分件安装方法，就是不进行钢架的预组合，而是将校正好的钢架构件分件安装。此种方法，搬运吊装都比较方便，但调整工作麻烦，且工效和质量均不如预组合安装方法好。安装时应先将主立柱的底板对准基础的中心线就位，同时穿上地脚螺栓，上部用带有花篮螺钉的钢丝绳或钢柱杆拉紧，进行初步调整，然后再用螺栓将横梁装上，并进行终调，其偏差要求不应超过表16-6的规定，每调整好一件立即点焊固定。

**表16-6　组装钢架的偏差**

| 项次 | 项　　目 | 偏差不应超过 | 附注 |
|---|---|---|---|
| 1 | 各立柱的位置偏差 | ±5mm | |
| 2 | 各立柱间距离偏差<br>最大 | ±1/1000<br>±5mm | |
| 3 | 立柱、横梁的标高偏差 | 3mm | |
| 4 | 各立柱相互间标高偏差 | 1/100 | |
| 5 | 立柱的不铅垂度<br>全高 | 10mm<br>1/100 | |
| 6 | 两柱间在铅垂面内两对角线的不等长度<br>最大 | 15mm<br>1.5/1000 | 在两根立柱的两端测量 |
| 7 | 各立柱上水平面内或下水平面内相应两对角线的不等长度<br>最大 | 15mm<br>1/1000 | |
| 8 | 横梁的水平度偏差<br>全长 | 5mm<br>1/1000 | |
| 9 | 支持锅筒的横梁的水平度偏差<br>全长 | 3mm | |

无论采用哪种安装方法，均应同时对高度、间距位置和垂直及水平度进行调整，并相互顾及，反复测量调整。

调整钢架的标高时，先调钢柱底板在基础上的位置，使钢柱底板的十字中心线与基础上的十字中心线相重合，然后以标在柱子上的标高基准线为依据，用水准仪或胶管水平仪测量钢柱的标高，对超出允许偏差的钢柱，可用平垫铁和成对斜垫铁进行调整，且每组垫铁不应超过三块。待整个钢架标高全部调整完毕，经复查无误时，将垫铁点焊牢固。严禁用浇灌混凝土的方法代替垫铁。

常用的胶管水平仪，是一种自制的测量工具，如图16-13所示。在锅炉安装中，多用于测量钢架的标高和锅筒的找平。钢立柱前先画出基准标高线，将胶管测量仪一端玻璃管内的水位，对准标在柱子上的基础标高基准线，另一端玻璃管的水位对准钢立柱的标高基准线，调整垫铁的高度，使钢柱高度达到设计要求。

钢柱及横梁的位置和距离，可以用钢卷尺度量，采用量对角线的方法进行调整，并和钢柱垂直度的调整工作同时进行。

调整钢柱的垂直度时，在钢柱的顶端相互垂直的两个面上，各挂一个线锤（见图16-14），用钢板尺测量铅垂线和钢柱上下两端的距离，如果超出要求，可采用松紧花篮螺钉

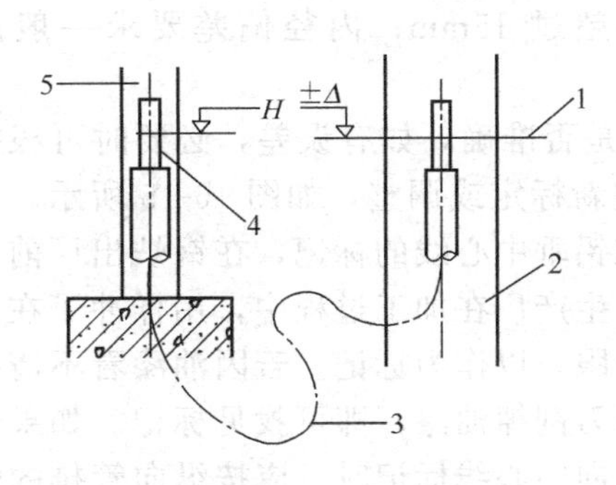


图 16-13　用胶管水平仪测量钢柱标高

1—基准标高；2—柱子；3—胶管；4—玻璃管；5—钢柱

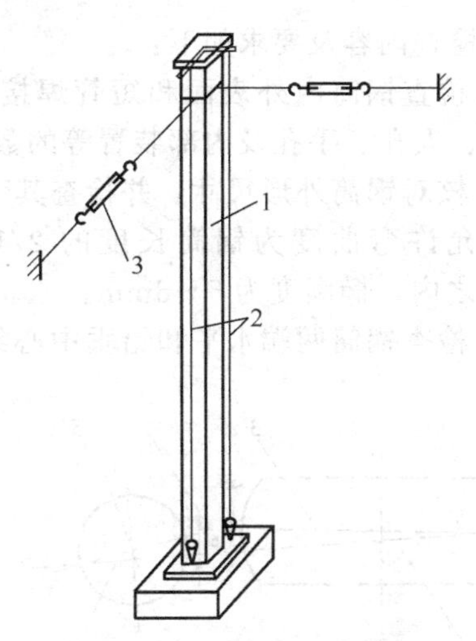


图 16-14　钢柱垂直度调整

1—钢柱；2—铅垂线；3—花篮螺钉

的方法调整，直至合格。如果因钢柱较高线锤摆动时，可使用较重的线锤，或将线锤放入盛水的桶内，以稳定线锤，达到测量准确、方便调整的目的。

钢架的全部构件调整完后，应全面进行复查，所有尺寸经核对无误后，可进行焊接，焊接时焊缝的部位和形式，应完全符合图纸和焊接技术规范的要求，选有经验的焊工施焊，严防钢架在焊接时因温度过于集中而产生焊接变形。如发现变形，可采用假焊法进行校正。

立柱需与预埋钢筋焊接时，应将钢筋加热弯曲紧靠在立柱上，钢筋长度和焊缝规格均不应低于设计规定，且钢筋转折处不应有损伤。

钢架焊接完成后，可进行二次浇灌。在浇灌前检查地脚螺栓是否铅垂，螺母的垫圈是否齐全，螺栓露出螺母1～2个螺距。浇灌时混凝土标号应高于基础标号，基础表面应清洗干净，捣固密实，并做好养护工作，以保证浇灌质量。待混凝土强度达到要求强度的75%以上后，拧紧地脚螺栓。

平台、扶梯、栏杆等安装工作，在不影响锅筒及管束的安装时，可配合钢架的安装进度尽早进行。安装应牢固、平直、美观，扶手立柱的间距应符合设计要求，当设计无规定时，可选用1～2m，且应均匀，转角处必须加装一根，焊缝应坚固光滑。在平台、扶梯、托架等构件上，不应任意割切孔洞，必需割切时，在割切后应予以加固。

## 第四节　锅筒和集箱的安装

锅炉的主要受热面是锅筒、蒸汽过热器、水冷壁和对流管束。这些主要受热面的安装工作，大体可分为两部分，即首先是锅筒和集箱的就位及找平找正，其次是对流管束和水冷壁的安装。

当锅炉钢架安装完成，且二次浇灌的混凝土强度已达到75%以上，钢架验收合格后，便可进行锅筒和集箱的安装工作。锅筒和集箱的安装，是锅炉机组安装过程中非常关键的一道工序，其安装质量的好坏，直接影响着受热面管子的安装，且关系到锅炉的正常使用和安全运行。其主要内容包括锅筒及集箱的检查、安装和校正。下面着重就锅筒的安装作一介绍。

### 一、锅筒的检查

锅筒在安装前，应对其加工质量和运输过程中是否有损伤进行严格的检查，以保证安装质量。检查内容及要求如下：

① 检查锅筒内外表面和短管焊接处，有无裂纹、撞伤、分层等缺陷，管孔、接管座、法兰盘、人孔、手孔及内部装置等的数量和质量必须符合图纸要求。

② 核对锅筒外形尺寸，并检查其弯曲度。锅筒应每隔 2m 测量其内径，并检查椭圆度。锅筒的允许弯曲度为锅筒长度的 2/1000，全长不超过 15mm；内径偏差要求一般应在 ±3mm之内，椭圆度为 5～6mm。

③ 检查锅筒两端水平和铅垂中心线的标记位置是否准确，如有误差，必要时可根据管孔中心线重新标定或调整，如图 16-15 所示。锅筒两端水平和铅垂中心线的标记，在锅炉出厂前由生产厂标定，生产厂在加工过程中，用样冲子在中心线位置冲上眼，以作为标记。若因油漆看不清标记时，可用刮刀刮掉油漆，即可找见标记。如果锅筒上未打有横向中心线标记时，应按纵向管排的管孔画出。

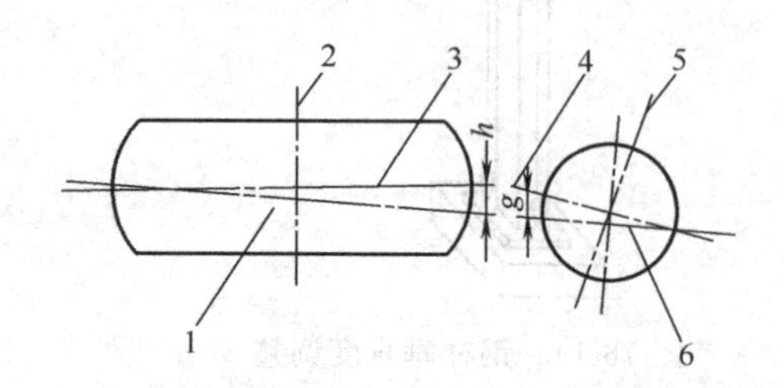


图 16-15 锅筒上的各中心线示意

1，6—水平线；2—横向中心线；3—锅筒纵向中心线；4—锅筒端面水平线；5—锅筒端面铅垂中心线

④ 锅筒胀接管孔的直径和偏差应符合表 16-7 的规定。中小型工业锅炉管子，多采用公称外径 51mm 的锅炉无缝钢管，与其配套的锅筒管孔直径为 51.5mm，管孔的直径偏差不应超过＋0.40mm，椭圆度不应超过 0.30mm，圆柱度误差不应超过 0.30mm。管孔在检测前应打磨清洗干净，对保护油漆可用丙酮清洗，检测完后可涂黄油保护，防止生锈。测量管孔应十字交叉测量两次，以便计算椭圆度，工具使用经过校验的 0.02mm 游标卡尺。

**表 16-7 管孔的直径和偏差** mm

| 管子公称外径 | 管孔直径 | 直径偏差 | 椭圆度误差 | 圆柱度误差 |
|---|---|---|---|---|
| | | 不应超过 | | |
| 32<br>38<br>42 | 32.3<br>38.3<br>42.3 | ＋0.34 | 0.27 | 0.27 |
| 51<br>57<br>60<br>63.5<br>70<br>76 | 51.5<br>57.5<br>60.5<br>64<br>70.5<br>76.5 | ＋0.40 | 0.30 | 0.30 |
| 83<br>89<br>102<br>108 | 83.6<br>89.6<br>102.7<br>108.8 | ＋0.46 | 0.37 | 0.37 |

⑤ 胀接管孔表面粗糙度应达到 12.5μm，且表面不应有凹痕、边缘毛刺和纵向沟纹；环向或螺旋形沟纹的深度不应大于 0.5mm，宽度不应大于 1mm，沟纹至管孔边缘距离不应小于 4mm（至内外边缘）。

以上各项检查工作均需作好记录，特别是管孔的检查，应按照上下锅筒图纸，画出管孔平面图，并分排编号，或列表登记，将测量数据记录在图上的管孔内或记录表中。对超过允许偏差的，应进行数量统计，并与有关单位研究处理方案，处理结果应有记录。

集箱的检查内容和检查方法与锅筒基本相同，本节不再详述。

## 二、锅筒的安装

1. 锅筒支承物的安装

不同型号的锅炉，锅筒支承形式也不相同。现在小型工业锅炉，多为上下两个锅筒，下锅筒常由支座支承，上锅筒则是由管束及钢架来支承，或采用吊环吊挂。

下锅筒的支座，有固定支座和滑动支座之分，安装方法同其他设备安装一样，根据图纸要求，按锅筒的安装中心线及标高基准线找平找正。安装时，支座的标高应考虑到锅筒和支座之间所垫石棉绳的厚度，滑动支座内的零件，在装入前应检查清洗，安装时不得遗漏，支座滚子应上下接触良好，保证一定的间隙，并留出膨胀量。

锅筒如果采用吊环吊挂时，应对吊环螺钉和吊架弹簧的质量进行检查，吊环应与锅筒外圆吻合、接触良好，其局部间隙不得大于1mm。

靠管束支承的锅筒，应放在临时性支架上加以固定，以便于进行锅筒的调整工作。临时支架的立柱可用钢管制作，其他可用型钢制作，上部用方木横担在钢架上，在锅筒的两侧垫以木楔临时支承锅筒。

无论何种形式的支承物，均应坚固牢靠，都必须保证锅筒的稳定，在胀管过程中不致引起锅筒的移动。安装完毕拆除临时支架时，不得用锤敲打，不得使锅筒振动，防止因锅筒的摇动使胀口松动。

2. 锅筒的运输和吊装

锅筒由堆放场运至安装地点时，应先将锅筒放在木排（木船）上，木排下放入滚杠，地面上加铺木板，然后用卷扬机或绞磨将木排连同锅筒一起拖入锅炉房。

锅筒的吊装工作，按施工组织设计确定的吊装方案进行施工。通常吊装方案应根据现场的施工条件确定。在小型锅炉房内，一般不便使用吊车，因此常使用桅杆和手动葫芦（倒链）进行吊装。

锅筒在起吊和搬运时，严禁将绳索穿过管孔，不得使短管受力，也不得用大锤敲击锅筒。锅筒的绑扎位置不应妨碍锅筒就位，绑扎要牢固可靠，在绑扎钢丝绳的地方垫以木板，防止钢丝绳滑动损坏锅筒。锅筒在吊装前应进行试吊，经检查无异常现象时方可起吊。起吊过程中要做到平稳可靠，不得与钢架碰撞。锅炉有两个或两个以上锅筒时，锅筒吊装顺序可视锅炉结构和现场条件而定，只要不妨碍施工，先吊装上锅筒或下锅筒均可。

3. 锅筒的调整找正

锅筒安装位置的正确与否，直接影响着锅炉排管的安装质量，锅筒微小的位置差错，会严重影响胀管的质量，因而降低锅炉的使用寿命。因此，必须对锅筒安装进行认真仔细地调整找正。

锅筒及集箱的找正工作，包括单个位置的找平找正和相互之间位置的找平找正。其偏差要求应符合表16-8的规定。

**表16-8 锅筒、集箱就位时的偏差**

| 项 次 | 项 目 | 偏差不应超过/mm | 附 注 |
| --- | --- | --- | --- |
| 1 | 锅筒纵向中心线、横向中心线中立柱与心线的水平方向距离偏差 | ±5 | |
| 2 | 锅筒、集箱的标高偏差 | ±5 | |
| 3 | 锅筒、集箱的水平度误差，全长 | 2 | |
| 4 | 锅筒间($p$、$s$)、集箱间($b$、$d$、$l$)、锅筒与相邻过热器集箱间($a$、$c$、$f$)、上锅筒与上集箱间($h$)轴心线距离偏差 | ±3 | 见图16-16 |
| 5 | 水冷壁集箱与立柱间距离($m$,$n$)偏差 | ±3 | 见图16-16 |
| 6 | 过热器集箱间两对角线($k_1$、$k_2$)的不等长度 | 3 | 见图16-16 |
| 7 | 过热器集箱与蛇形管最低部距离($e$)偏差 | ±5 | 见图16-16 |

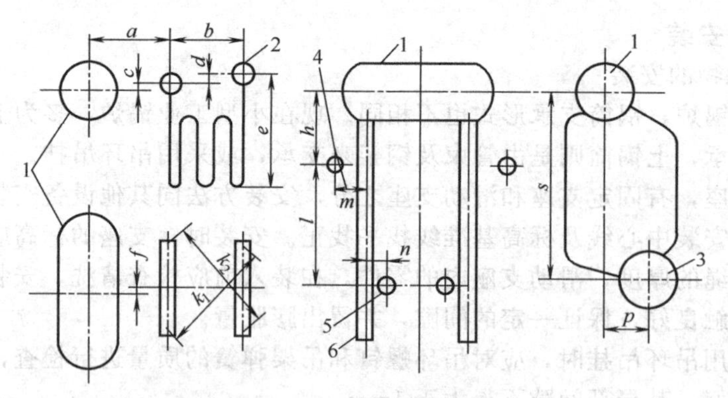


图 16-16 锅筒、集箱间的距离

1—上锅筒；2—过热器集箱；3—下锅筒；4—水冷壁上集箱；5—水冷壁下集箱；6—立柱

调整锅筒纵、横中心线与基础纵、横基准线的距离，多采用投影法进行测量。即在锅筒的纵、横中心线的两端挂上线锤，线锤的尖端略高于基础面，测量线锤在基础面上的投影点与基础上的纵、横基准线间的距离，调整锅筒，使其达到符合表 16-8 的要求为止，如图 16-17 和图 16-18 所示。

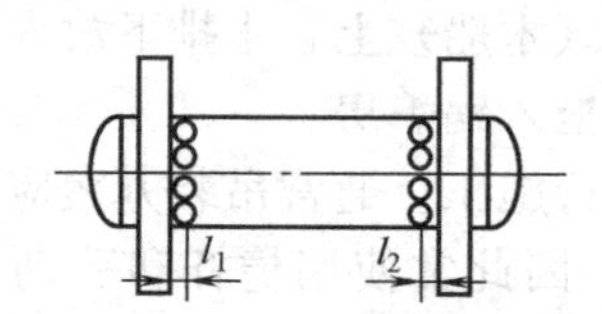


图 16-17 找正锅筒中心位置

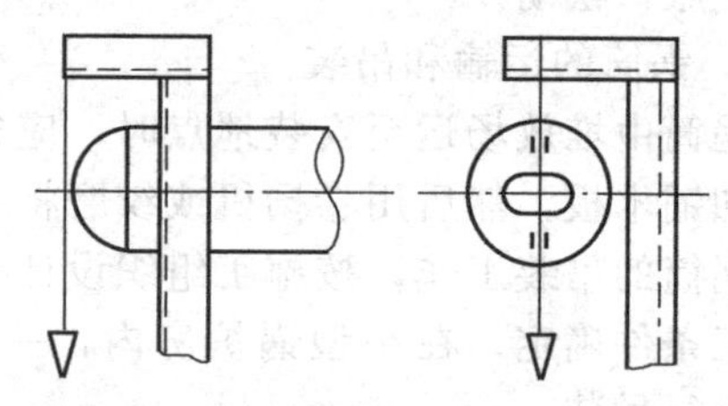

图 16-18 锅筒中心找正与水平找正

锅筒找正时，应考虑到锅筒将在热状态下的热膨胀，在常温下安装的锅筒，应使 $l_1 = l_2 + 1/2s$。$s$ 为锅筒纵向膨胀间隙，一般按下式计算

$$s = 0.012l\Delta t + 5$$

式中 $s$——膨胀间隙，mm；

$l$——锅筒长度，m；

$\Delta t$——锅筒内工作介质温度与安装时环境温度之差，℃。

锅筒全长的纵向水平度偏差 $h$（图 16-15）在锅筒两端测量，允许误差不得超过 2mm；锅筒横向水平度偏差 $g$（图 16-15）在锅筒端面上测量，可根据端面上的铅垂中心线和水平中心线标记，允许误差为 1mm。测量工具可采用水准仪或胶管水平仪，如图 16-18 所示。

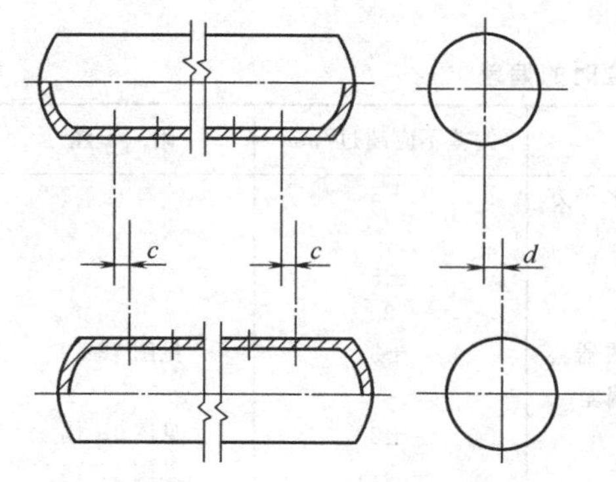


图 16-19 上、下两锅筒间的相对位置

上、下两锅筒管孔中心线间的距离偏差允许为±3mm（图 16-19 中 $c$）。当锅炉的两锅筒在同一铅垂线上时，则上下锅筒铅垂中心线的不对准偏移不得超过 1mm（图 16-19 中 $d$）。

锅筒的调整工作，可先调整有永久性支座的锅筒，然后再调整有临时支座的锅筒。集箱位置的调整应在锅筒调整后进行。

锅筒内部零件的安装，应在排管安装完毕，锅炉水压试验结束后，根据设备技术文件规定的位置和数量进行装配。

# 第五节　受热面管束的安装

## 一、管子的检查与校正

锅炉的受热面管子，在制造厂已按规格和数量煨制好，随设备运到施工现场。由于运输装卸和保管不善等原因，可能出现管子变形、损伤和缺件等现象，因此在安装前必须进行清点、检查和校正工作。

管子的检查内容及质量要求如下。

① 管子外表面不应有重皮、裂纹、压扁和严重锈蚀等缺陷，当管子表面有沟纹、麻点等其他缺陷时，缺陷深度不应使管壁厚度小于公称壁厚的90%。

② 管子胀接端的外径偏差：公称直径为32～40mm的管子，不应超过±0.45mm；公称外径为51～108mm的管子，不应超过公称外径的±1%。

③ 直管的弯曲度每米不应超过1mm，全长不应超过3mm；长度偏差不应超过±3mm。

④ 弯曲管的外形偏差（见图16-20）应符合表16-9的规定。

⑤ 弯曲管的水平度误差（见图16-21）应符合表16-10的规定。

表16-9　弯曲管的外形偏差

| 项次 | 项　　目 | 偏差不应超过/mm | 项次 | 项　　目 | 偏差不应超过/mm |
|---|---|---|---|---|---|
| 1 | 管口偏移($\Delta a$) | 2 | 3 | 管口间水平方向距离($m$)的偏差 | ±5 |
| 2 | 管段偏移($\Delta b$) | 5 | 4 | 管口间铅垂方向距离($n$)的偏差 | ±5 |

表16-10　弯曲管的水平度误差　　mm

| 长度$l$ | ≤500 | ＞500～1000 | ＞1000～1500 | ＞1500 |
|---|---|---|---|---|
| 水平度误差$\alpha$不应超过 | 3 | 4 | 5 | 6 |

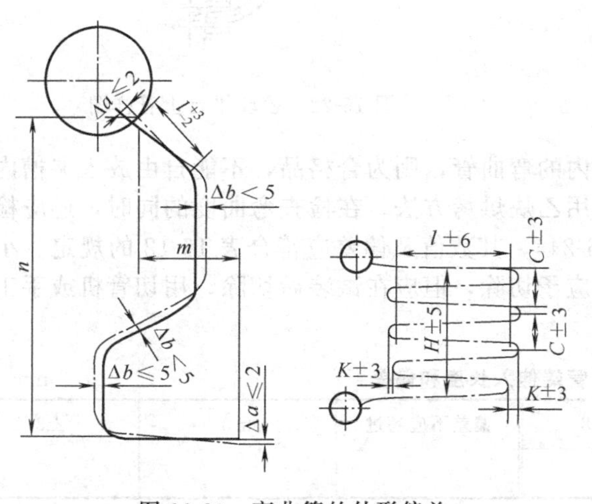

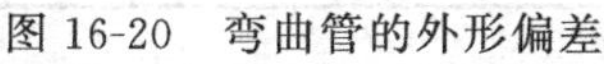
图16-20　弯曲管的外形偏差

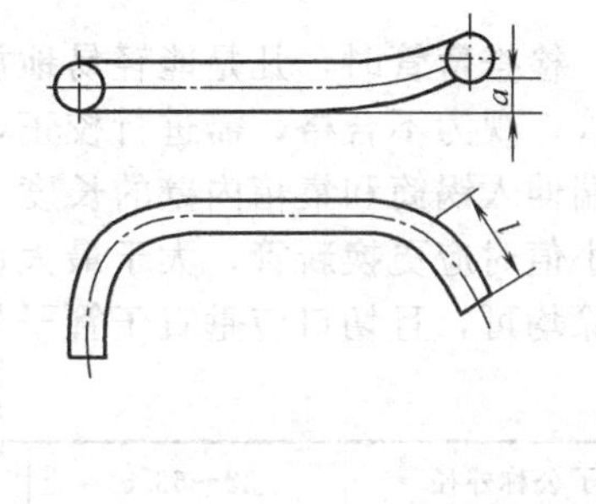

图16-21　弯曲管的水平度误差

⑥ 锅炉本体受热面管子应作通球试验，需要矫正的管子的通球试验应在矫正后进行，试验用的球一般应用钢制或木制球，不应采用铅等易产生塑性变形的材料制成的球，其通球直径应符合表16-11的规定。

**表 16-11　通球直径**

| 5 弯管半径 | $<2.5D_1$ | $\geqslant 2.5D_1 \sim 3.5D_1$ | $\geqslant 3.5D_1$ |
|---|---|---|---|
| 通球直径不应小于 | $0.70D_0$ | $0.80D_0$ | $0.85D_0$ |

注：$D_1$—管子公称外径；$D_0$—管子公称内径。

⑦ 胀接管口的端面倾斜度 $f$（见图 16-22）不应大于管子公称外径的 2%。

校验管子尺寸和弯曲度的方法，可利用样板（样管）和校验平台两种方法进行。

用样板法进行检查时，所使用的样管，是在锅筒及集箱安装完毕，选各种型号管子进行试装配，当各部尺寸及弯曲度都正确时，即可作为样板来检查其余的同一型号的管子。用这种方法检查管子比较简便，但不够准确，且需在锅筒和集箱安装调整后进行，因此，此法不常采用。通常多采用校验平台进行校验。

检验管子所使用的平台，是用钢板搭设的平整的水平金属平台。检验前，先按照锅炉制造厂提供的锅炉本体图，将锅筒及弯曲管的侧截面图，按实际尺寸绘制在平台上，并沿绘出线打上样冲眼，以保持图样长久。在管样图的适当位置焊上小角铁或扁钢短夹板，其距离在靠近锅筒处应与管孔直径相同，直管段处的变形范围应符合图 16-20 的规定。管子侧截面图如图 16-23 所示。

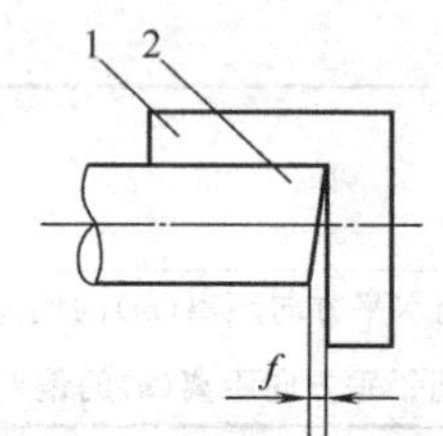

图 16-22　胀接管口的端面倾斜度
1—角尺；2—管子

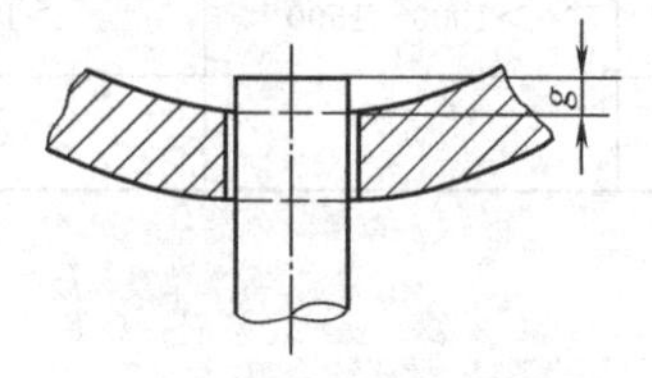

图 16-24　管端伸入长度

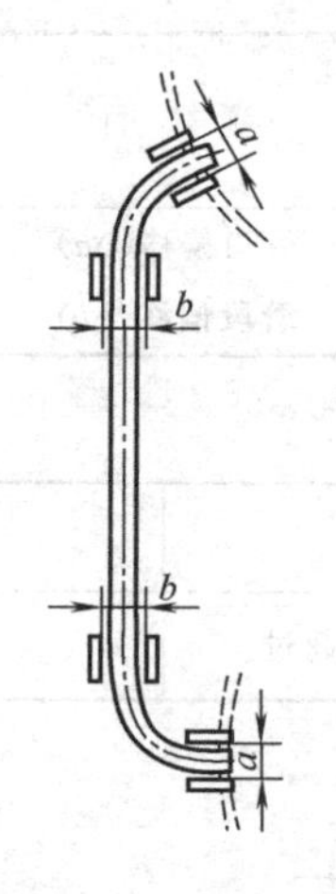

图 16-23　校验平台上管样图

检查弯管时，凡是能轻易地放入夹槽内的弯曲管，则为合格品，不能自由放入夹槽内的弯管，视为不合格，需进行校正，一般采用乙炔烘烤方法。在检查弯曲度的同时，还应检查管端伸入锅筒和集箱内壁的长度（见图 16-24），其数值及偏差应符合表 16-12 的规定。小于最小值时应更换新管，大于最大值时部分应予切除，但应在试装后切除，用切管机或手工锯切除均可，且切口应垂直于管子外壁。

**表 16-12　管端伸入长度和偏差**　mm

| 管子公称外径 | 32～63.5 | 70～108 | 偏差不应超过 | ±3 | ±3 |
|---|---|---|---|---|---|
| 管端伸出长度 $g$ | 10 | 12 | | | |

应特别指出的是：实样图的绘制，必须正确无误，否则将前功尽弃，甚至会造成难以弥补的损失。

## 二、胀管工作

锅炉的水冷壁管和对流管束与锅筒和集箱的连接，常采用焊接或胀接的方法进行连接。

一般工业锅炉，管子或锅筒的连接多采用胀接，与集箱的连接多采用焊接。

（一）胀管原理和胀管器

1. 胀管原理

胀接，是将管端插入锅筒的管孔内，用胀管器使管端扩大，利用管子的塑性变形和锅筒管孔的弹性变形，使管子和锅筒紧密而牢固地连接起来。

锅筒的管孔比管子外径大，当管端伸入管孔时，管子与管孔间有一定的间隙，胀管器插入管端后，转动胀杆，随着胀杆的深入，胀珠便对管端内壁施加径向压力，使管径渐渐扩大产生变形。由于孔壁的阻碍，管子扩大到与管孔壁接触后，如继续施加压力，则管壁被压变薄，产生塑性（永久）变形，与管孔形成严密无间的接口。管孔壁受力后只产生弹性变形，在撤出胀管器后，管孔壁回弹收缩，使胀口更加牢固。

胀接口的严密性与许多因素有关，如胀管的扩胀程度；管子与管孔壁之间的间隙数值，接触表面的状况；胀管的方法及胀管器的质量；操作者的技术水平和熟练程度等。为了保证胀管的质量，对于上述各种因素都应加以重视。

2. 胀管器

进行胀管工作的工具是胀管器。根据胀杆的推进方式，胀管器可分为螺旋式和自进式两种；根据胀杆推动力的来源，也可分为手动胀管器和机械胀管器两种。目前常用的胀管器为手动自进式胀管器。

自进式胀管器分为初胀胀管器（图 16-25）和翻边胀管器（图 16-26）两种。初胀胀管器又称为固定胀管器，是用来将管子固定在锅筒上，称作挂管；翻边胀管器用于复胀，并将管端翻边，完成胀管工作。

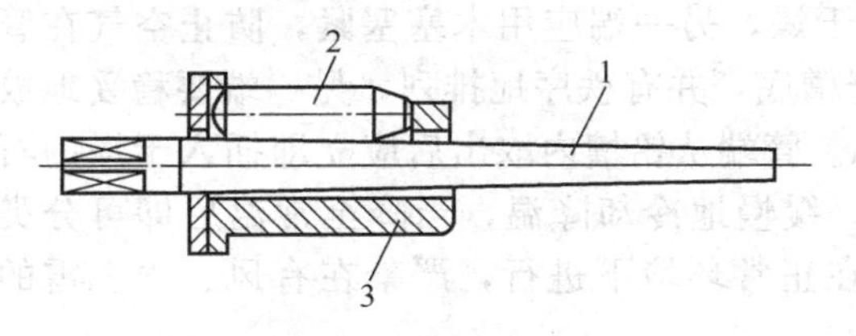

图 16-25 初胀胀管器

1—胀杆；2—胀珠；3—外壳

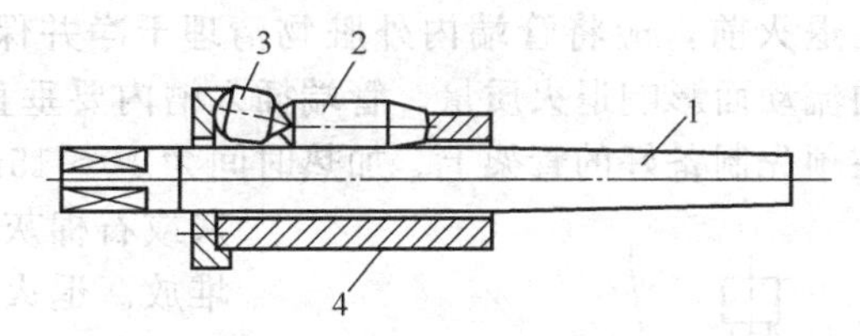

图 16-26 翻边胀管器

1—胀杆；2—胀珠；3—翻边胀珠；4—外壳

初胀胀管器和翻边胀管器的结构大致相同，只是后者多了一个翻边胀珠。在胀管器外壳上，沿圆周方向每相隔 120°有一个胀珠巢，每个巢内放置一个胀珠（或连同翻边胀珠）；胀杆和胀珠均为锥形，胀杆的锥度为 1/20～1/25，胀珠的锥度为胀杆的一半，因此在胀接过程中，胀珠与管子内壁接触线总是与管子轴线平等，管子呈圆柱状扩胀，不会有锥形出现。翻边胀珠与管子的锥度较大，能使管口翻边后形成 12°～15°的斜角。

在自进式胀管器中，胀珠巢的中心线与外壳的中心线之间有一夹角，因此，胀珠与胀杆中心线之间也产生一夹角，当胀杆压紧胀珠使胀珠与管壁和胀杆具有一定摩擦力时，旋转胀杆就能自己开始“进入”，并且自动向前推进而不需要施于其上的径向外力。由于胀杆自己推进，胀管过程中胀珠压力的增长是逐渐的、均匀的和不间断的，因而这种胀管器的胀接质量良好，况且结构简单，使用方便，因此得到广泛的应用。

为保证胀接质量，胀管器在使用之前应进行严格的检查。首先胀管器的适用范围应能满足管子终胀内径的要求；胀杆和胀珠不得弯曲，且圆锥度应相配（即胀珠的圆锥度为胀杆的一半）；各胀珠的巢孔斜度应相等，底面应在同一截面上；各胀珠在巢孔中的间隙不得过大，其轴向间隙应小于 2mm，翻边胀珠与直胀珠串联时，该轴向间隙应小于 1mm；胀珠不得自巢孔中向外掉出，并且当胀杆放入至最大限度时，胀珠应能自由转动。

胀管器在使用时，胀杆和胀珠上要抹适量的黄油，并在每胀 15～20 个胀口后，用煤油清洗一次，重新加黄油后使用，但应防止黄油流入管子与管孔之间。

（二）胀管的准备工作

1. 管端退火

胀管工作是将管端在锅筒管孔内冷态扩张。为保证管端有良好的塑性，防止胀管时产生裂纹，在胀管前管端进行退火。退火工作一般应在锅炉制造厂进行，在出厂证明书中应有明确的记载。无明确记载者，一般采用抽样试胀法进行检查，根据试胀结果决定是否需要退火。另外可通过硬度试验来确定是否需要退火，当管端的硬度 HB≥170 时或管端硬度大于等于管孔壁的硬度时，必须进行退火。

管端退火可采用炉内直接加热法或铅浴法。目前多采用铅浴法，因这种方法加热均匀，温度稳定，操作方法简单且容易掌握。由于铅熔化后产生的气体对人身健康有害，目前逐步推广电加热（包括红外线）的热处理技术。

采用铅浴法退火时，先做一个长方形的化铅槽，槽深约 400mm 左右，槽底面积可根据每次插入槽内的管子根数决定。槽内一角上方可焊一短管，用作插热电偶温度计。化铅槽要用较厚的钢板焊制，槽底的厚度一般不小于 12mm，以保证能在灼热状态下承受铅液和管子的全部质量，防止产生严重变形和破裂。退火时，将化铅槽放在地炉上加热，用热电偶温度计测温，使温度控制在 600～650℃范围内，严禁加热至 700℃。无热电偶温度计时，可用铝导线插入铅液内检查温度，待铝导线溶化时，证明铅液温度已达到 658℃。退火长度应为 100～150mm，因此铅液的深度要经常保证在 150mm 左右，表面盖上一层 10～20mm 厚的煤灰或石棉灰，这样既可起到保温作用，又可防止铅液氧化和飞溅，管子在退火前，应将管端内外脏物清理干净并保持干燥，另一端应用木塞塞紧，防止空气在管内流动而影响退火质量。管端插入槽内要垂直于槽底，并有秩序地排列，另一端要稳妥地放在预先制备好的管架上。加热时间为 10～15min。管端从铅槽内取出后应立即插入干燥的石灰或石棉灰中，缓慢地冷却降温，当降至常温后即可分类堆放。退火应在正常环境下进行，严禁在有风、雨、雪的露天条件下工作。

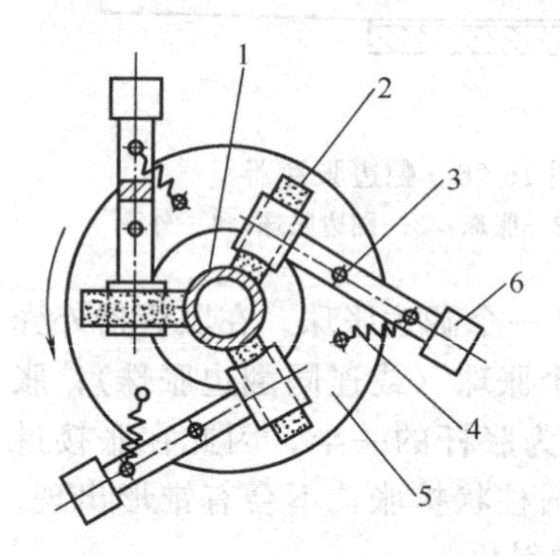

图 16-27　打磨机磨盘示意
1—管子；2—砂轮块；3—轴；
4—弹簧；5—圆盘；6—重块

2. 管端与管孔的清理

管子的胀接端退火后，表面上的氧化层、锈点、斑痕、纵向沟纹等，在胀管前应打磨干净，直至发出金属光泽。打磨长度应比锅筒厚度长出约 50mm。打磨后管壁厚度不应小于规定壁厚的 90%，表面不得有纵向沟纹。

手工打磨管子时，先将管子夹在龙门压力钳上，为避免夹伤管子，可在管子表面包以破布。用中粗平锉沿圆弧形走向打磨，将管端表面的锈层、斑点、沟纹等锉掉，然后再用细平锉将遗留下的小点锉掉，最后用细砂布沿圆弧方向精磨，使管端表面全部露出金属光泽。

机械打磨管端时，将管端插入由电动机带动的打磨机磨盘内（见图 16-27），磨盘上装有三块砂轮块，由机械夹持固定管子，当磨盘转动时因离心力的作用使配重块向外运动，迫使砂轮块紧靠在管子上打磨管子。停车后，由于离心力的消失，在弹簧拉力作用下使砂轮块离开管子。操作人员根据经验随时停车检查打磨程度，认为合格后即可取出管子，尚存的小斑点，人工用细平锉锉掉，并用细砂布精磨，直至发出金属光泽。机械打磨省力、效率高。但应严格要求打磨程度，并注意人身安全，磨盘外应加防护罩，以免砂轮块飞出伤人。为了便于控制启动和停车，宜采用脚踏式开关。

经过打磨的管端表面仍要保持圆形，不得有小棱角和纵向沟纹。打磨管子时，在保证磨出金属光泽的条件下，应尽量减少管子的打磨量，以保证管壁的厚度不小于规定数值。管端内壁 75～100mm 长度范围内，需用钢丝刷或刮刀将毛刺、锈层、铅迹等污物刷刮干净，以免沾污胀管器并加速磨损。打磨后的光洁管端应用牛皮纸包裹，严防生锈，并应尽早安装。

锅筒和集箱上的管孔，在胀管前应先擦去防锈油和污垢，然后用砂布沿圆周方向将毛刺和铁锈擦掉，并打磨出金属光泽。如有纵向或螺旋形沟纹，可用刮刀按圆弧走向刮掉，但应保证不出现椭圆、锥形等现象。用时应检查管孔是否符合规范规定的质量标准。

3. 管子和管孔的选配套

为了提高胀管的质量，管子与管孔间的间隙，应根据不同管外径选配相适应的管孔，使全部管子与管孔间的间隙都比较均匀。选配前，先用游标卡尺测量打磨过的管端外径和内径，并列表登记，与管孔图上的数据进行比较。选配时，将较大外径的管端，与相应管排中的较大管孔相配。这样胀管的扩大程度就相差不大，便于控制胀管率，保证胀管的质量。

管子胀接端与管孔间的间隙，一般不宜超过以下数值：管子外径为 $\phi$32～42mm 的管，间隙为 1.0mm；$\phi$51～60mm 的为 1.2mm；$\phi$76 的为 1.5mm；$\phi$89 的为 1.8mm；$\phi$108 的为 2.0mm。

（三）胀管

经过上述对炉管及锅筒管孔进行检查处理后，即可进行胀管。胀管工作一般可分为固定胀和翻边胀两个工序，称做二次胀接法。也有将两道工序合并一次完成胀管工作的，称为一次胀接法。

1. 固定胀管

将管子用初胀胀管器初步固定在锅筒上，称为固定胀管，又叫做挂管或初胀。

为了使挂管工作顺利进行，保证对流管束安装整齐，在大量炉管安装前，应在上下锅筒的两端部，各紧固一列管束，这两列管束的管子间距、垂直度、伸入锅筒内的长度等，均应达到允差范围之内，以此作为整台锅炉对流管束胀管安装的基准管，如图 16-28 所示。

管子在插入管孔前，应将管孔内的油污、脏物用蘸过汽油的棉纱和白布擦抹干净，管子的胀接端可用砂布打磨并用破布擦净。

管端伸入锅筒管孔内的长度 $g$（见图 16-24）和偏差要求，应符合表 16-12 的规定。

管子胀接端伸入管孔时，应能自由伸入，当发现有卡住或偏斜现象时，应校正后再装。如锅炉配带的管子太长，可将长出部分锯掉，但锯口面与管子轴心线应垂直，且倾斜度 $f$（见图 16-22）不应大于管外径的 2%。每挂一根管都要进行试装、测量和锯断，不得以一根管为样板将同类管子一次锯完，以免因锅筒安装不准或管子曲率不同等因素，使管子伸入管孔的长度不一致，甚至超出规定偏差而报废。

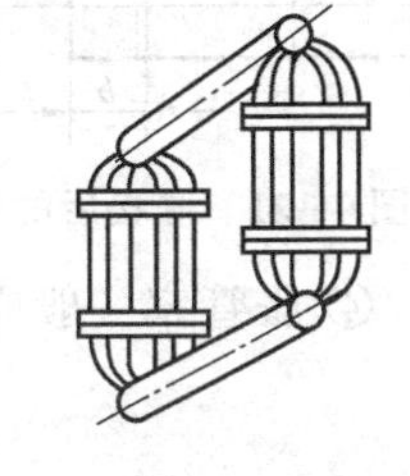

图 16-28　基准排管

挂管时应先挂中间排，后挂两侧排，且上下锅筒内胀管工人应相互配合，锅筒外要有专人负责找正、指挥及观察胀管程度。使管子排列整齐，纵横成直线；伸进上下锅筒的长度应一致。隔火墙两边的管子应更加严格注意间距和直线排列，以免给砌筑隔火墙造成困难。每根管子均应按选配时的编号与相应的管孔装配，将管子上端先插入管孔，然后在不加外力的情况下将下端插入管孔，调整排管的间距、排列和伸入锅筒的长度。间距和直线排列的调整，可采用拉线法（以基准排管为准）和木制梳形槽板（图 16-29）进行调整。为保证伸入上下锅筒管子的长度相等，避免胀管时管子向下窜动，待上下锅筒内的操作人员调整好管子的长度时，锅筒外的人可用特制的扁钢卡具将管子夹紧，托放在下锅筒上（见图16-30）。

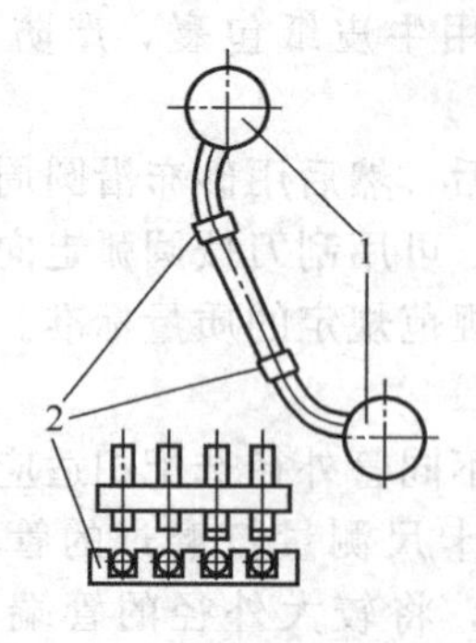

图 16-29 用槽板校正排管

1—锅筒；2—梳形槽板

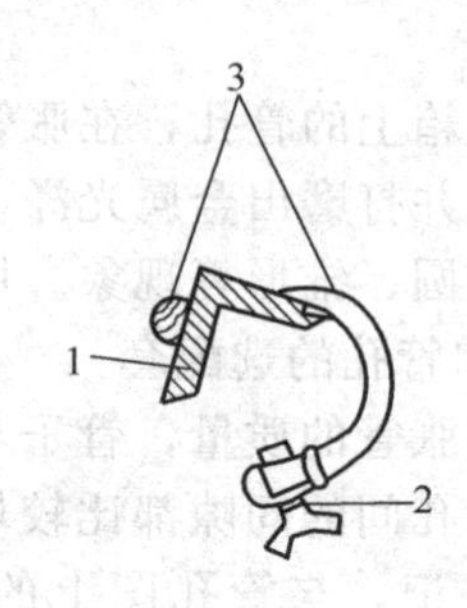

图 16-30 扁钢卡具

1—角钢；2—燕尾螺栓；3—圆钢

固定胀管时，先固定上端，后固定下端。将固定胀管器插入管内，其插入深度应使胀壳上端与管端距离保持10～20mm，然后推进并转动胀杆，使管子扩大，待管子与管孔间的间隙消失后，再扩大0.2～0.3mm，管子便可固定。胀管程度的控制，常根据操作人员的经验，按用力大小或外观观察，以判断是否符合要求。如果缺少经验，可由锅筒外的人员用游标卡尺测量管外径，与管孔相比较以取得经验。

2. 翻边胀管

翻边胀管又称复胀。是固定胀管完成后，将管子进一步扩大并翻边，使其与管孔紧密结合。这是锅炉安装中最为关键的一道工序，它关系到整个锅炉的安装质量和使用寿命，因此应特别加以重视。复胀工作就在固定胀管完成后尽快进行，避免因间隙生锈而影响胀接质量。胀管时的环境温度应在0℃以上，以防止温度过低而脆裂。

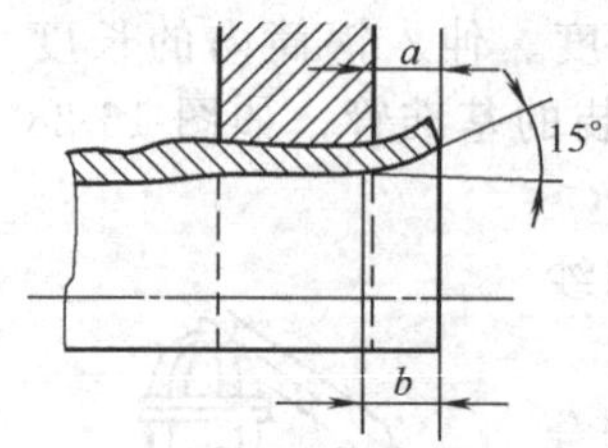

图 16-31 胀接后的管端

锅炉的胀管质量好坏，除了应符合水压试验的要求外，还要符合下列要求：

① 管端伸入长度 $g$（见图16-24）和偏差应符合表16-12的规定；

② 管口应翻边，斜度应为12°～15°；

③ 板边根部开始倾斜处应贴紧管孔壁面，即在伸入管孔内1～2mm处开始倾斜（见图16-31）；

④ 胀管率一般应控制在1%～2.1%的范围内，胀管率可按下式计算

$$H=\frac{d_1-d_2-\delta}{d_3}\times 100\%$$

式中 $H$——胀管率，%；

$d_1$——胀完后管子的实测内径，mm；

$d_2$——未胀时管子的实测内径，mm；

$d_3$——未胀时管孔的实测直径，mm；

$\delta$——未胀时管孔的实测直径与管子实测外径之差（间隙），mm。

⑤ 胀完后的胀口不应有过胀、偏挤（单边）现象，扳边部分不应有裂纹，过渡部分应均匀圆滑。胀管缺陷如图16-32所示。

翻边复胀工作应使用翻边胀管器，同时进行扩胀和翻边，这就要求复胀时，既要保证翻

边的斜度和根部的位置，又要使胀管率不超过 2.1%，并且不出现过胀、偏挤等现象。因此，在复胀时应采取一些相应的措施，以保证胀接的质量。

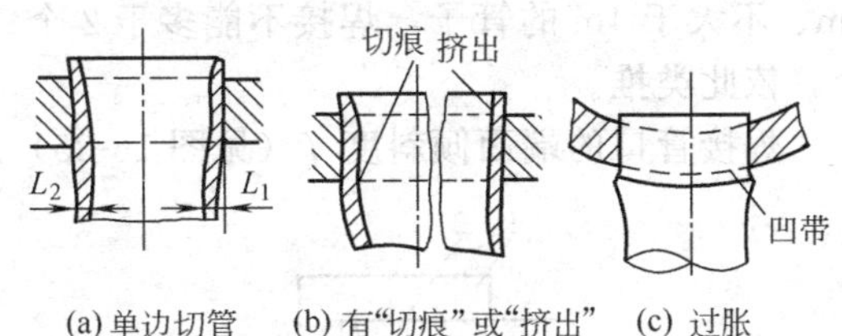


(a) 单边切管　(b) 有“切痕”或“挤出”　(c) 过胀

图 16-32　胀管缺陷

最佳胀管率的选择，通常是通过试胀来确定的。试胀用的管子及孔板的材质、厚度应与锅炉相同。按胀接工艺胀接，用与锅炉相同的试验压力试压，按试压结果测量最终胀内径，选择最佳胀管率。如果无条件试胀时，可按锅筒的壁厚选定胀管率，壁较厚时可选小些，反之选大一些。试胀方法如图 16-33 所示。

选定最佳胀管率后，如果对每根管子都测量计算胀管率较麻烦，因此，通常是在试胀过程中求得（记录）合适的胀管器行程，其他管子依此行程进行胀接即可。有经验的工人常根据施于胀管器胀杆上力的大小，并观察管子外表和管孔的变形情况来判断胀管程度。

为保证翻边斜度和根部位置，可根据确定的胀管器行程，做出始胀和终胀样板，以便复胀时同时控制胀管率和翻边深度。

在翻边胀管时，为了不影响已胀过的胀口使之松弛，宜采用由中心向两端、两侧行进的反阶式（见图 16-34）或其他适当的次序交替进行。

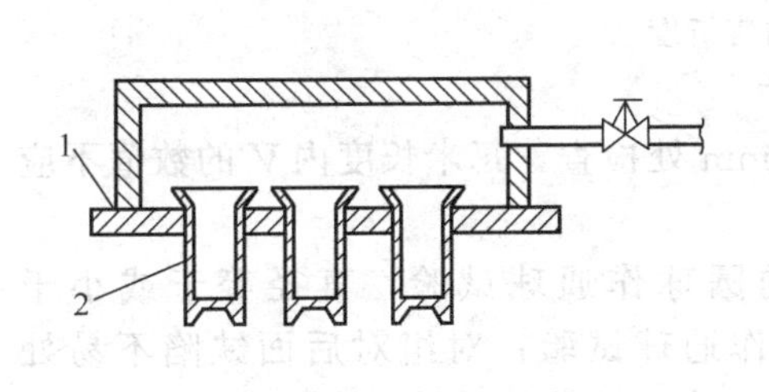


图 16-33　试胀方法示意

1—试胀孔板；2—试胀管子

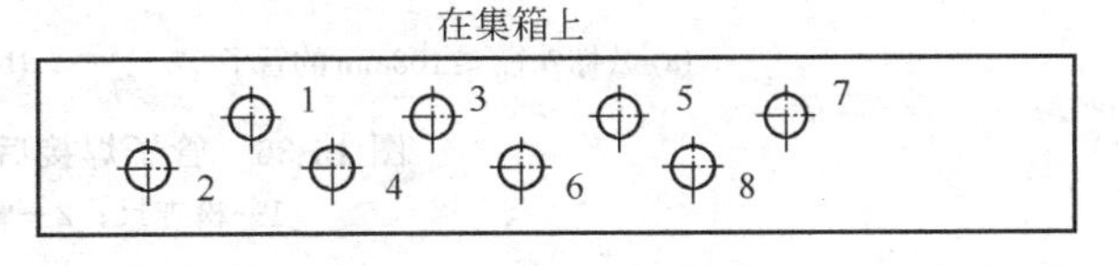


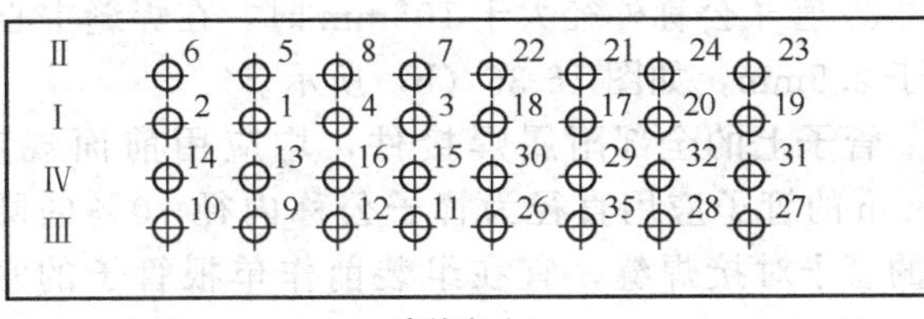


在汽包上

图 16-34　反阶式胀管

当管子一端为胀接，另一端为焊接时，应先焊后胀，且应在胀接前结束管子上的所有焊接工作。如水冷壁的焊接端，管子上的固定架或挂砖支架等。

上述为二次胀接法，如果采用一次胀接法时，不使用固定胀管器，整个胀管过程均使用翻边胀管器一次连续完成。此种方法可直接用游标卡尺测量管端根部的外径，便于控制胀管程度。但必须将上下锅筒固定牢固，否则会因锅筒的晃动使胀口松动。

水压试验胀口应无漏水现象，如有漏水的胀口，应在放水前做出明显的标记，放水后立即进行补胀，补胀的次数不宜超过两次。补胀无效的管子，应予拆除并更换新管。

3. 受热面管子的焊接

受热面管子及锅炉范围内的管道焊接工作，应按《锅炉受压元件焊接技术条件 JB 1613—75》和《锅炉受压元件焊接头机械性能检验方法 JB 1614—75》的有关规定执行，施焊的焊工必须由考试合格的焊工担任。

管子的对接焊缝应在管子的直线部分，焊缝到弯曲点的距离，不应小于 50mm，同一根管子上的两焊缝间距不应小于 300mm；长度不大于 2m 的管子，焊接不应多于一个；大于

2m、不大于4m的管子，焊接不能多于2个；大于4m、不大于6m的管子，焊接不应多余3个，依此类推。

焊接管口的端面倾斜度 $f$（见图16-35）应符合表16-13的规定。

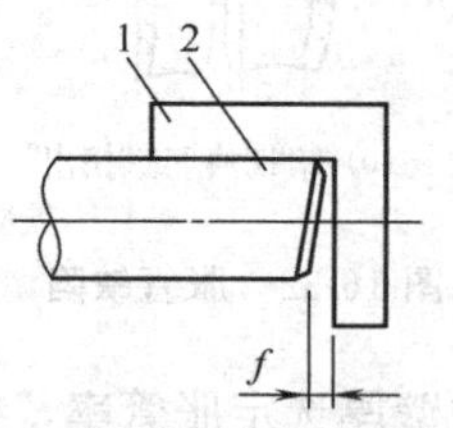


图16-35 焊接管口的端面倾斜度

1—角尺；2—管子

表16-13 焊接管口的端面倾斜度 mm

| 管子公称外径 | 端面倾斜度 $f$ 不应超过 |
|---|---|
| ≤108 | 0.8 |
| >108～159 | 1.5 |
| >159 | 2 |

管子对接焊后应平直，由于焊接引起的弯折度 $V$ 应符合下列要求：

① 管子公称外径不大于108mm时，用检查尺在距焊缝中心200mm处检查，$V$ 的数值不应大于1mm，如图16-36（a）所示。

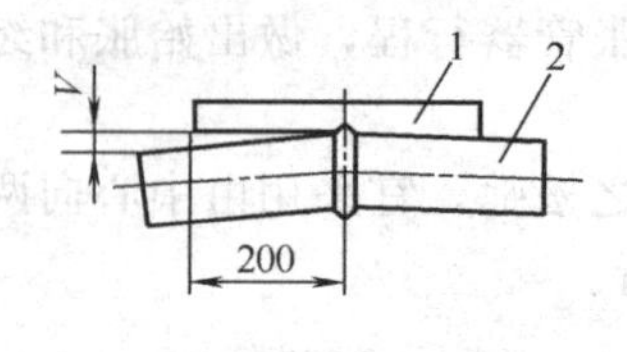


(a) 公称外径≤108mm的管子

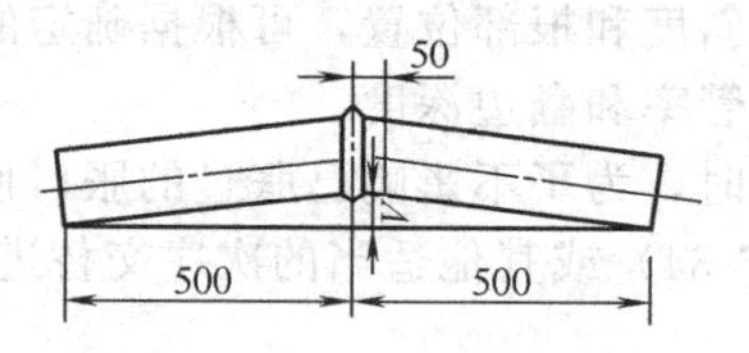


(b) 公称外径>108mm的管子

图16-36 管子焊接后的弯折度

1—检查尺；2—管子

② 管子公称外径大于108mm时，在焊缝中心50mm处检查，每米长度内 $V$ 的数值不应大于2.5mm，如图16-36（b）所示。

管子上的全部附属焊接件，均应用前面规定的圆球作通球试验，直径等于或小于32mm的管子应用直径为管子公称内径70%的圆球作通球试验；对组对后面缺陷不易处理的管子对接焊缝，宜在组装前作单根管子的水压试验，试验压力应为锅炉工作压力的1.25倍。

## 第六节 其他设备及附件安装

锅炉本体的其他设备有省煤器、空气预热器、过热器和炉排等；此外还有吹灰器、水位表、压力表及安全阀等附件。

### 一、省煤器安装

工业锅炉的省煤器，以方形翼片式铸铁省煤器最为常见，钢管式省煤器次之。以翼片式铸铁省煤器安装为例，在安装过程中，首先是在基础上安装支架和框架，然后将省煤器组装在框架上。支架和框架安装正确与否，决定着省煤器安装位置的正确与否。因此，应根据表16-14的规定对省煤器的支架和框架进行认真的检查校正，待校验合格后，方可进行省煤器的安装。

表16-14 组装省煤器的偏差

| 项次 | 项　　目 | 偏差不应超过 | 项次 | 项　　目 | 偏差不应超过 |
|---|---|---|---|---|---|
| 1 | 支承架的水平方向位置偏差 | ±3mm | 3 | 支承架的纵、横向水平度偏差 | 1/1000 |
| 2 | 支承架的标准偏差 | ±5mm | | | |

翼片铸铁管及弯头在安装前，必须认真进行检查，检查项目有：

① 铸铁管及弯头的法兰盘密封面应无径向沟槽、裂纹、凹坑、歪斜和其他缺陷；

② 180°弯头的两法兰盘应在同一个平面上，管端法兰面应与管子垂直；

③ 管子的长度应相等，其不等长度偏差为±1mm；

④ 管子的翼片应完整，每根管子损坏的肋片数不应多于总肋片数的10%，整个省煤器中有破损肋片的管数不应多于总管数的10%。

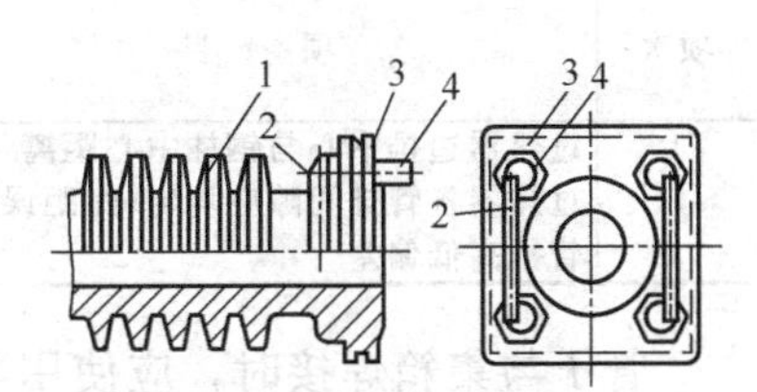


图 16-37 省煤器的螺栓焊接
1—省煤器；2—圆钢；
3—法兰；4—螺栓

省煤器安装时，要选长度相近的管子组成排管，两相邻排管的长度误差在±1mm之内；相邻两边肋片管的各个肋片，应按图纸要求对准或错开，无要求时应予对准；螺栓由里向外装入孔内，螺栓头部可焊以圆钢（见图16-37），防止螺栓打转而不易旋紧；肋片管端的方法兰四周凹槽内应嵌入石棉绳，以防止漏烟；螺栓丝扣应涂黑铅粉，法兰盘垫以涂黑铅粉的石棉橡胶垫，以便于检修。

安装好的省煤器，应根据设备技术文件的规定进行水压试验。

## 二、空气预热器安装

空气预热器分为板式、管式和再生式多种，目前以管式空气预热器应用较为普遍。管式空气预热器，一般在锅炉制造厂组装成组合件运到现场进行吊装。如果运到现场的是分散零件，则应该在现场进行组装。安装前对预热器的加工质量进行仔细检查，清除表面的尘土及浮锈，检查焊接及胀口有无裂纹、砂眼等缺陷，必要时可对胀口及焊缝进行盛水或渗油试验，检查其严密性，并且用通球或透光的方法检查管子是否堵塞。

空气预热器的安装同省煤器一样，首先是支承框架的安装，待支承框架安装合格后，再进行预热器的找平找正。其质量要求应符合表16-15的规定。

表 16-15 组装管式空气预热器的偏差

| 项次 | 项　目 | 偏差不应超过 | 项次 | 项　目 | 偏差不应超过 |
|---|---|---|---|---|---|
| 1 | 支承框的水平方向位置偏差 | ±3mm | 3 | 预热器的铅垂度误差 | 1/1000 |
| 2 | 支承框的标高偏差 | ±5mm | | | |

预热器吊装时，索具应在框架上，不应使管子受力变形。安装防磨套等时，应紧贴管孔，露出的高度应一致。安装膨胀节时，注意膨胀方向不得装错，密封装置不应漏掉，焊接质量要良好，防止漏烟。如果预热器上无膨胀节时，应留出适当的间隙，保证间隔和墙板间的热膨胀。预热器及风管组装完毕后，试验其严密性。

## 三、过热器安装

蒸汽过热器由集箱和蛇形管组成。集箱和蛇形管的连接方法有两种：一种为焊接；一种为胀接。小型锅炉的过热器，多在制造厂组装成整体，运到现场进行吊装；大中型锅炉的过热器，则是以分散件运到工地，由现场组装。

蒸汽过热器安装前，应进行外观检查，并进行吹污、通球。整体出厂的应进行水压试验，试压后要吹净过热器内的积水。

过热器安装，可分为单件吊装法和组合吊装法两种。组合吊装法，是将单件先组装成整体，然后再吊装。采用此种方法，可以加快安装进度，保证安装质量，改善操作环境。

在条件允许的情况下，应尽量采用此法。吊装时，应有牢固的组合架及正确的搬运方法和吊装方法，使组合体不受损伤及变形。

采用单件吊装法时，应先将集箱位置、标高等找好，稳装集箱并加以固定，然后安装基准蛇形管。基准蛇形管应按图纸尺寸、距离安装，予以固定，再依次安装其余管排。具体要求符合图 16-16 及表 16-8 和表 16-16 的规定。

表 16-16　蒸汽过热器安装偏差

| 项次 | 项　目 | 允许偏差/mm | 项次 | 项　目 | 允许偏差/mm |
|---|---|---|---|---|---|
| 1 | 过热器边排中心与钢柱中心距离 | ±5 | 4 | 过热器集箱两端水平偏差 | 2 |
| 2 | 过热器各管排间隙应均匀，间距误差 | ±4 | 5 | 过热器集箱标高偏差 | ±5 |
| 3 | 管排高低偏差 | ±5 | | | |

管子与集箱焊接时，应使用电焊，并采取间跳法焊接，以免因热应力集中导致集箱的变形。采用胀接连接时，胀接方法及要求均与锅筒胀管相同。

过热器的安装与固定，要特别注意受热后的自由膨胀，应有膨胀间隙，使各部件在受热后可以自由移动。

## 四、炉排安装

炉排有固定炉排、手摇活动炉排、往复推动炉排和链条炉排等，目前广泛使用的有往复炉排和链式炉排，这里仅对常用的链条炉排加以叙述。

链条炉排是电动机通过变速齿轮箱拖动主动轴移动，主动轴上的链轮带动炉排自前向后移动，炉排上的煤到达炉排尾部时已经燃尽变成灰渣，由老鹰铁（除渣板）落入灰斗。链条炉排组装图如图 16-38 所示。

链条炉排组装前，应按图 16-39、图 16-40 及表 16-17 的规定检查炉排的加工质量，当偏差超过要求时，应进行校正。

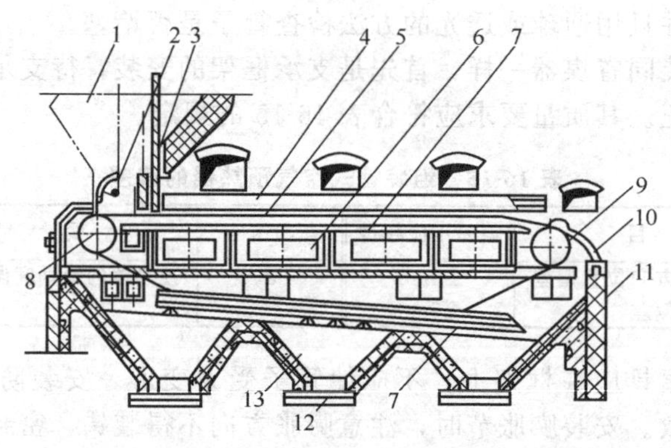


图 16-38　链条炉排组装图

1—煤斗；2—弧形挡板；3—煤闸板；4—防焦箱；5—炉排；6—分段风室；7—炉排支架；8—主动轴；9—从动轴；10—老鹰铁；11—灰渣斗；12—出灰斗；13—细灰斗

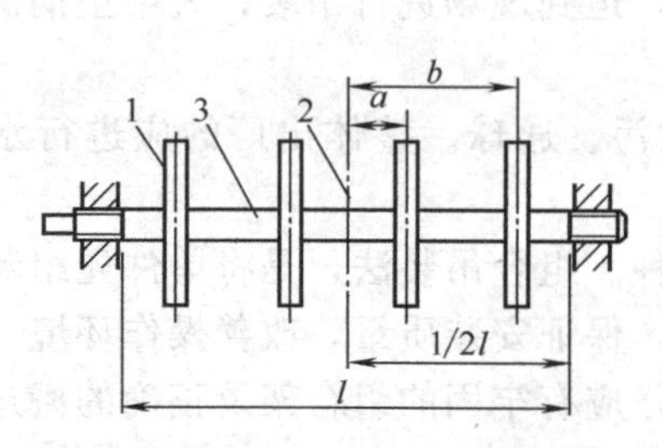


图 16-39　链轮与轴线中点间的距离

1—链轮；2—轴线中点；3—主动轴

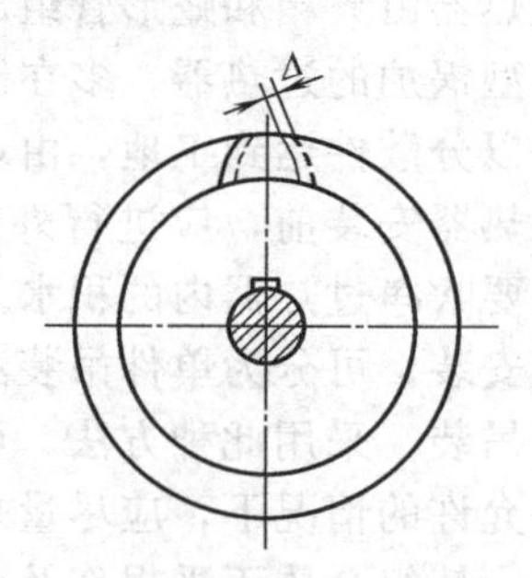


图 16-40　链轮尖端错位

表 16-17　链条炉排组装前的偏差

| 项　次 | 项　目 | 偏差不应超过/mm | 附　注 |
|---|---|---|---|
| 1 | 型钢构件的长度偏差 | ±5 | |
| 2 | 型钢构件的弯曲、每米 | 1 | 图 16-39 |
| 3 | 各链轮与轴线中点间距离（$a$、$b$）的偏差 | ±2 | 图 16-40 |
| 4 | 同一轴上的链轮其齿间前后错位 $\Delta$ | 3 | |

链条炉排安装顺序为：

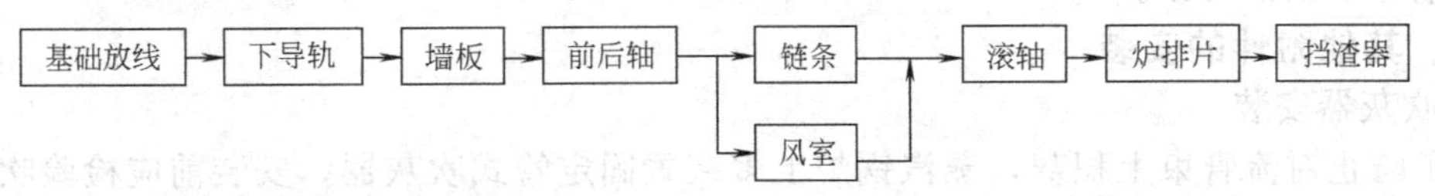


基础放线的方法及要求与锅炉基础的放线相同。以锅炉的基准线为准，依次放出炉排中心线、前后轴中心线、炉侧水平线（墙板线）及其他中心线。采用量对角线的方法，校正各基准线的准确度，其偏差不应超过 2mm。

墙板放线检验合格后，稳装墙板支座进行二次浇灌，同时安装下导轨。待墙板支座混凝土达到 75%以上时安装墙板。墙板是炉排的基础，是整个炉排安装的关键工序，安装时应对墙板的标高、垂直度、间距及水平度进行认真仔细的调整，并达到表 16-18 的要求。

表 16-18　组装链条炉排的偏差

| 项　次 | 项　目 | 偏差不应超过 | 附　注 |
|---|---|---|---|
| 1<br>2<br>3<br>4<br>5<br>6<br>7<br>8<br>9<br>10 | 炉排中心位置的偏差<br>墙板的标高偏差<br>墙板的铅垂度偏差<br>全高偏差<br>墙板间的距离偏差<br>墙板间两对角线的不等长度<br>墙板框的纵向位置偏移<br>墙板的纵向水平度偏差全长<br>两侧墙板的顶面应在同一平面上，其水平度偏差<br>前轴、后轴的水平度偏差<br>前轴和后轴的轴心线的相对标高差 | 2mm<br>±5mm<br>3mm<br>±5mm<br>10mm<br>±5mm<br>±1/1000<br>5mm<br>1/1000<br>1/1000<br>5mm | 以前、后轴中心线为准，在墙板顶部打冲眼测量 |

炉排前、后轴的就位找正，以炉前基准线为准，进行轴瓦的调整及轴轮的调整，一般两轴间的中心距是可调的，前轴（主动轴）固定，后轴可调。安装时应使两轴处于中心距较短的位置，待链条组装后再调整中心距，将链条拉紧。要严格找好前后的平行度，其平行度误差不大于 3mm，对角线长度差不超过 5mm，否则运行时炉排容易跑偏。轴的密封装置及轴承要清洗并重新加好润滑油，安装时应按图纸要求，并注意轴承与密封装置的间隙；安装后用手盘车能自由转动。伸入炉墙的一端，应加设套管，保护轴端。

在上导轨安装合格后安装链条。链条的长度应测量，在拉紧状态下与设计尺寸的偏差为±20mm，且各链条的不等长度不应超过 8mm，安装时应把测量出的较长的链条置于炉排中间。链条连接应销好销钉，然后安装滚轴，滚轴就位不能使用强制手段，安装后应能灵活转动，同时调整松紧程度，其最佳状态是：最紧时滚轮与下导轨的间隙不大于 5mm，最松时滚轮与下导轨刚好接触。炉排片应一排一排地顺序安装，全部安装完后，炉排片能自由翻转，无卡住现象。

风室安装位置应正确，连接处要严密不漏风。每块挡器（老鹰铁）之间应有 3～4mm 间隙，应能自由活动，无卡住现象。

以上为鳞片式炉排安装。链带式炉排没有链条和滚轴，是由炉排组合成链后，直接用轴传动，安装时在炉前搭设平台，在平台上组成，然后用手动葫芦拖入炉膛，用长销钉连接，但应注意各档的炉排片数不要装错。

链条炉排安装应注意的事项是：要注意膨胀方向，在膨胀方向端，不得卡住或焊死；应调整好膨胀间隙，边部炉排与墙板之间，应有10～12mm的膨胀间隙，炉排与防焦箱的间隙，允许公差为5mm，不得有负公差，炉排各部的销钉、垫圈应按图纸装配，不应漏装或开口销不开口。

链条炉排组装完毕，并与传动装置连接后，在烘炉前应进行冷态试运转。冷态试运转的连续时间不应少于8h，冷态试运转的速度最少应在两级以上，运转中应无杂声、卡住、凸起和跑偏等不正常现象。

**五、其他附件的安装**

1. 吹灰器安装

为了防止对流管束上积灰，蒸汽锅炉上多装置固定管式吹灰器，安装前应检验吹灰器的加工质量，检查可动部件是否灵活，喷管有无弯曲，有无其他缺陷。安装吹灰器时，装设位置应准确，与设计位置的偏差不应超过±5mm；整根喷管应平直，并有坡向疏水方向的坡度，喷管全长的不水平不应超过3mm，各喷嘴应处在管排空隙的中间，蒸汽喷射时不得直射管子的表面。安装过程中应与炉墙砌筑紧密配合，砌入墙内的套管和底座要平整，蒸汽管路的保温应良好。

2. 水位表安装

每台锅炉至少应装两个彼此独立的水位表。水位表在安装前应检查汽水通路是否畅通，三通阀开关是否灵活、严密。水位表的安装标高偏差不应超过±2mm（以锅炉正常水位线为准）；在表上应标明“最高水位”、“最低水位”和“正常水位”的标记；水位表玻璃板（管）的最低可见边缘，应比最低安全水位低25mm，最高可见边缘，应比最高安全水位高25mm；玻璃管式水位表应有安全防护装置。

为满足锅炉运行时能够吹洗和更换玻璃板（管）的要求，水位表上下两端均应装设三通旋塞。下端的放水旋塞（或放水阀）与放水管连接，并引至安全地点。

3. 压力表安装

压力表在安装前应对表的精度、刻度、盘面等进行检查；低压蒸汽锅炉压力表的精确度不应低于2.5级，并经过计量部门校验合格，铅封完好；表盘刻度极限位为工作压力的1.5～3倍，最好选用2倍；表盘大小应保证司炉工人能清楚地看到压力指示值，最小直径不小于100mm，并在刻度盘上画红线指出工作压力。

压力表应安装在便于观察和吹洗的位置，垂直安装，并应防止受到高温、冰冻和震动的影响。表下部应有水弯管，当采用钢管时内径不应小于10mm；采用铜管时内径不应小于6mm。压力表和存水弯管之间应装有旋塞，以便吹洗管路和卸换压力表。

4. 安全阀安装

蒸发量大于0.5t/h的锅炉，至少应装设两个安全阀（不包括省煤器安全阀）。其一为控制安全阀，它的开启压力略低于另一工作安全阀的开启压力，避免几个安全阀同时开启，排汽过多。安全阀安装前应检查有无缺件，杠杆式安全阀要有防止重锤自行移动的装置和限制杠杆越出的导架；弹簧式安全阀要有提升手把和防止随便拧动调整螺钉的装置。检查安全阀的阀座直径是否符合规定，当锅炉的工作压力不大于3.8MPa时，安全阀阀座内径应不小于25mm。安全阀安装时应有排汽管直通室外，并有足够的截面积，保证排汽畅通。安全阀的排汽管底部应装有接到安全地点的泄水管，排汽管和泄水管上均不得装设阀门。

## 第七节　锅炉水压试验

锅炉上一切受压元件和附属装置，在安装完毕后，必须经过水压试验。水压试验合格后，方能进行下一道工序的安装工作。

锅炉水压试验的目的是，检查胀口、焊口和连接元件的严密性和强度。故此水压试验是检查受热面安装质量的重要手段，也是锅炉安装过程中不可缺少的主要程序。

锅炉的试压范围，是锅炉上一切受到炉内汽水压力的元件装置。在主要设备安装完毕后，附属装置也必须安装完毕，方可进行水压试验。附属装置包括以下附件：水位计及警报器、压力表、风压表、吹灰器、阀件（包括阀门、安全阀、止回阀等）、各种焊接件等。安全阀可单独作水压试验，不必参加锅炉汽水系统的水压试验，以防止阀门损坏。

**一、水压试验前的准备工作**

在水压试验前，应做好以下准备工作。

① 检查锅炉筒和集箱的工具、材料、铺垫物、拭布等是否清理干净。管子经通球试验确认无堵塞现象。通球试验时，应有专人参加，并做好试验记录，且应防止通球被遗弃在炉管内。然后封闭人孔和手孔。在封闭前应采用涂色法检查人孔盖和手孔盖的密封面是否严密，确认密封面贴合良好后，将人孔和手孔封闭。

② 检查胀口和焊口的外表质量。同时为便于检查试压时渗漏现象，应在便于观察胀口的地方搭设脚手架，配备足够的照明，并备有手电筒。

③ 在上锅筒和省煤器至锅筒的给水管上，各装一只经过校验的压力表。

④ 仔细检查一遍所有阀门、法兰等附件上的螺栓是否已拧紧，安全阀是否关闭。

⑤ 接好上水管气阀，并装好试压泵。安装好排水管和放空管，并关闭所有排污阀和放水阀，打开上部的放气阀，以便进水时放出锅炉内的空气。

⑥ 作好试压前的组织工作，对各部位的检查人员应有明确的分工。

⑦ 锅炉监察部门人员和甲方代表均已到现场。

**二、水压试验**

锅炉水压试验，应在周围环境气温高于5℃时进行。否则应采取防冻措施。

在正常情况下，允许使用热水作水压试验，水温一般应比室温高出10～20℃。如果水温过低，可能会在锅筒和管子外表面结露，在露水和渗水混淆的情况下，难以识别试压的渗漏情况，但水温也不宜过高，因为水温过高，易造成锅炉各部分不均匀膨胀，使胀口松弛，而且使渗漏的水滴很快蒸发，不易发现渗漏的管口，因此水温不宜超过60℃。

热水的来源可根据现场的条件而定。如没有热水来源，可自已加工加热排管，把排管放在砖砌的炉子里加热，使冷水通过排管加热成热水，排管出口的管子上应装设温度计，以便测量水温。

打开锅筒上部放空阀，将水徐徐注入锅炉内。充水时如发现有渗漏现象，应及时进行修理，待水充满后，排净炉内空气，关闭放空阀门，经检查无渗漏现象时，启动试压泵升压。升压时，压力上升应均匀而缓慢地进行，升压速度以每分钟不超过0.15MPa为宜。

当压力升至0.29～0.39MPa时，应停止升压，进行一次全面检查，普遍紧固人孔、手孔及法兰等处的螺栓，对渗漏处进行处理，必要时卸压修理，然后继续升压。当水压升至工作压力时，应暂停升压，检查各部位有无漏水现象，然后再升至试验压力，保持5min，观察压降情况，然后回降至工作压力。对锅炉进行详细检查。

锅炉水压试验的压力应符合表16-19的规定。

检查人员从升压工作一开始，就要注意对所有胀口处的观察，及时在渗漏处做上明显的标记，并做好详细记录，以便于辨别泄漏点并进行修理。

锅炉水压试验，以符合下列规定为合格：

① 在升至试验压力停泵5min内，压力下降不超过0.05MPa；

② 焊接处无大小泄漏；

表 16-19　水压试验的压力

| 项　次 | 项　目 | 锅炉工作压力/MPa | 试验压力/MPa | 附　注 |
| --- | --- | --- | --- | --- |
| 1 | 锅炉本体 | <0.59<br>0.59～1.18<br>>1.18 | 1.5$p$<br>$p$+0.29<br>1.25$p$ | 不应小于 0.2MPa |
| 2 | 过热器 | 任何压力 | 与锅炉体相同 | |
| 3 | 可分式省煤器 | 任何压力 | 1.25$p$+0.49 | |

注：表中 $p$ 是操作压力。

③ 胀口处应无漏水现象（漏水是指水珠向下流）；

④ 有水印（指仅有水迹）或泪水（指不向下流的水珠）的胀口，可不补焊或补胀。

在水压试验过程中，有漏水现象的胀口，应放水后随即进行补胀。补胀的次数，不宜多于两次。补胀时对周围胀口也应稍稍补胀，以防止互相影响而漏水，且胀管率不应大于 2.1%，将测量记录记入胀管记录中。补胀后仍不合格的胀口，应更换新管。更换时可在管头外部把管子割断，将翻边的管口凿扁，用手锤打出管头，但要注意不得损坏管孔。

在水压试验中，如发现焊缝处有泄漏现象，应将缺陷处剔除，重新焊接，不允许用堆焊补焊的方法处理。

焊口及胀口经处理后，应重新做水压试验。试验时，在试验压力下的试压应尽量少做，一般在工作压力下试验检查。放水时，注意打开上部阀门，保证系统内的水全部排空。

水压试验合格后，应及时办理验收手续。并应将锅炉本体、过热器和其他部件内的水全部排出。立式过热器内的积水，可用压缩空气将水吹干。

## 第八节　炉墙砌筑

锅炉水压试验合格后，待炉排及其他有关设备安装完毕，便可开始炉墙的砌筑工作。锅炉的炉墙是承受高温火焰和烟气侵袭的砌体。它的结构复杂，技术要求高，不但要求有耐高温的性能，而且还要求在高温状态下具有强度高、变形小、绝缘好和耐灰渣侵蚀等性能。因此，对墙体使用的材料和砌筑质量都有严格的要求。

炉墙砌筑，应严格按照《机械设备安装工程施工及验收规范》T1231（六）—78 及《工业炉砌筑工程施工及验收规范》GBJ 211—80 的有关规定执行。砌筑工作应由经过考试合格的筑炉工人担任，不能由普通建筑瓦工顶替。

### 一、炉墙砌筑的常用材料

炉墙砌筑的常用材料有：耐火砖、红砖、耐火泥、水泥、砂、骨料、石灰、黏土及各类石棉制品等。

耐火砖的种类繁多，规格尺寸繁杂，且用途各异。一般常用的耐火砖品种为黏土耐火砖、轻质黏土耐火砖、高铝砖、硅砖和半硅砖。耐火砖的牌号，主要是根据化学成分 $Al_2O_3$ 和 $SiO_2$ 的含量大小而确定的。其主要物理性能有：耐火度、体积密度、荷重软化温度、平均线胀系数和常温耐压强度等。锅炉砌筑常使用的是黏土耐火砖，含 $Al_2O_3$ 为 30%～40%，耐火度不低于 1600～1700℃，最高使用温度为 1300～1400℃，分为普型砖、异型砖和特异型砖三种类型。普型砖为直形砖，常用的是 T-3 号耐火砖，尺寸为 230mm×113mm×65mm；异型砖有直楔形砖、横楔形砖和拱脚砖；在特殊部位使用的耐火砖为特异型砖，以专用图纸加工烧制而成。每种类型的耐火砖都有多种规格，规格尺寸相当复杂，一般均有部须规定，施工时可根据设计图纸选用。

耐火砖的质量好坏，直接影响着炉墙砌筑的质量和使用寿命。因此运至现场的耐火砖应具有出厂合格证，其牌号和砖号都应符合设计要求，耐火度和加工尺寸均应符合标准。在砌筑前应进行外观检查挑选，按规格及砌筑顺序放置；在运输和装卸过程中应轻拿轻放，防止碰掉棱角；堆放场地应有防雨防潮设施，不得露天堆放。

砌筑耐火砖所使用的耐火泥是黏土质耐火泥，要求其耐火度和化学成分同耐火砖的耐火度和化学成分相适应。成品耐火泥是由50%～70%黏土熟料粉和30%～50%耐火生黏土干粉混合而成，粒度要适当，最大粒径不应大于砖缝厚度的50%。当需要现场配制时，必须按照检验确定的配合比准确配料。耐火泥及其他粉料，必须分别保管在密闭而能防止潮湿、脏污的仓库内，并加标志，不得混淆。所用干粉料中应无硬块与杂质，否则必须过筛。泥浆应在特制的器具内调制，如钢制水槽或大铁锅等，防止杂物和其他材料混入，调制好的泥浆要求熟透、无疙瘩和气泡，不得任意加水和胶结料，其加水量根据砌体类型而定，用于Ⅰ类和Ⅱ类砌体，可采用稀泥浆，每1m³ 干料加水600L；Ⅲ类砌体采用半浓泥浆，每1m³ 干料加水500L。

红砖是用来砌筑外墙的，要选用优质机制红砖，强度等级不应低于MU10，并要求棱角完整。砌筑时可采用水泥砂浆或混合砂浆，M10水泥砂浆的配比是：水泥∶砂＝1∶3（水泥为325号），如果采用混合砂浆，则分别加入0.2的石灰或黏土即可。

筑炉时使用耐火混凝土，是一种新型的耐火材料。同耐火砖相比，具有工艺简单、使用方便、成本低廉等优点，多用于形状复杂的拱和隔烟墙的浇筑。根据所用胶结材料的不同，耐火混凝土可分为水硬性耐火混凝土、火硬性耐火混凝土和气硬性耐火混凝土三种。其热工性能及强度指标基本上和耐火砖相同，混凝土强度等级应大于C20，一般均由胶结材料、掺和料及骨料配合而成。耐火混凝土的种类繁多，使用时可根据设计及使用要求，选择相应的耐火混凝土。在锅炉砌筑中，矾土水泥耐火混凝土应用较广，其强度较高，有良好的热稳定性，最高使用温度可达1300～1400℃，所使用的水泥为矾土水泥掺和料。可选用高铝矾土熟料粉，骨料为高铝矾土熟料砂（细骨科）和高铝矾土熟料块（粗骨科）。

## 二、砌筑前的准备工作

砌筑前的准备工作包括：图纸资料准备、人员机具准备、材料准备和现场施工准备等。一般性准备工作各章均有叙述，这里就主要材料准备工作和现场施工条件准备进行简要叙述。

炉墙砌筑前，首先应对耐火材料及红砖等材料进行质量检查，特别是对耐火砖的尺寸应进行细致的核查，并核对异型砖的规格、尺寸和数量是否与图纸相符，核查后按不同规格分别堆放。当尺寸与要求不符时，应进行选砖、分别堆放。个别需要加工的耐火砖，可手工加工，加工时先用红铅笔画线，然后用特制的扁铲和錾子砍凿，凿好的砖面可用手工磨平；如果加工量较大时，则应使用切砖机和磨砖机加工。机械加工的速度快、质量好，但应严格按操作规程操作，注意安全，避免事故发生。

砌筑前，应将基础表面打扫干净，进行测量放线。放线时，应按锅炉的纵向基准线和横向基准线，画出炉墙壁的实际位置线，再按标高基准点的标高确定主要构件的标高，并将标高线引到钢立柱上，作为砌筑时挂线的依据。

## 三、炉墙砌筑

锅炉各部位砌体的类别和砖缝的厚度，是由砌体的部位和要求确定的，见表16-20。砌筑时，各部位砌体砖缝的厚度不应超过表中所规定的尺寸；砌筑泥浆要求饱满，无空洞、气泡和麻面；各层砖要错缝砌筑，使相邻两层砌体的砖缝彼此错开。图16-41为墙角砌筑时一砖墙错缝图示，直缝错缝与此类同。

**表 16-20　锅炉各部位砌体的类别和砖缝允许厚度**

| 项次 | 砌体部位 | 各类砌体的砖缝厚度/mm | | | |
|---|---|---|---|---|---|
| | | Ⅰ | Ⅱ | Ⅲ | Ⅳ |
| 1 | 落灰斗 | | | 3 | |
| 2 | 燃烧室：无水冷壁 | | 2 | | |
| | 有水冷壁 | | | 3 | |
| 3 | 前后拱及各类拱门 | | 2 | | |
| 4 | 折焰墙 | | | 3 | |
| 5 | 炉顶 | | | 3 | |
| 6 | 省煤器墙 | | | 3 | |
| 7 | 烟道：底和墙 | | | 3 | |
| | 拱 | | 2 | | |

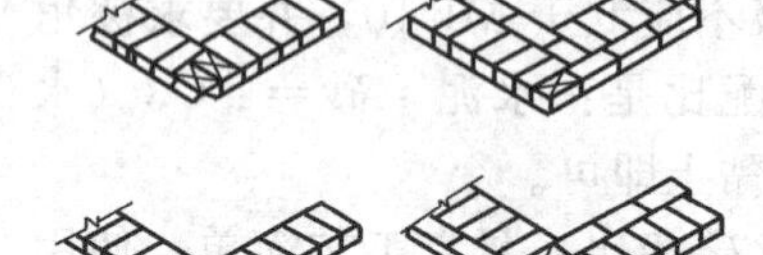

图 16-41　砌墙和墙角错缝

炉墙砌筑工作，应在环境温度 5℃以上进行，冬季应有采暖设施。

砌筑工作分为炉底、炉墙、拱和炉顶的砌筑。炉底砌筑前，应先找平基础，必要时，最下一层砖应加工找平。炉子、通道和烟道底的最上一层砖的长边，应与灰渣或烟气流动的方向相垂直，或成一交角砌筑。

砌筑炉墙前，应先在基础面上铺以薄的砂浆找平层，然后用卧立砖砌筑炉墙底部的基础砖层。当基础层砌好后，检查水平、标高和墙角都能满足砌筑要求时，即可拉线逐层向上砌筑。炉墙应按标杆拉线砌筑，每砌到一定高度时，应检查一次水平和垂直度，使砌体达到横平竖直，其误差不应超过表 16-21 的规定。

**表 16-21　砌筑允许误差**

| 项　次 | 误 差 名 称 | 误差数值/mm |
|---|---|---|
| 1 | 垂直误差(1)墙每米高 | 3 |
| | 全高 | 15 |
| | 表面平整误差(用 2m 靠尺检查间隙) | 3 |
| | 全高 | 10 |
| 2 | ① 墙面 | 5 |
| | ② 挂砖墙面 | 7 |
| | ③ 拱脚砖下的炉墙上表面 | 5 |

为使墙角部位正确，每层砖应从两墙角向中间接合砌筑，应用线绳和水平尺随时检查，砖层的水平线绳应在墙两角处拉紧，使砖层的横缝成水平，线绳所在位置就是炉墙里层的工作面。砌筑时应随砌随勾缝，勾缝要求平整、密实、不脱落。砖的加工面不宜朝向炉膛或通道的内表面，不得在砌体上砍凿。砌砖时，应使用木槌或橡胶槌找正，不应使用铁锤。砌砖中断而必须留槎时，应作成阶梯形的斜槎。

砌筑耐火砖内墙的同时，也要砌筑红砖外墙。耐火砖砌至 5～7 层后，必须向外墙伸出 1115mm 长的拉固砖，拉固砖在同层内应间断留设，上下层应交错。砌至第一烟道（过热器后）时，在适当高处应留测温孔。

砌筑红砖外墙，应保持横平竖直，砂浆饱满，错缝砌筑。砖缝厚度，当采用黏土砂浆时为 5mm，采用水泥石灰浆时为 7mm。砌筑过程中应预留烘炉测温孔，并在适当部位埋入直径为 20mm 左右的金属短管，以便烘炉时测温及排出水汽。烘炉完毕必须将孔堵塞。砌体的膨胀缝应均匀平直，并填以直径大于缝宽的石棉绳，炉墙的垂直膨胀缝或缠石棉绳，正确程度经检查记载于隐蔽工程验收记录中；砌在炉墙内的钢架与耐火砌的接触面，应铺贴石棉板；炉墙表面与管子之间的间隙允许误差不应超过表16-22中规定的数值。烟道墙同炉墙衔接部分，应留膨胀缝，其尺寸误差不得超过＋5mm，缝内应用石棉绳填塞严密。炉顶及炉墙上的孔、门上部，一般为弧形结构，称为拱。如图16-42所示。图中$S$为拱顶跨度，$h$为拱高，$R$为拱弧半径，$O$为弧的圆心，$\alpha$为圆心角。具体尺寸由设计或筑炉图纸提供。当设计无规定时，可按跨度大小选择拱高。即$S\leqslant 1000$时，取$h=1/8S$；$S>1000$时，取$h=1/6S$。

**表16-22 炉墙表面与管子之间的间隙允许误差**

| 项　次 | 误　差　名　称 | 误差数值/mm |
| --- | --- | --- |
| 1 | 水冷壁管、对流管束中心与炉墙表面之间的间隙 | ＋20<br>－10 |
| 2 | 过热器或省煤器管中心与炉墙表面之间的间隙 | ＋20<br>－5 |
| 3 | 锅筒与炉墙表面之间的间隙 | ＋10<br>－5 |
| 4 | 集箱、穿墙管壁与墙之间的间隙 | ＋10<br>0 |

砖拱需在木制的拱胎上砌筑。砌筑前应提前按设计尺寸加工拱胎，其弧高和曲率半径应准确。必要时可用砖预摆试砌，确认拱胎符合要求时才可使用。拱胎必须支设正确和牢固，经检查合格后，方可砌筑拱顶或拱。

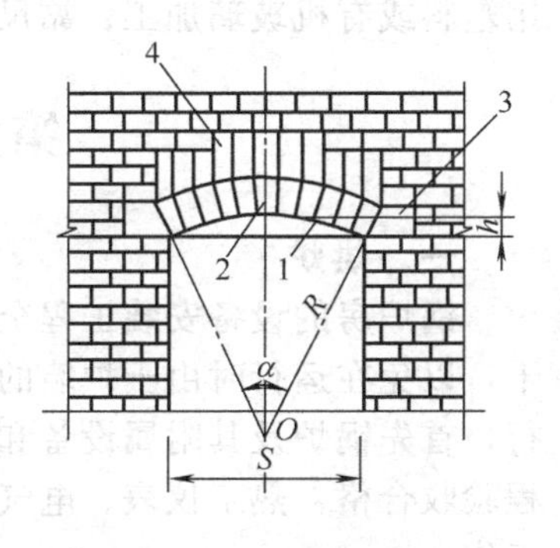


图16-42　拱与拱脚

1—拱；2—锁砖；3—拱脚砖；4—找平砖

砌筑拱顶和拱必须使用楔形砖，或楔形砖与直形砖配合砌筑，禁止全部使用直形砖砌筑拱顶，也不得使两块以上直形砖紧靠。砌拱的砖数应为奇数，拱顶最中间的一块楔形砖称为锁砖，位置应在拱的垂直中心线上。跨度较大的拱，可对称地选择3块或5块锁砖，且应准确地按拱的中心线对称均匀分布。

砌筑拱砖应从两侧拱脚同时向中间砌筑，砖缝应灰浆饱满，最大砖缝不应超过2mm。锁砖砌入拱内的深度约为砖长的2/3～3/4，且在同一拱内锁砖砌入深度应一致；打入锁砖时应使用木槌，使用铁锤时必须垫以木板；两侧对称的锁砖应同时打入，最后打入中间的锁砖。在打入锁砖3h后方可拆除拱胎。

红砖墙上的砖拱，也应采用耐火砖砌筑。砌筑时，两侧拱脚应采用定型拱角砖。采用无定型拱脚砖时，可用普型耐火砖加工，拱上部的找平砖可用耐火砖加工竖砌，不允许用加厚砖缝或用砍薄的碎砖垫砌。

在炉墙砌筑中，一些拱或隔烟墙常用耐火混凝土浇筑而成，可按设计要求的耐火混凝土种类及配比进行施工。当设计无明确规定时，可按《工业炉砌筑工程施工及验收规范》中附录三的配合比及适用范围选用。当前最常用的矾土水泥耐火混凝土，要求使用部位的温度不超过1300～1350℃，其质量配合比为：矾土水泥（325号）12%～15%、熟料粉料不大于15%、细骨料（<5mm）30%～40%、粗骨料（5～15mm）30%～40%、水（外加）9%～11%。混凝土的最低强度等级为C20。

浇灌耐火混凝土凝固速度较快，因此宜采用机械搅拌，并及时浇灌与捣固，一般应在30～40min内完成，浇灌好的混凝土表面应盖草袋养护，一昼夜后表面上洒水保潮湿。矾土水泥耐热混凝土，在15～20℃潮湿环境中养护期不少于3昼夜。冬季施工时，应采取保温措施。

耐火混凝土内的钢筋和零件表面不应有油垢，且应涂以沥青层。受热面管子穿过耐火混凝土时，表面应缠石棉绳，保证一定的膨胀间隙。

为了保证砌筑工程的质量，自原材料检查到全部工程结束的整个施工过程中，应随时进行检查，严格按质量要求施工。砌筑时所使用的耐火泥的粒径和泥浆浓度，应跟砌体的类型相适应，以保证灰浆饱满，也保证砖缝厚度。

水管锅炉砌筑工程的检查内容及检验方法主要有：砌体砖缝泥浆饱满程度，是通过观察的方法，检查泥浆是否饱满，有无气泡、空洞和麻面；膨胀缝留设的位置和填充材料，同样是采用现场观察，检查是否符合要求；砌体的砖缝、垂直度、表面不平整度和膨胀缝的宽度等允许偏差的检查，是采用工具进行检查。耐火砖的砖缝厚度允许偏差为±2mm，采用自制 0.5～3mm 的塞尺和钢尺，分项检查 10 个点；炉墙的垂直度要求每米允许偏差 3mm，全长不超过 15mm，采用吊线和尺子测量的方法，在每一墙面的两端及中间各取 3 点进行检查；挂砖下表面及混凝土墙表面平整度的允许偏差间，按砌体部位用尺检查 2～4 处。上述有偏差要求的检查项目，各自有 50%以上达到要求，且无加固补强者，即为优良工程；不中 50%者为合格；凡误差较大者，则应推倒重砌或加固补强，以保证质量。

检查用的塞尺，可用 0.5～3mm 厚的薄钢板自制，长 120mm、宽 15mm；楔形塞尺可用塑料或有机玻璃加工；靠尺可用木板制作。

## 第九节　烘炉、煮炉和试运行

### 一、烘炉

锅炉房的设备安装工程全部完成后，即可进行烘炉，其目的是把炉墙内的水分缓慢地烘干，以免在运行时由于炉墙的水分急剧蒸发而产生裂缝。烘炉工作应在具备烘炉条件之后进行，首先锅炉及其附属设备和装置应全部安装完毕，水压试验合格，炉墙砌筑及隔热保温工程验收合格，热工仪表、电气仪表已安装完毕，且校验合格。此外，还应做好烘炉前的准备工作。

（一）烘炉前的准备工作

① 所有传动设备，包括炉排、鼓引风机和上煤除渣等机械设备，均应在烘炉前进行单机试运转，待单机试运转合格后方可烘炉。单机试运转，应根据产品使用说明书和有关规范进行。

② 烘炉前应对锅炉进行全面检查，清除所有临时固定点及临时盲板，清除炉膛、烟道及风道中的杂物，并将锅炉加水至最低水位。

③ 烘炉所需木柴及燃煤均应备齐，木柴应干净无杂物，燃煤应符合使用的粒度混合比例。

④ 锅炉给水泵试运转合格，软化水系统已处于工作状态，上下水管道已接通，能可靠地供水及排水。

⑤ 按设计规定在炉墙上布好测温点或取样点。如设计无规定时，一般可在如下部位设置测温点：

a. 在锅炉第一烟道处（蒸汽过热器后）设一热电偶测温计测温点；

b. 在燃烧室两侧墙中部炉排上方 1.5～2m 处设若干个测温点，用玻璃温度计测温；

c. 在省煤器或相应烟道口后墙中部设测温点。

⑥ 关闭炉墙上所有炉门及观察孔。

⑦ 准备好烘炉记录本和升温曲线图表以及必备的操作工具。安排好有经验的值班人员，

并指定出负责人。

（二）烘炉及注意事项

烘炉前应先打开炉门和烟道门，用自然通风的方法将燃烧室内墙干燥几昼夜，然后再加热烘炉。

烘炉方法有火焰法和蒸汽法两种，可根据现场具体情况选用。

一般重型炉墙可采用火焰法烘炉，烘炉期限随锅炉的炉型、炉墙结构及炉墙的潮湿情况而异，一般小型炉为7～14天左右，如炉墙特别潮湿，应适当延长烘炉期限。

烘炉初期，先用木柴在炉排中间位置进行烘烤。火焰要小，离炉墙不要太近，要缓慢升温，并做好升温记录，每小时记录一次。随着时间的延续可逐渐扩大火焰面积，经过几天木柴烘烤后，可根据具体情况开始加煤，但仍要保持缓缓升温。温升应按过热器后的烟道的烟气温度测量，每一天温升不得超过50℃，以后每天的温升一般不得超过20℃，最终温度不得超过220℃。

耐热混凝土炉墙，在正常养护期满后（矾土水泥的约为3昼夜，硅酸盐、矿渣酸盐水泥的约为7昼夜），方得开始烘炉。温升每小时不得超过10℃，烘炉后期不超过160℃，在最高温度范围内，持续时间不少于一昼夜。

烘炉的规范要求及温升曲线图，应挂于值班室的墙上，便于值班人员随时检查温升，控制烘烤温度。各班烘炉人员应坚守岗位，随时注意炉墙的表面变化和炉温变化，调整火焰控制温升，做到定时检查，定时记录，并填写好交接班检查记录。

烘炉过程中，应尽量少打开下部检查门和看火孔，以免冷空气进入炉膛，引起温度的波动。但要打开上部检查门，使烘炉过程中产生的水蒸气逸出，当炉墙特别潮湿时，温升速度应减慢，并加通风，使水蒸气及时排出。同时不得使冷水滴洒在炉墙上，以免引起炉墙裂缝。要定期转动炉排，定期清除炉排下的灰渣，以免烧炉排。

烘炉期间，锅炉内随时补水，保持正常水位，当烘炉2～3天后可进行排污。主要应控制定期排污，用软水时每2h排污一次，若用生水时可增加排污次数，必要时可打开连续排污阀，以排除上锅筒表面的污水。排污时先注水至最高水位，然后排至正常水位。

当使用蒸汽进行烘炉时，可用0.3～0.4MPa的饱和蒸汽从水冷壁集箱的排污阀处接管，均匀地送入锅炉，逐渐加热炉水，炉水水位应保持正常，温度一般应为90℃。在烘炉过程中，要适当开启炉门和烟道闸门，加强自然通风以排除湿气，并使炉墙各部均能烘干。采用蒸汽法烘炉时，烘炉后期可补用火焰烘炉。

烘炉的末期，应随时检查炉的烘干程度，经检验达到要求时，则烘炉合格，检验炉墙的方法有两种，即炉墙灰浆试样法和测温法。

采用炉墙灰浆试样法时，在燃烧室两侧中部，炉排上方1.5～2m（或燃烧器上方1～1.5m）处和过热器（或第一烟道）两侧中部，取耐火砖、红砖的丁字交叉缝处的灰浆样各50g，经化验含水率小于2.5%时为合格。

当采用测温法时，燃烧室侧墙上部炉排上方1.5～2m处的红砖外表面内100mm处温度达到50℃，并继续维持48h；或过热器（或第一烟道）两侧耐火砖与红砖隔热层接合处温度达到100℃，并继续维持48h，即可认为烘炉已合格。

## 二、煮炉

煮炉的目的在于清除锅炉受热面的油污和铁锈。煮炉的最早时间可在烘炉末期，当炉墙耐火砖灰浆的含水率降到7%。红砖灰浆含水率降到10%时，或达到测温测得的合格温度时，可开始进行煮炉。

煮炉时的加药量，应符合表16-23的规定。表中所列药品的纯度按100%计算。当缺少磷酸三钠（$Na_3PO_4 \cdot 12H_2O$）时，可用磷酸钠代替，数量为磷酸三钠的1.5倍。也可单独

表 16-23 煮炉时的加药量

| 药品名称 | 加药量/($kg/m^3 H_2O$) | | 药品名称 | 加药量/($kg/m^3 H_2O$) | |
|---|---|---|---|---|---|
| | 铁锈较薄 | 铁锈较厚 | | 铁锈较薄 | 铁锈较厚 |
| 氢氧化钠(NaOH) | 2～3 | 3～4 | 磷酸三钠($Na_3PO_4 \cdot 12H_2O$) | 2～3 | 2～3 |

使用碳酸钠煮炉，其数量为 $6kg/m^3 H_2O$。

按锅炉水容积计算的加药量，在加入锅炉前，应加水溶化，调成20%的浓度，从上锅筒将液一次加入，不允许将固体药物直接加入炉内。加药时炉水应在最低水位，在无压下进行。

制备氢氧化钠溶液及加药时，注意水溶液不要飞溅，操作人员应戴好胶手套、防护眼镜和口罩等防护用品，以防药液烧伤。

煮炉期间，水位应保持在最高水位。同时注意药液和水均不得进入蒸汽过热器内，以免进入过热器中而无法排出。

煮炉的时间和压力要求，如无设计要求时，可参照下述规定进行：加药后升压至0.3～0.4MPa需4h；在0.3～0.4MPa压力下进行热紧，煮炉12h；在50%额定工作压力下，煮炉12h；在75%额定工作压力下，煮炉12h；降至0.3～0.4MPa压力下煮炉4h。通常为保证煮炉效果，在煮炉末期蒸汽压力应保持在锅炉工作压力的75%左右，煮炉的整个时间(包括加药时间)，一般为2～3天。如在较低压力下煮炉，则应适当延长煮炉时间。

煮炉期间应定期从锅筒和下集箱取水样化验，当炉水碱度低于45毫克当量/升时，应补充加药。如需要排污时，应将压力降低，对称地进行少量排污。

煮炉结束后放掉碱水，清除锅筒、集箱内的沉积物，并用清水冲洗锅炉内部和接触过药物的阀门等，将污水从排污阀排出。经检查符合下列要求为合格：

① 锅筒和集箱内壁无油垢；

② 擦去附着物后，金属表面无锈斑。

煮炉过程中，应经常检查锅炉受压元件、管道和风烟道的严密性，如有泄漏，带压部件在0.4MPa以下时，可及时处理；超过0.4MPa时，可在泄漏处用明显的标记画出泄漏点，并做书面记录，待煮炉完毕后检修。

煮炉后期，压力已达到额定工作压力的75%，是锅炉机组的初运行。因此，在升压过程中，应检查各部分的膨胀情况，如发现有不正常情况时，应立即停止升压，查明原因，经处理后方可继续升压。

## 三、锅炉的升压、定压及试运行

在烘炉和煮炉合格后，给锅炉注入符合要求的软化水，进行蒸汽严密性试验及72h试运行。锅炉的升压要缓慢，当升压至0.3～0.4MPa时，对锅炉范围内的法兰、人孔、手孔和其他连接部件的螺栓进行一次热状态下的紧固，然后继续升压至75%的额定压力，进行过热器的吹扫，时间不少于15min，此后继续升压至工作压力，进行下列检查：

① 锅炉的人孔、手孔、阀门、法兰和垫片等处的严密性；

② 锅筒、集箱和管路的热膨胀情况以及支吊架的位移、受力是否符合要求。

上列检查合格后，按表16-24的规定进行安全阀的定压。表中的工作压力，是指安全阀装置地点的工作压力。

表 16-24 安全阀的开启压力

| 锅炉工作压力/MPa | 安全阀开启压力/MPa | 锅炉工作压力/MPa | 安全阀开启压力/MPa |
|---|---|---|---|
| <1.28 | 工作压力+0.02<br>工作压力+0.04 | 1.28～2.45 | 1.04倍工作压力<br>1.06倍工作压力 |

锅炉上应有一只安全阀按表中较低开启压力调整，另一只按较高开启压力调整，双口安全阀也应如此，不允许定为同一开启压力。当有过热器时，过热器的安全阀开启压力为较低的压力，以保证运行中过热器安全阀先开启。省煤器安全阀的开启压力应为装置地点工作压力的1.0倍，其调整应在蒸汽严密性试验前用水压的方法进行。

安全阀的调整顺序，应是先开启压力较高的安全阀，调好后，再依次调整开启压力较低的安全阀。调整时，只要压力升至开启压力，安全阀应立即开启，压力略低于开启压力时，安全阀就自动关闭。每个安全阀经过3次试验无误时，才算合格。其压力表均以锅筒上的压力表为准。

锅炉安装各道工序均合格后，应在全负荷下连续运转72h。在运转过程中应注意检查，以锅炉本体以及全部附属设备和部件均运行正常为合格。

经72h连续试运行合格后，便可办理签证验收和移交手续，投入生产使用。

## 复习思考题

1. 试述工业锅炉的组成部分？
2. 锅炉的主要系统有哪些？
3. 锅炉的型号如何识读？
4. 锅炉的基本参数有哪些？
5. 锅炉钢架安装的基本要求和步骤是什么？
6. 锅炉受热面组成、安装的基本要求和步骤是什么？
7. 锅炉炉排、炉墙砌筑等作业如何进行？
8. 锅炉水质处理的原理和方法是什么？
9. 锅炉涨管原理和要求是什么？
10. 计算。已知某锅炉的炉管，其外径为51mm、内径为45mm，胀管后的实测内径为47mm；锅炉锅筒上短管孔径胀管前为51mm。试计算实际胀管率、并判定其是否符合胀管要求。

# 第十七章　施工技术管理

施工技术管理是设备安装工程中重要而关键的工作之一。包括施工方案或施工组织设计的编制，施工现场的规划与准备，设备、材料与动力供应，施工组织与人员调度以及施工各个阶段的技术与管理工作等。施工技术管理水平的高低将直接关系到工程的开工、进度、质量和效益，只有做好施工技术管理工作，才能保证缩短施工工期、减少消耗、降低工程造价、创建全优工程。

## 第一节　施工准备

施工准备工作的内容主要包括：施工组织设计（或施工方案）的编制，设备、材料供应方式，施工现场“三通一平”与布置等。

**一、施工组织设计**（小型项目只需要做施工方案）

编制施工组织设计方案，是施工准备工作的首要任务，其主要步骤如下。

① 熟悉设计图纸和生产流程，明确施工任务，并会同有关各方会审设计图纸。

② 调查研究、收集整理技术资料，并在此基础上对综合工程（如大型生产装置）编制施工组织设计，对单项工程（即小型单体设备等）只需要编制施工方案即可。

③ 排定施工进度计划。一般应运用“横道图法”或“网络图法”，具体编制时应考虑以下内容。

施工次序：应该将那些工程复杂、工程量大的和工期长的单项工程列为主体项目优先开工，并确定总进度计划要求；而把一些非重点的、一般辅助性的项目或是最后投产的项目作为调剂工程，穿插在工程总进度计划中。

工程项目的交叉：例如厂区主干管网以及地上工艺管线的支架基础，应尽可能安排在主厂房开工前进行，同时在厂区平整的后期应结合管道工程的进行，将永久性道路或路基建造好。

立体交叉作业：在大型生产装置（特别是化工生产装置）区内，各种高层和大型建筑物、构筑物和设备都很多，如果按照一般的先土建后安装的次序，施工的周期就会很长，为此，应在安排基础施工的同时，安排建造设备的基础；在厂房框架施工完毕后就安排下层平面上的设备安装；在保证安全的情况下，在设备安装进行中，可以安排其他平行工程的施工等。

合理安排季节性施工：如地下管道、管架基础等，一般应安排在雨季前施工，高层结构和有特殊要求的焊接工程应尽可能避免在冬季施工。

充分利用永久性设施：在安排总进度计划时，应将一些可作为施工服务的永久性建筑物，尽可能提前开工建设，并提供给后续安装工程使用，以减少建造临时工程。

确定关键控制进度节点：在一些大型生产装置安装中，可确定某些特定项目（如大件吊装、焊接与检验、水压试验、单体和联动试运转等）的开工与完成日期，并以此为目标，安排全部工程的计划进度。

基本方法：先将安装工程合理地划分为许多单项工程以及把每个工程再细分为各个施工工序，根据能否平行或交叉施工的可能性，列出施工顺序，并按工程复杂程度与有关定额，确定各个工序的起讫时间。

④ 编制施工技术文件：包括安装工艺规程、大件吊装方案、中间验收与交接证书的内容与格式、班组自检记录卡以及安装记录簿的格式与内容。

⑤ 计算工程量或工作量。具体内容可参照安装工程概预算的相关内容。

⑥ 编制施工机具一览表、施工耗材一览表。施工机具包括起重机械、各种焊接机械、安装检测仪器等；施工耗材包括各种板材、型材、清洗油、润滑油、棉纱、氧气、乙炔气等。

⑦ 编制大型临时设施计划：大型临时设施主要包括施工现场办公室、保管室、仓库、工棚、道路和水电线路等。

⑧ 编制人员配备计划与管理体制。根据工程进度需要，提出每月甚至是更短时间内各种人员的需用计划，并绘制成人员调度图表；确定施工管理机构是指组建应设置的机构和配备相应的管理人员。

⑨ 编制与规划施工总平面图。施工总平面图应包括：合理的运输路线、大型起重机站位、临时办公、仓库、工棚的位置、三站（氧气、压缩空气、乙炔站）布置、水、电、道路的布置以及临时组装场等设施位置等。

⑩ 拟订单项工程开工条件和配合要求。即把设备安装同其他施工的相互配合要求以文字或图表形式规定下来，以保证顺利开工和工程进行，消除职责不明和相互扯皮现象。

⑪ 拟订重要技术机构及其安全措施。

⑫ 拟定人员学习与培训计划。

**二、设备、材料供应**

工业设备，尤其是化工设备，一般可分为定型设备和非定型设备两大类。定型设备多指按国家标准设计制造的标准化的设备，一般由专业制造厂批量（或单件）制造；这类设备主要是向专业厂家订货，并按供货合同提前运到施工现场。而非定型设备是指那些结构相对简单、体积庞大、长途运输困难，由现场制作安装的设备，它通用性小、批量小。

安装工程材料分为主材和辅材两大类，主材用来制造组装设备、管道和金属结构，它又分为一般材料和特殊材料。一般材料可以按年度、季度或月份计划组织供货。为了保证供应，应根据工程进度要求反复做好设备与材料供应的平衡，既不要积压占据仓库面积，又要能及时满足施工需要，防止待料窝工。

**三、施工现场“三通一平”与布置**

现场“三通一平”是指接通水源、电源、铺通道路和平整场地。

施工现场布置，包括临时组装场的平整夯实，铺好组装平台或搭好组装架，现场吊装机具布置，“三站”布置，临时锅炉安装以及工具房、材料堆放场、设备堆置场、办公用房布置等。

“三站”一般宜集中布置，其中氧气瓶可实行并联供气；乙炔气要预备乙炔发生器；压缩空气站要保证有适合不同用途的压缩空气。

现场的供电、供水与供气通称动力供应。应铺设好相应的各种管道，并保证有应急措施。电力线路有动力线路和照明线路；供水管路有生活用水和水压试验及消防用水。

## 第二节　施工技术工作

在施工的各个不同阶段，对施工技术的要求和内容是不相同的。现场技术人员应结合施工特点，把握重点。

## 一、工程开工阶段

① 认真做好施工技术交底，现场技术人员应使每个施工班组及个人明确工程概况、工程量、施工程序与方法、进度要求、质量指标和相应的安全技术措施以及所从事的工作任务在工程中的重要性。

② 签发工程任务单和限额领料单，这是下达工程任务和及时掌握工程进度和质量的好办法。

③ 开箱验收设备与材料。

④ 发放技术资料，包括工艺规程、技术规范、工序操作法和自检记录卡等。

⑤ 创造和联系开工条件，查明设备与材料的到货情况、基础建造情况以及其他开工必备的条件。

⑥ 解决开工中出现的各种问题。

## 二、工程进行阶段

① 建立各种技术责任制，组织各种形式的工程承包。

② 开展施工技术指导与监督，履行工程质量保证体系中施工技术人员的职责。

③ 执行工程中交接验收任务，负责协调配合和技术力量的调度。

④ 推广新工艺、新工具、新材料、新技术，提出技术与安全措施。

⑤ 负责与甲方和其他第三方的联系，使工程在各方的配合下顺利地进行。

⑥ 负责单项工程或单体设备的材质检验、无损检测和试压等工作。

## 三、工程竣工阶段

① 负责设备试运转前的准备工作并组织试运转，编制试运转方案。

② 负责各项扫尾工作。

③ 整理竣工验收所需要的各项记录与技术资料，并装订成册。

④ 参加竣工验收、办理交工手续与签证。

⑤ 处理竣工验收中出现的施工质量问题和返工事宜。

⑥ 做好工程施工总结。

# 第三节 安全技术

## 一、一般安全技术

① 进入施工现场必须戴安全帽、穿工作服，高空作业必须绑好安全带，必要时设置安全栏杆。

② 冬季施工要做好防冻、防滑，夏季要做好防暑降温工作。

③ 检查起重机具，必要时通过试验鉴定。

④ 水压试验后，要将设备内的水及时放净。

⑤ 露天放置的各类机械设备（如电焊机、卷扬机）要及时加盖雨布或设置防雨棚。

⑥ 各类机械正式启动前，一定要手动（或利用盘车器）盘车，避免事故。

⑦ 照明线路、动力线路过路设置高度要严格控制；手提照明灯具的电压要限定在安全范围；电动机、砂轮机、电焊机等一定要注意接地；潮湿空间使用的电器一定要注意防潮、绝缘。

## 二、防火防爆防毒措施

① 现场要设消防设施，备足灭火器、砂、水桶等消防器材与工具。

② 易燃物及燃料应放置于单独而集中的地点，当要在该处动火时，必须要采取阻燃措施或其他安全措施。

③ 焊接施工现场要严格管理，特别注意：

a. 乙炔发生器应放置在安全地带，严防火种；

b. 废电石要及时清理出现场、新电石要放置在单独的安全地点；

c. 防止各类软管接触火源或油品；

d. 氧气瓶要远离焊接作业区，搬运时也要注意避免剧烈振动；

e. 焊接现场要通风良好；

f. 动火时一定要办理相应的动火手续，采取严格的防火措施。

④ 清洗工件时，要注意防毒、防火和其他安全要求。

⑤ 衬铅、焊铅以及浇铅时，一定要采取相应的安全和防毒措施。

⑥ 所有进入此类现场的人员，均要进行三级安全教育，考核合格后方可进入现场施工。

## 复习思考题

1. 施工技术管理包括哪些方法？
2. 施工组织设计或施工方案如何编制？工程量与工作量有什么区别？
3. 怎样做好现场“三通一平”等工作？
4. 设备材料供应中应注意些什么问题？
5. 在施工开工、进行和竣工验收三个阶段，现场技术人员应做好哪些工作？
6. 一般安全措施包括哪些内容？如何做好防火、防爆和防毒安全工作？

# 主要参考文献

1　任小善主编. 化工机械维修手册. 北京：化学工业出版社，2004
2　王仲生主编. 无损检测诊断现场实用技术. 北京：机械工业出版社，2002
3　改传亮主编. 化工施工技术经验汇编. 大型压缩机安装. 北京：化学工业出版社，1985
4　谭天恩等主编. 化工原理. 北京：化学工业出版社，1998
5　强十勃，程协瑞主编. 通用机械设备安装工程. 第五分册. 北京：中国计划出版社，1998
6　徐至钧，燕一鸣主编. 大型立式圆柱形储液罐制造与安装. 北京：中国石化出版社，2003
7　杨文柱主编. 设备安装工艺学. 北京：中国建筑工业出版社，2002
8　蔡仁良等编著. 过程装备密封技术. 北京：化学工业出版社，2002
9　沈从周等编. 机械设备安装手册. 北京：中国建筑工业出版社，1983